Dorn-Bader

Physik

Oberstufe

Band MS

HERMANN SCHROEDEL VERLAG KG
Hannover · Dortmund · Darmstadt · Berlin

Dorn-Bader
Physik - Oberstufe
Band MS

Herausgegeben von:
Professor Friedrich Dorn
Professor Dr. Franz Bader
(Seminar für Studienreferendare II, Stuttgart)

Bearbeitet von:
Professor Dr. Bader, Diplomphysiker — Studiendirektor Dr. Bergold — Professor Dorn — Oberstudiendirektor Heise — Studiendirektor Kraemer — Professor Dr. Lefrank † — Professor Raith — Oberschulrat Umland — Oberstudienrat Zeier
unter Mitwirkung der Verlagsredaktion

Illustrationen:
Günter Schlierf, Hannover
Gundolf Frey, Friedrichshafen (Bodensee)

Einbandgestaltung:
Uwe Noldt, Hannover

Titelbild:
Stroboskopische Darstellung der Kepler-Ellipse zur Demonstration des Flächensatzes

ISBN 3-507-86155-0

© 1975 HERMANN SCHROEDEL VERLAG KG, HANNOVER

Alle Rechte vorbehalten.
Die Vervielfältigung und Übertragung auch einzelner Textabschnitte, Bilder oder Zeichnungen ist — mit Ausnahme der Vervielfältigung zum persönlichen und eigenen Gebrauch gemäß §§ 53, 54 URG — ohne schriftliche Zustimmung des Verlages nicht zulässig. Das gilt sowohl für Vervielfältigung durch Fotokopie oder irgendein anderes Verfahren, als auch für die Übertragung auf Filme, Bänder, Platten, Arbeitstransparente oder andere Medien.

Reproduktion: Claus Offset-Repro, Großburgwedel (Hann.)
Satz, Druck, Einband: Universitätsdruckerei H. Stürtz AG, Würzburg

Inhaltsübersicht

Mechanik

	Seite
§ 1 Was ist Mechanik?	7

Lehre von den Kräften

§ 2 Die Messung von Kräften und Massen	10
§ 3 Kraft und Gegenkraft; Kräftegleichgewicht	14
§ 4 Zusammensetzung und Zerlegung von Kraftvektoren	19
§ 5 Reibungsgesetze, Luftwiderstand	25

Dynamik

§ 6 Registrierung des zeitlichen Bewegungsablaufs	29
§ 7 Der Trägheitssatz	31
§ 8 Die Geschwindigkeit als Vektor; Momentangeschwindigkeit	35
§ 9 Die geradlinige Bewegung mit konstanter Beschleunigung	39
§ 10 Theoretische Untersuchung der Bewegungsgesetze	44
§ 11 Die Newtonsche Bewegungsgleichung (Grundgleichung der Mechanik)	48
§ 12 Der freie Fall	55
§ 13 Genauigkeitsangaben in der Physik	62
§ 14 Die kohärenten Einheiten des SI-Systems; Größengleichungen	64
§ 15 Die Vektoraddition bei Bewegungen; Wurfbewegungen	67
§ 16 Die Bewegungsgleichungen beim senkrechten und beim schiefen Wurf; verzögerte Bewegungen	73
§ 17 Die Newtonschen Axiome; Modelle; Massenpunkt; Kausalität	81

Die Erhaltungssätze der Mechanik

§ 18 Die Arbeit	84
§ 19 Die drei mechanischen Energieformen	89
§ 20 Der Energieerhaltungssatz der Mechanik	91
§ 21 Die Leistung	98
§ 22 Der Impulssatz	99
§ 23 Die Stoßgesetze	107

Kreisbewegung eines Massenpunktes

§ 24 Beschreibung der Kreisbewegung eines Massenpunktes	114
§ 25 Zentripetalbeschleunigung und Zentripetalkraft	116
§ 26 Trägheitskräfte; die Zentrifugalkraft	124

Planetenbewegung und Gravitation

		Seite
§ 27	Beobachtungen am Himmel	129
§ 28	Das geozentrische System des Ptolemäus	130
§ 29	Die Kopernikanische Wende	132
§ 30	Die Kepler-Ellipsen	136
§ 31	Die physikalische Erklärung der Planetenbewegung durch Kräfte	138
§ 32	Die allgemeine Gravitationskraft	141
§ 33	Die Gewichtskraft; Erdsatelliten; Himmelsmechanik	146
§ 34	Nachweise und Wirkungen der Erdrotation; Gezeiten	149
§ 35	Potential und Fluchtgeschwindigkeit im Gravitationsfeld	152

Der starre Körper

§ 36	Translation und Rotation	160
§ 37	Winkelgeschwindigkeit und Winkelbeschleunigung	160
§ 38	Die Energie des rotierenden Körpers; das Trägheitsmoment	164
§ 39	Die Berechnung von Trägheitsmomenten	165
§ 40	Kräfte und Drehmomente am starren Körper	167
§ 41	Der Drehimpuls und der Satz von der Erhaltung des Drehimpulses	170
§ 42	Drehbewegungen um freie Achsen; der Kreisel	173

Mathematische Ergänzungen zur Mechanik

§ 43	Der Zusammenhang zwischen Mathematik und Physik	177
§ 44	Die Proportionalität	179
§ 45	Fehlerrechnung	181
§ 46	Größen	185
§ 47	Geschwindigkeit und Beschleunigung	186
§ 48	Integration bei bekanntem Kraftgesetz; Anfangsbedingungen	190
§ 49	Die Arbeit als bestimmtes Integral	193
§ 50	Der Impuls	196
§ 51	Trägheitsmomente als bestimmte Integrale	197
§ 52	Dynamik des Massenpunktes in vektorieller Darstellung	198

Mechanische Wärmetheorie

§ 53	Relative Teilchenmasse und Stoffmenge	205
§ 54	Die Zustandsgleichung der idealen Gase	207
§ 55	Die kinetische Theorie der Gase	210
§ 56	Der erste Hauptsatz der Wärmelehre	217
§ 57	Der zweite Hauptsatz der Wärmelehre	222

Mechanische Schwingungen

§ 58	Beobachtung und Beschreibung von Schwingungen	227
§ 59	Das Kraftgesetz für Sinusschwingungen	230
§ 60	Berechnung der Periodendauer bei einigen besonderen freien mechanischen Schwingungen	235
§ 61	Energieumwandlungen bei mechanischen Schwingungen	239

	Seite
§ 62 Freie gedämpfte mechanische Schwingungen	240
§ 63 Selbsterregte mechanische Schwingungen	242
§ 64 Erzwungene mechanische Schwingungen, Resonanz	243
§ 65 Überlagerung von Schwingungen	245

Mechanische Wellen

§ 66 Beobachtungen	252
§ 67 Das Fortschreiten mechanischer Störungen	254
§ 68 Reflexion mechanischer Störungen	256
§ 69 Die sinusförmige Querwelle	258
§ 70 Energietransport in der mechanischen Welle	261
§ 71 Überlagerung von Störungen, Interferenz	263
§ 72 Überlagerung von gleichlaufenden Sinuswellen gleicher Wellenlänge	264
§ 73 Stehende Querwellen	266
§ 74 Transversale Eigenschwingungen	269
§ 75 Längswellen	274
§ 76 Längs- und Querwellen im Raum	276
§ 77 Stehende Längswellen	279
§ 78 Ultraschall	285
§ 79 Zwei- und dreidimensionale Wellenfelder; das Huygenssche Prinzip	286
§ 80 Interferenzen bei Kreis- und Kugelwellen	291

Anhang 293

Die Einheiten der Physik
Umrechnungstafeln
Physikalische Tabellen
Sach- und Namenverzeichnis
Bildquellenverzeichnis

Vorwort

Die Reform der Oberstufe sowie das Gesetz über die Einheiten im Meßwesen machten es nötig, auch das Werk DORN Physik Oberstufe neu zu bearbeiten. Auf vielfältigen Wunsch wird es in *Einzelbände* zerlegt. Der vorliegende Band für den Beginn der Kollegstufe umfaßt die *Mechanik* sowie die zugehörigen *mathematischen Ergänzungen* (Hilfsmittel der Analysis und der Vektorrechnung) und eine auf die Bedürfnisse vieler Bundesländer zugeschnittene, kurzgefaßte *mechanische Wärmetheorie* (Zustandsgleichung und kinetische Theorie der Gase, 1. und 2. Hauptsatz). Diese Gebiete werden durch die *mechanischen Schwingungen und Wellen* ergänzt.

Der wesentlich *erweiterte Umfang* der Mechanik ist nicht bedingt durch eine Vermehrung des Stoffs, sondern durch dessen *Vertiefung* und vor allem durch eine *breitere Darstellung*: Der Schüler soll — dem Stil der reformierten Oberstufe entsprechend — selbständig nach dem Buch arbeiten und auch seine *Experimente* im Praktikum vorbereiten können. Hierzu sind die Versuche nicht nur genauer und an Hand vieler Abbildungen beschrieben; es wurden auch zahlreiche Meßtabellen aufgenommen und sorgfältig ausgewertet, insbesondere stroboskopische Fotos zu Bewegungsvorgängen. Die zahlreichen *Rückblicke* mit ihren Reflexionen über die Arbeitsmethoden der Physik — auch in historischer Sicht — schließen sich stets an konkrete Beispiele an und eignen sich deshalb für Schülerreferate, auch bei der vertiefenden Wiederholung in den folgenden Klassen. Schwierigere Aufgaben der früheren Ausgaben wurden nun in Form von Beispielen genau erläutert; dafür sind zahlreiche Aufgaben neu aufgenommen worden.

Die Bedeutung der *Bezugs-*, insbesondere der *Inertialsysteme*, und der Unterschied zwischen *inneren* und *äußeren Kräften* ist stärker als bisher betont. Neu sind Betrachtungen zu den Meßfehlern (Seite 62 und 181) sowie die Beobachtungen am *Sternhimmel* (Seite 129). Die Teile der Mittelstufenmechanik, die unabdingbares Fundament der Dynamik sind, wurden in § 2 bis § 4 an zahlreichen Beispielen systematisch erläutert. Der Schüler kann sie im Anschluß an motivierende Versuche (Seite 14, 18 und 24) selbst nacharbeiten.

Kraft und *Masse* werden aus lernpsychologischen, aber auch aus wissenschaftlichen (axiomatischen) Gründen als Grundgrößen eingeführt und definiert. Dies ist bereits im Lehrerheft zur Mittelstufe (Bestell-Nr. 86152, Seite 15, mit zahlreichen Literaturhinweisen) erläutert. Der Schüler braucht also auf der Oberstufe das früher Gelernte nur zu erweitern und zu vertiefen; er muß nicht erst umlernen. Ebenfalls in diesem Sinne wirkt sich die durchgängige Benutzung der *SI-Einheiten* auf Mittel- und Oberstufe sehr vorteilhaft aus. Auch wird nicht zwischen reiner *Bewegungslehre* (Kinematik) und *Dynamik* unterschieden. Deshalb können die Grenzen der sog. Unabhängigkeitssätze für Bewegungen begründet werden (Seite 72). Diese und zahlreiche weitere didaktische Fragen sind zusammen mit vielen auch für Schülerpraktika und Experimente interessanten Hinweisen in einem *Lehrerheft* (Bestell-Nr. 86154) ausführlich besprochen. Sie zeigen, daß das Buch aus der Praxis des Unterrichts und im Hinblick auf die Schüler entstand; sie sollen mit der bisweilen als abstrakt bezeichneten Mechanik unter anderem an Hand vieler praktischer Beispiele — etwa zu Verkehrsproblemen — vertraut gemacht werden.

Der *starre Körper* kann zusammen mit den hierauf abgestimmten mathematischen Ergänzungen auch erst im 13. Schuljahr als Wahlgebiet behandelt werden. *Wärmelehre* sowie *mechanische Schwingungen und Wellen* sind der Altersstufe gemäß dargestellt. Sie werden in eigenen Bänden auf dem Niveau der Leistungskurse wesentlich vertieft und erweitert.

Der Schüler möge das Buch stets mit dem Bleistift in der Hand durcharbeiten und Versuchsskizzen, Gleichungen sowie wichtige Stichwörter auf einem bereitgehaltenen Papier niederlegen, um so den Gedankengang klar zu erfassen. Damit lernt er, ein wissenschaftliches Buch zu lesen! Das ausführliche Register unterstützt ihn dabei.

Auch weiterhin sind die Verfasser für Anregungen — auch von Seiten der Schüler — dankbar.

Stuttgart, im Februar 1975

Die Herausgeber

Mechanik

§1 Was ist Mechanik?

1. Einteilung, Bedeutung und Grenzen

Die Mechanik ist eines der ältesten und auch noch heute das grundlegende Teilgebiet der Physik. Ihr Name bedeutet *Maschinenkunst* (griech. mēchanikē téchnē; siehe Ziffer 2). Sie entstand aus dem Bedürfnis, die schon im Altertum bekannten einfachen Maschinen wie Seile, Rollen, Hebel und schiefe Ebenen (Rampen) wissenschaftlich zu erforschen. Dabei beschränkte man sich ursprünglich auf das *Gleichgewicht der Kräfte und Drehmomente* und entwickelte die **Statik** (stare, lat.; stehen bleiben): *Archimedes* (um 250 v. Chr.) fand das Hebelgesetz und die Gesetze des für die Schiffahrt wichtigen Auftriebs; *Heron von Alexandria* (wahrscheinlich 1. Jahrh. n. Chr.) sprach die sogenannte *goldene Regel der Mechanik* aus. Sie besagt, daß man bei den einfachen Maschinen keine Arbeit gewinnen, sondern entweder nur die Kraft oder nur den Weg vergrößern kann. Mit der Statik beschäftigten wir uns auf der Mittelstufe; wir wiederholen ihre wichtigsten Gesetze auf Seite 14 bis 25. Erst im 18. Jahrhundert begann man in der *Baustatik* die statischen Gesetze zu benutzen, um die Kräfte in Bauwerken vorauszuberechnen. Ein großer Erfolg planmäßiger statischer Konstruktion war der gewagte Bau des *Eiffelturms* in Paris (1885). Moderne Bauten wie Brücken, Türme, Hallen, aber auch Krane, Autokarosserien und Flugzeugteile können nur aufgrund statischer Berechnungen materialsparend und sicher konstruiert werden.

Wenn sich Kräfte oder Drehmomente an einem Körper nicht das Gleichgewicht halten, so wird er in Bewegung gesetzt. Diese Beobachtung führt zur **Dynamik**, dem zweiten Teilgebiet der Mechanik (dynamis, griech.; Kraft). In ihm wird der *Zusammenhang zwischen den Kräften, die auf Körper wirken,* und *den Bewegungen, die diese ausführen,* untersucht. Dieser Zusammenhang ist bei allen Verkehrsmitteln wichtig.

Auch wenn wir unser Zeitalter das elektronische nennen, so hat doch die Mechanik zentrale Bedeutung für die Physik und deren Anwendung in der Technik:

a) Um wichtige Vorgänge der *Elektrizitätslehre* zu untersuchen, beobachtet man etwa die Bewegung von Elektronen in Elektronenstrahlröhren (siehe Mittelstufenband Seite 313, 332, 340). Da sich elektrische Ladungen durch ihre Kraftwirkungen zu erkennen geben, baut die Elektrizitätslehre auf der Mechanik auf, geht allerdings weit über diese hinaus.

b) Ein heißes Stück Eisen unterscheidet sich von einem kalten nur durch die stärkere *ungeordnete* Bewegung seiner Atome. Die *Wärmelehre* hängt deshalb eng mit der Mechanik zusammen. Dabei wird vor allem der *Energiebegriff*, der aus der Mechanik stammt, bedeutsam. Die Temperatur eines Körpers ist ein Maß für die Energie der ungeordneten Molekülbewegung (Seite 214).

c) *Schall* entsteht durch Schwingungen von Stimmgabeln, Saiten usw. Er breitet sich in Form von Wellen in den Körpern aus, ist also ein mechanischer Vorgang. Im Gegensatz zur Wärmebewegung handelt es sich dabei jedoch um eine geordnete Bewegung der Moleküle.

d) Die Ausbreitung des *Lichts* hielt man lange Zeit für einen aus der Mechanik deutbaren Vorgang; doch führen die mechanischen Erklärungsversuche beim Licht zu Widersprüchen. Hier sah man zum erstenmal, daß sich nicht alle Gebiete der Physik aus der Mechanik erklären lassen.

e) Auch in der Welt der Atome, im *Mikrokosmos*, versagen die Gesetze der im folgenden behandelten klassischen Mechanik weitgehend; sie muß zur sog. *Quantenmechanik* ausgebaut werden.

f) Die *Weltraumfahrt* lenkt den Blick heutiger Menschen wieder stärker auf die Himmelskörper, insbesondere den Mond und die Planeten. Sie ist ohne genaue Kenntnis der mechanischen Gesetze undenkbar. Als am 21. Juli 1969 der Mensch mit der Mondfähre „Adler" zum erstenmal den Mond betrat *(Abb. 8.2)*, legte man am Grab von *Isaak Newton (Abb. 8.1)*, der die Grundgesetze der Mechanik in einer für seine Zeit beispiellosen Klarheit aufstellte, in der Westminster-Abtei in London einen Kranz nieder mit der Aufschrift: „The eagle has landed."

8.1 Der Engländer *Isaak Newton* (1643 bis 1727) stellte die Grundgesetze der Mechanik auf.

Die wichtigsten Anstöße zu einer wissenschaftlichen Mechanik gaben nicht die Bewegungen irdischer Körper, sondern die Untersuchungen der Planetenbahnen durch *Kepler*, *Galilei* und *Newton* im 17. Jahrhundert (Seite 137). Die Planetenbewegungen faszinierten nämlich durch ihre Exaktheit, während auf der Erde allerlei Einflüsse wie Luftwiderstand und Reibung das Aufstellen genauer Gesetze erschweren. Dabei betonten bereits *Kepler* und *Galilei*, daß die *Mathematik* das unabdingbare Hilfsmittel zum Beschreiben der Planetenbewegungen und der mechanischen Vorgänge sei. Hierdurch wurde die Mechanik zum Idealbild einer strengen Erfahrungswissenschaft. Mathematische Methoden haben sich seitdem in der ganzen Physik so sehr durchgesetzt, daß sie ohne Mathematik nicht ernsthaft betrieben werden kann. *Die Mathematik ist ein wichtiger Eckpfeiler der Physik.*

8.2 Mondfähre *Adler;* die Weltraumfahrt gründet sich auf die Gesetze Newtons.

2. Zur Ideengeschichte der Mechanik

Obwohl die Mathematik bereits im Altertum recht weit entwickelt war, wurden die Grundgesetze der Mechanik (Seite 81) erst vor etwa 300 Jahren aufgestellt. Die meisten Gelehrten des Altertums und des Mittelalters lehnten nämlich den zweiten tragenden Pfeiler der Physik, das **Experiment,** als Mittel zur Naturerkenntnis weitgehend ab. Sie empfanden Experimente als gewaltsame Eingriffe in die Natur und die Experimentiergeräte als künstliche Werkzeuge, mit denen man in das „natürliche Geschehen" störend eingreife. Dabei „überliste" man die Natur und zwinge sie zu einem „unnatürlichen" Verhalten. Viele Gelehrte bestritten damals, daß man mit Hilfe von Experimenten die Naturgesetze unverfälscht finden könne. Man glaubte, mechanische Hilfsmittel wie Flaschenzüge usw. würden die Körper entgegen den Naturgesetzen bewegen. In der Mechanik sah man die „Kunst" oder „List", solche Maschinen zu ersinnen. In diesem Sinne von „Kunst" oder „List" ist das ursprüngliche Wort *„Maschinenkunst"*, welches Mechanik bedeutet, zu verstehen. Ein künstlich erzeugter Vorgang wurde als ein wider die Natur ablaufender Vorgang angesehen! *Galilei* überwand um 1593 diesen Irrglauben. Er zeigte, daß man im Einklang *mit* der Natur handelt, wenn man Experimentiergeräte und Maschinen verwendet und daß die Maschinen auch nur den Naturgesetzen folgen können; er lehrte, *daß sich im gut angelegten Experiment das Naturgesetz besonders rein zeige.* Auch eine noch so raffiniert ausgeklügelte Maschine könne die Natur nicht überlisten. Man begann damals im sozialen Bereich, den Handwerker und seine Arbeit höher zu bewerten, und ging schließlich soweit, den Weltenschöpfer mit einem Mechaniker zu vergleichen und die Welt mit einer Maschine, die den mechanischen Gesetzen gehorche. So entstand aus der ursprünglichen Verachtung der Mechanik als niederer, der Natur zuwiderlaufender Maschinenkunst eine Überbewertung der Mechanik. Deren Grenzen deuteten wir jedoch schon oben an. Heute sieht man die Mechanik nüchtern als das Gebiet der Physik an, das sich mit den Bewegungen von Körpern und den Kräften auf Körper beschäftigt.

> **Mechanik ist die Lehre von den Bewegungen und den Kräften und zeigt, wie beide miteinander zusammenhängen.**

3. Die Physik und ihre Anwendungen in der Technik

Die Erkenntnis, daß sich durch noch so kunstvoll ausgedachte Geräte und Apparaturen die Natur nicht überlisten lasse und daß die *Naturgesetze unabänderlich* sind, bedeutete einen wichtigen und folgenschweren Schritt für die Menschheit: *Die Physik wurde auch praktisch nutzbar.* Das Erforschen der Naturgesetze diente nicht mehr nur dazu, das Streben des Menschen nach Wissen und Erkenntnis zu befriedigen; man begann, die Natur und ihre Kräfte in einem bis dahin ungeahnten Ausmaß in den Dienst des Menschen zu stellen. Dabei bildete sich ein neuer Berufstyp heraus, nämlich der des physikalisch und mathematisch gebildeten *Ingenieurs;* für ihn wurden besondere Schulen errichtet, die zudem eine mehr praxisbezogene Naturforschung betrieben, die Ingenieurschulen und die Technischen Hochschulen. In England entstand bereits im 17. Jahrhundert ein geregeltes *Patentwesen*, um die dem Erfinder zustehenden Rechte zu sichern und Anreiz für weitere Erfindungen zu geben.

Man begegnete der technischen Entwicklung immer wieder mit großem *Mißtrauen*. So fürchtete man anfangs, die steigende Produktivität der immer größer werdenden Maschinen würde viele Menschen arbeitslos machen. Doch wurden im Gegenteil viel mehr Arbeitsmöglichkeiten geschaffen: Die „technisierten" Länder sind heute in großem Umfang auf zusätzliche Fremdarbeiter angewiesen. — Die heutigen starken Konzentrationen von Menschen und Fabriken in den Industriegebieten wirken sich zu unserem Leidwesen in zunehmendem Maße schädlich auf unsere Umwelt aus. Wissenschaftler, Ingenieure, Unternehmer, Politiker und jeder einzelne müssen sich deshalb im Bewußtsein ihrer Verantwortung nicht nur dem technischen, wirtschaftlichen und sozialen Fortschritt, sondern auch den neu auf uns zukommenden großen Problemen des **Umweltschutzes** zuwenden. Die Naturgesetze und die Naturkräfte, die der Wissenschaftler untersucht und der Ingenieur anwendet, sind zwar ihrem Wesen nach weder gut noch böse; der Mensch, der sie zu benutzen gelernt hat, kann diese Mächte zum Guten gebrauchen und zum Bösen mißbrauchen. Daher ist uns heute mit dem Erforschen und Anwenden der Naturgesetze die Verantwortung aufgegeben, unser Wissen zum Wohle der Menschheit einzusetzen und Energien und Rohstoffe nicht sinnlos zu vergeuden.

Lehre von den Kräften

§ 2 Die Messung von Kräften und Massen

1. Woran erkennt man Kräfte?

Mit unseren *Sinnesorganen* nehmen wir viele Vorgänge in der Natur wahr. So spüren wir beim Spannen eines Expanders in unseren Muskeln, daß wir eine Kraft ausüben und daß der Expander auf uns mit einer Kraft zurückwirkt. Wenn wir einen Ball in Bewegung setzen, abbremsen oder in andere Richtung lenken, so erkennen wir, daß zu diesen *Änderungen des Bewegungszustandes* ebenfalls Kräfte nötig sind. Vielfältige Erfahrung lehrt uns, daß zum Beispiel Körper nicht von selbst in Bewegung kommen. Vielmehr finden sich andere Körper, von denen die *Ursache* hierzu ausgeht. Wir sagen, diese anderen Körper üben eine Kraft aus. Dabei brauchen sich die Körper nicht gegenseitig zu berühren, wie wir an der Kraft eines Magneten auf eine entfernte Kompaßnadel oder an der Kraft der Erde auf einen fallenden Körper sehen. Aber nicht alle physikalischen Einwirkungen sind Kräfte: So werden Körper, die im Sonnenlicht liegen, durch die Energie der Strahlung warm.

> **Kräfte erkennt man daran, daß sie Körper verformen oder deren Bewegungszustand ändern.**

Ein häufiges Mißverständnis wollen wir schon jetzt ausräumen: In der Umgangssprache bezeichnet man zum Beispiel auch eine gespannte Feder oder den Wind als „Kraft", man spricht auch von einer Arbeits-„kraft" und so weiter. In der Physik sagt man dagegen, der Wind *übt eine Kraft aus*. Eine Kraft wird *symbolisch als Pfeil* dargestellt. Dieser gibt den *Betrag* und die *Richtung* der Kraft an. Wenn man beide kennt, braucht man nicht mehr zu wissen, ob die Kraft von einem Muskel, von einem Magneten oder einem Motor ausgeübt wird. Die Kraft ist dann begrifflich losgelöst vom Körper, der sie ausübt. — Wenn man Betrag und Richtung einer Kraft kennt, so steht andererseits noch nicht fest, ob sie Körper verformt oder in Bewegung setzt. Die Wirkungen der Kraft können erst berechnet werden, wenn man weiß, wie groß sie ist und vor allem, wo sie angreift. Der physikalische Begriff „Kraft" stellt also nach zwei Seiten eine *Abstraktion* dar. Man abstrahiert

a) vom Körper, der als *Ursache* die Einwirkung ausübt (vom Muskel, vom Magneten, von der gespannten Feder und so weiter),

b) von der *Wirkung*, also von der Verformung oder der Änderung des Bewegungszustandes.

Diese Überlegungen zeigen den Kraftbegriff als zentralen Begriff der Physik. In der Mechanik studiert man die *Wirkungen* von Kräften, nämlich Verformungen und Bewegungsänderungen. In der Elektrizitätslehre und im Magnetismus dagegen untersucht man die *Entstehung* von elektrischen und magnetischen Kräften, in der *Gravitationslehre* die Gesetze der Schwerkraft und so weiter. Um diese vielseitigen Aspekte zu erfassen, muß man Verfahren angeben, nach denen man Kräfte *mißt*. Hierdurch wird der Kraftbegriff viel exakter festgelegt, als dies mit Worten oder durch Aufzählen von Beispielen möglich wäre. Dies gilt allgemein in der Physik: Wie wir schon am Temperaturbegriff auf der Mittelstufe sahen, wird durch die exakte Messung die mehr oder weniger vage Sinnesempfindung verschärft. In die physikalischen Gesetze tritt nur noch der durch die Messung quantitativ festgelegte Begriff, nicht mehr die subjektive Empfindung ein: **In der Physik betrachtet man die Natur unter einem quantitativen Aspekt.**

2. Die Kraftmessung

Wenn man einem andern ein Meßergebnis mitteilt, so muß er wissen, was es bedeutet. Die Angabe, eine Kraft betrage $F=5$ Newton, hat nur dann einen Sinn, wenn man die folgenden drei Fragen klar beantworten kann:

Wann sind zwei Kräfte gleich groß (**Maßgleichheit**)?
Wann ist eine Kraft zum Beispiel 5mal so groß wie 1 Newton (**Maßvielfachheit**)?
Was bedeutet die Einheit 1 Newton (**Maßeinheit**)?

a) Die Maßgleichheit. Von der Mittelstufe her kennen wir den *Federkraftmesser (Abb. 11.1)*. Er zeigt die Größe der auf ihn wirkenden Kraft F (von engl. force) durch die Verlängerung einer Schraubenfeder aus elastischem Stahldraht an. Selbst wenn der Kraftmesser keine geeichte Skala trägt, kann man feststellen, wann zwei Kräfte, die an ihm ziehen, gleich groß sind:

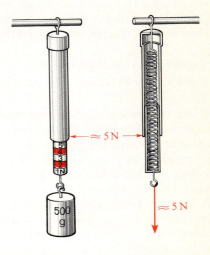

> *Definition der Maßgleichheit:*
> **Zwei Kräfte sind gleich groß, wenn sie denselben Kraftmesser (allgemein denselben elastischen Körper) gleich stark verlängern.**

11.1 Kraftmesser im Schnitt

b) Die Konstanz der Anzeige eines Kraftmessers. Meßgeräte muß man von Zeit zu Zeit überprüfen, ob sie noch richtig anzeigen, ob zum Beispiel die Feder eines Kraftmessers nach Gebrauch wieder in die Ausgangsstellung zurückkehrt. Empfindliche Federn werden bereits durch ihre eigene Gewichtskraft etwas verlängert. Dies bedeutet, daß der Nullpunkt ein anderer ist, wenn man den Kraftmesser nach unten hängen läßt, als wenn man ihn waagerecht hält oder mit ihm gar eine Kraft mißt, die nach oben zieht. Gute Kraftmesser haben deshalb eine Korrektur für die Nullpunkteinstellung. Auch wissen wir, daß sich Körper im allgemeinen mit steigender Temperatur verlängern. Die Kraftmessung muß also in einem bestimmten Temperaturbereich, etwa bei Zimmertemperatur, vorgenommen werden.

An Kraftmessern können wir eine wichtige Beobachtung machen: Ein Körper, der an einem guten Kraftmesser hängt, ruft durch die Gewichtskraft, die er erfährt, über beliebig lange Zeit am gleichen Ort die gleiche Verlängerung hervor. (Sehr kleine Schwankungen der Schwerkraft im Bereich von 10^{-7} ihres Betrages hängen von der Stellung des Mondes und der Sonne zum Beobachtungsort auf der Erde ab und werden bei genauer Ablesung besonders konstruierter Kraftmesser angezeigt; siehe *Abb. 11.2*. Diese Schwankungen sind für Ebbe und Flut verantwortlich; *Seite 151.*)

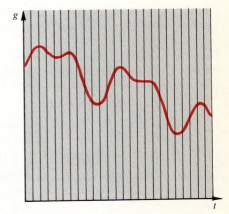

11.2 Durch die Anziehung des Mondes (großer Ausschlag) und die der Sonne (kleiner Ausschlag) wird die Gewichtskraft eines Körpers täglich zweimal um etwa 1/10 000 000 geändert.

c) Die Maßvielfachheit

Versuch 1: Wir müssen als nächstes klären, was es heißt, eine Kraft sei zum Beispiel 5mal so groß wie eine andere. Hierzu nehmen wir mehrere Körper, die einzeln denselben Kraftmesser gleich stark verlängern. Jeder zieht nach der obigen Definition der Maßgleichheit mit der gleichen Kraft nach unten. Es erscheint als selbstverständlich, daß n solche Körper zusammen auch die n-fache Kraft auf die Feder ausüben. Doch handelt es sich nur um eine vernünftige *Vereinbarung*; wir haben kein Mittel, sie durch die Erfahrung zu bestätigen, aber auch keines, sie zu widerlegen.

> *Definition der Maßvielfachheit:*
> n **gleich große Kräfte, die in gleicher Richtung auf einen Körper wirken, ergeben die n-fache Kraft.**

d) Die Maßeinheit. Überall, wo man Kraftmessungen ausführen will, muß die Krafteinheit 1 Newton zur Verfügung stehen. Bei der Massseinheit 1 Kilogramm hat man es einfacher: Sie wird durch Wägesätze verkörpert, die man überallhin versenden kann, ohne daß sich ihre Masse ändert (Mittelstufenband Seite 26). Doch hängen die Gewichtskräfte, die Wägestücke erfahren, merklich vom Ort ab (sie nehmen vom Äquator zum Pol um etwa 0,5% zu). Man könnte deshalb die Krafteinheit durch „Normkraftmesser" verkörpern. Allerdings kann

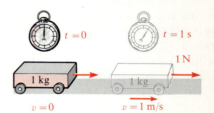

12.1 Definition der Krafteinheit 1 N

sich über lange Zeiten hinweg die Härte ihrer Federn durch Umlagerungen im Kristallgefüge des Stahls ändern. Nun braucht man für ein und denselben Körper, zum Beispiel ein Kilogramm-Stück, überall, auch im schwerefreien Raum und auf dem Mond, die gleiche Kraft, um ihn in 1 s aus der Ruhe auf die Geschwindigkeit 1 m/s zu beschleunigen *(Abb. 12.1)*. Diese Kraft nennt man zu Ehren des Begründers der Mechanik, des Engländers *Isaak Newton* (Seite 8), **1 Newton (1 N)**. Sie stellt heute die einzige gesetzliche Krafteinheit dar. Nach der folgenden Definition werden wir auf Seite 51 nachprüfen, ob unsere Kraftmesser richtig anzeigen.

> *Vorläufige Definition der Krafteinheit:* **1 Newton ist gleich der konstanten Kraft, die ein Kilogramm-Stück in 1 s aus der Ruhe auf die Geschwindigkeit 1 m/s beschleunigt.**

Früher ging man viel umständlicher vor: Man legte durch Beschleunigungsmessungen zunächst einen bestimmten Ort fest, den sogenannten *Normort* (Seite 58). Dann definierte man als Krafteinheit **1 Kilopond (kp)** die Gewichtskraft von einem Kilogramm-Stück an diesem Normort.

Es gilt: $1 \text{ kp} = 9{,}80665 \text{ N} \approx 10 \text{ N}$.

In Mitteleuropa erfährt mit hinreichender Genauigkeit ein Kilogrammstück die Gewichtskraft 9,81 N, folglich 102 g die Gewichtskraft 1 N, also 1 g angenähert 0,01 N. Für 0,01 N schreiben wir 1 **cN** (Zenti-Newton): $1 \text{ cN} \approx 1 \text{ p}$ (Pond) $= 10^{-3}$ kp.

e) Das Hookesche Gesetz. Bei den üblichen Kraftmessern gibt eine n-fache Kraft nach *Abb. 11.1* auch eine n-fache Verlängerung der Feder: Kraft F und Verlängerung s sind einander proportional; man schreibt $F \sim s$. Dann ist der Quotient $D = F/s$ für diese Feder konstant. Auf der Mittelstufe sagten wir, das *Hookesche Gesetz* sei erfüllt und nannten D die *Federkonstante*. Da diese Proportionalität zwischen F und s (in einem gewissen Bereich, dem Proportionalitätsbereich) nicht nur bei Federn, sondern auch bei Pendeln und ähnlichem gilt, gibt man dem Quotienten $D = F/s$ den neutralen Namen **Richtgröße**.

> **Hookesches Gesetz:** Die Verlängerung s einer Feder ist innerhalb eines gewissen Bereichs der Kraft F proportional: $F \sim s$. Dann ist der Quotient $D = \dfrac{F}{s}$, *Richtgröße* genannt, konstant.

Man muß den Kraftmesser nach *Abb. 11.1* um $s = 0{,}05$ m verlängern, bis er die Marke 5 Newton (5 N) zeigt; seine Richtgröße ist

$$D = \frac{F}{s} = \frac{5{,}0 \text{ N}}{0{,}050 \text{ m}} = 100 \; \frac{\text{N}}{\text{m}}.$$

In dem Bereich, in dem das Hookesche Gesetz erfüllt ist, hat der Kraftmesser eine *gleichförmig unterteilte Skala*. Sie ist zwar sehr bequem, aber nicht Voraussetzung für die Kraftmessung; zum Beispiel sind die Skalen von Dreheisenstrommessern (Mittelstufenband Seite 329) nicht gleichförmig unterteilt. Die Vielfachheit von Kräften wurde ja nach Seite 12 nicht über die n-fache Verlängerung einer Feder definiert, sondern über die gleichzeitige Wirkung von n gleichen und gleichgerichteten Kräften. — Das *Hookesche Gesetz* spielt innerhalb seiner Gültigkeitsgrenzen in der Bau- und Maschinenstatik eine große Rolle, wenn man den Zusammenhang zwischen Kraft und elastischer Verformung berechnen will.

3. Die Definition der Masse durch Meßvorschriften

Kräfte können wir unmittelbar empfinden; der physikalische Begriff Masse ist dagegen um vieles abstrakter. Am ehesten begreift man ihn aus der Notwendigkeit, einen bestimmten, abgegrenzten Körper durch eine Größe zu kennzeichnen, die von seinem jeweiligen Ort (z. B. Erde oder Mond), von seiner Temperatur, vom Druck und von der Form unabhängig ist. Damit wird aber die Masse noch nicht als quantitativer, meßbarer Begriff in die Physik eingeführt. Vielmehr muß man für sie ein Meßverfahren festlegen, um jedem Körper in eindeutiger Weise Maßzahl und Einheit zuschreiben zu können. Die folgenden, von der Mittelstufe her bekannten Festsetzungen haben sich in einem weiten Erfahrungsbereich bewährt (siehe auch Seite 59):

> *Definition der Maßgleichheit:* Die Massen zweier Körper sind gleich, wenn diese am gleichen Ort die gleiche Gewichtskraft erfahren. Die Balkenwaage vergleicht Massen.
>
> *Definition der Maßvielfachheit:* Wenn man n Körper gleicher Masse zusammenfügt, so erhält man einen Körper von n-facher Masse.
>
> *Definition der Maßeinheit:* Die Einheit der Masse ist der Internationale Kilogramm-Prototyp (auch Urkilogramm genannt; siehe Seite 64).

Ein Körper mit der Masse 1 kg wird nach Seite 12 auch benutzt, um die gesetzliche Krafteinheit 1 Newton zu definieren.

Aufgaben:
1. *Wie stellt sich in einem Schaubild der Zusammenhang zwischen Kraft F und Verlängerung s bei einer Feder im Proportionalitätsbereich dar? Zeichnen Sie das Schaubild für eine Feder mit der Richtgröße $D = 20$ N/cm! Entnehmen Sie ihm die Kraft zur Verlängerung um 2,7 cm und die Verlängerung durch die Kraft 17 N! Berechnen Sie die jeweiligen Werte auch aus der Definitionsgleichung für die Richtgröße und vergleichen Sie! (10 N $\cong$ 1 cm; Verlängerung im Verhältnis 1:1 aufgetragen.)*
2. *Nehmen Sie durch Versuch den Zusammenhang zwischen Kraft und Verlängerung bei einem Gummiband auf und vergleichen Sie mit dem einer Feder! Prüfen Sie die zeitliche Konstanz der Anzeige bei stärkeren Belastungen! Kehrt das unbelastete Gummiband wieder in die Ausgangslage zurück?*

§3 Kraft und Gegenkraft; Kräftegleichgewicht

Nachdem wir nunmehr in der Lage sind, Kräfte zu messen, wollen wir in den folgenden beiden Paragraphen eine Reihe von *grundlegenden Erfahrungssätzen* betrachten, die man beim Umgang mit Kräften beachten muß. Diese Sätze sind schon von der Mittelstufe her bekannt.

1. Kraft und Gegenkraft (actio und reactio)

Versuch 2: Wenn wir am Haken eines Kraftmessers A ziehen, so zeigt dieser die Zugkraft $\vec{F}_1$ an. Wir spüren, daß er mit einer Kraft $\vec{F}_2$ auf unsere Hand zurückwirkt. Um zu messen, wie groß diese **Gegenkraft** $\vec{F}_2$ ist, ziehen wir nach *Abb. 14.1* mit dem Kraftmesser B an A mit der Kraft $\vec{F}_1$ nach rechts. Dann zeigt der Kraftmesser B, daß A auf ihn mit der Kraft $\vec{F}_2$ nach links wirkt. $\vec{F}_2$ hat zwar den *gleichen Betrag* wie $\vec{F}_1$ ($F_1 = F_2$), aber die *entgegengesetzte Richtung*. Dies gilt nach *Abb. 14.1* auch dann, wenn die Federn verschieden stark sind, wenn sie also verschieden weit verlängert werden. Man schreibt $\vec{F}_2 = -\vec{F}_1$ und nennt $\vec{F}_2$ die *Gegenkraft* zu $\vec{F}_1$ oder nach *Newton* die **reactio** auf die **actio** $\vec{F}_1$. Wenn man den zweiten Kraftmesser umdreht, so zeigt sich zudem, daß es gleichgültig ist, an welchem Ende man an Kraftmessern zieht.

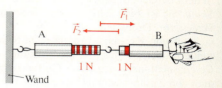

14.1 B zieht an A mit der Kraft $\vec{F}_1$, A an B mit der reactio $\vec{F}_2 = -\vec{F}_1$.

Versuch 3: Nach *Abb. 14.2* wird der an einem Kraftmesser hängende Körper von 80 g Masse in eine Flüssigkeit getaucht. Die Anzeige des Kraftmessers geht von 80 cN auf 30 cN zurück (1 cN = 10^{-2} N). Dies zeigt, daß der Körper durch die Flüssigkeit eine Auftriebskraft F_A von 50 cN nach oben erfährt (ohne Flüssigkeit müßte man am Körper mit einem Kraftmesser mit 50 cN nach oben ziehen). Überraschenderweise senkt sich die Waagschale: Damit sie wieder einspielt, muß man auf der anderen Seite 50 g auflegen (wie wenn man rechts mit 50 cN nach unten gezogen hätte). Der Körper wirkt also ohne unser weiteres Zutun mit der reactio $\vec{F}_2 = -\vec{F}_A$ (50 cN) auf das Wasser nach unten zurück.

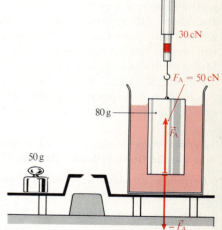

14.2 Das Wasser übt auf den eingetauchten Körper die Auftriebskraft $\vec{F}_A$ aus und erfährt von ihm die reactio $-\vec{F}_A$.

Versuch 4: Zwei Schüler A und B gleicher Masse stehen auf zwei gleich gebauten Wagen und halten die Enden eines Seils *(Abb. 14.3)*. Wenn beide gleichzeitig am Seil ziehen, so kommen die Wagen in der Mitte zusammen: Jeder hat – wie die Kraftmesser zeigen – auf den anderen eine gleich große Kraft ausgeübt: $\vec{F}_2 = -\vec{F}_1$. Nun gibt

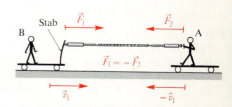

14.3 Wegen actio gleich reactio kommen die Wagen gleicher Masse stets in der Mitte zusammen.

man dem einen (B) den Auftrag, das Seil nur festzuhalten, es also nicht an seinen Körper heranzuziehen. Wenn „nur der andere" (A) mit der Kraft $\vec{F}_1$ an B zieht, so treffen sich beide wieder in der Mitte. B muß dabei zugeben, daß er Kraft auszuüben hatte, um das Seil nicht durch die Hand rutschen zu lassen; es war die reactio $\vec{F}_2 = -\vec{F}_1$ auf die Zugkraft $\vec{F}_1$ von A[1]). Dann befestigt man das Seil am Wagen von B *(Abb. 14.3)*. Wenn jetzt A an ihm mit der Kraft $\vec{F}_1$ zieht, so zieht der Wagen an A mit $\vec{F}_2 = -\vec{F}_1$! – Nun nimmt B das Seil wieder in die Hand; man gibt ihm den Auftrag, keine Kraft auszuüben, falls A zieht. Dies ist B nur möglich, wenn er das Seil sofort losläßt. Dann kann aber auch A keine Kraft auf B ausüben, selbst wenn er wollte; die Verbindung zwischen beiden ist unterbrochen. Solche Beobachtungen verallgemeinerte *Isaak Newton* in seinem **Wechselwirkungsgesetz:**

> **Wirkt ein Körper A auf einen Körper B mit der Kraft $\vec{F}$, so greift B an A mit der gleich großen, aber entgegengesetzt gerichteten Kraft $-\vec{F}$ an. Man nennt sie die reactio oder Gegenkraft zu $\vec{F}$. Kräfte treten also immer nur paarweise auf.**

2. Die reactio ermöglicht die Fortbewegung

a) Fortbewegung zu Lande. Ein 100 m-Läufer führt einen Tiefstart aus: Mit großer Kraft stemmt er sich am Boden mit den Füßen ab, indem er auf diesen eine Kraft nach hinten ausübt. Die reactio des Bodens wirkt auf den Läufer nach vorn und setzt ihn in Bewegung. Wollte der Läufer nach vorn auf Glatteis starten, so könnte er keine Kraft auf das Eis nach hinten ausüben und würde folglich von diesem keine reactio erhalten. Unmittelbar ist es also nicht die Muskelkraft, die den Läufer starten läßt, sondern die *reactio des Bodens* auf die Kraft seiner Beinmuskeln! Die Muskelkraft muß diese reactio auslösen.

Versuch 5: Eine Styroporplatte liegt nach *Abb. 15.1* auf Rollen leicht beweglich und trägt eine Schiene für eine Spielzeuglokomotive. Wenn man dieser über bewegliche Kabel Strom zuführt, so setzt sich die Lokomotive zwar nach vorn in Bewegung; doch werden die Schienen nach hinten gestoßen. Die Räder üben nämlich auf die Schienen eine Kraft nach hinten aus; deren reactio setzt die Lokomotive nach vorn in Bewegung. Wäre Eis auf den Schienen, so würden sich die Räder reibungsfrei drehen, und die Lokomotive bliebe stehen.

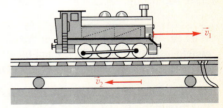

15.1 actio und reactio an Lokomotive und Schienen

b) Fortbewegung im Wasser. Ein Junge sitzt in einem Boot. Wenn er Steine kräftig nach hinten schleudert, fährt das Boot nach vorn. Die Gegenkraft der beschleunigten Steine wirkt auf den Jungen und damit auf das Boot. Wenn keine Steine vorhanden sind, so kann er Wasser schöpfen und dieses nach hinten schleudern. Hierzu muß er auf das Wasser eine beschleunigende Kraft nach hinten ausüben; die reactio hierauf treibt das Boot nach vorn. Einfacher ist es, die Hände, ein Paddel oder eine motorgetriebene Schraube zu benutzen. Die Schiffsschraube ist also nicht mit einem Korkenzieher zu vergleichen. Vielmehr weckt sie die Gegenkraft des Wassers, indem sie es gegen die gewünschte Fahrtrichtung beschleunigt.

c) Fortbewegung in der Luft. Der Drehflügel eines *Hubschraubers* beschleunigt Luft nach unten und wird durch deren reactio gehoben. Im *Propellerflugzeug* schleudert die Luftschraube Luft nach hinten. Das

---

[1]) Der Unterschied im Vorgehen von A und B liegt nicht in der Größe der Kraft $\vec{F}$, sondern der Arbeit $W = F \cdot s$. A zog das Seil um die Strecke s an seinen Körper, verrichtete also die Arbeit $W_A = F \cdot s$. B dagegen hielt das Seil nur, verschob es also nicht gegenüber seinem Körper; der Verschiebungsweg s zwischen Seil und Körper und damit die Arbeit von B, nämlich $W_B = F \cdot s$, waren Null.

Strahlantriebswerk der Düsenflugzeuge erwärmt vorn die in die Düse strömende Luft stark und beschleunigt sie so, daß sie mit großer Geschwindigkeit (zusammen mit den Verbrennungsprodukten) hinten ausgeschleudert wird (Mittelstufenband Seite 179). Die dabei auftretenden Gegenkräfte treiben das Flugzeug voran. Der Auftrieb entsteht dadurch, daß der *Tragflügel* die anströmende Luft etwas nach unten beschleunigt. Die reactio der Luft wirkt auf den Tragflügel nach oben.

d) *Fortbewegung im luftleeren Raum.* Im leeren Weltall findet man keine Materie, an der man sich „abstützen" könnte. Die Rakete muß deshalb die hierzu nötige Materie mit sich führen und sie mit großer Kraft ausstoßen. Die reactio treibt sie voran. Dies entspricht der Tätigkeit des oben angeführten Jungen, der die mitgeführten Steine aus dem Boot nach hinten wirft. Auf den Raketenantrieb gehen wir auf Seite 104 noch genauer ein.

Alle diese Beispiele zeigen die große Bedeutung des Newtonschen Wechselwirkungsgesetzes. Es gilt nicht nur, wenn die Körper, an denen die Kräfte angreifen, in Ruhe sind (die Kraftmesser in Versuch 2), sondern auch dann, wenn diese Körper durch die Kräfte in Bewegung gesetzt werden (zum Beispiel die Wagen in Versuch 4). Dieses Gesetz, nach dem *Kräfte immer nur paarweise an verschiedenen Körpern* angreifen, ist also allgemeingültig. Es darf nicht mit dem Gleichgewicht der Kräfte, dem wir uns nun zuwenden, verwechselt werden.

3. Das Gleichgewicht der Kräfte

Versuch 6: Wir ziehen nach *Abb. 16.1* mit zwei Kraftmessern am gleichen Wagen, also am gleichen Körper, in entgegengesetzten Richtungen. Nur dann bleibt der Wagen in Ruhe, wenn die beiden Kräfte die gleichen Beträge haben („gleich groß sind"). Andernfalls setzt er sich in Richtung der stärkeren Kraft in Bewegung.

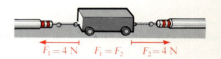

16.1 Kräftegleichgewicht am Wagen

> Wirken auf *ein und denselben Körper* zwei entgegengesetzt gerichtete Kräfte $\vec{F}_1$ und $\vec{F}_2$ von gleichem Betrag ($F_1 = F_2$), dann bleibt der Körper in Ruhe. An ihm herrscht Kräftegleichgewicht. Es gilt: $\vec{F}_1 = -\vec{F}_2$ oder $\vec{F}_1 + \vec{F}_2 = 0$: Die Vektorsumme ist der Nullvektor.[1])
>
> Der Körper wird in Bewegung gesetzt, wenn kein Kräftegleichgewicht besteht, wenn also die Vektorsumme $\vec{F}_1 + \vec{F}_2$ nicht Null ist.

Das Teilgebiet der Mechanik, das sich mit dem Gleichgewicht der Kräfte beschäftigt, ist die **Statik** (Seite 7).

4. Gegenkraft und Kräftegleichgewicht

Die folgenden Versuche bestätigen, daß man die Sätze über das Kräftegleichgewicht und über actio und reactio nicht miteinander verwechseln darf:

Versuch 7: Ein Magnet und ein Eisenstück liegen je auf einem Stück Styropor, das auf Wasser schwimmt. Sie ziehen sich — auch aus einigem Abstand — gegenseitig mit den Kräften $\vec{F}_1$ und $\vec{F}_2$ an und schwimmen aufeinander zu. Da diese Kräfte an verschiedenen Körpern angreifen, können sie sich nicht das Gleichgewicht halten, sondern stellen *Kraft und Gegenkraft* dar. Erst wenn sich beide Körper berühren, so ver-

---
[1]) Künftig lassen wir den Pfeil beim Symbol für den Nullvektor weg.

formen sie sich gegenseitig ein wenig. Hierdurch wirkt zusätzlich jeder mit einer elastisch erzeugten Gegenkraft auf den andern ein. Diese hält an jedem Körper der magnetischen Anziehungskraft das Gleichgewicht. Magnet wie Eisen bleiben nun in Ruhe, obwohl sie starke Kräfte aufeinander ausüben.

Versuch 8: Ein Wägestück (Körper A) hängt nach *Abb. 17.1* an einer Feder (Körper B). Das Wägestück ist schwer, das heißt es zieht an der Feder mit der Kraft $\vec{F}_1$ nach unten und verlängert sie. Dabei übt die Feder ihrerseits eine elastische Kraft aus, die als $\vec{F}_2$ auf das Wägestück nach oben zurückwirkt. Um Körper A von Körper B klar zu trennen, legten wir in *Abb. 17.1*, rechts, zwischen beide einen „**Schnitt**" und verschoben A nach rechts.

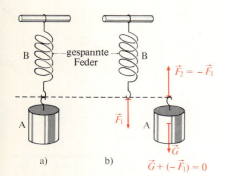

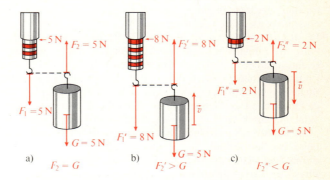

17.1 $\vec{F}_1$ und $\vec{F}_2$ sind Kraft und Gegenkraft, $\vec{G}$ und $\vec{F}_2$ halten sich das Gleichgewicht.

17.2 Bei a) besteht Kräftegleichgewicht, bei b) und c) ist es gestört.

Wenn wir einen solchen „Schnitt" tatsächlich ausführen, das heißt das Wägestück von der Feder nehmen, so können wir $\vec{F}_1$ und $\vec{F}_2$ mit Kraftmessern bestimmen: Wir ziehen mit ihnen an der Feder nach unten ($\vec{F}_1$), am Wägestück nach oben ($\vec{F}_2$). — Bis jetzt haben wir nur *actio* und *reactio* zwischen Wägestück und Feder angesprochen.

Nun bleibt das Wägestück trotz der an ihm nach oben ziehenden Federkraft $\vec{F}_2$ in Ruhe. Also herrscht an ihm *Gleichgewicht* mit einer dritten Kraft; es ist die in *Abb. 17.1* eingezeichnete *Gewichtskraft* $\vec{G}$, mit der die Erde das Wägestück nach unten zieht. Wegen des Gleichgewichts am Wägestück ist $F_2 = G$, wegen der Gleichheit von actio und reactio auch $F_2 = F_1$. Also ist F_1 so groß wie die Gewichtskraft G. *Deshalb zeigt ein Kraftmesser die Gewichtskraft G an, die ein an ihn gehängter Körper von der Erde erfährt.* Dies gilt aber nur, wenn man das Einstellen des Gleichgewichts abgewartet hat: Im folgenden lernen wir ein wichtiges Gegenbeispiel kennen:

Versuch 9: An einem Kraftmesser hängt ein Wägestück, das die Gewichtskraft $G = 5$ N erfährt *(Abb. 17.2a)*. Man zieht es dann mit der Hand weiter nach unten und läßt es los (b). Die Feder übt wegen ihrer stärkeren Verlängerung eine größere Kraft $F_2' > G$ auf das Wägestück aus ($F_2' = 8$ N). Das Gleichgewicht am Wägestück ist gestört; es wird nach oben in Bewegung gesetzt. — Wenn man umgekehrt das Wägestück zunächst aus der Gleichgewichtslage angehoben hat (c), so zieht der Kraftmesser an ihm mit der kleineren Kraft $F_2'' = 2$ N $< G$. Läßt man los, wird das Wägestück nach unten beschleunigt. Wir sehen an diesen Beispielen:

> **Kraft und Gegenkraft greifen stets an verschiedenen Körpern an; sie treten auch auf, wenn kein Gleichgewicht besteht, die Körper also ihren Bewegungszustand ändern. Kräfte können sich nur dann das Gleichgewicht halten, wenn sie am selben Körper angreifen. Gleichgewicht besteht nicht, wenn sich der Bewegungszustand der Körper ändert.**

An *Abb. 17.1* sahen wir ferner:

> **Häufig wird die zum Gleichgewicht nötige zweite Kraft als Gegenkraft von einem verformten elastischen Körper hervorgerufen.**

Nunmehr können wir genauer erfassen, was eine Kraft ist: Auf vielfältige Weise wirken die Körper aufeinander ein, indem sie sich verformen oder wenn sie gegenseitig ihren Bewegungszustand ändern. Interessiert man sich dabei nur für die Vorgänge an *einem* Körper, so legt man zwischen ihn und die andern in Gedanken einen „*Schnitt*" *(Abb. 17.1)*. Dann kann man sich die andern Körper wegdenken, sofern man ihre Einwirkung durch die Angabe des Betrags und der Richtung einer Kraft beschreibt. Um zum Beispiel die Spannkraft F_s in einem Seil zu erfassen, legt man an einer beliebigen Stelle S in Gedanken einen Schnitt *(Abb. 18.1)* und denkt sich das gestrichelt gezeichnete linke Seilstück A entfernt. Seine Wirkung auf B wird vollständig durch eine Kraft $\vec{F}_s$ ersetzt. Man könnte sie mit einem Kraftmesser ermitteln, den man bei S ins Seil knüpft. Die Rückwirkung von B auf A wird durch die Gegenkraft $-\vec{F}_s$ erfaßt. Der Kraftbegriff ist in der Physik also eine Gedankenkonstruktion, ein *Modell* (Seite 82), das wir benutzen, um komplizierte Verhältnisse erfassen zu können. Dabei müssen wir die für die Kräfte geltenden Gesetze als „Spielregeln" beachten.

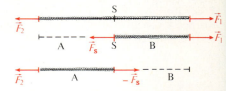

18.1 Die Seilkraft F_s wird durch einen „Schnitt" bestimmt.

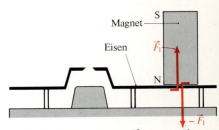

18.2 Die inneren Kräfte $\vec{F}_1$ und $-\vec{F}_1$ werden von der Waage nicht registriert.

5. Innere und äußere Kräfte

Versuch 10: Wir wollen einen Magneten auf einer Waage mit eisernem Teller wiegen. Damit seine magnetische Kraft ihre Anzeige sicher nicht stört, hängen wir ihn zunächst über einen langen Faden an den Teller und ermitteln die Gewichtskraft $G = 2$ N (durch Auflegen von 200 g). Wenn wir nun den Magneten nach *Abb. 18.2* auf den Eisenteller stellen, so messen wir die gleiche Gewichtskraft G. Der Magnet übt dabei aber auf den Eisenteller die magnetische Kraft $\vec{F}_1$ von zum Beispiel 5 N nach oben aus. Doch wirkt der Teller auf den Magneten mit der Gegenkraft $-\vec{F}_1$ (5 N) nach unten. Sie macht den Magneten scheinbar schwerer, so daß er zusätzlich zur Gewichtskraft (2 N) mit 5 N auf den Teller drückt. Damit gleicht er die Kraft $F_1 = 5$ N, mit der er am Teller nach oben zog, aus (*Kräftegleichgewicht* am Teller). Für die Wägung, das heißt für das aus Magnet und Teller bestehende **System** insgesamt, sind die Kraft $\vec{F}_1$ (am Teller nach oben) und ihre Gegenkraft $-\vec{F}_1$ (am Magneten nach unten) **innere Kräfte**. Sie beeinflussen die Anzeige der Waage nicht. Diese zeigt nur die Gewichtskraft $G = 2$ N an, die der Magnet als **äußere Kraft** von der Erde erfährt. − (Eine Gesamtheit von Körpern, die man besonders herausgreift und betrachtet, nennt man in der Physik häufig ein *System*.)

Wir halten nun den Nordpol eines zweiten Magneten über den Südpol des ersten; der Südpol erfährt die Kraft $\vec{F}_2$ (zum Beispiel 0,5 N) nach oben. Da sich beide Pole nicht berühren, kann die Gegenkraft zu $\vec{F}_2$ nicht mehr auf den unteren Magneten zurückgegeben werden. Dieser wird um 0,5 N scheinbar leichter; $\vec{F}_2$ ist nunmehr für das aus der Waagschale und dem unteren Magneten bestehende System eine *äußere Kraft* und wird von der Waage registriert.

Ein „System" bestehe aus mehreren Körpern. Alle Kräfte, die nur zwischen ihnen wirken, sowie deren Gegenkräfte, greifen insgesamt am gleichen System an; sie halten sich bezüglich dieses Systems das Gleichgewicht. Es sind *innere Kräfte*. Sie können zum Beispiel das System als Ganzes weder „schwerer" noch „leichter" machen.

Kräfte, die von solchen Körpern ausgeübt werden, die nicht zum System gehören, sind *äußere Kräfte*. Sie können zum Beispiel das System als Ganzes in Bewegung setzen. Ihre Gegenkräfte greifen außerhalb des Systems an.

Aufgaben:

1. *Eine Zugmaschine zieht einen Anhänger auf waagerechtem Grund. Erörtern Sie die Kräfte zwischen Zugmaschine und Anhänger, zwischen Zugmaschine und Boden sowie zwischen Anhänger und Boden, wenn hier eine Reibungskraft von 300 N zu überwinden ist! Welches sind bezüglich des aus Zugmaschine und Anhänger bestehenden Systems innere, welches äußere Kräfte?*

2. *An eine entspannte Feder mit der Richtgröße $D = 0{,}10$ N/cm hängt man einen Körper, der die Gewichtskraft 50 cN erfährt. Diskutieren Sie die Kräfte bei den Verlängerungen $s = 0{,}2$ cm, 5 cm und 8 cm der Feder! Wann besteht Kräftegleichgewicht (siehe Abb. 17.2)?*

3. *Auf einer Waage schwebt ein Magnet über einem zweiten (gleichnamige Pole übereinander); Messingstäbe hindern ihn am seitlichen Herabfallen (Mittelstufenband). Wird seine Gewichtskraft beim Wiegen mitbestimmt oder nicht? — Auf einer Waage steht eine mit Luft gefüllte Flasche, in der sich ein Insekt durch Flügelschlag in gleicher Höhe hält, also schwebt. Wird seine Gewichtskraft mitgewogen? Denken Sie an einen Hubschrauber und beachten Sie, was für die Flasche samt Inhalt innere und was äußere Kräfte sind! — Werden die Luftmoleküle in der Flasche mitgewogen, obwohl sie bei ihrer Wärmebewegung nur selten auf die Glaswand stoßen?*

4. *Münchhausen geriet in einen Sumpf und zog sich mit beiden Händen an seinen Haaren nach oben. Erklären Sie, warum ihm das nichts nützte! Was hätte er tun müssen, um im Sumpf höher zu steigen? Unterscheiden Sie dabei zwischen inneren und äußeren Kräften!*

§4 Zusammensetzung und Zerlegung von Kraftvektoren

1. Die Vektoraddition von Kräften

Versuch 11: Eine Feder ist an einem Ende (A) links oben an der Wandtafel oder einem Zeichenbrett befestigt. Am anderen Ende (B) greifen zwei Kräfte F_1 und F_2 (1,00 N und 0,60 N) in der *gleichen Richtung* an. Die Feder wird genau so stark verlängert, wie wenn man an ihr mit nur *einem* Kraftmesser zieht, der die Kraft

$$F = F_1 + F_2 = 1{,}00 \text{ N} + 0{,}60 \text{ N} = 1{,}60 \text{ N}$$

anzeigt. Man nennt $\vec{F} = \vec{F}_1 + \vec{F}_2$ die **Resultierende** aus $\vec{F}_1$ und $\vec{F}_2$, weil sie zum gleichen Resultat, nämlich zur gleichen Verlängerung wie die Einzelkräfte zusammen, führt. Da die drei Kraftpfeile in die gleiche Richtung zeigen, erhalten wir den Kraftpfeil $\vec{F}$ aus den Kraftpfeilen $\vec{F}_1$ und $\vec{F}_2$ genau so, wie man Zahlen auf der Zahlengeraden geometrisch addiert: $\vec{F}$ ist die **Vektorsumme** aus $\vec{F}_1$ und $\vec{F}_2$. Dieses Ergebnis konnte man aufgrund der Definition zur Vielfachheit von Kräften nach Seite 12 erwarten. Etwas Neues bringt der folgende Versuch:

Versuch 12: Nun betrachten wir den allgemeinen Fall, nach dem die zwei Kräfte $\vec{F}_1$ und $\vec{F}_2$ in *verschiedene Richtungen* am freien Ende B der Feder angreifen *(Abb. 20.1 a)*. Ihre Kraftpfeile zeichnen wir vom gemeinsamen Angriffspunkt B aus auf die Tafel (1 N ≙ 2 dm). Wir wollen zunächst *experimentell* die Resultierende $\vec{F}$ finden, welche als einzelne Kraft die gleiche Wirkung ausübt wie die beiden **Kraftkomponenten** $\vec{F}_1$ und $\vec{F}_2$ zusammen (componere, lat.; zusammensetzen). Hierzu dehnen wir mit einem einzigen Kraftmesser die Feder bis zum selben Endpunkt B *(Abb. 20.1 b)*. Der Kraftpfeil der Resultierenden $\vec{F}$ (0,9 N) wird im gleichen *Kräftemaßstab* eingezeichnet. Ihr Betrag ist kleiner als die Summe der Beträge beider Komponenten (1,6 N) und läßt sich aus diesen Beträgen arithmetisch allein nicht berechnen. Man kann den Kraftpfeil $\vec{F}$ der Resultierenden aber geometrisch konstruieren,

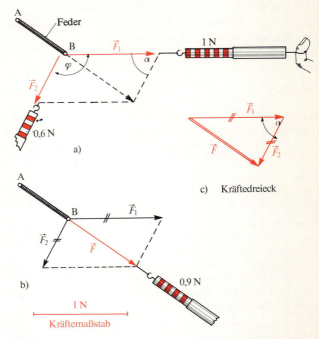

20.1 Kräfteparallelogramm (a und b), Kräftedreieck (c)

wenn man die Richtungen der Komponenten $\vec{F}_1$ und $\vec{F}_2$ mitberücksichtigt: Ergänzt man nämlich deren Kraftpfeile zum sogenannten **Kräfteparallelogramm,** so gibt die vom Angriffspunkt B ausgehende Diagonale den Kraftpfeil der Resultierenden $\vec{F}$. Es handelt sich um die von der Mathematik her bekannte *Addition von Vektoren*, geschrieben als

$$\vec{F} = \vec{F}_1 + \vec{F}_2.$$

Die Additionen gleich- beziehungsweise entgegengesetzt gerichteter Kräfte sind darin als Sonderfälle enthalten: $\vec{F}_1$ und $\vec{F}_2$ zeigen dabei in die gleiche beziehungsweise in die entgegengesetzte Richtung.

Erfahrungssatz: Zwei Kräfte $\vec{F}_1$ und $\vec{F}_2$, die in einem Punkt zugleich angreifen, haben die gleiche Wirkung wie eine einzige Kraft $\vec{F}$; sie lassen sich durch diese Resultierende $\vec{F}$ ersetzen.
Man findet den Kraftpfeil der Resultierenden $\vec{F}$ als Diagonale eines Parallelogramms, dessen Seiten die Kraftpfeile der beiden gegebenen Komponenten $\vec{F}_1$ und $\vec{F}_2$ sind. Die Resultierende $\vec{F}$ ist die Vektorsumme der Komponenten:
$$\vec{F} = \vec{F}_1 + \vec{F}_2. \tag{20.1}$$

Zur Vektoraddition braucht man nicht das ganze Parallelogramm zu zeichnen; man zeichnet nach *Abb. 20.1c* ein Kräftedreieck (das heißt das halbe Parallelogramm), indem man den einen Kraftpfeil $\vec{F}_2$ an den anderen $\vec{F}_1$ „hängt".

In diese Parallelogrammkonstruktion gehen die beiden Komponenten $\vec{F}_1$ und $\vec{F}_2$ gleichberechtigt ein; keine beeinflußt die andere. Wenn wir nach dem Ausführen dieser Konstruktion die Komponenten wegstreichen *(Abb. 20.1b)*, so heißt dies nicht, daß sie nicht mehr wirken; vielmehr denken wir sie nur durch eine einzige Kraft ersetzt, welche die gleiche Wirkung auf den gemeinsamen Angriffspunkt ausübt, wie beide zusammen. Dies vereinfacht viele Überlegungen.

Den Betrag der Resultierenden $\vec{F}$ erhält man nach dem Cosinus-Satz der Trigonometrie aus der Gleichung

$$F^2 = |\vec{F}_1 + \vec{F}_2|^2 = F_1^2 + F_2^2 - 2F_1 \cdot F_2 \cdot \cos \alpha, \tag{21.1}$$

wenn α der Winkel im Kräftedreieck ist, der $\vec{F}$ gegenüberliegt.

Häufig stehen die beiden Komponenten $\vec{F}_1$ und $\vec{F}_2$ aufeinander senkrecht, der Winkel α ist 90°; cos 90° = 0. Dann entfällt das letzte Glied in Gl. (21.1) und $F = \sqrt{F_1^2 + F_2^2}$ gibt nach dem Satz des Pythagoras den Betrag der Resultierenden im nunmehr rechtwinkligen Kräftedreieck. Nur wenn die beiden Kräfte $\vec{F}_1$ und $\vec{F}_2$ gleich gerichtet sind ($\alpha = 180°$; cos $\alpha = -1$), darf man die Beträge addieren und erhält die Betragsgleichung $F = F_1 + F_2$. Andernfalls ist wegen der Dreiecksungleichung der Betrag der Resultierenden, nämlich $|\vec{F}| = |\vec{F}_1 + \vec{F}_2|$ (in *Abb. 20.1* 0,9 N) kleiner als die Summe der Einzelbeträge $|\vec{F}_1| + |\vec{F}_2|$ (in *Abb. 20.1* gleich 1,6 N). Die Summe der Einzelbeträge hat hier keine physikalische Bedeutung.

Die Vektorsumme $\vec{F} = \vec{F}_1 + \vec{F}_2$ können wir auch zur **Vektordifferenz** $\vec{F}_1 = \vec{F} - \vec{F}_2$ umformen und am Vektordreieck nach *Abb. 20.1c* veranschaulichen: Hierbei ist $-\vec{F}_2$ der Vektor, der den entgegengesetzten Richtungssinn wie $\vec{F}_2$, aber den gleichen Betrag hat. Man erhält $\vec{F}_1$, indem man zu $\vec{F}$ den Vektor $-\vec{F}_2$ addiert:

$$\vec{F} + (-\vec{F}_2) = \vec{F}_1, \quad (\text{da } \vec{F} = \vec{F}_1 + \vec{F}_2).$$

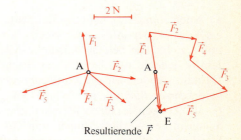

21.1 $\vec{F}$ ist die Resultierende im Kräftepolygon aus $\vec{F}_1$ bis $\vec{F}_5$.

Wenn *mehrere* Kräfte gleichzeitig in einem Punkt angreifen, so erweitert man die Konstruktion des Kräftedreiecks: Man addiert diese Kräfte, indem man ihre Pfeile (immer Ende an Spitze gelegt) in beliebiger Reihenfolge „aneinanderhängt" *(Abb. 21.1)*. In diesem **Kräftepolygon** ist der Vektor vom Ausgangspunkt A zum Ende E des Streckenzugs die Resultierende $\vec{F}$ aller Einzelkräfte. Man schreibt:

$$\vec{F} = \vec{F}_1 + \vec{F}_2 \cdots + \vec{F}_n = \sum_i \vec{F}_i.$$

Fällt der Endpunkt E auf den Anfangspunkt A, so ist das Polygon geschlossen, die Resultierende daher $F = 0$.

2. Das erste Grundgesetz der Statik

Beim Kräftegleichgewicht nach *Abb. 16.1* greifen am gleichen Wagen, also am gleichen Körper, zwei Kräfte $\vec{F}_1$ und $\vec{F}_2$ von gleichem Betrag und entgegengesetzter Richtung an. Man schreibt $\vec{F}_2 = -\vec{F}_1$. Die resultierende Kraft $\vec{F}$ ist nach der Vektoraddition

$$\vec{F} = \vec{F}_1 + \vec{F}_2 = \vec{F}_1 - \vec{F}_1 = 0.$$

Lehre von den Kräften

Tatsächlich bleibt der Körper bei diesem Kräftegleichgewicht genau so in Ruhe, wie wenn keine Kraft auf ihn wirkte; die Resultierende ist der Nullvektor. Damit sich der Wagen nicht dreht, müssen wir allerdings voraussetzen, daß $\vec{F}_1$ und $\vec{F}_2$ auf der gleichen Geraden, **Wirkungslinie** genannt, liegen.

> **Ein Körper bleibt (wenn man von Drehungen absieht) genau dann in Ruhe, wenn die Resultierende $\vec{F}$ aller von außen angreifenden Kräfte $\vec{F}_i$ der Nullvektor ist:**
>
> $$\vec{F} = \sum_i \vec{F}_i = 0.$$
>
> **Genau dann ist das Kräftepolygon geschlossen.**

Dieses wichtige **Grundgesetz der Statik** wird auf Seite 171 durch ein zweites ergänzt, das sich mit Drehungen von Körpern beschäftigt.

3. Das Zerlegen einer Kraft in Komponenten

a) Nach *Abb. 22.1a* hängt in der Mitte A des Seils BAC ein Körper, der mit der Gewichtskraft $\vec{G}$ am Seil nach unten zieht. Die beiden Seilstücke AB und AC können Kräfte jedoch nur längs ihrer Richtung übertragen. Deshalb wenden wir die *Parallelogrammkonstruktion in umgekehrter Richtung* an: Wir fassen die Gewichtskraft $\vec{G}$ als Diagonale eines Parallelogramms auf, dessen Seiten in den Verlängerungen von CA bzw. BA liegen. Die Längen dieser Seiten sind eindeutig bestimmt und geben mit Hilfe des Kräftemaßstabs die gesuchten Seilkräfte $\vec{F}_1$ und $\vec{F}_2$ im rot gezeichneten Kräfteparallelogramm an. Der *Lageplan* ist schwarz gezeichnet,

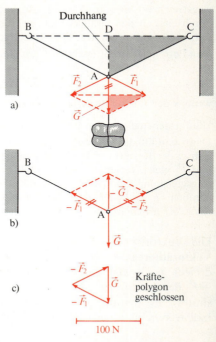

22.1 a) Die Gewichtskraft $\vec{G}$ wird in die Seilkräfte $\vec{F}_1$ und $\vec{F}_2$ zerlegt. b) Die Zusammensetzung der äußeren Kräfte gibt als Resultierende den Nullvektor; denn ihr Polygon (c) ist geschlossen.

und zwar in einem völlig anderen Maßstab. Beiden Plänen sind nur die Winkel gemeinsam. Verbindet man die Pfeilspitzen von $\vec{F}_1$ und $\vec{F}_2$ durch die rot gestrichelte horizontale Linie, so erhält man rote rechtwinklige Dreiecke, die den entsprechenden Dreiecken im schwarz gezeichneten Lageplan (Dreieck DAC) ähnlich sind. Mit Hilfe der Ähnlichkeitssätze kann man $\vec{F}_1$ und $\vec{F}_2$ ermitteln (Aufgabe 1).

> **Eine gegebene Kraft $\vec{F}$ kann durch Komponenten $\vec{F}_1$ und $\vec{F}_2$ mit zwei beliebig wählbaren Richtungen ersetzt werden, die mit $\vec{F}$ in einer Ebene liegen. Die Kraftpfeile der Komponenten erhält man als Seiten eines Parallelogramms, dessen Diagonale die zu ersetzende Kraft $\vec{F}$ darstellt und dessen Seitenrichtungen die Komponentenrichtungen sind: $\vec{F} = \vec{F}_1 + \vec{F}_2$.**
>
> **Man sagt: Die Kraft $\vec{F}$ wurde in Komponenten zerlegt.**

Diese zunächst gedankliche Zerlegung hat große Bedeutung, wenn man die Komponentenrichtungen nach physikalischen Gesichtspunkten sinnvoll wählt *(Abb. 22.1 bis 25.2)*. Im Raum kann man eine Kraft auch nach drei Komponentenrichtungen zerlegen.

b) Wir können nunmehr nach dem *Grundgesetz der Statik* (Ziffer 2) verstehen, warum in *Abb. 22.1a* der Punkt A in Ruhe bleibt: In den Befestigungen B und C werden durch die Seilkräfte $\vec{F}_1$ und $\vec{F}_2$ die Reaktionen $-\vec{F}_1$ und $-\vec{F}_2$ geweckt *(Abb. 22.1b)*. Sie greifen als *von außen kommende Kräfte* in A an und geben die nach oben gerichtete Resultierende $-\vec{G}$. Diese addiert sich mit der Gewichtskraft $\vec{G}$ des angehängten Körpers, die auch eine äußere Kraft ist, zur Resultierenden $\vec{F} = \vec{G} - \vec{G} = 0$ der äußeren Kräfte. *Deshalb herrscht Gleichgewicht. Das Polygon der äußeren Kräfte ist geschlossen (Abb. 22.1c).*

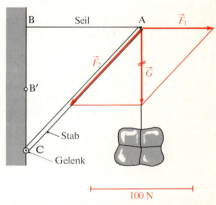

c) Nach *Abb. 23.1* sei der Stab AC bei C mit einem Gelenk an einer Mauer befestigt. Das waagerechte Seil AB hindert ihn am Abkippen. Die Gewichtskraft $\vec{G}$ des angehängten Ballens steht schräg zur Stange AC und erzeugt in ihr eine Kraft $\vec{F}_2$. Um sie zu ermitteln, denken wir uns $\vec{G}$ in geeignete Komponenten zerlegt (und dann weggestrichen): Wegen des Gelenks bei C kann der Stab AC nur eine Kraft in seiner Längsrichtung aufnehmen (er wird nicht auf Biegung beansprucht). Deshalb liegt die Komponente $\vec{F}_2$ in Richtung dieses Stabs, schräg nach unten. Das Seil läßt sich sicher nur auf Zug längs seiner Richtung beanspruchen. Deshalb zeigt die Zugkraft $\vec{F}_1$ in Seilrichtung nach rechts (wie in *Abb. 22.1*). Eine Zerlegung nach anderen Komponentenrichtungen wäre zwar mathematisch möglich, physikalisch aber uninteressant. Die Beträge der Komponenten $\vec{F}_1$ und $\vec{F}_2$ erhält man, wenn man bedenkt, daß der rot gezeichnete Kräfteplan und der schwarze Lageplan ähnliche Dreiecke enthalten (Aufgaben 5 und 6).

23.1 Die Gewichtskraft $\vec{G}$ wird in die Zugkraft $\vec{F}_1$ im Seil und die Druckkraft $\vec{F}_2$ im Stab zerlegt.

4. Die schiefe Ebene

a) Bei der schiefen Ebene *(Abb. 23.2)* greift die Gewichtskraft $\vec{G}$ am Wagen schräg zur geneigten Ebene AB an. Der Wagen kann sich nur parallel zu AB bewegen. Sein Abrollen wird durch einen Kraftmesser, der parallel zu AB liegt, verhindert; er zeigt eine Kraft $\vec{F}_H$ an, die schräg nach unten weist und **Hangabtrieb** genannt wird. Um den Betrag F_H dieses Hangabtriebs zu bestimmen, muß man $\vec{G}$ sinnvoll zerlegen. Als die eine Komponentenrichtung bietet sich die Richtung der gesuchten Kraft $\vec{F}_H$ an. Die andere soll so liegen, daß sie die Bewegung längs der schiefen Ebene AB weder auf- noch abwärts unmittelbar beeinflußt. Dies ist dann der Fall, wenn diese zweite Komponente $\vec{F}_N$ senkrecht zu AB steht. Man nennt sie die **Normalkraft** („Normale" bedeutet „Senkrechte"). Mit der Normalkraft $\vec{F}_N$ wirkt der Wagen senkrecht zur Ebene AB und verbiegt sie etwas. Diese Zerlegung ist eindeutig; es gilt $\vec{G} = \vec{F}_H + \vec{F}_N$.

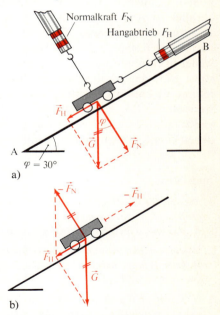

23.2 a) Kraftzerlegung an der schiefen Ebene
b) Zusammensetzung der äußeren Kräfte zum Hangabtrieb $\vec{F}_H$

Der Neigungswinkel φ der schiefen Ebene tritt im roten Kräfteparallelogramm wieder auf; denn die Schenkel dieser beiden Winkel stehen paarweise aufeinander senkrecht. In dem rechtwinkligen Dreieck, das durch $\vec{G}$ und $\vec{F}_N$ bestimmt ist, gilt:

> **Hangabtrieb** $F_H = G \cdot \sin \varphi$ (24.1)
> **Normalkraft** $F_N = G \cdot \cos \varphi$ (24.2)

b) In *Abb. 23.2b* betrachten wir die *äußeren*, am Wagen angreifenden Kräfte. Es sind zunächst die Gewichtskraft $\vec{G}$ und die reactio $-\vec{F}_N$ der Ebene auf die Normalkraft $\vec{F}_N$. Ihre Vektorsumme bildet den Hangabtrieb $\vec{F}_H$:

$$\vec{G} + (-\vec{F}_N) = \vec{G} - \vec{F}_N = \vec{F}_H \quad (\text{da } \vec{G} = \vec{F}_H + \vec{F}_N).$$

Ohne die Zugkraft des Kraftmessers wird der Wagen durch den Hangabtrieb $\vec{F}_H$ schräg nach unten beschleunigt. Zieht der Kraftmesser mit $-\vec{F}_H$ schräg nach oben (gestrichelt), so ist die Resultierende der äußeren Kräfte der Nullvektor: Es besteht Kräftegleichgewicht.

c) Das Problem der schiefen Ebene stellt sich anders, wenn man den reibungsfreien Körper auf ihr nach *Abb. 24.1* durch ein Seil am Abrollen hindert, welches man waagerecht — etwa durch einen Schlitz in der Ebene AB — hält. Da dieses Seil eine Kraft nur in seiner Richtung aufnehmen kann, nimmt man bei der Zerlegung der Gewichtskraft $\vec{G}$ die Richtung der ersten Komponente $\vec{F}_1$ nicht — wie den Hangabtrieb in *Abb. 23.2* — parallel zu AB, sondern horizontal an. $\vec{F}_1$ wird vom Kraftmesser gemessen. Die zweite Komponente $\vec{F}_2$ darf — wie in *Abb. 23.2* — den Wagen längs der Ebene AB weder nach unten noch nach oben in Bewegung setzen;

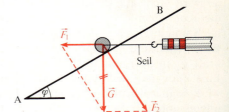

24.1 $\vec{G}$ ist in Komponenten zerlegt; der Kraftmesser hält der Komponente $\vec{F}_1$, die schiefe Ebene der Komponente $\vec{F}_2$ (durch eine elastische Gegenkraft) das Gleichgewicht.

sonst wäre das gewünschte Gleichgewicht gestört. Man nimmt deshalb als Richtung für $\vec{F}_2$ wieder das Lot auf AB. Diese Kraft F_2 ist größer als F_N nach *Abb. 23.2*; denn das horizontale Seil preßt den Wagen etwas zur Ebene hin. Der Vergleich mit *Abb. 23.2* zeigt, daß die physikalischen Gegebenheiten die Richtungen bestimmen, nach denen eine Kraft physikalisch sinnvoll in Komponenten zerlegt wird.

Aufgaben:

1. *Messen Sie die Winkel in Abb. 22.1 und zerlegen Sie die Gewichtskraft $G = 80$ N in Komponenten! Wie groß sind die Seilspannungen? — Bilden Sie entsprechend Abb. 22.1c die Resultierende der äußeren Kräfte und zeigen Sie, daß Gleichgewicht besteht!*

2. *Woran erkennt man an einem Kräftepolygon, das aus drei Kräften besteht, daß Gleichgewicht herrscht? Welche Winkel müssen hierzu die Kräfte mit den Beträgen 3 N, 4 N und 5 N bilden? Zeichnen Sie! (siehe Abb. 22.1c).*

3. *Wie groß sind nach Abb. 23.2 Hangabtrieb und Normalkraft an einer schiefen Ebene mit 20° Neigung, wenn der aufgelegte Körper die Masse 20 kg hat? — Bei welchem Winkel ist $F_H = G/2$, bei welchem $F_H = G$?*

4. *Wie ändert sich Aufgabe 3, wenn man den Körper nach Abb. 24.1 durch ein waagerechtes Seil hält? Bilden Sie zur Kontrolle das Kräftepolygon für die äußeren Kräfte!*

5. *Das Seil* AB *nach Abb. 23.1 sei* 3,00 m, *die Stange* AC 5,00 m *lang, der in* A *angehängte Körper habe* 30 kg *Masse. Wie groß sind die Kräfte in Seil und Stange? — Zeigen Sie, daß die Summe aller in* A *angreifenden Kräfte der Nullvektor ist!*

6. *Lösen Sie Aufgabe 5 durch Zeichnung, wenn das Seil nicht von* A *nach* B, *sondern von* A *nach* B' *gespannt ist und die Punkte* A *und* C *ihre Lage behalten* ($\overline{B'C} = \overline{BC}/2$)! *Bilden Sie zur Kontrolle das Polygon der in* A *angreifenden Kräfte!*

7. *Eine Lampe* (20 kg) *hängt nach Abb. 22.1 an einem Draht in der Mitte zwischen zwei* 30 m *voneinander entfernten Häusern; dieser erfährt einen Durchhang von* 0,50 m. *Wie groß sind die Zugkräfte im Seil? — Wie groß muß der Durchhang mindestens sein, wenn die Seilkraft höchstens* 1000 N *betragen darf? — Was müßte das Seil aushalten, wenn der Durchhang auf* 10 cm *erniedrigt würde? Kann man ihn auf Null vermindern, so daß das Seil völlig gerade ist?*

8. *Wie groß ist die Kraft in der Aufhängeschnur, die nach Abb. 25.1 das Bild* (5,0 kg) *hält, wenn die Ösen* A *und* B 40 cm *voneinander entfernt sind und die Schnur* $h = 10$ cm *durchhängt?*

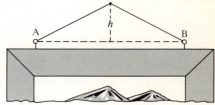

25.1 Zu Aufgabe 8

9. *Nach Abb. 25.2 zieht der angehängte Körper* (1000 g) *unter dem Winkel* φ *am rechten Teller der Tafelwaage. Diese ist auf Rollen reibungsfrei gelagert und wird vom Kraftmesser gehalten. Welchen Wert muß man dem Winkel* φ *geben (durch Auf- und Abbewegen der Umlenkrolle), damit die Waage einspielt, wobei auf dem rechten Teller ein Wägestück mit* 500 g *Masse liegt? Was zeigt der Kraftmesser? Lösen Sie a) durch geeignete Zerlegung der schräg nach oben wirkenden Seilkraft* $\vec{F}$, b) *durch Addition dieser Seilkraft* $\vec{F}$ *mit der Gewichtskraft des aufgelegten Wägestücks! Die Resultierende muß waagerecht sein.*

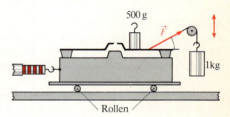

25.2 Zu Aufgabe 9

§ 5 Reibungsgesetze; Luftwiderstand

Im Mittelstufenband (Seite 43) besprachen wir bereits die wichtigsten Arten von Reibung und ihre vielfältigen Anwendungen. Vor allem beim Anfahren und beim Bremsen von Fahrzeugen spielt die Reibung eine große Rolle. Um diese für die Verkehrssicherheit so wichtigen Vorgänge quantitativ erfassen zu können, stellen wir im folgenden die wichtigsten Reibungsgesetze zusammen. Es handelt sich dabei um *Näherungsgesetze*, deren Genauigkeit für das Verständnis technischer Fragen voll ausreicht.

1. Gleitreibungskräfte

Versuch 13: Wir ziehen nach *Abb. 25.3* den Körper am Kraftmesser nach rechts. Hierbei erfährt die Unterlage wegen der unvermeidlichen Rauhigkeit der Oberfläche eine Kraft nach rechts. Ihre reactio $\vec{F}_{gl}$ wirkt auf den gleitenden Körper zu-

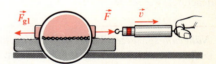

25.3. Die Reibung kommt durch die Rauhigkeiten (mikroskopisch vergrößert) zustande.

rück und zeigt nach links, der Bewegung entgegen. Man nennt sie die **Gleitreibungskraft** F_{gl}. Ihr Zustandekommen verstehen wir, wenn wir zwei Bürsten so aufeinanderlegen, daß die Borsten ineinandergreifen, und dann die obere Bürste verschieben. Die dabei verbogenen Borsten bewirken die bewegungshemmende Gleitreibungskraft als *reactio* auf die Bewegungskraft.

Versuch 14: Zur Messung setzen wir den Körper auf eine horizontale Metall- oder Holzscheibe, die um ihre vertikale Achse rotiert. Den Körper halten wir mit einem Kraftmesser; dieser zeigt unmittelbar die Gleitreibungskraft an, welche durch die Rauhigkeit der Oberflächen zustandekommt. Sie ist von der *Größe der Relativgeschwindigkeit zwischen den beiden aneinander reibenden Flächen fast unabhängig.* Bei sehr schneller Bewegung sinkt F_{gl} etwas, weil sich dann die Unebenheiten nicht mehr so stark ineinander verzahnen können.

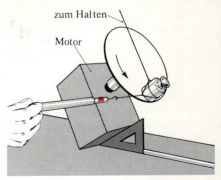

26.1 Wenn man die rotierende Scheibe um 60° geneigt hat, geht die Reibungskraft auf die Hälfte zurück. Der Haltefaden muß senkrecht zum Zug des Kraftmessers stehen.

Versuch 15: Wenn man den Körper mit *n*-facher Normalkraft F_N auf seine Unterlage preßt, ver-*n*-facht sich die Gleitreibungskraft; die Verzahnungen fassen fester ineinander.

Versuch 16: Gibt man in Versuch 14 der rotierenden Scheibe eine Neigung von 60°, so geht die Normalkraft nach Gl. (24.2) auf $F_N = G \cdot \cos 60° = G/2 = 5$ N zurück *(Abb. 26.1)*. Man mißt dann auch nur die halbe Reibungskraft. Diese ist also proportional der Normalkraft F_N (bei horizontaler Unterlage ist F_{gl} proportional der Gewichtskraft des oberen Körpers $G = 10$ N).

Versuch 17: Die Reibungskraft hängt kaum von der Größe der reibenden Flächen ab (wohl aber von deren Beschaffenheit). Man zeigt dies, wenn man etwa einen Holzquader auf seine verschieden großen, aber gleich bearbeiteten Flächen legt. Offensichtlich verteilt sich die Normalkraft F_N bei größerer Fläche auf mehr Verzahnungen; sie wirkt sich deshalb bei der einzelnen Verzahnung nicht so stark aus, so daß die Reibungskraft insgesamt wieder etwa gleich groß ist.

2. Haftreibungskräfte

Versuch 18: Im Versuch nach *Abb. 25.3* ist der reibende Körper zunächst in Ruhe. Man erhöht dann die Zugkraft F am Kraftmesser langsam von Null aus. Zunächst bleibt der Körper liegen, er haftet. Die reactio der Unterlage hält der wachsenden Zugkraft F das Gleichgewicht; die reactio steigt mit F. Man veranschauliche sich dies wiederum an zwei Bürsten, die sich mit den Borsten gegenüberstehen! Erst wenn die Zugkraft einen bestimmten Wert F_{max} erreicht hat, setzt sich der Klotz in Bewegung. Die reactio hat ihren größtmöglichen Wert, die **maximale Haftreibungskraft** $F_{h,max}$, erreicht. Auch diese ist der Normalkraft F_N proportional und von der Größe der verzahnten Flächen unabhängig. Wenn wir im folgenden die Größe der Haftreibungskraft berechnen, so meinen wir nur diese maximale Haftreibungskraft $F_{h,max}$, welche die Rauhigkeiten höchstens aufbringen, um den Körper haften zu lassen. Die tatsächlich wirkende Haftreibungskraft $F_h \leq F_{h,max}$ ist so groß wie die jeweilige Zugkraft F.

> *Näherungsgesetze:* **Haft- und Gleitreibungskräfte sind der Normalkraft F_N, mit der die Flächen senkrecht aufeinandergepreßt werden, proportional. Sie hängen stark von der Art und der Bearbeitung der Oberflächen ab, nicht dagegen von deren Größe. Die Geschwindigkeit wirkt sich auf die Gleitreibung nur in geringem Maße aus.**

3. Reibungszahlen

Als *Proportionalitätsfaktoren* zwischen den Reibungs- und Normalkräften führt man die Reibungszahlen f_{gl} und f_h ein. Beide hängen stark von der Oberflächenbeschaffenheit ab und sind reine Zahlen (*Tabelle 27.1*).

> **Gleitreibungskraft**
> $$F_{gl} = f_{gl} \cdot F_N. \qquad (27.1)$$
> **Maximale Haftreibungskraft**
> $$F_{h,\,max} = f_h \cdot F_N. \qquad (27.2)$$

Beim Gleiten haken sich die Rauhigkeiten nicht mehr so stark ineinander wie beim Haften. Wenn sich in Versuch 13 der Körper in Bewegung gesetzt hat und mit konstanter Geschwindigkeit gleitet, so sinkt die Anzeige des Kraftmessers erheblich. Es gilt:

Tabelle 27.1 (ungefähre Werte)

Stoffpaar	Haften f_h	Gleiten f_{gl}
Stahl auf Stahl	0,15	0,05
Eichenholz auf Eichenholz		
parallel zu den Fasern	0,62	0,48
quer zu den Fasern	0,54	0,34
Holz auf Stein	0,7	0,3
Schlittschuh auf Eis	0,03	0,01
Gummi auf Straße	0,65	0,3
Riemen auf Rad	0,7	0,3
Autoreifen:		
trocken	0,65	0,5
naß	0,4	0,3
Glatteis	0,1	0,05

$$F_{gl} < F_{h,\,max} \quad \text{und} \quad f_{gl} < f_h. \qquad (27.3)$$

Die Reibungsgesetze stellen nur Näherungen dar und erreichen bei weitem nicht die Genauigkeit anderer physikalischer Gesetze.

Beispiel: Liegt ein Holzstück mit der Gewichtskraft 1 N auf einem waagerechten Tisch, so ist auch die Normalkraft $F_N = 1$ N. Wenn ein Kraftmesser die maximale Haftreibungskraft $F_{h,\,max}$ zu 0,4 N, die Gleitreibungskraft F_{gl} zu 0,3 N angibt, so berechnet man die Haftreibungszahl zu $f_h = F_{h,\,max}/F_N = 0,4$ und die Gleitreibungszahl zu $f_{gl} = F_{gl}/F_N = 0,3$.

4. Strömungs- und Luftwiderstand

Eine wichtige Kraft, die Bewegungen hemmt, ist der **Strömungswiderstand,** in Luft **Luftwiderstand** genannt. Er tritt auf, wenn sich ein Körper relativ zu einer Flüssigkeit oder einem Gas bewegt. Bei hinreichend schnellen Bewegungen entsteht er dadurch, daß sich hinter dem Körper *Wirbel* bilden. Man erkennt sie etwa am Staub, den ein schnelles Kraftfahrzeug aufwirbelt, aber auch an der Wirbelstraße hinter einem Schiff oder an den Luftwirbeln, die eine Fahne im Wind zum Flattern bringt. Der Strömungswiderstand F_w ist dem größten Querschnitt A, den der Körper senkrecht zur Strömung aufweist, dem Quadrat der Geschwindigkeit v und der Dichte ϱ des strömenden Stoffs proportional. Außerdem hängt er von der Form des Körpers ab, gekennzeichnet durch dessen Widerstandsbeiwert c_w (siehe *Abb. 27.1*). Umfangreiche Messungen zeigen:

$$F_w = \tfrac{1}{2} c_w A \cdot \varrho \cdot v^2. \qquad (27.4)$$

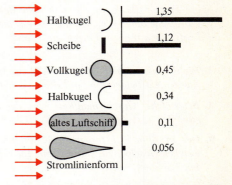

27.1 Widerstandsbeiwerte c_w bei verschieden geformten Körpern. (Die waagrechten Linien dienen zum Vergleich.)

Die *Widerstandsbeiwerte* c_w *(Abb. 27.1)* sind reine Zahlen. c_w war bei einem offenen Auto um 1900 etwa 1,2, liegt bei heutigen Limousinen um 0,35 und kann bei „windschnittiger" Verkleidung auf 0,15 gesenkt werden. Bei Motorrädern ist $c_w \approx 0{,}7$, bei Lastzügen bis 1,5.

Beispiel: Eine Limousine ($c_w = 0{,}35$) hat die größe Querschnittfläche $A = 2{,}2$ m² und fährt mit 30 m/s gegen einen Wind mit 10 m/s. Die Luftdichte beträgt $\varrho = 1{,}25$ g/dm³. Die Strömungsgeschwindigkeit ist $v = 40$ m/s und der Luftwiderstand

$$F_w = \tfrac{1}{2} c_w \cdot A \cdot \varrho \cdot v^2 = \tfrac{1}{2}\, 0{,}35 \cdot 2{,}2 \text{ m}^2 \cdot 1{,}25 \,\tfrac{\text{kg}}{\text{m}^3} \left(40\,\tfrac{\text{m}}{\text{s}}\right)^2 = 770 \,\tfrac{\text{kgm}}{\text{s}^2} = 770 \text{ N (Gl. 52.1)}.$$

Beim Annähern an die Schallgeschwindigkeit steigt der Luftwiderstand stärker an, als es dem Quadrat der Geschwindigkeit entspricht; der Körper hat die sogenannte *Schallmauer* zu überwinden. Die Luft wird dabei in zunehmendem Maße vor dem Körper komprimiert und erhitzt. Raumkapseln, die in die Erdatmosphäre eindringen, brauchen deshalb einen temperaturbeständigen Hitzeschild. Flugzeuge, deren Außenhaut aus Aluminiumlegierungen besteht, dürfen auf die Dauer 2400 km/h, solche aus Titanlegierungen 3000 km/h nicht überschreiten. — Ein ruhender Beobachter hört die entstehende *Stoßwelle* als peitschenähnlichen Knall (Düsenknall).

Aufgaben:

1. *Welche Reibungskraft braucht man, um einen Schlitten von 70 kg Masse mit Stahlkufen auf Eis (langsam) in Bewegung zu setzen beziehungsweise mit konstanter Geschwindigkeit zu ziehen?*

2. *Welchen Neigungswinkel muß man einer schiefen Ebene geben, damit ein auf ihr liegender Körper gerade zu gleiten beginnt? Gleitet er dann mit konstanter Geschwindigkeit oder beschleunigt? — Wie groß muß der Neigungswinkel sein, damit der Körper nach einem Stoß mit konstanter Geschwindigkeit gleitet? ($f_h = 0{,}6$; $f_{gl} = 0{,}45$).*

3. *Warum muß man zwischen einer beliebigen Haftreibungskraft F_h und ihrem Maximalwert $F_{h,\,max}$ unterscheiden (Versuch 18)?*

4. *Warum können die Reibungszahlen in Gl. 27.1 und 27.2 als Proportionalitätsfaktoren bezeichnet werden? Warum sind es reine Zahlen?*

5. *Wie groß ist die Bremskraft eines Autos (1000 kg) bei blockierten Reifen, wenn die Straße trocken, naß oder vereist ist?*

6. *Nach Abb. 28.1 liegt ein Stab auf beiden Zeigefingern. Führt man die Hände zusammen, so gleitet abwechselnd jeweils nur ein Finger. Beide treffen sich nahe dem Schwerpunkt. Erklären Sie dies! Wovon hängt jeweils die Größe der Normalkraft, die auf einen Finger wirkt, ab?*

28.1 Zu Aufgabe 6

7. *Ein Torwart schießt den Ball (70 cm Umfang, 400 g) mit der Geschwindigkeit 25 m/s ab. Vergleichen Sie den Luftwiderstand mit der Gewichtskraft, die der Ball erfährt (Luftdichte 1,25 g/dm³)!*

8. *Bei welcher Geschwindigkeit wäre der Luftwiderstand so groß wie die Gewichtskraft des Balls in Aufgabe 7?*

9. *Der in Abb. 59.1 fotografierte Trichter hat die Masse 2,3 g und den Widerstandsbeiwert 0,87. Bei welcher Geschwindigkeit ist sein Luftwiderstand so groß wie die Gewichtskraft? (Querschnittsfläche des Trichters 50 cm²)*

10. *Auf welchen Bruchteil würde der Luftwiderstand in Aufgabe 7 sinken, wenn man den Ball bei gleicher Querschnittsfläche A stromlinienförmig umkleiden würde? — Bei welcher Geschwindigkeit wären dann Luftwiderstand und Gewichtskraft gleich groß?*

Dynamik

§ 6 Registrierung des zeitlichen Bewegungsablaufs

1. Bewegung relativ zu einem Bezugssystem

Man wartet im Zug auf die Abfahrt, doch bewegt sich ein Nachbarzug. Erst ein Blick auf den Bahnsteig zeigt, ob nicht der eigene Zug in entgegengesetzter Richtung anfuhr (relativ zur Erde). Neben mir steht ein Stuhl. Ich sehe, daß er in Ruhe ist. Wie ich aber weiß, dreht er sich mit der Erde, bewegt sich mit ihr um die Sonne, fliegt mit der Sonne innerhalb der Milchstraße und mit ihr im Weltraum fort. Die Mondfahrer konnten vom Mond aus sehen, wie sich die Erde um ihre Achse dreht, wie sich also die Kontinente bewegen, während die Menschheit jahrtausendelang überzeugt war, daß die Erde ruhe. Je nach dem Standpunkt, den ein Beobachter einnimmt, beschreibt er die Bewegung eines Körpers ganz verschieden.

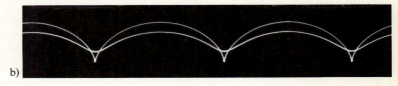

a) b)

29.1 Bewegung zweier Punkte eines rollenden Rades a) von einem mitfahrenden, b) von einem auf dem Boden stehenden Fotoapparat aus gesehen.

Nach *Abb. 29.1* sind an einem rollenden Rad zwei Lämpchen angebracht. Man fotografierte es bei Nacht und öffnete dabei den Verschluß längere Zeit. Als dabei der Fotoapparat auf gleicher Höhe neben dem Rad mitfuhr, erhielt man zwei konzentrische Kreise als Bahnpunkte der Lämpchen *(Abb. 29.1a)*. Ein auf dem Boden stehender Apparat lieferte dagegen **Zykloiden** (Radlinien) nach *Abb. 29.1b*. Die Spitzen der einen Zykloide geben die Punkte an, in denen das umlaufende Lämpchen den Boden kurz berührte. Ihr Abstand ist gleich dem Umfang $U = 2\pi r$ des Rades, die Höhe h gleich dem Raddurchmesser $2r$. In beiden Fällen stellt der Fotoapparat jeweils ein anderes **Bezugssystem** dar, *von dem aus die Bewegung des Rades völlig anders registriert wird*. Vorläufig wollen wir alle Bewegungen von der ruhend gedachten Erdoberfläche aus betrachten; sie gibt uns das bequemste Bezugssystem. Verwenden wir ein anderes, so werden wir dies ausdrücklich angeben.

> Bewegungen beschreibt man stets als Ortsveränderungen gegenüber einem Bezugssystem. Vorläufig verwenden wir als Bezugssystem den ruhend gedachten Experimentiertisch, häufig *„Laborsystem"* genannt.

2. Die Bahnkurve und der zeitliche Bewegungsablauf

Wir wollen nun genauer sehen, wie man die Bewegung, das heißt die Ortsveränderung relativ zu einem Bezugssystem, beschreiben kann. *Abb. 29.1b* zeigte die *Bahnkurven* von Radpunkten relativ zur Erde. Die Bahnkurve eines Zugs ist durch den Schienenverlauf bestimmt. Kennt man die Bahnkurve, so weiß man allerdings noch nicht, zu welchem Zeitpunkt der bewegte Körper eine bestimmte Stelle passiert; man weiß auch nicht, wie schnell er sich bewegt. Man kennt also mit der Bahnkurve noch nicht den *zeitlichen Bewegungsablauf*. Für einen fahrplanmäßig verkehrenden Zug entnehmen wir ihn dem Fahrplan. Dieser ordnet einzelnen Punkten der Bahnkurve entsprechende Uhrzeiten zu. Wir wollen nun eine Reihe von Verfahren kennenlernen, mit denen man Bewegungsabläufe mit recht guter Genauigkeit registrieren kann:

Versuch 19: Ein Wagen fährt langsam auf einer geraden Fahrbahn; die Bahnkurve ist eine Gerade. Währenddessen gibt ein Metronom Sekundenschläge. Man begleitet den Wagen mit der Hand und bringt bei jedem Sekundenschlag einen Kreidestrich an der Fahrbahn an (siehe Mittelstufenband Seite 18). An jedem Strich kann man anschließend vom (willkürlich gewählten) Zeitpunkt $t=0$ aus die Fahrzeiten vermerken.

Versuch 20: Viel genauer kann man den Bewegungsablauf mit *Staubfiguren* registrieren *(Abb. 30.1)*. Hierzu läßt man den Wagen einen kleinen Metallstreifen mit seiner scharfen Unterkante quer über eine sogenannte Spurenschiene ziehen. Sie besteht aus Aluminium und ist mit einem nicht leitenden schwarz gefärbten Bezug aus Aluminiumoxid überzogen (Eloxal). Auf die Spurenschiene wird Lykopodium (ein sehr feines gelbes Pulver) gleichmäßig gestreut. Zwischen diese Spurenschiene und die Kante des Metallstreifens legt

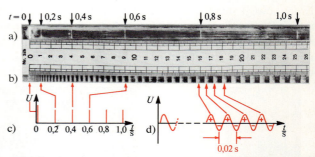

30.1 Spurenmarken eines beschleunigt anfahrenden Wagens: a) durch Spannungsstöße im Abstand von 0,2 s, b) durch Wechselspannung mit 50 Hz geschrieben

man über Sicherheitswiderstände von etwa 10^6 Ohm die Wechselspannung des Netzes mit der Frequenz 50 Hz, das heißt mit 50 Perioden je Sekunde *(Abb. 30.1d)*. Durch das Auftragen und Verreiben werden die Staubteilchen elektrisch *geladen*, zum Beispiel negativ. Wenn die Schiene während einer 1/100 Sekunde durch die Wechselspannung *positiv* geladen ist, zieht sie die Staubteilchen an; es bildet sich eine im allgemeinen scharf begrenzte helle Marke *(Abb. 30.1b)*. Während der nächsten 1/100 Sekunde ist die Schiene negativ geladen und stößt die ebenfalls negativ geladenen Staubteilchen zum darüberfahrenden positiv geladenen Metallstreifen des Wagens ab: die Spurenschiene ist schwarz. Die scharfen Anfangsmarken der hellen Spuren werden also in Zeitabständen von $\Delta t = \frac{2}{100}$ s $= \frac{1}{50}$ s geschrieben. Sie erlauben eine genaue Aufnahme des Bewegungsablaufs bei schnell fahrenden Wagen mit Hilfe vieler Zeitmarken. Je schneller der Wagen fährt, um so weiter liegen diese auseinander; um so größer ist nämlich der Weg Δs, der in $\frac{1}{50}$ s zurückgelegt wird. Bei diesem Verfahren fließt kaum Strom. — Besondere Taktgeber liefern sehr kurze Spannungsimpulse in Abständen von $\Delta t = 0{,}2$ s und ermöglichen es, auch langsamere Bewegungen zu registrieren *(Abb. 30.1a und c)*. Beachte: $\Delta t = t_2 - t_1$ ist das Symbol für einen Zeitabschnitt und nicht etwa ein Produkt!

Versuch 21: Man kann die Spurenschiene durch Papier ersetzen, dem eine dünne Metallschicht (meist Zink) aufgedampft wurde. Der fahrende Wagen zieht eine feine Spitze darüber. Zwischen das metallisierte Papier und die Spitze legt man etwa 20 V Wechselspannung. In den positiven wie auch negativen Spannungsmaxima ist die Stromstärke so groß, daß die Metallschicht auf dem

Papier unter Funkenbildung verdampft und eine Spur hinterläßt. Da dieser Vorgang von der Polung unabhängig ist, erhält man in 1 s genau 100 schwarze Spuren (statt 50 wie in Versuch 20). Je schneller der Wagen fährt, um so weiter liegen diese auseinander. Mit besonderen Netzgeräten lassen sich auch Stromstöße in Abständen von 0,1 s und von 0,01 s Dauer erzeugen.

Versuch 22: Bei sehr genauen Fahrbahnversuchen (Seite 51) stört die wenn auch nur geringe Reibung zwischen dem Metallbügel und dem Papier. Dann läßt man den Wagen eine Nadel in etwa 1 mm Abstand über den ruhenden Metallpapierstreifen ziehen. In konstanten Zeitabständen (zum Beispiel 0,1 s) legt ein Netzgerät kurzzeitige Spannungsstöße von etwa 6 kV (Vorsicht!) zwischen Nadel und Metallpapier. Sie brennen unter Funkenbildung schwarze Punkte in das Papier und erlauben so eine exakte Registrierung des Bewegungsablaufs.

§7   Der Trägheitssatz

Wir können nun nach vielerlei Verfahren den Bewegungsablauf registrieren und sehen sofort, ob der Wagen schneller oder langsamer wird. Besonders wichtig ist dabei die Frage, unter welchen Bedingungen ein bewegter Körper seine Geschwindigkeit beibehält. Diese Frage wurde erst vor etwa 300 Jahren klar beantwortet, und mit dieser Antwort begann im Grunde die wissenschaftliche Erforschung der Bewegungsvorgänge. Einen Sonderfall können wir sofort klären, nämlich die Frage, wann der Wagen in Ruhe verharrt:

1.   Das Verharren in der Ruhe

Beim Studium der Kräfte fanden wir, daß ein Körper dann in Ruhe bleibt, wenn die Resultierende der an ihm angreifenden Kräfte der Nullvektor ist. Selbstverständlich bliebe er auch in Ruhe, wenn überhaupt keine Kraft an ihm angreifen würde; doch ist dies in unserem Erfahrungsbereich wegen der stets vorhandenen Schwerkraft nirgends erfüllt. — Kommt jedoch der Wagen auf der Fahrbahn in Bewegung, so suchen wir sofort nach einer von außen auf ihn einwirkenden *Ursache*, etwa nach einem Luftzug, nach der Anziehungskraft eines versteckten Magneten oder nach dem Hangabtrieb bei geneigter Bahn. Wir sind aufgrund vielfältiger Erfahrung überzeugt, daß der Körper nicht „*von selbst*" in Bewegung kommt. Auch *innere Kräfte*, wie zum Beispiel die im Motor bei der Explosion des Gasgemischs auftretenden Kräfte, setzen als solche das Auto nicht in Bewegung. Sie wecken aber die reactio des Bodens, welche *als äußere Kraft* das Fahrzeug antreibt. Bei Glatteis fehlt diese äußere Kraft bekanntlich weitgehend.

2.   Das Verharren in der Bewegung mit konstanter Geschwindigkeit

Ein Ball rollt über eine Rasenfläche; unregelmäßig verläßt er seine jeweilige Richtung, manchmal nach rechts, manchmal nach links. Wenn wir genau hinsehen, so finden wir als Ursache hierfür Bodenerhebungen und sonstige Hindernisse, die durch äußere Kräfte den Ball zur Seite lenken;

gleichzeitig wird er immer langsamer. Auf einer glatten Eisfläche dagegen behält der Ball seine Bewegungsrichtung bei; hier fehlen ablenkende Kräfte weitgehend. Der Ball wird dabei auch nur allmählich langsamer. Wenn man auf einer waagerechten Straße den Motor eines Autos auskuppelt, so wird es ebenfalls langsamer und kommt schließlich zum Stehen. Dies könnte zwei Gründe haben:

a) Die Körper könnten „von sich aus" zur Ruhe kommen. Dies nahm der griechische Philosoph *Aristoteles* (384 bis 322 v. Chr.) an. Nach seiner Auffassung, die auch im Mittelalter als richtig angesehen wurde, braucht man einen ständigen Antrieb — wir sagen heute eine Kraft — um Körper in Bewegung zu halten.

b) Es könnte sein, daß die Körper erst durch *äußere Kräfte*, etwa durch Reibungs- und Luftwiderstandskräfte, abgebremst werden. Ohne solche von außen auf sie einwirkende Kräfte würden sie eine einmal erhaltene Geschwindigkeit beibehalten.

Für die zweite Auffassung spricht, daß eine angestoßene Kugel zwar auf einem weichen Sandboden schnell zur Ruhe kommt, auf einer Eisfläche dagegen um so weiter rollt, je glatter die Fläche ist. Dann ist die Hemmung durch äußere Kräfte, die der Bewegungsrichtung entgegen auf die Kugel einwirken, geringer. Im nahezu leeren Weltraum fehlen solche Bremskräfte fast ganz. Ein Nachrichtensatellit wird deshalb auf seiner Bahn ohne Antrieb kaum langsamer. Eine solche fast reibungslose Bewegung können wir auf einer sogenannten *Luftkissenplatte* herstellen:

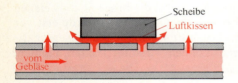

32.1 Die Scheibe gleitet reibungsfrei auf dem Luftkissen (dunkelrot), das die ausströmende Luft unter ihr bildet.

32.2 Gleichförmige, kräftefreie Bewegung auf dem Luftkissen. Die Scheibe wurde bei länger geöffnetem Verschluß des Fotoapparats durch Blitze in gleichen Zeitabständen belichtet.

Versuch 23: Auf einer horizontalen Platte kommt eine angestoßene Scheibe durch Reibung auf der Unterlage schnell zur Ruhe. Wenn man aber durch viele feine Löcher in der Platte (weiße Punkte in *Abb. 32.2*) Luft unter die Scheibe bläst, so wird sie ein wenig angehoben und verliert ihre Berührung mit der Unterlage und damit die Reibung. Sie schwebt auf einem *Luftkissen*. Nur wenn die Platte exakt horizontal liegt, bleibt die Scheibe in Ruhe. Hat man sie etwas angestoßen, so wirkt nur noch der Luftwiderstand, der jedoch bei kleinen Geschwindigkeiten sehr gering ist (bei $v = 1$ cm/s beträgt er weniger als 1 Millionstel der Gewichtskraft der Scheibe). In *Abb. 32.2* wurde die Scheibe in genau gleichen Zeitabständen durch Blitze beleuchtet. Auf dem Foto erkennt man (bei länger geöffnetem Verschluß):

a) Die Scheibe fährt exakt geradlinig weiter; sie bleibt also in der ursprünglichen Bewegungsrichtung;

b) sie legt ferner in gleichen Zeiten gleichlange Wege zurück.

Die Scheibe behält also ihre Geschwindigkeit nach Betrag und Richtung bei. Ihr Bewegungszustand ändert sich nicht von selbst. Man sagt, sie habe **Beharrungsvermögen,** sie sei **träge.** Diese wichtige Aussage formulierte Isaak Newton *(Abb. 8.1)* als das 1. Axiom (Grundgesetz) der Mechanik im berühmten **Trägheitssatz** (1686):

§ 7 Der Trägheitssatz 33

> **Jeder Körper behält den Betrag seiner Geschwindigkeit und seine Bewegungsrichtung bei, wenn er nicht durch *äußere* Kräfte gezwungen wird, seinen Bewegungszustand zu ändern; er ist träge.**
> ***Umkehrung:*** **Wenn ein Körper Betrag oder Richtung seiner Geschwindigkeit ändert, so wird dies durch *äußere* Kräfte verursacht.**

Wenn ein Magnet ein Stück Eisen festhält, so sind in diesem System starke innere Kräfte wirksam. Sie können das System jedoch nicht in Bewegung setzen (Seite 19). Wir müssen also auch in der Dynamik streng zwischen inneren und äußeren Kräften unterscheiden.

3. Inertialsysteme

Für uns ist es selbstverständlich, daß ein Körper ohne Einwirkung einer äußeren Kraft im Zustand der Ruhe verharrt. Das Verharren in der Bewegung scheint jedoch der täglichen Erfahrung zu widersprechen. Es ist für uns ungewohnt. Außerdem konnten wir es nicht exakt durch Experimente bestätigen; denn selbst bei der Luftkissenplatte nimmt die Geschwindigkeit bei genauem Hinsehen langsam ab. Man erklärt dies durch die verbleibenden geringen Luftwiderstandskräfte. Durch einen Trick kann man sie ausschalten:

In einem schnell mit konstanter Geschwindigkeit geradeaus fahrenden D-Zug liegt eine Kugel auf ebener, glatter Unterlage. Wenn keine Kraft auf sie wirkt, bleibt sie – relativ zum Zug – in Ruhe. Im geschlossenen Wagen wirkt auf sie auch kein Fahrtwind, da sich die Luft mitbewegt. Ein *mitfahrender Beobachter*, der von der Fahrt des Zuges absieht, stellt fest, daß die Kugel kräftefrei im Zustand der Ruhe verharrt. Ein *außenstehender Beobachter* sieht durch das Fenster, wie die Kugel mit konstanter Geschwindigkeit an ihm vorbeifährt. Was der außenstehende Beobachter als Verharren in der Bewegung ansieht, kann der im Zug mitfahrende Beobachter als Verharren in der Ruhe auffassen. *Der Trägheitssatz umfaßt beide Betrachtungen gleichermaßen;* sie sind von ihm aus gesehen gleichberechtigt. Jeder der beiden Beobachter befindet sich in einem Bezugssystem, in dem der Trägheitssatz gilt, in einem sogenannten **Inertialsystem** (inertia, lat.; Trägheit). Jedes der beiden Bezugssysteme ist also hinsichtlich der zum Beschleunigen nötigen Kräfte völlig gleichberechtigt und nicht vom anderen zu unterscheiden.

Ein schnell bremsender Zug ist jedoch kein Inertialsystem; in ihm rollt die Kugel wegen ihrer Trägheit in der Fahrtrichtung weiter. Der mit dem Zug abgebremste Beobachter könnte glauben, die Kugel würde sich *von selbst* nach vorn in Bewegung setzen, der Trägheitssatz sei verletzt; denn er findet keinen Körper, der auf die Kugel nach vorne eine Kraft ausübt. — Wenn umgekehrt der Zug plötzlich schneller wird, so bleibt die Kugel gegenüber dem Eisenbahnwagen zurück; es wirkt keine äußere Kraft auf sie. — In einer scharfen Rechtskurve rutschen Gegenstände in der Hutablage eines Autos nach links; Mitfahrer könnten glauben, daß auf sie in der Kurve eine Kraft nach außen wirkt *(Abb. 33.1).*

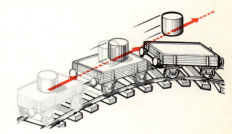

33.1 Die Tonne rutscht wegen ihrer Trägheit in der Rechtskurve von der Ladefläche.

Auch bei schneller Fahrt auf dem rotierenden Karussell haben wir den Eindruck, nach außen gezogen zu werden und sprechen von einer nach außen gerichteten *Zentrifugalkraft.* Mit ihr erleben wir aber keine von außen auf uns wirkende Kraft (wer sollte sie schon ausüben?), sondern nur das Beharrungsvermögen unseres Körpers, der ständig aus der jeweiligen Bewegungsrichtung in eine andere gezwungen wird. Mit dieser Zentrifugalkraft beschäftigen wir uns später (Seite 127). Vorerst beschreiben wir Bewegungen nur von Inertialsystemen aus, in denen zum Beispiel keine Zentrifugalkräfte auftreten.

> *Definition:* Unter einem Inertialsystem versteht man ein Bezugssystem, von dem aus gesehen der Trägheitssatz gilt, das heißt, in dem jede Änderung des Bewegungszustands eines Körpers nur durch äußere Kräfte verursacht wird.

Inertialsysteme sind zum Beispiel ein Zug, der mit beliebig großer, aber konstanter Geschwindigkeit geradeaus fährt, aber auch ein Zug, der relativ zum Erdboden in Ruhe ist, oder einfach die Erdoberfläche. Da die Erde rotiert, ist allerdings ihre Oberfläche strenggenommen kein Inertialsystem. Doch sind die Abweichungen von der Geradlinigkeit so klein, daß wir sie später nur mit sehr empfindlichen Hilfsmitteln nachweisen können (Seite 149). Als sehr gutes Inertialsystem sieht man den Fixsternhimmel an.

> **Die Erde und alle relativ zu ihr gleichförmig bewegten Bezugssysteme können angenähert als Inertialsysteme angesehen werden.**

4. Beispiel

Auf einer ebenen, geraden Straße fährt ein Wagen mit der konstanten Geschwindigkeit vom Betrag $v = 60$ km/h *(Abb. 34.1)*. Der Motor zieht dabei mit der Kraft $F = 500$ N und gleicht so Reibung und Luftwiderstand $(F_R + F_L)$ aus. Dieses Gleichgewicht wird gestört, sobald man mittels des Gaspedals die Motorkraft auf $F = 1000$ N erhöht. Dadurch vergrößert sich die Geschwindigkeit

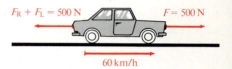

34.1 Kräftegleichgewicht bei konstanter Geschwindigkeit

aber nur langsam, da das Beharrungsvermögen des Wagens zu überwinden ist (auf Seite 50 werden wir hierfür ein quantitatives Maß finden). Mit zunehmender Geschwindigkeit steigt vor allem der Luftwiderstand F_L, wie jeder vom Radfahren her weiß. Sind zum Beispiel bei 80 km/h die bewegungshemmenden Kräfte $F_R + F_L$ ebenfalls auf 1000 N angewachsen, dann tritt erneutes Gleichgewicht ein. Der Wagen fährt dann mit der konstanten Geschwindigkeit 80 km/h weiter. Wenn man den Motor abstellt, so bleibt der Wagen nicht plötzlich stehen. Infolge seines Beharrungsvermögens müßte er die Geschwindigkeit nach Betrag und Richtung beibehalten. Aber Reibung und Luftwiderstand verzögern die Bewegung. Sie bringen den Wagen schließlich zum Halten, da sie der Bewegung entgegengesetzt gerichtet sind.

> **Reibung und Luftwiderstand sind Kräfte. Wenn sie der Bewegung entgegenwirken, wird der Körper langsamer, sofern ihnen nicht Kräfte in der Bewegungsrichtung das Gleichgewicht halten.**

5. Rückschau

Der Trägheitssatz sagt aus, daß die Körper ihren Bewegungszustand „von sich aus" nicht ändern, sondern nur durch Kräfte, die *von außen* auf sie wirken. Allerdings konnten wir diesen Satz nicht mit letzter Genauigkeit experimentell bestätigen, da sich in unserem Erfahrungsbereich der Luftwiderstand nicht ganz ausschalten läßt. Der Trägheitssatz stellt vorläufig eine *Idealisierung* vielfältiger Erfahrungen dar. Wenn wir ihn trotzdem hier aussprechen, so zeigen wir zugleich, wie man häufig in der Physik vorgeht: *Aus wenigen an der Erfahrung mehr oder weniger genau erwiesenen Sätzen (sogenannten Axiomen, Seite 81) werden logische, meist mathematisch formulierte Folgerungen gezogen und diese durch bisweilen sehr genaue Versuche nachgeprüft.*

Wenn sich diese Folgerungen ausnahmslos bestätigen, so steigt die Sicherheit, daß die Sätze, von denen man ausging, richtig sind. — Ein weiterer, ebenfalls von *Newton* aufgestellter Grundsatz ist der Satz über actio und reactio. Im wesentlichen brauchen wir nur noch ein weiteres Grundgesetz, um aus diesen drei Pfeilern das Lehrgebäude der Mechanik aufzubauen. Hierzu ist es aber nötig, daß wir uns vorher noch genauer mit Bewegungsvorgängen beschäftigen.

Aufgaben:

1. Man wirft in einem geschlossenen, mit konstanter Geschwindigkeit fahrenden Eisenbahnwagen einen Ball senkrecht in die Höhe. Warum kommt er wieder in die Hand, obwohl diese sich in der Zwischenzeit weiter bewegt hat? Was geschieht, wenn der Wagen unterdes schneller oder langsamer wird? Was zeigt sich, wenn man den Versuch in einer nicht überhöhten Kurve ausführt? Warum läuft der Versuch auf einem offenen Lastwagen anders ab?

2. Unvorsichtige Reisende öffnen die Türen eines Zuges noch während er bremst. Gelingt dies bei den beiden Türen nach Abb. 35.1 gleich gut? Ist hieran der Luftwiderstand schuld?

35.1 Zu Aufgabe 2

§8 Die Geschwindigkeit als Vektor; Momentangeschwindigkeit

1. Konstante Geschwindigkeit an der Fahrbahn

Versuch 24: Auf einer genau waagerechten Bahn ist ein Wagen leicht beweglich; seine Räder sind spitzengelagert, oder er gleitet auf einem Luftkissen *(Abb. 32.1)*. Wir stoßen ihn an und überlassen ihn dann sich selbst. Infolge der Reibung und des unvermeidlichen Luftwiderstands wird er langsamer. Um die hemmenden Kräfte auszugleichen, kann man die Bahn leicht neigen, oder man befestigt am Wagen einen Faden, der über eine Rolle läuft und an den man Wägestücke hängt. Wenn dieser *Reibungsausgleich* richtig gewählt ist, führt der angestoßene Wagen eine sogenannte **gleichförmige Bewegung** aus; er wird weder schneller noch langsamer. Dies zeigt eine der auf Seite 30 und 31 beschriebenen Registriereinrichtungen mit großer Genauigkeit.

2. Die Geschwindigkeit als Vektorgröße

In der Umgangssprache versteht man unter der Geschwindigkeit nur ein Maß dafür, wie schnell sich ein Körper bewegt; über die Richtung der Bewegung sagt man dabei nichts aus. Nach dem Trägheitssatz braucht man jedoch nicht nur Kräfte, um Körper schneller oder langsamer werden zu lassen, sondern auch, um sie in eine andere Richtung zu lenken. Deshalb faßt man in der Physik die Geschwindigkeit grundsätzlich als Vektorgröße auf, der man Betrag und Richtung zuschreibt: Ein Wagen bewege sich auf einer geraden Bahn nach rechts gleichförmig. In der Zeit t legt er die vom (willkürlich gewählten) Nullpunkt 0 aus gemessene, gerichtete Wegstrecke $\vec{s}$ zurück, die wir als Vektor auffassen, in der Zeit $n \cdot t$ also den Weg $n \cdot \vec{s}$ (Abb. 36.1). Der Quotient aus Weg und Zeit ist nach Betrag und Richtung konstant. Dabei kann n beliebig sein (in Abb. 36.1 ist $n=5$).

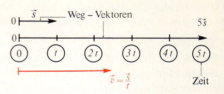

36.1 Die Geschwindigkeit als Vektor (rot) entsteht bei der gleichförmigen Bewegung aus den Weg-Vektoren (schwarz).

Man nennt den Quotienten $\vec{v} = \dfrac{\vec{s}}{t} = \dfrac{n \cdot \vec{s}}{n \cdot t}$ die Geschwindigkeit. Sie ist wie der Weg $\vec{s}$ ein Vektor[1]) und wird durch einen Pfeil in Richtung von $\vec{s}$ dargestellt.

Die Vektorgleichung $\vec{v} = \dfrac{\vec{s}}{t}$ faßt zwei Beziehungen zusammen:

a) Der Betrag v der Geschwindigkeit $\vec{v}$ ist gleich dem Quotienten aus dem Betrag s des Vektors $\vec{s}$ durch die Zeit t. Für die Beträge gilt die Gleichung $v = \dfrac{s}{t}$. Man schreibt auch $|\vec{v}| = \dfrac{|\vec{s}|}{t}$.

b) Der Vektor $\vec{v}$ hat die Richtung des Vektors $\vec{s}$ (für $t>0$).

Definition: **Legt ein Körper in gleichen Zeitspannen auf einer Geraden gleiche Wegstrecken zurück, dann versteht man unter seiner Geschwindigkeit $\vec{v}$ den Quotienten aus der gerichteten Wegstrecke $\vec{s}$ und der zugehörigen Zeit t:** $\qquad \vec{v} = \dfrac{\vec{s}}{t}.$ \hfill (36.1)

Die Geschwindigkeit ist wie der Weg $\vec{s}$ eine Vektorgröße.

Aus Gleichung (36.1) folgt die Vektorgleichung $\vec{s} = \vec{v} \cdot t$.
Sie sagt aus: Multipliziert man den Vektor $\vec{v}$ mit dem Skalar t ($t>0$), so entsteht ein $\vec{v}$ gleichgerichteter Vektor, nämlich der Weg-Vektor $\vec{s} = \vec{v} \cdot t$. Die zugehörige Betragsgleichung lautet: $s = v \cdot t$ (Abb. 36.2).
Damit können wir den Trägheitssatz exakt und kurz formulieren:

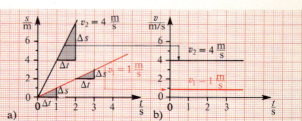

36.2 a) Weg-Zeit-Diagramm, b) Geschwindigkeits-Zeit-Diagramm bei der gleichförmigen Bewegung. Über die Bezeichnungen s/m und t/s an den Achsen siehe *Abb. 40.1!*

Ein Körper, auf den keine äußere Kraft wirkt oder an dem sich die von außen wirkenden Kräfte das Gleichgewicht halten, führt eine Bewegung aus, deren Geschwindigkeitsvektor $\vec{v}$ konstant ist. Man nennt sie eine gleichförmige Bewegung.

---

[1]) $n \cdot \vec{s}$ ist für $n>0$ ein zu $\vec{s}$ gleichgerichteter Vektor von n-facher Länge. Multipliziert man einen Vektor $\vec{s}$ mit einem positiven Skalar, zum Beispiel mit n oder $1/t$, so erhält man einen zu $\vec{s}$ gleichgerichteten Vektor, zum Beispiel

$$\frac{1}{t} \cdot \vec{s} = \frac{\vec{s}}{t} = \vec{v}.$$

3. Geschwindigkeitsvektoren auf gekrümmter Bahn

Bei einer Bewegung auf gekrümmter Bahn ändert der Geschwindigkeitsvektor $\vec{v}$ zumindest seine Richtung, auch wenn der Körper in gleichen Zeiten gleich lange Wege zurücklegt. Wie *Abb. 37.1* zeigt, ist $\vec{v}_1 \neq \vec{v}_2$.

Wenn der Geschwindigkeitsvektor dabei seine Länge beibehält, so müssen wir uns auf die Aussage beschränken, daß der Betrag der Geschwindigkeit konstant ist: $v_1 = v_2$.

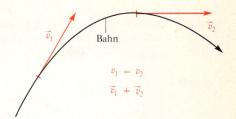

37.1 Auf gekrümmter Bahn gibt es keinen konstanten Geschwindigkeitsvektor.

Auf einer gekrümmten Bahn gibt es keinen konstanten Geschwindigkeitsvektor.

---

4. Die mittlere Geschwindigkeit

Bei einer Geschwindigkeitsmessung muß man nicht über die ganze Wegstrecke s vom Anfangspunkt 0 bis zur Kontrollstelle abstoppen *(Abb. 37.2)*, sondern nur über die Wegzunahme $\vec{s}_2 - \vec{s}_1$ zwischen zwei Kontrollmarken A und B. Die zugehörige Zeitzunahme sei $t_2 - t_1$. Für diese Differenz schreibt man kurz

$$\Delta \vec{s} = \vec{s}_2 - \vec{s}_1 \quad \text{bzw.} \quad \Delta t = t_2 - t_1.$$

Das Zeichen Δ (Delta) bedeutet Differenz.

Nach *Abb. 37.2* ist $\Delta \vec{s}$ eine Wegstrecke, die sich an $\vec{s}_1$ anschließt und folglich zu $\vec{s}_1$ addiert den Vektor $\vec{s}_2$ ergibt; denn aus $\Delta \vec{s} = \vec{s}_2 - \vec{s}_1$ folgt $\vec{s}_2 = \vec{s}_1 + \Delta \vec{s}$.

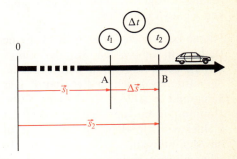

37.2 Mittlere Geschwindigkeit $\overline{\vec{v}} = \Delta \vec{s} / \Delta t$; es gilt: $\vec{s}_2 = \vec{s}_1 + \Delta \vec{s}$ oder $\Delta \vec{s} = \vec{s}_2 - \vec{s}_1$.

Zwischen den beiden Marken A und B berechnet man den Quotienten $\overline{\vec{v}} = \dfrac{\vec{s}_2 - \vec{s}_1}{t_2 - t_1} = \dfrac{\Delta \vec{s}}{\Delta t}$ (37.1).

Wir greifen nun zwei Beispiele für diesen Differenzenquotienten heraus:

a) Bei einer Bewegung mit konstantem Geschwindigkeitsbetrag (siehe Versuch 24) ist $v = \Delta s / \Delta t$ unabhängig von Größe und Lage der Strecke Δs auf der Bahn. Der Körper legt in der n-fachen Zeit $(n \cdot \Delta t)$ auch den n-fachen Weg $(n \cdot \Delta s)$ zurück: Dann bedeutet v in Gl. 37.1 den konstanten Geschwindigkeitsbetrag.

b) Wird der Körper auf seiner geraden Bahn schneller oder langsamer, so gibt $\dfrac{\Delta s}{\Delta t}$ die sogenannte **mittlere Geschwindigkeit** $\overline{v}$ an (manchmal auch **Durchschnittsgeschwindigkeit** genannt; der Autofahrer sagt „im Schnitt"). Darunter versteht man den konstanten Geschwindigkeitsbetrag $\overline{v} = \Delta s / \Delta t$, den ein Körper haben müßte, um (bei gleichförmiger Bewegung) in der gleichen Zeit Δt die gleiche Wegstrecke $\Delta s = \overline{v} \cdot \Delta t$ zurückzulegen. Diese mittlere Geschwindigkeit $\overline{v}$ hängt von der Größe und Lage der herausgegriffenen Strecke Δs ab. Dies erkennt man insbesondere bei der Anfahrbewegung eines Autos: Je weiter von der Startstelle entfernt eine Strecke Δs ist, über die man abstoppt, desto kürzer ist die gemessene Zeit Δt, also um so größer wird i. a. die mittlere Geschwindigkeit $\overline{v} = \Delta s / \Delta t$.

5. Die Momentangeschwindigkeit

a) Auch beim Anfahren kann der Autofahrer an seinem Tachometer in jedem Augenblick die jeweilige Geschwindigkeit ablesen. Diese **Momentangeschwindigkeit** v wollen wir nun aus Weg- und Zeitmessungen ermitteln:

Versuch 25: Nach *Abb. 39.1* wird ein Wagen durch den an den Faden gehängten Körper aus der Ruhe heraus beschleunigt. Mit einem der auf Seite 30 beschriebenen Verfahren registriert man zu vielen Zeitpunkten t den jeweiligen Ort des Wagens *(Abb. 38.1)*. Die Abstände der Registriermarken nehmen nach rechts ständig zu; der Wagen wurde immer schneller. Nun soll in einem bestimmten Punkt B ein Maß für die dortige Momentangeschwindigkeit v entwickelt werden:

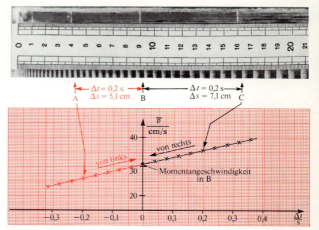

38.1 Bestimmung der Momentangeschwindigkeit v als Grenzwert von mittleren Geschwindigkeiten $\bar{v}$

Hierzu berechnen wir zunächst für eine Reihe von Intervallen BC_i der Länge Δs, die sich alle rechts an B anschließen, die mittleren Geschwindigkeiten $\bar{v}$. Der schwarze Pfeil greift ein Beispiel heraus und zeigt zum Schaubild in *Abb. 38.1*. Dort ist $\bar{v}$ über Δt aufgetragen. Man erkennt, wie zu erwarten, daß $\bar{v}$ abnimmt, wenn das Intervall Δs, das sich rechts an den festgehaltenen Punkt B anschließt, kleiner wird. Je kleiner dabei Δs ist, um so weniger ändert sich die Geschwindigkeit des Wagens im Meßintervall, um so besser beschreibt die berechnete mittlere Geschwindigkeit $\bar{v}$ das Geschwindigkeitsverhalten des Wagens im festgehaltenen Punkt B. Allerdings dürfen wir Δs nicht zu klein wählen, sonst fallen die Meßfehler zu sehr ins Gewicht. Wir können aber die schwarze Gerade nach links bis zum Schnitt mit der Ordinatenachse verlängern. Der Schnittpunkt mit ihr gibt als Grenzwert (limes, lat.; Grenze) der Durchschnittsgeschwindigkeiten den Wert $v = 30{,}5$ cm/s. Dieser Grenzwert wird als **Momentangeschwindigkeit** v im Punkt B definiert.

Definition der Momentangeschwindigkeit: $\quad \vec{v} = \lim\limits_{\Delta t \to 0} \dfrac{\Delta \vec{s}}{\Delta t}$ (38.1)

Ein weiteres Beispiel für solch eine Grenzwertbildung findet sich auf Seite 47. — Man kann die Versuche auch mit den Intervallen $A_i B$ *links* vom festgehaltenen Punkt B ausführen (roter Geradenteil in *Abb. 38.1*; $\Delta t < 0$). Bei der Bewegung eines Körpers erhält man für $\Delta t \to 0$ den gleichen Grenzwert $v = 30{,}5$ cm/s, jetzt „von links her". Erfahrungsgemäß ändert sich die Geschwindigkeit in einem Zeitpunkt nicht sprunghaft.

Bei der vorliegenden Anfahrbewegung erhält man die Momentangeschwindigkeit $v = 30{,}5$ cm/s in B schnell und genau, wenn man die mittlere Geschwindigkeit $\bar{v}$ eines *großen* Intervalls berechnet, das *zeitlich gesehen symmetrisch* zu B liegt. Dies gilt zum Beispiel für AC, da A um genau so viele Zeitmarken vor B liegt wie C dahinter. In *Abb. 38.1* ist in AC $\Delta t = 0{,}4$ s, $\Delta s = 12{,}2$ cm, $\bar{v} = \Delta s / \Delta t = 30{,}5$ cm/s stimmt mit der Momentangeschwindigkeit v in B überein. Dies gilt nur für die vorliegende Anfahrbewegung; Beweis auf Seite 47.

b) Experimentell ist es viel bequemer, die im Punkt B erreichte Momentangeschwindigkeit nach dem *Trägheitssatz* zu „konservieren":

Versuch 26: Die Anfahrbewegung des Wagens in Versuch 25 wird wiederholt; die Reibung ist durch Neigen der Bahn ausgeglichen. Nun nimmt man exakt im Punkt B, in dem man die Momentangeschwindigkeit messen will, die Antriebskraft F weg, indem man den Antriebskörper auf eine waagerechte Platte P aufsetzen läßt *(Abb. 39.1)*. Da nun die Ursache für einen weiteren Geschwindigkeitszuwachs fehlt, behält der Wagen die in B erreichte Momentangeschwindigkeit v bei. Diese

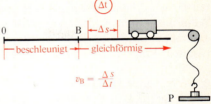

39.1 Bestimmung der Momentangeschwindigkeit in B nach dem Trägheitssatz

mißt man bequem und genau bei der sich anschließenden gleichförmigen Bewegung auf einer großen Strecke Δs. Diese Strecke kann sich unmittelbar an B anschließen, sie kann — bei einwandfreiem Reibungsausgleich — auch weiter rechts liegen. Das Ergebnis $v = \Delta s / \Delta t$ stimmt mit dem Grenzwert $v = 30{,}5$ cm/s aus *Abb. 38.1* überein.

§9 Die geradlinige Bewegung mit konstanter Beschleunigung

1. Das Weg-Zeit-Gesetz

Bisher untersuchten wir im wesentlichen die gleichförmige Bewegung. Bei ihr war (nach einem kurzen Anstoß) der Körper kräftefrei (die Resultierende der auf ihn wirkenden Kräfte war Null); nach dem Trägheitssatz führte er eine Bewegung mit konstantem Geschwindigkeitsvektor $\vec{v}$ aus. Nunmehr soll auf den Körper von der Ruhe aus ständig eine konstante Kraft $\vec{F}$ einwirken:

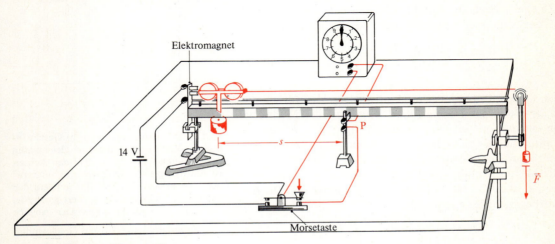

39.2 Anordnung zu Versuch 27

Versuch 27: Auf der Fahrbahn wird links ein Wagen (Masse 1 kg) von einem Elektromagneten festgehalten; vorher wurde die Reibung durch geeignetes Neigen der Bahn ausgeglichen. Am Wagen ist ein Faden befestigt, der rechts über eine Rolle gelegt und durch ein angehängtes Wägestück von 20 g Masse gespannt wird *(Abb. 39.2)*. Es erfährt die Gewichtskraft von $F = 0{,}196$ N. Diese konstante Kraft F setzt den Wagen und das Wägestück in Bewegung, wenn man auf die Morsetaste drückt und so den Strom im Elektromagneten (schwarze Leitung) ausschaltet. Gleichzeitig wird der Stromkreis der elektrischen Uhr (rot ausgezogene Leitung) geschlossen, und diese setzt sich gleichzeitig mit dem Start des Wagens in Gang. Der Wagen wird immer schneller; er führt eine **beschleunigte Bewegung** aus. Dabei legt er in der doppelten Zeit mehr als den doppelten Weg zurück.

Um das *Weg-Zeit-Gesetz* dieser beschleunigten Bewegung zu ermitteln, läßt man den Wagen nach einer vorgegebenen Strecke s eine kleine Kontaktplatte P berühren und so den Stromkreis der Uhr unterbrechen. Diese kommt sofort zum Stehen und gibt die vom Anfahrpunkt aus verstrichene Zeit t an. Wie die *Tabelle 40.1* zeigt, braucht der Wagen für die Anfahrstrecke $s = 0{,}100$ m die Zeit $t = 1{,}03$ s. Verdoppelt man die Anfahrstrecke auf $s = 0{,}200$ m und läßt den Wagen nochmals laufen, so braucht er 1,45 s, also weniger als die doppelte Zeit. Er wurde ja — im Gegensatz zur gleichförmigen Bewegung — immer schneller. Die doppelte Zeit, nämlich $t = 2{,}06$ s erhält man erst bei der 4fachen Anfahrstrecke $s = 0{,}400$ m. Zur 9fachen Anfahrstrecke 0,900 m wird die dreifache Zeit gebraucht. Die Anfahrstrecke s ist also dem Quadrat t^2 der Anfahrzeit t proportional; das heißt der Quotient

$$C = \frac{s}{t^2} = \frac{0{,}100 \text{ m}}{(1{,}03 \text{ s})^2} = \frac{0{,}400 \text{ m}}{(2{,}06 \text{ s})^2} = 0{,}0943 \frac{\text{m}}{\text{s}^2} \qquad (40.1)$$

ist konstant. Dies bestätigt an vielen Meßwerten die 3. Spalte in der *Tabelle 40.1*. Wenn man die Meßwerte in einem Weg-Zeit-Diagramm aufträgt *(Abb. 40.1a)*, so drängt sich als einfachste Beschreibung der *Parabelzweig* mit der Funktionsgleichung $s = C \cdot t^2$ (Gl. 40.1) auf. Er hat im Anfahr-(Null-)Punkt die t-Achse zur Tangente. Aus Gl. (40.1) folgt als *Weg-Zeit-Gesetz* für die vorliegende Bewegung:

$$s = C \cdot t^2 = 0{,}0943 \frac{\text{m}}{\text{s}^2} \cdot t^2. \qquad (40.2)$$

Tabelle 40.1
(Masse des Wagens $m_1 = 1{,}00$ kg, des Antriebskörpers $m_2 = 20$ g)

t in s	s in m	$s/t^2 = C$ in m/s²	v in m/s	$a = v/t$ in m/s²
0	0	—	0	—
1,03	**0,100**	0,0943	0,195	0,189
1,45	0,200	0,0951	0,270	0,186
1,78	0,300	0,0947	0,337	0,189
2,06	**0,400**	0,0943	0,384	0,187
2,30	0,500	0,0945	0,435	0,189
2,52	0,600	0,0945	0,476	0,189
2,91	0,800	0,0945	0,551	0,189
3,09	**0,900**	0,0943	0,590	0,191

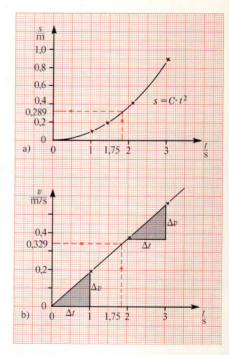

40.1 a) Weg-Zeit-Diagramm, b) Geschwindigkeits-Zeit-Diagramm bei der gleichmäßig beschleunigten Bewegung. Auf den Achsen ist zum Beispiel der Quotient s/m aufgetragen, der aus der Größe s (kursiv) und der Einheit m (steil) den Zahlenwert gibt: Aus $s = 0{,}8$ m folgt ja $0{,}8 = s/\text{m}$. Der Angabe $\frac{v}{\text{m/s}}$ entnimmt man, daß die Geschwindigkeit v in der Einheit m/s angegeben ist.

Versuch 28: Mit diesem Weg-Zeit-Gesetz kann man nun zu einer beliebigen Anfahrzeit t die zugehörige Anfahrstrecke s berechnen. Zum Beispiel folgt für $t=1{,}75$ s die Strecke

$$s = C \cdot t^2 = 0{,}0943 \, \frac{\text{m}}{\text{s}^2} \cdot (1{,}75 \text{ s})^2 = 0{,}289 \text{ m}.$$

Wir bringen an diese Stelle die Kontaktplatte P; der Wagen stoppt die Zeit $t=1{,}75$ s selbst ab.

2. Das Geschwindigkeits-Zeit-Gesetz

Da nunmehr die Geschwindigkeit ständig zunimmt, gibt der Quotient s/t nur die mittlere Geschwindigkeit auf der Anfahrstrecke s. Um die Momentangeschwindigkeit zum Beispiel bei $s=0{,}100$ m, das heißt bei $t=1{,}03$ s, zu messen, wenden wir das Verfahren von Versuch 26 an:

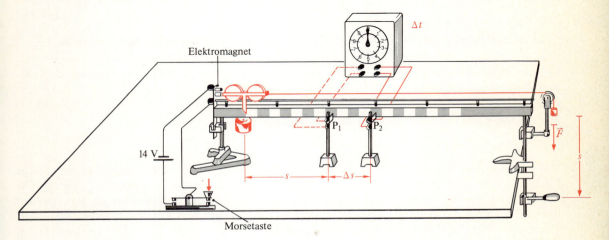

41.1 Anordnung zu Versuch 29

Versuch 29: Der beschleunigende Körper setzt auf einer Platte auf, während der Wagen nach dem Trägheitssatz mit der erreichten Momentangeschwindigkeit gleichförmig weiterfährt. Hierzu werden nach Durchlaufen der Anfahrstrecke s zwei Kontaktplatten P_1 und P_2 in größerem Abstand $\Delta s = 0{,}200$ m aufgestellt. Wenn der Wagen die linke Platte P_1 berührt, öffnet sich der linke Stromkreis zur Uhr (rot gestrichelt); die Uhr beginnt nun die Zeit Δt zu messen. Wenn der Wagen zur rechten Kontaktplatte P_2 kommt, öffnet sich der rote Stromkreis; die Uhr steht und zeigt Δt (die Anfahrzeit t wird nicht mehr gemessen; sie ist aus Versuch 27 bekannt). Die so nach verschiedenen Anfahrzeiten t erreichten Momentangeschwindigkeiten $v = \Delta s/\Delta t = 0{,}200$ m$/\Delta t$ sind in *Tabelle 40.1*, 4. Spalte, berechnet und im *Geschwindigkeits-Zeit-Diagramm* nach *Abb. 40.1b* aufgetragen. Wir sehen, die Momentangeschwindigkeit ist der Anfahrzeit t proportional; sie steigt also in gleichen Zeiten (nicht auf gleichen Strecken) um den gleichen Betrag an, im Beispiel um $\Delta v = 0{,}194$ m/s in jeweils $\Delta t = 1{,}03$ s. In der doppelten Zeit t wird die doppelte Geschwindigkeit erreicht und so weiter. Der Quotient

$$a = \frac{v}{t} = \frac{\Delta v}{\Delta t} = \frac{0{,}194 \text{ m/s}}{1{,}03 \text{ s}} = \frac{0{,}388 \text{ m/s}}{2{,}06 \text{ s}} = 0{,}188 \, \frac{\text{m}}{\text{s}^2} \qquad (41.1)$$

bleibt also bei der vorliegenden Bewegung konstant (5. Spalte in *Tabelle 40.1*).

Dieser Quotient $a = \Delta v / \Delta t$ gibt die Geschwindigkeitszunahme je Sekunde an und erhält die anschauliche Bezeichnung **Beschleunigung** a (acceleration, engl.; Beschleunigung). Sie beträgt im Versuch 27

$$a = 0{,}188 \, \frac{\text{m}}{\text{s}^2} = \frac{0{,}188 \text{ m/s}}{1 \text{ s}}.$$

Die zweite Schreibweise zeigt deutlich, daß die Geschwindigkeit in jeweils $\Delta t = 1$ s um $\Delta v = 0{,}188$ m/s steigt. Bei der vorliegenden geradlinigen Bewegung zeigen alle Geschwindigkeitsvektoren $\vec{v}_1, \vec{v}_2, \ldots, \vec{v}_n$ in die gleiche Richtung, desgleichen die Vektoren $\Delta \vec{v} = \vec{v}_2 - \vec{v}_1$ und so weiter der Geschwindigkeitszunahme. Man definiert deshalb hier die Beschleunigung $\vec{a}$ als Vektor in Richtung der Geschwindigkeitsänderung:

Definition: **Unter der konstanten Beschleunigung $\vec{a}$ versteht man den Quotienten aus der Geschwindigkeitsänderung $\Delta \vec{v}$ und dem zugehörigen Zeitabschnitt Δt:**

$$\vec{a} = \frac{\Delta \vec{v}}{\Delta t}; \quad \text{skalar} \quad a = \frac{\Delta v}{\Delta t}. \tag{42.1}$$

Die Beschleunigung gibt die Zunahme der Geschwindigkeit je Sekunde an. Ihre Einheit ist $1 \, \frac{\text{m}}{\text{s}^2}$.

Da die Bewegung aus der Ruhe beginnt (wenn $t = 0$, dann $v = 0$), lautet das Geschwindigkeits-Zeit-Gesetz nach Gl. (41.1)

$$v = a \cdot t. \tag{42.2}$$

Für $t = 1{,}75$ s folgt zum Beispiel bei der Beschleunigung $a = 0{,}188$ m/s²

$$v = a \cdot t = 0{,}188 \, \frac{\text{m}}{\text{s}^2} \cdot (1{,}75 \text{ s}) = 0{,}329 \, \frac{\text{m}}{\text{s}}.$$

Die im *Weg-Zeit-Gesetz* (Gl. 40.2) auftretende Konstante $C = s/t^2 = 0{,}0943$ m/s² hat die gleiche Einheit m/s² wie die Beschleunigung a, aber nur den halben Zahlenwert; es gilt $C = \frac{1}{2}a$ (vergleiche Spalte 3 und 5 in *Tabelle 40.1*). Wir werden auf Seite 46 begründen, daß dies für alle Bewegungen der vorliegenden Art (beschleunigende Kraft $F =$ konstant) gilt und können dann im Weg-Zeit-Gesetz $s = C \cdot t^2$ die Konstante C durch den geläufigen Begriff Beschleunigung a ersetzen. Dabei erhalten wir die Gleichung $s = \frac{1}{2} a \cdot t^2$. (Dies bestätigt auch *Tabelle 43.2* zu Versuch 30.)

Erfahrungssätze: **Wird ein Körper zur Zeit $t = 0$ von der Wegmarke $s = 0$ aus durch eine konstante Kraft $\vec{F}$ in Bewegung gesetzt, dann erhöht sich in jeder Sekunde der Betrag der Geschwindigkeit $\vec{v}$ um den gleichen Wert Δv. Die Beschleunigung ist nach Betrag und Richtung konstant; ihr Vektor $\vec{a}$ zeigt in Richtung der beschleunigenden Kraft $\vec{F}$. Zur Zeit t gelten bei dieser gleichmäßig beschleunigten Bewegung, die aus der Ruhe beginnt, die folgenden Gesetze:**

Geschwindigkeits-Zeit-Gesetz: $\qquad \vec{v} = \vec{a} \cdot t \qquad$ (42.3)

Weg-Zeit-Gesetz: $\qquad \vec{s} = \frac{1}{2} \vec{a} \cdot t^2 \qquad$ (42.4)

Wenn sich bei einer geradlinigen Bewegung die Geschwindigkeitszunahme in gleichen Zeitabständen ändert, so gibt der Quotient $\bar{a} = \Delta v / \Delta t$ die mittlere Beschleunigung an. Der Grenzwert von $\Delta \vec{v} / \Delta t$ für $\Delta t \to 0$ ist die Momentanbeschleunigung:

Definition der Momentanbeschleunigung:

$$\vec{a} = \lim_{\Delta t \to 0} \frac{\Delta \vec{v}}{\Delta t} \tag{42.5}$$

Versuch 30: Man erhält das Weg-Zeit-Gesetz auch mit einer selbständigen Zeitmarkenschreibung nach *Abb. 30.1*. Die zugehörigen Meßwerte zeigt *Tabelle 43.2*. — In ihrer 4. Spalte sind Weg-Elemente Δs eingetragen; sie wurden der 50Hz-Schreibung nach *Abb. 30.1b* in der Umgebung der scharfen s-Marken entnommen. Mit $\Delta t = 2/50\,\text{s} = 0{,}04\,\text{s}$ geben sie die Momentangeschwindigkeit v (6. Spalte) und die konstante Beschleunigung a (7. Spalte).

Tabelle 43.1 Werte einiger Beschleunigungen

Anfahren von Personenzügen	0,15 m/s²
Anfahren von D-Zügen	0,25 m/s²
Anfahren von U-Bahnen	0,6 m/s²
Anfahren von Kraftwagen (60 kW)	3 m/s²
Anfahren von Krafträdern (15 kW)	4 m/s²
Freier Fall	9,81 m/s²
Rennwagen	8 m/s²
Geschoß im Lauf	500000 m/s²

Tabelle 43.2
Masse des Wagens 0,95 kg, des Betriebskörpers 50 g

t in s	s in m	$\dfrac{s}{t^2} = C$ in m/s²	Δs in mm	Δt in s	v in m/s	$a = v/t$ in m/s²
0	0	—	—	—	0	—
0,2	0,010	0,250	4,0	0,04	0,10	0,50
0,4	0,041	0,256	8,4	0,04	0,21	0,52
0,6	0,089	0,247	11,6	0,04	0,29	0,48
0,8	0,160	0,250	16,0	0,04	0,40	0,50
1,0	0,250	0,250	20,4	0,04	0,51	0,51

3. Rückblick

Wir suchten nach Bewegungsgesetzen beim Anfahren eines Wagens, gezogen von einer konstanten Kraft *F*. Dabei fanden wir rein *induktiv*, also ohne eine Theorie heranzuziehen, daß sich die Meßwerte durch die Gleichungen (42.3) und (42.4) darstellen lassen. Die Streuung infolge der Meßfehler hätte aber auch Gleichungen wie

$$s = \frac{1}{2{,}01}\, a \cdot t^{1{,}98} \quad \text{oder} \quad s = \frac{1}{1{,}97}\, a \cdot t^{2{,}03}$$

zugelassen. Wir entschieden uns für den einfachsten Ansatz $s = \frac{1}{2} a \cdot t^2$, benutzten also die Hypothese, daß die Natur mit einfachen Gesetzen beschreibbar ist. Im folgenden prüfen wir, ob diese Hypothese zu gedanklichen Widersprüchen führt; später werden wir sie durch genauere Experimente zu bestätigen suchen (Seite 57). Immerhin konnten die Meßwerte in *Tabelle 40.1 und 43.2* durch das gleiche Gesetz (wenn auch mit anderen Konstanten) beschrieben werden, obwohl die Anordnungen verschieden waren.

Aufgaben:

1. Wie ändert sich Δs und damit das Schaubild nach Abb. 36.2a, wenn der Körper beschleunigt wird?
2. Vergleichen Sie die Quotienten $\dfrac{s}{t}$ und $\dfrac{\Delta s}{\Delta t}$! Wann stimmen sie überein? Wann ist ferner $\dfrac{s}{t} = \lim_{\Delta t \to 0} \dfrac{\Delta s}{\Delta t}$?
3. Bei einer 30 min dauernden Fahrt betrug die mittlere Geschwindigkeit 72 km/h. Ist durch diese Angabe der Weg eindeutig bestimmt, den das Auto in diesen 30 min zurücklegte? Wie steht es mit dem Weg in einer beliebigen Minute dieses Zeitintervalls?
4. Warum hat die Beschleunigung eine andere Einheit als die Geschwindigkeit?
5. Welches Schaubild erhält man, wenn man aus den Meßwerten nach Tabelle 43.2 *s* über t^2 aufträgt?
6. Ein Auto fährt mit der konstanten Beschleunigung 3,0 m/s² an. Welchen Weg hat es nach 4,0 s zurückgelegt? Wie groß ist dann seine Geschwindigkeit? — Wie weit bewegt es sich in den nächsten 5,0 s, wenn man nach 4,0 s Anfahrzeit die beschleunigende Kraft wegnimmt? Zeichnen Sie das *v-t*-Diagramm!

44 Dynamik

7. *Ein Zug erreicht aus der Ruhe nach 10 s die Geschwindigkeit 5 m/s. Wie groß ist seine als konstant angenommene Beschleunigung? Welchen Weg legt er in dieser Zeit zurück?*

8. *Ein anfahrender Wagen legt in den ersten 12 s durch eine konstante Kraft 133 m zurück. Wie groß ist die Beschleunigung? Welche Geschwindigkeit erreicht er nach 12 s?*

9. *Ein Körper erreicht bei konstanter Beschleunigung von der Ruhe nach 20 m Weg die Geschwindigkeit 20 m/s. Wie lange braucht er hierzu? (Stellen Sie zwei Gleichungen mit zwei Unbekannten auf!)*

10. *Berechnen Sie die Geschwindigkeit (in km/h) und den Weg des Kraftrads nach 2,0 s Anfahrzeit auf Grund der Tabelle 43.1!*

11. *Wie verhalten sich bei der gleichmäßig beschleunigten Bewegung die in der 1., 2., 3. und so weiter Sekunde zurückgelegten Wegstrecken?*

12. *Ein Körper legt in der 1. Sekunde aus der Ruhe heraus 20 cm, in der 2. Sekunde 60 cm, in der 3. 100 cm zurück. Welche Bewegung liegt vor (siehe Aufgabe 11)? Welche Geschwindigkeit hat er nach 1, 2, 3, 4 Sekunden?*

§ 10 Theoretische Untersuchung der Bewegungsgesetze

1. Mittelwertsbetrachtung

Auf Seite 42 lasen wir an Meßwerten (induktiv) ab, daß die Konstante $C = s/t^2$ halb so groß ist wie die Beschleunigung a. Um den Faktor $\frac{1}{2}$ in der Beziehung $C = \frac{1}{2}a$ und damit im Weg-Zeit-Gesetz $s = \frac{1}{2}a \cdot t^2$ zu verstehen, müssen wir den Zusammenhang zwischen diesem Gesetz und dem Geschwindigkeits-Zeit-Gesetz $v = a \cdot t$ theoretisch aufdecken. Hierzu formen wir $s = \frac{1}{2}a \cdot t^2$ um zu $s = \frac{1}{2}(a \cdot t) \cdot t$. Dabei gibt $(a \cdot t) = v$ die nach der Zeit t von der Ruhe ($v = 0$) aus erreichte Geschwindigkeit an. $\frac{1}{2}(a \cdot t)$ ist dann die mittlere Geschwindigkeit $\bar{v}$, das heißt der Mittelwert aus Null und $(a \cdot t)$; denn v steigt proportional zu t an *(Abb. 44.1)*. Wenn sich nun ein Körper mit der mittleren Geschwindigkeit $\bar{v}$ während der Zeit t gleichförmig bewegt, so legt er die gleiche Strecke wie der beschleunigte Körper zurück. Für sie gilt

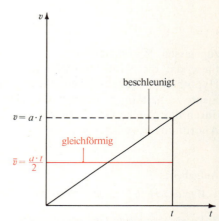

44.1 Momentangeschwindigkeit v und mittlere Geschwindigkeit $\bar{v}$

$$s = \bar{v} \cdot t = \tfrac{1}{2}(a \cdot t) \cdot t = \tfrac{1}{2}a \cdot t^2.$$

Diese Mittelwertsbildung macht den Faktor $\frac{1}{2}$ verständlich. — Der Weg s ist nicht der Zeit, sondern dem Quadrat t^2 aus folgendem Grund proportional: In der doppelten Zeit sind die erreichte Endgeschwindigkeit und somit auch die mittlere Geschwindigkeit $\bar{v}$ verdoppelt. Wenn sich ein Körper während der doppelten Zeit mit der doppelten mittleren Geschwindigkeit $\bar{v}$ gleichförmig bewegt, so legt er den 4fachen Weg zurück ($s = \bar{v} \cdot t$).

2. Geschichtliches zur Entwicklung der physikalischen Forschungsmethode

Galilei (1564—1642) fand als erster die Bewegungsgesetze für die beschleunigte Bewegung. Er konnte keine kurzen Zeiten und auch keine Momentangeschwindigkeiten messen. Deshalb ersetzte er die zu schwierigen Messungen durch eine ihm einleuchtende, möglichst einfache *Arbeitshypothese* für den Geschwindigkeitsverlauf (hier bewährt sich das Genie des Forschers). Er nahm den einfachsten Fall an: $v \sim t$, in unserer Schreibweise $v = a \cdot t$. (Die ebenso naheliegende Hypothese $v \sim s$ verwarf *Galilei* mit Argumenten, die heute nicht überzeugen; $v \sim s$ widerspricht zudem der Erfahrung.) Mit einer Mittelwertsbildung nach Ziff. 1 fand er dann das Weg-Zeit-Gesetz $s \sim t^2$. Die Proportionalität der Anfahrwege s mit den Quadraten der Zeit (t^2) konnte *Galilei* an Kugeln bestätigen, die er eine schiefe Bahn, die sogenannte *Fallrinne*, beschleunigt hinabrollen ließ. Daß er Fallversuche am schiefen Turm von Pisa ausgeführt habe, ist eine Legende.

Galilei ging also von der *Beobachtung* aus, nach der Körper unter dem Einfluß einer Kraft immer schneller werden. Für die von ihm nicht meßbare Geschwindigkeit stellte er dann eine möglichst einfache, plausible *Hypothese* auf (theoretisch sind mehrere möglich). Aus ihnen zog er *deduktiv* (deducere, lat.; herleiten), also durch Überlegungen, Folgerungen, die er experimentell nachprüfen konnte. Die Hypothese ($v \sim t$) wurde dabei bestätigt oder wie man auch sagt, *verifiziert* (neulat.; als wahr befinden). Eine andere Hypothese ($v \sim s$) würde bei diesem Verfahren widerlegt *(falsifiziert)*. Durch diese *Synthese des Experiments* mit dem *hypothetisch-deduktiven Verfahren* begründete *Galilei* die modernen Naturwissenschaften. In ihnen wird diese Synthese ständig angewandt. Diese Methode braucht das *Experiment* bei den *Vorversuchen*, die zu plausiblen Hypothesen führen. Die entscheidende Rolle spielt es, wenn die durch Nachdenken gewonnenen Ergebnisse „dem Gericht der Natur" zur Bestätigung oder Widerlegung unterbreitet werden. Wie wir schon im Mittelstufenband Seite 97 beim Auftrieb sahen, gibt dieses Zusammenspiel von Hypothese, Deduktion und Experiment „*Einsicht*". Wegen dieser Forschungsmethode stellt sich die Physik heute nicht einfach als eine Summe von Einzeltatsachen dar, die mehr oder weniger beziehungslos nebeneinanderstehen, sondern sie ist ein in vielen Bereichen bereits abgeschlossenes, in sich vielfältig verknüpftes *Gedankengebäude*, das vielfältig durch genaueste Experimente untermauert und bestätigt wird. Der Physiker, aber genauso der auf die Anwendung bedachte Techniker, zieht aus diesem Gedankengebäude Folgerungen, die mit der Natur im Einklang stehen. Durch die hier skizzierte Methode *Galileis*, die Experiment und Theorie vereinigt, wurde die Physik zu einem Musterbeispiel für eine *logisch-mathematisch durchdachte Erfahrungswissenschaft*. Die Behauptung, *Galilei* habe die Physik dadurch begründet, daß er als erster experimentierte, trifft nicht das Wesentliche seines Vorgehens. Schon vor ihm haben einige Forscher experimentiert, andere verloren sich in kühnen Hypothesen, ohne diese an der Wirklichkeit zu prüfen (Seite 131). *Galilei* bezog Theorie und Experiment aufeinander und ließ sie sich gegenseitig korrigieren und befruchten.

In den fast 4 Jahrhunderten nach *Galilei* wurden die physikalischen Experimente immer aufwendiger und immer stärker spezialisiert. Deshalb bildete sich ein eigener Teil der Physik, die sogenannte **Experimentalphysik.** Sie ist heute an den Universitäten durch meist mehrere große Institute vertreten und wird von einer aufwendigen Forschung seitens der Industrie wie auch spezieller Forschungsinstitute (zum Beispiel *Max-Planck-Institute*) in oft atemberaubendem Tempo fortgeführt. Daneben entwickelte sich die sogenannte **Theoretische Physik,** die sich in zunehmendem Maße subtiler mathematischer Methoden bedient. Die Trennung dieser beiden *Arbeitsmethoden* ist auch durch die verschiedenartigen Neigungen der einzelnen Physiker bedingt. Keiner von ihnen kann jedoch für sich und isoliert arbeiten; *Theorie und Experiment sind wie bei Galilei aufeinander angewiesen.*

3. Weg-Berechnung aus dem v-t-Diagramm

Wir bestätigen und verfeinern die in Ziff. 1 angewandte Mittelwertsbildung durch ein graphisches Verfahren: Abb. 46.1a zeigt das v-t-Diagramm für eine gleichförmige Bewegung (v=konstant), nämlich eine zur t-Achse parallele Gerade. Dem im Zeitabschnitt Δt zurückgelegten Weg $\Delta s = v \cdot \Delta t$ entspricht die Fläche des schmalen, roten Rechtecks. Dabei wird selbstverständlich die untere schmale Seite, die auf der t-Achse liegt, nicht in Millimetern, sondern in Sekunden angegeben, die lange

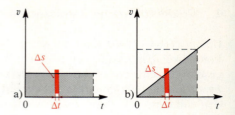

46.1 Berechnung des Wegs aus dem v-t-Diagramm a) bei gleichförmiger, b) bei gleichmäßig beschleunigter Bewegung

Seite in m/s. Beträgt zum Beispiel Δt im Maßstab der t-Achse 0,1 s und ist $v = 2$ m/s, so wird $\Delta s = v \cdot \Delta t = 0,2$ m. Dem Flächeninhalt entspricht bei den vorliegenden Einheiten diese Wegstrecke. Die ganze (grau getönte) Rechtecksfläche unterhalb der Geraden v=konstant kann nun aus solchen kleinen Rechtecken zusammengesetzt werden; sie gibt die ganze in der Zeit t vom Körper zurückgelegte Wegstrecke $s = v \cdot t$ an.

Die Zerlegung der Fläche unterhalb der v-t-Kurve in schmale Rechtecke wenden wir nun auf Bewegungen mit veränderlicher Geschwindigkeit an. Wenn diese zum Beispiel nach $v = a \cdot t$ anwächst, so erhält man eine Ursprungsgerade (Abb. 46.1b). Wählt man das Zeitintervall Δt sehr klein, dann ändert sich in ihm die Geschwindigkeit v nur unwesentlich; $\Delta s = v \cdot \Delta t$ gibt wiederum den in der Zeit Δt zurückgelegten Weg. Wenn man zum Grenzwert $\Delta t \to 0$ übergeht, kann man sich die grau getönte Dreiecksfläche aus solchen schmalen Rechtecksflächen zusammengesetzt denken. Die Dreiecksfläche entspricht also dem ganzen, vom Körper zurückgelegten Weg s. Dieser hat hier den Betrag

$$s = \tfrac{1}{2} \cdot t \cdot v = \tfrac{1}{2} t \cdot a \cdot t = \tfrac{1}{2} a \cdot t^2.$$

> **Der Inhalt der Fläche unterhalb des Kurvenzugs im v-t-Diagramm gibt die vom Körper zurückgelegte Wegstrecke an.**

Beispiel: Abb. 46.2 zeigt idealisiert den vom Fahrtenschreiber eines Autos selbsttätig registrierten Geschwindigkeitsverlauf $v(t)$. Zwischen $t = 0$ und 10 s beschleunigte das Fahrzeug gleichmäßig aus der Ruhe auf $v = 2$ m/s; die Beschleunigung betrug also

$$a = \frac{\Delta v}{\Delta t} = \frac{2 \text{ m/s}}{10 \text{ s}} = 0,2 \text{ m/s}^2.$$

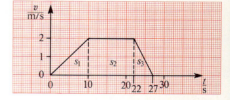

46.2 Die Fläche unter dem v-t-Diagramm gibt den zurückgelegten Weg an. Zu nebenstehendem Beispiel.

Der zurückgelegte Weg folgt aus der Dreiecksfläche zu $s_1 = \tfrac{1}{2} \cdot 10$ s $\cdot 2$ m/s $= 10$ m. Dies wird auch durch Gleichung (42.4) bestätigt. Anschließend fährt das Auto gleichmäßig mit $v = 2$ m/s und legt das Wegstück $s_2 = 12$ s $\cdot 2$ m/s $= 24$ m zurück. Zum Schluß sinkt die Geschwindigkeit in 5 s von 2 m/s auf Null. Aus der Fläche erhalten wir den Weg $s_3 = \tfrac{1}{2} \cdot 5$ s $\cdot 2 \frac{\text{m}}{\text{s}} = 5$ m. Die gesamte Wegstrecke beträgt $s = s_1 + s_2 + s_3 = 39$ m. (Bei den großen Rasterquadraten in Abb. 46.2 bedeutet die eine Seite $t = 5$ s, die andere $v = 1$ m/s; die Fläche eines Quadrats entspricht also einem Weg von $s = v \cdot t = 5$ m.) Wenn das v-t-Diagramm krummlinige Teile enthält, so kann man auf Millimeterpapier den Inhalt der Fläche „auszählen", oder man verwendet die Hilfsmittel der Integralrechnung.

4. Geschwindigkeitsberechnung aus der Weg-Zeit-Funktion

In Ziff. 3 haben wir aus dem vorgegebenen Geschwindigkeitsverlauf den zurückgelegten Weg berechnet. Wir wollen nun umgekehrt aus einem (etwa experimentell gefundenen) Weg-Zeit-Gesetz $s(t)$ den Geschwindigkeitsverlauf $v(t)$ ermitteln. Hierzu gehen wir vom Weg-Zeit-Gesetz $s = C \cdot t^2$ aus (Gl. 40.2). Im beliebigen Zeitpunkt t_1 hat der Körper die Wegmarke s_1 erreicht: für sie gilt $s_1 = C \cdot t_1^2$. In dem späteren Zeitpunkt t_2 ist die Strecke $s_2 = C \cdot t_2^2$ zurückgelegt. In dem dazwischenliegenden, zunächst beliebig großen Zeitintervall $\Delta t = t_2 - t_1$ wurde also die Wegstrecke $\Delta s = s_2 - s_1 = C(t_2^2 - t_1^2)$ überstrichen. In diesem Zeitintervall betrug die mittlere Geschwindigkeit

$$\bar{v} = \frac{\Delta s}{\Delta t} = \frac{C(t_2^2 - t_1^2)}{t_2 - t_1}.$$

Mit der Formel $(a^2 - b^2) = (a+b)(a-b)$ vereinfacht sich dies zu

$$\bar{v} = \frac{\Delta s}{\Delta t} = \frac{C(t_2 + t_1)(t_2 - t_1)}{t_2 - t_1} = C(t_2 + t_1); \quad t_1 \neq t_2. \tag{47.1}$$

Mit $t_2 = t_1 + \Delta t$ folgt: $\bar{v} = \frac{\Delta s}{\Delta t} = C(2t_1 + \Delta t)$. Hierauf wenden wir die Definition der Momentangeschwindigkeit, nämlich $v = \lim\limits_{\Delta t \to 0} \frac{\Delta s}{\Delta t}$, an und erhalten für die Momentangeschwindigkeit $v(t_1)$ im Zeitpunkt t_1

$$v(t_1) = C(2t_1 + 0) = 2C \cdot t_1.$$

Da t_1 ein beliebiger Zeitpunkt war, können wir ihn auch einfach t nennen und schreiben:

$$v(t) = 2C \cdot t. \tag{47.2}$$

Wenn man die Definition der Beschleunigung nach Gl. (42.1) anwendet, so wird die auf Seite 42 aus dem Versuch 29 vermutete Beziehung $a = 2C$ bestätigt (siehe Ziffer 5).

Die experimentelle Bestimmung der Momentangeschwindigkeit in Versuch 25 durch Extrapolation von $\Delta s/\Delta t$ für kleiner werdende Intervalle Δt hatte eine durch die Meßanordnung gegebene Grenze; mit kleiner werdenden Intervallen wachsen nämlich die Meßfehler erheblich. Wenn dagegen die Konstante C als Mittelwert aus vielen Messungen *(Tabelle 40.1)* hinreichend genau bekannt ist, gibt das mathematische Verfahren eine Berechnung der Momentangeschwindigkeit mit ähnlicher Genauigkeit. Zudem ist nun diese Momentangeschwindigkeit $v(t)$ für alle Punkte berechenbar. — Die Methoden der Differentialrechnung erlauben es, für beliebige Weg-Zeit-Gesetze das Geschwindigkeits-Zeit-Gesetz zu ermitteln. Wir gehen hierauf später ein.

Die *mittlere Geschwindigkeit* $\bar{v}$ ist bei der gleichmäßig beschleunigten Bewegung nach Gl. (47.1) in einem beliebig großen Intervall AC

$$\bar{v} = C(t_2 + t_1) = 2C \cdot \frac{t_2 + t_1}{2} = a \cdot \bar{t}.$$

Dabei ist $\bar{t} = (t_2 + t_1)/2$ das *Zeitmittel des Intervalls* AC, also die Zeit t im Punkt B nach *Abb. 38.1*. $\bar{v}$ stimmt nach $v = a \cdot t$ mit der dortigen Momentangeschwindigkeit v überein. Dies benutzten wir auf Seite 38, unten. Doch sei nochmals betont, daß diese bequeme und genaue Methode nur bei Bewegungen mit konstanter Beschleunigung a angewandt werden darf. — Die Differentialrechnung lehrt weiter, daß die Geschwindigkeit $v = \lim\limits_{\Delta t \to 0} \Delta s/\Delta t$ um so größer ist, je steiler das $s(t)$-Diagramm ansteigt (siehe *Abb. 40.1 a*).

5. Beschleunigungsberechnung aus der $v(t)$-Funktion

Das $v(t)$-Gesetz lautet in Gl. (47.2) $v(t) = 2C \cdot t$. Die Geschwindigkeit hat also zu den Zeitpunkten t_1 beziehungsweise t_2 die Beträge $v_1 = 2C \cdot t_1$ beziehungsweise $v_2 = 2C \cdot t_2$; die Geschwindigkeitszunahme hat im Zeitintervall $\Delta t = t_2 - t_1$ den Wert $\Delta v = v_2 - v_1 = 2C(t_2 - t_1) = 2C \cdot \Delta t$. Folglich wird die mittlere Beschleunigung $\bar{a} = \Delta v / \Delta t = 2C$. Sie ist konstant, unabhängig von der Größe des Intervalls Δt, und folglich auch für $\Delta t \to 0$ nach Gl. (42.5) gleich der Momentanbeschleunigung a. Wie wir schon wissen, ist $a = 2C$ oder im Weg-Zeit-Gesetz $s = C \cdot t^2 = \frac{1}{2} a \cdot t^2$.

Aufgaben:

1. Ein Auto fährt mit der Beschleunigung $a = 4$ m/s² an. Welchen Weg legt es zwischen der 2. und 3. Sekunde zurück? Warum ist es falsch, die Momentangeschwindigkeit im Zeitpunkt $t = 2$ s zu benutzen? Könnte man auch mit der mittleren Geschwindigkeit im angegebenen Zeitintervall rechnen?
2. In der Stadt fährt ein Auto mit 36 km/h. Auf einer Ausfallstraße gibt der Fahrer mehr Gas und beschleunigt mit $a = 2$ m/s² auf 90 km/h. Wie lange dauert die Beschleunigung? Auf welcher Strecke findet sie statt? (Kann man mit der mittleren Geschwindigkeit $\bar{v}$ rechnen?)
3. Beim Anfahren eines Wagens nimmt man die folgende Meßreihe auf: Zeichnen Sie das s-t-Diagramm! Mit welchen Weg-Zeit-Funktionen läßt sich die Bewegung in den Intervallen $0 \leq t \leq 4$ s und $4 \text{ s} \leq t \leq 7$ s beschreiben? Berechnen Sie die Beschleunigung und die Momentangeschwindigkeit v und tragen Sie diese in die 3. Zeile ein! Zeichnen Sie das v-t-Diagramm! Bestimmen Sie aus seiner Fläche s für 6,5 s!

Tabelle 48.1 Meßreihe zu Aufgabe 3

t in s	0	1	2	3	4	4,2	5	6	7
s in m	0	0,5	2	4,5	8	8,8	12	16	20
v in m/s									

§11 Die Newtonsche Bewegungsgleichung (Grundgleichung der Mechanik)

1. Zusammenhang zwischen Kraft und Beschleunigung

Das Grundproblem der *Dynamik* besteht darin, den Zusammenhang zwischen Kraft und Bewegung zu finden. Wir wissen bereits:

> a) Eine konstante beschleunigende Kraft $\vec{F}$ gibt einem Körper konstante Beschleunigung $\vec{a}$.
> b) Ist die Resultierende aller an einem Körper angreifenden äußeren Kräfte Null ($F = 0$), dann ist auch die Beschleunigung $a = 0$ (gleichförmige Bewegung mit konstantem Geschwindigkeitsvektor).

Offensichtlich besteht ein enger Zusammenhang zwischen Kraft $\vec{F}$ und Beschleunigung $\vec{a}$. Zum Beispiel verleiht ein starker Motor mit großer Kraft F einem Auto auch eine große Anfahrbeschleunigung a. Deshalb untersuchen wir zunächst den Zusammenhang zwischen der beschleunigenden Kraft F und der erzielten Beschleunigung a. Dabei halten wir die zu beschleunigende Substanz konstant:

Versuch 31: Wir lassen einen Wagen, also einen bestimmten Körper, nacheinander durch die einfache, die doppelte und die dreifache Kraft F aus der Ruhe anfahren. Hierzu hängen wir an den Zugfaden nach *Abb. 49.1* nacheinander die Wägestücke 10 g, 20 g, 30 g[1]). Die Reibung ist durch Neigen der Bahn ausgeglichen. Hat der Wagen selbst die Masse 0,500 kg, so findet man die Werte nach *Tabelle 49.1*. Nach ihnen ist die Beschleunigung a, die ein bestimmter Körper erfährt, der ihn beschleunigenden Kraft F proportional.

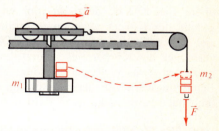

49.1 Für die Beschleunigung sind die Gesamtmasse $m = m_1 + m_2$ und F ausschlaggebend.

Tabelle 49.1

Masse des beschleunigenden Körpers	in g	10	20	30
Beschleunigende Kraft F (von einem Kraftmesser bestimmt)	in cN	9,8	19,6	29,4
Beschleunigungszeit t (für $s = 1$ m)	in s	3,35	2,37	1,94
Beschleunigung a	in m/s²	0,18	0,36	0,53

> **Die Beschleunigung a eines bestimmten Körpers ist der ihn beschleunigenden Kraft F proportional: $F \sim a$.**

2. Zusammenhang zwischen Kraft und Masse

Um einen beladenen Wagen gleich schnell anzuschieben wie einen leeren, braucht man eine viel größere Kraft; man sagt, der beladene sei *träger*, er habe ein *größeres Beharrungsvermögen*. Bisweilen führt man als „Begründung" an, er sei auch schwerer, das heißt, er erfahre eine größere Gewichtskraft. Doch ist diese Kraft beim Beschleunigen aus folgenden Gründen belanglos:

a) Die Gewichtskraft des Wagens wird von der waagerechten Straße durch eine Gegenkraft ausgeglichen, kann also die Bewegung weder unterstützen noch hemmen.

b) Raketen brauchen auch im schwerefreien Raum eine Kraft zum Beschleunigen. Sie ist um so größer, je stärker die Rakete beladen ist.

c) Im folgenden Versuch wirken sich Gewichtskraft und Trägheit ganz verschiedenartig aus:

---

[1]) Damit bei allen drei Anfahrversuchen stets die gleiche Substanz in Bewegung gebracht wird, legen wir alle zum Beschleunigen nötigen Wägestücke zunächst auf den Wagen. Die Stücke, die man zum Erzeugen der beschleunigenden Kraft F braucht, nimmt man dort weg und hängt sie an den Faden. Das Beharrungsvermögen aller Wägestücke ist beim Beschleunigen in waagerechter wie auch in senkrechter Richtung gleichermaßen zu überwinden. *Nicht die Wägestücke beschleunigen, sondern die an ihnen angreifenden Gewichtskräfte! Die Wägestücke für sich sind nur träge.*

Versuch 32: Nach *Abb. 50.1* hängt ein großes Eisenstück am dünnen Faden AB. Unten setzt sich der gleiche Faden bis zum Handgriff fort (CD). Wenn wir am Griff die Zugkraft allmählich erhöhen, so reißt der obere Faden AB; denn an ihm wirkt zusätzlich die Gewichtskraft, welche der Körper nach unten erfährt. Wenn man dagegen ruckartig zieht, so reißt der untere Faden CD. Hier zeigt sich das Beharrungsvermögen des Körpers; es schützt den oberen Faden: Vor dem Reißen müßte er etwas verlängert werden; hierzu wäre der Körper gegen sein Beharrungsvermögen nach unten um ein Stück zu beschleunigen. Doch fehlt dazu beim ruckartigen Reißen die Zeit.

Gewichtskraft und *Beharrungsvermögen (Trägheit)* sind also zwei ganz verschiedene Begriffe. Bei einem fallenden Körper verursacht die Gewichtskraft als Vektor die Beschleunigung nach unten. Das Beharrungsvermögen hemmt dagegen die Beschleunigung, unabhängig davon, nach welcher Richtung sie erfolgt; man wird deshalb das Beharrungsvermögen durch einen Skalar beschreiben. Die folgenden Versuche sollen klären, ob sich hierzu der von der Mittelstufe her bekannte Skalar *Masse* eignet:

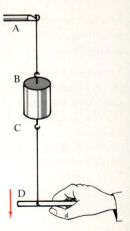

50.1 Trägheit und Gewichtskraft wirken sich in Versuch 32 ganz verschieden aus.

Versuch 33: Wir lassen den in Versuch 31 benutzten Wagen wiederum durch 10 g, also mit $F = 9{,}81$ cN beschleunigen. Dann hängen wir nach *Abb. 50.2*, *links*, an ihn einen zweiten, genau gleichen Wagen. Wenn wir außerdem 20 g an den Faden hängen, das heißt die beschleunigende Kraft verdoppeln, so erhalten wir die gleiche Beschleunigung. Da die Reibung durch Neigen der Bahn ausgeglichen ist, überwindet die Kraft $F = 19{,}6$ cN nur die Trägheit. Da beide Wagen zusammen zur gleichen Beschleunigung die doppelte Kraft F brauchen wie einer allein, sagen wir, sie seien doppelt so träge.

Versuch 34: Der zweite Wagen in Versuch 33 wird durch einen Körper aus anderem Material, aber genau gleicher Masse m ersetzt *(Abb. 50.2, rechts)*. *Die gleiche Masse wurde auf einer Waage durch Vergleich der Gewichtskräfte festgestellt.* Nach dem oben Gesagten ist es keineswegs selbstverständlich, daß die neue Anordnung auch gleich *träge* ist. Sie erfährt jedoch durch die gleiche Kraft 19,6 cN genau die gleiche Beschleunigung wie die beiden Wagen in Versuch 33 zusammen. Auch überall im Weltall würden sie durch die gleiche Kraft dieselbe Beschleunigung erfahren:

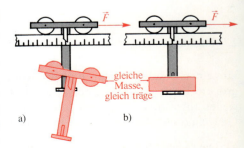

50.2 Die beiden rot gezeichneten Körper sind gleich träge und gleich schwer.

> **Erfahrungssatz:** Zwei Körper mit gleicher Masse sind nicht nur überall gleich träge, sie sind auch am gleichen Ort gleich schwer, selbst wenn sie aus verschiedenen Stoffen bestehen.

Nach dem oben Gesagten sind *Trägsein* und *Schwersein* begrifflich zwei völlig verschiedene Eigenschaften; daß sie trotzdem so eng miteinander verbunden sind, können wir nicht weiter begründen; es ist aber durch genaueste Versuche an den verschiedensten Stoffen vielfältig erwiesen. Wenn ein Körper zum Beispiel die Masse 1 kg hat, so bedeutet dies zweierlei:

a) Er ist so *schwer* wie das in Paris aufbewahrte Ur-Kilogramm, das heißt, er wird am gleichen Ort genau so stark wie dieses zur Erde gezogen. Dies zeigt ein Vergleich an der Tafelwaage aufgrund der Definition der Massengleichheit (Seite 13).

b) Er ist gleich *träge* wie das Ur-Kilogramm; er erfährt überall durch die gleiche Kraft auch die gleiche Beschleunigung wie dieses.

Die Versuche 33 und 34 zeigten weiter:

> *Erfahrungssatz:* Die Kraft F, die man zur gleichen Beschleunigung braucht, ist der Masse m des zu beschleunigenden Körpers proportional, unabhängig von der Art des Stoffs: $F \sim m$.

3. Die Grundgleichung der Mechanik und die Krafteinheit 1 Newton

Unsere Experimente zeigen:

a) $F \sim a$ (bei konstanter Masse m),

b) $F \sim m$ (für die gleiche Beschleunigung a).

Hieraus folgt $F \sim m \cdot a$ oder $F = k \cdot m \cdot a$, und zwar unabhängig vom Ort und von der Art der beschleunigten Körper. Man kann also mit Hilfe der Masse m und der Beschleunigung a eine universelle Krafteinheit definieren, die unabhängig von Gewichtskräften und von Federkraftmessern ist. Wenn man dabei die Zahlenwerte für F, m und a zu 1 wählt, so erhält auch der Proportionalitätsfaktor k in $F = k \cdot m \cdot a$ den Zahlenwert 1. Gibt man k auch noch die Einheit 1, so wird die auf Seite 12 angeführte vorläufige Definition der Krafteinheit 1 Newton verallgemeinert:

> *Definition:* 1 Newton (1 N) ist gleich der Kraft, die einem Körper der Masse 1 kg die Beschleunigung 1 m/s² erteilt. $1\,\text{N} = 1\,\text{kg}\,\text{m/s}^2$

Mit dieser Krafteinheit erhalten wir aus der durch Experimente gewonnenen Gleichung $F = k \cdot m \cdot a$ das von *Isaak Newton (Abb. 8.1)* aufgestellte **Newtonsche Beschleunigungsgesetz**, die sogenannte **Grundgleichung der Mechanik:**

> **Beschleunigende Kraft F = Masse m mal Beschleunigung a**
> $$F = m \cdot a; \quad \text{vektoriell:} \quad \vec{F} = m \cdot \vec{a}. \qquad (51.1)$$

Die Vektorgleichung sagt aus, daß die Beschleunigung $\vec{a}$ stets in Richtung der Kraft $\vec{F}$ erfolgt. Nunmehr können wir prüfen, ob unsere schon auf der Mittelstufe benutzten Kraftmesser die Kraft richtig in der Einheit Newton anzeigen:

Versuch 35: Auf der Fahrbahn steht ein Wagen der Masse $m_1 = 1{,}500$ kg; die Reibung ist durch Neigen sorgfältig ausgeglichen. An den Zugfaden hängt man einen beschleunigenden Körper der Masse $m_2 = 40$ g. Die Anordnung mit der gesamten Masse $m = m_1 + m_2 = 1{,}540$ kg wird aus der Ruhe beschleunigt und braucht zum Anfahrweg $s = 1{,}000$ m die Beschleunigungszeit $t = 2{,}80$ s.

52 Dynamik

Folglich ist die Beschleunigung

$$a = \frac{2s}{t^2} = \frac{2{,}000 \text{ m}}{7{,}84 \text{ s}^2} = 0{,}255 \frac{\text{m}}{\text{s}^2}.$$

Nach der Gleichung $F = m \cdot a$ und damit nach der Definition der Krafteinheit 1 Newton hatte die beschleunigende Kraft den Betrag

$$F = m \cdot a = 1{,}540 \text{ kg} \cdot 0{,}255 \frac{\text{m}}{\text{s}^2} = 0{,}393 \frac{\text{kg m}}{\text{s}^2} = 0{,}393 \text{ N}.$$

Es war die Gewichtskraft, die der Antriebskörper der Masse 0,04 kg erfuhr. Einem Körper der Masse 1 kg kommt also die Gewichtskraft 0,393 N/0,04 = 9,82 N zu. Dies stimmt mit den Angaben eines in Newton geeichten Kraftmessers überein (wäre er in einer anderen Einheit, etwa in Kilopond, geeicht, so könnte man nun den Umrechnungsfaktor zwischen ihr und der gesetzlichen Krafteinheit 1 N erhalten). Damit haben wir zum ersten Mal eines unserer Meßgeräte unmittelbar nach der durch das Bundesgesetz für das Einheitenwesen von 1969 vorgeschriebenen Definition nachgeprüft. Bei Längen- und Zeiteinheiten ist dies viel schwieriger. Durch genaue Beschleunigungsversuche fand man:

> **In Mitteleuropa erfährt ein Körper der Masse 1 kg die Gewichtskraft 9,81 $\frac{\text{kg m}}{\text{s}^2}$ = 9,81 N.**

Folglich erfährt ein Körper der Masse 1 kg/9,81 = 0,102 kg = 102 g bei uns die Gewichtskraft 1 Newton, 1 g-Stück also etwa 0,01 N = 1 cN (genauer 2% weniger). Dies ist unabhängig von der Größe der Beschleunigung, die der Körper erfährt und gilt auch, wenn er an einem Kraftmesser hängt, also in Ruhe ist (dann haben wir den Grenzfall $a \to 0$).

Die Rechnungen zeigen zudem, daß 1 Newton eine Abkürzung für die zusammengesetzte Einheit $1 \frac{\text{kg} \cdot \text{m}}{\text{s}^2}$ ist: $\qquad\qquad 1 \text{ N} \equiv 1 \frac{\text{kg m}}{\text{s}^2}.$ \hfill (52.1)

Es mag überraschen, daß nach der Gleichung $F = m \cdot a$ die Kraft F mit der Beschleunigung a, nicht aber mit der Geschwindigkeit v zusammenhängt. Fahrzeuge erreichen ja nach der Beschleunigungsphase eine von der Antriebskraft F_A abhängige Geschwindigkeit. Doch klärten wir dies bereits auf Seite 34: Beim Anfahren steigt der Luftwiderstand F_L so lange, bis er der Antriebskraft F_A das Gleichgewicht hält ($F_A = F_L$). Dann ist die für die beschleunigende Kraft übrigbleibende Differenz $F = F_A - F_L = 0$; die weitere Beschleunigung $a = F/m$ sinkt auf Null, das heißt die weitere Geschwindigkeitszunahme Δv ist Null, die Geschwindigkeit bleibt konstant. Wir müssen also stets beachten:

> **In der Gleichung $\vec{F} = m \cdot \vec{a}$ bedeutet die beschleunigende Kraft $\vec{F}$ die Resultierende der am beschleunigten Körper der Masse m angreifenden äußeren Kräfte $\vec{F}_i$. Es gilt $\vec{F} = \sum_i \vec{F}_i = m \cdot \vec{a}$.**

Der Trägheitssatz ist in der Grundgleichung $\vec{F} = m \cdot \vec{a}$ enthalten: Besteht Kräftegleichgewicht (beschleunigende Kraft $F = 0$), so ist auch die Beschleunigung a Null; das heißt die Geschwindigkeit $\vec{v}$ bleibt nach Betrag und Richtung konstant.

Beim Autofahren ändert sich die Motorkraft F oft ruckweise, folglich auch die Momentan-Beschleunigung $a = F/m$. Hierauf können wir die Gleichung $F = m \cdot a$ anwenden; denn sie berücksichtigt nur das, was im jeweiligen Augenblick geschieht. Die Gleichungen $s = \frac{1}{2} a \cdot t^2$ und $v = a \cdot t$ gelten nur, wenn während der ganzen Zeit t die Beschleunigung a konstant ist, andernfalls nicht.

4. Beispiele

a) Welche Kraft braucht ein Auto der Masse $m_1 = 1000$ kg, um mit der Beschleunigung $a = 6$ m/s² anzufahren? Aus $F = m \cdot a$ folgt $F = 1000$ kg $\cdot 6 \frac{m}{s^2} = 6000$ N.

b) Wie groß ist die Beschleunigung, wenn das Auto mit der Kraft 6000 N auch noch einen Anhänger der Masse $m_2 = 400$ kg zu ziehen hat? Aus $F = ma$ folgt mit $m = m_1 + m_2$:

$$a = \frac{F}{m} = \frac{6000 \text{ N}}{m_1 + m_2} = \frac{6000 \text{ N}}{1400 \text{ kg}} = 4{,}3 \frac{\text{kg m}}{\text{s}^2 \text{ kg}} = 4{,}3 \frac{\text{m}}{\text{s}^2}.$$

c) Nach *Abb. 53.1* liegt über einer festen Rolle, deren Masse und Reibung wir vernachlässigen, ein Faden. Am linken Ende hängt ein Körper der Masse $m_1 = 1{,}000$ kg, am rechten Ende der Masse $m_2 = 1{,}010$ kg. Der rechte Körper senkt sich. Es wäre aber falsch zu sagen, er verleihe mit seiner Gewichtskraft von etwa 1010 cN $\approx$ 10 N dem linken mit der Masse 1 kg die Beschleunigung $a = F/m \approx 10$ m/s². Die Beschleunigung ist tatsächlich viel kleiner. Die Anordnung wäre nämlich im Gleichgewicht, wenn rechts die Masse auch 1,000 kg betragen würde. Die Antriebskraft F wird also nur von der überschüssigen Masse 10 g aufgebracht, beträgt also etwa 10 cN, genauer $F = 0{,}01$ kg $\cdot 9{,}81$ m/s² $= 0{,}0981$ N. Ferner wäre es falsch zu sagen, diese Kraft $F = 0{,}0981$ N beschleunige nur den linken Körper. Das Beharrungsvermögen des rechten muß genau so überwunden werden; es ist von der Richtung der Beschleunigung unabhängig. Da die Masse ein Skalar ist, beträgt sie insgesamt $m = m_1 + m_2 = 2{,}010$ kg. Die Beschleunigung ist nach Gl. (51.1)

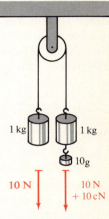

53.1 Zum Beispiel 4c)

$$a = \frac{F}{m} = \frac{0{,}0981 \text{ N}}{2{,}010 \text{ kg}} = \frac{0{,}0981 \text{ kg m/s}^2}{2{,}010 \text{ kg}} = 0{,}0488 \frac{\text{m}}{\text{s}^2}.$$

Da diese Beschleunigung so lange konstant bleibt, bis der Luftwiderstand merklich wird, gelten die Gleichungen (42.3) und (42.4). Nach $t = 3{,}0$ s wird also aus der Ruhe heraus die Geschwindigkeit

$$v = a \cdot t = 0{,}0488 \frac{\text{m}}{\text{s}^2} \cdot 3{,}0 \text{ s} = 0{,}15 \frac{\text{m}}{\text{s}}$$

erreicht und von jedem der beiden Körper der Weg

$$s = \tfrac{1}{2} \cdot a \cdot t^2 = \tfrac{1}{2} \cdot 0{,}048 \frac{\text{m}}{\text{s}^2} \cdot 9 \text{ s}^2 = 0{,}22 \text{ m}$$

zurückgelegt.

d) Bei den Fahrbahnversuchen könnte man annehmen, daß der Faden die Gewichtskraft F, die der angehängte Körper von der Erde erfährt, voll an den Wagen überträgt. Doch ist es nicht so. Um dieses etwas schwierigere Problem zu verstehen, lassen wir einen Wagen von $m_1 = 1{,}00$ kg Masse durch ein an den Faden gehängtes Wägestück von $m_2 = 0{,}10$ kg Masse beschleunigen. Es erfährt die Gewichtskraft $F \approx 0{,}98$ N und erteilt beiden Körpern zusammen mit der Masse $m = m_1 + m_2$ die Beschleunigung

$$a = \frac{F}{m_1 + m_2} \quad \frac{0{,}98 \text{ kg m/s}^2}{1{,}1 \text{ kg}} = 0{,}89 \frac{\text{m}}{\text{s}^2}.$$

Wir setzen die Gesamtmasse $m = m_1 + m_2$ ein, da nicht nur das Beharrungsvermögen des Wagens, sondern auch das des angehängten Körpers zu überwinden ist. Würde die Kraft $F = 0{,}98$ N allein auf den Wagen wirken, so würde dieser die größere Beschleunigung $a' = F/m_1 = 0{,}98$ m/s² erfahren. Wir können nun angeben, um wieviel die Kraft F_S, mit der das Seil am Wagen zieht, kleiner ist als die Gewichtskraft $F=0{,}98$ N, welche der Antriebskörper von der Erde erfährt:

Dieser Antriebskörper der Masse $m_2=0{,}10$ kg braucht zur Eigenbeschleunigung $a=0{,}89$ m/s² von seiner Gewichtskraft 0,98 N den Teil

$$F_2 = m_2 \cdot a = 0{,}10 \text{ kg} \cdot 0{,}89 \text{ m/s}^2 = 0{,}089 \text{ kg m/s}^2 = 0{,}089 \text{ N}.$$

Der Antriebskörper kann also am Seil nur noch mit der restlichen Kraft

$$F_S = F - F_2 = 0{,}98 \text{ N} - 0{,}089 \text{ N} \approx 0{,}89 \text{ N}$$

ziehen. Ein in das Seil geknüpfter, leichter Kraftmesser zeigt tatsächlich an, daß während des Beschleunigungsvorgangs die Seilkraft auf diesen Wert sinkt. Diese Seilkraft $F_S=0{,}89$ N greift am Wagen an (und nicht die ganze Gewichtskraft $F=0{,}98$ N des angehängten Körpers) und erteilt dem Wagen die oben berechnete Beschleunigung

$$a = \frac{F_S}{m_1} = \frac{0{,}89 \text{ N}}{1{,}00 \text{ kg}} = 0{,}89 \frac{\text{m}}{\text{s}^2}.$$

Aufgaben:

1. *Was ist beim Aufstellen der Gleichung* $F = m \cdot a$ *durch Erfahrung gewonnen, was ist Definition (Bedenken Sie, daß der Proportionalitätsfaktor zwischen F und* $m \cdot a$ *den Wert 1 hat)?*

2. *Welche konstante beschleunigende Kraft ist nötig, um ein Auto (1 000 kg Masse) in 10 s von der Ruhe auf 20 m/s zu beschleunigen? Welchen Weg hat es dann zurückgelegt?*

3. *An einem auf Eis praktisch reibungsfrei beweglichen Schlitten der Masse 80 kg zieht man mit der Kraft 50 N. Wie groß sind die Beschleunigung sowie Weg und Geschwindigkeit nach 4,0 s, wenn der Schlitten zu Beginn in Ruhe ist?*

4. *Ein Zug der Masse 700 t (1 t = 1000 kg) fährt mit der Beschleunigung 0,15 m/s² an. Welche Kraft braucht man zum Beschleunigen?*

5. *Ein Fahrbahnwagen (2,00 kg) steht reibungsfrei auf waagerechter Unterlage. Über einen Faden beschleunigt ihn ein Körper der Masse 100 g. Wie groß sind die Beschleunigung und der nach 5,00 s zurückgelegte Weg sowie die dann erreichte Geschwindigkeit? (Siehe die Fußnote auf Seite 49.) Könnte man mit einem Antriebskörper von 100 kg Masse eine 1000mal so große Beschleunigung erreichen?*

6. *Wie groß müßte in Abb. 49.1 die Masse des rechten Körpers sein, daß dieser in 2,00 s aus der Ruhe heraus 30,0 cm zurücklegt, wenn der linke nach wie vor 1,000 kg Masse hat? (Man setze $m_2 = x$ kg.)*

7. *Ein Auto (900 kg) fährt mit der Beschleunigung 0,10 m/s² auf einer Straße mit Steigungswinkel 15°. Welche Kraft braucht man wegen der Steigung, welche zum Beschleunigen?*

8. *Welchen Hangabtrieb erfährt ein Klotz (20 kg) auf einer schiefen Ebene mit Neigungswinkel 30°? Wie groß sind Normalkraft und Gleitreibungskraft, wenn $f_{Gl}=0{,}2$? Welche Kraft bleibt zum Beschleunigen, wie groß ist die Beschleunigung? Wie ändert sich die Beschleunigung, wenn die Masse doppelt ist?*

9. *Ein Aufzug (1,5 t Masse) wird aus der Ruhe auf 2,0 m Weg auf die Geschwindigkeit 3,0 m/s a) nach oben, b) nach unten beschleunigt. Wie groß ist die Kraft, mit der das Aufhängeseil an ihm zieht, solange die Beschleunigung konstant ist?*

10. *Ein unbeladenes Verkehrsflugzeug (43,1 t Masse) hebt nach dem Start mit einer Geschwindigkeit von 240 km/h ab. Die Startbahn ist 1,2 km lang. a) Wie lange dauert es bis zum Abheben (a = konstant). — b) Welche Beschleunigung und welche Kraft muß es beim Start erfahren? c) Um wieviel muß die Startbahn verlängert werden, wenn die Zuladung 10,0 t beträgt und Abhebegeschwindigkeit sowie Kraft bleiben sollen?*

§ 12 Der freie Fall

1. Was versteht man unter dem freien Fall?

Wenn man Körper losläßt, so fallen sie nach unten. Doch finden wir beträchtliche Unterschiede: Ein Eisenstück fällt so schnell, daß wir kaum sagen können, ob seine Geschwindigkeit ständig zunimmt, oder ob sie nach einer gewissen „Anlaufstrecke" konstant bleibt. Ein Blatt Papier dagegen taumelt langsam und unregelmäßig nach unten. Hat man es dagegen zusammengeknüllt, so fällt es wider Erwarten auf den ersten zwei Metern neben dem Eisenstück her, bleibt dann allerdings zurück. Das Taumeln des ausgebreiteten Blatts rührt von Kräften her, welche die Luft ausübt. Sie erschweren unsere Betrachtung; wir wollen deshalb zunächst von ihnen absehen und untersuchen, wie ein Körper aus der Ruhe heraus frei, das heißt ohne Einfluß der umgebenden Luft, fällt.

> Unter dem freien Fall versteht man die Fallbewegung eines Körpers aus der Ruhe heraus, auf den allein seine Gewichtskraft einwirkt.
> Beim freien Fall wird vom Luftwiderstand abgesehen.

2. Die Gesetze des freien Falls

Wenn wir vom Luftwiderstand absehen, so greift am fallenden Körper allein die Gewichtskraft G, die er von der Erde erfährt, an. Sie wirkt voll als beschleunigende Kraft F; es gilt $F=G$. In Erdnähe, insbesondere innerhalb eines Zimmers, ist diese Gewichtskraft G hinreichend konstant. Nach dem Newtonschen Grundgesetz $F = m \cdot a$ erwarten wir, daß der Körper mit der konstanten Masse m auch die konstante Beschleunigung

$$\vec{a} = \frac{\vec{F}}{m} = \frac{\vec{G}}{m} \tag{55.1}$$

erfährt. Hier steht die Gewichtskraft $\vec{G}$ im Zähler: Wir erwarten, daß sehr schwere Körper mit großer Beschleunigung fallen, und glauben dies durch die Erfahrung bestätigt. Auf Seite 51 fanden wir jedoch an Fahrbahnversuchen, daß die Masse m, die ein Maß für die Trägheit darstellt, der Gewichtskraft G (am gleichen Ort) proportional ist ($m \sim G$). Die Masse m steht im Nenner von Gl. (55.1). Wenn wir also die an der Fahrbahn gewonnene Erkenntnis hier verwerten dürfen, so müßte die Beschleunigung a beim freien Fall am gleichen Ort für alle Körper gleich groß sein. Dies können wir natürlich nur im luftleeren Raum nachprüfen:

Versuch 36: Die über 1 m lange Fallröhre enthält ein schweres Bleistück und eine leichte Flaumfeder (Abb. 55.1). Wenn sie luftleer gepumpt ist, dreht man

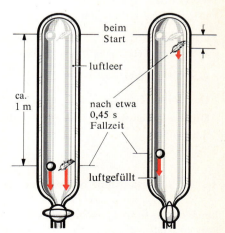

55.1 Fallröhre zu Versuch 36

sie schnell um, so daß beide Körper gleichzeitig zu fallen beginnen. Sie kommen auch gleichzeitig unten an, durchlaufen also in der gleichen Zeit $t_1 = t_2$ die gleiche Strecke $s_1 = s_2$. Aus $s_1 = \frac{1}{2} a_1 \cdot t_1^2$ und $s_2 = \frac{1}{2} a_2 \cdot t_2^2$ folgt somit $a_1 = a_2 = g$. Man bezeichnet allgemein mit g die **Fallbeschleunigung.** — Wenn die Fallröhre jedoch mit Luft gefüllt ist, ändert sich an der Fallbewegung der Bleikugel fast nichts, während die Flaumfeder langsam und gleichförmig nach unten schwebt. Hierauf gehen wir in Ziff. 5 genauer ein.

> **Beim freien Fall erfahren alle Körper am selben Ort die gleiche, konstante Fallbeschleunigung $\vec{g}$.**

Nehmen wir zum Beispiel an, die Bleikugel erfahre die 1000fache Gewichtskraft gegenüber der Flaumfeder, so ist sie nach Seite 50 auch genau 1000mal so träge, sie hat 1000fache Masse. Es gilt:

$$a = g = \frac{F}{m} = \frac{G}{m} \quad \text{(für die Flaumfeder)}$$

$$= \frac{1000\,G}{1000\,m} \quad \text{(für die Bleikugel)}.$$

Der Versuch zum freien Fall bestätigt also in hervorragender Weise die eigenartige, von uns nicht weiter erklärbare Proportionalität zwischen Trägheit und Schwere. Zudem zeigt er, wie verschiedenartig diese beiden Begriffe sind: Die Schwere, also die Gewichtskraft $\vec{G}$, beschleunigt die Körper nach unten (im Zähler von Gl. (55.1)); die Trägheit hemmt dagegen die Fallbewegung (Masse m im Nenner). Wir haben deshalb schon auf Seite 49 streng zwischen beiden unterschieden. Man lese diesen Abschnitt nochmals!

Wir wollen nun versuchen, mit Gl. (55.1) auch den Betrag der Fallbeschleunigung g zu berechnen. Da g bei allen Körpern am gleichen Ort gleich groß ist, nehmen wir der Einfachheit halber ein Kilogrammstück. Seine Masse ist $m = 1$ kg; es erfährt in Mitteleuropa die Gewichtskraft $G = 9{,}81$ N. Also gilt:

$$g = a = \frac{G}{m} = \frac{9{,}81\text{ N}}{1\text{ kg}} = \frac{9{,}81\text{ kg} \cdot \text{m/s}^2}{1\text{ kg}} = 9{,}81\,\frac{\text{m}}{\text{s}^2}. \tag{56.1}$$

Da die Beschleunigung $a = g$ konstant ist und der freie Fall aus der Ruhe heraus beginnt (für $t = 0$ gilt $v = 0$ und $s = 0$), erhalten wir für jeden Körper am gleichen Ort mit demselben Zahlenwert für die Fallbeschleunigung g:

> | | | |
> |---|---|---|
> | **Weg-Zeit-Gesetz des freien Falls:** | $s = \frac{1}{2} g \cdot t^2$ | (56.2) |
> | **Geschwindigkeits-Zeit-Gesetz:** | $v = g \cdot t$ | (56.3) |
>
> **Das heißt:** Der Fallweg ist dem Quadrat der Fallzeit proportional.
> **Die Fallgeschwindigkeit ist der Fallzeit t proportional und erhöht sich in jeder Sekunde um 9,81 m/s.**

3. Die experimentelle Nachprüfung der Fallgesetze

Die Gesetze für die beschleunigte Bewegung fanden wir auf den Seiten 40 bis 42 an verhältnismäßig langsam laufenden Fahrbahnwagen. Ob diese Gesetze auf die Fallbewegung übertragen werden dürfen, kann nur durch genaue Versuche ermittelt werden. Hierzu lassen wir massive und schwere

Metallkörper mit kleiner Oberfläche fallen und beschränken uns auf Fallwege unter 1 m *(Abb. 57.1)*. Dann dürfen wir erwarten, daß der Luftwiderstand noch nicht merklich stört.

Versuch 37: Die Eisenkugel K wird nach *Abb. 57.1* vom Elektromagneten NS gehalten und gegen zwei Kontakte gepreßt. Der rot gezeichnete Stromkreis ist geschlossen, der elektronische Kurzzeitmesser zeigt $t = 0{,}0000$ s an. Öffnet man mit dem Schalter S den Stromkreis des Magneten, so beginnt die Kugel zu fallen und der Kurzzeitmesser läuft an. Sobald die Kugel auf die Kontaktplatte P fällt, öffnet sie den rot gestrichelten Stromkreis und stoppt den Kurzzeitmesser augenblicklich. Die Fallstrecken s und die Fallzeiten t sind in *Tabelle 57.1* zusammengestellt, ferner die daraus berechnete Beschleunigung $g = 2s/t^2$.

Wir sehen:

a) Die Beschleunigung ist im benutzten Bereich praktisch konstant (siehe Ziff. 5!). Die Fallwege sind den Quadraten (t^2) der Fallzeiten proportional.

b) g hat den in Gl. (56.1) vorhergesagten Wert $g = 9{,}8$ m/s².

Versuch 38: Um die Geschwindigkeit v des fallenden Körpers in einem Punkt seiner Bahn zu bestimmen, lassen wir eine Kugel *(Abb. 57.2)* die Höhe $s = 0{,}40$ m durchfallen. Hierzu braucht sie nach Gl. (56.2) die Fallzeit $t = \sqrt{2s/g} = 0{,}286$ s. Nach Gl. (56.3) sollte sie dann die Momentangeschwindigkeit $v = g \cdot t = 2{,}81$ m/s haben. Um dies nachzuprüfen, läßt man die Kugel vom Durchmesser $\Delta s = 2{,}0$ cm einen waagerecht laufenden Lichtstrahl unterbrechen. Hierbei wird eine dahinter aufgestellte Fotozelle (oder Fotodiode, Mittelstufenband Seite 387) für die kurze Zeit $\Delta t = 0{,}0072$ s verdunkelt, wie der ange-

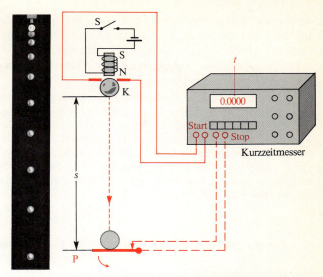

57.1 Stroboskopische Aufnahme einer fallenden Kugel in Zeitabständen von 0,05 s (links), Messung von Fallzeit t und Fallbeschleunigung $g = 2s/t^2$ (rechts).

Tabelle 57.1 zu Versuch 37 (über die Genauigkeit siehe Seite 62)

s in m	t in s	g in m/s²
0,1000	0,1428	9,80$_8$
0,400$_0$	0,28565	9,80$_4$
0,900$_0$	0,4287	9,79$_4$

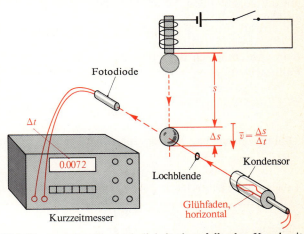

57.2 Messung der Geschwindigkeit einer fallenden Kugel mit einer Lichtschranke; die kleine Lochblende (etwa 2 mm Durchmesser) ist nur angedeutet; sie macht das Lichtbündel viel schärfer.

schlossene Kurzzeitmesser angibt. Auf der Strecke Δs hatte der Fallkörper also die Durchschnittsgeschwindigkeit $\bar{v} = \Delta s / \Delta t = 2{,}8$ m/s. Da Δs gegenüber der ganzen Fallstrecke s klein ist, änderte sich die Momentangeschwindigkeit im Intervall Δs nicht wesentlich. Sie stimmt mit der Durchschnittsgeschwindigkeit $\bar{v}$ gut überein.

Häufig kann man für die Fallbeschleunigung den gerundeten Wert $g = 10$ m/s² benutzen. Dann erhält man für Fallwege und Geschwindigkeiten die leicht zu merkenden Werte der Tabelle 58.1. Man erkennt, daß die Fallwege quadratisch steigen, während sich die Geschwindigkeit in jeder Sekunde um 10 m/s erhöht. Der hierbei gemachte Fehler liegt bei 2 % und damit in der Größenordnung des Fehlers vieler Meßinstrumente (siehe Seite 62).

Tabelle 58.1 Bequeme Näherungswerte

Zeit t in s	Fallweg s in m	Geschwindigkeit v in m/s
0	0	0
1	5	10
2	20	20
3	45	30
4	80	40

4. Zusammenhang zwischen Gewichtskraft G und Masse m

Ein Körper der Masse m sei nur seiner Gewichtskraft $\vec{G}$ ausgesetzt. Er erfährt die Beschleunigung $\vec{g}$. Folglich gilt nach $\vec{F} = m \cdot \vec{a}$:

$$G = m \cdot g; \quad \text{vektoriell: } \vec{G} = m \cdot \vec{g}.$$

Hieraus folgt, daß ein Körper der Masse $m = 1$ kg bei uns ($g = 9{,}81$ m/s²) die Gewichtskraft $G = 1$ kg $\cdot$ 9,81 m/s² $= 9{,}81$ N erfährt. Da sich die Gewichtskraft G, mit der die Erde auf ein und denselben Körper wirkt, mit dem Ort ändert, verändert sich auch die Fallbeschleunigung $g = G/m$: Bei einer geographischen Breite von 45° hat sie in Meereshöhe den Wert 9,80629 m/s², an den Polen 9,83221 m/s², am Äquator 9,78049 m/s². Für die Mondoberfläche ist aufgrund der Anziehung durch den Mond $g = 1{,}7$ m/s². Werte für die Oberfläche anderer Planeten finden sich auf Seite 141.

Früher benutzte man häufig die Krafteinheit 1 kp, nämlich die Kraft, die ein Körper der Masse $m = 1$ kg am sogenannten **Normort** erfährt. Darunter verstand man ziemlich willkürlich einen Ort mit der sogenannten **Normfallbeschleunigung** $g_n = 9{,}80665$ m/s². Nach $G = m \cdot g$ gilt also für 1 kp exakt:

$$1 \text{ kp} = 1 \text{ kg} \cdot g_n = 9{,}80665 \text{ kg m/s}^2 = 9{,}80665 \text{ N}.$$

Beim Abschmelzen des Polareises würde sich die Massenverteilung auf der Erde und damit die Fallbeschleunigung sowie die Lage des Normorts ändern.

> $$G = m \cdot g; \quad \text{vektoriell: } \vec{G} = m \cdot \vec{g} \tag{58.1}$$
>
> **Fallbeschleunigung in geographischen Breiten zwischen 44° und 54°:** $g = 9{,}81 \frac{\text{m}}{\text{s}^2}$.

Tabelle 58.2 Fallbeschleunigung g verschiedener Orte in m/s²

Kiel	9,8146	Frankfurt	9,8108
Hamburg	9,8138	Stuttgart	9,8090
Berlin	9,8129	Freiburg	9,8084
Hannover	9,8128	München	9,8073
Köln	9,8116	New York	9,8025

5. Der Fall im lufterfüllten Raum

Versuch 39: Eine Eisenkugel und ein Papiertrichter hängen je an einem Elektromagneten. Wenn man den Strom ausschaltet, beginnen sie gleichzeitig zu fallen und werden durch Lichtblitze in Zeitabständen von 0,067 s gleichzeitig beleuchtet *(Abb. 59.1)*. Zu Beginn fallen sie nebeneinander; ihre Geschwindigkeit wächst nach $v = g \cdot t$ (Ursprungsgerade im v-t-Diagramm nach *Abb. 59.2*). Doch dann bleibt der Papiertrichter zurück. Bei ihm macht sich der Luftwiderstand F_L bemerkbar; dieser wächst — wie vom Radfahren bekannt ist — mit der Geschwindigkeit stark an. Er wird deshalb schon bei etwa 2,9 m/s so groß wie die Gewichtskraft G des Trichters. Dann tritt am fallenden Trichter Gleichgewicht zwischen F_L und G ein: $F_L = G$; die beschleunigende Kraft $F = G - F_L$ sinkt auf Null, desgleichen die Beschleunigung $a = F/m$. Der Trichter bleibt dann aber nicht in der Luft stehen (in diesem Fall würde der Luftwiderstand verschwinden). Vielmehr fällt er mit konstanter Geschwindigkeit weiter (gleiche Abstände in *Abb. 59.1*; waagerechter Teil im v-t-Diagramm). Bei der Eisenkugel wird erst bei sehr viel größeren Geschwindigkeiten (etwa 50 m/s) der Luftwiderstand F_L so groß wie die Gewichtskraft. Den Durchmesser von Fallschirmen wählt man so groß, daß sie dieses Gleichgewicht bei etwa 6 m/s erreichen. Regentropfen erreichen Geschwindigkeiten bis zu 8 m/s, kleine Nebeltröpfchen dagegen nur bis zu 0,08 m/s.

Der Luftwiderstand F_L ist nämlich der Querschnittsfläche $A = \pi r^2$, die Gewichtskraft G dem Volumen $V = \frac{4}{3}\pi r^3$ proportional. Folglich gilt für den Quotienten $\frac{F_L}{G} \sim \frac{r^2}{r^3} = \frac{1}{r}$. Je größer der Radius r eines Tropfens ist, um so eher kann man also bei kleinen Geschwindigkeiten den Luftwiderstand F_L gegenüber der Gewichtskraft G vernachlässigen ($F_L \ll G$).

6. Rückblick, insbesondere auf den Massenbegriff

Zunächst untersuchten wir die Fallbewegung ohne Luftwiderstand, das heißt „*rein*". Dann erst berücksichtigen wir ihn. Man legt also die Experimente in der Physik so an, daß sie die Vorgänge, die man als wesentlich ansieht und genau untersuchen möchte, ohne störende Einflüsse zeigen. Später kann man solche Einflüsse berücksichtigen.

Wir wollen uns nun rückblickend dem **Massenbegriff** zuwenden. Er wurde schon auf der Mittelstufe als *Grundgröße* eingeführt, um das Schwersein der Körper zu beschreiben. Dabei legte man die *Maßgleichheit* so fest, daß zwei Körper gleiche Masse haben, wenn sie am gleichen Ort gleich stark zur Erde gezogen

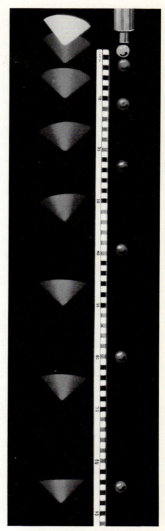

59.1 Stroboskopische Aufnahme einer Kugel und eines Papiertrichters beim Fall.

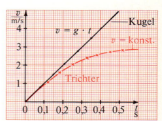

59.2 Geschwindigkeits-Zeit-Diagramm zu *Abb. 59.1*

werden, und benutzte zum Massenvergleich die *Tafelwaage.* Eine *n*-fache Masse wurde durch das Zusammenfügen von *n* Körpern gleicher Masse definiert (Maßvielfachheit). *Deshalb ist die Gesamtmasse eines Körpers gleich der Summe der Massen seiner Teile.* Im Gegensatz zu den Kräften spielt irgendeine Richtung keine Rolle: Die Masse ist ein Skalar. Auch hängt sie für einen bestimmten Körper nicht vom Ort ab. Nach der Gleichung $\vec{G} = m \cdot \vec{g}$ (Seite 58) erhält man durch Multiplikation mit der ortsabhängigen Fallbeschleunigung $\vec{g}$ die ebenfalls ortsabhängige Gewichtskraft $\vec{G}$ als Vektorgröße. Da Massen ortsunabhängig und addierbar sind, benutzt man sie auch als Maß für *Substanz-* und *Warenmengen;* man gibt im täglichen Leben Warenmengen in Kilogramm an. Ferner fanden die Chemiker (*Lavoisier,* um 1780), daß bei chemischen Reaktionen die Gesamtmasse eines abgeschlossenen Systems erhalten bleibt, auch wenn sich die Temperatur erheblich ändert. Dies gilt für andere Körpereigenschaften, zum Beispiel das Volumen, nicht. Bei Vorgängen in *Atomkernen* kann allerdings die Masse abnehmen; sie wird dann in Form von Energie abgegeben. Hier zeigt sich eine *Äquivalenz zwischen Masse und Energie.* — Die Masse ist wohl die einzige physikalische Größe, die mehrere, an sich verschiedenartige Eigenschaften der Körper beschreibt, nämlich neben der *Substanzmenge* das *Schwereverhalten* und das *Trägheitsverhalten.* Deshalb kann die Masse nach $m = F/a$ auch aus Beschleunigungsversuchen ermittelt werden, und zwar auch im schwerefreien Raum, wo die Balkenwaage versagt (Seite 102). Auch die Masse von Elektronen und so weiter wird durch Beschleunigungsexperimente ermittelt. — Bei unseren Versuchen hing die Masse von der Geschwindigkeit v nicht ab; sie erwies sich als reine Körpereigenschaft. Hier setzt allerdings die Lichtgeschwindigkeit $c = 3 \cdot 10^8$ m/s eine Grenze. Sie kann nicht erreicht und nicht überschritten werden, selbst wenn eine Kraft noch so lange auf einen Körper einwirkt. Beim Annähern an die Lichtgeschwindigkeit wachsen nämlich die Trägheit und damit die Masse m des Körpers. Dies ist beim Beschleunigen von Elektronen durch sehr hohe Spannungen nachgewiesen. Dabei nimmt aber nicht die Substanz, etwa die Zahl der Elektronen beziehungsweise der Atome zu, sondern ihr Beharrungsvermögen, und zwar bei 10000 km/s erst um 0,1 %. Dann führt man neben der Masse m noch die **Ruhemasse** m_0 ein. Dies ist die Masse m, die ein Beobachter feststellt, relativ zu dem der Körper ruht oder sich nicht zu schnell ($v \ll c$) bewegt. Diese Ruhemasse m_0 kann als makroskopisches Maß für Substanz- oder Warenmengen gelten.

All dies zeigt, daß die Masse nicht etwa eine Substanz ist, die der Körper tatsächlich hat, sondern ein vom Physiker *definierter Begriff,* der mehrere Körpereigenschaften quantitativ beschreibt. Diese Definition erfolgt nicht dadurch, daß man sagt, was die Masse eines Körpers „an sich" ist, sondern nur, wie man sie *mißt* (durch Wägung oder durch Beschleunigungsversuche). Was der Begriff Masse *bedeutet,* folgt aus den zahlreichen Experimenten, deren Ergebnisse im System der physikalischen Gleichungen kurz und exakt zusammengefaßt sind.

Aufgaben:

1. *Nach welchen Zeiten hat ein frei fallender Körper a) die Geschwindigkeit* 25 m/s, *b) den Fallweg* 10 m *aus der Ruhe heraus erreicht* ($g = 10$ m/s^2)?

2. *Wie lange braucht ein Stein von der Spitze des Ulmer Münsters* (160 m), *vom Eiffelturm* (300 m), *bis er am Boden aufschlägt? Welche Geschwindigkeit hat er dann?* ($g = 10$ m/s^2; *vom Luftwiderstand ist abzusehen).*

3. *Aus welcher Höhe müßte ein Körper frei fallen, damit er Schallgeschwindigkeit erreicht* (340 m/s)? *Vom Luftwiderstand ist abzusehen!*

4. *Aus welcher Höhe müßte ein Auto frei fallen, damit es die Geschwindigkeit* 108 km/h *erreicht (Demonstration der Wucht bei einem Unfall)?*

5. *Ein Junge drückt einen Holzmaßstab mit dem Nullpunkt nach unten an eine glatte Wand. Ein zweiter hält seinen Daumen über diese Nullmarke und preßt mit ihm den Stab an die Wand, sobald er erkennt, daß dieser vom ersten unerwartet losgelassen wurde. Der Daumen trifft die 25 cm-Marke. Wie lange war die Reaktionszeit des zweiten?*

6. *Wie groß ist die Wichte $\gamma = G/V$ von Wasser in N/m³ (die Dichte beträgt $\varrho = m/V = 1{,}00$ g/cm³). Leiten Sie aus Gl. (58.1) eine Beziehung her, nach der man allgemein aus der Dichte ϱ für einen beliebigen Ort mit der Fallbeschleunigung g die Wichte γ berechnen kann!*

7. *Warum sind für den Menschen hohe Beschleunigungen, nicht aber hohe Geschwindigkeiten unmittelbar gefährlich? — In der Körperlängsrichtung hält man Beschleunigungen bis zum 4fachen der Fallbeschleunigung g noch gut aus, senkrecht zur Körperachse kann man einen Menschen mit bis zum 18fachen der Fallbeschleunigung (18 g) einige Minuten lang beschleunigen. Diese Werte sind von Bedeutung für den Start bemannter Raketen. In welcher Richtung bewegt sich das Blut, wenn man einen Menschen mit dem Kopf voraus stark in seiner Längsrichtung beschleunigt? Berechnen Sie die Kräfte, die nötig sind, um einen Mann von 75 kg Masse die angegebenen Beschleunigungen zu erteilen! In welchem Verhältnis stehen sie zu seiner Gewichtskraft? (Kurzzeitig sind 45 g ertragbar.)*
   Bemerkung: Wenn g kursiv gedruckt ist, so bedeutet es eine Größe, nämlich die Fallbeschleunigung, steil gedruckt (g) die Masseneinheit Gramm.

8. *Aus welcher Höhe müßte man auf dem Mond herabspringen, um mit der gleichen Geschwindigkeit anzukommen, wie wenn man auf der Erde aus 1 m Höhe springt?*

9. *Ein Stein fällt in einen 17,0 m tiefen Brunnen. Nach welcher Zeit hört man oben den Aufschlag, wenn die Schallgeschwindigkeit 340 m/s beträgt?*

10. *Von einem hohen Turm läßt man zu den Zeiten $t = 0$ s, 1 s, 2 s, 3 s, 4 s je einen Stein fallen. Wie groß sind deren Abstände im Zeitpunkt 4 s? Welches Verhältnis haben diese Abstände (vergleiche mit Aufgabe 11 von Seite 44)?*

11. *Zwei Äpfel, die an einem Baum 1,25 m übereinander hängen, beginnen zufällig gleichzeitig zu fallen. Vergrößert sich ihr Abstand während des Falls?*

12. *In Aufgabe 11 beginne der untere Apfel genau dann zu fallen, wenn der obere an ihm vorbeifliegt. Fallen sie ständig nebeneinander? Wie groß ist ihr Abstand, wenn der untere Apfel 1,0 s lang gefallen ist?*

13. *Versuch 37 zeigt mit Schulgeräten Fehler von 0,2%. Kann man damit die g-Änderung auf der Erdoberfläche nachprüfen?*

14. *Der Raketenmotor eines Raumschiffes wirbelt beim Landen auf dem Mond sehr viel Staub auf. Warum ist nach dem Abstellen des Motors die Sicht sofort wieder klar — im Gegensatz zur Erde?*

15. *Lösen Sie das Beispiel 4c von Seite 53, wenn die beiden Massen m_1 und m_2 sind!*
    a) *Wie groß ist die Beschleunigung a_1 der beiden Körper?*
    b) *Wie groß wird sie (a_2), wenn man $m_1 = 0$ setzt?*
    c) *Welche Beschleunigung (a_3) ergibt sich, wenn $m_2 = k \cdot m_1$ ist?*
    d) *Wie groß muß man in (c) den Faktor k wählen, damit sich der 10. Teil der Fallbeschleunigung g ergibt?*

16. a) *Berechnen Sie die Beschleunigung a, wenn in Abb. 49.1 m_1 die Masse des Wagens, m_2 die des angehängten Körpers ist? Wie groß ist die Seilkraft? (Seite 54)*
    b) *Wie groß sind Beschleunigung und Seilkraft, wenn man den Wagen durch einen Klotz der Masse m_1 ersetzt, der mit der Reibungszahl f_{g1} gleitet?*

17. *Mit welcher Beschleunigung gleitet ein Körper der Masse m eine schiefe Ebene mit Winkel φ hinab:*
    a) *ohne Reibung,* b) *wenn die Gleitreibungszahl $f_{g1} \neq 0$ ist?*

18. *Welche Masse müßte in Aufgabe 16a der angehängte Körper haben, damit die Seilkraft S die Hälfte seiner Gewichtskraft beträgt?*

§ 13 Genauigkeitsangaben in der Physik

1. Zufällige und systematische Meßfehler

Selbst Messungen höchster Präzision haben Fehler; für diese gibt es zwei Gruppen von Ursachen:

a) Wir sprechen zunächst von den **zufälligen** oder **statistischen Fehlern:** Mißt man dieselbe Größe x am gleichen Gerät unter gleichen Bedingungen mehrmals, so sind die einzelnen Meßwerte x_i um einen *Mittelwert* $\bar{x}$ gestreut. So kann man an einem Millimeter-Maßstab die Zehntel-Millimeter nur schätzen; bei elektrischen Instrumenten ist die Reibung der Achse des Zeigers in ihrem Lager nicht immer gleich groß, so daß sich dieser nicht immer genau gleich einstellt und so weiter. Durch sorgfältiges Ablesen kann man diese Fehler zwar klein halten, aber nicht vermeiden. Ihren Einfluß setzt man weiter herab, indem man viele Ablesungen der Größe x vornimmt und aus ihnen das *arithmetische Mittel* bildet, den sogenannten **Mittelwert** $\bar{x}$. Je mehr Messungen man ausführt, um so eher lassen sich grobe Abweichungen (sogenannte Ausreißer) erkennen; ihr Einfluß auf den Mittelwert wird zurückgedrängt. Man kann aus einer Meßreihe auch ein Maß für das unvermeidliche *Schwanken der Einzelwerte* angeben. Hierzu bilden wir die Beträge $|x_i - \bar{x}|$ der Abweichungen eines jeden der n Meßwerte x_i vom Mittelwert $\bar{x}$ und berechnen aus diesen Beträgen das arithmetische Mittel als „Streuungsmaß" d:

$$d = \frac{1}{n} \sum_i |x_i - \bar{x}|.$$

In *Tabelle 62.1* sind aus Versuch 37 (Seite 57) $n=5$ Fallzeiten $t_i = x_i$ für die Fallhöhe $s = 0{,}1000$ m samt ihrem Mittelwert $\bar{x}$ angegeben und dieses Streuungsmaß $d = 0{,}00008$ s $\approx 0{,}0001$ s berechnet. Der Meßwert der Fallzeit t kann also zu $t = (0{,}1428 \pm 0{,}0001)$ s angegeben werden.

Wenn kein wesentlicher systematischer Fehler (Ziff. b) vorliegt, so darf man den Wert von t zwischen 0,1427 s und 0,1429 s annehmen. Es hat keinen Sinn, von einem „wahren Wert" der Fallzeit t zu sprechen. Der **absolute Fehler** der Zeitmessung betrug $f_a = 0{,}00008$ s, der **relative Fehler** $f_r = f_a/\bar{x} = 0{,}00008$ s$/0{,}1428$ s $= 0{,}0006 = 0{,}06\,\%$.

Tabelle 62.1

x_i	$x_i - \bar{x}$
0,1427 s	0,0001 s
0,1429 s	0,0001 s
0,1428 s	0,0000 s
0,1429 s	0,0001 s
0,1427 s	0,0001 s
$\bar{x} = 0{,}1428$ s	$d = 0{,}00008$ s
	$\approx 0{,}00010$ s

$$\text{Relativer Fehler } f_r = \frac{\text{absoluter Fehler } f_a}{\text{Mittelwert } \bar{x}} \tag{62.1}$$

Man beachte, daß im allgemeinen nicht der absolute Fehler etwas über die Güte einer Messung aussagt, sondern nur der relative Fehler: Ein absoluter Fehler von $f_a = 2$ mm gibt bei einem Mittelwert $\bar{x} = 10$ mm den relativen Fehler $f_r = \frac{2 \text{ mm}}{10 \text{ mm}} = 0{,}2 = 20\,\%$. Derselbe absolute Fehler $f_a = 2$ mm bedeutet beim Mittelwert $\bar{x} = 2$ m dagegen nur den relativen Fehler $f_r = 0{,}1\,\%$. Derselbe absolute Fehler wiegt also im ersten Fall sehr viel mehr als im zweiten.

Nach der Tabelle betrug der relative Fehler der Zeitmessung $f_r \approx 0{,}06\,\%$; die Fallstrecke war im Versuch 37 mit der Schieblehre zu $s = 0{,}1000$ m mit $f_r \approx 0{,}1\,\%$ gemessen. In der mathematischen Ergänzung wird auf Seite 182 gezeigt, daß der relative Fehler eines Produkts beziehungsweise Quotienten gewonnen wird als Summe der relativen Fehler der Faktoren beziehungsweise als Summe der relativen Fehler von Zähler und Nenner (nicht der absoluten!). Im ungünstigsten Fall addieren sich nämlich die relativen Fehler. Für den Wert der Fallbeschleunigung $g = 2s/t^2 = 2s/(t \cdot t)$ erhält man so den relativen Fehler $f_r \approx 0{,}1\,\% + 0{,}06\,\% + 0{,}06\,\% = 0{,}22\,\%$. In *Tabelle 57.1* ist also die letzte Stelle unsicher und deshalb tiefer gesetzt.

b) Systematische Fehler: Bei den Fallversuchen bremste bei längeren Fallstrecken der Luftwiderstand die Kugel merklich; der Wert für die Fallbeschleunigung wurde etwas zu klein. Hier liegt ein *systematischer Fehler* vor. Um ihn auszuschalten, müßte man den Versuch im Vakuum ausführen. Auch könnte der Kurzzeitmesser zu schnell oder zu langsam gehen. Man müßte ihn mit der Normalfrequenz eines Eichsenders (Seite 64) vergleichen und den Meterstab abschnittsweise mit einer guten Schieblehre nachprüfen oder von einem Eichamt beglaubigen lassen. Solche systematischen Fehler kann man durch noch so viele und noch so sorgfältige Einzelmessungen nicht verringern oder gar beseitigen.

Aus den in (a) und (b) angeführten Gründen darf man von Demonstrationsversuchen in der Schule im allgemeinen nur eine Genauigkeit von f_r von über 2% erwarten, zumal man nur wenige Messungen ausführt. Bei höheren Genauigkeitsansprüchen werden die Anordnungen im allgemeinen komplizierter und deshalb unübersichtlicher.

2. Angabe von Meßergebnissen und ihrer Genauigkeit

Man gibt bei einem Meßergebnis nur die tatsächlich durch Messung verbürgten Ziffern an: $s = 1,05$ m hat 3 *geltende Ziffern*, die Zentimeter wurden noch gemessen, nicht aber die Millimeter. Es ist gleichbedeutend mit $s = 105$ cm, nicht aber mit $s = 1050$ mm! Bei der Angabe $s = 1050$ mm mit 4 geltenden Ziffern wird vorgetäuscht, man habe die Millimeter auch noch gemessen und eine Null gefunden. Wer die Lichtgeschwindigkeit mit $c = 300\,000$ km/s angibt, täuscht in diesem Sinne eine sechsstellige Genauigkeit vor und sagt deshalb Falsches aus, da der heute gesicherte Wert $c = (299\,792\,456{,}2 \pm 1{,}1)$ m/s beträgt. Ehrlicher ist die gerundete, wenn auch umständlichere Schreibweise $3{,}00 \cdot 10^8$ m/s, wenn man 3 geltende Ziffern angeben will. Bei 4 geltenden Ziffern müßte man $c = 2{,}998 \cdot 10^8$ m/s schreiben. Schon eine Genauigkeit von 3 geltenden Ziffern ist bei Schulversuchen im allgemeinen nicht möglich; man sollte deshalb in solchen Fällen nicht mehr als 3 geltende Ziffern anschreiben. Der Rechenschieber genügt dann vollauf; elektronische Rechner geben im allgemeinen eine viel größere Genauigkeit an, als es angesichts der Meßfehler sinnvoll ist.

Aufgaben:

1. *Mit welchen relativen Fehlern glauben Sie, eine Strecke von etwa* 0,10 m *mit einem Millimeterstab und eine Zeit von ca.* 10 s *mit der Stoppuhr beziehungsweise dem Sekundenzeiger der Armbanduhr bestimmen zu können? Führen Sie diese Messungen 20mal aus und bestimmen dann das oben angegebene Streuungsmaß d und den relativen Fehler!*

2. *Ein elektrisches Zeigerinstrument habe (zum Beispiel wegen der schwankenden Lagerreibung) einen relativen Fehler von 2% des Skalenendwerts. Wie groß ist also der relative Fehler, wenn es beim Meßbereich von* 100 mA *die Stromstärke* 80 mA *beziehungsweise* 8 mA *anzeigt? Warum wählt man den Meßbereich stets so, daß der Ausschlag möglichst groß wird?*

3. *Die Kanten eines Würfels werden zu* $l = (1{,}000 \pm 0{,}001)$ m *gemessen, das heißt mit einem relativen Fehler von* 0,1%. *Berechnen Sie das Volumen* $V = l^3 = (1{,}000 \pm 0{,}001)^3$ m^3 *und zeigen Sie, daß der relative Fehler der Volumenbestimmung bei 0,3% liegt!*

4. *Für eine Strecke der Länge* $x \approx 10$ mm *benutzt man eine Schieblehre mit Nonius ($f_a \approx 0{,}1$ mm; Mittelstufenband Seite 16) bzw. eine Mikrometerschraube ($f_a \approx 0{,}01$ mm; Mittelstufenband Seite 15). Wie groß sind die relativen Fehler?*

5. *Bei der Atomuhr (Seite 64) beträgt heute der relative Fehler* 10^{-13}. *Wie viele Sekunden gibt dies in 1 Jahr?*

6. *Die Längeneinheit* 1 m *ist heute mit einem relativen Fehler von* 10^{-8} *reproduzierbar (Seite 64). Welchem absoluten Fehler entspricht dies beim Erdumfang (40 000 km)?*

§14 Die kohärenten Einheiten des SI-Systems; Größengleichungen

1. Die Basiseinheit der Länge, 1 Meter

Früher benutzte man zur Längenmessung Einheiten wie Elle, Fuß und so weiter, also vom menschlichen Körper abgeleitete Maße. Diese Einheiten schwankten bisweilen von Stadt zu Stadt beträchtlich. Dies erschwerte Handel und Verkehr. Deshalb ging man zur Längeneinheit 1 m über. Sie war ursprünglich definiert als der 40 000 000. Teil des Erdumfangs und wurde durch das sogenannte **Ur-Meter** (auch **Meter-Prototyp** genannt) aus Platin-Iridium in Paris verkörpert. Die damaligen Erdmessungen erwiesen sich später als ungenau. Man löste sich von ihnen und bezog sich zunächst allein auf das Ur-Meter. Nun können sich Maßstäbe im Laufe der Zeit um den 10^6ten Teil ihrer Länge infolge von Umlagerungen im Kristallgefüge ändern. Das *Bundesgesetz über Einheiten im Meßwesen* aus dem Jahre 1969 schloß sich deshalb dem *Système International d'Unités* (kurz **SI-System**) an und setzte 1 m gleich 1 650 763,73 Wellenlängen einer exakt definierten Lichtart, die von Krypton-Atomen ausgesandt wird. Diese Definition wird dem neuesten Stand der Meßtechnik entsprechend von Zeit zu Zeit verfeinert oder abgeändert. So kann man heute im Prinzip 1 m an einem beliebigen Ort und zu beliebiger Zeit mit dem relativen Fehler $f_r \approx 10^{-8}$ reproduzieren (dies ist bei 1 m ein absoluter Fehler von 10^{-5} mm oder etwa 30 Durchmessern eines Platinatoms). Die relativen Fehler bei Holzmaßstäben liegen bei 10^{-3} (1 mm auf 1 m), die von Strichmaßstäben zum Prüfen anderer Stäbe bei 10^{-5}. Dabei spielt die Wärmeausdehnung eine große Rolle; man verwendet deshalb häufig *Invarstäbe* (Mittelstufenband Seite 128).

2. Die Basiseinheit der Zeit, 1 Sekunde

Der Ablauf von Tag und Nacht ist durch die (scheinbare) Bewegung der Sonne bestimmt. Deshalb richtete man die Zeiteinheit 1 s zunächst danach, also nach der Eigendrehung der Erde um ihre Achse (Seite 133). Doch weiß man heute, daß die Erdrotation Schwankungen von etwa 0,1 s im Jahr unterworfen ist und außerdem ganz allmählich langsamer wird. Deshalb ist heute die Sekunde als Basiseinheit des SI-Systems durch die Dauer von 9 192 631 770 Perioden gewisser Schwingungen in Cäsium-Atomen mit einem relativen Fehler von 10^{-13} definiert und wird durch Funk mit etwa dieser Genauigkeit durch eine Reihe von Sendern weltweit verbreitet. Abweichungen in der Erddrehung werden zu Ende eines jeden Jahres durch Verstellen der Uhren berücksichtigt (sogenannte *Schaltsekunde*). Noch genauere Definitionen werden vorbereitet.

3. Die Basiseinheit der Masse, 1 Kilogramm

Als Einheit für die Masse gilt auch heute noch das sogenannte **Ur-Kilogramm** *(Kilogramm-Prototyp)* in Paris, ein Körper aus Platin-Iridium, dem man 1799 so genau wie möglich die Masse von 1 dm³ Wasser bei 4 °C zu geben versuchte. Der damalige Fehler von 0,0028% bedeutet, daß Wasser von 4 °C die Dichte 0,999972 g/cm³ hat; diese Abweichung wurde genau so wenig wie beim Ur-Meter korrigiert. Kilogrammstücke, die mit dem Ur-Kilogramm bis auf 10^{-9} (das heißt auf 10^{-3} mg oder 10^{15} Platinatome) verglichen wurden, sind heute an alle Kulturstaaten verteilt. Die relative Genauigkeit guter käuflicher Waagen liegt bei 10^{-6}.

4. Abgeleitete Einheiten der Mechanik

Die Einheiten der Länge, der Zeit und der Masse nennt man Basiseinheiten. Man kann alle *mechanischen* Einheiten aus ihnen ableiten: Die Flächeneinheit 1 m² und die Volumeneinheit 1 m³ folgen unmittelbar mit dem Zahlenfaktor 1 versehen aus dem Meter; es sind sogenannte **kohärente Einheiten** des SI-Systems. Die nicht kohärente Flächeneinheit 1 Morgen zum Beispiel ist nicht mehr zulässig; 1 Morgen schwankt von Land zu Land zwischen 2500 m² und 3600 m². Solche Differenzen können zu erheblichen Mißverständnissen führen! 1 Seemeile = 1852 m ist für die Seefahrt zugelassen; andere Meilenmaße (zwischen 1609 m und 8900 m) sind dagegen nicht mehr erlaubt.

Die Geschwindigkeitseinheit 1 m/s ist wie die Beschleunigungseinheit 1 m/s² kohärent auf die Basiseinheiten 1 m und 1 s des SI-Systems zurückgeführt, die Krafteinheit 1 N = 1 kg m/s² vollends auf alle drei mechanischen Basiseinheiten. Diese Rückführung hat zwei wesentliche Vorteile: Zum einen braucht man nur 3 Basiseinheiten festzulegen. Zum anderen entfallen in den Gleichungen störende Proportionalitätsfaktoren: Würde man zum Beispiel die Kraft in der früher benutzten Einheit Kilopond (Seite 12) messen, so lautete das *Newtonsche Grundgesetz* $F = \left(\frac{\text{kp} \cdot \text{s}^2}{9{,}80665 \text{ kg m}}\right) m \cdot a$. Ein Körper der Masse $m = 1$ kg braucht nämlich zum freien Fall ($a = g_\text{n}$) an einem Ort mit der *Normfallbeschleunigung* $g_\text{n} = 9{,}80665$ m/s² die Kraft 1 kp (Seite 58). Bei allen Gleichungen, die man später aus dieser Form des Grundgesetzes zum Beispiel für Arbeit, Energie und Leistung herleitet, müßte man stets den Klammerausdruck mitschleppen. Man sieht, daß die Einheit 1 kp nicht in das System der drei Basiseinheiten kg, m, s paßt; sie ist mit ihm nicht kohärent.

Zugelassen sind künftig nur Einheiten, die aus den Basiseinheiten mit dem Zahlenfaktor 1 folgen (dann sind sie kohärent) oder durch eine der in *Tabelle 65.1* angegebenen Zehnerpotenzen vergrößert oder verkleinert sind. Eine geläufige Ausnahme machen 1 min = 60 s, 1 h = 3600 s und 1 Tag (d) gleich 86400 s, 1 kWh = 3600000 Ws = 3600000 Joule.

> **Alle Einheiten der Mechanik werden aus den drei Basiseinheiten Kilogramm, Meter und Sekunde abgeleitet.**

Tabelle 65.1 Vorsätze zur Bezeichnung von Vielfachen und Teilen der Einheiten

Zehner-potenz	10^{12}	10^9	10^6	10^3	10^2	10^1	10^0	10^{-1}	10^{-2}	10^{-3}	10^{-6}	10^{-9}	10^{-12}	10^{-15}
Bezeichnung	Tera	Giga	Mega	Kilo	Hekto	Deka	—	Dezi	Centi	Milli	Mikro	Nano	Piko	Femto
Zeichen	T	G	M	k	h	da	—	d	c	m	µ	n	p	f

Beispiele: 1 µm = 10^{-6} m   1 MΩ = 10^6 Ω = 1 Megohm
            1 pF = 10^{-12} F   1 GHz = 10^9 Hz

Physikalische Einheiten darf man unbeschränkt multiplizieren und dividieren; 1 m · 1 m = 1 m²; 1 m/1 s = 1 m/s, 1 kg · 1 m/(1 s · 1 s) = 1 kg · m/s² (= 1 N). Allerdings erhält man dabei auch Ausdrücke, denen keine physikalische Bedeutung zukommt, zum Beispiel 1 m⁴/s⁷. Zwei verschiedenartige Einheiten darf man dagegen nicht addieren: 1 m + 1 s hat keine Bedeutung, wohl aber 1 m + 5 cm. Näheres siehe mathematische Ergänzung Seite 185.

5. Weitere Basiseinheiten

Für elektrische Messungen braucht man noch eine typisch elektrische Basiseinheit. Hierzu schloß man das Ampere als Einheit der *Stromstärke* durch die magnetische Kraftwirkung zwischen stromdurchflossenen Leitern an die mechanischen Einheiten an (Mittelstufenband Seite 332). Für die *Temperatur* ist als Basiseinheit 1 Kelvin (K) festgelegt, für die *Stoffmenge* 1 mol, das heißt eine Stoffmenge, die soviel Teilchen enthält, wie in 12 g Kohlenstoff enthalten sind (Genaueres Seite 206).

6. Einheitennormale

Wir gaben die vollständigen Definitionen der Basiseinheit 1 m und 1 s nicht an. Sie werden laufend verfeinert, sind ohne tiefergehende Kenntnisse aus der Atomphysik nicht verständlich und können nur in besonders ausgerüsteten Laboratorien, wie zum Beispiel in der *Physikalisch-Technischen Bundesanstalt* in Braunschweig und Berlin, mit der nötigen Genauigkeit realisiert werden. Diese Anstalt hat laut Bundesgesetz die Aufgabe, Meßgeräte, zum Beispiel genau hergestellte Meterstäbe, Fieberthermometer, Wägesätze und so weiter zu *eichen*, das heißt die Übereinstimmung mit den gesetzlichen Definitionen zu prüfen, und zwar so genau, wie es der jeweilige Zweck erfordert. Sie gibt auch Verfahren an, nach denen man solche Nachprüfungen mit der jeweils nötigen Genauigkeit selbst vornehmen kann. Die Bundesanstalt und die Eichämter beglaubigen auch solche sogenannte **sekundären Einheitennormale**. Ohne sie wäre es unmöglich, die Forderungen des Einheitengesetzes mit der jeweils nötigen Genauigkeit im geschäftlichen und amtlichen Verkehr zu erfüllen. Hochwertige Maßstäbe, Wägesätze, Stoppuhren, Thermometer, Strommesser und so weiter stellen für die Genauigkeitsansprüche des Unterrichts im allgemeinen ausreichende Sekundärnormale dar, wenn man sie stets sachgemäß behandelt.

7. Größen und Größengleichungen

Die Angabe, ein Tisch habe die Länge $l = 3$ m, bedeutet, daß er 3mal so lang ist wie 1 m. Die Größenangabe $l = 3$ m ist also ein Produkt aus der Maßzahl 3 und der Einheit 1 m.

> **Physikalische Größen sind Produkte aus Maßzahl und Einheit.**

Diese Aussage hat wichtige Folgen: Zum Beispiel schrieben wir schon auf der Mittelstufe: $l = 3\text{ m} = 3 \cdot 1\text{ m} = 3 \cdot 100\text{ cm} = 300\text{ cm}$. Wenn man bei einer Größe die Einheit um den Faktor n verkleinert, dann wird der Zahlenwert n-mal so groß und umgekehrt; die Größe l ändert sich dabei nicht, sie ist gegenüber den benutzten Einheiten *invariant* (unveränderlich). Dies macht es möglich, physikalische Gleichungen so zu schreiben, daß auch sie gegenüber der Wahl der Einheiten invariant sind; man nennt sie dann **Größengleichungen.** Wir benutzen sie ausschließlich. Zum Beispiel ist die Fläche A eines Rechtecks mit den Seiten $a = 2{,}0$ m und $b = 30$ cm: $A = a \cdot b = 2{,}0\text{ m} \cdot 30\text{ cm} = 200\text{ cm} \cdot 30\text{ cm} = 60 \cdot 10^2\text{ cm}^2$ oder $A = a \cdot b = 2{,}0\text{ m} \cdot 0{,}30\text{ m} = 0{,}60\text{ m}^2 = 60 \cdot 10^2\text{ cm}^2$. Am Ergebnis ändert sich nichts. Dagegen macht man leicht Fehler, wenn man nur die Zahlenwerte anschreibt und die **Zahlenwertsgleichung** $A = a \cdot b = 2{,}0 \cdot 30 = 60$ benutzt. Man muß erst mühsam überlegen, welche Einheit zum Zahlenwert 60 gehört (dm²). Bei Diagrammen genügt es auf keinen Fall, nur die Größe (zum Beispiel die Zeit t kursiv gedruckt) und die Zahlenwerte anzugeben. Die benutzte Einheit muß unmißverständlich entnommen werden können. Da man an die Achsen nur Zahlenwerte schreibt, gibt man kurz und präzise Größe und Einheit als Quotient, zum Beispiel t/s an. Nach $t = 20$ s ist $t/s = 20$ der Zahlenwert 20, der an der Achse steht (siehe *Abb. 46.2*).

§15 Die Vektoraddition bei Bewegungen; Wurfbewegungen

1. Bewegungen mit konstanter Geschwindigkeit

Ein Fährboot erreicht in *ruhendem* Wasser die Geschwindigkeit $v_1 = 4$ m/s. Nun fahre es in einem Fluß, dessen Wasser mit $v_0 = 3$ m/s *relativ zum Ufer* talwärts fließt. Das Boot behalte dabei seine Eigengeschwindigkeit $v_1 = 4$ m/s (nun relativ zu einem Beobachter, der sich mit dem Wasser treiben läßt). Wir fragen nach der Geschwindigkeit v des Boots *relativ zum Ufer*. Sie hängt wesentlich davon ab, in welcher Richtung das Boot fährt, genauer, wie die Vektoren $\vec{v}_0$ von der Flußgeschwindigkeit und $\vec{v}_1$ der Eigengeschwindigkeit des Boots zueinander gerichtet sind. Wir untersuchen 4 verschiedene Fälle *(ohne den Luftwiderstand zu berücksichtigen; Seite 72)*:

a) Das Boot fährt talwärts, die Flußgeschwindigkeit $v_0 = 3$ m/s und die Eigengeschwindigkeit $v_1 = 4$ m/s sind also *gleichgerichtet*. Das antrieblose Boot würde vom Wasser in 1 s um 3 m mitgenommen; durch seinen Antrieb wird es relativ zum Wasser um 4 m in der gleichen Richtung weiterbewegt. *Relativ zum Ufer* legt das Boot in der Sekunde also 7 m zurück; seine Geschwindigkeit $\vec{v}$ *relativ zum Ufer* beträgt $v = 7$ m/s. Nach Abb. 67.1 werden die Vektoren $\vec{v}_0$ und $\vec{v}_1$ in gleicher Richtung aneinander gelegt und so addiert. Für diese Vektoren gilt $\vec{v} = \vec{v}_0 + \vec{v}_1$.

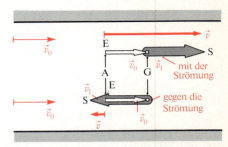

b) Nun fahre das Boot *gegen* die Strömung. Von ihr würde es ohne Antrieb wiederum in 1 s um 3 m mitgenommen. Durch Antrieb legt es aber in 1 s relativ zum Wasser 4 m flußaufwärts zurück; es kommt also – vom Ufer aus gesehen – flußaufwärts nur 1 m voran. Für den Betrag seiner Geschwindigkeit *relativ zum Ufer* gilt $v = v_1 - v_0 = 1$ m/s. Dabei haben wir nach Abb. 67.1 wiederum das Ende des Vektors $\vec{v}_1$ an die Spitze von $\vec{v}_0$ an-

67.1 Das Boot fährt mit der Strömung, bzw. gegen sie. Die beiden aus Pappe geschnittenen Geschwindigkeitspfeile können um G gedreht werden.

zuheften; doch zeigt $\vec{v}_1$ jetzt dem Vektor $\vec{v}_0$ entgegen; für diese Beispiele ist es sehr anschaulich, die beiden Vektoren aus Pappe zu schneiden und das Ende von $\vec{v}_1$ am Gelenk G drehbar an der Spitze von $\vec{v}_0$ zu befestigen *(Abb. 67.1)*. Dieses Modell zeigt, daß man auch hier eine *Addition der Vektoren* vornimmt, für die man schreibt: $\vec{v} = \vec{v}_0 + \vec{v}_1$: die resultierende Geschwindigkeit $\vec{v}$ zeigt stets vom Ende E des Vektors $\vec{v}_0$ zur Spitze S von $\vec{v}_1$. Die Differenz der Beträge, nämlich $v = v_1 - v_0$, liest man am Vektormodell unmittelbar ab.

c) Das Boot fahre nun mit seiner Eigengeschwindigkeit vom Betrage $v_1 = 4$ m/s quer zur Strömung über den Fluß der Breite $\overline{AB} = 200$ m, indem es seine Längsachse quer zur Strömung stellt. Wäre das Wasser in Ruhe, so hätte das Boot nach $t = 50$ s den Punkt B des gegenüberliegenden Ufers erreicht *(Abb. 67.2)*; es gilt $\overline{AB} = v_1 \cdot t$. Auch wenn das Wasser strömt, erreicht das Boot nach $t = 50$ s das andere Ufer. Es wird aber in dieser Zeit $t = 50$ s von der Strömung ($v_0 = 3$ m/s) um die Strecke $\overline{BC} = v_0 \cdot t = 150$ m flußabwärts getrieben und kommt

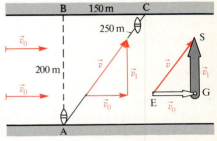

67.2 Das Boot fährt quer zur Strömung.

68 Dynamik

in C an. Dabei fährt es längs der Geraden AC. Nach dem Satz des Pythagoras ist $\overline{AC} = \sqrt{\overline{AB}^2 + \overline{BC}^2} = 250$ m. Da hierfür das Boot $t = 50$ s braucht, ist seine Geschwindigkeit $\vec{v}$ relativ zum Ufer $v = \overline{AC}/t = 250$ m/50 s $= 5$ m/s. Man kann diese Geschwindigkeit v auch unmittelbar aus den Einzelgeschwindigkeiten errechnen. Durch Einsetzen folgt nämlich:

$$v = \frac{\overline{AC}}{t} = \frac{\sqrt{\overline{AB}^2 + \overline{BC}^2}}{t} = \frac{\sqrt{(v_1 \cdot t)^2 + (v_0 \cdot t)^2}}{t} = \frac{t \cdot \sqrt{v_1^2 + v_0^2}}{t} = \sqrt{v_1^2 + v_0^2}.$$

Unmittelbar lesen wir dies am Vektormodell ab, wenn nach *Abb. 67.2* $\vec{v}_1$ senkrecht zu $\vec{v}_0$ steht. Die aus $\vec{v}_0$ und $\vec{v}_1$ resultierende Geschwindigkeit $\vec{v}$ des Bootes relativ zum Ufer ist die Diagonale des Vektordreiecks aus $\vec{v}_0$ und $\vec{v}_1$. Wie in den beiden obigen Fällen gilt also die Vektorgleichung $\vec{v} = \vec{v}_0 + \vec{v}_1$.

d) Nun soll der Fluß trotz der Strömung auf dem kürzesten Weg A B überquert werden *(Abb. 68.1)*. Hierzu ist die Eigengeschwindigkeit $\vec{v}_1$ des Bootes relativ zum Wasser (das heißt die Längsachse des Bootes) schräg gegen die Strömungsgeschwindigkeit $\vec{v}_0$ zu richten. Wir drehen in unserem Vektormodell den Vektor $\vec{v}_1$ so um die Spitze G von $\vec{v}_0$, daß die resultierende Geschwindigkeit $\vec{v}$ nun senkrecht zu $\vec{v}_0$, das heißt senkrecht zum Ufer, steht. Wiederum gilt die Vektorgleichung $\vec{v} = \vec{v}_0 + \vec{v}_1$. Für den Betrag v erhält man dagegen

$$v = \sqrt{v_1^2 - v_0^2} = \sqrt{4^2 - 3^2} \text{ m/s} = 2{,}65 \frac{\text{m}}{\text{s}}.$$

Zur Überfahrt braucht jetzt das Boot die Zeit $t = \overline{AB}/v = 75{,}6$ s, also länger als nach *Abb. 67.2*. Es hat ja teilweise gegen die Strömung anzukämpfen, während es sich in *Abb. 67.2* einfach abtreiben ließ. Deshalb sollte ein Schwimmer, den die Kräfte in einer Strömung verlassen, nicht einen festen Punkt am Ufer (zum Beispiel B) anzustreben suchen. Er kommt schneller ans Ufer, wenn er senkrecht zur Strömung schwimmt und nicht teilweise gegen sie ankämpft.

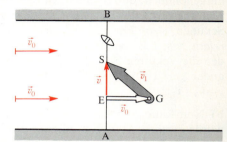

68.1 Das Boot nimmt den kürzesten Weg A B vom einen zum anderen Ufer, von einem dort stehenden Beobachter registriert. Ein mit dem Wasser treibender Beobachter stellt fest, daß sich das Boot in Richtung von $\vec{v}_1$ (GS) bewegt!

2. Der waagerechte Wurf

Wir setzten die Geschwindigkeitsvektoren zweier gleichförmiger Bewegungen (Boot relativ zum Wasser und Wasser relativ zum Ufer) zusammen und erhielten eine geradlinige, gleichförmige Bewegung (Boot relativ zum Ufer). Nun gehen wir zu beschleunigten Bewegungen über *(wieder ohne Luftwiderstand)*:

Versuch 40: In dem vertikalen Gestell nach *Abb. 68.2* preßt die Blattfeder B die Kugel II gegen das Holz und hindert sie daran, senkrecht nach unten zu fallen. Die Kugel I liegt auf einer schmalen Leiste. Wenn man nun auf die Blattfeder B nach rechts schlägt, so beginnt die Kugel II sofort senkrecht zu fallen (siehe Vektor (2) in

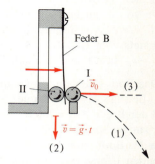

68.2 Die Kugel I braucht für ihre längere Bahn (1) die gleiche Zeit wie die Kugel II zum freien Fall. Der Bahnverlauf ist in *Abb. 69.1* stroboskopisch beleuchtet wiedergegeben.

Abb. 68.2 und die stroboskopische Aufnahme der fallenden Kugel in *Abb. 69.1*). Die Kugel I wird gleichzeitig waagerecht mit der Anfangsgeschwindigkeit $\vec{v}_0$ abgestoßen. Von diesem Augenblick an sind beide Kugeln ihrer Gewichtskraft $\vec{G}$ überlassen. Dabei hat die Kugel I einen längeren Weg zurückzulegen (Bahn 1 in *Abb. 68.2*). Trotzdem schlagen beide Kugeln *gleichzeitig* am waagerechten Boden auf. Dies gilt unabhängig davon, wie stark man auf die Feder B schlägt, also unabhängig davon, wie groß die horizontale Anfangsgeschwindigkeit $\vec{v}_0$ der Kugel I ist. Auch die Höhe h über dem Boden spielt keine Rolle. Also brauchen beide Kugeln zum Durchfallen dieser Höhe h die gleiche Zeit t. Dies erkennt man in *Abb. 69.1* an den *horizontalen* Linien. Folglich kann man sich in die krummlinige Wurfbewegung der Kugel I eine vertikale Fallbewegung hineindenken: Wir stellen uns einen Beobachter vor, der sich nach dem Abwurf mit der Geschwindigkeit $\vec{v}_0$ in der Horizontalen *gleichförmig* weiterbewegt (Bahn 3 in *Abb. 68.2*; siehe die gleichabständigen vertikalen Linien in *Abb. 69.1*). *Von seinem Bezugssystem aus sieht er die Kugel I stets senkrecht unter sich fallen und wendet auf ihre Bewegung die Fallgesetze ($s = \tfrac{1}{2} g \cdot t^2$) an.* — Im Grunde sind wir auch beim freien Fall nach Seite 56 in der Lage solch eines Beobachters; bewegen wir uns doch — zusammen mit dem fallenden Körper — wegen der Erdrotation mit 300 m/s nach Osten!

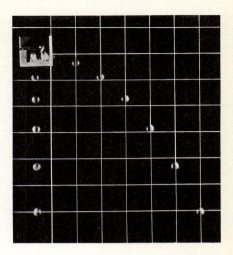

69.1 Die beiden Kugeln in *Abb. 68.2* werden mit Lichtblitzen in gleichen Zeitabständen beleuchtet. Sie sind in jedem Augenblick auf gleicher Höhe; die geworfene Kugel entfernt sich gleichmäßig von der fallenden.

Die Kugel I werde relativ zum Erdboden waagerecht mit der Geschwindigkeit $v_0 = 10$ m/s abgestoßen. Anschließend wirkt in *waagerechter* Richtung (in *Abb. 69.2* ist es die x-Richtung) keine Kraft; vom Luftwiderstand sehen wir ab. Im schwerefreien Raum würde die Kugel nach dem Trägheitssatz die Abstoßgeschwindigkeit $\vec{v}_0$ beibehalten und in der Zeitspanne t in x-Richtung die Vektorstrecke $\vec{x} = \vec{v}_0 \cdot t$ zurücklegen; für $t = 1$ s, 2 s, und so weiter würde sie die Punkte $x_1 = 10$ m, $x_2 = 20$ m, und so weiter erreichen. Man betrachte in *Abb. 69.1* die gleichen Abstände der vertikalen Linien! Nach Versuch 40 können für die vertikalen Strecken in y-Richtung die Gesetze des freien Falls angewandt werden, nämlich $y = \tfrac{1}{2} g \cdot t^2$ und $v_y = g \cdot t$; denn in Richtung der Gewichtskraft $\vec{G}$ verhält sich die abgestoßene Kugel I wie die frei fallende Kugel II. Beide legen in vertikaler Richtung die Vektorstrecken $\vec{y}_1$ und $\vec{y}_2$ mit den Längen 5 m beziehungsweise 20 m zurück. Um den Ort der Kugel zur Zeit $t = 1$ s zu erhalten, braucht man nur die Vektoren $\vec{x}_1$ (Betrag 10 m) und $\vec{y}_1$ (Betrag 5 m) zu addieren. Man erhält den Punkt P_1 mit den Koordinaten $x_1 = 10$ m und $y_1 = 5$ m. Nach $t = 2$ s ist der Ort P_2 mit den Koordinaten $x_2 = 20$ m und $y_2 = 20$ m und so weiter erreicht. Durch Verbinden dieser Punkte erhält man die gekrümmte Bahnkurve. Sie stimmt hier aber nicht mit dem *geraden Ortsvektor* $\overrightarrow{OP_1} = \vec{x}_1 + \vec{y}_1$ überein!

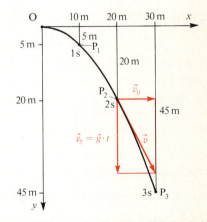

69.2 Bahn und Geschwindigkeit beim waagerechten Wurf, konstruiert

Im Punkt P_2 sind ferner die *Geschwindigkeitsvektoren* mit den Beträgen $v_0 = 10$ m/s und $v_y = g \cdot t = 20$ m/s eingetragen. Der resultierende Geschwindigkeitsvektor $\vec{v}$ liegt in der Tangente an die Bahnkurve. Denn $\vec{v}$ gibt nach Betrag und Richtung den Weg an, den der Körper in der nächsten Sekunde zurücklegen würde, falls er sich nach dem Trägheitssatz kräftefrei weiterbewegen könnte, das heißt, wenn man im Zeitpunkt $t = 2$ s die Schwerkraft hätte ausschalten können. Da die Gewichtskraft jedoch weiter angreift, ist die Bahn nach unten gekrümmt.

Versuch 41: Wir stoßen nach *Abb. 70.1* die Kugel I längs der horizontalen Rinne R mit der Hand an. Am Ende A der Rinne öffnet sie den elektrischen Kontakt S. Dabei wird der Strom unterbrochen, der die Kugel II an einer kleinen Spule im Punkt P_0 genau in der Verlängerung der Rinne festhält. Im *schwerefreien Raum* würde die Kugel II am Magneten bleiben und von der Kugel I, die sich nach dem Trägheitssatz auf der geradlinigen Bahn bewegt, in P_0 getroffen. Wegen der Schwerkraft $\vec{G} = m \cdot \vec{g}$ erfahren jedoch beide Kugeln gleichzeitig die gleiche Beschleunigung $\vec{g}$ (nach unten) und treffen sich im Punkt P unterwegs. Je schneller man die Kugel I abstößt, um so höher liegt P.

Ein Beobachter, der sich mit $\vec{v}_0$ längs der Geraden AP_0 bewegt, sieht die Kugel I unter sich frei fallen. Dafür stellt er von seinem Bezugssystem aus fest, daß die Kugel II ihm entgegenfliegt und eine waagerechte Wurfbewegung ausführt. Von seinem Bezugssystem aus gesehen sind die Kugeln I und II vertauscht!

Die *Abb. 69.1* legt die Vermutung nahe, daß die Bahnkurve eine **Parabel** ist. Um ihre Gleichung zu erhalten, eliminiert man aus den Bewegungsgleichungen der beiden Teilbewegungen, nämlich aus $x = v_0 \cdot t$ und $y = \frac{1}{2} g \cdot t^2$ die Zeit t und erhält die Gleichung der Bahnkurve des waagerechten Wurfs: $y = \frac{g}{2 v_0^2} \cdot x^2$. Da $\frac{g}{2 v_0^2}$ konstant ist, stellt dies die bekannte Form der Parabelgleichung $y = C \cdot x^2$ dar. Man kann ihr allerdings nicht mehr den Ort des Körpers in einem bestimmten Zeitpunkt t entnehmen. Dies war bei den Parametergleichungen $x = v_0 \cdot t$ und $y = \frac{1}{2} g \cdot t^2$ möglich.

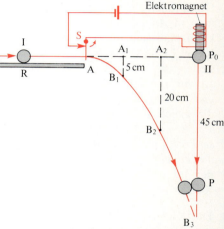

70.1 Die Kugeln I und II treffen sich unterwegs in P.

Beim waagerechten Wurf gilt im luftleeren Raum:

a) für die Koordinaten x und y der Bahnkurve

$x = v_0 \cdot t$ (70.1)

$y = \frac{1}{2} g \cdot t^2$ (70.2)

b) für die Geschwindigkeitskomponenten

$v_x = v_0 =$ konstant   (70.3)

$v_y = g \cdot t$ (70.4)

c) Gleichung der Wurfparabel: $y = \frac{g}{2 v_0^2} \cdot x^2$ (70.5)

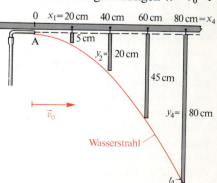

70.2 Der Wasserstrahl beschreibt eine Parabelbahn und streift die Holzstäbchen an ihrem unteren Ende.

Versuch 42: Um diese Überlegungen und damit die Parabelform der Bahnkurve nachzuprüfen, stellen wir ein einfaches Lattenmodell her *(Abb. 70.2)*: An eine waagerechte Holzlatte werden in Abständen von 20 cm Stäbe der Länge 5 cm, 20 cm, 45 cm und 80 cm gelenkig gehängt. Aus dem bei A befestigten Glasröhrchen mit Spitze spritzt ein Wasserstrahl. Wenn man seine Geschwindigkeit richtig einstellt, streifen die Wasserteilchen bei ihrem waagerechten Wurf die Enden der Holzstäbchen. Projiziert man den Strahl auf die Wandtafel, so erkennt man die Wurfparabel. Wir können nun die Abspritzgeschwindigkeit v_0 berechnen:

Zum Durchfallen von $y_4 = 80$ cm (Länge des 4. Stäbchens) braucht das Wasser nach Gl. (70.2) die Zeit $t_4 = \sqrt{2y_4/g} = 0{,}4$ s. In dieser Zeit hat es horizontal die Strecke $x_4 = 0{,}8$ m zurückgelegt (Abstand des 4. Stäbchens von der Düsenöffnung). Nach Gl. (70.1) ist also $v_0 = x_4/t_4 = 2$ m/s. Gl. (70.5) der Wurfparabel lautet:

$$y = \frac{g}{2v_0^2} \cdot x^2 = 1{,}25 \, \frac{1}{\text{m}} \cdot x^2.$$

3. Der schiefe Wurf

Versuch 43: Wenn wir die Latte unseres Modells aus Versuch 42 schräg nach oben halten, so wird das Wasser schräg abgespritzt, die Wasserteilchen führen einen **schiefen Wurf** aus. Wenn sich beim Übergang vom waagerechten Wurf die Abspritzgeschwindigkeit nicht geändert hat, so streifen sie wiederum die Enden der vertikal hängenden Holzstäbchen. Offensichtlich addieren sich die *Vektoren der kräftefreien geradlinigen Bewegung in der Abwurfrichtung* (Punkte A_1, A_2, ...) und die *Vektoren der vertikalen Fallbewegung* längs der Holzstäbchen ungestört (solange der Luftwiderstand unerheblich ist, vergleiche mit *Abb. 71.1*). Dies bestätigt der folgende Versuch:

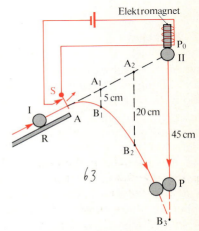

71.1 Vergleiche mit *Abb. 70.1!*

Versuch 44: Die Rinne R aus Versuch 41 wird schräg gestellt *(Abb. 71.1)*. Wiederum öffnet die auf ihr mit der Hand angestoßene Kugel am Ende den Kontakt S. Im schwerefreien Raum würde sie geradlinig weiterfliegen und die Kugel II, die wiederum in Verlängerung der Rinne am Magneten (P_0) hängt, dort treffen. *Wegen der Schwerkraft erfahren aber beide Kugeln die gleiche Beschleunigung $\vec{g}$ nach unten* und treffen sich unterwegs im Punkt P.

Erfahrungssatz: **Beim Wurf im luftleeren Raum addieren sich die Vektoren einer kräftefreien, geradlinigen Bewegung der Anfangsgeschwindigkeit $\vec{v}_0$ mit denen der Fallbewegung ungestört:**

Es gilt: $\qquad \vec{v} = \vec{v}_0 + \vec{g} \cdot t \quad$ und $\quad \vec{s} = \vec{v}_0 \cdot t + \tfrac{1}{2} \vec{g} \cdot t^2$ \hfill (71.1)

Diese Gleichungen gelten für alle Wurfbewegungen im Vakuum; ihnen ist der Vektor $\vec{g}$ der Fallbeschleunigung gemeinsam, da die Körper während des Flugs nur der Gewichtskraft $\vec{G} = m \cdot \vec{g}$ unterliegen. *Wurfbewegungen am selben Ort unterscheiden sich in Betrag und Richtung von* $\vec{v}_0$.

Abb. 72.1 zeigt die Bahnkurve eines Körpers, der im luftleeren Raum mit der Anfangsgeschwindigkeit $v_0 = 28$ m/s unter dem Erhebungswinkel $\varphi = 45°$ abgeworfen wurde. Ohne Schwerkraft würde er in Abwurfrichtung in jeder Sekunde die Strecke 28 m zurücklegen (Punkte A_1, A_2 und so weiter). Infolge der Schwerkraft fällt er vertikal um $s_1 = 5$ m in der 1. Sekunde, um $s_2 = 20$ m in den beiden ersten Sekunden und so weiter. Man findet ihn also zum Beispiel im Zeitpunkt $t_3 = 3$ s im Punkt B_3. Dort ist auch seine Abwurfgeschwindigkeit $v_0 = 28$ m/s schräg nach oben und die Fallgeschwindigkeit $v_{y,3} = g \cdot t = 30$ m/s vertikal nach unten eingetragen. Die Resultierende $\vec{v} = \vec{v}_0 + \vec{v}_{y,3}$ zeigt in Richtung der Bahntangente. Die Bewegungsgleichungen stellen wir im nächsten Paragraphen auf.

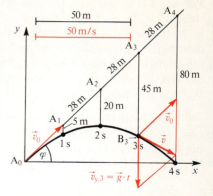

72.1 Konstruktion der Wurfparabel und eines Geschwindigkeitsvektors beim schiefen Wurf

4. Rückblick

Aus dem Geschwindigkeitsvektor $\vec{v}_1$ des Boots relativ zum Wasser und dessen Strömungsgeschwindigkeit $\vec{v}_0$ relativ zum Ufer fanden wir durch *Vektoraddition* die Geschwindigkeit $\vec{v}$ des Boots relativ zum Ufer. *Die Bewegung beschrieben zwei relativ zueinander bewegte Beobachter.*

Man muß sich dabei aber vergewissern, ob sich nicht beim Ändern der Bootsgeschwindigkeit v relativ zur Luft der Luftwiderstand oder eine andere Kraft merklich verändert hat. Auch weiß man heute, daß beim Annähern an die Lichtgeschwindigkeit $c = 3 \cdot 10^8$ m/s diese einfache Vektoraddition versagt und durch viel kompliziertere Gesetze aus der *Relativitätstheorie* ersetzt werden muß. Dies ist etwa beim Beschleunigen von Elektronen durch sehr hohe Spannungen der Fall, wobei die Masse zunimmt. Beim Addieren von zwei gleichgerichteten Geschwindigkeiten von je 10^7 m/s beträgt die Abweichung erst 10^{-7}%; beim Addieren von $2 \cdot 10^8$ m/s ist sie schon auf 30% angewachsen: statt $4 \cdot 10^8$ m/s erhält man nur $2{,}77 \cdot 10^8$ m/s! Die Lichtgeschwindigkeit $c = 3 \cdot 10^8$ m/s wird auf keinen Fall überschritten (Seite 60)! Man spricht deshalb häufig nicht von einem *Gesetz*, sondern von einem *Prinzip der ungestörten Vektoraddition*. Man will damit sagen, daß man bei neu zu bearbeitenden Problemen prinzipiell zunächst davon ausgeht, daß sich die Gesetze einer komplizierten Bewegung aus einfachen Bewegungsgesetzen aufbauen lassen. Doch hat man dann letztlich experimentell zu prüfen, ob diese einfache Annahme zu Recht besteht, beziehungsweise wie groß die Abweichungen von ihr sind.

> **Man kann im allgemeinen die Bewegungsgesetze einer komplizierten Bewegung aus den Gesetzen über Geschwindigkeit und Weg einfacher Bewegungen durch Vektoraddition zusammensetzen, wenn nicht die einwirkenden Kräfte oder die Massen von der Geschwindigkeit oder dem Weg abhängen und deshalb beim Zusammensetzen abgeändert werden.**

Bei vielen Beispielen war diese Vektoraddition eine Folge der Beschreibung eines Vorgangs durch zwei Beobachter, die sich relativ zueinander mit der Geschwindigkeit $\vec{v}_0$ bewegen. Wir haben hier Beispiele für die Transformation von Bewegungsgleichungen von einem Bezugssystem auf ein anderes, die sogenannte *Galileitransformation*.

Aufgaben:

1. *In Abb. 67.1 ist längs des Flußufers eine Strecke von $s = 140$ m abgesteckt.*
   a) *Wie lange braucht das Boot bei der Tal-, wie lange bei der Bergfahrt für diese Strecke?*
   b) *Wie groß ist die Strecke s_1, die das Boot bei der Talfahrt relativ zum Wasser zurücklegt, wie groß diese Strecke s_1' bei der Bergfahrt? Um welche Strecke s_0' fließt während der Bergfahrt das Wasser relativ zum Ufer? Vergleichen Sie s_0' mit s und s_1'!*
   c) *Wie lange würde es hin und zurück bei ruhendem Wasser brauchen? Vergleichen Sie mit (a)!*
2. *Ein Flugzeug mit der Eigengeschwindigkeit $v_1 = 540$ km/h soll eine auf der Karte in Ost-West-Richtung ausgesteckte Strecke von $s = 1200$ km hin und zurück fliegen. Wie lange braucht es bei Windstille, wie lange bei einem Westwind mit $v_0 = 60$ km/h?*
3. *Ein Boot fahre mit der Eigengeschwindigkeit $v_1 = 8$ m/s quer zur Strömung über einen 240 m breiten Fluß, der überall mit 5,0 m/s strömt. Um wieviel wird es abgetrieben? — Nun überquert das Boot den Fluß auf dem kürzesten Weg. Um welche Zeit verlängert sich die Fahrt (Abb. 67.2 und 68.1)?*
4. *Zeichnen Sie die Bahn des waagerechten Wurfs mit der Anfangsgeschwindigkeit $v_0 = 20$ m/s und die Geschwindigkeitsvektoren für $t = 2,0$ s und $4,0$ s! Längenmaßstab 1:1000; Geschwindigkeitsmaßstab 1 cm $\cong$ 10 m/s.*
5. *1,5 m über dem Boden wird eine Kugel waagerecht abgeschleudert und fliegt in horizontaler Richtung gemessen 4,0 m weit. Wie lange war sie unterwegs? Mit welcher Geschwindigkeit wurde sie abgeschossen? Unter welchem Winkel gegen die Horizontale und mit welcher Geschwindigkeit trifft sie am Boden auf?*
6. *Ein unerfahrener Pilot läßt einen schweren Versorgungssack genau senkrecht über dem Zielpunkt aus der in 500 m Höhe horizontal fliegenden Maschine fallen. Der Sack schlägt 1,0 km vom Ziel entfernt auf. Welche Geschwindigkeit hatte das Flugzeug? (Vom Luftwiderstand sei abzusehen.)*
7. *Zeichnen Sie entsprechend Aufgabe 4 die Bahnen von Körpern, die mit $v_0 = 28$ m/s unter den Erhebungswinkeln $\varphi = 30°$ und $60°$ abgeworfen wurden (Abb. 72.1 ist für $\varphi = 45°$ gezeichnet; vergleichen Sie)!*
8. *In einem Eisenbahnwagen, der mit konstanter Geschwindigkeit fährt, läßt ein Reisender einen Körper fallen. Welche Bahnkurve registriert der Reisende, welche ein am Bahndamm stehender Beobachter?*

§16 Die Bewegungsgleichungen beim senkrechten und beim schiefen Wurf; verzögerte Bewegungen

1. Der senkrechte Wurf nach oben (ohne Luftwiderstand)

Ein Körper wird mit der Anfangsgeschwindigkeit $\vec{v}_0$ senkrecht nach oben geschleudert. Aufgrund seines Beharrungsvermögens würde er im schwerefreien Raum eine Bewegung mit der konstanten Geschwindigkeit $\vec{v}_0$ nach oben ausführen und die Strecken $\vec{s} = \vec{v}_0 \cdot t$ zurücklegen. Im Schwerefeld der Erde führt der Körper relativ hierzu einen freien Fall mit der Beschleunigung $\vec{g}$ nach unten aus. Wir erkennen dies am Lattenmodell des Versuchs 42, wenn wir die Latte senkrecht nach oben halten. Die Wasserteilchen bewegen sich verzögert senkrecht nach oben, kommen im höchsten Punkt für einen Augenblick zur Ruhe und fallen dann wieder zurück. Wir stellen nun Gleichungen auf, welche die Auf- und die Abwärtsbewegung zusammengefaßt darstellen.

74 Dynamik

Tabelle 74.1 Ein Körper wird mit $v_0 = 30$ m/s senkrecht nach oben geworfen.

Zeit t in s	Höhe ohne Fallbewegung $v_0 \cdot t$ in m	Fallweg $\frac{1}{2} g \cdot t^2$ in m	Tatsächliche Höhe $h(t) = v_0 \cdot t - \frac{1}{2} g t^2$ in m	Fallgeschwindigkeit $g \cdot t$ in m/s	Tatsächliche Geschwindigkeit $v(t) = v_0 - g \cdot t$ in m/s	
0	0	0	0	0	30	⎫
1	30	5	25	10	20	⎬ verzögert
2	60	20	40	20	10	⎭
3	90	45	45	30	0	Umkehrpunkt
4	120	80	40	40	−10	⎫
5	150	125	25	50	−20	⎬ beschleunigt
6	180	180	0	60	−30	⎭

Dieser senkrechte Wurf ist in *Tabelle 74.1* für $v_0 = 30$ m/s berechnet. Während der *Aufwärtsbewegung* werden nach $h(t) = v_0 \cdot t - \frac{1}{2} g \cdot t^2$ für $t = 1$ s, 2 s und 3 s die Höhen $h = 25$ m, 40 m und 45 m erreicht (4. Spalte). Die in der letzten Spalte errechneten Momentangeschwindigkeiten $v(t) = v_0 - g \cdot t$ nehmen in jeder Sekunde gleichmäßig um 10 m/s ab, nämlich von $v_0 = 30$ m/s über 20 m/s und 10 m/s auf Null. Hier liegt eine **gleichmäßig verzögerte Bewegung** vor. Die **Verzögerung** beträgt 10 m/s².

> **Die Verzögerung gibt die Abnahme der Geschwindigkeit je Sekunde an und wird als negative Beschleunigung definiert.**

Man erhält in *Tabelle 74.1* die sich an $t = 3$ s anschließende Abwärtsbewegung, wenn man nach $t = 3$ s die Rechnung fortsetzt (betrachte die Stäbchen im Lattenmodell!). Diese Abwärtsbewegung verläuft genau so ab, als ob man im Umkehrpunkt ($t = 3$ s, $v = 0$) den Körper aus der Ruhe losgelassen hätte. Die Auf- und die Abwärtsbewegung sind zueinander völlig *symmetrisch (Abb. 74.1)*; denn beidemal wirkt die gleiche Kraft, nämlich die Gewichtskraft. Bei der Aufwärtsbewegung verzögert sie, bei der Abwärtsbewegung beschleunigt sie. Bei der Aufwärtsbewegung sind die Geschwindigkeiten − wie die Abwurfgeschwindigkeit v_0 − mit positivem, bei der Abwärtsbewegung die entgegengesetztgerichteten Geschwindigkeiten mit negativem Vorzeichen angegeben.

74.1 Auf- und Abwärtsbewegung erfolgen beim senkrechten Wurf symmetrisch (stroboskopische Aufnahme).

> **Unter dem Einfluß derselben Kraft ist die verzögerte Bewegung eine Umkehrung der beschleunigten; beide laufen bezüglich des Umkehrpunkts symmetrisch zueinander ab.**

Der 4. Spalte in *Tabelle 74.1* entnehmen wir auf- wie abwärts die Höhe $h(t)$ über der Abwurfstelle ($t = 0$) als Funktion der Zeit t (v_0: nach oben positiv gerechnete Anfangsgeschwindigkeit):

$$h(t) = v_0 \cdot t - \tfrac{1}{2} g \cdot t^2. \tag{74.1}$$

Die Momentangeschwindigkeit $v(t)$ wird nach der 6. Spalte als Funktion der Zeit t:

$$v(t) = v_0 - g \cdot t. \tag{74.2}$$

Man kann — wie es in Tabelle 74.1 geschah — nach Gl. (74.2) zu jedem beliebigen Zeitpunkt die zugehörige Geschwindigkeit $v(t)$ berechnen und umgekehrt. Zum Beispiel ist im höchsten Punkt der Körper für einen Augenblick in Ruhe ($v=0$). Da bis dahin die Steigzeit $t=T$ verstrichen ist, gilt für den höchsten Punkt:

$$v(T) = v_0 - g \cdot T = 0.$$

Hieraus berechnet man die **Steigzeit** T zu

$$T = \frac{v_0}{g}. \tag{75.1}$$

Bei der verzögerten Aufwärtsbewegung nimmt die Geschwindigkeit vom Anfangswert v_0 (zum Beispiel 30 m/s) in jeder Sekunde um 10 m/s ab, nämlich bis sie Null ist. Dies ergibt im Beispiel die Steigzeit $T=3$ s. Wenn man nun den so erhaltenen Wert für die Steigzeit $t=T$ in die Gl. (74.1) einsetzt, so erhält man die Wurfhöhe

$$H = h(T) = v_0 \cdot T - \tfrac{1}{2} g \cdot T^2 = \frac{v_0{}^2}{2g}. \tag{75.2}$$

Sie hat bei $v_0 = 30$ m/s den Wert $H = 45$ m.

Versuch 45: a) Im Versuch 42 nach *Abb. 70.2* strömt das Wasser waagerecht aus der Düse mit der Geschwindigkeit $v_0 = 2$ m/s aus (Berechnung Seite 71). Wenn wir nun die Düse um 90° drehen, so führen die Wasserteilchen einen senkrechten Wurf aus und erreichen eine Höhe von etwa 0,2 m. Dies bestätigt die Gl. $H = v_0{}^2/2g$. Man darf allerdings das Wasser nicht genau senkrecht abspritzen, sonst hindern die zurückfallenden Tropfen die aufsteigenden. Genauer ist Versuch b:

Versuch 45: b) Von einer Federkanone wird eine Kugel mit 2 cm Durchmesser vertikal hochgeschleudert. Beim Durchsetzen einer Lichtschranke wird die Abwurfgeschwindigkeit v_0 gemessen (Versuch 38, Seite 57); die Wurfhöhe H liest man an einem vertikalen Maßstab ab.

2. Die Gleichungen des schiefen Wurfs (ohne Luftwiderstand)

Wir haben den schiefen Wurf bisher nur graphisch behandelt und dabei zu den Wegstrecken $\vec{s} = \vec{v}_0 \cdot t$ in Abwurfrichtung ($\vec{v}_0$) die Fallwege nach unten vektoriell addiert *(Abb. 72.1)*. Bei der rechnerischen Behandlung ist ein anderes, in der Physik sehr häufig benutztes Verfahren zweckmäßiger: Man stellt die Wurfbewegung in einem $x; y$-Koordinatensystem dar. Die x-Achse liege waagerecht, die y-Achse zeige senkrecht nach oben. Zur Zeit $t=0$ wird der Körper im Ursprung unter dem Erhebungswinkel φ mit der Geschwindigkeit $\vec{v}_0$ abgeworfen. Nun zerlegt man nach *Abb. 75.1* die Anfangsgeschwindigkeit in ihre horizontale Komponente

$$v_{0x} = v_0 \cdot \cos \varphi \tag{75.3}$$

und die vertikale Komponente

$$v_{0y} = v_0 \cdot \sin \varphi. \tag{75.4}$$

Dann verfolgt man die Vorgänge längs dieser Komponentenrichtungen getrennt:

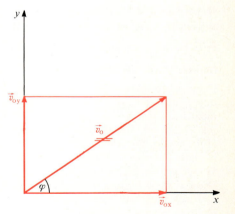

75.1 Die Abwurfgeschwindigkeit $\vec{v}_0$ wird zerlegt: Mit $\vec{v}_{0y}$ beginnt die Vertikal-, mit $\vec{v}_{0x}$ die Horizontalbewegung.

a) In *horizontaler Richtung* bleibt nach dem Trägheitssatz ($F_x = 0$) die Geschwindigkeit v_x konstant. Es gilt unabhängig von der Zeit:

$$v_x = v_{0x} = v_0 \cdot \cos \varphi. \tag{76.1}$$

Für den horizontalen Abstand x vom Abwurfpunkt $x = 0$ gilt also für jeden Zeitpunkt t:

$$x(t) = v_{0x} \cdot t = v_0 \cdot \cos \varphi \cdot t. \tag{76.2}$$

b) In *vertikaler Richtung* gelten die Gesetze des senkrechten Wurfs, allerdings mit der Anfangsgeschwindigkeit $v_{0y} = v_0 \cdot \sin \varphi$. Hieraus ergibt sich analog zu Gl. (74.1) zum beliebigen Zeitpunkt t die Höhe $y(t)$ über der Abwurfstelle:

$$y(t) = v_{0y} \cdot t - \tfrac{1}{2} g \cdot t^2 = v_0 \sin \varphi \cdot t - \tfrac{1}{2} g \cdot t^2 \tag{76.3}$$

und die vertikale Geschwindigkeitskomponente:

$$v_y(t) = v_{0y} - g \cdot t = v_0 \cdot \sin \varphi - g \cdot t. \tag{76.4}$$

Die Gl. $x(t)$ und $y(t)$ ergeben zusammen die Parameterdarstellung der Bahnkurve. Sie ist eine Parabel. Im höchsten Punkt ist die vertikale Geschwindigkeitskomponente v_y Null. Für die Steigzeit T, in der der Körper diesen höchsten Punkt erreicht, gilt

$$v_y(T) = v_0 \cdot \sin \varphi - g \cdot T = 0.$$

Hieraus folgt für die **Steigzeit**
$$T = \frac{v_0 \cdot \sin \varphi}{g}. \tag{76.5}$$

Die **Scheitelhöhe** H erhält man, wenn dieser Wert für die Steigzeit T in Gl. (76.3) eingesetzt wird, zu

$$H = y(T) = \frac{v_0^2}{2g} \cdot \sin^2 \varphi. \tag{76.6}$$

Die Zeit, nach der der abgeworfene Körper wieder die horizontale Abwurfebene (x-Achse) erreicht, heißt Wurfdauer T^+. Sie ist doppelt so groß wie die Steigzeit T und beträgt $T^+ = \dfrac{2 v_0 \cdot \sin \varphi}{g}$. Denn die Abwärtsbewegung ist zur Aufwärtsbewegung symmetrisch (siehe Aufgabe 4). Setzt man diese Wurfdauer in die Gl. (76.2) für die horizontale Entfernung $x(t)$ ein, so erhält man die **Wurfweite** X:

$$X = x(T^+) = v_0 \cdot \cos \varphi \cdot T^+ = \frac{v_0^2}{g} 2 \sin \varphi \cdot \cos \varphi = \frac{v_0^2}{g} \sin 2\varphi. \tag{76.7}$$

Dabei wurde die trigonometrische Formel $2 \sin \varphi \cdot \cos \varphi = \sin 2\varphi$ benutzt.

Bei einem Erhebungswinkel $\varphi = 0$ ist diese Wurfweite $X = 0$. Sie steigt an, wenn man φ vergrößert, und erreicht ihr Maximum $\dfrac{v_0^2}{g}$, wenn $\sin 2\varphi = 1$ ist, also $\varphi = 45°$ wurde. Denn der größte Wert der Sinusfunktion ist 1. Steigt φ auf 90° an, so wird die Wurfweite wieder Null ($\sin 180° = 0$).

Beim Kugelstoßen liegt die Abwurfstelle etwa 1,5 m über dem Boden. Die Wurfparabel beginnt nicht am Boden, also nicht bei $x = 0$. Wenn man *Abb. 72.1* betrachtet, so erkennt man, daß ein Kugelstoßer unter einem Winkel gegen die Horizontale abstoßen muß, der weit unter 45° liegt; denn in der Höhe $y = 1,5$ m ist der Winkel der Wurfparabel mit der Waagerechten kleiner als bei $y = 0$, das heißt am Boden. Die Funktion $f(\varphi) = \sin 2\varphi$ hat für alle Winkel 2φ, die symmetrisch zu 90° sind, zum Beispiel für $2\varphi = 40°$ und 140° den gleichen Wert. Die Winkel φ selbst liegen dann symmetrisch zu 45° und haben die Werte 20° und 70°. Für diese Winkel ist deshalb nach Gl. (76.7) die Wurfweite X bei gleicher Abwurfgeschwindigkeit v_0 gleich groß. Sie sind in *Abb. 76.1* als

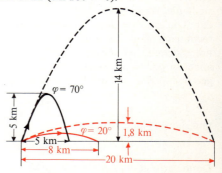

76.1 Flachschuß und Steilschuß

Flachschuß ($\varphi=20°$; rot gestrichelt) und als Steilschuß ($\varphi=70°$; schwarz gestrichelt) eingetragen. Die Abschußgeschwindigkeit ist in beiden Fällen $v_0=560$ m/s. Allerdings gelten diese Kurven nur für den luftleeren Raum. Bei der hohen Abschußgeschwindigkeit spielt der Luftwiderstand eine so erhebliche Rolle, daß in Luft nur die rot beziehungsweise schwarz durchgezogene Bahn beschrieben wird. Man nennt eine Wurf- oder Schußbahn in der *Luft* eine *ballistische Kurve*. Ihre Berechnung ist äußerst mühsam, so daß man bei der Artillerie auf Schußtabellen beziehungsweise auf Computer zurückgreift.

3. Der senkrechte Wurf nach unten

Man kann den Stab des Lattenmodells auch nach unten halten. Dann erkennt man, daß sich bei einem Wurf nach unten die Beträge der gleichförmigen Bewegung (Weg $v_0 \cdot t$, Geschwindigkeit v_0) und die der beschleunigten (Weg $\frac{1}{2}g \cdot t^2$, Geschwindigkeit $g \cdot t$) addieren. Es gilt:

$$v(t)=v_0+g \cdot t \quad \text{beziehungsweise} \quad s(t)=v_0 \cdot t+\tfrac{1}{2}g \cdot t^2. \tag{77.1}$$

4. Bremsbewegung mit konstanter Verzögerung

Wir betrachten nun eine andere verzögerte Bewegung: Ein Fahrzeug der Masse m fahre mit der Geschwindigkeit v_0 nach links. Zum Zeitpunkt $t=0$ setze der Bremsvorgang ein, indem nach rechts die konstante Bremskraft F wirkt *(Abb. 77.1)*. Nunmehr überlagert sich der Bewegung mit der konstanten Geschwindigkeit v_0 nach links ($s_0=v_0 \cdot t$; Trägheitssatz) eine solche mit der konstanten Beschleunigung $a=F/m$ nach rechts ($v_1=a \cdot t$; $s_1=\tfrac{1}{2}a \cdot t^2$). Die nach links gerichtete (positiv gezählte) Geschwindigkeit nimmt deshalb nach dem Gesetz

$$v(t)=v_0-a \cdot t \tag{77.2}$$

gleichmäßig ab. Während a bisher eine Geschwindigkeitszunahme angab, bedeutet $-a$ die auftretende konstante **Verzögerung**. Wenn man in Ziff. 1 den Buchstaben g durch a ersetzt, so erkennt man, daß hier in der Zeit $T=v_0/a$ die Geschwindigkeit von v_0 auf Null abnimmt. In dieser **Bremszeit** T wird — analog zu Gl. (75.2) — der **Bremsweg** $S=v_0^2/2a$ zurückgelegt.

> Wenn auf einen Körper der Masse m die Bremskraft F wirkt, so erfährt er die Bremsverzögerung vom Betrag $a=F/m$. Ist v_0 die Anfangsgeschwindigkeit, dann berechnen sich Bremszeit T und Bremsweg S nach
>
> $$T=\frac{v_0}{a} \quad \text{bzw.} \quad S=\frac{v_0^2}{2a}. \tag{77.3}$$

Versuch 46: Die Fahrbahn nach *Abb. 77.1* wird nach links so geneigt, daß die Reibung ausgeglichen ist. Am Wagen der Masse $m_1=1000$ g hängt über einen Hanffaden (der sich nicht verlängern darf) ein Körper der Masse $m_2=100$ g. Man gibt dem Wagen einen Stoß nach links; der angehängte Körper bremst anschließend die Bewegung mit der Bremsverzögerung

$$a=\frac{F}{m}=\frac{m_2 \cdot g}{m_1+m_2}=0{,}892\ \frac{\text{m}}{\text{s}^2}.$$

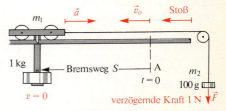

77.1 Nach dem Anstoß nach links führt der Wagen eine verzögerte Bewegung aus, da F verzögert.

ab. Das heißt, die Geschwindigkeit verringert sich in jeder Sekunde um 0,892 m/s. An einer bestimmten Stelle A mißt man die Geschwindigkeit (etwa nach Versuch 21 durch Funkenbildung auf Metallpapier) in einem kleinen Intervall zu $v_0 = 1{,}00$ m/s. Von hier ab ($t=0$) berechnet man nach Gl. (77.3) die Bremszeit $T = v_0/a = 1{,}12$ s und den Bremsweg $S = v_0^2/2a = 0{,}56$ m. Beide Werte können dem Registrierstreifen entnommen werden (zweckmäßigerweise arbeitet man mit Zeitintervallen von 0,1 s).

Die Bremsverzögerung von Autos läßt sich mit den Reibungsgesetzen nach Seite 26 berechnen: Ein Fahrzeug der Masse m wird durch Blockieren aller Räder gebremst. Da diese über die Straße gleiten, ist die verzögernde Gleitreibungskraft $F = F_{gl} = f_{gl} \cdot N = f_{gl} \cdot G = f_{gl} \cdot m \cdot g$ (siehe Gl. (27.1) und (58.1)). Also ist die Bremsverzögerung nach Gl. (51.1)

$$a = \frac{F}{m} = f_{gl} \cdot g.$$

Dabei entfällt die Masse m: Wenn ein Fahrzeug doppelt so schwer ist, so sind auch die Normalkraft N und damit die Reibungskraft F_{gl} doppelt so groß. Das Fahrzeug hat dann aber auch das doppelte Beharrungsvermögen.

5. Beispiele

a) Ein Körper wird mit $v_0 = 40$ m/s senkrecht nach oben geworfen ($g = 10$ m/s²). Wann und mit welcher Geschwindigkeit erreicht er die Höhe $h = 10$ m? Hier ist in Gl. (74.1) für $h(t)$ der Wert $h = 10$ m gegeben. Man erhält für die Zeit t die quadratische Gleichung

$$5\,\frac{\text{m}}{\text{s}^2} \cdot t^2 - 40\,\frac{\text{m}}{\text{s}} \cdot t + 10\,\text{m} = 0 \quad \text{oder} \quad t^2 - 8\,\text{s} \cdot t + 2\,\text{s}^2 = 0.$$

Ihre beiden Lösungen sind $t_1 = 7{,}7$ s und $t_2 = 0{,}26$ s. Die zweite Lösung $t_2 = 0{,}26$ s gibt den Zeitpunkt an, zu dem der Körper beim Hochsteigen die Höhe $h = 10$ m passiert. Seine Geschwindigkeit ist dann nach Gl. (74.2) $v_2 = v_0 - g \cdot t = +37$ m/s, also aufwärts gerichtet. Zur Zeit $t_1 = 7{,}7$ s hat der Körper die Geschwindigkeit $v_1 = -37$ m/s; er passiert also bei der Abwärtsbewegung die gleiche Höhe 10 m gleich schnell, aber in entgegengesetzter Richtung wie aufwärts.

b) Man wirft in einen 10 m tiefen Brunnen einen Stein mit $v_0 = 5$ m/s abwärts ($g = 10$ m/s²). Aus Gl. (77.1) erhält man für $s = 10$ m die Zeit t aus der quadratischen Gleichung $t^2 + t\,\text{s} - 2\,\text{s}^2 = 0$ zu $t_1 = 1$ s und $t_2 = -2$ s. Nach $t_1 = 1$ s trifft also der Stein am Grund des Brunnens auf. Er hat dann die Geschwindigkeit $v_1(t) = v_0 + g \cdot t = 15$ m/s. Was bedeutet aber die Lösung $t_2 = -2$ s? Damit der Stein zur Zeit $t = 0$ am Brunnenrand die Geschwindigkeit $v_0 = 5$ m/s hat, hätte man ihn auch zur Zeit $t_2 = -2$ s am Grund des Brunnens in die Höhe werfen können (Abb. 78.1). Die quadratische Gleichung beschreibt nämlich für $t < 0$ einen Wurfvorgang, bei dem der Körper zunächst aus dem Brunnen in die Höhe geworfen wird, dann oberhalb des Brunnenrandes umkehrt und diesen bei $t = 0$ mit $v_0 = 5$ m/s nach unten passiert.

Es wäre falsch, wenn man sagt, der Stein brauche für $s = 10$ m nach $s = \frac{1}{2} g \cdot t^2$ (aus der Ruhe heraus) die Zeit $t = 1{,}4$ s und gewinne dabei die Geschwindigkeit $v = g \cdot t = 14$ m/s zusätzlich; er komme also mit 19 m/s an. Der mit $v_0 = 5$ m/s abgeworfene Stein braucht nämlich nur $t = 1$ s; seine Geschwindigkeit nimmt also nur um 10 m/s auf 15 m/s zu.

c) Von einem $h = 1{,}25$ m hohen Tisch wird ein Körper waagerecht abgeschleudert. Er trifft den Boden in der Horizontalen gemessen 2 m von der Tischkante entfernt ($g = 10$ m/s²). Wenn man Abb. 69.2 betrachtet, so berechnet man zunächst die reine Fallzeit zu $t = 0{,}5$ s. Da der Körper in dieser Zeit die waagerechte Strecke $x = 2$ m zurücklegte, war seine waagerechte Abwurfgeschwindig-

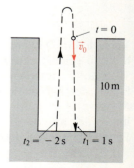

78.1 Zum Beispiel 5 b

keit $v_0 = x/t = 4$ m/s. — Man könnte auch die Gleichung (70.5) für die Wurfparabel heranziehen, die Koordinaten des Auftreffpunktes $x = 2$ m und $y = 1,25$ m einsetzen und dann v_0 berechnen. Doch erhält man nach dem ersten Verfahren sofort die Zeit t und die vertikale Geschwindigkeitskomponente im Auftreffpunkt zu $v_y = g \cdot t = 5$ m/s und die resultierende Geschwindigkeit zu $v = 6,4$ m/s. Gegen die Waagerechte ist sie um den Winkel φ nach unten geneigt, für den nach *Abb. 69.2* gilt: $\tan \varphi = v_y/v_0 = 1,25$ und $\varphi = 51,3°$.

d) Das Diagramm nach *Abb. 79.1* gibt die Geschwindigkeit $v(t)$ bei der in *Tabelle 74.1* behandelten Bewegung. Nach Seite 46 erhält man aus der Fläche AB0 die Wurfhöhe $h = 45$ m. Wegen der negativen Ordinaten ist die Fläche unterhalb der t-Achse negativ zu rechnen. Deshalb gibt die Fläche der beiden Dreiecke AB0 und BCD zusammen Null: Nach 6 s hat der Körper wieder die Höhe $h = 0$ erreicht.

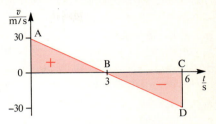

79.1 v-t-Diagramm zum Beispiel 5 d

e) Eine Uhr der Masse $m = 100$ g fällt mit der Geschwindigkeit $v = 5$ m/s auf einen harten Steinboden. Ihr Gehäuse wird um 1 mm an der Auftreffstelle eingebeult. Der Bremsweg beträgt also $S = 1$ mm. Wir nehmen an, die Bremsverzögerung a sei konstant, und berechnen sie nach Gl. (77.3) zu $a = v_0^2/2S = 12\,500$ m/s² (!). Denn die Auftreffgeschwindigkeit 5 m/s ist für die sich anschließende Bremsbewegung die Anfangsgeschwindigkeit v_0. Diese hohe Bremsverzögerung braucht die Bremskraft $F = m \cdot a = 1250$ N, die 1250mal so groß wie die Gewichtskraft $G = 1$ N der Uhr ist! Jedes Teil in der Uhr, zum Beispiel die empfindliche Unruhe, muß kurzzeitig eine Bremskraft aushalten, die das 1250fache seines Eigengewichts ist! Dabei brechen in erster Linie die dünnen Achszapfen der Unruhe.

f) Auf einer schiefen Ebene mit dem Neigungswinkel $\varphi = 30°$ liegt ein Körper und hat eine Gleitreibungszahl $f_{gl} = 0,10$. Man stößt ihn nach oben mit der Geschwindigkeit $v_0 = 5$ m/s an. Die verzögernde Kraft setzt sich aus dem Hangabtrieb $H = G \cdot \sin 30°$ und der Gleitreibungskraft $F_{gl} = f_{gl} \cdot N = f_{gl} \cdot G \cdot \cos 30°$ zusammen und beträgt $F = H + F_{gl} = m \cdot g \, (\sin 30° + f_{gl} \cdot \cos 30°)$. Die Bremsverzögerung ist also $a = F/m = g (\sin 30° + f_{gl} \cdot \cos 30°) = 5,9$ m/s². Der Bremsweg beträgt $S = v_0^2/2a = 2,1$ m, die Bremszeit $T = v_0/a = 0,85$ s.

Wenn anschließend der Körper zurückrutscht, so zeigt zwar der Hangabtrieb wieder nach unten, die Reibungskraft jedoch der Bewegung entgegen nach oben. Abwärts wirkt als beschleunigende Kraft $F' = m \cdot g \, (\sin 30° - f_{gl} \cdot \cos 30°)$ und gibt die Beschleunigung $a' = F'/m = g (\sin 30° - f_{gl} \cdot \cos 30°) = 4,1$ m/s². Sie ist kleiner als die Verzögerung bei der Aufwärtsbewegung. Um zum Ausgangspunkt zurückzukehren ($s = 2,1$ m), braucht der Körper aus der Ruhe heraus die Zeit $t' = \sqrt{2s/a'} = 1,0$ s (Gl. 42.4) und erreicht die Geschwindigkeit $v' = a' \cdot t' = 4,1$ m/s. Sie ist wegen der Reibung kleiner als die Abstoßgeschwindigkeit, da wegen der Reibung die Abwärtsbewegung nicht symmetrisch zur Aufwärtsbewegung sein kann.

Aufgaben:

1. *Ein Wasserstrahl steigt* 80 cm *hoch. Mit welcher Geschwindigkeit verläßt er die Düse senkrecht nach oben? Mit einer Geschwindigkeit von diesem Betrag spritzt man ihn waagerecht ab, so daß er* 1,2 m *tiefer auf dem Boden auftrifft. Wie weit kommt er in waagerechter Richtung? Unter welchem Winkel trifft er am Boden auf?*

2. *Wie hoch kann man Wasser spritzen, das mit* 15 m/s *Geschwindigkeit die Düse verläßt? Zeichnen Sie das v-t-Diagramm und bestätigen Sie an ihm das Ergebnis! Wie hoch ist ein Wasserteilchen* 2 s *nach dem Abspritzen und welche Geschwindigkeit hat es dann?*

3. *Zeichnen Sie zu Tabelle 74.1 ein $s(t)$- und ein $v(t)$-Diagramm ($0 \leq t \leq 7$ s)! Wann hat der Körper die Höhe $h = 10$ m erreicht (nach dem Diagramm und nach der Rechnung)? Wie groß ist dort seine Geschwindigkeit (2 Lösungen)?*

4. *Leiten Sie aus Gl. (76.3) eine Gleichung für die Wurfdauer her! Zeigen Sie, daß die Wurfdauer doppelt so groß ist wie die Steigzeit!*

5. *Ein Wasserstrahl wird mit 20 m/s am Boden unter dem Winkel $\varphi = 60°$ abgespritzt. Zeichnen Sie seine Bahn und bestimmen Sie die „Wurfweite" aus der Zeichnung und durch Rechnung! Wie groß ist die Scheitelhöhe? Wo befindet sich ein Wasserteilchen 2 s nach dem Abspritzen? Wie groß sind dort seine horizontalen und seine vertikalen Geschwindigkeitskomponenten sowie Betrag und Richtung seiner Geschwindigkeit?*

6. *Ein Körper wird 5,0 m über dem Boden mit der Geschwindigkeit $v_0 = 10$ m/s unter 30° gegen die Horizontale schräg nach unten geworfen. Wann und wo trifft er am Boden auf?*

7. *Berechnen Sie für die Bahnen im luftleeren Raum nach Abb. 76.1 die genauen Werte von Scheitelhöhe und Wurfweite bei der Abwurfgeschwindigkeit $v_0 = 560$ m/s!*

8. *Ein Auto der Masse 800 kg wird durch Blockieren aller Räder gebremst. Wie groß ist die verzögernde Gleitreibungskraft ($f_{gl} = 0{,}50$), wie groß die Bremsverzögerung, die Bremszeit und der Bremsweg bei $v_0 = 36$ km/h beziehungsweise 72 km/h? Mit welcher Kraft muß sich der Fahrer (75 kg) halten, um nicht gegen die Windschutzscheibe geschleudert zu werden? (In der Kraftfahrzeugtechnik nennt man die Reibungszahlen auch Kraftschlußbeiwerte.)*

9. *Zeigen Sie, daß auf waagerechter Strecke die Bremsverzögerung einer Vierrad-Bremse $a = g \cdot f_{gl}$ ist, wenn die Räder blockiert werden. — Berechnen Sie die maximale Anfahrbeschleunigung eines Autos mit Vierrad-Antrieb bei einer Haftreibungszahl von $f_h = 0{,}80$. Warum ist sie beim Zweirad-Antrieb kleiner; muß sie exakt halb so groß sein?*

10. *Die folgende Fahrschulregel gibt den Bremsweg in Metern: „Man streiche vom Zahlenwert der in km/h angegebenen Geschwindigkeit die Null und multipliziere das Ergebnis mit sich selbst." Bringen Sie diese Regel mit Gl. (77.3) in Einklang! Für welche Bremsverzögerung gilt sie? Beispiel: bei $v_0 = 70$ km/h ist der Bremsweg $7 \cdot 7$ m = 49 m. (Der gesetzliche Mindestwert für eine Vierrad-Bremse beträgt 2,5 m/s².)*

11. *Wann ist die Bremswirkung besser: Wenn man die Räder blockiert, daß sie auf der Straße gleiten, oder wenn man nur so stark auf das Bremspedal tritt, daß sie noch abrollen, das heißt auf der Straße an der Berührungsstelle haften? Wie ist es im ersten Fall mit der Lenkfähigkeit und der Schleudergefahr?*

12. *Skizzieren Sie in Diagrammen:*
    a) Die Bremskraft F als Funktion des Bremswegs S bei konstanter Anfangsgeschwindigkeit v_0 und
    b) den Bremsweg S als Funktion von v_0 bei konstanter Bremskraft.
    Das Diagramm (a) erläutert die folgenden Aufgaben, das Diagramm (b) die Gefahren bei hohen Geschwindigkeiten.

13. *Eine Gewehrkugel von 30 g Masse wird im Lauf längs 60 cm Weg auf 500 m/s beschleunigt. Wie groß ist die mittlere Beschleunigungskraft? — In einer Mauer wird sie von der gleichen Geschwindigkeit aus auf 5 cm Weg abgebremst. Vergleichen Sie die Verzögerungskraft mit der Beschleunigungskraft im Lauf!*

14. *Ein Hammer der Masse 500 g schlägt waagerecht mit 4,0 m/s auf einen Nagel. Dieser gibt 2 cm nach. Wie groß ist die mittlere Kraft des Hammers? Wie groß ist sie, wenn der Nagel fester sitzt und nur um 0,5 mm nachgibt? Zeigen Sie, daß die Kraft des Hammers mit der Härte des Widerstands steigt!*

15. *Auf einer schiefen Ebene mit 30° Neigungswinkel wird ein Körper (10 kg) mit 6,0 m/s nach oben angestoßen. Wie groß ist die Bremsverzögerung, wenn die Reibungszahl $f_{gl} = 0{,}30$ beträgt? Wie weit kommt er? Mit welcher Geschwindigkeit und wann passiert er wieder die Abstoßstelle?*

16. *Die Schweiz schreibt vor, daß auf ihren Gebirgsstraßen der Bremsweg bei der Talfahrt unter 6,0 m liegen muß. Mit welcher Geschwindigkeit darf man also höchstens zu Tal fahren, wenn das Gefälle 18° und die Gleitreibungszahl $f_{gl} = 0{,}40$ betragen?*

17. *a) Ein Körper wird mit der Geschwindigkeit v_0 senkrecht nach oben geworfen. Vergleichen Sie die Wurfhöhe auf dem Mond mit der auf der Erde!*
    b) Dann wird der Körper 3 m über dem Boden mit $v_0 = 4$ m/s waagerecht abgeschleudert. Vergleichen Sie nun die Wurfweiten auf Mond und Erde! ($g_{Mond} = g_{Erde}/6$)

§17 Die Newtonschen Axiome; Modelle; Massenpunkt; Kausalität

1. Die Newtonschen Axiome

Im Jahre 1687 erschien das Buch *Newtons* „*Philosophiae naturalis principia mathematica*" mit den folgenden mechanischen Grundgesetzen:

a) Newtonsches Beschleunigungsgesetz $F = m \cdot a$ mit dem *Trägheitssatz* als Sonderfall,
b) Newtonsches Wechselwirkungsgesetz: *actio und reactio*,
c) Gesetz über die *Vektoraddition von Kräften*.

Wie der Titel des Newtonschen Werkes angibt, sind diese Grundgesetze mathematisch formuliert; aus ihnen können die mechanischen Vorgänge berechnet werden. Die Grundgesetze selbst werden aber mathematisch (logisch) nicht weiter zurückverfolgt, sondern als gültig vorausgesetzt. Deshalb nennt man sie die *Newtonschen Axiome der Mechanik*. Dabei versteht man unter *Axiomen* die als gültig vorausgesetzten Grundsätze einer mathematischen oder physikalischen Theorie, aus denen alle weiteren Aussagen dieser Theorie *durch rein logisches Schließen* hergeleitet werden können (§ 43). Die Axiome dürfen keinerlei Widersprüche enthalten oder zu solchen führen. Axiome in der *Physik* müssen darüber hinaus *der beobachteten Wirklichkeit* entsprechen, diese also so weit wie möglich wiedergeben (abbilden). Diese Forderung ist zum einen durch die *Experimente* gewährleistet, die zu den Axiomen führen (Seite 14 bis 52); zum anderen müssen die vielen aus den Axiomen gezogenen Folgerungen der experimentellen Prüfung standhalten. Die Newtonschen Axiome bewähren sich dabei im weiten Bereich der *makroskopischen Physik*, dagegen nur eingeschränkt bei Annäherung an die Lichtgeschwindigkeit und im Atom. Dort werden sie durch die *Relativitätstheorie* und die *Quantenmechanik* abgelöst, genauer gesagt erweitert und verfeinert (siehe auch Seite 72 und 83).

Da *Newton* diese Axiome für einen sehr weit gesteckten Bereich des Naturgeschehens aufstellte, mußte er sie von einzelnen Beispielen losgelöst, das heißt *abstrakt*, formulieren. Sie enthalten zwar Begriffe, die man an Körpern messen kann, wie Masse, Beschleunigung und so weiter, dagegen keine unmittelbaren Hinweise auf konkrete Körper, wie „Stein", „Planet" oder Stoffe wie „Wasser" und so weiter. Deshalb versteht man die Bedeutung dieses großartigen Gedankengebäudes der Mechanik nur dann, wenn man in den anschaulich ablaufenden Vorgängen das Allgemeingültige sieht, das in den Axiomen niedergelegt ist. Dies folgt aus dem quantitativen Aspekt, den die Physik heute verfolgt (Seite 10). Alle bisherigen Versuche, eine Naturbeschreibung auf den Empfindungen (Qualitäten) aufzubauen, wurden zwar zäh verfolgt, sind aber gescheitert.

2. Modellvorstellungen in der Physik

Die Naturvorgänge verlaufen im allgemeinen sehr kompliziert ab, das heißt, sie sind vielerlei Einflüssen unterworfen. Deshalb vereinfacht man sie häufig, indem man „Nebenumstände", die man bei der vorliegenden Fragestellung als unwichtig ansieht, zunächst wegläßt (Reibung, Luftwiderstand, Drehbewegung der Räder bei Fahrbahnwagen und so weiter). Man denkt sich also *idealisierte Vorgänge* aus oder bildet sich idealisierte Vorstellungen von der Wirklichkeit, sogenannte **Modelle** aus den folgenden Gründen:

a) Das als wesentlich Erscheinende soll möglichst klar und einfach erkannt werden können.

b) Es soll *mathematisch* einfach erfaßt und behandelt werden können.

c) An Modellen lassen sich *Voraussagen* einfacher treffen und nachprüfen.

d) Oft werden Modellvorstellungen bewußt *anschaulich* gehalten, um sie einprägsamer „verstehen" und anderen mitteilen zu können. Aus diesem Grunde führt man die Naturvorgänge in der Schule bewußt auf einfache Modelle zurück. Mit steigendem Abstraktionsgrad des Lernenden werden sie dann erweitert und verfeinert; sie bleiben Modelle, auch wenn sich der Wissenschaftler ihrer bedient.

> **Idealisierte Vorstellungen von der Wirklichkeit, die wir uns durch unser Denken machen, nennt man in der Physik Modelle oder noch deutlicher Modellvorstellungen.**

Der Mensch beobachtet nämlich Dinge und Naturvorgänge nicht nur, sondern denkt auch über sie nach. Seine Gedanken sind aber mit ihnen nicht identisch, sondern geben immer nur Vorstellungen, das heißt Modelle, von den Dingen und Vorgängen. Deshalb kann man Modelle nicht entbehren. Man wird sie aber immer weiter verfeinern, so daß sie durch unser Denken im Bewußtsein ein möglichst *getreues Abbild der Wirklichkeit* ergeben. Man darf jedoch die Modelle nie mit der Wirklichkeit *gleichsetzen*. Auch wenn eine Fotografie die Einzelheiten eines Gegenstands genau wiedergibt, so ist sie ja mit ihm doch nicht identisch. Die Physik braucht wie jede Wissenschaft *Begriffe* (Masse, Beschleunigung, Reibungszahl, Spannung). Sie werden durch Symbole (m, a, f_h, U) dargestellt und gehören dem Bereich des „*Wissens und Denkens*" an. Mit ihnen sucht der Physiker die Naturvorgänge sinnvoll auf sein Bewußtsein „*abzubilden*". Die Begriffe sollen also „*Abbildungen von etwas*" sein. Ob allerdings eine „Masse an sich" oder eine „Reibungszahl an sich" in der Natur selbst existieren, bleibt zunächst offen; vorsichtshalber sagt hierüber die Physik nichts aus (viele verneinen diese Frage, auch wenn sie nicht so weit gehen, daß sie an der Existenz von Gegenständen selbst zweifeln). Es genügt dem Physiker, als sinnvoll erkannte Meßverfahren oder Gleichungen zur Definition dieser Begriffe anzugeben. Er kann damit in Bereiche vorstoßen, die der unmittelbaren sinnlichen Erfahrung verschlossen sind (Mikrokosmos; Weltall).

3. Der Massenpunkt als Modellvorstellung

Die Gleichung $F = m \cdot a$ entwickelten wir an Fahrbahnversuchen. Dabei sahen wir von Form, Größe und anderen Eigenschaften der Wagen ab; insbesondere berücksichtigten wir die Rotation der Räder nicht. Wir benutzten vom Körper im Grunde nur die in seinem *Schwerpunkt* vereinigt gedachte Masse und arbeiteten mit der Modellvorstellung „**Massenpunkt**". Von ihr müssen wir abgehen, wenn wir die Rotation eines Rades oder die Verformung eines Körpers betrachten. Doch lassen sich dann immer noch kleine Bezirke (sogenannte „*kleinste Teilchen*") in diesen Körpern als Massenpunkte ansehen. Dies gibt der Modellvorstellung Massenpunkt eine überragende Bedeutung.

> **„Massenpunkt" ist die Modellvorstellung, die man sich von einem Körper macht, wenn man von Form, Größe und Drehungen absieht und nur die fortschreitende Bewegung des Körpers betrachtet.**

4. Die Kausalität

Läßt man unter 45° Breite einen Körper frei fallen, so erfährt er die Beschleunigung $g = 9{,}80629$ m/s². Es ist sinnvoll, diesen Wert so genau anzugeben, weil sich der Körper unter dem Einfluß der gleichen Kraft stets gleich verhält, also auch bei beliebiger Wiederholung aus dem gleichen Ausgangszustand in der gleichen Zeit in den gleichen Endzustand gelangt. *Die gleiche Ursache* (lat.: causa) *ruft die gleiche Wirkung hervor*, die man mit den mechanischen Gesetzen vorausberechnen kann. Man spricht von einem *kausalen Zusammenhang* zwischen Ursache und Wirkung. Soweit sich Vorgänge durch die Gesetze der *Newtonschen Mechanik* erfassen lassen, ist dieser kausale Zusammenhang erfüllt; sie kennt innerhalb ihres Gültigkeitsbereichs kein willkürliches Walten des Zufalls. Ihre Gesetze sind streng kausal. Das gleiche gilt für die Gebiete, die wir bereits auf der Mittelstufe kennengelernt haben, für die sogenannte **klassische Physik** (Mechanik, Akustik, Wärmelehre, Magnetismus, Elektrizitätslehre, Optik). Die Grundgesetze dieser klassischen Physik waren im wesentlichen bis zum Jahre 1900 aufgestellt.

> **In der klassischen Physik ist das Künftige eindeutig aufgrund der kausal formulierten Naturgesetze durch das Gegenwärtige bestimmt und im Prinzip berechenbar.**

In der *Atomphysik* werden wir Grenzen dieser kausalen Auffassung kennenlernen (siehe Ziff. 5).

5. Das Modell einer kontinuierlichen Bahn

Wenn wir ein Flugzeug hoch am Himmel sehen, so sind wir überzeugt, daß es kontinuierlich seine Bahn zieht, auch wenn wir es für einige Augenblicke nicht beobachten. Man sagte früher „natura non facit saltus" (die Natur macht keine Sprünge). Aber auch bei einer sogenannten wandernden Lichtreklame können wir die Bahn eines Punktes sehen; doch ist sie nur vorgetäuscht: Auf einer Fläche befinden sich sehr viele Lämpchen dicht beisammen. Sie werden von einem „Programm", also nach einem vorgegebenen „*Gesetz*" gesteuert. Das „*Gesetz*" kann dabei so angelegt sein, daß aus einiger Entfernung ein Punkt kontinuierlich über die Fläche in wohlbestimmter Bahn zu wandern scheint. In Wirklichkeit erlischt ein Lämpchen, und ein danebenliegendes leuchtet auf. — Das „*Gesetz*" kann aber auch so geartet sein, daß der Leuchtpunkt über die Fläche hinweg große Sprünge ausführt, die ganz dem *Zufall* unterliegen. Leuchten jeweils mehrere Lämpchen sprunghaft auf, so kann von der Bahn *individueller*, wohl unterscheidbarer Körper keine Rede mehr sein!

Hier handelt es sich um ein Modell des Verhaltens der *Elektronen im Atom*: Ihr *Aufenthaltsbereich* wird im Chemieunterricht durch *Orbitale* beschrieben. Sie geben keine Bahnen an, sondern durch ihre Intensität nur die *Wahrscheinlichkeit*, ein Elektron bei einer Messung an einer bestimmten Stelle anzutreffen (siehe Chemiebuch).

Über einen Aufenthaltsort des Elektrons zwischen den Messungen wird nichts ausgesagt. Das „Gesetz" verlangt, daß etwa die Zahl der Elektronen in einem Atom konstant bleibt. Es ist so, als ob die Elektronen erst durch die Ortsmessung in den Zustand lokalisierter Massenpunkte gezwungen würden. Diese Wahrscheinlichkeitsaussagen sind jedoch keine „Kapitulation" vor der Natur. Vielmehr ließen sich mit ihrer Hilfe die Gesetze der Atomphysik so vollständig aufstellen, daß man aus ihnen alle bekannten Eigenschaften der Atome, auch die für ihr chemisches Verhalten wichtigen, theoretisch erfassen kann. In makroskopischen Bereichen, zum Beispiel im „Strahl" einer Braunschen Röhre, verhalten sich dagegen die Elektronen hinreichend genau wie Massenpunkte, auf die sich die kausalen Gesetze der klassischen Physik anwenden lassen. Dies zeigt, daß der Bahnbegriff zwar sehr nützlich ist, aber eben nur als Modellbegriff mit begrenzter Gültigkeit angesehen werden darf.

Die Erhaltungssätze der Mechanik

§ 18 Die Arbeit

1. Die Definition der Arbeit bei konstanter Kraft

Mit den Newtonschen Gesetzen können mechanische Probleme mathematisch bearbeitet werden. Doch sind diese Rechnungen nicht immer einfach auszuführen und anschaulich zu verstehen. Deshalb wurden einige Begriffe geschaffen, die zudem auch außerhalb der Mechanik bedeutsam sind, nämlich *Arbeit*, *Energie* und *Leistung*. Auf der Mittelstufe sahen wir, daß der physikalische Begriff Arbeit von Kraft und Weg abhängt und legten fest:

> *Definition:* Die an einem Körper verrichtete Arbeit W der konstanten Kraft $\vec{F}$ ist das Produkt aus der Kraftkomponente F_s in der Wegrichtung und dem geradlinigen Verschiebungsweg s. Die Arbeit ist ein Skalar.
> $$W = F_s \cdot s. \tag{84.1}$$

An der Deichsel des Wagens in Abb. 84.1 wird schräg nach oben mit der Kraft $\vec{F}$ gezogen. Den Wagen bringt allein die Kraftkomponente $\vec{F}_s$ vorwärts. Die Komponente $\vec{F}'$, die senkrecht zum Weg $\vec{s}$ steht, hält einem Teil der Gewichtskraft des Wagens das Gleichgewicht; als Kraft, die senkrecht zum Weg steht, verrichtet sie jedoch keine Arbeit:

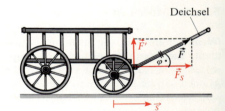

84.1 Zum Berechnen der Arbeit muß man die schräg zum Weg liegende Kraft $\vec{F}$ in Komponenten zerlegen.

Die Arbeit der Gewichtskraft $\vec{G}$ an einem Radfahrer auf waagerechter Straße ist Null; bergab nimmt jedoch der Hangabtrieb F_H als Gewichtskomponente F_s in der Wegrichtung dem Radfahrer teilweise oder ganz die Arbeit ab. – Hält man einen schweren Körper in gleicher Höhe, so wird man zwar mit der Zeit müde, verrichtet an ihm jedoch keine Arbeit; denn der Verschiebungsweg s ist Null. Mit dem physikalischen Begriff Arbeit beschreibt man also nicht unsere Ermüdung, sondern – wie wir schon auf der Mittelstufe sahen – die Energie, die man einem Körper zuführt (siehe § 19). So verrichtet man nach Gl. (84.1) an einem schweren Sack die gleiche Arbeit, wenn man ihn auf dem Rücken, mit einer festen Rolle oder gar einem Flaschenzug hochschafft. Die persönliche Anstrengung ist dabei sehr verschieden.

Die SI-Einheit der Arbeit ist nach Gl. (84.1) das Produkt aus der Krafteinheit 1 N und der Wegeinheit 1 m, also 1 Nm (Newton-Meter), 1 Joule (J) genannt. *J. P. Joule* (dʒu:l) war ein englischer Physiker (1818 bis 1889). Der Buchstabe W für Arbeit kommt von engl. work, Arbeit. Früher benutzte man auch 1 kp m = 9,81 Joule.

> Die Einheit der Arbeit ist 1 Joule (J) = 1 Nm = $1 \frac{\text{kg} \cdot \text{m}^2}{\text{s}^2}$.

In der Vektorschreibweise ist die Arbeit W das *Skalarprodukt*

$$W = \vec{F} \cdot \vec{s} = |\vec{F}| \cdot |\vec{s}| \cdot \cos \varphi = F \cdot s \cdot \cos \varphi \tag{85.1}$$

aus dem Kraftvektor $\vec{F}$ und dem Verschiebungsvektor $\vec{s}$, die zwischen sich den Winkel φ einschließen. Nach *Abb. 84.1* ist ja $F_s = F \cdot \cos \varphi$. — In der mathematischen Ergänzung wird auf Seite 201 ausführlich auf das Skalarprodukt eingegangen.

2. Die Hubarbeit

Wir wollen uns nun der Arbeit zuwenden, die man im Schwerefeld der Erde aufbringen muß, um einen Körper zu heben. Wenn man sich auf hinreichend kleine Bereiche beschränkt, so sind die Vektoren der Gewichtskraft parallel zueinander und überall gleich groß; man spricht von einem **homogenen Schwerefeld** (analog zum homogenen Magnetfeld; über nichthomogene Schwerefelder siehe Seite 153).

Im homogenen Schwerefeld wird ein Körper mit konstanter Geschwindigkeit durch eine konstante Kraft F_s gehoben, die so groß wie seine Gewichtskraft G ist ($F_s = G$). Hebt diese nach oben gerichtete Kraft F_s den Körper um die Strecke $s = h$, so verrichtet sie an ihm die Hubarbeit $W = F_s \cdot s = G \cdot h$ *(Abb. 85.1a)*. Nun kann man den gleichen Höhenunterschied h auf einer

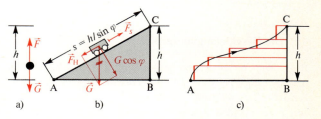

85.1 In allen drei Fällen ist die Hubarbeit $W_H = G \cdot h$.

schiefen Ebene mit dem Neigungswinkel φ bewältigen *(Abb. 85.1b)*. Dann braucht man nur den Hangabtrieb $F_H = G \cdot \sin \varphi$ zu überwinden, also nur die Kraft $F_s = G \cdot \sin \varphi$ aufzubringen (von Reibung und Beschleunigung sehen wir zunächst ab). Dafür ist der Verschiebungsweg s größer und beträgt $s = h/\sin \varphi$ (es gilt $\sin \varphi = h/s$). Die Arbeit

$$W = F_s \cdot s = G \cdot \sin \varphi \cdot \frac{h}{\sin \varphi} = G \cdot h$$

erweist sich jedoch als vom Winkel φ unabhängig. — Man könnte den Körper zunächst auch auf waagerechter Strecke von A nach B bringen. Dazu braucht man keine Hubarbeit, weil $\vec{F}$ und $\vec{s}$ aufeinander senkrecht stehen. Anschließend müßte man den Körper von B senkrecht nach C heben und wiederum die Hubarbeit $G \cdot h$ aufbringen. — Wir fragen nun nach der Arbeit für eine *beliebige Bahn* von A nach C *(Abb. 85.1c)*. Hierzu zerlegen wir diese Bahn in kleine Treppenstufen. Die Summe der Hubarbeiten auf den *vertikalen Strecken* ist so groß wie die Arbeit von B nach C, nämlich $W = G \cdot h$; auf den *waagerechten Teilstücken* hat man dagegen am Körper keine Hubarbeit aufzubringen. — Wir bezeichnen dabei die Arbeit an einem System als *positiv*, wenn wir seine Energie erhöhen. Nach Gl. (85.1) bildet dann die Kraft $\vec{F}_s$, die wir ausüben, einen spitzen Winkel mit dem Weg $\vec{s}$ ($\varphi \leq 90°$, $\cos \varphi \geq 0$), andernfalls als negativ.

> **Die Hubarbeit im homogenen Schwerefeld ist unabhängig vom Weg, auf dem man den Körper in die vorgesehene Lage bringt. Sie hängt nur von der Gewichtskraft G des zu hebenden Körpers und vom Höhenunterschied h ab.**
>
> Hubarbeit im homogenen Schwerefeld $W_H = G \cdot h$. (85.2)

Zum Heben könnte man statt der schiefen Ebene auch andere einfache Maschinen verwenden, zum Beispiel *Rollen*, *Flaschenzüge*, *Hebel* oder *hydraulische Pressen*. Dabei ändert sich ebenfalls die Hubarbeit nicht (siehe Mittelstufenband Seite 49 und 86).

3. Die Reibungsarbeit

Die Gleitreibungskraft F_{gl} ist stets der Bewegungsrichtung entgegengerichtet. Sie fordert also eine Kraft $F_s = F_{gl}$ in der Wegrichtung und somit den Arbeitsaufwand $W_R = F_{gl} \cdot s$. Die Reibungsarbeit hängt meist stark vom eingeschlagenen Weg ab. Zum Beispiel kann ein Radfahrer sein Ziel auf einer guten Straße mit nur wenig Aufwand an Reibungsarbeit erreichen; fährt er aber querfeldein, so ist die Reibungsarbeit sehr groß. Mit aus diesem Grund unterscheidet sich die Reibungsarbeit wesentlich von anderen Arbeitsformen.

> **Reibungsarbeit** $W_R = F_{gl} \cdot s$. (86.1)

4. Die Beschleunigungsarbeit

Ein Körper der Masse $m = 10$ kg soll aus der Ruhe heraus auf die Geschwindigkeit $v = 1$ m/s beschleunigt werden. In der *Tabelle 86.1* ist die nötige Arbeit für verschieden große *konstante* Kräfte F_s berechnet. Hierzu wurde jeweils die Beschleunigung $a = F_s/m$, die Beschleunigungszeit $t = v/a$ und der Beschleunigungsweg $s = \frac{1}{2} a \cdot t^2$ ermittelt:

Tabelle 86.1

Beschleunigende Kraft F_s in Newton	Beschleunigung a in m/s²	Zeit t in s	Weg s in m	Beschleunigungsarbeit W_B in Joule
0,1	0,01	100	50	5
1,0	0,1	10	5	5
10	1,0	1	0,5	5

Die Beschleunigungsarbeit $W_B = F_s \cdot s$ ist unabhängig von der Kraft F_s; eine große Kraft bringt den Körper schon auf einer kurzen Strecke s auf die vorgesehene Geschwindigkeit $v = 1$ m/s. Dies gilt — wie die folgende Gleichung zeigt — allgemein:

$$W_B = F_s \cdot s = m \cdot a \cdot \tfrac{1}{2} a \cdot t^2 = \tfrac{1}{2} m \cdot (a \cdot t)^2 = \tfrac{1}{2} m \cdot v^2.$$

Bei veränderlichen Kräften erhält man das gleiche Ergebnis; siehe Seite 87 und mathematische Ergänzung Seite 193.

> **Um einen Körper der Masse m aus der Ruhe auf die Geschwindigkeit v zu beschleunigen, braucht man die Beschleunigungsarbeit**
> $$W_B = \tfrac{1}{2} m \cdot v^2.$$
> (86.2)

Für die Werte der *Tabelle 86.1* gilt $W_B = \frac{1}{2} m \cdot v^2 = \frac{1}{2} 10 \text{ kg} \cdot 1 \frac{\text{m}^2}{\text{s}^2} = 5 \frac{\text{kg m}^2}{\text{s}^2} = 5$ J.

Wenn der Körper zu Beginn bereits die Geschwindigkeit v_1 besitzt, so hat man sich die Beschleunigungsarbeit $W_{B1} = \frac{1}{2} m \cdot v_1^2$ erspart. Um ihn auf die Geschwindigkeit v_2 zu beschleunigen, braucht man nur noch die Beschleunigungsarbeit

$$\Delta W_B = \tfrac{1}{2} m v_2^2 - \tfrac{1}{2} m v_1^2 = \tfrac{1}{2} m (v_2^2 - v_1^2).$$

Wegen $v_2^2 - v_1^2 = (v_2 + v_1)(v_2 - v_1) > (v_2 - v_1)^2$ ist dies für $v_1 \neq 0$ größer als $\tfrac{1}{2} m (v_2 - v_1)^2$; siehe Aufgabe 4!

5. Die Arbeit bei nichtkonstanter Kraft; Arbeitsdiagramm

In Physik und Technik muß man oft einen Arbeitsaufwand berechnen, bei dem die Kraft F_s *nicht konstant* ist. Dann trägt man die Kraft F_s in einem Diagramm über dem Verschiebungsweg s auf (es gibt auch Geräte, die dies selbständig ausführen). Wenn die Kraft F_s konstant ist, so erhält man in einem solchen **Arbeitsdiagramm** eine waagerechte Gerade *(Abb. 87.1a)*. Die Fläche unter ihr hat beim Benutzen der Einheiten, in denen man F_s und s auf den Achsen abtrug, die Größe $F_s \cdot s$. Diese Fläche gibt die verrichtete Arbeit $W = F_s \cdot s$ der *konstanten* Kraft F_s an. — Nun sei die Kraft F_s veränderlich. Dann können wir sie im allgemeinen längs eines genügend kleinen Wegstückes Δs als hinreichend konstant (F_s) ansehen und auf ihm die zugehörige Arbeit $\Delta W = F_s \cdot \Delta s$ berechnen. Im Arbeitsdiagramm nach *Abb. 87.1b* stellt ΔW die schmale, rote Fläche dar. Der ganze Flächeninhalt unter der Kurve gibt die gesamte Arbeit der veränderlichen Kraft an. Wenn man das Arbeitsdiagramm auf Millimeterpapier gezeichnet hat, erhält man diese Fläche durch Auszählen der Quadratmillimeter. Vorher bestimmt man die Arbeit, die einem Quadratmillimeter unter Beachtung der an den Achsen angegebenen Einheiten entspricht (siehe auch mathematische Ergänzung, Seite 194).

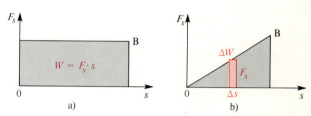

87.1 Arbeitsdiagramme zum Berechnen der Arbeit
a) bei konstanter Kraft, b) beim Hookeschen Gesetz ($F \sim s$)

> **Im Arbeitsdiagramm ist die Kraftkomponente F_s über dem Verschiebungsweg s aufgetragen. Der Flächeninhalt unter dieser Kurve gibt die verrichtete Arbeit an, auch wenn sich F_s ändert.**

6. Die Spannarbeit beim Verlängern einer Feder

Eine zunächst entspannte Feder wird um die Strecke s verlängert; nach dem *Hookeschen Gesetz* nimmt die Kraft F_s proportional zum Weg s von Null auf $F_s = D \cdot s$ zu. Dabei ist D die auf Seite 12 als *Richtgröße* bezeichnete Konstante. Das Arbeitsdiagramm stellt eine Ursprungsgerade nach *Abb. 87.1b* dar. Die ganze Arbeit wird durch den Flächeninhalt des Dreiecks mit der waagerechten Kathete s und der senkrechten Kathete $F_s = D \cdot s$ angegeben, das heißt durch $W_{Sp} = \tfrac{1}{2} s \cdot F_s = \tfrac{1}{2} D \cdot s^2$. — Dies gilt natürlich nur, soweit die Feder dem *Hookeschen Gesetz* folgt, also nur in dem Bereich, in dem die Richtgröße D konstant ist.

Um eine zunächst entspannte Feder mit der Richtgröße D um die Strecke s zu verlängern, braucht man die Spannarbeit

$$W_{Sp} = \tfrac{1}{2} D \cdot s^2 .\qquad(88.1)$$

Ein zunächst entspannter Kraftmesser wird durch $F=4$ N um $s=0{,}04$ m verlängert. Die Richtgröße beträgt $D=F/s = \dfrac{4\,\text{N}}{0{,}04\,\text{m}} = \dfrac{100\,\text{N}}{\text{m}}$, die Spannarbeit $W_{Sp} = \tfrac{1}{2}D \cdot s^2 = \tfrac{1}{2}\,100\,\dfrac{\text{N}}{\text{m}} \cdot (0{,}04\,\text{m})^2 = 0{,}08$ J. Verlängert man um weitere 4 cm, so ist die Gesamtverlängerung doppelt, die gesamte Spannarbeit jedoch 4fach, das heißt 0,32 J ($W \sim s^2$). Zur zusätzlichen Verlängerung von $s=4$ cm auf 8 cm braucht man also die Differenz aus 0,32 J und 0,08 J, das heißt 0,24 J.

Aufgaben:

1. Überlegen Sie an Hand von Beispielen aus der Mittelstufe, warum die Arbeit als Produkt aus Kraft und Weg definiert wurde. Warum darf man nicht die Summe aus beiden Größen nehmen (Seite 65)?

2. Welche Arbeit braucht man, um einen Ball (500 g Masse) auf 15 m/s zu beschleunigen? — Wie hoch hätte man diesen Ball mit dem gleichen Arbeitsaufwand heben können? Vergleichen Sie dies mit der Steighöhe, die er bei einem senkrechten Wurf mit $v_0 = 15$ m/s erreicht! Welche Geschwindigkeit erlangt er beim freien Fall aus dieser Höhe? (Diese Aufgabe bereitet auf den Energieerhaltungssatz vor!)

3. Eine zunächst entspannte Feder wird durch 20 N um 10 cm verlängert. Welche Arbeit braucht man? — Welche Arbeit ist zusätzlich nötig, um sie um weitere 10 cm zu verlängern? Arbeitsdiagramm zeichnen!

4. Ein Auto (1000 kg) wird von Null auf 36 km/h, dann von 36 km/h auf 72 km/h beschleunigt. Braucht man in beiden Abschnitten die gleiche Arbeit? Berechnen Sie!

5. Warum muß man an der schiefen Ebene nur Arbeit gegen den Hangabtrieb und die Reibungskraft verrichten, nicht aber gegen die Normalkraft?

6. Ein Körper (100 kg) wird eine 20 m lange schiefe Ebene, die 10 m Höhenunterschied überwindet, hochgezogen. a) Wie groß ist die Hubarbeit? b) Wie groß ist die Reibungsarbeit ($f_{gl}=0{,}8$)? c) Wie groß ist die Beschleunigungsarbeit, wenn der Körper unten die Geschwindigkeit 1 m/s, oben 3 m/s hat? d) Wie groß ist die gesamte Arbeit? (Darf man die Einzelbeträge addieren?)

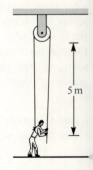

7. Ein Junge (60 kg) hat sich nach Abb. 88.1 ein Seil um den Bauch gebunden, das über eine Rolle läuft. a) Mit welcher Kraft muß er am andern Ende mit den Händen ziehen, wenn er über dem Boden schweben will? b) Mit welcher Kraft zieht dann sein Bauch? c) Wieviel Seil muß er „durch die Hand" ziehen, damit er 5 m höher kommt? d) Welche Arbeit hat er dabei mit den Händen aufzubringen, welche bringt sein Bauch auf?

88.1 Zu Aufgabe 7

8. Beim Schrägaufzug nach Abb. 88.2 soll der Wagen (20 kg) die Strecke $\overline{AB} = 10$ m in 5 s aus der Ruhe heraus zurücklegen. Welche Beschleunigung braucht er? Welche Masse muß der angehängte Körper haben, wenn die Gleitreibungszahl $f_{gl}=0{,}1$ ist? Welche Kraft herrscht im Seil? ($g=10$ m/s².) Welche Arbeit verrichtet der angehängte Körper am Wagen, welche die Erde am angehängten Körper?

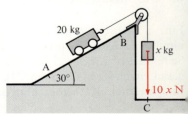

88.2 Zu Aufgabe 8

§ 19 Die drei mechanischen Energieformen

1. Die Lageenergie

Wir heben einen Körper gegen seine Gewichtskraft G um die Höhe h. Hierzu brauchen wir die Hubarbeit $W_H = G \cdot h$. Die Gewichtskraft G verrichtet nun ihrerseits Arbeit, wenn der Körper in das ursprüngliche Niveau zurücksinkt. Man denke an Wasser, das in einem Pumpspeicherwerk nachts in den hochliegenden Speicher gepumpt wurde. Bei Spitzenbedarf fließt es zurück und treibt die Generatoren an, welche elektrische Energie liefern. — Ein Uhr„gewicht" wird unter Arbeitsaufwand gehoben; dann ist es selbst in der Lage, Arbeit zu verrichten. Dabei tritt die wichtige Frage auf: **Wird die Arbeit verlustlos gespeichert oder geht von ihr etwas verloren?** Wir beantworten diese Frage an einer Reihe von Gedankenversuchen, bei denen Reibung und Luftwiderstand unberücksichtigt bleiben:

a) Ein Körper vom Gewicht $G = m \cdot g$ fällt in der Zeit t um die Strecke $h = \frac{1}{2} g \cdot t^2$ und erlangt die Geschwindigkeit $v = g \cdot t$. Nach § 18 hat dann seine Gewichtskraft, das heißt die Erdanziehung, die Beschleunigungsarbeit

$$W_B = \tfrac{1}{2} m \cdot v^2 = \tfrac{1}{2} m \cdot (g \cdot t)^2 = (m \cdot g)(\tfrac{1}{2} g \cdot t^2) = G \cdot h$$

verrichtet. Von der aufgewandten Hubarbeit $G \cdot h$ ging also nichts verloren. Sie war im gehobenen Zustand im System Erde-Körper verlustlos gespeichert (die Erde dürfen wir nicht vergessen, da sie die Gewichtskraft verursacht). Dies können wir allgemein begründen: Der Körper wird beim Herabfallen mit einer Kraft von gleichem Betrage beschleunigt, mit der er gehoben wurde, und zwar längs der gleichen Strecke h. Wären allerdings Reibung oder Luftwiderstand wirksam, so würde man zum Heben eine Kraft brauchen, die größer als die Gewichtskraft G ist; die nötige Arbeit wäre größer als $G \cdot h$. Beim Herabfallen wäre dagegen zum Beschleunigen wegen der Widerstände nur eine Kraft verfügbar, die kleiner als G ist; die Beschleunigungsarbeit wäre kleiner als $G \cdot h$. Wie wir schon mehrfach sahen (Seite 74 und 78), sind mechanische Vorgänge beim Fehlen von Reibung und Luftwiderstand umkehrbar, wenn sich an den äußeren Kräften nichts ändert. Dann wird die an einem System verrichtete Arbeit bei der Umkehr des Vorgangs vom System wieder abgegeben.

b) Der in (a) gehobene Körper gleite nach *Abb. 89.1* längs der schiefen Ebene der Länge $s = h/\sin \varphi$ reibungsfrei ins ursprüngliche Niveau zurück. Dabei kann er mit der Kraft $F_s = F_H = G \cdot \sin \varphi$ (Hangabtrieb) über Seil und Rolle einen zweiten Körper, der die Gewichtskraft $G' = F_H = G \cdot \sin \varphi$ erfährt, um die Strecke $s = h/\sin \varphi$ senkrecht hochziehen. Der erste verrichtet dabei am zweiten die Arbeit

$$W = F_s \cdot s = G \cdot \sin \varphi \cdot \frac{h}{\sin \varphi} = G \cdot h.$$

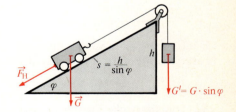

89.1 Der linke Körper verrichtet beim Hinabgleiten am rechten Hubarbeit und verliert dabei Lageenergie.

Es ist genau die gleiche Arbeit, die aufgebracht wurde, um den ersten zu heben, nicht mehr, aber auch nicht weniger. Dabei ist es nach Seite 85 gleichgültig, auf welchem Weg man ihn gehoben hat.

Gegenüber dem ursprünglichen Niveau besitzt der gehobene Körper, genauer das System Körper-Erde, die Arbeitsfähigkeit $G \cdot h$. Wir sagen künftig hierfür, er besitze die Lageenergie $W_L = G \cdot h$. Wie die Beispiele zeigen, *hängt sie nicht davon ab, auf welchem Weg der Körper wieder in das ursprüngliche Niveau zurückkehrt (Abb. 90.1)*. Deshalb kennzeichnet die Lageenergie die Arbeitsfähigkeit in der erhöhten Lage eindeutig. Man braucht also nicht zu wissen, wie später diese Arbeitsfähigkeit wieder in Arbeit umgesetzt, also „ausgenutzt" wird. Hierin liegt eine der wichtigsten Aussagen der Physik! Allerdings muß man immer das *Niveau* angeben, auf das die Lageenergie bezogen werden soll. Sie kennzeichnet ja nicht den Körper allein, sondern das System Körper-Erde.

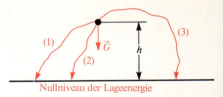

90.1 Die Lageenergie ist unabhängig davon, auf welchem Weg der Körper in das Nullniveau zurückkehrt. Dies gilt auch für die Bahn (3)!

Energie bedeutet Arbeitsfähigkeit. **Man mißt die Energie eines Systems durch die Arbeit, die es verrichten kann. Energie ist wie die Arbeit ein Skalar. Energieeinheiten sind Joule und kWh.**

Die Lageenergie W_L eines Körpers am Ort P gegenüber einem Nullniveau N mißt man durch die Arbeit, die der Körper verrichten kann, wenn er auf irgendeinem Weg von P in das Niveau N zurückkehrt:

$$\text{Lageenergie im homogenen Schwerefeld } W_L = G \cdot h = m \cdot g \cdot h. \tag{90.1}$$

2. Die Spannungsenergie

Die Arbeit zum Spannen einer elastischen Feder ist nach Seite 88 $W_{Sp} = \frac{1}{2} D \cdot s^2$. Beim Entspannen wirkt die Feder auf jedem Wegelement genau mit den gleichen Kräften, mit denen man beim Spannen an ihr ziehen mußte. Die aufgewandte Arbeit wurde also verlustlos in der gespannten Feder gespeichert. Die Feder besitzt diese Arbeit als **Spannungsenergie** W_{Sp}. Man erkennt auch hier, daß die Arbeit wegen der Umkehrbarkeit bei idealisiertem Vorgehen (vollelastisch, reibungsfrei) nicht verlorengeht.

$$\textbf{Spannungsenergie } W_{Sp} = \tfrac{1}{2} D \cdot s^2. \tag{90.2}$$

Häufig faßt man Spannungs- und Lageenergie unter der Bezeichnung **potentielle Energie** W_{pot} zusammen (potentia, lat.; Möglichkeit).

3. Die kinetische Energie (Bewegungsenergie)

Ein Wagen wird durch eine Kraft $\vec{F}_s$ beschleunigt; sie verrichtet längs des Weges s die Beschleunigungsarbeit $\frac{1}{2} m \cdot v^2$. Man kann nun den Wagen durch eine gleich große Kraft $-\vec{F}_s$ abbremsen lassen. Dann läuft die verzögerte Bewegung völlig symmetrisch zur beschleunigten ab (gleiche Kraft, gleicher Weg, Seite 74), wenn man von Reibung und so weiter absieht. Der Wagen übt auf den abbremsenden Körper die gleiche Kraft F aus, mit der er beschleunigt wurde, und zwar längs des gleich langen Wegs s. Der Wagen verrichtet also an dem ihn abbremsenden Körper die gleiche Arbeit $W = F_s \cdot s = \frac{1}{2} m \cdot v^2$, die beim Beschleunigen des Wagens aufgebracht wurde. Sie war als **Bewegungsenergie,** auch **kinetische Energie** genannt, in dem mit der Geschwindigkeit v bewegten Wagen der Masse m gespeichert und konnte ohne Verlust wiedergewonnen werden. Hätte man den Wagen mit der n-fachen Kraft abgebremst, so würde dies nichts ändern; man hätte ihn ja unter dem gleichen Arbeitsaufwand auch mit der n-fachen Kraft auf die gleiche Geschwindigkeit beschleunigen können (siehe *Tabelle 86.1*).

> **Die kinetische Energie eines mit der Geschwindigkeit v bewegten Körpers der Masse m ist**
>
> $$W_{\text{kin}} = \tfrac{1}{2} m \cdot v^2. \tag{91.1}$$
>
> **Sie hängt wie die Geschwindigkeit vom gewählten Bezugssystem ab.**

Diese Überlegungen gelten nur, wenn keine Reibungsarbeit zu verrichten ist: Ein Körper gleite infolge der Reibung langsam eine schiefe Ebene hinab und bleibe unten liegen. Er verliert seine mechanische Arbeitsfähigkeit, ohne sie auf einen andern zu übertragen. Dabei erhöht sich die Temperatur, das heißt die ungeordnete Molekülbewegung. Sie kann nicht ohne weiteres in geordnete Bewegung des Körpers zurückverwandelt werden (Seite 225).

> **Mechanische Vorgänge ohne Reibung und Luftwiderstand sind umkehrbar. Deshalb wird Hubarbeit als Lageenergie, Beschleunigungsarbeit als Bewegungsenergie und Spannarbeit als Spannungsenergie gespeichert. Die verrichtete Arbeit kann verlustlos wiedergewonnen werden.**

Das Wort *Arbeit* beschreibt einen *Vorgang*, bei dem ein System *Energie* gewinnt oder abgibt. *Energie* bezeichnet dagegen den *Zustand* erhöhter Arbeitsfähigkeit des Systems; für beide wird der gleiche Buchstabe W benutzt.

§ 20 Der Energieerhaltungssatz der Mechanik

1. Energieumwandlungen im abgeschlossenen System

Hubarbeit wird als Lageenergie, Beschleunigungsarbeit als Bewegungsenergie und Spannarbeit als Spannungsenergie gespeichert. Von der Mittelstufe her wissen wir, daß sich diese Energieformen ineinander umwandeln können und suchen nun ein Gesetz, das diese Umwandlung einfach und übersichtlich beschreibt. Hierzu stellen wir uns zunächst ein *energetisch abgeschlossenes System* vor, um das wir eine Hülle gelegt denken. Durch sie hindurch soll keine Arbeit übertragen werden und auch kein Körper, der Energie besitzt, treten. Eine von außen wirkende Kraft (zum Beispiel die Gewichtskraft) wird im System durch eine potentielle Energie berücksichtigt. Was kann man über die mechanische Energie dieses Systems aussagen?

Tabelle 92.1 Ein Körper (10 kg) fällt aus 45 m Höhe

Zeit t in s	Fallweg s in m	Höhe h über dem Boden in m	Lageenergie $G \cdot h$ in Joule	Geschwindigkeit $v = g \cdot t$ in m/s	Bewegungs- energie in Joule	Lage + Bewegungs- energie $G \cdot h + \frac{1}{2} m v^2$ in Joule
0	0	45	4500	0	0	4500
1	5	40	4000	10	500	4500
2	20	25	2500	20	2000	4500
3	45	0	0	30	4500	4500

a) Als abgeschlossenes System betrachten wir die Erde und einen aus 45 m Höhe auf sie frei fallenden Körper der Masse 10 kg. In der *Tabelle 92.1* sind die an ihm beobachteten Energieformen in verschiedenen Zeitpunkten zusammengestellt. Wir berechnen sie mit den uns bekannten Gesetzen der Mechanik, hier den Fallgesetzen. Das *Nullniveau* für die Lageenergie lassen wir zweckmäßigerweise mit dem Erdboden ($h=0$) zusammenfallen. Nach der letzten Spalte der Tabelle bleibt beim freien Fall die Summe aus Lage- und Bewegungsenergie konstant:

$$G \cdot h_1 + \tfrac{1}{2} m \cdot v_1^2 = G \cdot h_2 + \tfrac{1}{2} m \cdot v_2^2 = \cdots = \text{konstant}.$$

b) Wurde der Körper vom Boden mit 30 m/s senkrecht in die Höhe geworfen, so durchläuft er zunächst die in *Tabelle 92.1* dargestellten Zustände in entgegengesetzter Richtung. Dies zeigt der Vergleich mit *Tabelle 74.1*. Beim Zurückfallen kehrt sich der reibungsfreie Vorgang genau um, die Energiesumme bleibt auch jetzt erhalten.

c) Versuch 47: Nach *Abb. 92.1* fällt eine kleine Stahlkugel (etwa 3 mm Durchmesser) auf eine dicke Glasplatte. Die anfängliche Lageenergie geht in Bewegungsenergie und diese beim Aufprall kurzzeitig in Spannungsenergie über. Dabei ist die Geschwindigkeit für einen Augenblick Null. Beim Aufprall eines weichen Wasserballs erkennt man die mit der Spannungsenergie verbundene Verformung. Die beim Verformen geweckte Spannkraft verzögert den Körper zunächst und beschleunigt ihn dann wieder. Dabei erhält er Bewegungsenergie, die sich beim Hochsteigen in Lageenergie umwandelt. Ohne Luftwiderstand würde der Körper wieder die alte Höhe erreichen.

d) Versuch 48: Beim *Maxwellschen Rad (Abb. 92.2)* wickelt man beim Hochheben die beiden Fäden um die Achse. Beim Herabsinken bekommt es nicht nur kinetische Energie wegen der geradlinigen Abwärtsbewegung, sondern auch wegen der Rotation. Sie wandelt sich beim Wiederhochsteigen in Lageenergie um. Auch hier sind Verluste durch Reibung und Luftwiderstand unvermeidlich. Das Rad erreicht die Ausgangslage nicht.

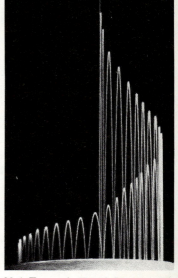

92.1 Tanzende Kugel (Versuch 47)

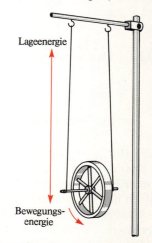

92.2 Energieumwandlung am Maxwellschen Rad

e) Versuch 49: Eine große Metallkugel wird nach *Abb. 93.1* an einem langen Faden aufgehängt. Lenkt man sie etwas aus, so wird sie gegenüber ihrem tiefsten Punkt A gehoben, erhält also Lageenergie. Beim Loslassen wandelt sich diese in Bewegungsenergie um. Doch ist hier die Geschwindigkeit so klein, daß der Luftwiderstand fast vernachlässigt werden kann. Deshalb erreicht die Kugel fast wieder die ursprüngliche Höhe und damit die ursprüngliche Lageenergie, selbst nach mehreren Schwingungen. – Wenn man nun bei B einen unbeweglichen Stab anbringt, erfolgt die rechte Halbschwingung auf einem viel kürzeren Bogen. Die Kugel steigt trotzdem in die ursprüngliche Höhe h (rot ausgezogene Bahn);

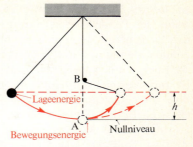

93.1 Energieumwandlung am Pendel, das bei B verkürzt wurde

sie erhält die ursprüngliche Lageenergie; die Energieumwandlung ist also vom speziellen Weg, auf dem sie erfolgt, unabhängig. Dies sahen wir bereits auf Seite 89.

f) Versuch 50: Wir halten die Pendelkugel der Masse $m = 0{,}500$ kg in der ausgelenkten Stellung mit einem Elektromagneten in völliger Ruhe *(Abb. 93.2)*. Gegenüber der tiefsten Stellung (Nullniveau) wurde sie um $h_1 = 0{,}0815$ m gehoben, hat also im gehobenen Zustand 1, den wir mit dem Index 1 bezeichnen, die Lageenergie $W_{L1} = m \cdot g \cdot h_1 = 0{,}400$ Joule. Die Bewegungsenergie ist $W_{\text{kin}1} = 0$, also die Energiesumme in diesem Zustand 1:

$$W_1 = W_{L1} + W_{\text{kin}1} = m \cdot g \cdot h_1 + \tfrac{1}{2} m \cdot v_1^2 = 0{,}400 \text{ J} + 0 = \mathbf{0{,}400 \text{ J}}.$$

Nachdem die Kugel vom Durchmesser $\Delta s = 5{,}00$ cm losgelassen wurde, durchsetzt sie im tiefsten Punkt *(Zustand 2)* eine Lichtschranke. Der Kurzzeitmesser zeigt an, daß ihr Lichtstrahl während der Zeit $\Delta t = 0{,}0399$ s unterbrochen wurde. Also ist dort die Geschwindigkeit

$$v_2 = \frac{\Delta s}{\Delta t} = \frac{0{,}0500 \text{ m}}{0{,}0399 \text{ s}} = 1{,}25 \frac{\text{m}}{\text{s}},$$

die Bewegungsenergie

$$W_{\text{kin}2} = \tfrac{1}{2} m \cdot v_2^2 = 0{,}391 \text{ Joule}.$$

Für die Energiesumme im *Zustand 2* ($h_2 = 0$) gilt:

$$W_2 = W_{L2} + W_{\text{kin}2} = m \cdot g \cdot h_2 + \tfrac{1}{2} m \cdot v_2^2$$
$$= 0 + 0{,}391 \text{ J} = \mathbf{0{,}391 \text{ J}}.$$

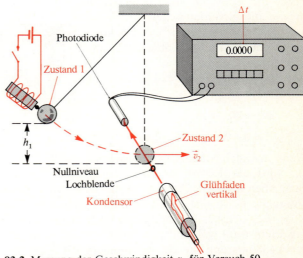

93.2 Messung der Geschwindigkeit v_2 für Versuch 50

Wir sehen, daß die Energiesumme 0,40 Joule im Rahmen der Meßfehler konstant blieb. Dies hätten wir nach der *Tabelle 92.1* erwarten können. Doch ist bei der Pendelbewegung die beschleunigende Kraft zu Beginn groß, wird aber mit abnehmender Neigung der Pendelbahn gegen die Horizontale kleiner (vergleiche mit einer schiefen Ebene). Für eine solche Bewegung mit veränderlicher Kraft können wir noch nicht – wie etwa für den freien Fall – die Bewegungsgleichungen aufstellen. Doch sehen wir, daß auch hier der Energiesatz gilt.

In *Abb. 94.1* stellt der schwarze Kreisbogen zunächst die Bahn des Pendelkörpers dar. Er gibt aber gleichzeitig die Lageenergie $W_L = m \cdot g \cdot h$ als Funktion der Horizontalauslenkung x an, wenn man auf der Ordinate für die Energie einen geeigneten Maßstab wählt: bei $m = 1$ kg ist zum Beispiel der Höhe $h = 0{,}01$ m über dem Nullniveau die Lageenergie $W_L = m \cdot g \cdot h = 0{,}1$ J zugeordnet ($W_L \sim h$). In den Umkehrpunkten U ($h = 0{,}03$ m) hat die Lageenergie ihr Maximum 0,3 J; die Bewegungsenergie W_{kin} ist Null. Da die Summe $W_L + W_{kin}$ konstant ist

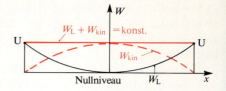

94.1 Bei der Pendelbewegung ist die Summe aus kinetischer und potentieller Energie konstant.

(0,3 J; horizontale, rote Gerade), so stellt der rot gestrichelte Kreisbogen als Differenz $W_{ges} - W_L$ die Bewegungsenergie $W_{kin} = 0{,}3\text{ J} - W_L$ dar. Mit der Lichtschranke nach Versuch 50 kann man dies für beliebige Punkte bestätigen, indem man v mißt und $W_L + W_{kin}$ berechnet.

g) An Hand des folgenden Versuchs wollen wir den Energiesatz für alle drei mechanischen Energieformen darlegen:

Versuch 51: An eine vertikale Feder der Richtgröße $D = 5{,}00$ N/m wird nach *Abb. 94.2* ein eiserner Körper der Masse $m = 0{,}200$ kg gehängt, nach unten gezogen und dort von einem Elektromagneten festgehalten. Hierbei ist die Feder um $s_1 = 0{,}500$ m verlängert und in ihr die Spannungsenergie $W_{Sp1} = \tfrac{1}{2} D \cdot s_1^2 = 0{,}625$ J gespeichert. Die kinetische Energie ist Null, desgleichen die Lageenergie, wenn wir in diesen tiefsten Punkt ihr Nullniveau legen. Für den *Zustand 1* gilt also:

$$W_1 = W_{L1} + W_{kin1} + W_{Sp1}$$
$$= 0 + 0 + 0{,}625\text{ J} = \mathbf{0{,}625\text{ J}}.$$

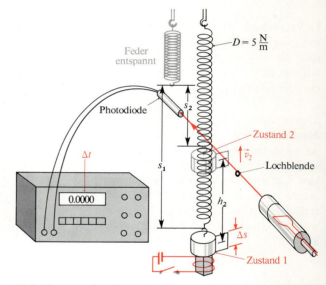

94.2 Messung der Geschwindigkeit v_2 nach Versuch 51 (die feine Lochblende ist nur angedeutet; siehe auch *Abb. 57.2*)

Wenn man den Magnetstrom ausschaltet, wird der Körper von der Feder nach oben gezogen. An einer beliebigen Stelle, die zum Beispiel $h_2 = 0{,}150$ m über dem Nullniveau liegt, ist eine Lichtschranke angebracht. Dort hat der Körper die Lageenergie $W_{L2} = m \cdot g \cdot h_2 = 0{,}294$ J. Ein seitlich an ihm angebrachter Flügel der Höhe $\Delta s = 0{,}020$ m unterbricht den Lichtstrahl während der Zeit $\Delta t = 0{,}041$ s. In diesem *Zustand 2* beträgt die Geschwindigkeit $v_2 = 0{,}488$ m/s und die Bewegungsenergie $W_{kin\,2} = \tfrac{1}{2} m \cdot v_2^2 = 0{,}024$ J. Da die Feder nur noch um $s_2 = s_1 - h_2 = 0{,}350$ m verlängert ist, beträgt ihre Spannungsenergie $W_{Sp\,2} = \tfrac{1}{2} D \cdot s_2^2 = 0{,}306$ J. Im *Zustand 2* berechnet man die Energiesumme zu:

$$W_2 = W_{L2} + W_{kin\,2} + W_{Sp\,2} = 0{,}294\text{ J} + 0{,}024\text{ J} + 0{,}306\text{ J} = \mathbf{0{,}624\text{ J}}.$$

Sie ist – im Rahmen der Meßfehler – so groß wie im Zustand 1. *Dies läßt sich allgemein begründen:* An einer beliebigen Stelle unterwegs zieht die Feder am Körper mit der Kraft F_{Sp} nach oben; zieht man hiervon den Betrag der nach unten gerichteten Gewichtskraft G ab, so erhält man die beschleunigende Kraft $F_b = F_{Sp} - G$ in diesem Punkt. Hieraus folgt $F_b + G = F_{Sp}$. Anschließend wird der Körper von der Feder um eine hinreichend kleine Strecke $\Delta s = \Delta h$ gehoben. Wenn wir die letzte Gleichung mit $\Delta s = \Delta h$ durchmultiplizieren, ergibt sich

$$F_b \cdot \Delta s + G \cdot \Delta h = F_{Sp} \cdot \Delta s. \tag{95.1}$$

$F_b \cdot \Delta s$ ist die Beschleunigungsarbeit am Körper; sie gibt also die Zunahme seiner Bewegungsenergie an; $G \cdot \Delta h$ bedeutet die Zunahme seiner Lageenergie. Dagegen nimmt die Spannungsenergie um $F_{Sp} \cdot \Delta s$ ab. Gl. (95.1) lautet in Worten: Die *Zunahme* von Bewegungs- und Lageenergie ist gleich der *Abnahme* der Spannungsenergie. Folglich muß die *Summe* dieser drei Energieformen konstant sein:

Der Energieerhaltungssatz der Mechanik:

> **Die Summe aus Lage-, Bewegungs- und Spannungsenergie ist bei reibungsfrei verlaufenden mechanischen Vorgängen in einem energetisch abgeschlossenen System konstant. Energie geht hierbei nicht verloren, nur die Energieformen wandeln sich ineinander um.**
>
> $$G \cdot h_1 + \tfrac{1}{2} m \cdot v_1^2 + \tfrac{1}{2} D \cdot s_1^2 = G \cdot h_2 + \tfrac{1}{2} m \cdot v_2^2 + \tfrac{1}{2} D \cdot s_2^2 = \cdots = \text{konstant} \tag{95.2}$$

2. Nicht abgeschlossenes System

Damit der Körper nach *Tabelle 92.1* fallen konnte, mußte er zunächst vom Boden (Lage- und Bewegungsenergie Null) unter Aufwand von 4500 Joule gehoben werden. Dabei wurden in das aus Körper und Erde bestehende System 4500 Joule von außen gebracht. — Man kann auch einem System Energie entnehmen, zum Beispiel einem Wasserkraftwerk, wenn man die Energie des herabstürzenden Wassers in elektrische Energie umsetzt und weiterleitet.

> **Wenn das System nicht abgeschlossen ist, vermehrt oder vermindert sich die Energiesumme um die Energie (bzw. Arbeit), die dem System zugeführt oder ihm entzogen wurde.**

3. Beispiele

a) Auf einer schiefen Ebene ($\varphi = 30°$) wird ein Körper der Masse $m = 10$ kg mit $v_1 = 10$ m/s abwärts gestoßen. Welche Geschwindigkeit hat er nach $s = 6$ m? ($g = 10$ m/s²)
Nach $s = 6$ m hat der Körper $h = s \cdot \sin 30° = 3$ m an Höhe verloren. Dorthin setzen wir das Nullniveau für die Lageenergie. Dann besitzt er im oberen Niveau (1) die folgenden Energien:

α) Lageenergie $\qquad W_{L1} = G \cdot h_1 = 100 \text{ N} \cdot 3 \text{ m} = 300 \text{ Nm}$,

β) Bewegungsenergie $\qquad W_{\text{kin}1} = \tfrac{1}{2} m v_1^2 = 500 \text{ Nm}$,

γ) Spannungsenergie $\qquad W_{Sp1} = 0$.

Energiesumme im oberen Niveau: $\qquad W_1 = W_{L1} + W_{k1} + W_{Sp1} = 800 \text{ Nm}$.

Energiesumme im unteren Niveau: $\qquad W_2 = G \cdot h_2 + \tfrac{1}{2} m \cdot v_2^2 + \tfrac{1}{2} D \cdot s_2^2 = 0 + \tfrac{1}{2} 10 \text{ kg} \cdot v_2^2 + 0$.

Da keine Energie verlorengeht, gilt $W_1 = W_2$. Hieraus folgt: $v_2 = 12{,}6$ m/s.

b) Wenn im Beispiel (a) die Gleitreibungszahl $f_{gl}=0{,}60$ ist, so beträgt die Reibungskraft $F_{gl}=f_{gl}\cdot F_N=0{,}6\cdot 100\text{ N}\cdot\cos 30°=52\text{ N}$, die Reibungsarbeit $W_R=F_{gl}\cdot s=312\text{ Nm}$. Um diese Reibungsarbeit aufzubringen, mußte ein Teil der Anfangsenergie $W_1=800\text{ Nm}$ verwendet werden. Am Schluß stand nur noch die Energie

$$W_2=W_1-W_R=800\text{ Nm}-312\text{ Nm}=488\text{ Nm}$$

zur Verfügung. Hieraus folgt $v_2'=9{,}9\text{ m/s}$, also weniger als v_2 im Beispiel (a) ohne Reibung.

c) An einem Faden der Länge l hängt ein Körper mit Masse m. Durch einen Stoß erhält er in horizontaler Richtung die Geschwindigkeit v_1 und wird um die waagerechte Strecke d ausgelenkt *(Abb. 96.1)*. Dabei steigt er um die Strecke h_2. Nach dem Höhensatz gilt:

$$d^2=h_2(2l-h_2)\approx h_2\cdot 2l \quad \text{(für } h_2\ll 2l\text{).}$$

Der Energiesatz liefert die Gleichung

$$\tfrac{1}{2}m\cdot v_1{}^2 = m\cdot g\cdot h_2\approx m\cdot g\cdot\frac{d^2}{2l} \quad \text{oder}\quad v_1\approx d\cdot\sqrt{\frac{g}{l}}.$$

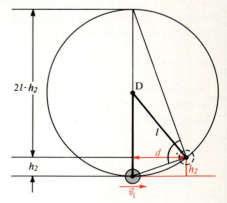

> **Die Auslenkung d eines Pendels ist bei kleinen Ausschlägen proportional seiner Geschwindigkeit v_1 in der Gleichgewichtslage, unabhängig von der Masse.**

96.1 Aus der Auslenkung d des Pendels kann man die Geschwindigkeit v_1 im tiefsten Punkt berechnen.

4. Rückblick

Wenn man einen Bewegungsvorgang mit dem Grundgesetz $F=m\cdot a$ berechnet, so gibt die Kraft F die *Ursache* für dessen Ablauf. Der Energiesatz ist von anderer Art; er zieht im wesentlichen eine *Bilanz* des Vorgangs und zeigt, daß auch bei vielerlei Veränderungen in einem abgeschlossenen System eine physikalische Größe erhalten bleibt, nämlich die Energie, oder daß sie zum Verrichten von Reibungsarbeit benutzt wird. Aus der Chemie kennen wir die Erhaltung der Masse (Seite 60), aus der Elektrizitätslehre die Erhaltung der Ladung. Einen weiteren wichtigen Erhaltungssatz der Mechanik werden wir auf Seite 101 kennenlernen.

Da im Energiesatz die Zeit t nicht auftritt, erfahren wir von ihm unmittelbar nichts über den zeitlichen Ablauf eines Vorgangs, zum Beispiel nichts über die Schwingungsdauer des Pendels in *Abb. 96.1*. Dafür konnten wir dessen Geschwindigkeit in einem beliebigen Punkt berechnen, obwohl die wirkende Kraft nicht konstant war.

Aufgaben:

1. *Berechnen Sie nach dem Energiesatz die Geschwindigkeit, mit der ein Körper der Masse $m=10\text{ kg}$ am Boden ankommt, wenn er in 45 m Höhe a) aus der Ruhe losgelassen, b) mit 10 m/s nach unten, c) mit 10 m/s nach oben, d) mit 10 m/s waagerecht geworfen wurde! (Die Energie ist ein Skalar!)*

2. *In einem Auto der Masse 800 kg werden bei 72 km/h die Bremsen gezogen. Berechnen Sie die Bremskraft, wenn die Gleitreibungszahl $f_{gl}=0{,}50$ beträgt, und die anfängliche Bewegungsenergie! Nach welcher Wegstrecke ist sie zur Verrichtung von Reibungsarbeit aufgebraucht? Vgl. mit Seite 80, Aufgabe 8!*

3. *Ein Lastzug von* 20 t *vermindert auf* 50 m *Weg seine Geschwindigkeit durch Bremsen von* 30 m/s *auf* 20 m/s. *Wie groß ist die mittlere Bremskraft? Vergleichen Sie mit Beispiel (b) von Seite 96.*

4. *Leiten Sie Gl. (77.3) für den Bremsweg aus Energiebetrachtungen her! Überlegen Sie hierzu, was man unter Energie versteht!*

5. *Im Beispiel (a) von Seite 95 soll der Körper mit* $v_1 = 20$ m/s *aufwärts gestoßen werden. Wohin legt man jetzt zweckmäßigerweise das Nullniveau für die Lageenergie? Wie weit kommt er? Mit welcher Geschwindigkeit passiert er beim Zurückgleiten die Abstoßstelle, wenn die Reibungszahl 0,40 beträgt?*

6. *Ein Fadenpendel der Länge* 1 m *wird um* 60° *ausgelenkt und losgelassen. Welche Lageenergie hat der Pendelkörper gegenüber dem tiefsten Punkt; welche Geschwindigkeit bekommt er im tiefsten Punkt?*

7. *Ein Junge rennt mit* $v_1 = 3$ m/s *auf das Brett einer Schwingschaukel, das an* 4 m *langen Seilen hängt und dessen Masse vernachlässigt werden kann. Um welche Strecke d schwingt die Schaukel aus?*

8. *Eine Kugel* (2 kg) *hängt an einem* 1 m *langen, masselosen Stab, der in* D *drehbar gelagert ist (Abb. 96.1). Sie wird unten mit* $v_1 = 8$ m/s *horizontal angestoßen. Welche Geschwindigkeit hat sie im obersten Punkt? — Eine zweite Kugel wird mit ebenfalls* $v_1 = 8$ m/s *senkrecht hochgeworfen. Welche Geschwindigkeit hat sie noch in* 2 m *Höhe?*

9. *Die zwei Pufferfedern eines Eisenbahnwagens* (10 t) *werden um je* 10 cm *eingedrückt, wenn dieser mit* 1 m/s *auf ein festes Hindernis prallt. Wie groß ist die Richtgröße D einer jeden Feder?*

10. *Das Geschoß einer Federpistole hat* 50 g *Masse und steigt, senkrecht abgeschossen,* 3 m *hoch. Berechnen Sie die Anfangsgeschwindigkeit! Die Feder hat die Richtgröße* $D = 1100$ N/m *und wird vor dem Abschuß* 6 cm *eingedrückt. Berechnen Sie die Spannungsenergie der Feder! Wie groß ist der Energieverlust beim Abschuß? Erklären Sie ihn!*

11. *Ein Auto fährt mit* 72 km/h *einen Hang mit* 5° *Neigung aufwärts. Dann kuppelt der Fahrer den Motor aus. Wie weit fährt das Auto noch, wenn man von Reibung und Luftwiderstand absieht?*

12. *Ein Auto prallt mit* 108 km/h *gegen eine feste Mauer. Aus welcher Höhe müßte es herabfallen, um die gleiche zerstörende Energie zu bekommen?*

13. *Ein Radfahrer kommt mit* 10 m/s *an einen Abhang, an dem er, ohne zu bremsen,* 5 m *an Höhe verliert. Dann prallt er auf ein Hindernis. Aus welcher Höhe hätte er frei fallen müssen, um mit der gleichen Geschwindigkeit aufzutreffen?*

14. *Berechnen Sie in Aufgabe 8 aus § 16 den Bremsweg mit Hilfe von Energie und Reibungsarbeit!*

15. *Berechnen Sie die Brems- und Beschleunigungskräfte in Aufgabe 13 und 14 aus § 16 mit Energiebetrachtungen!*

16. *An einem Kraftmesser* ($D = 1,0$ N/cm) *hängt ein Körper von* 0,50 kg *Masse. Suchen Sie die Gleichgewichtslage und verschieben Sie den Körper langsam aus dieser um* 1 cm *nach unten beziehungsweise nach oben. Zeigen Sie, daß in beiden Fällen die Energie des Systems Feder—Körper—Erde zunimmt! Begründen Sie damit, warum diese Gleichgewichtslage stabil ist! Untersuchen Sie die Energieverhältnisse in der Umgebung anderer stabiler Gleichgewichte (Abb. 94.1)! — Wie sind dagegen die Energieverhältnisse in der Umgebung eines labilen Gleichgewichts?*

17. *Denken Sie in Abb. 89.1 den angehängten Körper um* 10 cm *langsam auf- beziehungsweise abbewegt. Wie ändert sich hierbei die Gesamtenergie? Handelt es sich also um ein stabiles, labiles oder indifferentes Gleichgewicht?*

18. *Aus einem weiten Gefäß fließe aus einer Öffnung, die um die Strecke* h_1 *unterhalb der Oberfläche liegt, eine kleine Menge der Masse m einer Flüssigkeit mit der Wichte* $\gamma = \varrho \cdot g$ *reibungsfrei aus. Oben verschwindet die gleiche Menge durch Absinken der Oberfläche. Berechnen Sie aus der Energiebilanz die Ausflußgeschwindigkeit* v_2 *als Funktion der Höhe* h_1 *(der Gefäßquerschnitt sei so groß, daß man von kinetischer Energie im Gefäß absehen kann)! — Welche Geschwindigkeit hätte die Flüssigkeit bekommen, wenn sie die Höhe* h_1 *frei durchfallen hätte? Fertigen Sie eine Skizze an und schraffieren Sie die beiden angesprochenen Flüssigkeitsmengen!*

§ 21 Die Leistung

1. Definition und Einheiten der Leistung

Auf der Mittelstufe definierten wir die Leistung P als Quotient Arbeit durch Zeit. Nun legen wir genauer fest:

> *Definitionen:* Die mittlere Leistung $\overline{P}$ ist der Quotient aus der Arbeit ΔW und dem Zeitintervall Δt, in dem sie verrichtet wurde.
>
> $$\overline{P} = \frac{\Delta W}{\Delta t}. \qquad (98.1)$$
>
> Der Grenzwert $P = \lim\limits_{\Delta t \to 0} \frac{\Delta W}{\Delta t}$ gibt die **Momentanleistung**.

P kommt von power; dies bedeutet im technischen Englisch Leistung. Die Leistung ist wie Arbeit und Energie ein Skalar.

> **Leistungseinheiten:** $1 \frac{\text{Joule}}{\text{Sekunde}} = 1 \frac{\text{J}}{\text{s}} = 1 \text{ W (Watt)}$
>
> **Früher:** $1 \text{ PS} = 75 \frac{\text{kpm}}{\text{s}} = 736 \text{ W}.$

1 Watt ist als mechanische Leistungseinheit definiert. Auf der Mittelstufe sahen wir, daß 1 Volt mal 1 Ampere die Leistung 1 Watt gibt.

Bleibt längs der (kleinen) Wegstrecke Δs die Kraft F_s (hinlänglich) konstant, so ist die Arbeit $\Delta W = F_s \cdot \Delta s$ und die Leistung $\overline{P} = \frac{\Delta W}{\Delta t} = F_s \frac{\Delta s}{\Delta t}$. Wählen wir das Intervall Δt genügend klein, dann können wir $\Delta s / \Delta t$ durch die Momentangeschwindigkeit v ersetzen und erhalten:

> **Momentanleistung** $P = F_s \cdot v.$ $\qquad (98.2)$

Beträgt die Leistung eines Motors 30 kW, so läßt sich noch nichts über seine Kraft aussagen, da die Leistung auch durch die Geschwindigkeit bestimmt ist. (Welche Rolle spielt hier das Getriebe im Auto?) 1 kW ist nämlich keine Kraft-, sondern eine Leistungseinheit.

2. Leistungsmessung mit dem Bremsband

Versuch 52: Nach *Abb. 98.1* ist über die Drehscheibe eines kleinen Elektromotors eine Schnur gelegt. Links wird sie durch die Kraft $F_1 = G = 5$ N, rechts durch den Kraft-

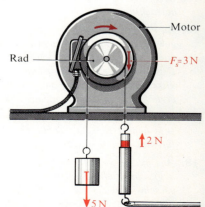

98.1 Leistungsmessung nach Versuch 52 (vergleiche mit Seite 55 des Mittelstufenbandes)

messer mit $F_2 = 2$ N gespannt. Das Rad übt also auf die Schnur die Reibungskraft $F_s = F_1 - F_2 = 3$ N aus. Der Radumfang ($U = 2\pi r = 0,2$ m) bewegt sich bei der Drehfrequenz $n = 25$ Umdrehungen durch Sekunde gegen die Schnur mit der Geschwindigkeit $v = U \cdot n = 5$ m/s. Also bringt das Rad beim Reiben an der Schnur die Leistung

$$P = F_s \cdot v = 3 \text{ N} \cdot 5 \frac{\text{m}}{\text{s}} = 15 \text{ W} \quad \text{auf.}$$

Aufgaben:

1. *Der Luftwiderstand steigt mit dem Quadrat der Geschwindigkeit an. Wievielmal so groß muß die Leistung sein, um ihn bei doppelter Geschwindigkeit zu überwinden?*

2. *Ein Auto von 1 000 kg Masse fahre mit der konstanten Beschleunigung von 2,0 m/s^2 an. Berechnen Sie die beschleunigende Kraft und die Leistung, die beim Durchlaufen der Geschwindigkeiten 18 km/h, 36 km/h und 72 km/h allein zur Beschleunigung aufgewendet werden müssen!*

3. *Ein Auto braucht 22 s, um aus dem Stand auf 80 km/h zu kommen. Welche Kraft müßte der Motor bei konstanter Beschleunigung aufbringen (Masse 900 kg)? Wie groß ist die Beschleunigungsleistung zur Zeit $t = 5,0$ s und $t = 11$ s?*

4. *Ein Löschgerät spritzt 30 dm^3 Wasser je Sekunde 90 m hoch. Welche Leistung ist aufzubringen, wenn man von Verlusten absieht?*

5. *Welche Leistung kann einem 50 m hohen Wasserfall höchstens entnommen werden, der 0,60 m^3 Wasser je Sekunde führt?*

6. *Durch den Querschnitt eines Flußbetts strömen 20 m^3 Wasser je Sekunde mit 2,0 m/s Geschwindigkeit. Welche Leistung könnte man maximal entnehmen (wenn es möglich wäre, das Wasser ganz abzustoppen)?*

§ 22 Der Impulssatz

1. Der Impulssatz für abgeschlossene Systeme

Zwei Billardkugeln stoßen aufeinander. Will man die Geschwindigkeiten der beiden *nach dem Stoß* berechnen, so reicht der Energiesatz nicht aus; denn er liefert nur 1 Gleichung, mit der man nur 1 Unbekannte bestimmen könnte. Wir müssen die Stoßvorgänge gesondert betrachten:

Versuch 53: Auf einer Fahrbahn ruht ein Wagen, der links eine elastische Feder trägt (*Abb. 99.1*; $v_2 = 0$). Auf sie stößt von links ein zweiter Wagen gleicher Masse mit der Geschwindigkeit $v_1 = 0,8$ m/s, wie eine automatische Zeitmessung (Seite 30) zeigt. Durch den Stoß kommt der stoßende Wagen zum Stehen ($u_1 = 0$), während der gestoßene mit $u_2 = 0,8$ m/s weiterfährt. Der gestoßene Wagen übernahm also voll die Energie des

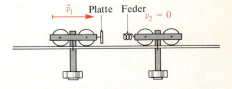

99.1 Der linke Wagen stößt auf die elastische Feder des rechten.

stoßenden. Der Energieerhaltungssatz wäre bei diesem **elastischen Stoß** aber auch erfüllt, wenn der gestoßene Wagen nur die Hälfte der Energie übernommen hätte. Mit dem Energiesatz allein kann man also die mit u bezeichneten Geschwindigkeiten nach dem Stoß nicht berechnen. Ferner gibt es Stoßvorgänge, bei denen der Energieerhaltungssatz der Mechanik nicht gilt:

Versuch 54: Man wiederholt Versuch 53, ersetzt aber die elastische Feder durch einen Klumpen *Klebwachs*. Er hält nach dem Stoß beide Wagen zusammen; diese fahren nun nur mit $u=0{,}40$ m/s, also der halben Geschwindigkeit, weiter. Dabei ging kinetische Energie verloren: Wenn die Masse jedes Wagens 1 kg beträgt, so hatte der stoßende vorher die kinetische Energie $W_{\text{kin}1}=\frac{1}{2}m \cdot v_1^2 = 0{,}32$ J. Beide zusammen haben nachher nur noch $W_{\text{kin}2}=\frac{1}{2}(m_1+m_2)\cdot u^2 = 0{,}16$ J. Beim Stoß wurde nämlich das Klebwachs *plastisch* verformt; dabei verschoben sich Teile im Wachs unter Reibung gegeneinander. Da diese Verschiebungen nicht wieder rückgängig gemacht wurden, blieben bei diesem sogenannten **unelastischen Stoß** die beiden Wagen beisammen. Wir dürfen auf ihn den Energieerhaltungssatz der Mechanik nicht anwenden. Vielmehr müssen wir auf die *Newtonschen Grundgesetze* zurückgehen, wenn wir sowohl den unelastischen Stoß in Versuch 54 wie auch den elastischen in Versuch 53 verstehen wollen:

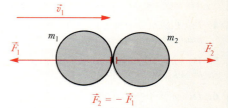

100.1 Actio und reactio beim Stoß

Der Körper 2 der Masse m_2 befinde sich in Ruhe oder habe die Geschwindigkeit $\vec{v}_2$ (*Abb. 100.1*; rechter Wagen in den obigen Versuchen). Auf ihn stößt ein anderer Körper (Masse m_1) mit der Geschwindigkeit $\vec{v}_1$. In den Versuchen änderten beide Körper ihre Geschwindigkeiten, der Körper 1 mit der Masse m_1 um $\Delta\vec{v}_1$, der Körper 2 um $\Delta\vec{v}_2$. Nun kennen wir weder die Zeit Δt, während der die Körper aufeinander einwirken, noch ihre Verformbarkeit; trotzdem können wir eine allgemeingültige Aussage machen: Nach dem Gesetz von *actio und reactio* ist die Kraft $\vec{F}_2$, welche der Körper 2 vom andern erfährt, untrennbar mit der gleich großen, aber entgegengesetzt gerichteten Kraft $\vec{F}_1$ verbunden, welche der Körper 1 erfährt. Wir setzen nun voraus, daß das System gegenüber äußeren Kräften abgeschlossen ist (die Gewichtskräfte der Wagen waren durch die Schienen ausgeglichen; der Luftwiderstand spielte während des kurzzeitigen Zusammenpralls gegenüber den großen Stoßkräften $\vec{F}_1$ und $\vec{F}_2$ keine Rolle). Also gilt für die Kräfte $\vec{F}_1$ und $\vec{F}_2$ während des Stoßes:

$$\vec{F}_2 = -\vec{F}_1. \tag{100.1}$$

Hieraus folgt mit der Newtonschen Bewegungsgleichung $\vec{F}=m\cdot\vec{a}=m\cdot\Delta\vec{v}/\Delta t$:

$$m_2\cdot\vec{a}_2 = -m_1\cdot\vec{a}_1 \quad\text{oder}\quad m_2\frac{\Delta\vec{v}_2}{\Delta t} = -m_1\frac{\Delta\vec{v}_1}{\Delta t}. \tag{100.2}$$

Da der Körper 1 genau so lange auf den Körper 2 mit der Kraft $\vec{F}_2$ wirkt wie Körper 2 auf 1 mit $\vec{F}_1$, so können wir mit dieser gemeinsamen Zeit Δt multiplizieren und erhalten[1]):

$$m_2\cdot\Delta\vec{v}_2 = -m_1\cdot\Delta\vec{v}_1. \tag{100.3}$$

---

[1]) Die Herleitung gilt zunächst für Kräfte, die im Zeitintervall Δt konstant sind; hiervon kann während der ganzen Stoßzeit keine Rede sein. Man kann diese aber in sehr kurze Zeitelemente $\Delta t'$ unterteilen, in denen sich die momentanen Kräfte kaum ändern. Gl. (100.3) gilt dann für die dabei erzeugten kleinen Geschwindigkeitsänderungen $\Delta\vec{v}'$. Diese summieren sich zu den $\Delta\vec{v}$, die wir messen und die durch Gl. (100.3) erfaßt werden.

In Übereinstimmung mit dem Versuch 53 gibt das Minuszeichen an, daß die Geschwindigkeitsänderungen entgegengesetzt gerichtet sind: Vergrößert sich die Geschwindigkeit des gestoßenen Wagens, so nimmt die des stoßenden ab. Sind zum Beispiel die beiden Massen gleich, so wird $\Delta \vec{v}_2 = -\Delta \vec{v}_1$: Die Geschwindigkeitsänderungen der beiden Körper sind beim Stoß gleich groß und entgegengesetzt gerichtet.

Um den Inhalt der Gl. (100.3) auch beim Stoß *verschiedener* Massen einfach aussprechen zu können, nennen wir das Produkt *Masse mal Geschwindigkeit* den **Impuls** (impellere, lat. anstoßen).

> *Definition:* **Unter dem Impuls $\vec{p}$ eines Körpers der Masse m, der sich mit der Geschwindigkeit $\vec{v}$ bewegt, versteht man die Vektorgröße**
> $$\vec{p} = m \cdot \vec{v}. \tag{101.1}$$
> **Die Einheit des Impulses ist $1 \text{ kg} \cdot \text{m/s}$.**

Wird beim elastischen Stoß in Versuch 53 der stoßende Wagen 1 der Masse $m_1 = 1 \text{ kg}$ von $v_1 = 0{,}8 \text{ m/s}$ auf Null abgebremst, so nimmt sein Impuls von $p_1 = m_1 \cdot v_1 = 0{,}8 \text{ kg m/s}$ auf Null ab; die Impulsänderung beträgt $\Delta p_1 = 0 - 0{,}8 \text{ kg m/s} = -0{,}8 \text{ kg m/s}$. Dafür nimmt der Impuls des zweiten Wagens der Masse $m_2 = 1 \text{ kg}$ von Null auf $0{,}8 \text{ kg m/s}$ zu. Gl. (100.3) lautet in Worten: Die Impulsänderung $\Delta \vec{p}_1 = m_1 \cdot \Delta \vec{v}_1$ am Körper 1 ist von gleichem Betrag wie die Impulsänderung $\Delta \vec{p}_2 = m_2 \cdot \Delta \vec{v}_2$ am Körper 2, ihr aber entgegengesetzt gerichtet. Faßt man also beide Körper zu einem *abgeschlossenen System* zusammen, dann ändert sich die Vektorsumme der Impulse, das heißt der Gesamtimpuls $\vec{p} = m_1 \cdot \vec{v}_1 + m_2 \cdot \vec{v}_2$, nicht. Wir bezeichnen mit $\vec{v}_1$ und $\vec{v}_2$ die Geschwindigkeiten von Körper 1 bzw. 2 vor dem Stoß und mit $\vec{u}_1$ und $\vec{u}_2$ nach dem Stoß. Dann folgt aus Gl. (100.3) mit $\Delta \vec{v}_1 = \vec{u}_1 - \vec{v}_1$ und $\Delta \vec{v}_2 = \vec{u}_2 - \vec{v}_2$:

$$m_1 \cdot \vec{v}_1 + m_2 \cdot \vec{v}_2 = m_1 \cdot \vec{u}_1 + m_2 \cdot \vec{u}_2 = \vec{p} \quad \text{(konstanter Gesamtimpuls)}. \tag{101.2}$$

Wir verallgemeinern nun auf ein abgeschlossenes System, das aus Körpern der Masse m_i besteht, die sich mit den Geschwindigkeiten $\vec{v}_i$ im 1. Zustand bzw. $\vec{u}_i$ im 2. Zustand bewegen. Sie sollen in der Zwischenzeit nur untereinander Kräfte ausüben (sogenannte innere Kräfte). Dann gilt:

> *Impulserhaltungssatz:* **Die Vektorsumme der Impulse $\vec{p}_i = m_i \cdot \vec{v}_i$ eines impulsmäßig abgeschlossenen Systems ist ein konstanter Vektor, nämlich der Gesamtimpuls $\vec{p}$:**
> $$\sum_i m_i \cdot \vec{v}_i = \sum_i m_i \cdot \vec{u}_i = \vec{p}. \tag{101.3}$$

Unter einem **impulsmäßig abgeschlossenen System** versteht man eine Gesamtheit von Körpern, die nur *innere* Kräfte aufeinander ausüben und dabei *Impulse untereinander austauschen*, von *außen* aber keine (merklichen) Kräfte erfahren. So sind die Kräfte zwischen zwei aufeinanderstoßenden Kugeln oder Eisenbahnwagen innere Kräfte, sofern man jeweils beide Körper zum System zählt. Reibungskräfte sind — wie wir sahen — zugelassen, wenn sie innere Kräfte sind, das heißt, wenn die beiden aneinander reibenden Körper zum System gehören. Das Gesetz über actio und reactio, auf dem der Impulserhaltungssatz beruht, gilt ja auch für Reibungskräfte (Seite 26).

Der Versuch 55 auf Seite 102 zeigt die Erhaltung des Gesamtimpulses beim Wirken einer inneren Kraft besonders deutlich:

102 Die Erhaltungssätze der Mechanik

Versuch 55: Das abgeschlossene System besteht aus zwei Wagen, die durch einen Faden zusammengehalten werden, während sie die Feder F auseinanderzudrücken sucht *(Abb. 102.1)*. Brennen wir den Faden durch, so stößt die Feder die Wagen mit zwei gleich großen, aber entgegengesetzt gerichteten Kräften auseinander. Vorher war die Vektorsumme $\sum_i m_i \cdot \vec{v}_i$ der Impulse Null, nach dem Stoß ist sie $\sum_i m_i \cdot \vec{u}_i = m_1 \cdot \vec{u}_1 + m_2 \cdot \vec{u}_2$. Da die waagerechte Bahn den Gewichtskräften das Gleichgewicht hält, ist die resultierende äußere Kraft Null, das System der beiden Wagen abgeschlossen (Reibung und Luftwiderstand sind beim Stoß gegenüber der Federkraft zu vernachlässigen). Nach Gl. (101.3) gelten die Vektorgleichungen:

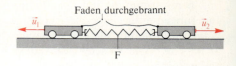

102.1 Nach dem Stoß verhalten sich die Geschwindigkeiten umgekehrt wie die Massen, wenn die Wagen vorher in Ruhe waren: Oben sind die Geschwindigkeiten gleich, unten fährt der linke Wagen doppelt so schnell.

$$0 = m_1 \cdot \vec{u}_1 + m_2 \cdot \vec{u}_2 \quad \text{oder} \quad m_1 \cdot \vec{u}_1 = -m_2 \cdot \vec{u}_2. \tag{102.1}$$

Das Minuszeichen besagt, daß die Geschwindigkeiten $\vec{u}_1$ und $\vec{u}_2$ nach dem Stoß entgegengesetzt gerichtet sind; ihre Beträge verhalten sich umgekehrt wie die Massen:

$$\frac{|\vec{u}_1|}{|\vec{u}_2|} = \frac{m_2}{m_1}. \tag{102.2}$$

Hat der eine Wagen die doppelte Masse, so fährt er mit der halben Geschwindigkeit ab. Man erkennt dies an den nach Seite 30 geschriebenen Spurenmarken.

Man kann also durch Stoßversuche Massen miteinander vergleichen; hierbei wirkt sich das Beharrungsvermögen der Körper, das heißt ihre Trägheit, aus. Deshalb lassen sich Massen durch solche Stoßversuche auch im schwerefreien Raum messen. Dort würde die Balkenwaage versagen, da sie die Massen aufgrund ihres Schwerseins miteinander vergleicht. Wie wir auf Seite 50 sahen, führen diese beiden Meßmethoden zum gleichen Ergebnis.

2. Der Schwerpunktsatz

Den Impulserhaltungssatz können wir noch anders formulieren, indem wir den *Schwerpunkt* betrachten.

Versuch 56: Ein Brett ist nach *Abb. 102.2* wie eine Wippe gelagert. Zwei Wagen mit den Massen m und $2m$ stehen so darauf, daß Gleichgewicht herrscht. Dann werden sie durch eine Feder auseinandergestoßen, also durch eine innere Kraft. Das Brett dreht sich dabei nicht; denn der Wagen doppelter Masse hat gegenüber dem andern in jedem Augenblick den halben Abstand ($a/2$) vom ursprünglichen Schwerpunkt S. Die Drehmomente $a \cdot G$ und $\frac{a}{2} \cdot 2G$ beider Wagen halten sich in bezug auf S stets das Gleichgewicht: der gemeinsame Schwerpunkt beider Wagen bleibt im Punkt S.

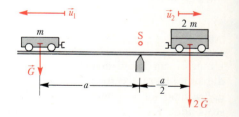

102.2 Der gemeinsame Schwerpunkt S beider Wagen behält auch nach dem Stoß seine Lage bei, solange die Wagen auf dem Brett rollen. Die Drehmomente in bezug auf S bleiben gleich, da sich der rechte Wagen (doppelte Masse) halb so schnell wie der linke Wagen von S fortbewegt.

> **Schwerpunktsatz der Mechanik:** Der Schwerpunkt eines abgeschlossenen Systems wird durch innere Kräfte nicht verschoben.

Versuch 57: Auf einem Wagen wird nach *Abb. 103.1* ein schweres Pendel ausgelenkt und durch einen Faden festgehalten. Nach dem Durchbrennen des Fadens bewegt sich der Wagen so hin und her, daß der gemeinsame Schwerpunkt S dieses abgeschlossenen Systems in Ruhe bleibt. Deshalb kann man auf einem reibungsfrei[1]) beweglichen Wagen den gemeinsamen Schwerpunkt nicht vom Fleck bewegen. Wirft man Steine nach hinten, dann fährt der Wagen mit solcher Geschwindigkeit nach vorn, daß der gemeinsame Schwerpunkt des Wagens, der Steine und des Werfenden seine Lage behält.

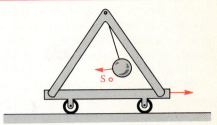

103.1 Der Schwerpunkt S des abgeschlossenen Systems bleibt in Ruhe: Beim Zurückschwingen zieht das Pendel den Wagen durch eine innere Kraft nach rechts.

3. Impulsänderungen im nicht abgeschlossenen System

Wir betrachten nun die Wirkung einer Kraft F auf einen Körper der Masse m *für sich*. Die reactio von F berücksichtigen wir nicht; der zweite Körper, von dem die Kraft F ausgeht und an dem ihre reactio angreift, soll also *nicht zum System* zählen. Dieses ist folglich impuls- und kräftemäßig gesehen nicht abgeschlossen. Wir können etwa an den ruhenden Wagen für sich denken, der im Versuch 53 von links angestoßen wurde, also die Kraft $\vec{F}$ und die Impulsänderung $\Delta \vec{p}$ erfuhr:

Aus $\vec{F} = m \cdot \vec{a} = m \cdot \dfrac{\Delta \vec{v}}{\Delta t}$ und $m \cdot \vec{v} = \vec{p}$ folgt: $\quad \vec{F} = m \dfrac{\Delta \vec{v}}{\Delta t} = \dfrac{\Delta \vec{p}}{\Delta t}$.

> Wirkt auf einen Körper bzw. ein System mit der Masse m die konstante äußere Kraft $\vec{F}$, so ändert sich im Zeitraum Δt der Impuls $\vec{p}$ um $\Delta \vec{p}$. Es gilt:
>
> $\vec{F} = \dfrac{\Delta \vec{p}}{\Delta t}, \quad$ bei veränderlicher Kraft $\quad \vec{F} = \lim\limits_{\Delta t \to 0} \dfrac{\Delta \vec{p}}{\Delta t}. \qquad (103.1)$

Wir haben die Gleichung $\vec{F} = \Delta \vec{p}/\Delta t$ zwar aus der Gleichung $\vec{F} = m \cdot \vec{a}$ gewonnen. Es gibt aber Beispiele, bei denen $\vec{F} = m \cdot \vec{a}$ nicht hinreicht und man mit der neuen Gleichung $\vec{F} = \Delta \vec{p}/\Delta t$ weiterkommt:

Versuch 58: Eine Fußballblase wird (ohne Hülle) bis zum Durchmesser 38 cm, also zum Volumen $V = 28{,}7$ dm³, aufgeblasen *(Abb. 103.2)*. Dabei bleibt, wie ein Manometer zeigt, der Überdruck mit 50 mbar konstant. Bei diesem Druck und der Temperatur 20°C beträgt die Dichte ϱ der Luft 1,26 g/dm³, ihre Masse in der Blase also $m = \varrho \cdot V = 36$ g. Gibt man die Öffnung mit dem Querschnitt $A = 0{,}35$ cm² frei, so strömt die Luft infolge des konstanten Überdrucks mit der konstanten Geschwindigkeit $\vec{v}$ aus. Hierzu braucht sie $t = 16$ s. Die strömende Luft bildet insgesamt den rot getönten

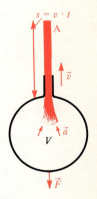

103.2 Die Rückstoßkraft $\vec{F}$ entsteht als reactio auf die Impulszunahme der rot getönten Luft, die aus der Fußballblase strömt.

---
[1]) Die Reibung des Wagens am Boden wäre hier eine äußere Kraft.

Zylinder der Länge $s = v \cdot t$ mit dem Querschnitt A und dem Volumen $V = A \cdot s = A \cdot v \cdot t = 28{,}7$ dm³. Hieraus folgt ihre Geschwindigkeit zu $v = V/(A \cdot t) \approx 50$ m/s. *Auf den Ausströmvorgang können wir die Gleichung $F = m \cdot a$ deshalb nicht anwenden, weil wir nicht genau wissen, mit welcher Beschleunigung a die im Innern zunächst ruhenden Luftteilchen in die Strömung gerissen werden.* Wir wissen aber, daß in der Zeit $\Delta t = t = 16$ s die ausströmende Luft der Masse $m = 36$ g aus der Ruhe auf die Geschwindigkeit $v = 50$ m/s gebracht wird und somit eine Impulszunahme vom Betrag $\Delta p = m \cdot \Delta v = 1{,}8$ kg m/s erfährt. Auf die Luft muß dabei nach Gl. (103.1) die Kraft $F = \Delta p/\Delta t = 0{,}11$ N ausgeübt werden. Dies bestätigt ein Kraftmesser, an den die Blase (über einen langen Faden) gehängt wurde. Die ausströmende Luft erfährt die Kraft 0,11 N nach oben und erteilt der Blase die reactio 0,11 N nach unten. Hier handelt es sich um den von Raketen her bekannten **Rückstoß**. Damit dieser Rückstoß trotz beschränkter Masse möglichst groß wird, gibt man den ausströmenden Gasen durch hohen Druck (200 bar) möglichst große Geschwindigkeit (etwa 4 km/s; Mittelstufenband Seite 119).

Bei diesem Versuch nahm die Masse der beschleunigten Luft kontinuierlich zu; wir mußten die Gleichung $\vec{F} = \Delta \vec{p}/\Delta t$ benutzen. Auch beim Annähern an die Lichtgeschwindigkeit c steigt die Masse. Hier kann ebenfalls nicht $\vec{F} = m \cdot \vec{a}$, sondern nur $\vec{F} = \lim_{\Delta t \to 0} \Delta \vec{p}/\Delta t$ angewandt werden. Dies zeigte sich in der *Relativitätstheorie*. Bemerkenswerterweise sagte schon *Newton* in seinem 2. Axiom, daß die *Kraft gleich der zeitlichen Impulsänderung* ist, nahm also die umfassendere Gleichung (103.1) vorweg.

Bei sich ändernden Massen ($m_2 \neq m_1$) schreibt man für die Impulsänderung: $\Delta \vec{p} = m_2 \cdot \vec{v}_2 - m_1 \cdot \vec{v}_1$. Bleibt jedoch die Masse des beschleunigten Körpers konstant, ist also $m_2 = m_1 = m$, dann vereinfacht sich $\Delta \vec{p}$ zu $m(\vec{v}_2 - \vec{v}_1)$. Aus Gl. (103.1) wird

$$\vec{F} = \frac{\Delta \vec{p}}{\Delta t} = \frac{m_2 \cdot \vec{v}_2 - m_1 \cdot \vec{v}_1}{\Delta t} = m \frac{\vec{v}_2 - \vec{v}_1}{\Delta t} = m \frac{\Delta \vec{v}}{\Delta t} = m \cdot \vec{a}.$$

> **Die Gleichungen**
>
> $$\vec{p} = m \cdot \vec{v} \quad \text{und} \quad \vec{F} = \lim_{\Delta t \to 0} \frac{\Delta \vec{p}}{\Delta t} \tag{104.1}$$
>
> gelten auch für die Beschleunigung sich ändernder Massen; die Gleichung $\vec{F} = m \cdot \vec{a}$ ist ein bequem anzuwendender Sonderfall bei konstanten Massen.

4. Der Kraftstoß

Nach der Gleichung $\vec{F} = \Delta \vec{p}/\Delta t$ erzeugt die konstante äußere Kraft $\vec{F}$ während ihrer Einwirkungsdauer Δt an einem Körper (System) die Impulsänderung $\Delta \vec{p} = \vec{F} \cdot \Delta t$. Die Impulsänderung ist proportional zu $\vec{F}$ und zu Δt. Man nennt nun das Produkt $\vec{F} \cdot \Delta t$ den **Kraftstoß**; seine Einheit ist wie die des Impulses 1 Ns oder 1 kg m/s. Der Kraftstoß gibt an, wie groß der Impuls ist, der von einem System in ein anderes übergeht.

> *Definition:* Das Produkt $\vec{F} \cdot \Delta t$ aus der konstanten Kraft $\vec{F}$, die während der Zeit Δt auf einen Körper (oder ein System) wirkt, heißt Kraftstoß.
>
> *Satz:* Der Kraftstoß $\vec{F} \cdot \Delta t$, der auf einen Körper wirkt, ändert dessen Impuls $\vec{p}$ um $\Delta \vec{p}$:
>
> $$\vec{F} \cdot \Delta t = \Delta \vec{p}, \tag{104.2}$$

Fällt zum Beispiel ein Körper der Masse $m = 1$ kg während der Zeit $\Delta t = 2$ s, dann übt die Gewichtskraft $F = G = 10$ N den Kraftstoß $F \cdot \Delta t = 10$ N $\cdot$ 2 s $= 20$ Ns aus. Um diesen Wert ändert sich der Impuls. Wurde der Körper aus der Ruhe losgelassen (Impuls Null), so erhält er den Impuls $p = m \cdot v = 20$ Ns $= 20$ kg m/s und die Geschwindigkeit $v = p/m = 20$ m/s.

Auf ein zu Beginn ruhendes Auto wirkt die Motorkraft F, die zwar stets gleichgerichtet sei, deren Betrag sich aber ändere. Ihre *Zeit-Funktion* $F(t)$ ist in *Abb. 105.1* angegeben. Während des kurzen Zeitelements Δt ist F hinreichend konstant; der dunkel getönte Streifen gibt durch seine Fläche $F \cdot \Delta t$ den in Δt wirkenden Kraftstoß, die ganze hell getönte Fläche den gesamten Kraftstoß an.

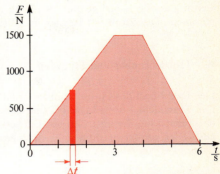

> **Im $F(t)$-Diagramm gibt der Flächeninhalt unter der Kurve den Kraftstoß an.**

105.1 Berechnung des Kraftstoßes aus dem $F(t)$-Diagramm; man vergleiche mit dem $F(s)$-Diagramm nach *Abb. 87.1*!

Im *Arbeitsdiagramm* nach *Abb. 87.1* war $F(s)$, das heißt die Kraft als Funktion des Wegs gegeben. Aus ihr konnte man die *Arbeit W* und bei fehlender Reibung die Änderung der *Energie* berechnen. Demgegenüber folgt aus dem $F(t)$-Diagramm der *Kraftstoß* und nach Gl. (104.2) die *Impulsänderung* $m \cdot \Delta v$ (siehe Aufgabe 13). So wie man mit dem Begriff *Arbeit* eine Übertragung von *Energie* bezeichnet, gibt der *Kraftstoß* die Übertragung von *Impuls* von einem Körper auf einen andern an.

Beispiele:

a) Eine Rakete stößt auf dem Prüfstand in $\Delta t = 10$ s Treibgase der Masse 5 kg mit der Geschwindigkeit $v = 2 \cdot 10^3$ m/s aus. Man weiß dabei nicht, ob jeweils große Gasmengen langsam oder kleine schnell beschleunigt werden. Sicher ist jedoch, daß die Masse $m = 5$ kg in $\Delta t = 10$ s aus der Ruhe den Impuls $p = m \cdot v = 5$ kg $\cdot$ 2 $\cdot 10^3$ m/s erhält. Die Impulsänderung ist $\Delta p = 10^4$ kg m/s. Hierzu hat die Rakete die Kraft $F = \Delta p / \Delta t = 10^3$ kg m/s$^2 = 10^3$ N auf die Gase auszuüben. Die reactio wirkt auf die Rakete.

b) Versuch 59: Ein waagerechter Wasserstrahl spritzt je Sekunde 25 g Wasser mit 1,5 m/s Geschwindigkeit (etwa nach Seite 71 bestimmt) auf eine senkrecht hängende Platte. Das Wasser führt in der Zeit Δt den waagerecht gerichteten Impuls $p = m \cdot v = (0{,}025$ kg/s$)(1{,}5$ m/s$) \cdot \Delta t = (0{,}038$ kg m/s$^2) \cdot \Delta t$ an diese Platte heran. Dort verliert es ihn (da es senkrecht herabfließt). Hierzu muß die Platte die Kraft $F = \Delta p / \Delta t = 0{,}038$ N ausüben und erfährt sie als reactio. Diese Kraft kann mit einem Kraftmesser bestimmt werden. Impulsänderung und Kraft wären doppelt so groß, wenn das Wasser mit der gleichen Geschwindigkeit zurückspritzte.

c) Im Rohrkrümmer nach *Abb. 105.2* strömt 1 kg Wasser mit der Geschwindigkeit $\vec{v}_1$ und dem Impuls $\vec{p}_1$ an. Im Krümmer wandelt er sich in den nach rechts gerichteten Impuls $\vec{p}_2 = \vec{p}_1 + \Delta \vec{p}$ um *(Abb. 105.2)*. Hierzu muß es von der Wand die Kraft $\vec{F} = \Delta \vec{p} / \Delta t = (\vec{p}_2 - \vec{p}_1)/\Delta t$ erfahren (nach rechts oben). Es wirkt auf den Rohrkrümmer mit der nach links unten gerichteten reactio $-\vec{F}$. Diese Kraft $-\vec{F}$ ist unabhängig davon, ob das Wasser rechts ausströmt oder geradlinig weiterfließt. Der „Rückstoß" in Schläuchen rührt also nicht vom Ausfließen her, sondern von Impulsänderungen, die das Wasser erfährt.

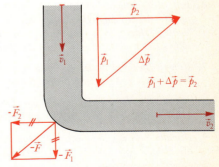

105.2 Die Kraft $-\vec{F}$ auf den Rohrkrümmer entsteht als reactio auf die Impulsänderung $\Delta \vec{p}$ des strömenden Wassers.

d) Versuch 60: Eine Stahlkugel der Masse $m = 50$ g fällt aus 1,25 m Höhe auf eine Stahlplatte und prallt mit der gleichen Geschwindigkeit ab (sie erreicht fast die gleiche Höhe). Nach dem Fallgesetz ist diese Geschwindigkeit $v = 5$ m/s; die Impulsänderung beträgt $\Delta p = m \cdot \Delta v = m \cdot 2v = 0{,}5$ kg m/s (zuerst wurde die Kugel von $+\vec{v}$ auf Null verzögert, dann auf $-\vec{v}$ beschleunigt). Wenn man eine sehr flexible Leitung an die Kugel gelötet hat, kann man mit einem Kurzzeitmesser die Stoßzeit zu $\Delta t \approx 10^{-4}$ s bestimmen. Die Stoßkraft ist also im Mittel $\Delta F = \Delta p / \Delta t = 5000$ N!

6. Hubschrauber und Flugzeug

Der Drehflügel des Hubschraubers erteilt der Luft einen Impuls nach unten, die reactio hierzu hebt ihn. Die Tragflächen des Flugzeugs sind etwas geneigt und so gekrümmt, insbesondere nach oben gewölbt, daß beim Flug die anströmende Luft etwas *nach unten abgelenkt* wird, also *einen Impuls nach unten erhält*. Dies genügt bei hohen Anströmgeschwindigkeiten, um die nötige Kraft nach oben zu vermitteln (*Abb. 119.2* im Mittelstufenband).

Aufgaben:

1. *Vergleiche Definition und Einheiten der Begriffe Arbeit, Energie, Impuls, Kraftstoß miteinander! Darf man sagen, der Impuls sei gleich dem Kraftstoß? Was unterscheidet beide Begriffe?*

2. *Ein Körper der Masse $m = 2{,}0$ kg fällt $\Delta t = 3{,}0$ s lang. Berechne den Kraftstoß, mit dem die Gewichtskraft wirkt und die Zunahme des Impulses! Welche Geschwindigkeitszunahme erfährt der Körper? Welche Geschwindigkeit bekam er also, wenn er a) aus der Ruhe heraus zu fallen begann, b) wenn er mit 5,0 m/s nach unten abgeworfen wurde? — Welchen Kraftstoß erteilt er der Erde in beiden Fällen, wenn er dort liegen bleibt? Wird die Erde durch den ganzen Vorgang (wenn auch nur minimal) aus ihrer Bahn gelenkt?*

3. *a) Auf der Erde fahren plötzlich Tausende von Lokomotiven nach Osten an. Wie wirkt sich dies auf die Erddrehung aus? Was geschieht, wenn sie zur Ruhe kommen? Vergleiche mit Abb. 15.1! b) Ein Raumfahrer hüpft in seiner Kabine in die Höhe. Wird hierdurch das Raumschiff nachhaltig aus seiner Bahn gelenkt (wenn auch nur minimal)?*

4. *Wie lange dauert es, bis auf einer horizontalen Straße ein Auto der Masse 1000 kg durch die konstante Kraft $F = 2000$ N von 10 m/s auf 30 m/s beschleunigt wurde? (Rechnen Sie mit und ohne Kraftstoß!)*

5. *Eine unbekannte Kraft wirkt 4,0 s lang auf einen Körper der Masse 200 g, so daß dieser aus der Ruhe heraus auf 4,0 m/s beschleunigt wird. Wie groß sind Impulszunahme, Kraftstoß und Kraft?*

6. *Ein Metallstück von 2,0 kg Masse hängt an einem 2,0 m langen Draht. Ein Hammerschlag lenkt es um $d = 10$ cm aus. Berechnen Sie nach Seite 96 die Geschwindigkeit, die das Metallstück durch den Schlag erhielt! Wie groß war der mittlere Kraftstoß, wie groß die Kraft, wenn der Stoß 1 ms dauerte? — Wie groß war die Kraft, wenn der Pendelausschlag $d = 20$ cm betrug?*

7. *Zeigen Sie, daß in der Anordnung nach Aufgabe 6 gilt: Der Ausschlag d ist dem in der Gleichgewichtslage erteilten Kraftstoß proportional (siehe das ballistische Pendel Seite 108)!*

8. *Beim Abbrennen einer Spielzeugrakete werden in 5,0 s etwa 10 g Substanz ausgestoßen und die Schubkraft 1,0 N gemessen. Wie groß ist die Ausströmgeschwindigkeit?*

9. *Aus der 1. Stufe der Saturn-V-Rakete strömen die Gase mit 4,6 km/s Geschwindigkeit aus und erzeugen die Schubkraft $3{,}4 \cdot 10^7$ N während 2,5 min. Wie groß ist die Masse der ausgestoßenen Gase?*

10. *Durch eine rechtwinklig gebogene Röhre von 10 cm^2 Innenquerschnitt strömt je Sekunde 1,0 dm^3 Wasser. Welche Geschwindigkeit hat es? Welche Impulsänderung erfährt es am Krümmer? Welche Kraft übt es auf ihn aus?*

11. *Aus einer Düse strömen je Sekunde 10 cm³ Wasser mit 1,0 m/s Geschwindigkeit waagerecht aus. Welche reactio erfährt das Gefäß, wenn in ihm (wegen seines großen Querschnitts) das Wasser praktisch in Ruhe ist?*

12. *Ein Geschoß der Masse 20 g verläßt den Lauf eines Gewehres der Masse 4,0 kg mit 800 m/s Geschwindigkeit. Wie groß ist die Rückstoßgeschwindigkeit des Gewehrs? Welchen Kraftstoß hat der Schütze auszuhalten, welche Kraft, wenn er während 0,10 s den Rückstoß abfängt?*

13. *Welchen Kraftstoß erteilt die Motorkraft nach Abb. 105.1 dem Auto bis zum Zeitpunkt 3,0 s beziehungsweise 6,0 s; welche Geschwindigkeit hatte dieses (1000 kg) nach 3,0 s, welche nach 6,0 s? ($v_0 = 0$)*

14. *Um welchen Winkel gegen die Waagerechte ist in Abb. 106.1 die Kraft F geneigt, wenn das rechte Rohrstück die halbe Querschnittsfläche gegenüber dem oberen Stück hat?*

15. *Im Versuch 55 hat der eine Wagen 1,0 kg, der andere 2,0 kg. Die sie auseinanderstoßende Feder hat die Richtgröße 1,0 N/cm und wurde um 2,0 cm zusammengepreßt. Welche Geschwindigkeiten erhalten die beiden Wagen, wenn sie die ganze Spannungsenergie der Feder übernehmen?*

§ 23 Die Stoßgesetze

1. Die Bedeutung des Impulssatzes für Stoßvorgänge

Der Impulssatz (Gleichung 101.2 und 101.3) gilt in abgeschlossenen Systemen für Vorgänge von beliebiger Dauer. Man wendet ihn mit Vorteil bei Stößen an. Dabei überwiegen die als innere Kräfte aufzufassenden Stoßkräfte die von außen kommenden Einwirkungen (Luftwiderstand und so weiter) bei weitem. Zudem kennt man im allgemeinen die Größe der Stoßkräfte nicht; trotzdem kann man den Impulssatz anwenden. Zunächst behandeln wir sogenannte **gerade Stöße**. Bei ihnen liegen alle Geschwindigkeitsvektoren vor und nach dem Stoß in einer Linie:

2. Der gerade unelastische Stoß

Versuch 61: Ein bifilar (an zwei Fäden) aufgehängter Sandsack stößt auf einen ruhenden. (Oder ein Fahrbahnwagen stößt auf einen andern, wobei nach Versuch 54 die Stoßstelle mit Klebwachs versehen ist.) Beide Körper bewegen sich anschließend mit der gleichen Geschwindigkeit weiter; sie kleben aneinander. Beim Stoß verschieben sich die Sand- oder Wachsteilchen gegeneinander und zeigen keinerlei elastische Kraft, um die erlittene Verformung rückgängig zu machen und um die Körper wieder auseinanderzutreiben. Wir haben einen **völlig unelastischen Stoß**. Dabei geht ein Teil der kinetischen Energie verloren, da im Sand Reibungsarbeit verrichtet wird.

> **Nach einem völlig unelastischen Stoß bewegen sich die Stoßpartner mit der gleichen Geschwindigkeit weiter. Beim unelastischen Stoß geht kinetische Energie verloren.**

Trotz der Reibungsvorgänge gilt der Satz über actio und reactio und deshalb auch der Impulssatz (Gleichung 101.2) (v: Geschwindigkeit vor, u nach dem Stoß):

$$m_1 \cdot \vec{v}_1 + m_2 \cdot \vec{v}_2 = m_1 \cdot \vec{u}_1 + m_2 \cdot \vec{u}_2. \tag{108.1}$$

Infolge der bifilaren Aufhängung stoßen die Säcke aufeinander. Die noch unbekannten Geschwindigkeiten $\vec{u}_1$ und $\vec{u}_2$ nach dem unelastischen Stoß sind gleich ($\vec{u}_1 = \vec{u}_2$). Nach ihnen können wir die Impulsgleichung (108.1) auflösen:

$$\vec{u}_1 = \vec{u}_2 = \frac{m_1 \cdot \vec{v}_1 + m_2 \cdot \vec{v}_2}{m_1 + m_2}. \tag{108.2}$$

Für den unvermeidlichen Verlust ΔW an kinetischer Energie erhält man durch Einsetzen in die Energiebilanz (Seite 95) die Gleichung:

$$\Delta W = \frac{1}{2} \frac{m_1 \cdot m_2}{m_1 + m_2} \cdot (v_1 \mp v_2)^2. \tag{108.3}$$

Dabei gilt das Minuszeichen, wenn die Geschwindigkeiten $\vec{v}_1$ und $\vec{v}_2$ vor dem Stoß gleichgerichtet, das Pluszeichen, wenn sie entgegengerichtet waren. Bei einander entgegenfliegenden Körpern sind Deformation und Energieverlust größer.

Versuch 62: Ein Geschoß (Masse m_1, Geschwindigkeit v_1) wird in eine mit Sand gefüllte, als Pendel aufgehängte Kiste (Masse m_2, Geschwindigkeit $v_2 = 0$) geschossen und bleibt dort stecken. (Man kann auch aus der Federkanone *(Abb. 108.1)* eine Kugel in eine aufgehängte Haltevorrichtung schießen.) Geschoß und Pendel beginnen anschließend eine Schwingbewegung mit der gemeinsamen Geschwindigkeit $u_1 = u_2$. Sie wird mit dem Energiesatz der Mechanik nach Seite 96 aus dem Ausschlag d des Pendels berechnet; denn der Energieverlust durch den Luftwiderstand ist beim ersten Ausschlag unbedeutend. Beim Abbremsen der Kugel im Sand geht dagegen viel an mechanischer Energie verloren (Aufgabe 3); doch berührt dies die Anwendung des Impulssatzes in Gl. (108.1) nicht. Mit diesem **ballistischen Pendel** mißt man Geschoßgeschwindigkeiten.

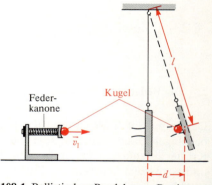

108.1 Ballistisches Pendel zum Bestimmen der Kugelgeschwindigkeit v_1

3. Der gerade elastische Stoß (Stoß ohne Verlust an kinetischer Energie)

Wir betrachten nun einen Stoß zwischen hochelastischen Körpern (Stahl- oder Elfenbeinkugeln, Versuche 53 und 63). Bei ihm sind die Verluste an mechanischer Energie so gering, daß wir idealisierend von ihnen absehen. Ferner sollen sich die beiden stoßenden Körper nur in einer horizontalen Ebene bewegen; die Lageenergie kann gleich Null gesetzt werden. Auch sollen sich die Körper vor und nach dem Stoß längs derselben Geraden bewegen *(gerader Stoß)*. Wir erhalten also *zwei* Gleichungen, die aussagen, daß die Summen der Bewegungsenergien bzw. der Impulse vor dem Stoß (linke Seiten) so groß sind wie nach dem Stoß (rechte Seiten). Wenn wir beim Impuls nur die Beträge der Geschwindigkeiten anschreiben, so soll das *positive Vorzeichen* eine Bewegung nach *rechts*, das *negative* eine nach *links* bedeuten.

$$\tfrac{1}{2} m_1 \cdot v_1^2 + \tfrac{1}{2} m_2 \cdot v_2^2 = \tfrac{1}{2} m_1 \cdot u_1^2 + \tfrac{1}{2} m_2 \cdot u_2^2 \quad \text{(Energieerhaltungssatz)}, \tag{108.4}$$

$$m_1 \cdot v_1 + m_2 \cdot v_2 = m_1 \cdot u_1 + m_2 \cdot u_2 \quad \text{(Impulserhaltungssatz)}. \tag{108.5}$$

Diese Gleichungen enthalten als Unbekannte die Geschwindigkeiten u_1 und u_2 nach dem Stoß. Um sie zu bestimmen, formen wir die Energiegleichung wie folgt um:

$$\tfrac{1}{2}m_1(v_1^2-u_1^2) = \tfrac{1}{2}m_2(u_2^2-v_2^2) \quad (\text{,,Kugel 1 links''}),$$

oder

$$m_1(v_1+u_1)(v_1-u_1) = m_2(u_2+v_2)(u_2-v_2).$$

Wir dividieren die letzte Gleichung durch die umgeformte Impulsgleichung

$$m_1(v_1-u_1) = m_2(u_2-v_2) \quad (\text{,,Kugel 1 links''}).$$

Dabei kann eine Division durch Null nicht vorkommen; denn für $v_1=u_1$ und $v_2=u_2$ käme kein Stoß zustande.

Wir erhalten: $\qquad v_1+u_1 = v_2+u_2.$

Aus den letzten beiden Gleichungen bestimmt man die Geschwindigkeiten u_1 und u_2 nach dem Stoß. Dabei sollen alle Geschwindigkeiten nach rechts mit positivem, nach links mit negativem Vorzeichen eingesetzt werden:

$$u_1 = \frac{2m_2 \cdot v_2 + (m_1-m_2)v_1}{m_1+m_2} \quad \text{und} \quad u_2 = \frac{2m_1 \cdot v_1 + (m_2-m_1)v_2}{m_1+m_2}. \tag{109.1}$$

Wir diskutieren einige **Sonderfälle**:

a) Beide Massen sind gleich groß: $m_1=m_2$. Dann folgt aus Gl. (109.1):

$$u_1=v_2 \quad \text{und} \quad u_2=v_1.$$

Das heißt, daß Körper gleicher Masse beim elastischen geraden Stoß ihre Geschwindigkeiten austauschen. Wenn sie sich einander entgegenbewegen, bekommen die nach links weisenden Geschwindigkeiten nach der obigen Regelung das negative Vorzeichen.

Wenn der zweite Körper vor dem Stoß in Ruhe ist ($v_2=0$), so übernimmt er die Geschwindigkeit des ersten, der selbst zur Ruhe kommt: $u_1=0$; $u_2=v_1$ *(Abb. 109.1a)*. Der gestoßene Körper übernimmt auch die Energie und den Impuls des stoßenden vollständig. Dies zeigte sich in Versuch 53 an zwei Wagen.

Versuch 63: Zwei gleiche Stahlkugeln sind bifilar so aufgehängt, daß sie sich gerade berühren; die Aufhängefäden werden mit einer Punktlichtlampe an die Wand projiziert. Nach Seite 96 ist die Geschwindigkeit (v beziehungsweise u) im tiefsten Punkt (hier dem Berühr- und Stoßpunkt) proportional der Auslenkung d, die man an der Projektion leicht abliest. Lenkt man die eine Kugel um d_1 aus und läßt sie dann auf die zweite, gleiche und ruhende stoßen, so schwingt diese auch um d_1 aus; die stoßende kommt zur Ruhe.

109.1 Eine Kugel der Masse m_1 stößt auf eine ruhende (m_2) elastisch:
a) $m_1=m_2$; b) $m_1<m_2$; c) $m_1>m_2$.

b) Der stoßende Körper ($v_1>0$) hat eine kleinere Masse (m_1) als der gestoßene, der zudem zu Beginn in Ruhe ist ($v_2=0$). Da $m_1<m_2$, wird u_1 nach Gl. (109.1) negativ: der stoßende mit kleinerer Masse prallt zurück *(Abb. 109.1b)*. Ist zum Beispiel $m_1=m_2/2$, so wird $u_1=-v_1/3$; der gestoßene setzt sich mit $u_2=\tfrac{2}{3}v_1>0$ in Bewegung. Der stoßende behält 1/9 an Bewegungsenergie, gibt also 8/9 an den gestoßenen ab (die Bewegungsenergie ist proportional v^2).

c) Der stoßende Körper ($v_1 > 0$) hat eine größere Masse als der gestoßene, der wieder zu Beginn in Ruhe sei ($v_2 = 0$). Da $m_1 > m_2$, bleibt u_1 positiv; das heißt der stoßende Körper behält seine Richtung, wird aber langsamer *(Abb. 109.1 c)*. Da $2 m_1 > (m_1 + m_2)$ ist, wird $u_2 > v_1$; der gestoßene Körper kleinerer Masse fliegt mit größerer Geschwindigkeit weg, als sie der stoßende vorher hatte!

d) Ein elastischer Körper (m_1) fliegt senkrecht auf eine feste Wand; deren Masse m_2 überwiegt m_1 so sehr, daß $m_1/m_2 \approx 0$. Wenn man in der Gleichung (109.1) Zähler und Nenner durch m_2 dividiert und $v_2 = 0$ setzt (Wand vor dem Stoß in Ruhe), so wird

$$u_1 = \frac{(m_1/m_2) - 1}{(m_1/m_2) + 1} v_1 \approx -v_1 \quad \text{und} \quad u_2 = \frac{2 m_1/m_2}{(m_1/m_2) + 1} v_1 \approx 0. \tag{110.1}$$

Ein elastischer Ball prallt also mit dem gleichen Geschwindigkeitsbetrag von einer Wand zurück und behält so seine Energie. Der Impuls (Vektor!) des Balls ändert sich von $m_1 \cdot \vec{v}_1$ über Null in $-m_1 \cdot \vec{v}_1$, also um $\Delta \vec{p} = -2 m_1 \cdot \vec{v}_1$. Nach Gl. (110.1) erhält die Wand den Impuls

$$\vec{p}_2 = m_2 \cdot \vec{u}_2 = \frac{2 m_1 \vec{v}_1}{(m_1/m_2) + 1} \approx 2 m_1 \cdot \vec{v}_1.$$

Er ist doppelt so groß wie der Impuls des anfliegenden Balls, obwohl die Wand (angenähert) in Ruhe bleibt. Dagegen nimmt sie die Energie

$$W_2 = \frac{1}{2} m_2 \cdot u_2^2 = \frac{1}{2} \frac{4 m_1 \cdot v_1^2 \cdot m_1/m_2}{[(m_1/m_2) + 1]^2} \approx 0 \quad \text{auf.}$$

In die Energie geht die sehr kleine Geschwindigkeit u_2 quadratisch ein, in den Impuls dagegen linear (siehe Aufgabe 12)!

4. Der schiefe elastische Stoß auf eine ruhende Wand

Nach *Abb. 110.1* prallt ein Ball der Masse m_1 schräg auf eine Wand mit sehr großer Masse $m_2 \gg m_1$. Die Geschwindigkeit $\vec{v}_1$ (Vektor!) vor dem Stoß zerlegt man in eine zur Wand parallele Komponente $\vec{v}_{1,p}$ und eine senkrechte $\vec{v}_{1,s}$. Die parallele $\vec{v}_{1,p}$ bleibt erhalten, wenn man von der Reibung absieht (parallel zur Wand sei also die Kraftkomponente Null). Die senkrechte Komponente $\vec{v}_{1,s}$ kehrt sich nach (3d) in $-\vec{v}_{1,s}$ um. Der Ball wird mit der Geschwindigkeit $\vec{u}_1 = \vec{v}_{1,p} + (-\vec{v}_{1,s})$ in der Einfallsebene wie ein Lichtstrahl reflektiert ($\alpha = \beta$). Solche Stöße findet man bei Gasmolekülen an einer Wand, aber auch bei Billardkugeln an der Bande.

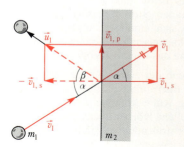

110.1 Eine Kugel stößt elastisch und schief auf eine Wand.

5. Der schiefe elastische Stoß zweier Kugeln

Wir betrachteten bisher nur den geraden Stoß zweier Kugeln, bei dem alle Geschwindigkeitsvektoren vor und nach der Stoßberührung auf einer Geraden liegen. In *Abb. 111.1* stieß dagegen eine Billardkugel 1 ($m = 170$ g) von links mit der Geschwindigkeit $v_1 = 3{,}0$ m/s und dem Impuls $p_1 = 0{,}51$ kg m/s auf eine ruhende zweite gleicher Masse m. Diese wurde mehrmals von den Lichtblitzen im gleichen Punkt beleuchtet und erscheint etwas heller. Da diese Kugel 2 etwas oberhalb ihrer Mitte, also „schief" getroffen wurde, flog sie leicht nach unten und erhielt – wie man an den Abständen sieht – die kleinere Geschwindigkeit $u_2 = 2{,}6$ m/s und den Impuls $p_2' = 0{,}45$ kg m/s. Die stoßende 1 flog mit der Geschwindigkeit

$u_1 = 1{,}35$ m/s und dem Impuls $p_1' = 0{,}23$ kg m/s schräg nach oben. In *Abb. 111.1* unten ist der Impuls $\vec{p}_1$ vor dem Stoß und die Summe der schräg dazu liegenden Impulse $\vec{p}_1'$ und $\vec{p}_2'$ nach dem Stoß eingetragen. *Der Summenvektor* $\vec{p}' = \vec{p}_1' + \vec{p}_2'$ *hat aber genau die gleiche Richtung und den gleichen Betrag wie* $\vec{p}_1$. Also blieb auch bei diesem schiefen Stoß der Gesamtimpuls als Vektorgröße erhalten; er teilte sich nur auf die beiden Kugeln auf; der auf Seite 101 ausgesprochene *Impulserhaltungssatz* gilt auch hier. — Die kinetische Energie der stoßenden Kugel war $\frac{1}{2} m \cdot v_1^2 = 0{,}76$ J und nahm auf $\frac{1}{2} m \cdot u_1^2 = 0{,}16$ J ab; die gestoßene bekam dafür $\frac{1}{2} m \cdot u_2^2 = 0{,}58$ J. Die Energiesumme (Skalar!) war nach dem Stoß mit 0,74 J fast so groß wie vorher. Zum Teil wurde Energie als Schall abgeführt, zum Teil setzte sich die stoßende Kugel etwas in Drehbewegung, bekam also Rotationsenergie. Der Stoß war fast elastisch. — *Der voll elastische Stoß* stellt meist eine Idealisierung dar. Bei Stößen makroskopischer Körper geht ein mehr oder weniger großer Teil der mechanischen Energie verloren.

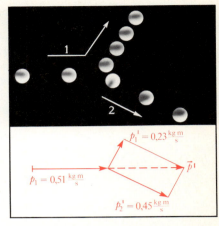

111.1 Elastischer Stoß zweier Kugeln; oben: Stroboskop-Foto, unten: die zugehörigen Impulsvektoren gezeichnet

In *Abb 111.2* stießen die Kugel 1 (100 g) mit $v_1 = 1{,}0$ m/s und dem Impuls $p_1 = 0{,}10$ kg m/s und die Kugel 2 (42 g) mit $v_2 = 1{,}2$ m/s und $p_2 = 0{,}050$ kg m/s von links kommend zusammen. Nach dem Stoß flog 1 etwas nach unten mit $u_1 = 0{,}90$ m/s und $p_1' = 0{,}090$ kg m/s, Kugel 2 leicht nach oben mit $u_2 = 1{,}4$ m/s und $p_2' = 0{,}059$ kg m/s weiter. Die rot gezeichneten Impulssummen $\vec{p}_{\text{vor}}$ und $\vec{p}_{\text{nach}}$ sind gleich. Ihre Vektoren geben zudem die oben durch die Kreuze markierte Bahn des Schwerpunkts S beider Kugeln vor und nach dem Stoß an. Die Lage der Kreuze wurde aus dem Massenverhältnis 100:42 der Kugeln bestimmt (nach *Abb. 102.2*). Die Bahn des Schwerpunkts wurde beim Stoß nicht verändert. Die Stoßkräfte sind ja innere Kräfte *(Schwerpunktssatz)*.

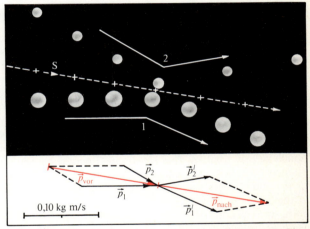

111.2 Elastischer Stoß zweier bewegter Kugeln; oben: Stroboskop-Foto; unten: Impulsvektoren

6. Stoßvorgänge atomarer Teilchen

Der Druck eines Gases rührt von den Stößen seiner Moleküle auf die Gefäßwand her. Deshalb benutzt man die Stoßgesetze, um das Gasverhalten theoretisch zu verstehen (Wärmelehre). — In *Nebelkammeraufnahmen (Mittelstufenband Seite 416)* findet man immer wieder Bahnspuren stoßender Teilchen (Elektronen, Atomkerne und so weiter).

Im *Kernreaktor* spielen Stöße eine große Rolle. Manche Elementarteilchen sind so kurzlebig (etwa 10^{-20} s Lebensdauer), daß man sie nur durch solche Stoßvorgänge untersuchen kann; ihre Masse wird aus den Bahnspuren vor und nach dem Stoß ermittelt (siehe Versuch 55!). Der Impulserhaltungssatz bewährt sich in diesen atomaren Bereichen auch in der Nähe der Lichtgeschwindigkeit: Die Masse ist dabei so stark erhöht, daß die Geschwindigkeit stets unterhalb der Lichtgeschwindigkeit bleibt. Wir gehen hierauf in der Atomphysik genauer ein.

7. Impuls und kinetische Energie hängen vom Bezugssystem ab

Wir betrachten den geraden und unelastischen Zusammenstoß zweier Autos (je 1000 kg) von einem Bezugssystem *I* aus, das mit der Straße verbunden ist *(Abb. 112.1a)*. In ihm fahren die Wagen mit je 10 m/s einander entgegen. Die entgegengesetzt gerichteten Impulse (je 10000 kg m/s) haben vor dem Stoß die Vektorsumme Null. Nachher ist sie wieder Null, da die Wracks deformiert liegen bleiben ($u_1 = u_2 = 0$). Die kinetische Energie von je 50000 J, also insgesamt 100000 J, wurde ganz zum Verrichten von Deformations- und Reibungsarbeit aufgezehrt.

Nun wählen wir ein *Bezugssystem II*, das zunächst mit dem nach rechts fahrenden Wagen verbunden sei *(Abb. 112.1b)*. Dieser hat in ihm die Geschwindigkeit, den Impuls und die kinetische Energie Null. Die Straße bewegt sich relativ zu diesem System II mit 10 m/s nach links, der entgegenfahrende Wagen mit 20 m/s. Er hat

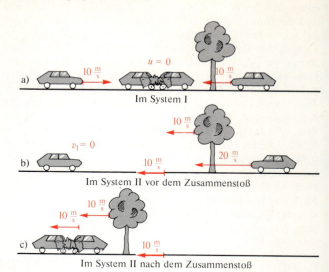

112.1 Ein Zusammenstoß wird von zwei verschiedenen Bezugssystemen aus beschrieben!

deshalb im System II den doppelten, nach links gerichteten Impuls 20000 kg m/s und die 4fache kinetische Energie 200000 J. Trotzdem wird bei dieser Betrachtung nicht mehr Energie zur Deformation freigesetzt. Man darf nämlich nach dem Stoß nicht plötzlich zum System I übergehen, in dem die Wracks ruhen; beim Abbremsen würde dann das System verzögert und wäre *kein Inertialsystem* mehr. Vielmehr haben im System II beide Wracks zusammen (wie die Straße) die Geschwindigkeit 10 m/s nach links, also den Impuls 20000 kg m/s nach links *(Abb. 112.1c)*. Der Impuls bleibt folglich auch in diesem System mit 20000 kg m/s erhalten. Die kinetische Energie beider Wracks zusammen ist $\frac{1}{2} \cdot 2000 \text{ kg} \cdot (10 \text{ m/s})^2 = 100000$ J; im System II nahm sie von 200000 J auf 100000 J ab, wiederum um 100000 J. Deformationsarbeit und Erwärmungen der beiden Wracks sind ja unabhängig vom Bezugssystem; sie sind als *innere Energie* in den Wracks gespeichert. Impuls und kinetische Energie der Schwerpunkte hängen dagegen stark vom benutzten Bezugssystem ab. Die potentielle Energie hängt vom Bezugsniveau ab, wie auf Seite 90 ausgeführt wurde.

> **Kinetische und potentielle Energie sowie der Impuls eines Körpers hängen davon ab, von welchem Bezugssystem aus man sie berechnet. Deshalb darf man während der Anwendung der Erhaltungssätze das System nicht wechseln.**

8. Rückblick

Mit dem Impulssatz haben wir ein weiteres Erhaltungsgesetz kennengelernt. Im Gegensatz zum Energieerhaltungssatz der Mechanik gilt er auch für Reibungsvorgänge. Mit der Bilanz, die beide Erhaltungssätze ziehen, kann man die Geschwindigkeit nach elastischen Stößen berechnen, obwohl man nicht genau weiß, wie bei ihnen die Deformationsvorgänge ablaufen und wie lange sie dauern. Dies gibt dem Impulssatz in der Atomphysik große Bedeutung. Außerdem läßt sich mit dem Impulsbegriff das Grundgesetz der Mechanik ($\vec{F} = m \cdot \vec{a}$) zu einer Form erweitern

$\left(\vec{F} = \lim\limits_{\Delta t \to 0} \dfrac{\Delta \vec{p}}{\Delta t}\right)$, die auch dann gilt, wenn sich die Massen ändern, zum Beispiel in der Relativitätstheorie. Der zunächst abstrakt anmutende Impulsbegriff bewährt sich so in Bereichen, die unserer unmittelbaren Anschauung verschlossen sind.

Aufgaben:

1. *Ein Auto (1000 kg) fährt mit 108 km/h gegen eine starre Wand. Wie groß sind Kraftstoß und (mittlere) Bremskraft, wenn es nach 0,20 s zum Stehen kommt?*

2. *Eine Kugel der Masse 20,0 g wird in einem ballistischen Pendelkörper der Masse 2,00 kg abgebremst. Dieser hängt an einer 2,00 m langen Schnur und schlägt um $d = 60{,}0$ cm aus. Welche Geschwindigkeit hatte das Geschoß? Wieviel Prozent seiner Bewegungsenergie gingen als mechanische Energie verloren?*

3. *Ein Körper stößt völlig unelastisch mit einem ruhenden von n-facher Masse zusammen. Welche Geschwindigkeit haben beide nachher? Welcher Bruchteil an mechanischer Energie ging verloren?*

4. *Drei Eisenbahnwagen von je 20 t stehen zusammengekoppelt; ein vierter von gleicher Masse fährt mit 5,0 m/s auf. Dabei rastet die automatische Kupplung ein. Mit welcher Geschwindigkeit rollen die 4 Wagen reibungsfrei weiter? Um welche Art von Stoß handelt es sich?*

5. *Zwei Kugeln mit den Massen $m_1 = 5{,}0$ kg und $m_2 = 10$ kg stoßen mit den Geschwindigkeiten $v_1 = 5{,}0$ m/s beziehungsweise $v_2 = 8{,}0$ m/s gerade gegeneinander. Welche Geschwindigkeiten haben die Kugeln nach dem Stoß, wenn er a) elastisch, b) unelastisch ist? (Beachten Sie die Vorzeichenregelung vor Gl. 109.1!) Wieviel Prozent an Bewegungsenergie gehen verloren?*

6. *Was ergibt sich in Aufgabe 5, wenn die schnellere Kugel auf die langsamere von hinten gerade stößt a) elastisch, b) unelastisch?*

7. *Ein Ball (0,40 kg) fliegt nach einem Bombenschuß mit 30 m/s in die Arme eines senkrecht hochspringenden Torwarts (75 kg). Welchen Impuls erhält dieser? Mit welcher Geschwindigkeit fliegt der Torhüter nach dem völlig unelastischen Stoß rückwärts? Welche Kraft erfährt er, wenn er den Ball innerhalb 0,010 s abfängt?*

8. *a) Mit einem Luftgewehr wird nach Versuch 62 senkrecht in ein Brett (100 g), das an zwei 2,0 m langen Fäden bifilar hängt, geschossen. Wie groß ist die Geschwindigkeit des Geschosses (1,0 g), wenn das Brett 30 cm weit ausschlägt?*
   b) Das Geschoß wird mit einem Einfallswinkel $\alpha = 60°$ (Abb. 110.1) in das Brett geschossen. Wie weit schlägt dieses aus, wenn es durch die Fäden in der gleichen Richtung wie bei (a) geführt wird?
   c) Das Brett sei durch eine Stahlplatte gleicher Masse ersetzt und das Geschoß von (b) prallt mit dem Ausfallwinkel $\beta = 60°$ elastisch ab. Wie stark schlägt jetzt das Pendel aus?

9. *Gegen eine feste, elastische Wand wird a) ein elastischer Gummiball, b) mit gleicher Geschwindigkeit ein unelastischer Tonklumpen gleicher Masse, der kleben bleibt, geworfen. Welcher erzeugt den größeren Kraftstoß? Wie verhalten sich die beiden Kraftstöße?*

10. *Bei einer Rakete strömen die Gase mit 4,0 km/s aus. Welche Masse ist in jeder Sekunde abzuschleudern, damit die Schubkraft $2{,}00 \cdot 10^5$ N beträgt? Mit welcher Beschleunigung erhebt sich die Rakete senkrecht, wenn sie selbst die Masse 10 t hat?*

11. *Auf die starre Rückwand eines Möbelwagens, der mit 10 m/s fährt, fliegt ein elastischer Ball, der relativ zur Straße die Geschwindigkeit a) 20 m/s, b) 25 m/s hat. Welche Geschwindigkeit hat nachher der Ball relativ zur Straße? (Die Masse des Balls sei gegenüber der des Wagens zu vernachlässigen).*
    c) Wie lautet das Ergebnis, wenn der Ball mit 20 m/s relativ zur Straße dem Möbelwagen entgegen auf dessen starre Vorderseite fliegt?

12. *Bei der Reflexion eines senkrecht auftreffenden elastischen Balls erhält nach Beispiel 3 d die Wand das Doppelte seines Impulses, dagegen keine Energie. Prüfen Sie, ob die Erhaltungssätze für Impuls und Energie gelten!*

Kreisbewegung eines Massenpunktes

§ 24 Beschreibung der Kreisbewegung eines Massenpunktes

Kreisbewegungen spielen in Physik und Technik eine große Rolle; man denke an die zahlreichen Räder in Maschinen aller Art, an das Durchfahren von Kurven und so weiter. Wenn man in der Umgangssprache sagt, ein Rad drehe sich schnell, so meint man, daß es viele Umläufe je Sekunde ausführt. Da die Kreisbewegung im allgemeinen *periodisch* ist, zieht man den von Schwingungen in der Akustik geläufigen Begriff *Frequenz* heran und führt den Begriff **Drehfrequenz** f ein. Hierunter versteht man den Quotienten $f = n/t$ aus der Zahl n der Umläufe des Rads und der dazu gebrauchten Zeit t. Ihre Einheit ist $1/\text{s} = \text{s}^{-1}$, da der Zahl n der Umläufe als reiner Zahl keine Einheit zukommt. Die Zeit für 1 Umdrehung des Rades heißt **Umlaufdauer** T und beträgt mit den obigen Bezeichnungen $T = t/n$. Sie ist also der Kehrwert der Drehfrequenz $f = n/t$. Führt zum Beispiel ein Rad in $t = 2$ s insgesamt $n = 20$ Umdrehungen aus, so ist seine Drehfrequenz $f = \frac{n}{t} = \frac{20}{2\,\text{s}} = 10\,s^{-1}$, die Umlaufdauer $T = \frac{t}{n} = \frac{1}{10}$ s. Es gilt $T = \frac{1}{f}$ und $f = \frac{1}{T}$.

Für die Drehfrequenz f sagt man manchmal auch Drehzahl oder Tourenzahl, obwohl sie keine Zahl, sondern eine Größe mit der Einheit s^{-1} ist. Im Unterschied zur Frequenz von Schwingungen bezeichnet man hier s^{-1} nicht mit Hertz.

Definition: Die Drehfrequenz $f = \frac{n}{t}$ ist der Quotient aus der Zahl n der Umdrehungen eines Körpers und der dazu gebrauchten Zeit t.

Die Drehfrequenz ist der Kehrwert der Umlaufdauer $T = \frac{t}{n}$. Es gilt $T = \frac{1}{f}$.

Bei gleicher Drehfrequenz f haben die äußersten Teilchen eines Rades wegen des großen Radius ihrer Kreisbahn eine viel größere *Bahngeschwindigkeit* v als die Teilchen in der Nähe der Achse. Deshalb ist die Drehbewegung *(Rotation)* eines *Körpers* viel schwieriger zu beschreiben als seine fortschreitende Bewegung längs einer (geraden) Bahn, die sogenannte *Translation*. Wir gehen deshalb auf die Rotation starrer Körper erst ab Seite 160 ausführlich ein. Hier beschränken wir uns auf die *Kreisbewegung eines einzelnen Teilchens*, dessen Ausdehnung klein gegenüber dem Radius r der Kreisbahn ist. Wir können es dann als *Massenpunkt* auffassen. Wenn zum Beispiel ein Stein an einer Schnur im Kreis geschleudert wird, so ist dieses *Modell des Massenpunktes* (Seite 82) hinreichend gut erfüllt, desgleichen bei der Bahn des Mondes um die Erde, obwohl er einen Durchmesser von 3470 km hat.

Die **Bahngeschwindigkeit** $\vec{v}$ eines solchen Massenpunktes ändert auf der Kreisbahn ständig die Richtung; der Betrag v bleibt jedoch bei der sogenannten **gleichförmigen Kreisbewegung** konstant. (Wir erinnern uns: Bei der gleichförmigen (Translations-)Bewegung blieb auch die Richtung des Geschwindigkeitsvektors konstant.) Für die Kreisbewegung berechnet man den Betrag v aus dem Weg $s = 2\pi r$ für 1 Umdrehung, das heißt dem Umfang des Kreises mit Radius r, und der Umlaufdauer T:

§ 24 Beschreibung der Kreisbewegung eines Massenpunktes

Ein Massenpunkt führt eine gleichförmige Kreisbewegung aus, wenn der Betrag v seiner Bahngeschwindigkeit konstant ist. Hat der Kreis den Radius r und beträgt die Drehfrequenz $f = 1/T$, so gilt für den Betrag der Bahngeschwindigkeit

$$v = \frac{2\pi r}{T} = 2\pi r \cdot f. \tag{115.1}$$

v ist um so größer, je größer Radius r und Drehfrequenz f sind.

Den Ausdruck $2\pi f = 2\pi/T$ faßt man oft zu einer neuen Größe $\omega = 2\pi f$ zusammen, die man **Winkelgeschwindigkeit** nennt; denn in der Zeit T wird vom Radius $\overline{MP}$, den man vom Kreismittelpunkt M zum bewegten Massenpunkt P zieht, der Winkel 360° überstrichen, der im Bogenmaß[1]) den Wert 2π rad hat. $\omega = 2\pi$ rad/T gibt also den je Sekunde vom Radius MP überstrichenen Winkel an. Rotiert ein Körper mit der Winkelgeschwindigkeit $\omega = 1$ rad/s, so überstreicht ein Radius in 1 s den Winkel 1 rad $\approx 57{,}3°$. — Bei technischem Wechselstrom ist die Frequenz $f = 50$ Hz $= 50$ s^{-1}; ω nennt man dort Kreisfrequenz; sie hat den Wert $\omega = 2\pi f = 314$ rad/s.

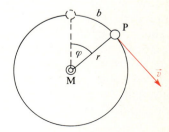

115.1 Im Bogenmaß ist der Winkel $\varphi = b/r$. Die Bahngeschwindigkeit $\vec{v}$ steht stets senkrecht zum Radius r.

Definition: Unter der Winkelgeschwindigkeit oder Kreisfrequenz ω versteht man bei einer gleichförmigen Kreisbewegung den Quotienten aus dem vom Radius überstrichenen Winkel φ im Bogenmaß durch die zugehörige Zeit t:

$$\omega = \frac{\varphi}{t}. \tag{115.2}$$

Die Einheit ist 1 rad/s. Dabei ist der Winkel 1 rad $= 360°/2\pi \approx 57{,}3°$. Bei ihm ist der Bogen b gleich dem zugehörigen Radius r.

Satz: Für den Betrag v der Bahngeschwindigkeit eines Punktes, der eine Kreisbahn mit Radius r durchläuft, gilt

$$v = \omega \cdot r. \tag{115.3}$$

Dreht sich zum Beispiel ein Rad mit der Winkelgeschwindigkeit $\omega = 1$ rad/s, so hat ein Punkt im Abstand $r = 1$ m von der Achse die Bahngeschwindigkeit $v = \omega \cdot r = 1$ m/s, ein Punkt im Abstand $r = 0{,}5$ m nur $v = 0{,}5$ m/s (hier — wie bei der Gleichung $\omega = 2\pi f$ — haben wir die „Einheit" rad weggelassen, das heißt durch 1 ersetzt[1]).

Im täglichen Leben bezeichnet man den Quotienten Strecke durch Zeit als Geschwindigkeit. Hier wird diese Begriffsbildung auf den Quotienten Winkel durch Zeit übertragen. Dies ist vor allem beim Betrachten der Rotation eines starren Körpers bequem, da dort alle Punkte auf einem Radius zwar gleiche Winkelgeschwindigkeit, nicht aber gleiche Bahngeschwindigkeit haben (Seite 161).

---

[1]) Das Bogenmaß des Winkels φ erhält man als Quotient aus dem Bogen b, der zum Winkel φ gehört, und dem zugehörigen Radius r *(Abb. 115.1)*; φ ist zunächst eine unbenannte Zahl; um sie als Winkel auszuweisen und vom Gradmaß zu unterscheiden, schreibt man nach dem Einheitsgesetz die „Einheit" rad (Radiant) hinzu: $\varphi = \frac{b}{r}$ rad. Zum Winkel 360° gehört der Bogen $b = 2\pi r$; folglich ist 360° im Bogenmaß $\varphi = \frac{2\pi r}{r}$ rad $= 2\pi$ rad; 90° ist im Bogenmaß $\frac{\pi}{2}$ rad. 1 rad entspricht $360°/2\pi = 57{,}3°$.

§ 25 Zentripetalbeschleunigung und Zentripetalkraft

1. Die Zentripetalbeschleunigung $\vec{a}_z$ eines Massenpunktes

Beim freien Fall wie auch bei den Wurfbewegungen war die Kraft $\vec{F}$ bekannt; mit der Grundgleichung $\vec{F} = m \cdot \vec{a}$ berechneten wir die Beschleunigung $\vec{a}$ und daraus die Geschwindigkeit und den Bahnverlauf. Bei einer gleichförmigen Kreisbewegung ist umgekehrt der Bahnverlauf vorgegeben. Die Bahngeschwindigkeit behält zwar ihren Betrag v bei, ändert aber ständig die Richtung. Wir fragen nun nach der Kraft, die hierzu nötig ist. Deshalb betrachten wir in *Abb. 116.1a* zwei um das

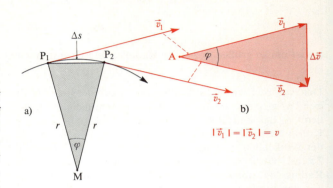

116.1 Die Geschwindigkeitsvektoren in (a) sind in (b) vom gleichen Punkt A aus aufgetragen, um die Geschwindigkeitsänderung $\Delta \vec{v}$ zu berechnen.

Kreisbogenstück $\widehat{P_1 P_2} = \Delta s$ getrennte Bahnpunkte P_1 und P_2. Wenn der Massenpunkt die Zeit Δt braucht, um von P_1 nach P_2 zu kommen, so ist $\Delta s = v \cdot \Delta t$. Um die Geschwindigkeitsvektoren $\vec{v}_1$ und $\vec{v}_2$ in P_1 und P_2 vergleichen zu können, tragen wir sie von einem gemeinsamen Punkt A aus auf *(Abb. 116.1b)*. Dann erkennt man, daß zum Geschwindigkeitsvektor $\vec{v}_1$ eine bestimmte *Zusatzgeschwindigkeit* $\Delta \vec{v}$ addiert werden muß, um den Geschwindigkeitsvektor $\vec{v}_2$ zu erhalten. (Auch beim Wurf haben wir zu einer Anfangsgeschwindigkeit eine Zusatzgeschwindigkeit vektoriell addiert.) **Bei der gleichförmigen Kreisbewegung müssen nun Betrag und Richtung von $\Delta \vec{v}$ so gewählt werden, daß $\vec{v}_2$ den gleichen Betrag v wie $\vec{v}_1$ hat.** Es gilt:

$$\vec{v}_1 + \Delta \vec{v} = \vec{v}_2 \quad \text{oder} \quad \Delta \vec{v} = \vec{v}_2 - \vec{v}_1 \quad \text{mit} \quad v_1 = v_2 = v.$$

$\Delta \vec{v}$ stellt also eine Änderung des Geschwindigkeitsvektors dar. Nach der Gleichung (42.5)

$$\vec{a} = \lim_{\Delta t \to 0} \frac{\Delta \vec{v}}{\Delta t} \tag{116.1}$$

folgt aus ihr der Beschleunigungsvektor $\vec{a}$. Um ihn zu berechnen, bestimmen wir zunächst den Betrag von $\Delta \vec{v}$. Hierzu beachten wir, daß in *Abb. 116.1b* zwischen den Vektoren $\vec{v}_1$ und $\vec{v}_2$ der gleiche Winkel liegt wie zwischen den Radien MP_1 und MP_2 des Kreises; denn diese Radien stehen senkrecht auf den Geschwindigkeitsvektoren in P_1 und P_2. Deshalb sind das grau getönte gleichschenklige Dreiecke MP_1P_2 mit der schmalen Basis P_1P_2 und das rot getönte Dreieck mit der Basis $\Delta \vec{v}$ ähnlich. Hieraus folgt

$$\frac{\Delta v}{v} = \frac{\overline{P_1 P_2}}{r} \quad (v = |\vec{v}_1| = |\vec{v}_2|). \tag{116.2}$$

Um den Betrag der Beschleunigung $\vec{a}$ im Punkt P_1 zu ermitteln, muß nach Gl. (42.5) Δt gegen Null gehen, das heißt P_2 gegen P_1 rücken. Dann ersetzt die Sehne $\overline{P_1 P_2}$ den Bogen $\widehat{P_1 P_2} = v \cdot \Delta t$ immer besser. Für $\Delta t \to 0$ gilt $\overline{P_1 P_2} \to \widehat{P_1 P_2} = \Delta s = v \cdot \Delta t$. Aus Gl. (116.2) folgt

$$\frac{r \cdot \Delta v}{v \cdot v \cdot \Delta t} \to 1 \quad \text{oder} \quad \frac{\Delta v}{\Delta t} \to \frac{v^2}{r}.$$

§ 25 Zentripetalbeschleunigung und Zentripetalkraft

Der Grenzwert $\vec{a} = \lim\limits_{\Delta t \to 0} \dfrac{\Delta \vec{v}}{\Delta t}$ hat also den Betrag v^2/r; er ist der *Betrag* der Beschleunigung $\vec{a}$ des Massenpunktes infolge der Änderung der Geschwindigkeits*richtung*.

Um auch die *Richtung* der Beschleunigung $\vec{a}$ zu erhalten, beachten wir die Richtung der Zusatzgeschwindigkeit $\Delta \vec{v}$ im Grenzfall $\Delta t \to 0$: sie steht senkrecht zu $\vec{v}_1$ (in *Abb. 116.1* steht $\Delta \vec{v} \perp P_1 P_2$). *Also zeigt die Beschleunigung $\vec{a}$ in jedem Bahnpunkt zum Kreiszentrum;* sie heißt **Zentripetalbeschleunigung** $\vec{a}_z$ (petere, lat.; erstreben). Würde sie in Richtung der Kreisbahn zeigen, so müßte sich der *Betrag* der Bahngeschwindigkeit erhöhen; wir hätten eine *Bahnbeschleunigung*. Doch beschränken wir uns hier auf Kreisbewegungen mit konstantem Geschwindigkeitsbetrag (weiteres Seite 120).

Bei einer gleichförmigen Kreisbewegung führt ein Massenpunkt eine Bewegung mit der zum Kreismittelpunkt gerichteten Zentripetalbeschleunigung vom Betrag

$$a_z = \frac{v^2}{r} \quad \text{aus.} \tag{117.1}$$

---

2. Die Zentripetalkraft $\vec{F}_z$

Im täglichen Leben spricht man nur dann von einer Beschleunigung, wenn der Körper schneller wird. Bei der gleichförmigen Kreisbewegung ändert sich jedoch nur die Richtung der Geschwindigkeit. Hieraus haben wir (zunächst formal) die Zentripetalbeschleunigung $\vec{a}_z$ berechnet. Wir prüfen nun, ob sie genauso nach $\vec{F} = m \cdot \vec{a}$ durch eine Kraft erzeugt werden muß wie Beschleunigungen bei geradlinigen Bewegungen:

Nach dem Trägheitssatz braucht man auch eine Kraft, um nur die *Bewegungsrichtung* eines Körpers zu ändern. Kräftefrei würde sich der Körper nach *Abb. 117.1* in P_1 mit der Geschwindigkeit v_1 längs der Tangente von der Kreisbahn entfernen. Etwa ein Hammerschlag in Richtung von $\Delta \vec{v}$, also zum Kreiszentrum hin, könnte den Massenpunkt wieder auf die Kreisbahn bringen; der Schlag würde die Geschwindigkeit $\vec{v}_1$ in $\vec{v}_2$ überführen, indem er zu $\vec{v}_1$ die Zusatzgeschwindigkeit $\Delta \vec{v}$ addiert. Damit der Körper ständig auf der Kreisbahn bleibt, muß eine äußere Kraft *stetig* zum Kreiszentrum hin wirken:

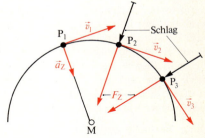

117.1 Um die Geschwindigkeit $\vec{v}_1$ in $\vec{v}_2$ überzuführen, braucht man eine Zentripetalkraft $\vec{F}_z$.

Versuch 64: Nach *Abb. 117.2* steht ein Wagen der Masse $m = 0{,}10$ kg auf einer Bahn, die um die vertikale Achse in Rotation versetzt wird. Der Wagen bewegt sich entsprechend *Abb. 117.1* zunächst auf der Tangente, entfernt sich also von der Drehachse. Hierbei verlängert sich der Kraftmesser, der über die Schnur (mit Umlenkrolle) mit dem Wagen verbunden ist. Der gespannte Kraftmesser übt deshalb auf den Wagen eine zum Kreismittelpunkt M gerichtete Kraft aus, der Schwerpunkt S

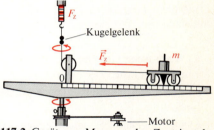

117.2 Gerät zur Messung der Zentripetalkraft

des Wagens beschreibt eine Kreisbahn (Radius $r=0{,}45$ m). Wenn er zu einem Umlauf die Zeit $T=0{,}40$ s braucht, beträgt die Bahngeschwindigkeit $v=2\pi r/T = 7{,}1$ m/s, die Zentripetalbeschleunigung nach Gl. (117.1)

$$a_z = \frac{v^2}{r} = 112\,\frac{\text{m}}{\text{s}^2}.$$

Durch Multiplikation mit der Masse $m=0{,}10$ kg finden wir die sogenannte **Zentripetalkraft** vom Betrag $F_z = m \cdot a_z = 11{,}2$ N. Sie wird vom gespannten Kraftmesser ausgeübt und angezeigt:

> **Damit der Körper der Masse m bei der Geschwindigkeit vom Betrag v auf einen Kreis mit Radius r gezwungen wird, muß am Körper eine zum Kreismittelpunkt gerichtete Zentripetalkraft vom Betrage**
>
> $$F_z = \frac{m \cdot v^2}{r} \qquad (118.1)$$
>
> **angreifen.**

Kennt man bei einer Kreisbewegung die Geschwindigkeit v, so ist die Gleichung $F_z = m \cdot v^2/r$ zweckmäßig; sind dagegen die Umlaufdauer T beziehungsweise die Winkelgeschwindigkeit ω bekannt, dann ersetzt man v durch T beziehungsweise ω nach $v = 2\pi r/T = \omega \cdot r$ und erhält:

$$F_z = \frac{4\pi^2 \cdot m \cdot r}{T^2} = m \cdot \omega^2 \cdot r. \qquad (118.2)$$

Versuch 65: Um die Zentripetalbeschleunigung unmittelbar zu zeigen, zieht man den Wagen nach *Abb. 117.2* bei ruhendem Gerät so weit nach außen, bis der Kraftmesser wieder 11,2 N anzeigt. Wenn man dann den Wagen losläßt, erfährt er im ersten Augenblick die Beschleunigung 112 m/s² zum Kreiszentrum hin. Bei der Kreisbewegung hält er nur deshalb konstanten Abstand von diesem Zentrum, weil sich zu dieser Bewegung nach innen entsprechend *Abb. 117.1* die Tangentialbewegung mit dem Geschwindigkeitsvektor $\vec{v}$ addiert, *die für sich vom Zentrum wegführt*. Ohne Zentripetalkraft würde der Körper infolge seiner Trägheit tangential so weiterfliegen wie die Funken am Schleifstein nach *Abb. 118.1*.

118.1 Die Funken am Schleifstein fliegen tangential weg.

Diese Versuche zeigen deutlich: Die Kreisbewegung wird erst erzwungen, wenn auf den Körper eine zum Zentrum gerichtete *äußere Kraft* wirkt. Die Gleichung $F_z = mv^2/r$ gibt an, wie groß sie sein muß, aber nicht, wie sie entsteht und wer sie aufbringt. Bei den Versuchen 64 und 66 wirkt die Zugkraft einer Schnur nach innen, beim Mond die Anziehung durch die Erde als Zentripetalkraft. In Ziff. 5 werden wir weitere Möglichkeiten zum Erzeugen von Zentripetalkräften kennenlernen. Wir fassen zusammen:

> **a)** Auch wenn sich nur die Richtung der Geschwindigkeit ändert, so ist der Vektor $\vec{a} = \lim_{\Delta t \to 0} \Delta \vec{v}/\Delta t$ vom Nullvektor verschieden.
>
> **b)** Für diese Beschleunigung $\vec{a}$ gilt ebenfalls das Grundgesetz der Mechanik $\vec{F} = m \cdot \vec{a}$ in Vektorform.
>
> **c)** Die sogenannte gleichförmige Kreisbewegung ist eine auf das Kreiszentrum zu beschleunigte Bewegung, obwohl der Betrag der Geschwindigkeit konstant bleibt.

Wir wollen die Gleichung $F_z = mv^2/r$ verdeutlichen. Nach ihr wird bei gleichem Geschwindigkeitsbetrag v die nötige Zentripetalkraft F_z um so größer, je stärker die Bahn gekrümmt, je kleiner also der Radius r ist. In derselben Zeit Δt ändert sich nämlich bei stärkerer Krümmung auch die Richtung stärker, der Winkel φ wird größer *(Abb. 119.1 a und b)*. Die Geschwindigkeitsänderung $\Delta \vec{v}_2$ ist deshalb größer als Δv_1, desgleichen die zugehörige Beschleunigung $\Delta \vec{v}/\Delta t$. — Wenn man dagegen bei glei-

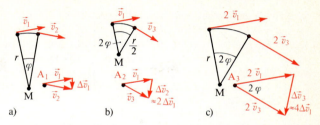

119.1 Zur Verdeutlichung von Gl. (118.1). Allen Abbildungen ist Δt gemeinsam; also gibt $\Delta \vec{v}$ ein Maß für die Zentripetalbeschleunigung $\vec{a}_z = \Delta \vec{v}/\Delta t$.

chem Radius r den Betrag der Geschwindigkeit v erhöht, so ist zum einen der überstrichene Winkel größer. Zum andern werden die Geschwindigkeitspfeile länger *(Abb. 119.1a und c)*. Also wird aus zwei Gründen die Geschwindigkeitsänderung $\Delta \vec{v}_3$ größer als $\Delta \vec{v}_1$: Die nötige Zentripetalkraft F_z wächst mit dem Quadrat der Geschwindigkeit v. In Versuch 64 wird dies bestätigt.

3. Vorläufiges zur Zentrifugalkraft (Fliehkraft)

Wir benutzten das Wort Zentrifugalkraft nicht. Um dies zu verstehen, betrachten wir nochmals die Funken am Schleifstein. Sie entfernen sich von der Mitte M der Scheibe (Punkte 1', 2', 3' und so weiter in *Abb. 119.2*). *Ein auf der Scheibe mitrotierender Beobachter* würde sich dabei auf dem Kreisbogen (Punkte 1, 2, 3) bewegen und sagen, die Funken entfernen sich von ihm aus gesehen *nach außen* weg, und zwar beschleunigt, sie erfahren eine Kraft *nach außen*. (Man betrachte die roten Bogenstücke.) Dies erinnert an die vom *Karussell* her bekannte, nach *außen* gerichtete **Zentrifugalkraft**. Sie spüren wir als *mitrotierende Beobachter*, die stets von einer Bewegungsrichtung in eine andere gezwungen werden. Dabei unterliegen wir der Zentripetalbeschleunigung und sind nicht in einem Inertialsystem (Seite 33). Ein *außenstehender Beobachter* (zum Beispiel der Fotoapparat für *Abb. 118.1*) ist dagegen im Inertialsystem und sieht die Funken entsprechend dem Trägheitssatz tangential und unbeschleunigt wegfliegen; von einer Zentrifugalkraft merkt er nichts. Dies verdeutlicht auch der folgende Versuch:

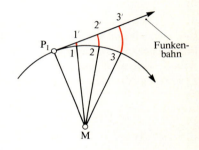

119.2 Ein auf der Scheibe mitrotierender Beobachter (1, 2, 3, ...) sieht die Funken (1', 2', 3', ...) längs der rot gezeichneten Strecken beschleunigt wegfliegen; diese Strecken wachsen etwa wie die Quadratzahlen an.

Versuch 66: Die horizontale Scheibe nach *Abb. 119.3* kann um ihre vertikale Achse in Rotation versetzt werden. Dabei schleudert sie den an einem Faden befestigten weichen Gummi auf die Kreisbahn. Man nähert dem Faden von unten eine schräg gehaltene Rasierklinge im Punkt P_1; sie schneidet den Faden durch. Dabei entfällt die Zentripetalkraft, und der Gummi fliegt für uns *außenstehende Beobachter* tangential — nicht radial — weg. Eine auf den Gummi nach außen wirkende Zentrifugalkraft ist für uns nicht vorhanden. Wer daran zweifelt, der bedenke, daß die Gl. (118.1) ohne Benutzung der Zentrifugalkraft hergeleitet und im Versuch 64 voll bestätigt wurde! Welche Bedeutung sie für einen mitbeschleunigten Beobachter hat, zeigt *Abb. 119.2*.

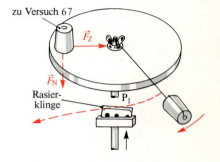

119.3 Zu Versuch 66 und Beispiel 5.a

4. Kraft und Arbeit bei krummlinigen Bewegungen

Die Zentripetalkraft steht stets senkrecht auf dem Vektor $\vec{v}$ und damit der momentanen Verschiebung des Körpers. Sie verrichtet also nach Seite 84 keine Arbeit. Da der Betrag v der Geschwindigkeit konstant bleibt, nimmt auch die kinetische Energie $W_{kin} = \frac{1}{2}mv^2$ nicht zu. Will man aber den Körper *längs seiner Bahn* beschleunigen, also v und damit W_{kin} erhöhen, oder muß man den Luftwiderstand überwinden, so braucht man eine Kraft $\vec{F}_t$ in Richtung der Kreistangente. Wir können sie beim Schleudern eines Steins auf einer Kreisbahn zusammen mit der zum Erzwingen der Kreisbewegung nötigen Zentripetalkraft $\vec{F}_z$ aufbringen. Hierzu brauchen wir nur mit der Hand H, welche die Schnur hält, einen kleinen Kreis zu beschreiben *(Abb. 120.1)*. Dann steht die Zugkraft

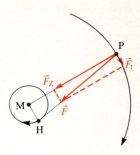

120.1 Die Hand H verrichtet Arbeit beim Schleudern des Steins.

$\vec{F}$ der Schnur schräg zur Bahn und kann in die Tangentialkomponente $\vec{F}_t$ und die zum Kreismittelpunkt M gerichtete Zentripetalkraft $\vec{F}_z$ zerlegt werden. Die Hand läuft auf ihrem kleinen Kreis um etwa 90° dem Stein voraus und zieht ihn stets etwas hinter sich her, sie verrichtet dabei Arbeit. Wenn dagegen F_t entfallen soll, so muß die Hand H in M ruhen. Sie übt dann nur noch die Kraft $\vec{F}_z$ aus, verrichtet aber keine Arbeit, wie wir schon oben sahen. Diese Überlegungen gelten allgemein:

> **Bewegt sich ein Körper auf gekrümmter Bahn, so zerlegt man die an ihm angreifende Kraft $\vec{F}$ in die Tangentialkomponente $\vec{F}_t$ und die Normalkomponente $\vec{F}_z$. Die Tangentialkraft $\vec{F}_t$ verrichtet Arbeit, indem sie die Energie des Körpers vergrößert oder den Luftwiderstand überwindet. $\vec{F}_z$ erzwingt die Krümmung, ohne Arbeit aufzubringen.**

5. Beispiele

a) Versuch 67: Eine waagerechte Scheibe dreht sich um ihre vertikale Achse *(Abb. 119.3, links)*. Der auf ihr liegende Gummistopfen würde ohne Reibung tangential wegfliegen und sich, von der Scheibe aus gesehen, nach außen entfernen *(Abb. 119.2)*. Deshalb übt der Stopfen auf die Scheibe eine Kraft aus, die nach außen zeigt. Die reactio der Scheibe, die *Haftreibungskraft* F_h, ist zum Mittelpunkt M gerichtet und zwingt den Stopfen auf die Kreisbahn um M, falls ihr Maximalwert $F_{h,max} = f_h \cdot F_N$ größer als die nötige Zentripetalkraft F_z ist. Hier wird F_z von der Haftreibung geliefert (Aufgabe 3).

b) Beispiel a kann auf ein Fahrzeug übertragen werden, das eine nicht überhöhte Kurve durchfährt. Die Räder rollen zwar in der Bewegungsrichtung ab, erfahren aber trotzdem quer dazu eine Haftreibungskraft zum Kurvenmittelpunkt, wenn das Fahrzeug nicht schleudert (Aufgabe 4).

> **Bedingung für das Durchfahren einer nicht überhöhten Kurve:**
>
> $$F_{h,max} = f_h \cdot G \geqq F_z = \frac{mv^2}{r}. \qquad (120.1)$$

c) Versuch 68: Das für Beispiel g benutzte Glasgefäß rotiert ohne Wasser schnell um seine vertikale Achse. Wenn man an die Innenwand eine Streichholzschachtel im Drehsinn wirft, kreist diese mit, ohne herabzufallen. — Der *Rotor* auf einem Volksfest ist eine große, ebenfalls um seine vertikale Achse drehbare Trommel von etwa 4 m Durchmesser *(Abb. 121.1)*. Bei schneller Rotation werden Personen an die Wand gepreßt. Sie bleiben hängen, auch wenn sich der Boden senkt. Wegen ihres Beharrungsvermögens würden sie an sich tangential weiterfliegen *(Abb. 119.2)* und verformen deshalb etwas die Wand durch eine auf diese nach außen wirkende Normalkraft F_N (Angriffspunkt: Wand). Die verformte Wand wirkt auf die Person nach innen durch die reactio $\vec{F}_z = -\vec{F}_N$ (Angriffspunkt: Person). Diese reactio $\vec{F}_z$ gibt die für die Kreisbewegung nötige Zentripetalkraft $\vec{F}_z$; $\vec{F}_z$ und Normalkraft $\vec{F}_N$ haben also hier den gleichen Betrag. Die Haftreibungskraft $\vec{F}_h$ zwischen Person und Wand hält der Gewichtskraft $\vec{G}$ das Gleichgewicht und verhindert so das Abgleiten, wenn G kleiner ist als der Maximalwert $F_{h,max} = f_h \cdot F_z$ (Aufgabe 7). Im Gegensatz zu Versuch 67 wird die Normalkraft F_N nicht von der Gewichtskraft G, sondern vom Beharrungsvermögen der Person geliefert, die auf die Kreisbahn gezwungen ist. Man berechnet deshalb F_N aus F_z.

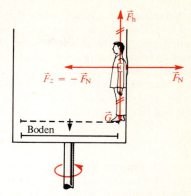

121.1 Auf die rotierende Person wirkt als resultierende Kraft nur noch $\vec{F}_z$.

d) Man kann ein mit Wasser gefülltes Glas in einem *vertikalen* Kreis schleudern; im obersten Punkt der Kreisbahn zeigt seine Öffnung nach unten. Das Wasser fließt trotzdem nicht aus, wenn die von der Gewichtskraft G erzeugte Fallbeschleunigung g kleiner als die im höchsten Punkt auftretende Zentripetalbeschleunigung a_z ist. Man braucht dann zusätzlich zur Gewichtskraft des Wassers noch die Zugkraft des Arms nach unten, um das Wasser auf die Kreisbahn zu zwingen, um also die nötige Zentripetalkraft $F_z = m \cdot a_z > G = m \cdot g$ aufzubringen (Aufgabe 5). — Analoge Überlegungen gelten für einen *Todesfahrer*, der in einer Kugel vertikale Kreise durchfährt.

e) Versuch 69: Der **Drehfrequenzregler** nach *Abb. 121.2* besteht aus zwei schweren Kugeln. Versetzt man ihn in schnelle Rotation, so heben sich die Kugeln. Ein an der inneren Führung A angebrachtes Gestänge schließt dabei ein Dampfventil teilweise; die Dampfturbine und der von ihr angetriebene Regler werden langsamer, seine Kugeln senken sich ein wenig, und das Dampfventil wird etwas weiter geöffnet. So kann man die Drehfrequenz f auf den gewünschten Bereich einregeln. Dann bildet die Stange der Länge l mit der Vertikalen den Winkel φ. Die Stange hält die Kugel durch die schräg nach oben von der Aufhängung aufgebrachte Kraft F. Da sich die Kugel weder hebt noch senkt, muß diese Kraft $\vec{F}$ einen solchen Betrag haben, daß ihre *vertikale Komponente* $F_v = F \cdot \cos \varphi$ der Gewichtskraft G der Kugel das Gleichgewicht hält ($F_v = G$); wir brauchen also F_v und G nicht mehr zu beachten, wohl aber die zweite Komponente von $\vec{F}$, nämlich $\vec{F}_z$. *Sie bleibt von den äußeren, an der Kugel angreifenden Kräften übrig und ist horizontal zum Mittelpunkt der Kreisbahn gerichtet, erteilt also die nötige Zentripetalkraft*; deshalb wurde die horizontale Komponente von $\vec{F}$ mit $\vec{F}_z$ bezeichnet. Es gilt $F_z = F_v \cdot \tan \varphi = G \cdot \tan \varphi$.

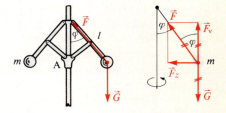

121.2 Drehfrequenzregler (Zentrifugalregulator). Die Resultierende der äußeren Kräfte $\vec{F}$ und $\vec{G}$ ist $\vec{F}_z$.

f) Ein **Radfahrer** durchfährt eine horizontale Kreisbahn in einer Rechtskurve, nachdem er das Vorderrad nach rechts eingeschlagen hat *(Abb. 121.3)*. Würde er dabei aufrecht bleiben, so bewegte sich sein Schwerpunkt S nach dem Trägheitssatz geradlinig weiter, und der Fahrer kippte nach links. Um dies zu vermeiden, hat er sich um den Winkel φ gegen

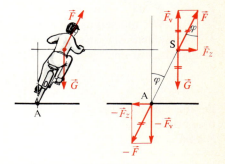

121.3 Radfahrer in der Rechtskurve. Die Resultierende der äußeren Kräfte $\vec{F}$ und $\vec{G}$ ist $\vec{F}_z$. Unten: Die Kräfte im Auflagepunkt A.

die Vertikale nach „innen" geneigt (hierin besteht die Kunst beim Radfahren!). Beim *Geradeausfahren* wird der Gewichtskraft $\vec{G}$ des aufrechten Fahrers, die im Schwerpunkt S nach *unten* angreift, das Gleichgewicht gehalten durch eine von der Straße im Auflagepunkt A nach *oben* gerichtete reactio $\vec{F}'$. In der Rechtskurve zeigt eine solche reactio $\vec{F}$ der Straße von A nach S *schräg nach oben*. Ihre *vertikale* Komponente $\vec{F}_v$ muß so groß sein, daß sie der Gewichtskraft $\vec{G}$ das Gleichgewicht hält ($F_v = G$). Dann behält der Schwerpunkt S des Fahrers seine Höhe; er fällt nicht. *Die Horizontalkomponente $\vec{F}_z$ ist nunmehr die einzige an S angreifende äußere Kraft*; sie erteilt dem Fahrer die zur Kreisbewegung nötige Zentripetalkraft und ist deshalb mit F_z bezeichnet. Es gilt $F_z = F_v \cdot \tan \varphi$. Für den Neigungswinkel φ gilt:

$$\tan \varphi = \frac{F_z}{G} = \frac{m \cdot v^2}{r \cdot m \cdot g} = \frac{v^2}{r \cdot g}.$$

$\vec{F}$ hat den gleichen Betrag wie die Kraft $-\vec{F}$, mit der das Rad in A auf den Boden wirkt ($\vec{F}$ ist ja die reactio des Bodens auf $-\vec{F}$). Die vertikale Komponente $-\vec{F}_v$ von $-\vec{F}$ hat den Betrag $F_v = G$. Als Normalkraft bestimmt sie die maximale Haftreibungskraft $F_{h,\max} = f_h \cdot G$. Das Rad rutscht in A seitlich nicht weg, wenn $F_{h,\max}$ größer ist als die Horizontalkomponente von $-\vec{F}$, welche den Betrag F_z hat. Man durchfährt die Kurve sicher, wenn gilt:

$$f_h = \frac{F_{h,\max}}{G} > \frac{F_z}{G} = \tan \varphi, \quad \text{also} \quad \tan \varphi < f_h.$$

g) Versuch 70: Ein mit Wasser gefülltes, zylindrisches Gefäß wird nach *Abb. 122.1* um seine vertikale Achse gedreht. Die Wasserteilchen kommen durch Reibung allmählich in Bewegung; wegen ihres Beharrungsvermögens laufen sie jedoch – soweit möglich – tangential weiter. Deshalb hebt sich der Wasserspiegel am Rande und sinkt in der Mitte ab. Im Punkt A bildet die Oberfläche im *stationären Zustand*[1]) eine schiefe Ebene mit dem Neigungswinkel φ gegen die Horizontale. An der Stelle H mit horizontaler Oberfläche sinkt ein Teilchen nicht ab, weil seiner Gewichtskraft G eine reactio $F' = G$ der darunterliegenden Wasserteilchen das Gleichgewicht hält. Bei geneigter Oberfläche hat diese reactio den Betrag F und steht senkrecht zur Oberfläche. Andernfalls würden sich die Teilchen parallel zur Oberfläche verschieben. Nun hält die vertikale Komponente $\vec{F}_v$ von $\vec{F}$ der Gewichtskraft $\vec{G}$ das Gleichgewicht

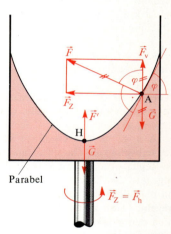

122.1 Im rotierenden Gefäß bildet die Wasseroberfläche ein Rotationsparaboloid.

($F_v = G$). Wir müssen als einzige äußere Kraft nur noch die Horizontalkomponente von $\vec{F}$, also $\vec{F}_z$, betrachten. Sie ist zum Mittelpunkt der Kreisbahn gerichtet und liefert die nötige Zentripetalkraft. Für den Neigungswinkel φ gilt:

$$\tan \varphi = \frac{F_z}{G} = \frac{4\pi^2 m \cdot r}{m \cdot g \cdot T^2} = \frac{4\pi^2 \cdot r}{g \cdot T^2}.$$

Da die Umlaufdauer T unabhängig vom Radius r für alle Teilchen gleich groß ist, nimmt $\tan \varphi$ proportional mit r zu. Dies ist genau bei einer Parabel der Fall; es entsteht ein *Rotationsparaboloid*.

---

[1]) Wenn sich die Oberfläche eingestellt hat, verschieben sich die Wasserteilchen nicht mehr gegeneinander; man spricht von einem *stationären Zustand*. Doch handelt es sich dabei nicht um ein Gleichgewicht, da die Teilchen eine Zentripetalbeschleunigung a_z erfahren. $\vec{a}_z$ kommt nach *Abb. 122.1* durch $\vec{F}_z$, das heißt die Resultierende der am Wasserteilchen angreifenden äußeren Kräfte $\vec{G}$ und $\vec{F}$ (reactio der darunterliegenden Wasserteilchen), zustande.

§ 25 Zentripetalbeschleunigung und Zentripetalkraft

Aufgaben:

1. Zeigen Sie, daß in Gl. (118.1) und (118.2) die Kraft die Maßbezeichnung kg m/s^2 = N erhält!

2. Ein Stein (0,20 kg) wird immer schneller an einer 50 cm langen Schnur in einem horizontalen Kreis geschleudert. Bei welcher Drehfrequenz reißt sie, wenn sie maximal 100 N aushält?

3. Bei welcher Drehfrequenz f fliegt der Körper (30 g), der 20 cm von der Achse der Scheibe nach Abb. 119.3 entfernt liegt, weg, wenn die Haftreibungszahl $f_h = 0,40$ ist? Würde er bei einer Bahngeschwindigkeit von 1,0 m/s liegen bleiben? Hängt das Ergebnis von der Masse m ab?

4. Welche Geschwindigkeit darf ein Auto in einer nicht überhöhten, ebenen Kurve von 100 m Radius höchstens haben, wenn es bei der Haftreibungszahl $f_h = 0,70$ nicht rutschen soll?

5. Eine Milchkanne wird in einem vertikalen Kreis mit Radius 1,0 m geschwungen. Wie groß muß die Geschwindigkeit im höchsten Punkt mindestens sein, damit keine Milch ausläuft? Wie schnell ist dann die Kanne im tiefsten Punkt, wenn der Schleudernde keine Arbeit verrichtet? Mit welcher Kraft muß er die Kanne (2,0 kg) im tiefsten beziehungsweise höchsten Punkt halten?

6. Bei der Schleifenbahn nach Abb. 123.1 hat der Kreis den Radius 10 cm. Wie schnell muß eine Kugel im höchsten Punkt B sein, damit sie auf der Bahn bleibt? — Wie schnell ist sie dann im tiefsten Punkt C (ohne Reibung)? In welcher Höhe h auf der Beschleunigungsstrecke (Punkt A) muß man hierzu die Kugel loslassen?

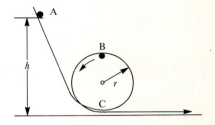

123.1 Zu Aufgabe 6

7. Von welcher Drehfrequenz ab bleibt eine Person (75 kg) an der Wand des Rotors nach Abb. 121.1 hängen, wenn dieser 4,2 m Durchmesser hat und $f_h = 0,50$ ist? (Der Schwerpunkt der Person habe von der Wand 10 cm Abstand.)

8. Von welcher Drehfrequenz ab könnte die Achse des Rotors nach Abb. 121.1 horizontal gelegt werden, ohne daß die Personen im höchsten Punkt herabfallen, wenn der Rotordurchmesser 5,2 m beträgt? Welche Kraft übt bei dieser Drehfrequenz der Rotor im tiefsten Punkt auf eine Person (75 kg) nach oben aus?

9. Eine Wäscheschleuder mit 30 cm Radius dreht sich 40mal je Sekunde. Durch welche Kraft muß ein Wasserteilchen von 1 g Masse vom Gewebe festgehalten werden, damit es nicht tangential wegfliegt?

10. Welchen Radius hat der Breitenkreis für 50° (Erdradius 6370 km)? Wie groß ist die Winkelgeschwindigkeit der Erdrotation? Welche Zentripetalkraft ist nötig, damit ein Körper der Masse 1,0 kg unter 50° Breite an der Erdrotation teilnimmt?

11. a) Ein Rennwagen durchfährt eine nicht überhöhte Kurve von 100 m Radius; ein zweiter eine Kurve mit 110 m Radius mit gleicher Bahngeschwindigkeit. Bei welchem ist die Gefahr zu schleudern größer?
b) Nach Abb. 119.3 ist ein Körper 10 cm, ein zweiter, gleicher, 20 cm von M entfernt. Welcher fliegt bei wachsender Winkelgeschwindigkeit der Scheibe zuerst weg?

12. Um welchen Winkel muß sich ein Radfahrer gegen die Vertikale neigen, wenn er mit 18 km/h ein Kreisstück mit 10 m Radius durchfährt? Wie groß muß die Haftreibungszahl f_h mindestens sein, damit das Rad bei waagerechtem Boden nicht rutscht? Wie stark müßte die Bahn geneigt sein, damit auch bei glattem Boden keine Rutschgefahr besteht? — Wie groß ist dann die Kraft F, die das Rad (Gesamtmasse 100 kg) auf den Boden ausübt? — Wer bei schneller Geradeausfahrt in eine Rechtskurve steuern will, lenkt das Vorderrad zunächst ein wenig nach links. Warum? (Man denke an die Verschiebung des Schwerpunkts!).

13. Welchen Radius hat ein Radfahrer bei 36 km/h mindestens einzuhalten, damit er bei $f_h = 0,50$ nicht ausgleitet, wenn der Boden waagerecht ist? Um welchen Winkel muß das Rad geneigt sein?

14. Wie stark muß die äußere Schiene überhöht sein, damit ein Zug mit 216 km/h *in der Kurve von* 900 m *Radius senkrecht auf die Verbindungslinie der beiden Schienen drückt, so daß jegliche Kipp- und Schleudergefahr ausgeschlossen ist? (Spurweite* 1 435 mm.*)*

15. *Warum nimmt beim Drehfrequenzregler nach Abb.* 121.2 *der Winkel zu, wenn die Drehfrequenz f wächst? Wie groß ist die Drehfrequenz, wenn die Stangen die Länge* $l = 20$ cm *haben und der Winkel* $\varphi = 30°$ *beträgt?*

16. a) *Eine Glasschale in Halbkugelform* ($l = 10$ cm *Radius) rotiert um ihre vertikale Achse 5mal je Sekunde. In ihr kreist eine kleine Kugel mit; welche Höhe über dem tiefsten Punkt nimmt sie ein?*
b) *Zeigen Sie, daß bei* $\omega < \sqrt{g/l}$ *die Kugel im tiefsten Punkt liegen bleibt (beachten Sie, daß* $\cos \varphi \leq 1$ *ist)!*

17. *Nehmen Sie an, Abb.* 122.1 *sei im Maßstab* 1:1. *Wie groß muß dann die Drehfrequenz des Gefäßes sein? Spielt die Masse des Flüssigkeitsteilchens und die Dichte der Flüssigkeit eine Rolle? — Wie groß ist die Winkelgeschwindigkeit des rotierenden Gefäßes?*

§ 26 Trägheitskräfte; die Zentrifugalkraft

1. Beobachtungen in beschleunigten Bezugssystemen

Autos, Aufzüge, Raketen und so weiter fahren meist mit großer Beschleunigung an oder bremsen schnell ab. Die Insassen beobachten dabei Kräfte, die man von Inertialsystemen her (Seite 33) nicht kennt: In einem Schnellbahnzug steht vor einem Reisenden ein reibungsfrei beweglicher Gepäckkarren. Der Zug fährt mit der Beschleunigung $\vec{a}$ nach rechts an (siehe den Modellversuch in *Abb. 124.1*). Ein *außenstehender Beobachter*, der in einem *Inertialsystem* ruht, sieht, daß der Karren wegen seiner Trägheit relativ zu den Geleisen in Ruhe bleibt. Der Mitreisende jedoch bewegt sich beschleunigt auf den Karren der Masse m zu. Der Karren wird erst dann beschleunigt, wenn auf ihn der Reisende die Muskelkraft $\vec{F} = m \cdot \vec{a}$ nach rechts ausübt. So beschrieben wir bisher mechanische Vorgänge von Inertialsystemen aus. Der *beschleunigt anfahrende* Reisende kann — wenn er will — den Vorgang anders deuten: Wenn er vom Anfahren des Zuges und damit seiner eigenen Beschleunigung absieht, so beschreibt er den Vorgang von seinem beschleunigten System aus, das kein Inertialsystem ist. Er sagt, der Karren rolle auf ihn zu, von einer zunächst noch unbekannten, nach links gerichteten Kraft $\vec{F}^*$ beschleunigt *(Abb. 124.1)*. Diese Kraft kann der Reisende messen, indem er den Karren relativ zu sich in „Ruhe" hält. Hierzu muß er auf ihn die schon oben besprochene, nach *rechts* gerichtete Muskelkraft $\vec{F} = m \cdot \vec{a}$ ausüben. Er sagt, am Karren halten sich $\vec{F}$ und $\vec{F}^*$ das Gleichgewicht $(\vec{F} + \vec{F}^* = 0)$ und berechnet $\vec{F}^*$ zu

$$\vec{F}^* = -\vec{F} = -m \cdot \vec{a}. \tag{124.1}$$

124.1 Wenn die Hand die Glasplatte schnell nach rechts zieht, glaubt der mitbeschleunigte Beobachter, der Karren würde auf ihn zufahren und die Kraft $\vec{F}^*$ erfahren.

Die neu eingeführte Kraft $\vec{F}* = -m \cdot \vec{a}$ zeigt nach *links* und rührt offensichtlich davon her, daß der Karren träge ist und ohne die vom Reisenden ausgeübte Muskelkraft $\vec{F}$ relativ zum beschleunigten System zurückbleiben würde. Man nennt deshalb $\vec{F}*$ **Trägheitskraft** und kennzeichnet sie mit einem Stern. Wir kennen keinen Körper, der diese Trägheitskraft auf den Karren ausübt und eine reactio zu ihr erfährt[1]). Der Beobachter im Inertialsystem darf Trägheitskräfte nicht einführen; er darf zum Beispiel nicht $\vec{F}*$ mit der vom Reisenden ausgeübten Muskelkraft $\vec{F}$ ins Gleichgewicht setzen. Sonst könnte er nicht verstehen, warum im Inertialsystem der Karren in der Fahrtrichtung beschleunigt wird, wenn auf ihn die Muskelkraft $\vec{F}$ wirkt.

Man kann Vorgänge auch von einem System aus betrachten, das gegen ein Inertialsystem die Beschleunigung $\vec{a}$ erfährt und dabei von dieser Beschleunigung $\vec{a}$ absehen. Dann hat man die Trägheitskräfte

$$\vec{F}* = -m \cdot \vec{a} \qquad (125.1)$$

einzuführen, die an den Körpern der Masse m angreifen.

Die Trägheitskräfte sind der Beschleunigung $\vec{a}$ entgegengerichtet und beschreiben das Beharrungsvermögen der Körper relativ zum beschleunigten System.

Ein Körper ist relativ zum beschleunigten System in Ruhe, wenn der Trägheitskraft durch äußere Kräfte das Gleichgewicht gehalten wird.

Mit der Trägheitskraft wird der Trägheitssatz auch im beschleunigten System wieder anwendbar.

2. Die Trägheitskraft im Aufzug

a) In einem ruhenden Aufzug hängt ein Wägestück von 1 kg Masse an einem Kraftmesser. Dieser zieht mit der Kraft $F_1 = 9,81$ N nach oben und hält so der Gewichtskraft G das Gleichgewicht *(Abb. 125.1a)*. Wir sind in einem Inertialsystem. Dies gilt, auch wenn sich der Aufzug mit konstanter Geschwindigkeit bewegt. Kräfte treten nach $F = m \cdot a$ erst bei Beschleunigungen auf.

b) Nun fahre der Aufzug mit der Beschleunigung $a = 2$ m/s² nach *oben*. Der Kraftmesser zeigt jetzt eine um 2 N größere Kraft $F_2 = G + 2$ N. Dies kann man verschieden deuten:

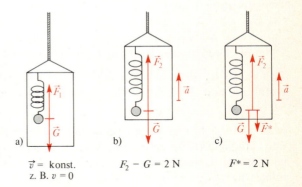

125.1 Kräfte im Aufzug:
a) unbeschleunigt,
b) nach oben beschleunigt, Kräfte von einem Inertialsystem aus beurteilt,
c) nach oben beschleunigt; der Mitfahrer führt die abwärts gerichtete Trägheitskraft $\vec{F}*$ ein.

α) Ein *außenstehender Beobachter* sagt von seinem *Inertialsystem* aus, das Wägestück wird auch beschleunigt, und zwar durch die zusätzliche, nach oben gerichtete Kraft $F = F_2 - G = m \cdot a = 2$ N *(Abb. 125.1b)*.

---

[1]) Natürlich erfährt der Reisende die reactio $-\vec{F}$ des Karrens auf seine Muskelkraft $\vec{F}$; diese reactio greift am Reisenden, die Trägheitskraft $\vec{F}*$ jedoch am Karren an. Deshalb darf man die beiden Kräfte $-\vec{F}$ und $\vec{F}*$ nicht verwechseln!

β) Der *mitbeschleunigte Beobachter* kann von der Beschleunigung des Wägestücks absehen, zumal es relativ zu ihm in Ruhe ist. Um den Trägheitssatz zu „retten", führt er die nach unten gerichtete Trägheitskraft $\vec{F}^* = -m \cdot \vec{a}$ ein, die der zusätzlichen, am Kraftmesser abgelesenen, nach oben zeigenden Kraft $F = 2$ N das Gleichgewicht hält *(Abb. 125.1 c)*.

Die Trägheitskraft $\vec{F}^*$ gibt an, daß das Wägestück infolge seiner Trägheit gegenüber dem nach oben beschleunigten Aufzug zurückbleiben „will". Der mitbeschleunigte Beobachter kann die bekannte unangenehme Empfindung in seiner Magengegend als Wirkung dieser Trägheitskraft deuten; er glaubt, schwerer geworden zu sein.

c) Der Aufzug fahre beschleunigt nach *unten*. Für einen *mitbeschleunigten Beobachter* scheinen die Körper um die jetzt nach *oben* gerichtete Trägheitskraft leichter zu sein; sie ziehen nicht mehr so stark am Kraftmesser. — Fällt der Aufzug gar *frei* nach unten, das heißt mit der Fallbeschleunigung $\vec{a} = \vec{g}$, so ist die Trägheitskraft

$$\vec{F}^* = -m \cdot \vec{a} = -m \cdot \vec{g} = -\vec{G}.$$

Sie hat dann den gleichen Betrag wie die Gewichtskraft, zeigt aber nach oben. Gewichts- und Trägheitskraft halten sich für einen mitbeschleunigten Beobachter das Gleichgewicht. Die Körper erscheinen *schwerefrei*: $\vec{F}^* + \vec{G} = 0$; sie ziehen nicht mehr am Kraftmesser. So kann man den **schwerefreien Zustand** in einer Raumkapsel, die im Vakuum kräftefrei auf die Erde zustürzt, verstehen (über *Erdsatelliten* Seite 146). — Für einen *außenstehenden Beobachter* fallen Raumkapsel und Insassen mit der gleichen Beschleunigung zur Erde; ihre Gewichtskräfte werden voll zum Beschleunigen gebraucht. Deshalb können die Insassen keine Kräfte mehr auf den Boden ausüben und schweben relativ zur beschleunigt fallenden Kapsel. — Wir stellen die beiden verschiedenartigen Betrachtungsweisen dynamischer Vorgänge einander gegenüber:

Dynamische Probleme kann man auf mehrere Arten beschreiben:

Von einem *Inertialsystem* aus darf man nur die von außen auf die Körper wirkenden Kräfte einführen und muß von den Trägheitskräften absehen. Dies entspricht der *Newtonschen Mechanik*.

Man kann sich aber auch (wenigstens in Gedanken) in ein beschleunigtes System begeben und Trägheitskräfte einführen. Wenn diesen durch die äußeren Kräfte das Gleichgewicht gehalten wird, sind die Körper relativ zum beschleunigten System und damit zum Beobachter unbeschleunigt. Der Trägheitssatz ist dann wieder anwendbar.

---

3. Die Zentrifugalkraft

Ein Auto durchfährt eine Rechtskurve. Ein *außenstehender Beobachter* sagt, die linke Fahrzeugwand wird zum Kreismittelpunkt hin beschleunigt. Sie erteilt einem an sie gelehnten Insassen die für die Kreisbewegung nötige Zentripetalbeschleunigung $a_z = v^2/r$. — Der *Insasse* kann den Vorgang vom beschleunigten System aus beschreiben; er empfindet sein Beharrungsvermögen deutlich und kann es als Wirkung einer Trägheitskraft $\vec{F}^*$, der sogenannten **Zentrifugalkraft** oder **Fliehkraft**

$$\vec{F}_z^* = -m \cdot \vec{a}_z = -\vec{F}_z$$

deuten. Sie ist der Zentripetalkraft $\vec{F}_z$ entgegengesetzt, das heißt nach außen, gerichtet. $\vec{F}_z{}^*$ und F_z setzt der Kurvenfahrer miteinander ins Gleichgewicht ($\vec{F}_z{}^* + \vec{F}_z = 0$); er ist dann relativ zum Fahrzeug — oder zum Karussell — in Ruhe, falls sonst keine äußere Kraft auf ihn wirkt.

Ein auf einer Kreisbahn bewegter Beobachter kann sein Beharrungsvermögen deuten als nach außen gerichtete Zentrifugalkraft vom Betrage

$$F_z{}^* = \frac{m \cdot v^2}{r} = \frac{4\pi^2 m \cdot r}{T^2}. \tag{127.1}$$

Die Zentrifugalkraft hält der die Zentripetalkraft $\vec{F}_z = -\vec{F}_z{}^*$ ausübenden Kraft das Gleichgewicht; der Beobachter betrachtet sich als unbeschleunigt.

---

4. Beispiele

a) In einem mit der Beschleunigung a anfahrenden Zug hängt ein Lot von der Decke herab. An der Bleikugel greifen nach *Abb. 127.1a* die Gewichtskraft $\vec{G}$ und — vom mitbeschleunigten Beobachter aus gesehen — die Trägheitskraft $\vec{F}^* = -m \cdot \vec{a}$ an. Der Faden stellt sich längs der Resultierenden $\vec{F}$ beider Kräfte ein. Ihr hält die Aufhängung durch die reactio $-\vec{F}$ das Gleichgewicht. — Der Beobachter eines *Inertialsystems* sagt, diese meßbare reactio $-\vec{F}$ und die Gewichtskraft $\vec{G}$ geben als Resultierende der äußeren Kräfte die beschleunigende Kraft $\vec{F}_b$ in der Beschleunigungsrichtung des Zugs *(Abb. 127.1b)*.

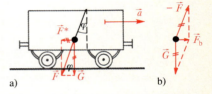

127.1 Pendel in einem nach rechts beschleunigten Zug:
a) der Mitfahrer führt die Trägheitskraft $\vec{F}^*$ ein,
b) von einem Inertialsystem aus betrachtet.

b) Im Beispiel d von Seite 121 fließt im höchsten Punkt kein Wasser aus dem Glas, wenn dort die Zentrifugalkraft $F_z{}^* > G$ ist. — Beim Volksfest kann man sich auf einem vertikalen Kreis herumschleudern lassen. Dabei muß im höchsten Punkt die nach oben gerichtete Zentrifugalkraft $F_z{}^*$ größer als die Gewichtskraft G sein. Die Resultierende $\vec{F} = \vec{G} + \vec{F}_z{}^*$ aus beiden ist nach *oben* gerichtet. Sie greift am Gleichgewichtsorgan im Innenohr an; deshalb hat man auch im höchsten Punkt der Bahn das Gefühl, „unten" zu sein, man glaubt, die gegenüberliegenden Mitfahrer seien stets „oben". Würde man dort die Fallbeschleunigung messen, so erhielte man nicht den Wert $\vec{g} = \vec{G}/m$ sondern $\vec{g}^* = \vec{F}/m = (\vec{G} + \vec{F}_z{}^*)/m$.

c) Eine Flüssigkeit der Dichte ϱ_{Fl} enthalte Teilchen mit der größeren Dichte ϱ'. Diese haben das Volumen V; sie erfahren neben ihrer Gewichtskraft $G = m \cdot g = V \cdot \varrho' \cdot g$ die Auftriebskraft $F_A = V \cdot \varrho_{Fl} \cdot g$ (F_A ist nach *Archimedes* gleich dem Gewicht der verdrängten Flüssigkeit). Die Teilchen sinken in der Flüssigkeit um so schneller, je größer die Differenzkraft

$$F = G - F_A = V \cdot (\varrho' - \varrho_{Fl}) \cdot g$$

ist. Bei geringem Dichteunterschied wird die Flüssigkeit nur langsam von den Teilchen getrennt. Im rotierenden System einer **Zentrifuge** hat nach Beispiel b die Fallbeschleunigung den Wert $\vec{g}^* = \vec{F}/m = (\vec{G} + \vec{F}_z{}^*)/m$. Bei sehr schneller Rotation ist $\vec{F}_z{}^* \gg \vec{G}$; $\vec{g}^*$ zeigt fast senkrecht von der Achse weg nach außen. Bei der sogenannten **Ultrazentrifuge** (etwa 1000 Umdrehungen je Sekunde!) ist $g^* \approx 10^6$ m/s^2; die Entmischung von Flüssigkeiten und den in ihnen suspendierten Teilchen erfolgt 10^5mal so schnell wie bei ruhigem Stehen.

5. Rückblick

Trägheits-, insbesondere Zentrifugalkräfte, kennt man von Fahrzeugen und Volksfestvergnügungen her. Doch haben diese Kräfte in der *Newtonschen Mechanik*, die Vorgänge stets vom *Inertialsystem* aus beschreibt, keinen Platz und führen zu Widersprüchen. Sie lösen sich für einen mitbeschleunigten Beobachter. Dabei drängt sich die Frage auf, ob es nun die Zentrifugalkraft „*an sich*", also „*wirklich*", gibt. Diese Frage wird gegenstandslos, wenn man bedenkt, daß Kräfte *beim gedanklichen Lösen von Problemen* genauso *Begriffe*, also Gedankenkonstruktionen, sind wie die Begriffe Masse, Dichte, Impuls und so weiter. Man hat diese Begriffe eingeführt, um die Natur richtig und widerspruchsfrei zu beschreiben. Dabei muß man sich an die „Spielregeln" halten, die bei der Definition der Begriffe eingeführt wurden. Eine dieser „Spielregeln" lautet, daß der Trägheitssatz zunächst nur in einem Inertialsystem gilt. Wendet man ihn in einem rotierenden System an, obwohl es beschleunigt ist, so muß man als „Korrektur" die Zentrifugalkraft einführen.

Aufgaben:

1. *Eine Person* (75 kg) *steht in einem Aufzug auf einer Waage, die Kräfte durch Federdehnung anzeigt. Wie bewegt sich der Fahrstuhl, wenn man* 650 N, *wie wenn man* 800 N *abliest (suchen Sie jeweils zwei verschiedene Bewegungsmöglichkeiten!)? Ist der Fahrstuhl „in Ruhe", wenn die Waage* 750 N *anzeigt* ($g = 10$ m/s²)? *Was würde eine große Tafelwaage anzeigen, auf der die Person durch Wägestücke im unbeschleunigten Zustand austariert wurde?*

2. *Welche Trägheitskraft wirkt auf einen Weltraumfahrer, dessen Rakete mit* 3 g *beschleunigt wird?* ($g = 10$ m/s².)

3. *Bei einem Unfall kommt ein Fahrzeug von* 108 km/h *Geschwindigkeit auf* 2,0 m *Weg zum Stehen. Welche Trägheitskraft wirkt im Durchschnitt auf einen festgeschnallten Mitfahrer?*

4. *Entwickeln Sie mit Hilfe von zwei Kraftmessern und einem reibungsfrei gleitenden Körper ein Gerät, das auf waagerechter Straße die Anfahr- und Bremsbeschleunigung im Innern eines Autos mißt!*

5. *In einem mit* 5 m/s² *anfahrenden Auto hängt ein Lot. In welcher Richtung und um welchen Winkel wird es aus der Vertikalen abgelenkt?*

6. *Ein Zug durchfährt mit* 72 km/h *eine Kurve von* 500 m *Radius. Um welchen Winkel neigt sich im Innern ein aufgehängtes Lot gegen die Vertikale?*

7. *Lösen Sie die Beispiele von Seite 120 bis 122 mit Hilfe der Zentrifugalkraft, indem Sie diese zu den äußeren Kräften vektoriell addieren!*

8. *Auf einem Volksfest rotieren Personen in einem vertikalen Kreis. — Zeichnen Sie oben, unten und in halber Höhe die Resultierende aus Zentrifugal- und Gewichtskraft! Warum hat man das Gefühl, in einer Gartenschaukel zu liegen, die etwas hin- und herschwingt (siehe Beispiel b Seite 127).*

9. *Mit welcher Verzögerung darf ein Auto höchstens bremsen, wenn ein auf dem waagerechten Boden liegender Körper nicht nach vorne rutschen soll (Haftreibungszahl $f_h = 0{,}50$)?*

10. *Im höchsten Punkt eines großen Globus vom Radius R wird ein kleines, reibungsfreies Wägelchen losgelassen. Zeigen Sie, daß es nach Durchlaufen des Bogens mit dem Winkel α die Geschwindigkeit $v = \sqrt{2gR(1 - \cos \alpha)}$ hat und daß es sich beim Winkel α_0 vom Globus löst, wenn $\cos \alpha_0 = 2/3$ ist!*

11. *Eine schwere Kugel hängt an einem masselosen Faden der Länge l und wird so angestoßen, daß sie einen horizontalen Kreis vom Radius r beschreibt. Wenn φ der Winkel ist, um den der Faden dieses Kegelpendels aus der Vertikale ausgelenkt wurde, gilt für die Umlaufdauer $T = 2\pi \sqrt{(l \cdot \cos \varphi)/g}$. Zeigen Sie dies! Welche Näherung ist für kleine Werte von φ zulässig?*

Planetenbewegung und Gravitation

§ 27 Beobachtungen am Himmel

1. Der Fixsternhimmel

Wir betrachten in einer klaren mondlosen Nacht den Sternenhimmel. *Abb. 129.1* gibt einen Ausschnitt wieder, wie er sich uns darbieten kann, wenn wir in nördliche Richtung blicken. Da die gegenseitige Lage der meisten Sterne erhalten bleibt, konnte man in die Vielzahl der Sterne etwas Ordnung bringen. Man faßte auffällige Gruppen zu sogenannten *Sternbildern* zusammen. Diese am Himmel scheinbar fest verankerten Sterne nannte man **Fixsterne.** Allerdings ändert sich der Gesamteindruck des Sternhimmels schon nach Stunden. Das Himmelsgewölbe dreht sich als Ganzes in einer Stunde um 15° gegen den Uhrzeigersinn um einen Punkt am nördlichen Himmel, den *Himmelspol*. Nur 1° neben diesem Punkt befindet sich ein heller Stern, der **Polarstern,** den man meist stellvertretend als den Himmelspol ansieht. Besonders eindrucksvoll stellt sich die Drehung des Fixsternhimmels dar, wenn man einen Fotoapparat mit geöffnetem Verschluß einige Stunden gegen den Nachthimmel richtet und dann den Film entwickelt *(Abb. 129.2)*. Die Fixsternbahnen haben sich dann selbst als Teile von konzentrischen Kreisen um den Himmelspol eingezeichnet. *Alle* Kreisbögen besitzen den gleichen Mittelpunktswinkel.

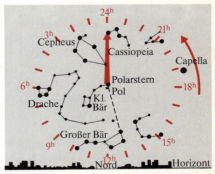

129.1 Sternbilder des nördlichen Himmels

129.2 Bahnen von Zirkumpolarsternen auf einem Foto nach 8-stündiger Belichtung

Fixsterne, die so nahe am Himmelspol liegen, daß ihre ganze Kreisbahn über dem Horizont liegt, heißen **Zirkumpolarsterne.** Ihr Winkelabstand vom Polarstern ist kleiner als der Erhebungswinkel des Polarsterns vom Horizont aus gemessen, die sogenannte **Polhöhe.** Sie beträgt bei uns etwa 50° und nimmt zum Äquator hin auf Null ab. Der Schnitt der Äquatorebene der Erde mit dem Himmelsgewölbe bildet den **Himmelsäquator.** Er teilt den Sternhimmel in eine nördliche und eine südliche Hälfte. Das bekannte *Kreuz des Südens* ist ein helles Sternbild des südlichen Sternhimmels.

Die Bahnen aller übrigen Fixsterne tauchen zu einem mehr oder weniger großen Teil unter den Horizont. Diese Sterne gehen wie die Sonne auf der östlichen Seite des Horizonts auf und gehen auf der westlichen unter. Sie beschreiben jeweils einen Bogen am Himmel, dessen höchster Punkt, der *obere Kulminationspunkt*, auf dem **Meridian** liegt. Der *Meridian* ist ein gedachter Kreis am Himmel, der im *Südpunkt* des Horizonts senkrecht aufsteigt, durch den höchsten Punkt am Himmel, den **Zenit,** geht, zum *Himmelspol* absteigt und den Horizont wieder im Nordpunkt erreicht. Diese Bogen der Fixsterne bleiben das Jahr über gleich.

2. Die Bahn der Sonne vor dem Hintergrund des Fixsternhimmels

Die Bahn der Sonne scheint sehr kompliziert zu sein. Im Sommer beschreibt sie einen ziemlich hohen Bogen am südlichen Himmel, im Winter einen niedrigen. In der Zeit dazwischen läuft sie auf einer Art *Schraubenlinie* mit sehr kleiner Ganghöhe zwischen diesen beiden Extremlagen hin und her. Die Bahn wird viel einfacher, wenn man untersucht, wie sich die Sonne gegenüber dem *Fixsternhimmel* bewegt. Natürlich kann man den Ort der Sonne am Fixsternhimmel nicht durch den Augenschein feststellen. Man kann aber die *Sonnenhöhe* über dem Horizont beim Durchgang durch den Meridian (12 Uhr Ortszeit) messen. Um Mitternacht stellt man fest, welcher Ort am Fixsternhimmel in dieser Höhe auf dem Meridian liegt und trägt ihn in eine Sternkarte ein. Von ihm aus geht man um einen Kreisbogen zurück, der dem scheinbaren Lauf der Fixsterne in 12 Stunden entspricht und findet so den Ort der Sonne zur Zeit der Messung. Voraussetzung ist, daß sich die Fixsternbahnen in der Karte als Kreisbögen darstellen, daß es sich also zum Beispiel um eine solche Projektion handelt wie in *Abb. 129.2*. Solche Messungen ergeben, daß die Sonne jeden Tag um etwa vier Minuten gegenüber dem Fixsternhimmel zurückbleibt. In einem Jahr gibt das einen Tag. Nach einem Jahr ist sie also um 360° zurückgeblieben und befindet sich um 12 Uhr wieder in derselben Höhe über dem Horizont. Das heißt, sie befindet sich wieder an derselben Stelle des Fixsternhimmels. Sie hat während dieser Zeit auf dem Fixsternhimmel einen *Kreis* beschrieben. Auf diesem Kreis liegen die 12 Sternbilder des sogenannten **Tierkreises** recht genau in den zugehörigen 30°-Sektoren. In jedem Monat tritt also die Sonne in ein neues Sternbild dieses *Tierkreises* ein.

Im folgenden betrachten wir, wie sich das Verständnis für diese Beobachtungen im Laufe der Geschichte gewandelt hat.

Aufgaben:

1. *Man suche in einer klaren Nacht den Polarstern und verfolge durch Visieren über einen festen hohen Gegenstand die Bewegung eines anderen Fixsterns! Warum ist für einen Stern in südlicher Richtung diese Beobachtung in kürzerer Zeit durchzuführen?*
2. *Welche Höhe über dem Südhorizont (in Winkelgraden) muß ein bei uns als Zirkumpolarstern dauernd sichtbarer Fixstern mindestens haben?*
3. *Beobachten Sie in mehreren aufeinanderfolgenden Tagen die Bahnen heller Planeten vor dem Fixsternhimmel! (Zu Monatsbeginn kommen in den Tageszeitungen Sternkarten und Angaben, wie man die jeweils sichtbaren Planeten finden kann.)*

§ 28 Das geozentrische System des Ptolemäus

1. Die Hypothesen des geozentrischen Systems

Vor etwa 5000 Jahren begannen *Ägypter*, *Babylonier*, *Chinesen* und *Inder* die Erscheinungen am Himmel systematisch zu beobachten. Die *Griechen* bemühten sich ab 600 v. Chr., diese Erscheinungen zu verstehen. *Aristarch* (um 270 v. Chr.) behauptete, die Fixsterne seien in Ruhe, ihre Bewegung werde nur durch die Rotation der Erde um ihre eigene Achse vorgetäuscht. Doch war die unmittelbare Beobachtung, nach der die Erde ruht und sich die Gestirne bewegen, viel stärker[1]). Noch im 16. Jahrhundert n. Chr. sagte man, daß bei einer (angenommenen) Rotation der Erde von West nach Ost eine Kanonenkugel nach Westen viel weiter fliegen müsse als nach Osten; der Kugel würde während des Flugs das Ziel von Westen her (mit etwa 300 m/s Geschwindigkeit) entgegenkommen (der Trägheitssatz war noch nicht bekannt). So hielten sich über $1\frac{1}{2}$ Jahrtausende die folgenden Hypothesen:

1. Hypothese: Die Erde ruht und stellt den Mittelpunkt der Welt dar. Alle Himmelskörper sind an **Sphären**, das heißt an materielle Hohlkugeln, geheftet. Ihr gemeinsamer Mittelpunkt ist die ruhende Erde; um sie kreisen alle Gestirne täglich einmal. Die Sphäre des *Mondes* ist uns am nächsten; sie wird von der Sphäre, an die der Planet *Merkur* geheftet ist, völlig umschlossen. Nach außen zu folgen die Sphären der *Venus*, der *Sonne*, des *Mars*, des *Jupiter* und des *Saturn*. In diesem **geozentrischen System** (ge, griech.; Erde) kreisen am weitesten entfernt die *Fixsterne*, an ihre eigene Sphäre geheftet, ebenfalls täglich einmal um die Erde.

2. Hypothese: In diesem hierarchisch von unten (Erde) nach oben (Fixsterne) gegliederten System darf keine Sphäre die andern schneiden: Die Sphären gelten als undurchdringlich.

3. Hypothese: Die griechischen Philosophen *Aristoteles* (384 bis 322 v. Chr.) und *Plato* (427 bis 347 v. Chr.) lehrten, daß sich die Himmelkörper auf der vollkommensten aller Bahnen, dem *Kreis*, bewegen müssen, und zwar mit konstantem Betrag der Geschwindigkeit. Diesem rein spekulativen Postulat unterwarfen sich sogar noch *Kopernikus* und *Galilei* (Seite 138); es wurde erst um 1609 von *Kepler* (Seite 137) aufgegeben. Abweichungen vom einfachen Kreis konnte der griechische Astronom *Ptolemäus* um 150 n. Chr. durch komplizierte Zusatzannahmen, zum Beispiel die Überlagerung von Kreisbahnen, leidlich deuten (siehe Ziffer 2). Auf diese Weise rettete er das geozentrische System bis in die Neuzeit; nach ihm heißt es das **Ptolemäische System**.

Das Ptolemäische Weltsystem ist gekennzeichnet durch den geozentrischen Standpunkt und die Überlagerung von Kreisbewegungen für Sonne, Mond und Planeten.

---

4. Hypothese: *Aristoteles* lehrte ferner, daß auf der Erde alle Stoffe aus 4 *Elementen* zusammengesetzt sind, aus der festen *Erde*, dem flüssigen *Wasser*, der gasförmigen *Luft* und dem glühenden *Feuer*. Erde und Wasser streben von sich nach „unten", das heißt zum *Weltzentrum*, Luft und Feuer nach „oben" (siehe Mittelstufe Seite 115); sie kommen dabei „von selbst" zur Ruhe (der Trägheitssatz war nicht bekannt; Seite 32). Demgegenüber sollen die Himmelskörper und ihre Sphären aus einem 5. Element, dem sogenannten „*Äther*", bestehen, der völlig anderen Gesetzen gehorcht als die irdischen Körper. Seine „natürliche Bewegung" sei die gleichförmige, in sich selbst zurücklaufende, ewige Kreisbewegung. Deshalb war es noch für die Zeitgenossen *Keplers* völlig undenkbar, physikalische Gesetze, die auf der Erde gelten, auf die Bewegung der Himmelskörper anzuwenden und diese irgendwie mit der Erde zu vergleichen. Als *Galilei* zum ersten Mal im Fernrohr sah, daß der Mond genauso Gebirge besitzt wie die Erde, glaubte man ihm einfach nicht und weigerte sich, ins Fernrohr zu sehen (Seite 138); die Autorität des *Aristoteles* wurde höher geschätzt als die Beobachtung durch ein Instrument! Heute demonstriert die Weltraumfahrt eindringlich, daß überall die gleichen physikalischen Gesetze gelten.

---

[1]) Früher glaubte man, die Erde sei eine Scheibe, die auf dem Weltmeer schwimme; seit etwa 380 v. Chr. faßte man sie allgemein als Kugel auf und hatte auch erstaunlich richtige Vorstellungen von ihrer Größe: *Eratosthenes* (um 230 vor Chr.) bestimmte den **Erdradius** R nach dem folgenden Prinzip: Er wußte, daß die Sonne bei ihrem höchsten Stand in einem Ort Südägyptens (Syene) genau senkrecht in einem tiefen Brunnen scheint, also in der Verlängerung des dortigen Erdradius im Zenit steht. In dem $b = 5000$ Stadien (800 km) nördlicher liegenden Alexandria bildeten die parallelen Sonnenstrahlen zur gleichen Zeit den Winkel $\varphi = 7\frac{1}{7}° = 0{,}125$ rad mit dem dortigen Erdradius (Zenit). φ ist also auch der Winkel zwischen den beiden Erdradien R. Nach *Abb. 115.1* gilt $\varphi = b/R$ oder $R = b/\varphi \approx 6400$ km (Fertigen Sie eine Skizze!).

2. Die Epizykeltheorie des Ptolemäus

Die Planeten zeigen relativ zu den Fixsternen und auch zur Sonne eine eigentümliche Zusatzbewegung: Sie führen bisweilen eine *Schleife* aus, indem sie gegenüber den Fixsternen „rückläufig" werden. Zur Erklärung nahm *Ptolemäus* an, der Planet P, zum Beispiel die Venus, bewege sich nach *Abb. 132.1* auf einem rot gezeichneten Kreis mit dem Mittelpunkt M, dem sogenannten *Epizykel*, gleichförmig. Dieser Mittelpunkt M beschreibe gleichzeitig den schwarz gezeichneten *Trägerkreis* um die ruhende Erde E, gleichfalls gegen den Uhrzeiger (M_1 bis M_9). Bei geeigneten Annahmen über die Geschwindigkeiten durchläuft dann der Planet P die schwarz gezeichnete Schleifenbahn.

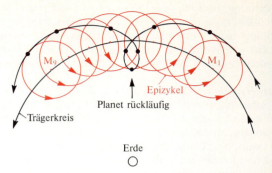

132.1 Nach Ptolemäus bewegt sich ein Planet gleichzeitig auf zwei Kreisen; dies soll seine Schleifenbahn erklären (siehe *Abb. 137.1*; genau genommen soll der Mittelpunkt des Trägerkreises etwas seitlich von der Erde liegen.)

§ 29 Die Kopernikanische Wende

1. Der Übergang vom geozentrischen zum heliozentrischen System

Die der Sonne nahestehenden Planeten *Merkur* und *Venus* sehen wir von der Sonne nie weiter als um $\varphi = 28°$ beziehungsweise 48° entfernt. Deshalb geht die Venus häufig als hell erleuchteter Morgenstern vor der Sonne auf oder nach der Sonne als Abendstern unter. Im *Ptolemäischen System* nahm man deshalb — ohne weitere Begründung — an, daß die Sonne S auf ihrer Sphäre stets genau *hinter* dem Mittelpunkt M des Epizykels von Merkur beziehungsweise Venus stehe, daß also E M S in *Abb. 132.2* eine Gerade sei. Dabei durfte nach der zweiten Hypothese auf Seite 131 diese rot gezeichnete Epizykel die Sonnenbahn nicht schneiden. Nun kannte man zwar genau den Winkel φ, nicht aber die Sternentfernungen. Unter Aufgabe dieser zweiten Hypothese hätte man M unmittelbar in die Sonne S legen

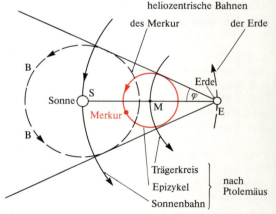

132.2 Wenn man den roten Epizykel des Merkur um die Sonne legt, nähert man sich dem heliozentrischen System. Gestrichelt: heliozentrisch; ausgezogen: geozentrisch.

und die Planeten Venus und Merkur um die Sonne kreisen lassen können (gestrichelter Kreis in *Abb. 132.2*). Dann müßten uns Venus und Merkur ihre voll beleuchtete Seite zeigen, wenn sie bei B stehen (sonst wie der Mond eine Sichelform). Würden sie sich dagegen nach *Ptolemäus* auf ihrem rot gezeichneten Epizykel um M bewegen, so müßten sie uns in kleinem Winkelabstand zur Sonne stets die unbeleuchtete Seite zuwenden. Nun sah *Galilei* im Fernrohr als erster die fast voll beleuchtete Scheibe der Venus wie auch ihre Sichelgestalt und folgerte zutreffend, daß dieser Planet um die Sonne kreist. Er trat entschieden für das **heliozentrische System** ein (helios, griech.; Sonne). Man erhält es in *Abb. 132.2* aber erst, wenn man die beobachtete Bewegung von Sonne, Merkur (und Venus) um die Erde als scheinbar ansieht und diese Bewegung als Folge der Rotation der Erde um ihre Achse und um die Sonne erklärt. Wir sehen an dieser Überlegung, daß man die Beobachtungen am Himmel sowohl heliozentrisch wie auch geozentrisch beschreiben kann. Die Galileischen Beobachtungen konnten noch nicht entscheiden, ob die Sonne täglich um die ruhende Erde kreist und dabei die Venus auf dem gestrichelten Kreis mitnimmt, oder ob sich die Erde um ihre Achse dreht!

2. Das heliozentrische System des Kopernikus

Nikolaus Kopernikus (1473 bis 1543), Domherr von Frauenburg (Ostpreußen), gab in seinem berühmten Werk „*De revolutionibus orbium coelestium*" („Über die Umdrehungen der Himmelssphären"; 1542 gedruckt) den geozentrischen Standpunkt des Ptolemäischen Systems auf; er beließ aber noch die *Kreisbahnen* (3. Hypothese von Seite 131). Seine Thesen leiteten einen bedeutenden Wandel des Weltbilds im Abendland ein und lauten:

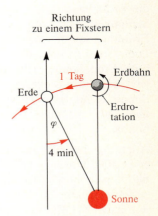

133.1 Der Sonnentag ist etwa 4 min länger als der Sterntag.

a) Die Erde dreht sich täglich einmal um ihre Achse. Für einen Beobachter, der am Nordpol steht, dreht sie sich gegen den Uhrzeiger, wie in *Abb. 133.1* angegeben. Da wir Menschen uns bei der Erdumdrehung mitbewegen, sehen wir alles, was im Weltall um uns ausgebreitet liegt, im Laufe eines Tages nacheinander am Himmel an uns vorüberziehen. **Die tägliche Bewegung der Gestirne ist also nur scheinbar.**

b) Die Erde bewegt sich in einem Jahr streng gleichförmig auf einer Kreisbahn mit dem Mittelpunkt M[1]). *Kopernikus* betrachtete die Sonne als ruhend und (fast) als das Zentrum des Weltalls. Man nennt ein System mit ruhender Sonne **heliozentrisch** (helios, griech.; die Sonne).

Nach 23 h 56 min und 4 s hat sich die Erde gegenüber den sehr weit entfernten Fixsternen einmal um ihre Achse gedreht; man erkennt dies daran, daß die gleichen Fixsterne wieder in derselben Richtung erscheinen *(Abb. 133.1)*. Dann ist ein **Sterntag** verflossen. Da aber die Erde inzwischen auf ihrer Bahn um die Sonne weitergeschritten ist, sehen wir die Sonne erst 3 min und 56 s später, also nach einem **Sonnentag** mit 24 h, in der gleichen Richtung. Diese Differenz wächst in einem Jahr zu einem ganzen Tag an, da sie nach *Abb. 133.1* dem Winkel φ entspricht, der im Jahr zu 360° anwächst.

c) Die Sonne wird auch noch von den anderen Planeten umkreist; **die Erde ist also nur ein Planet unter vielen und hat keine Sonderstellung im Weltall.** Sie nimmt den *Mond* als einzigen natürlichen Satelliten auf ihrer Bahn um die Sonne mit.

> **Kopernikus zeigte, daß man sich die Sonne als ruhend vorstellen kann (heliozentrisches Weltsystem) und forderte für die Planetenbewegung exakte Kreise.**

---

[1]) Die Sonne ruht nach *Kopernikus* etwas seitlich von diesem Mittelpunkt M. So konnte er erklären, daß uns die Sonne im Winter etwas näher ist und sich etwas schneller zu bewegen scheint als im Sommer. — Auch brauchte er noch weitere epizykelähnliche und schwerfällige Zusatzannahmen, da er noch starrer an den Kreisbahnen festhielt als *Ptolemäus*.

Abb. 134.1 zeigt die vereinfachte Darstellung dieses *heliozentrischen* Systems. In ihr sind die Namen und Zeichen der Sternbilder des *Tierkreises* eingetragen. Man muß sich den schematisch dargestellten Tierkreis (siehe Seite 130) oben und unten durch zwei Halbkugelschalen ergänzt vorstellen, welche die übrigen *Sternbilder* enthalten. Neben dem Tierkreis zeigt *Abb. 134.1* die Sonne und die Erdbahn mit vier ausgezeichneten Stellungen der Erde zu Beginn von Frühling, Sommer, Herbst und Winter. Die Verlängerung der Verbindungslinie Erde-Sonne trifft den Tierkreis jeweils an der Stelle, an der man die Sonne „sieht". Für den 21. März *(Früh-*

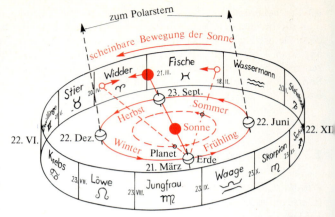

134.1 Zur Erklärung des Laufs der Sonne und eines Planeten durch die Sternbilder des Tierkreises

lingspunkt) ist diese Linie rot eingezeichnet und die Projektion der Sonne auf den Fixsternhimmel im Tierkreiszeichen *Widder* (♈) ebenfalls rot eingetragen.

Allerdings befindet sich dieser Punkt heute im danebenliegenden Sternbild *Fische*, weil sich seit etwa 2000 Jahren der *Frühlingspunkt* und damit alle typischen Stellungen um etwa *ein* Tierkreisbild verschoben haben. Tierkreiszeichen und tatsächliches Sternbild fallen also *heute nicht mehr* zusammen. Die Erklärung fand man in einer Bewegung der Erdachse auf einem Kegelmantel mit $2 \cdot 23\frac{1}{2}°$ Öffnungswinkel in 26000 Jahren (siehe Seite 176). Diese Tatsache ist ein vernichtendes Argument gegen die Behauptungen der *Astrologie*, die ihre Aussagen vor allem auf die Stellung der Planeten in den Tierkreiszeichen zur Zeit der Geburt stützt. Diese Zeichen bedeuten heute nur noch 12 *gedachte* Ausschnitte von Sektoren auf der Sternkarte ohne dauernde feste Beziehungen zu den Sternbildern, von denen sie ursprünglich ihre Namen bekommen haben.

In *Abb. 134.1* sind nur zwei der großen Planeten eingetragen, die Erde und ein innerer Planet. Tatsächlich wird unser Zentralgestirn von den Planeten Merkur, Venus, Erde, Mars, Jupiter, Saturn, Uranus, Neptun und Pluto umkreist. Ihre Entfernung von der Sonne ist, verglichen mit der der Fixsterne, gering. Während das Licht von der Sonne zu den Planeten Minuten oder Stunden braucht, überbrückt es die Entfernung zum nächsten Fixstern erst in mehr als vier Jahren. Die Bahnen der Planeten sowie die ihrer Monde liegen alle etwa in der *gleichen Ebene* wie die Erdbahn, *Ekliptik* genannt. Auch ihr Umlaufsinn und der ihrer eigenen Drehung ist *derselbe*. Von uns aus gesehen bewegen sich deshalb die Planeten wie die Sonne durch die Tierkreiszeichen. In *Abb. 134.1* sind die Verbindungslinien von der Erde zu zwei Stellungen eines inneren Planeten (Merkur, Venus) eingezeichnet. Ihre Verlängerung trifft auf einen Punkt im Tierkreis. Wie auf Seite 137 gezeigt wird, kreisen die inneren Planeten schneller als die Erde, deshalb scheint sich in *Abb. 134.1* der Planet im Sternbild des Widders nach rechts zu bewegen, also *rückläufig* gegenüber den Fixsternen. In den Fischen, wenn er weiter entfernt ist als die Sonne, bewegt er sich wie diese nach links; er ist *rechtläufig*. Weiteres dazu siehe Seite 137. Die Verschiebung von Mars und Venus gegen den Fixsternhimmel kann man schon in wenigen Tagen ohne Instrumente feststellen.

Die *Abb. 134.1* zeigt, daß am 22. Dezember die Sonne bei der Drehung der Erde um ihre Achse senkrecht über Punkten der südlichen Erdhalbkugel steht. Diese Punkte liegen auf einem Parallelkreis von $90° - 66\frac{1}{2}° = 23\frac{1}{2}°$ südlicher Breite (Wendekreis des *Steinbocks*). Um einen Winkel von

$23\frac{1}{2}°$ ist nämlich die Erdachse gegen das Lot auf der Ebene ihrer Bahn geneigt. Am 22. Juni dagegen steht die Sonne senkrecht über dem Wendekreis des *Krebses* auf der nördlichen Halbkugel. In unserem Sommerhalbjahr strahlt die Sonne infolgedessen der Nordhalbkugel mehr Energie zu als in unserem Winterhalbjahr. Als *Kreiselachse* behält die Erdachse im Weltraum ihre Richtung immer bei; deshalb bleiben die Jahreszeiten immer an die gleichen Abschnitte der Erdbahn gebunden. Bei dieser Feststellung haben wir von der in kurzen Zeiten nicht bemerkbaren Bewegung der Erdachse auf einem Kegelmantel abgesehen.

3. Geschichtliches

Der heliozentrische Standpunkt war mit der damaligen Weltauffassung der meisten Gelehrten wie auch der Theologen unvereinbar. Um dies abzuschwächen, fügte man dem Buch „*de revolutionibus orbium coelestium*" des *Kopernikus* ohne dessen Wissen die Bemerkung bei, seine Lehre sei nur eine *Hypothese*, das heißt eine nicht bewiesene Behauptung. Es ist richtig, daß *Kopernikus* für seine neue Auffassung keine schlüssigen Beweise beibringen konnte. Doch zeigte er durch ausführliche und mühsame Rechnungen, daß sich die von der Erde aus beobachteten Planetenbewegungen auch heliozentrisch (nicht nur geozentrisch, wie es *Ptolemäus* versuchte) *beschreiben* lassen. Damit überwand er die ichbezogene Enge der mittelalterlichen Betrachtungsweise, nach der die Erde (und folglich auch der Mensch) im Mittelpunkt des Weltalls stehe und leitete zur universellen Auffassung der Neuzeit über. Diese sogenannte **kopernikanische Wende** vermochten damals nur wenige Gelehrte geistig zu vollziehen. Zwar wurden die Astronomen mit dem Epizykel-System des *Ptolemäus* immer unzufriedener, denn die genauer werdenden Beobachtungen machten immer weitere und kompliziertere Korrekturen nötig. Im *Kopernikanischen System* konnte man jedoch trotz des heliozentrischen Standpunkts die Planetenbewegungen auch nicht genauer vorausberechnen, da *Kopernikus* noch starrer an der *gleichförmigen Kreisbewegung* festhielt als *Ptolemäus* und auch Epizykeln benötigte. Das *Kopernikanische System* brachte sogar vorübergehend eine neue Schwierigkeit: Man sagte sich, wenn die Erde um die Sonne läuft, so müßten wir die Fixsterne im Abstand von $\frac{1}{2}$ Jahr aus zwei weit entfernten Stellungen, und damit etwas gegeneinander verschoben, sehen (analog ändert sich die Stellung weit entfernter Berge für einen Wanderer etwas). Diese **Parallaxe** (griech.; Abweichung) konnte wegen der großen Entfernungen der Fixsterne erst 1839 gemessen werden und beträgt beim nächsten Fixstern (10^{14} km von uns entfernt) etwa 0,3 Bogensekunden (0,3''). Zu *Kopernikus*' Zeiten waren die Meßfehler 2000mal so groß (10'); man suchte diese *Fixsternparallaxe* vergeblich. Die Astronomen nahmen aus diesem und vielen anderen Gründen das heliozentrische System nicht als reale Aussage an.

Aufgaben:

1. *Der Mond zeigt uns immer dieselbe Hälfte seiner Oberfläche. Wie lange ist demnach ein Tag auf dem Mond?*
2. *Was würde sich an den Abb. 129.2 und 134.1 ändern, wenn die Neigung der Erdachse gegen die Erdbahnebene etwas kleiner oder größer wäre? Was würde man beobachten, wenn sie Null wäre?*
3. *Welchen Einfluß hat die Neigung der Erdachse gegen die Ekliptik auf die Lage der Wendekreise auf der Erde?*
4. *Was ist falsch an der Aussage: Im Winter strahlt die Sonne der Erdkugel weniger Energie zu als im Sommer?*
5. *Was würde sich bei der jährlichen Bahn der Sonne vor dem Fixsternhimmel ändern, wenn die Ekliptik in eine andere Lage kippen würde (vergleiche Abb. 134.1)?*

§ 30 Die Kepler-Ellipsen

Die endgültige Entscheidung zwischen den Weltsystemen wurde durch *Messungen* des Dänen *Tycho Brahe* (1546 bis 1601) an der Marsbahn mit einer für die damaligen Verhältnisse (ohne Fernrohr!) unvorstellbaren Präzision von etwa 1 Bogenminute vorbereitet. *Brahe* selbst sah zwar noch die Erde als ruhend an, da auch er die Fixsternparallaxe (0,3″) nicht fand.

Johannes Kepler wertete nun die genauen Meßergebnisse *Brahes* aus und erkannte dabei als erster nach mühsamen numerischen Rechnungen, daß sich die Marsbahn einem Kreis nicht fügt, sondern eine *Ellipse* ist. Damit überwand er das spekulative Vorurteil, nach dem die Bahnen Kreise sein müssen und dem auch noch *Kopernikus* anhing. Aus den *Braheschen Messungen*, also *induktiv*, ohne eine physikalische Theorie vorauszusetzen, erschloß *Kepler* seine drei berühmten Gesetze:

> *Erstes Keplersches Gesetz:* **Die Planeten bewegen sich auf Ellipsen, in deren einem Brennpunkt die Sonne steht.**

Eine *Ellipse* entsteht zum Beispiel, wenn man die Enden eines Fadens an ihren beiden Brennpunkten F_1 und F_2 (Abstand $2e$; siehe Abb. 136.1) befestigt und unter ständiger Straffung des Fadens eine Kurve beschreibt *(Gärtnerkonstruktion)*. Deshalb kann die Ellipse als der geometrische Ort aller Punkte definiert werden, für welche die Summe aus den Entfernungen von zwei festen Punkten, den Brennpunkten, konstand ist. Die Fadenlänge $\overline{F_1 Pe} + \overline{Pe F_2}$ gibt den großen Durchmesser $\overline{PeA} = 2a$ an *(Abb. 136.1)*; a ist die sogenannte große Halbachse. In Pe befindet sich der Planet P in Sonnennähe *(Perihel)*, in A in Sonnenferne

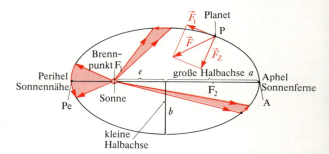

136.1 Kepler-Ellipse und Zerlegung der Zentralkraft (Seite 138). Die rot getönten Flächen werden vom Fahrstrahl in gleichen Zeiten überstrichen.

(Aphel); die *numerische Exzentrizität* e/a ist bei einem Kreis Null *(Tabelle 141.1)*; bei ihm fallen die beiden Brennpunkte mit dem Mittelpunkt M zusammen. Die Planetenbahnen sind Ellipsen, die sich nur wenig von einem Kreis unterscheiden. (Ausnahmen bilden die Bahnen von Merkur und Pluto.) Um so größer war das Verdienst von *Brahe* und *Kepler*, die Unterschiede auf 1′ genau messend und rechnend erfaßt zu haben. Der zweite Brennpunkt der *Kepler-Ellipse* hat keine physikalische Bedeutung.

Kepler ging auch von der Annahme der *Griechen* ab, daß der Betrag der Bahngeschwindigkeit des Planeten konstant sein müsse; er fand, daß sich dieser in der *Sonnennähe* (*Perihel* Pe) schneller bewegt als in der *Sonnenferne* (*Aphel* A; siehe die roten Pfeile auf der Ellipsenbahn in Abb. 136.1). Die Meßwerte *Brahes* führten *Kepler* zum sogenannten **Flächensatz** (Seite 139), dem nach ihm benannten zweiten Keplerschen Gesetz:

> *Zweites Keplersches Gesetz:* **Der von der Sonne zum Planeten gezogene Fahrstrahl überstreicht in gleichen Zeiten gleiche Flächen.**

Kepler beschäftigte sich auch mit den Bahnen der übrigen Planeten und zeigte:

> **Drittes Keplersches Gesetz:** Die Quadrate der Umlaufzeiten T_1 und T_2 zweier beliebiger Planeten verhalten sich wie die dritten Potenzen der großen Halbachsen a_1 und a_2 der Bahnellipsen:
> $$\frac{T_1^2}{T_2^2} = \frac{a_1^3}{a_2^3} \quad \text{oder} \quad \frac{T_1^2}{a_1^3} = \frac{T_2^2}{a_2^3} = \cdots = C. \tag{137.1}$$

Die Konstante C dieses 3. Gesetzes ist für alle Körper, die um dasselbe Zentralgestirn kreisen, gleich (also für alle Planeten und Kometen des Sonnensystems). Die inneren Planeten (Merkur und Venus), die sich innerhalb der Erdbahn bewegen, haben nach diesem 3. Gesetz kleinere Umlaufzeiten, die äußeren (Mars, Jupiter, Saturn, Uranus, Neptun) größere als die Erde (siehe die Planetentafel *Tabelle 141.1*). Es gilt $T = C^{1/2} \cdot a^{3/2}$. Betrachten wir die Bahn als *Kreis* mit Radius a, das heißt als Spezialfall einer Ellipse, so ist die Bahngeschwindigkeit auf ihm

$$v = \frac{2\pi a}{T} = \frac{2\pi}{\sqrt{C \cdot a}}.$$

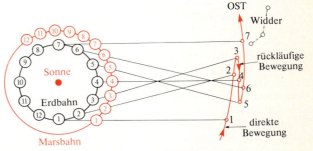

Die mittlere Geschwindigkeit der Planeten nimmt von innen (Merkur) nach außen (Neptun) mit wachsender Halbachse a ab. „Überholt" nun die schneller laufende Erde einen äußeren Planeten, so erscheint er nach *Abb. 137.1* für kurze Zeit rückläufig; die *Schleifenbahnen* folgen also ohne weitere Annahmen aus den *Keplerschen Gesetzen*; die komplizierten Epizykeln, die auch noch *Kopernikus* brauchte, entfallen völlig; nach den *Keplerschen Gesetzen* kann man nun aus wenigen Messungen an einem

137.1 Erklärung der rückläufigen Bewegung beim Mars nach Kepler. Die scheinbare Bahnkurve kann sich auch schneiden und so eine „Schleife" bilden.

Planeten dessen Bahn bestimmen und damit die Position für spätere Zeiten mit großer Genauigkeit vorausberechnen. Diese Rechnungen führte *Kepler* mit viel Mühe und großer Präzision aus. Die *Keplerschen Gesetze* gelten auch für die heutigen künstlichen *Erdsatelliten*.

Johannes Kepler wurde 1571 in Weil der Stadt, Württemberg, geboren und starb 1630 in Regensburg. Nach einem Theologiestudium wandte er sich der Astronomie zu und wurde insgeheim mit der *Kopernikanischen Theorie* vertraut gemacht. Religiösen Ideen folgend suchte er in seinem Buch „*Mysterium cosmographicum*" (Geheimnis des Weltbaus) die Verhältnisse der Planetenbahnradien, die er dem Werk des *Kopernikus* entnahm, in Übereinstimmung mit den Proportionen an den fünf regulären Körpern und später auch mit musikalischen Harmonien zu bringen. Er war überzeugt, daß die Vorgänge am Himmel wie auch die Gesetze der Mathematik Abbilder der Heiligen Dreieinigkeit seien: Die dem Menschen eingeborenen *Urbilder* erlauben die Vollkommenheit und Harmonie der von Gott geschaffenen Welt zu erkennen. Nach ihnen suchte er Zeit seines Lebens. Im Gegensatz zu andern blieb er bei diesen Vorstellungen nicht stehen, sondern wollte sie an genauem Beobachtungsmaterial prüfen. Deshalb zog er zu *Tycho Brahe*, der in Prag als kaiserlicher Hofastronom einen großen Namen hatte, und wurde dessen Gehilfe und Nachfolger. In der „*Astronomia nova*" und der „*Weltharmonik*" (*Harmonice mundi*) legte er seine drei Sätze als die ersten mathematisch formulierten Naturgesetze nieder. Ferner schuf er in seiner „*Dioptrice*" die Grundzüge der *geometrischen Optik* und berechnete das nach ihm benannte *Keplersche Fernrohr* (auch astronomisches Fernrohr genannt; siehe Mittelstufe). Die Exaktheit beim Vorausberechnen der Planetenorte durch Kepler wurde zwar allgemein anerkannt; man schrieb sie jedoch den besseren numerischen Rechnungen *Keplers*, nicht aber dessen neuen Einsichten zu! Denn mit den Ellipsenbahnen hatte Kepler der damaligen Astronomie ein wesentliches Fundament, die Äthersphären (Seite 131), entzogen. Man glaubte, die Planeten seien an sie geheftet und müßten deshalb zwangsläufig Kreise beschreiben. Ellipsenbahnen jedoch lassen sich auf solche „natürliche" Weise nicht erklären; auf ihnen müßten sich die Planeten *frei im Raum* bewegen. Kepler selbst suchte deshalb als erster nach den *Kräften*, welche die Planeten auf ihre Bahn zwingen. Er versuchte auch zu erklären, warum die Geschwindigkeit der Planeten in Sonnennähe am größten ist. Dabei dachte er an *magnetische Kräfte*, welche von der Sonne ausgehen und je nach Lage der Pole den Planeten anziehen oder abstoßen. Da der Trägheitssatz zur Zeit *Keplers* noch nicht bekannt war, nahm dieser an, die rotierende Sonne reiße durch magnetische „Kraftstrahlen", die von ihr ausgehen und mit ihr umlaufen, die Planeten mit und sorge dafür, daß ihre Bewegung nicht zum Stillstand komme. Auf diese Weise begann er an der *Aristotelischen* Auffassung zu rütteln, nach der die Himmelskörper und ihre Sphären aus dem Äther, also einem anderen Stoff seien als die irdischen Körper und anderen Gesetzen gehorchen sollten. Er führte also in die Welt der Gestirne *physikalische Betrachtungen* ein, die man nur auf die irdische Welt beschränkt wissen wollte.

Bevor wir *Newtons* physikalische Erklärung der Planetenbewegung kennenlernen, müssen wir des temperamentvollen und tragischen Kampfes gedenken, den der italienische Physiker **Galileo Galilei** (1564 bis 1642; Seite 45) um das neue heliozentrische Weltsystem führte: 1609 stellte er auf Nachrichten aus Holland hin das nach ihm benannte Fernrohr her und richtete es gegen den Himmel. Dabei entdeckte er, daß die *Mondoberfläche* Gebirge wie die Erde aufweist und nicht die für Himmelskörper bis dahin angenommene ideale Kugelgestalt hat. Er sah vor allem, daß der Planet *Jupiter* von Monden umkreist wird. Die Erde ist also nicht das einzige Zentrum himmlischer Kreisbewegungen, wie es *Aristoteles* lehrte. *Galilei* sagte, diese Jupitermonde müßten bei jedem Umlauf die Äthersphäre durchstoßen und zertrümmern, an die nach Aristoteles der Planet Jupiter geheftet sei (siehe die 2. Hypothese Seite 131). Mit diesen Argumenten trat *Galilei* öffentlich gegen das von den Gelehrten und der Kirche anerkannte *Ptolemäisch-Aristotelische* System auf, fand aber heftigen Widerspruch. Die Gelehrten weigerten sich zum Teil, durch das Fernrohr zu blicken; sie schenkten den Schriften des *Aristoteles* mehr Glauben als der unmittelbaren Wahrnehmung. Das heliozentrische System widersprach auch dem Wortlaut der Bibel. *Galilei* wurde deshalb der Ketzerei angeklagt, zum Widerruf der kopernikanischen Lehre und der Form nach zu Gefängnis verurteilt. Er schwor der *kopernikanischen* Lehre ab, hing ihr aber insgeheim doch noch an. Man war immer noch der Ansicht, daß der heliozentrische Standpunkt nur eine *denkmögliche Hypothese* darstelle, in Wirklichkeit aber die geozentrische Auffassung richtig sei. Endgültige Beweise für das heliozentrische System wurden erst von *Newton* und seinen Nachfolgern beigebracht.

§ 31 Die physikalische Erklärung der Planetenbewegung durch Kräfte

1. Zentralkraft als Ursache der Planetenbewegung

Das geozentrische System des *Ptolemäus* beruhte auf vier Hypothesen (Seite 131). Die erste Hypothese, nach der die Erde in Ruhe sei, wurde im *Kopernikanischen* System aufgegeben. Die dritte Hypothese verlangte gleichförmige Kreisbewegungen und wurde erst durch *Kepler* widerlegt. Am schwierigsten war es, die 4. Hypothese, eine reine Spekulation, zu überwinden. Nach ihr sollten die Himmelskörper aus einem anderen Stoff, dem *Äther*, bestehen, der eigenen Gesetzen — nicht den irdischen — gehorche.

Isaak Newton (Seite 144) entwickelte die Gesetze der Mechanik nicht nur, sondern übertrug sie sofort auch auf die Planetenbewegung. Dort konnte er hoffen, diese Gesetze rein und ohne Störung durch Reibung und Luftwiderstand bestätigt zu finden. Aus dem etwas eigenartig anmutenden *zweiten Keplerschen Gesetz* fand er zunächst die *Richtung* der Kraft, welche die Planeten erfahren. Damit machte er dieses Gesetz erst verständlich:

Nach *Abb. 139.1* bewege sich der Planet in der Zeit Δt von A nach B mit der Geschwindigkeit $\vec{v}_1$; es gilt $\overline{AB} = v_1 \cdot \Delta t$. Im Punkt B werde ihm nun in Richtung auf die (als ruhend gedachte) Sonne S ein Stoß versetzt; er erteilt dem Planeten die zusätzliche Geschwindigkeit $\Delta \vec{v}_1$ zur Sonne hin. Im nächsten Zeitintervall hat dieser die Geschwindigkeit $\vec{v}_2 = \vec{v}_1 + \Delta \vec{v}_1$ und bewegt sich statt nach B' in Richtung von $\vec{v}_2$ nach C. Dabei ist B'C∥$\Delta \vec{v}_1$. Deshalb haben die Dreiecke SAB (schraffiert) und ΔSBB' (rot) sowie SBC (schraffiert) gleichen Flächeninhalt (gleiche Grundlinie, gleiche Höhe). Erteilt man dem Planeten in C eine weitere Geschwindigkeitsänderung $\Delta \vec{v}_2$, die *wiederum auf S weist, aber einen anderen Betrag als $\Delta \vec{v}_1$ haben kann*, so geht $\vec{v}_2$ in $\vec{v}_3 = \vec{v}_2 + \Delta \vec{v}_2$ über.

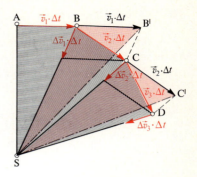

139.1 Das zweite Keplersche Gesetz ist eine Folge der exakt zur Sonne gerichteten Zentralkraft. Sie lenkt — unabhängig von ihrer Größe — die Körper so ab, daß die schraffierten Dreiecke gleich groß sind.

Das dritte schraffierte Dreieck SCD ist mit den beiden andern schraffierten flächengleich und so weiter. Denkt man sich kleinere Stöße in kürzeren Abständen Δt, so rundet sich die eckige Bewegung ab; an der Gleichheit der Flächeninhalte ändert sich jedoch nichts. Wirkt auf den Planeten eine Kraft, die *ständig zur ruhend gedachten Sonne* S gerichtet ist, die aber ihren *Betrag* beliebig ändern kann, so sind die Inhalte der in gleichen Zeiten vom Fahrstrahl Sonne-Planet überstrichenen schraffiert gezeichneten Flächen gleich. Dieser sogenannte **Flächensatz** ist also die Folge einer stets auf das Zentrum Sonne S gerichteten **Zentralkraft** (siehe auch Seite 203):

> **Wirkt auf einen Körper ausschließlich eine auf ein feststehendes Zentrum S gerichtete Kraft, eine Zentralkraft, so führt er eine Zentralbewegung nach dem zweiten Keplerschen Gesetz aus.**

Newton bewies auch umgekehrt: Wenn der Flächensatz gilt, so liegt eine Zentralbewegung vor, das heißt eine beschleunigte Bewegung unter dem Einfluß einer auf ein unbeschleunigtes Zentrum gerichteten Zentralkraft. Mit dieser *Zentralkraft* bewies *Newton*, daß — physikalisch gesehen — die *Sonne* im Zentrum der Planetenbewegung steht und überwand so den geozentrischen Standpunkt endgültig. Früher war man mit *Aristoteles* der Ansicht, die Planeten würden *von sich aus* (genauer von der Äthersphäre geführt) die ihnen zukommende „natürliche" Kreisbewegung ausführen. Noch *Kepler* suchte nach einer Kraft längs der Bahn*tangente*, welche die Bewegung ständig aufrechterhalten sollte; ohne den Trägheitssatz *Newtons* konnte er sich die dauernde Bewegung nicht erklären. Auch *Galilei* kannte den Trägheitssatz in seiner endgültigen Form noch nicht. Auch er nahm an, die kräftefreien Körper würden sich von Natur aus auf Kreisen bewegen; eine geradlinige Bewegung würde ins Unendliche führen, was der allgemeinen Vorstellung von einem *endlichen Kosmos* widersprach. Wir sehen, welche Schlüsselstellung der Trägheitssatz für die Mechanik besitzt!

Das *Sonnensystem* ist aber nur angenähert ein unbeschleunigtes Inertialsystem: Die Sonne nimmt mit $v_S \approx 300$ km/s an der Rotation der **Milchstraße** teil, die ein aus etwa 10^{11} Fixsternen (Sonnen) bestehender *Stern„nebel"* ist *(Abb. 145.1)*. Aus ihrer Umlaufdauer $T_S \approx 2 \cdot 10^8$ Jahre und dem Bahnradius $r_S \approx 3 \cdot 10^{20}$ m folgt, daß die Sonne dabei (auf einer *Kepler-Ellipse*) die Zentripetalbeschleunigung $a_{z,S} \approx 3 \cdot 10^{-10}$ m/s² erfährt. Dies kann jedoch gegenüber der $2 \cdot 10^7$mal so großen Beschleunigung $a_{z,E}$ der Erde auf ihrer Bahn um die Sonne vernachlässigt werden.

2. Die Größe der Zentralkraft

Mit *Newton* können wir nun unter Zuhilfenahme des *dritten Keplerschen Gesetzes* auch die *Größe* dieser Zentralkraft ermitteln. Um die Rechnung zu vereinfachen, nehmen wir die einfachste Ellipse, den Kreis (nach den *Keplerschen Gesetzen* könnte ein Planet auch eine Kreisbahn beschreiben; dann ist die große Halbachse a gleich dem Kreisradius r):

Die Anziehungskraft F der Sonne greift am Planeten der Masse m_P an; sie wirkt als Zentripetalkraft F_z und zwingt ihn so auf den Kreis mit Radius r. Für sie gilt nach Seite 118

$$F = F_z = \frac{m_P \cdot v^2}{r} = \frac{4\pi^2 \cdot m_P \cdot r}{T^2} \quad (T: \text{Umlaufdauer}).$$

Zwischen T und dem Abstand r von der Sonne besteht nach dem *dritten Keplerschen Gesetz* (Seite 137) die Beziehung $T^2 = C \cdot r^3$. Dabei ist C eine Konstante unseres Sonnensystems. Es folgt:

$$F_z = \frac{4\pi^2 \cdot m_P}{C \cdot r^2}:$$

Die von der Sonne auf den Planeten wirkende Zentralkraft F, welche die zur Bahnkrümmung nötige Zentripetalkraft F_z liefert, ist also proportional zu m_P/r^2. Würde neben der Sonne noch eine zweite, gleiche, stehen, so würden beide Sonnen auf den Planeten insgesamt die doppelte Kraft ausüben; die Zentralkraft F ist also auch der Sonnenmasse m_S proportional. Wenn wir den Proportionalitätsfaktor f (Seite 142) einführen, so gilt:

> Die Zentralkraft F, welche am Planeten der Masse m_P in Richtung auf die Sonne der Masse m_S angreift, ist dem Produkt beider Massen direkt und dem Quadrat des Abstandes r umgekehrt proportional:
>
> $$F = f \cdot \frac{m_S \cdot m_P}{r^2}. \tag{140.1}$$

Nach *Abb. 136.1* bewege sich ein Planet P auf der oberen Ellipsenhälfte zur Sonne hin. Die schräg zur Bahn stehende Zentralkraft F wird in eine *Tangentialkomponente* F_t und die *Normalkomponente* F_z zerlegt (vergleiche mit *Abb. 120.1*). Da Luftwiderstand und Reibung völlig fehlen, vergrößert die Tangentialkomponente F_t den Betrag der Geschwindigkeit bis zum sonnennächsten Punkt Pe. In der unteren Bahnhälfte wird der Planet dann wieder verzögert. Die kleinere Geschwindigkeit in der Sonnenferne gibt zusammen mit dem größeren Abstand die gleiche in der gleichen Zeit vom Fahrstrahl Sonne-Planet überstrichene Fläche wie in der Sonnennähe (größere Bahngeschwindigkeit, kleinerer Abstand). Die Normalkomponente F_z wirkt als Zentripetalkraft und erzeugt die *Krümmung* der Ellipsenbahn. Dies alles konnte *Newton* streng aus seinen Grundgesetzen zur Mechanik und aus Gl. (140.1) herleiten. Allerdings sind die Rechnungen an der Ellipse für uns zu schwierig (siehe Aufgabe 3). Die verschiedenen Bahngeschwindigkeiten der Erde während ihres Laufs um die Sonne erklären zusammen mit den verschiedenen Abständen, warum die vier *Jahreszeiten* wie auch die einzelnen *Sonnentage* (Seite 133) nicht gleich lang sind. Deshalb richtet man die Uhren nicht nach dem *wahren Sonnentag*, das heißt nach der Zeit zwischen zwei aufeinanderfolgenden Höchstständen der wirklichen Sonne, sondern nach dem *mittleren Sonnentag*. Er ist durch den „Lauf" einer gedachten, sich auf dem Himmelsäquator (Seite 129) gleichmäßig bewegenden „mittleren Sonne" bestimmt. Die Abweichung der „wahren" von der „mittleren" Sonne heißt *Zeitgleichung* (eigentlich Zeit„ausgleichung"); sie beträgt bis zu $\frac{1}{4}$ h. Sie hat etwa zur Folge, daß sich im Frühjahr die länger dauernde Tageshelligkeit schneller am Abend als am Morgen bemerkbar macht. Die Abstandsunterschiede zwischen Erde und Sonne selbst sind für die Temperaturunterschiede zwischen Sommer und Winter nicht verantwortlich; hierzu wären sie viel zu klein. Im Gegenteil: Wenn es auf der nördlichen Erdhälfte Winter ist, läuft die Erde in Sonnennähe; sie erreicht Anfang Juli das Aphel A. Auf Seite 135 ist der Unterschied Sommer – Winter erklärt.

Tabelle 141.1 Sonne, Mond und Planeten (relative Werte bezüglich der Erde; g an den Polen)

Name	Mittlerer Bahnradius 10^6 km	Umlaufdauer in Jahren	Numerische Exzentrizität der Bahn	Äquatordurchmesser relativ zur Erde	Masse relativ zur Erde	Dichte (mittlere) g/cm³	Fallbeschleunigung m/s²
Sonne	—	—	—	109,12	332946	1,409	274,3
Mond	0,384	0,0748	0,055	0,2725	0,0123	3,342	1,62
Merkur	57,91	0,2408	0,206	0,3820	0,0560	5,500	3,75
Venus	108,21	0,6152	0,007	0,9489	0,8150	5,250	8,88
Erde	149,60	1	0,017	1	1	5,517	9,83
Mars	227,94	1,881	0,093	0,5320	0,1074	3,940	3,73
Jupiter	778,34	11,861	0,048	11,197	317,89	1,330	25
Saturn	1427,01	29,456	0,056	9,355	95,14	0,706	11
Uranus	2869,60	84,009	0,047	3,700	14,52	1,70	10,5
Neptun	4496,70	164,787	0,009	3,790	17,25	1,770	11,8
Pluto	5899	247,7	0,25	≈ 0,47	≈ 0,10	≈ 5,5	≈ 4,5

Aufgaben:

1. Bestimmen Sie die Konstante C für das Sonnensystem nach der Tabelle für mindestens zwei Planeten! — Wie groß ist sie für das System Erde-Mond, wie groß für künstliche Erdsatelliten?

2. In welchen Stellungen hat ein Planet die Bahnbeschleunigung Null? Warum muß man bei einer Ellipsenbahn zwischen Zentral- und Zentripetalkraft unterscheiden?

3. Die Kepler-Ellipse nach Abb. 136.1 hat im Perihel Pe und im Aphel A den gleichen Krümmungsradius r. SA sei n-mal so groß wie SPe. Wie verhalten sich die Gravitationskräfte in A und Pe zueinander? Warum wirken sie in A und Pe nur als Zentripetalkraft? Wie verhalten sich folglich die Bahngeschwindigkeiten in A und Pe? Bestätigen Sie mit diesem Ergebnis das 2. Keplersche Gesetz für A und für Pe!

§ 32 Die allgemeine Gravitationskraft

1. Die Newtonsche Mondrechnung und die Gravitationskraft

Newton zeigte, daß die Kräfte, welche nach Gl. (140.1) die Himmelskörper aufeinander ausüben, den Kräften gleichartig sind, die wir auf der Erde finden. Hierzu verglich er die Kraft, mit der die *Erde* auf den *Mond* wirkt, mit der *Gewichtskraft*, die irdische Körper erfahren. Er benutzte den Bahnradius $r = 384420$ km des Mondes (der angenähert 60 Erdradien ist) und dessen Umlaufdauer $T = 27,32$ Tage (von den Fixsternen aus gesehen). Die Erde übt nach diesen Daten auf $m = 1$ kg der Mondmasse die Zentripetalkraft

$$F_z = \frac{4\pi^2 m \cdot r}{T^2} = 0,002724 \text{ N} \quad \text{aus.}$$

142 Planetenbewegung und Gravitation

Würde dieses eine Kilogrammstück unmittelbar an der Erdoberfläche kreisen, dann müßte nach Gl. (140.1) infolge des 60mal kleineren Abstands vom Erdmittelpunkt die Kraft 60^2mal so groß sein. Sie müßte betragen
$$F = 60^2 \cdot 0{,}002724 \text{ N} = 9{,}81 \text{ N}.$$

Dies ist aber die Gewichtskraft, die ein Kilogrammstück an der Erdoberfläche erfährt. Sie gehorcht dem gleichen Gesetz $F = f \cdot m_1 \cdot m_2 / r^2$, ist also von der gleichen Art, wie die Kraft, welche die Himmelskörper auf ihre Bahnen zwingt. Es handelt sich um die Anziehung von Körpern beliebiger Beschaffenheit, um die sogenannte **Gravitationskraft** (gravis, lat.; schwer). Zum erstenmal zeigte *Newton* durch diese berühmte *Mondrechnung*, daß die auf der *Erde* entdeckten physikalischen Gesetze auch auf das Geschehen im Weltraum angewendet werden können und umgekehrt. *Unsere Erde nimmt also keine Sonderstellung im Kosmos ein*; die auf Seite 131 angeführte 4. Hypothese, die unangefochten 1½ Jahrtausende lang als unumstößlich galt und die nicht einmal *Kepler* seinen Zeitgenossen gegenüber widerlegen konnte, wurde so von *Newton* überwunden. Wir ersetzen deshalb in Gl. (140.1) die Massen m_S und m_P von Sonne und Planet durch die Massen m_1 und m_2 beliebiger Körper und erweitern so ihren Gültigkeitsbereich wesentlich. Wie die *Newtonsche Mondrechnung zeigt*, hat man sich dabei die Masse der Erde – und somit eines jeden kugelförmigen Körpers (bei kugelsymmetrischer Massenverteilung) – im Mittelpunkt vereinigt zu denken; denn in der Mondrechnung wurden alle Entfernungen vom Erdmittelpunkt aus gezählt. Wie genaue Betrachtungen zeigen, gilt dies bei kugelförmigen Körpern auch für kleine Abstände.

> *Newtonsches Gravitationsgesetz:* **Alle Körper üben aufeinander Gravitationskräfte aus. Zwei kugelförmige Körper der Massen** m_1 **und** m_2**, deren Mittelpunkte voneinander den Abstand** r **haben, ziehen sich mit der Gravitationskraft**
>
> $$F = f \frac{m_1 \cdot m_2}{r^2} \text{ an.} \tag{142.1}$$

2. Die Gravitationskonstante f

Wir kennen noch nicht den Wert des Proportionalitätsfaktors f im *Newtonschen Gravitationsgesetz*. Er wurde erst im Jahre 1798 von dem Engländer *Cavendish* bestimmt. Hierzu war es nötig, die Gravitationskraft F zwischen zwei Kugeln im Abstand r zu messen, deren Massen m_1 und m_2 man ebenfalls (etwa durch Wägung) ermitteln konnte. Dies geschieht – auch im Schulversuch – mit der *Gravitationsdrehwaage*, die von *Cavendish* erfunden wurde. Da die Gravitationskräfte zwischen den Körpern, mit denen wir es im täglichen Leben zu tun haben, sehr klein sind, ist es nötig, eine Waage zu benutzen, die Kräfte von 10^{-8} cN anzeigt:

Versuch 71: Ein waagerechter Stab trägt an seinen Enden zwei kleine Bleikugeln je gleicher Masse m_1 (in *Abb. 143.1* ist die hintere durch die große Kugel (m_2) verdeckt). Der Stab hängt in seiner Mitte an einem langen, sehr dünnen Draht (rot gestrichelt) und kann deshalb in dem Querschlitz der Gravitationswaage frei schwingen. Am Stab ist ein Spiegelchen befestigt, so daß die horizontalen Bewegungen der Kugeln (m_1) im Abstand $L = 4{,}85$ m durch einen reflektierten Lichtzeiger stark vergrößert sichtbar werden *(Abb. 143.2)*. Zunächst sind die großen Kugeln ($m_2 = 1{,}50$ kg) symmetrisch zu den kleinen angebracht (gestrichelt). Der Aufhängedraht ist nicht verdrillt, da sich die Drehmomente der Gravitationskräfte, die von den großen Kugeln ausgeübt werden, das Gleichgewicht halten. Dann lenkt man diese großen Kugeln so um, daß sie fast das Glasgehäuse berühren, welches die kleinen vor Luftzug schützt. Jede der großen übt auf die nächste kleine die Gravitationskraft F aus, die im folgenden bestimmt wird. Die kleine fällt auf die große beschleunigt zu, im Prinzip genauso wie ein Apfel zur Erde. Dieser Versuch ist also völlig analog zur bekannten Fallbewegung. Doch wird die Beschleunigung a sehr klein. Der Lichtzeiger registriert die Auslenkungen S als Funktion der Zeit *(Tabelle 143.1)*.

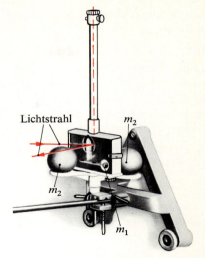

143.1 Gravitationswaage (Fa. Leybold). Die große Kugel (m_2) zieht die kleine (m_1) zu sich her.

Tabelle 143.1 Zur Messung an der Gravitationswaage

Zeit t in s	Auslenkung S in mm	„Fall"weg s in 10^{-6} m	„Fall"- beschleunigung a in 10^{-8} m/s²
0	0	0	—
30	3,8	20	4,4
60	15	77	4,3
90	34	175	4,3
120	60	310	4,3

Aus S berechnet man die „Fallwege" s der kleinen Kugeln nach *Abb. 143.2:* Wenn sich eine kleine Kugel um die Strecke s der großen genähert hat, so dreht sich die horizontale Stange der Länge $2l=10$ cm um den Winkel φ und mit ihm der Spiegel und das Einfallslot für den reflektierten Lichtstrahl. Dieser wird um den Winkel 2φ ausgelenkt, für den gilt: $\tan 2\varphi = S/L$. Bei den kleinen Winkeln ist mit großer Genauigkeit $\tan 2\varphi = 2\tan\varphi$ (siehe Funktionentafel). Mit $\tan\varphi \approx s/l$ folgt:

$$\frac{S}{L} = \frac{2s}{l} \quad \text{oder} \quad s = \frac{S \cdot l}{2L}.$$

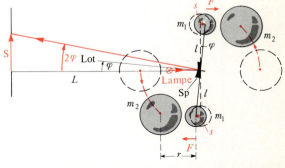

143.2 Wenn man die großen Kugeln aus der gestrichelten Lage umgelenkt hat, „fallen" die kleinen beschleunigt auf sie zu; der Lichtzeiger schlägt um den ∡ 2φ aus.

Die Werte finden sich in der 3. Spalte von *Tabelle 143.1*. Die 4. Spalte zeigt nach $s = \frac{1}{2}at^2$ die Beschleunigung $a = 2s/t^2$, mit der die kleinen Kugeln auf die großen zufallen. Sie ist hinreichend genau konstant: Zum einen sind die Fallstrecken s gegenüber dem Mittelpunktsabstand $r = 4,6$ cm der Kugeln so klein, daß die Gravitationskraft F trotz des abnehmenden Abstands kaum zunimmt. Zum andern zeigt bei diesen kleinen Auslenkungen der Aufhängefaden keine merkliche Rückstellkraft (diese tritt erst nach einer längeren Beobachtungszeit ein). Der Durchschnittswert der Beschleunigung ist $a = 4,3 \cdot 10^{-8}$ m/s². Die kleine Kugel mit der Masse m_1 erfährt die Kraft $F = m_1 \cdot a$, die man mit der Gravitationskraft $F = f \cdot m_1 \cdot m_2 / r^2$ gleichsetzt; hieraus folgt

$$f \frac{m_1 \cdot m_2}{r^2} = m_1 \cdot a.$$

Da m_1 herausfällt, kann man mit $m_2 = 1{,}5$ kg und $r = 4{,}6 \cdot 10^{-2}$ m die Gravitationskonstante ermitteln zu

$$f = 6{,}1 \cdot 10^{-11} \frac{\text{m}^3}{\text{kg} \cdot \text{s}^2}.$$

Dieser Wert ist etwas zu klein; denn jede der beiden großen Kugeln übt auf die entfernter liegende kleine die Kraft F' aus, die der beschriebenen Drehbewegung entgegenwirkt (man zeichne sie in Abb. 143.2 ein). Wenn man F' nach dem Gravitationsgesetz aufgrund der Abstände berechnet und dabei noch berücksichtigt, daß nach dem Hebelgesetz nur die Komponente F'' von F', die senkrecht zur horizontalen Stange steht, der „Fall"-Bewegung entgegenwirkt, so ergibt sich eine Korrektur, die den Wert von f um 6,9 % auf $6{,}5 \cdot 10^{-11} \frac{\text{m}^3}{\text{kg} \cdot \text{s}^2}$ erhöht (heute genauester Wert Gl. 144.1).

Der Proportionalitätsfaktor f im Gravitationsgesetz heißt Gravitationskonstante und hat den Wert

$$F = f \frac{m_1 \cdot m_2}{r^2}$$

$$f = 6{,}670 \cdot 10^{-11} \frac{\text{m}^3}{\text{kg} \cdot \text{s}^2}.$$

(144.1)

---

3. Die Masse von Erde und Sonne

Die Gravitationskonstante ist sehr klein. Bei der Gravitationswaage bewegten sich die kleinen Kugeln der Masse $m_1 = 0{,}015$ kg mit der Beschleunigung $a = 4{,}3 \cdot 10^{-8}$ m/s² auf die großen zu, erfuhren also von diesen die Gravitationskraft $F = m_1 \cdot a = 6{,}5 \cdot 10^{-10}$ N. Dies entspricht etwa $\frac{1}{15000}$ der Gewichtskraft eines Körpers der Masse 1 mg, eine im täglichen Leben völlig zu vernachlässigende Kraft. Dort kennen wir die Gravitationskraft deshalb nur als Gewichtskraft, welche die Körper von der Erde mit ihrer großen Masse m_E erfahren. Mit der Gravitationskonstanten f können wir nun diese Erdmasse bestimmen: Im Abstand $r = R = 6370$ km von ihrem Mittelpunkt erfährt bekanntlich ein Kilogramm-Stück ($m_1 = 1$ kg) die Gewichtskraft $F = 9{,}81$ N. Aus dem Gravitationsgesetz (Gl. 144.1) folgt für die Erdmasse

$$m_E = \frac{F \cdot R^2}{f \cdot m_1} = 5{,}97 \cdot 10^{24} \text{ kg}.$$

Aus dem Volumen der Erde $V = 1{,}08 \cdot 10^{21}$ m³ ergibt sich ihre mittlere Dichte $\varrho = 5{,}5$ g/cm³. Da die Dichte der uns zugänglichen oberen Gesteinsschichten 2,7 g/cm³ beträgt, müssen wir dem Erdinnern größere Dichte zuschreiben (bis zu 13 g/cm³).

Mit dem Gravitationsgesetz kann man auch die Masse irgendeines Himmelskörpers berechnen, wenn er von einem „Trabanten" umkreist wird, von dem man die Umlaufdauer T und den mittleren Bahnradius r kennt. Wir greifen das Paar *Sonne-Erde* heraus: Die Gravitationskraft $F = f \cdot m_E \cdot m_S / r^2$ übt die Zentripetalkraft $F_z = 4\pi^2 \cdot m_E \cdot r / T^2$ aus, mit der die Sonne die Erde (angenähert) auf eine Kreisbahn zwingt. Die mittlere Entfernung der Erde zur Sonne beträgt $r = 1{,}496 \cdot 10^{11}$ m, die Umlaufzeit $T = 365{,}26$ Tage $= 31\,558\,000$ s. Durch Gleichsetzen von F und F_z folgt die Sonnenmasse zu

$$m_S = \frac{4\pi^2 \cdot r^3}{f \cdot T^2} = 1{,}99 \cdot 10^{30} \text{ kg}.$$

Isaak Newton stellte nicht nur die Grundgesetze der Mechanik auf; er wandte sie auch auf die Bewegungen der Himmelskörper an; zusammen mit seinem Gravitationsgesetz konnte er die Keplerschen Gesetze herleiten, die *Kepler* selbst mühsam aus den Beobachtungsdaten *Tycho Brahes* gewonnen hatte. Das

Gravitationsgesetz gibt die *Größe* der Gravitationskraft an. Man machte sich natürlich auch Gedanken, warum sich beliebige Körper gegenseitig anziehen, vor allem, wie diese Anziehungskraft bei den riesigen Entfernungen, die zwischen den Himmelskörpern bestehen, zustande kommt. *Newton* selbst sah klar die Grenzen, welche der damaligen physikalischen Erkenntnis gezogen waren und lehnte eine Antwort auf die Frage nach der Ursache der Gravitation mit den Worten ab: *„Hypotheses non fingo"* (Hypothesen ersinne ich nicht). Siehe Seite 158.

4. Rückblick; der absolute Raum

Die Menschen früherer Zeiten hielten die Erde für das absolut ruhende Zentrum im Weltall, für den Pol, um den sich alles dreht, und sich selbst als von Gott in dieses Zentrum gestellt. Die Begriffe *Ruhe* und *Bewegung* galten hinsichtlich dieses *absolut fixierten* und *durch Sphären hierarchisch gegliederten Raumes als eindeutig unterscheidbar (Seite 131)*; man hatte ein *absolut ruhendes Bezugssystem*. Jahrhundertelange Diskussionen und zahllose Experimente zeigen uns heute, daß man beim Beschreiben von Bewegungen nicht von einem richtigen oder falschen Bezugssystem, sondern nur von einem mehr oder weniger zweckmäßigen System sprechen kann. Es bleibt jedem unbenommen, die Bewegung der Gestirne so zu beschreiben, wie er sie von der ruhend erscheinenden Erde aus sieht (vergleiche Seite 129). Wenn wir *Abb. 134.1* betrachten, so scheint uns das heliozentrische System als einfacher, als geordneter. Nur in ihm haben die Gesetze der Planetenbewegung die einfache, von *Kepler* gegebene Form. Wenn man nach den Kräften und Beschleunigungen fragt, so steht eindeutig die Sonne im Mittelpunkt (genauer der gemeinsame Schwerpunkt des Sonnensystems); die Sonne zieht die Planeten an. Vergleiche *Abb. 145.1*!

Eine *Sonderstellung* unter allen Bezugssystemen nehmen die *unbeschleunigten Inertialsysteme* ein: In ihnen fehlen Trägheitskräfte, der Trägheitssatz gilt ohne sie. Bei *mechanischen* Versuchen erwiesen sich alle diese Inertialsysteme als völlig gleichberechtigt. Doch glaubte man lange Zeit, das *Licht* sei eine mechanisch zu verstehende Welle, die sich im sogenannten *Lichtäther*, der das ganze Weltall erfüllen soll, ausbreite (so wie eine Wasserwelle in Wasser). Man sah diesen Lichtäther als absolutes Bezugssystem an, auf das man alle Bewegungen beziehen könne. Erst *Einstein* zeigte 1905, daß dieser Lichtäther nicht nur entbehrlich ist, sondern sogar ein Hemmnis darstellt, wenn man die Lichtausbreitung in allen Einzelheiten verstehen will. Damit ist die Annahme eines sog. *„absoluten Raums"*, der auch noch Newton anhing, entbehrlich: *Bewegungen können nur relativ zu einem an sich willkürlichen Bezugssystem* beschrieben werden; in der *Relativitätstheorie Einsteins* wird dieser Gedanke konsequent und mit großem Erfolg durchgeführt.

145.1 Ort der Sonne in unserer Milchstraße, die (von Norden gesehen) gegen den Uhrzeiger rotiert (Seite 139). Abstand der Sonne vom Zentrum: rund $3 \cdot 10^{20}$ m.

145.2 Foto einer anderen Milchstraße, des Balken-Spiralnebels NGC 1 300 (Foto der Mount Wilson und Palomar-Observatorien)

§ 33 Die Gewichtskraft; Erdsatelliten; Himmelsmechanik

1. Die Gewichtskraft

Jeder Körper auf der Erde erfährt eine zur Erdmitte M gerichtete Gravitationskraft F *(Abb. 146.1)*. Wir haben sie berechnet, wie wenn die ganze Erdmasse $m_E = 5{,}97 \cdot 10^{24}$ kg in M vereinigt wäre. Der Körper bewegt sich wegen der Erdrotation in Richtung eines Breitenkreises mit dem Radius $r = R \cdot \cos\gamma \approx R \cdot \cos\varphi$ um den Mittelpunkt M' (R: Erdradius MP; φ geographische Breite gleich Polhöhe[1])). Die Umlaufzeit T ist ein Sterntag (Seite 133), nämlich 23h 56min 4s. Der Körper der Masse m braucht die zu M' gerichtete Zentripetalkraft $F_z = 4\pi^2 \cdot m \cdot r / T^2$. Sie ist für jeden Körper berechenbar und in *Abb. 146.1 rechts* stark vergrößert

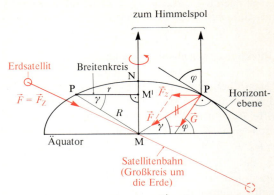

146.1 *Rechts*: Die Komponente $\vec{F}_z$ der Gravitationskraft $\vec{F}$ wirkt als Zentripetalkraft, die Komponente $\vec{G}$ ist die Gewichtskraft.

Links: Beim Satelliten wirkt $\vec{F}$ ganz als Zentripetalkraft; er beschreibt einen Großkreis um die Erde. Die Abplattung der Erde ist stark übertrieben gezeichnet[1]).

eingetragen (Aufgabe 3). $\vec{F}_z$ wird von einer Komponente der zur Erdmitte M gerichteten Gravitationskraft $\vec{F}$ aufgebracht; die andere Komponente $\vec{G} = \vec{F} - \vec{F}_z$ kennen wir als die Gewichtskraft $\vec{G}$, mit der der Körper auf seine Unterlage einwirkt oder mit der er an einem Aufhängefaden zieht. Der Vektor $\vec{G}$ gibt die *Lotrichtung* im betreffenden Punkt an und steht senkrecht zur Horizontalebene. Deshalb ist die Erde „abgeplattet". Die Pole liegen dem Erdmittelpunkt M am nächsten; an ihnen herrscht die größte Gravitationskraft $\vec{F}$. Weil dort zudem die Zentripetalkraft $\vec{F}_z$ Null ist, haben an den Polen die Gewichtskraft $\vec{G} = m \cdot \vec{g}$ und die Fallbeschleunigung g den größten Wert *(Seite 58)*. — Örtliche Unregelmäßigkeiten der Schwerkraft deuten auf ungleichmäßige Massenverteilungen in der Erdkruste hin und werden in der Geophysik zum Auffinden von Erz-, Salz- und Öllagerstätten verwendet.

2. Erdsatelliten

Ein Satellit beschreibe einen Großkreis um den Erdmittelpunkt mit Radius r_s *(Abb. 146.1, links)*. Die Gravitationskraft $\vec{F}$ wirkt dabei voll als Zentripetalkraft $F_z = m \cdot v^2 / r_s$. Es gilt:

$$f \frac{m \cdot m_E}{r_s^2} = \frac{m \cdot v^2}{r_s} = \frac{4\pi^2 \cdot m \cdot r_s}{T^2}. \tag{146.1}$$

---

[1]) Wegen der Abplattung der Erde ist die aus der *Polhöhe* nach *Abb. 146.1* bestimmte *geographische Breite* φ nicht exakt gleich dem Winkel γ zwischen der Äquatorebene und der Verbindungslinie PM, der sogenannten *geozentrischen Breite*. Der Unterschied beträgt maximal 11,5′, und zwar bei $\varphi = 45°$. Wegen der Abplattung liegt der Nordpol um 21 km näher am Erdmittelpunkt M als der Äquator. Deshalb kann man nur angenähert von einem einheitlichen Erdradius R sprechen.

Hieraus kann man die Geschwindigkeit v oder die Umlaufdauer T errechnen. Dabei fällt die Satellitenmasse m heraus. v und T hängen also nur vom Radius r_s der Satellitenbahn ab; v nimmt mit wachsendem Radius r_s ab, T zu. Man kann also einen Satelliten in einer bestimmten Höhe nur mit der aus Gl. (146.1) folgenden Geschwindigkeit v kreisen lassen.

Von besonderem Interesse sind die *Nachrichtensatelliten*, ausgerüstet mit Empfangs-, Verstärker- und Sendegeräten. Die nötige Energie entnehmen sie der Sonnenstrahlung mit Hilfe von Photoelementen (Band 2), den sogenannten *Sonnenzellen*, die bei 12% Wirkungsgrad maximal 160 Watt Leistung je m² liefern. Die Nachrichtensatelliten stehen über einem bestimmten Ort des *Äquators*, kreisen also in 1 Sterntag (Seite 133) 1mal um die Erde. Sie können folglich nach Gl. (146.1) nur eine bestimmte Höhe haben (Aufgabe 6). Dort nehmen sie Nachrichten oder Fernsehsendungen etwa von Japan auf und strahlen diese nach Europa ab. — *Wettersatelliten* nehmen Wolkenbilder auf. Diese zeigen Lage und Zugrichtung von Sturmgebieten und ähnliches. — *Militärische Satelliten* können mit langbrennweitigen Fernrohren Truppenverschiebungen, Geschützstellungen und dergleichen registrieren und die Bilder zur Erde senden. — *Erderforschungssatelliten* vermessen die Erdoberfläche genau, untersuchen die Eisbedeckung, Luft- und Wasserverschmutzung, schätzen die Ernteerträge und zeigen den Schädlingsbefall an Pflanzungen. Kleine Abweichungen von der vorausberechneten Bahn geben genaue Kenntnis über die tatsächliche Gestalt der Erde und die Verteilung der Massen in ihr. — Die UdSSR schossen ihren ersten Erdsatelliten *(Sputnik I)* am 4. Oktober 1957, die USA am 1. Februar 1958 *(Explorer I)* in den Weltraum.

Man sagt, die Insassen in bemannten Satelliten seien (wenn der Antrieb ausgeschaltet ist) *schwerefrei*. Dies darf man nicht so verstehen, daß sie nicht von der Erde angezogen werden. Vielmehr wird die ganze Gravitationskraft F gemäß Gl. (146.1) als Zentripetalkraft F_z zur Zentripetalbeschleunigung gebraucht; für eine Druckkraft auf die Unterlage bleibt nichts mehr übrig (in *Abb. 146.1* sind $\vec{F}_z$ und $\vec{F}$ identisch; G ist Null). Alle Gegenstände im Satelliten fallen wie dieser beschleunigt zum Erdmittelpunkt hin; sie bewegen sich also relativ zum Satelliten nicht und scheinen in ihm zu schweben. — Vom mitkreisenden Bezugssystem aus kann man sagen, daß die Zentrifugalkraft $\vec{F}_z^* = -\vec{F}_z$ der Gravitationskraft $\vec{F}$ entgegengesetzt gerichtet und ebenso groß wie $\vec{F}$ ist, ihr also das Gleichgewicht hält. Da in Gl. (146.1) die Masse m entfällt, gilt dies nicht nur für den Körper als ganzes, sondern für jedes Atom!

3. Himmelsmechanik; Astrophysik

Mit dem Gravitationsgesetz und den Newtonschen Axiomen können die Bewegungen der Himmelskörper mit großer Genauigkeit vorausberechnet werden. Die Präzision der Berechnung von *Finsternissen* ist hierfür ein allgemein bekanntes Beispiel. Allerdings muß man dabei beachten, daß auch die Planeten untereinander Gravitationskräfte ausüben. Deshalb sind ihre Bahnen keine exakten Ellipsen, sondern erfahren kleine *Störungen*. Aus diesen Störungen kann man die Planetenmasse berechnen, was mit der Gl. (146.1) nicht möglich ist. Diese Berechnungen sind mühsam. Aber schon 1846 schloß der französische Astronom *Leverrier* aus Abweichungen des *Uranus* von der vorausberechneten Bahn auf die Einwirkung eines noch nicht bekannten Planeten. Dessen errechnete Position teilte er dem Berliner Astronomen *Galle* mit, der auch sofort den neuen Planeten, den *Neptun*, fand (siehe Planetentafel Seite 141). Diese Großtat der Astronomen stärkte das Vertrauen in die mechanischen Gesetze ungemein und bekräftigte das Kausalprinzip. Man kam im 19. Jahrhundert zur Überzeugung, daß alle Gesetze der Physik auf Mechanik zurückgeführt werden können und die Welt eine große Maschine sei (Seite 9).

Das 1. Keplersche Gesetz sagt aus, daß die Sonne gemäß dem heliozentrischen System unbeschleunigt ist. Sie wird aber auch von einem Planeten angezogen. Nach dem *Schwerpunktsatz* (Seite 102) ändern diese *inneren Kräfte* den gemeinsamen Schwerpunkt S von Sonne (Masse m_1) und Planet (m_2) jedoch nicht. Die Sonne und der Planet bewegen sich um S mit den Abständen a_1 und a_2. Nach *Abb. 102.2* gilt: $m_1 \cdot a_1 = m_2 \cdot a_2$ oder $a_1/a_2 = m_2/m_1$. Wegen des Überwiegens der Sonnenmasse m_1 liegt dieser Schwerpunkt S im Sonneninnern. Da alle Planeten auf die Sonne einwirken, ist ihre Bahn um S kompliziert.

Heute geht der Blick der Astronomen viel tiefer ins Weltall. Man hat erkannt, daß die Sonne ein Stern von vielen Milliarden Fixsternen der *Milchstraße* ist *(Abb. 145.1)*. Diese wiederum ist nur einer der Millionen *Stern „nebel"* des Alls. Unsere Erde stellt also nur ein Stäubchen im Universum dar. — Bisweilen findet man *Doppelsterne*; dies sind zwei „Sonnen", die in verhältnismäßig kleinem Abstand um ihren gemeinsamen Schwerpunkt Kepler-Ellipsen beschreiben (Aufgabe 8).

Während zur Zeit *Keplers, Galileis* und *Newtons* die Astronomie den Anstoß zur Entwicklung der Physik gab und die Keplerschen Gesetze *Newton* zu den mechanischen Grundgesetzen führten, sucht heute umgekehrt der Astronom mit den im Laboratorium gewonnenen physikalischen Gesetzen die Rätsel des Weltalls zu ergründen. Die Astronomie bedient sich der physikalischen Gesetze des Lichts, der Wärmelehre, der Elektrizität und vor allem des Atombaus und wird dadurch immer mehr zur **Astrophysik**. Die mechanischen Gesetze sind nur noch ein kleiner, wenn auch grundlegender Teil der physikalischen und astronomischen Gesetze.

Aufgaben:

1. *In welcher Entfernung von der Erde erfährt ein Kilogrammstück die Gewichtskraft* $10/4$ N? — *Wie groß ist die Fallbeschleunigung in den Höhen* R, $2R$, $10R$ *über dem Erdboden (R: Erdradius)?*

2. *Welche Gewichtskraft erfährt ein Körper der Masse* $1,000$ kg *auf dem Mount-Everest* (8880 m; g *in Meereshöhe* $9,790$ m/s^2; *Erdradius* 6370 km)? *Drücken Sie die Änderung von* r *in Prozent aus und beachten Sie Seite 62! Dann können Sie den Rechenstab benutzen.*

3. *Wie groß ist die Zentripetalkraft für einen Körper der Masse* 1 kg *an einem Ort mit der geographischen Breite* $50°$? *Um welchen Punkt der Erdachse rotiert er? (Erdradius* 6370 km.)

4. *Bestimmen Sie die Erdmasse aus der Umlaufdauer des Mondes und seiner Entfernung von der Erde (siehe Tabelle 141.1)!*

5. *Welche Geschwindigkeit muß ein in* 500 km *Höhe über dem Erdboden kreisender Satellit haben? Wie groß ist seine Umlaufdauer? Warum muß sich ein Satellit auf einem Großkreis (Mittelpunkt fällt mit dem Erdmittelpunkt zusammen) bewegen, warum nicht auf einem beliebigen Breitenkreis (Abb. 146.1)?*

6. *Welche Höhe muß ein Nachrichten-Satellit haben, wenn er über einem bestimmten Punkt des Erdäquators stillzustehen scheint? Kann man ihn über einem beliebigen Erdort stehen lassen? Unterscheiden Sie hier zwischen Stern- und Sonnentag!*

7. *Wo liegt der sogenannte schwerefreie Punkt A zwischen Erde und Mond, in dem ein Körper von beiden mit gleich großen, entgegengesetzt gerichteten Kräften angezogen wird? (Geben Sie alle Entfernungen zunächst als Vielfache des Erdradius R an und setzen Sie die Erdmasse gleich* 81 *Mondmassen!)*

8. *Zwei Doppelsterne gleicher Masse* m *umkreisen ihren gemeinsamen Schwerpunkt S jeweils im Abstand* r *mit der Umlaufdauer T. Wenn man r und T im Fernrohr bestimmt hat, berechnet sich* m *zu* $m = (16\pi^2 r^3)/(T^2 \cdot f)$. *Zeigen Sie dies!*

9. *Gilt die Gravitationskonstante* f *nur für Blei, an dem sie gemessen wurde oder für alle andern Stoffe? (Wie wurde die Masse in Versuch 71 ermittelt?)*

10. *Mit welcher Kraft ziehen sich zwei* kg*-Stücke im Abstand* 1 m *an? Geben Sie damit dem Zahlenwert der Gravitationskonstanten eine anschauliche Bedeutung!*

11. *Einer der Jupitermonde läuft auf einem Kreis mit Radius* 420000 km *in* $1,77$ d *um. Wie groß ist die Masse des Jupiter? Können Sie hieraus die Masse des Jupitermondes bestimmen? — Ein anderer Jupitermond hat den Bahnradius* 670000 km *und die Umlaufzeit* $3,55$ d. *Prüfen Sie das 3. Keplersche Gesetz!*

12. *Der Radius der Sonne ist* $6,95 \cdot 10^8$ m, *ihre Masse* $1,989 \cdot 10^{30}$ kg. *Wie groß ist die Fallbeschleunigung an ihren Polen? Warum ist sie am Äquator kleiner?*

13. *Entnehmen Sie Seite 144 und Tabelle 141.1 die Masse des Mondes und seine Fallbeschleunigung! Berechnen Sie hieraus den Radius des Mondes!*

§ 34 Nachweise und Wirkungen der Erdrotation; Gezeiten

1. Der Foucaultsche Pendelversuch

Die Rotation der Erde um ihre Achse haben wir bisher nur aus der entgegenlaufenden Bewegung der Gestirne gefolgert. Mondfahrer sahen die Erdrotation unmittelbar. Aber auch im Physiksaal verrät ein schwingendes Pendel die Rotation der Erde um ihre Achse. Nach *Abb. 149.1 oben*, schwingt ein Pendel an der sich drehenden Aufhängung A. Deren Rotation verdrillt nur den dünnen Faden (und läßt die Pendelkugel etwas um ihre eigene Achse rotieren). Die rot schraffierte Schwingungsebene des Pendels bleibt aber

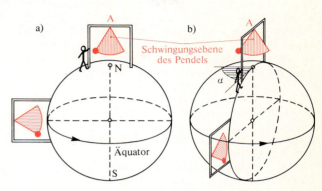

149.1 Während die Erde rotiert, behält ein am Pol in A aufgehängtes Pendel seine Schwingungsebene relativ zum Fixsternhimmel bei. Am Äquator dreht sich dagegen die Schwingungsebene mit der Erde.

relativ zum Fixsternhimmel, also in einem Inertialsystem, bestehen. Es gibt ja keinerlei Kräfte, welche auf die Pendelkugel quer zu dieser Schwingungsebene wirken. Läßt man ein solches Pendel am Nordpol schwingen, so dreht sich die Erde von oben gesehen unter der Schwingungsebene gegen den Uhrzeiger. Ein danebenstehender, mitrotierender Beobachter beschreibt dies als eine Drehung der Schwingungsebene im Uhrzeigersinn. Wir führen den Versuch im Physiksaal aus:

Versuch 72: An der Decke ist in A senkrecht über A' ein langer Stahldraht sorgfältig befestigt, der eine große Kugel trägt *(Abb. 149.2)*. In der Gleichgewichtslage A' dieses Pendels wird der Draht durch einen dünnen Glühfaden zusammen mit einem Stab St an die Wand in 1 projiziert. Dann lenkt man die Pendelkugel aus und läßt sie von einem Elektromagneten M so (über eine kleine Stahlkugel) halten, daß der Schatten des Drahts wieder auf die

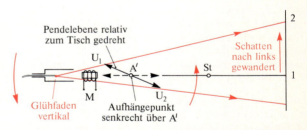

149.2 Das Foucault-Pendel vom Aufhängepunkt A aus gesehen (Versuch 72). Zu Beginn des Versuchs schwingt es längs des gestrichelten Doppelpfeils (Schatten 1), dann längs $U_1 - U_2$ (Schatten 2).

gleiche Stelle 1 der Wand fällt. Wenn man den Magnetstrom ausschaltet, beginnt das Pendel ohne seitlichen Stoß zu schwingen. Wie wir oben sahen, dreht sich für uns als mitrotierende Beobachter die Pendelebene *im* Uhrzeigersinn (relativ zu Tisch und Lampe); tatsächlich ist der Drahtschatten im lampennahen Umkehrpunkt U_1 schon nach wenigen Schwingungen von 1 nach 2 gewandert, die Erdrotation nachgewiesen. — Nach *Abb. 149.1* würde das Pendel am Äquator seine Schwingungsebene relativ zum Zimmer beibehalten. Für Punkte mit der geographischen Breite φ dreht sich die Schwingungsebene während eines Tages relativ zum Beobachter um $\alpha_\varphi = 360° \cdot \sin\varphi$, wie hier ohne Begründung mitgeteilt sei. Bei uns ($\varphi = 50°$) beträgt die Drehung etwa 11° je Stunde.

2. Die Ostabweichung fallender Körper

Im windgeschützten Innern eines hohen Turms fällt ein Körper nicht entlang eines frei hängenden Lots; denn die Turmspitze hat infolge ihrer größeren Entfernung von der Erdachse eine größere Umlaufgeschwindigkeit. Diese behält der fallende Körper wegen seiner Trägheit bei und eilt dem Fußpunkt des Lots um wenige Zentimeter nach Osten voraus (aus 160 m Fallhöhe bei uns um etwa 2,7 cm). — Ein nach oben geworfener Körper wird nach Westen abgelenkt.

3. Die Corioliskraft als Trägheitskraft

Versuch 73: Eine horizontale Scheibe rotiere um ihre vertikale Achse, und zwar von oben gesehen gegen den Uhrzeiger; dies entspricht der nördlichen Erdhälfte *(Abb. 150.1)*. Die Scheibe wurde mit weißem Papier und darüber Kohlepapier belegt. Aus einer geneigten Rille rollt eine schwere Kugel vom Punkt A aus längs des Durchmessers AMB über die Scheibe.

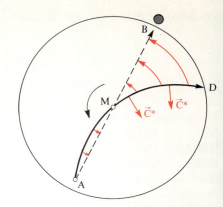

150.1 Für einen außenstehenden Beobachter rollt die Kugel auf der rotierenden Scheibe geradlinig (AMB), für einen mitrotierenden wird sie durch die Corioliskraft $\vec{C}*$ auf die gekrümmte Bahn AMD gezwungen.

Ein *außenstehender Beobachter* sieht die gestrichelte gerade Bahn; die Kugel fällt bei B über den Scheibenrand. Auf dem mitrotierenden Papier findet man aber die gekrümmte Spur AMD. Die roten Kreisbögen zeigen, wie sich die einzelnen Scheibenpunkte während des Abrollens an die (von außen betrachtet geradlinige) Bahn der Kugel herangeschoben haben (man betrachte zunächst den Bogen MD). — Ein *mitrotierender Beobachter* sehe aber von der Rotation der Scheibe ab. Er sagt, auf die bewegte Kugel wirke eine *Trägheitskraft* $\vec{C}*$ nach *rechts*. Wenn man auf einer rotierenden Scheibe geht (Volksfest), so spürt man tatsächlich neben der Zentrifugalkraft diese sogenannte **Corioliskraft** (*G. Coriolis*, französischer Physiker, 1792 bis 1843). Sie wird als Grund für die stärkere Erosion der rechten Flußufer und das schnellere Abnutzen der rechten Eisenbahnschienen auf der nördlichen Halbkugel angegeben. Die Drehung der Pendelebene in *Abb. 149.2* kann ebenfalls als Wirkung der Corioliskraft verstanden werden. — Hier sei nochmals betont, daß die *Corioliskraft* eine *Trägheitskraft* ist *(Seite 119 und 124)*. Sie drängt sich einem Beobachter auf, der sich im beschleunigten System befindet und alle Beschleunigungen relativ zu diesem System mißt. Dann kann er die Gleichung $\vec{F} = m \cdot \vec{a}$ einschließlich des Trägheitssatzes anwenden. *Durch die Trägheitskraft wird der Trägheitssatz auch für das beschleunigte System „gerettet"!*

Auf der *nördlichen Halbkugel* wehe ein Wind von Süd nach Nord. Aus den äquatornäheren Gegenden bringt er eine größere Umlaufgeschwindigkeit mit und eilt dem Längengrad im Norden voraus: Er erscheint nach Osten, das heißt in der Bewegungsrichtung gesehen nach *rechts*, abgelenkt. — Weht ein Wind auf der nördlichen Halbkugel von Nord nach Süd, so kommt er in Gegenden, die eine größere Umlaufgeschwindigkeit nach Osten haben. Er bleibt zurück und scheint nach Westen abgelenkt, das heißt durch die Corioliskraft in seiner Bewegungsrichtung gesehen wieder nach *rechts*. — Luftmassen, die von W nach O fließen, haben im Vergleich zur Erdoberfläche eine erhöhte Rotationsgeschwindigkeit v; sie brauchen also eine größere Zentripetalkraft $F_z = mv^2/r$. Folglich ist in *Abb. 146.1* ihr $\vec{G}$-Vektor stärker zum Äquator geneigt; das heißt die Luftmassen erfahren eine Bewegungskomponente nach Süden, also wiederum nach *rechts*. Dies bestätigt ein Blick auf die W*etterkarte* für die aus dem Hoch ab- und in ein Tief einströmenden Luftmassen *(Mittelstufe S. 171)*. Statt vom Hoch unmittelbar zum Tief zu wandern, sind die Winde nach *rechts* abgelenkt und umfließen das Hoch im Uhrzeigersinn, das Tief gegen ihn. Auf der nördlichen Halbkugel erfahren also bewegte Körper eine Coriolis-Kraft nach rechts.

> **Wenn sich Körper auf der nördlichen Halbkugel entlang der Erdoberfläche bewegen, so werden sie durch die Corioliskraft nach rechts, auf der südlichen nach links abgelenkt.**

4. Gezeiten (Ebbe und Flut)

Nach dem Gravitationsgesetz zieht auch der Mond die Erde an. Beide Himmelskörper wären schon längst aufeinandergefallen, wenn sie nicht *infolge ihrer Kreisbewegung* um den gemeinsamen Schwerpunkt S *senkrecht* zur jeweiligen Verbindungslinie ihrer Mittelpunkte ausweichen würden; man betrachte die Geschwindigkeitsvektoren $\vec{v}_E$ und $\vec{v}_M$ in *Abb. 151.1*. Die tangentiale Bewegung mit $\vec{v}_E$ ist kräftefrei und scheidet für die weiteren Überlegungen aus. Die zum Mond gerichtete Zentripetalbeschleunigung $\vec{a}_z$ der Erde rührt von der Mondanziehungskraft $\vec{F}$ her; $\vec{a}_z$ ist für alle Punkte des als starr angesehenen Erdkörpers der Masse m_E gleich groß *(Abb. 151.2)*. Man berechnet $\vec{F}$ so, wie wenn die gesamte Erdmasse im Erdmittelpunkt M vereinigt wäre zu

$$F = m_E \cdot a_z = f \frac{m_E \cdot m_M}{r^2}.$$

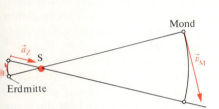

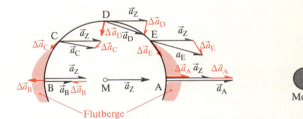

151.1 Erdmittelpunkt E und Mond kreisen um ihren gemeinsamen Schwerpunkt S; dieser liegt noch im Innern der Erde.

151.2 Die roten Pfeile $\Delta\vec{a}$ geben die Gezeitenbeschleunigung relativ zum Erdkörper an und erklären das Zustandekommen der beiden rot getönten Flutberge.

Mit der Mondmasse $m_M = 0{,}733 \cdot 10^{23}$ kg und dem Abstand von Erd- zu Mondmitte $r = 60\,R$, das heißt 60 Erdradien $(3{,}84 \cdot 10^8$ m), wird $a_z = 3{,}316 \cdot 10^{-5}$ m/s². Diese Beschleunigung a_z ist für mehrere Erdpunkte in *Abb. 151.2* eingetragen. (Für diese Fallbewegung der Erde zum Mond spielt die Erdrotation keine Rolle.) Nun ist der mondnächste Punkt A vom Mondmittelpunkt nicht 60 Erdradien (60 R), sondern nur 59 R entfernt. Ein in A frei bewegliches Wasserteilchen erfährt nach dem Gravitationsgesetz $(F \sim 1/r^2)$ durch die Mondanziehung, die um den Faktor $(60/59)^2$ größere Beschleunigung $a_A = a_z \cdot (60/59)^2 = 3{,}429 \cdot 10^{-5}$ m/s². Das Wasserteilchen ist also um den Betrag $\Delta a_A = a_A - a_z = 0{,}113 \cdot 10^{-5}$ m/s² stärker zum Mond hin beschleunigt als der starre Erdkörper; in A bildet sich ein *dem Mond zugewandter Flutberg*. Ein Wasserteilchen in B ist vom Mondmittelpunkt 61 R entfernt und erfährt die kleinere Beschleunigung $a_B = a_z \cdot (60/61)^2 = 3{,}209 \cdot 10^{-5}$ m/s². Es bleibt hinter dem Erdkörper zurück, da es vom Mond um $\Delta a_B = a_B - a_z = -0{,}107 \cdot 10^{-5}$ m/s² weniger stark beschleunigt wird. Folglich bildet sich bei B ein *vom Mond abgewandter Flutberg* aus. Die gleichen Überlegungen sind in *Abb. 151.2* für die Punkte C und E ausgeführt. Die Vektoren $\Delta\vec{a}_C = \vec{a}_C - \vec{a}_z$ und $\Delta\vec{a}_E$ zeigen, wie von den Seiten die Wassermassen zu den beiden Flutbergen hin getrieben werden. Sie geben die Beschleunigung an, welche freie Wasserteilchen relativ zum festen Meeresboden ($\vec{a}_z$) erfahren. Unter beiden Flutbergen dreht sich die Erde im Laufe von 24 h 50 min einmal hindurch (der Mond bleibt täglich um etwa 50 min hinter der Sonne zurück). Jeder Punkt hat etwa zweimal am Tage *Hoch-* und zweimal *Niedrigwasser*. An einer zerklüfteten Meeresküste braucht das *Hochwasser* nicht immer dann einzutreten, wenn der Mond seinen höchsten Stand hat; im Atlas findet man Karten, welche die zeitlichen Differenzen etwa in der Nordsee zeigen. Die oben berechnete zusätzliche Beschleunigung Δa_z durch den Mond ist etwa $0{,}11 \cdot 10^{-5}$ m/s² $\approx 1{,}1 \cdot 10^{-7} g$ und kann durch genaue Kraftmesser ermittelt werden *(Abb. 11.2)*.

Die *Sonne* übt auf der Erde eine fluterzeugende Wirkung aus, die etwa 40% von derjenigen des Mondes beträgt. Steht die Sonne in gleicher Richtung wie der Mond (Neumond) oder dem Mond entgegen (Vollmond), dann addieren sich die Wirkungen beider Himmelskörper, man erhält *Springflut*. Steht die Sonne bei Halbmond unter 90°, so schwächen sich die Wirkungen beider; man hat *Nippflut*. — Im freien Ozean beträgt der Höhenunterschied zwischen Hoch- und Niedrigwasser, der sogenannte *Tidenhub*, 79 cm. In Flußmündungen kann er sich bis 12 m (Bucht von St. Malo) und 14 m (Fundybai) durch Aufstauen des Wassers vergrößern. In St. Malo wird seit 1966 Wasser bei Flut durch einen Damm eingefangen und treibt bei Ebbe Turbinen an; dieses *Gezeitenkraftwerk* hat eine Leistung von 240 MW.

5. Rückblick

Heute wird jedem Menschen schon sehr früh am Globus gezeigt, daß die Erde rotiert und die Sonne in Ruhe ist. Früher galt die umgekehrte Auffassung, die zudem der unmittelbaren Anschauung entspricht, als selbstverständlich. Fragt man einen physikalischen Laien, welche Beweise er für die heutige Auffassung beibringen kann, so stutzt er. *Die eindeutigen Beweise folgen nämlich erst aus dem in sich geschlossenen Gedankengebäude der Mechanik* (Seite 138 bis 150); dies gilt auch für den *Foucaultversuch*. Man darf die Gelehrten früherer Zeiten nicht gering schätzen, wenn sie sich gegen das heliozentrische System wandten; sie suchten mit viel Erfindungsgabe und Scharfsinn nach Beweisen für die eine oder andere Auffassung. Einzelne „Beweise" für sich erwiesen sich jedoch als nicht stichhaltig. Die Stärke der Physik liegt eben darin, daß sie ein in sich geschlossenes System darstellt, das durch eine ungeheure Fülle von Einzelbestätigungen seine Richtigkeit erweist. Wer dieses System nicht erfaßt, kann nur einzelne Aussagen „glauben", das heißt sich auf die „Autorität der Wissenschaft" berufen. Hierin liegt der Grund für die heute so weit verbreitete „Wissenschaftsgläubigkeit". Manche wiederum haben das System als Ganzes nicht erfaßt und können deshalb Einzelaussagen — gerade bei kritischem Nachdenken — nicht als zwingend anerkennen. Sie zweifeln dann die Wissenschaft an (Wissenschaftsskeptiker). Aus diesem Grunde wäre es wenig sinnvoll, wenn man im Unterricht nur einzelne interessante Beispiele aus der Physik herausgreifen würde. Vielmehr muß man zeigen, wie der menschliche Geist ein logisch in sich richtiges Gedankengebäude — unter Verwendung scharf definierter, meßbarer Begriffe — aufbauen kann, das in einem weiten Erfahrungsbereich durch viele quantitative Experimente bestätigt wird und vielerlei Voraussagen zu treffen gestattet, die geprüft werden können.

§ 35 Potential und Fluchtgeschwindigkeit im Gravitationsfeld

1. Das Gravitations- oder Schwerefeld

Auf der Mittelstufe (Seite 291) lernten wir das *Magnetfeld* kennen. Es besteht im Raum um einen Magneten oder einen stromdurchflossenen Leiter; in diesem Feld erfahren andere Magnete, sogenannte *Prüfmagnete*, zum Beispiel kleine Kompaßnadeln oder Eisenfeilspäne, Kräfte. Ebenso ist eine elektrische Ladung von einem *elektrischen Feld* umgeben *(Mittelstufenband Seite 333)*, in dem auf andere elektrische Ladungen, sogenannte *Prüfladungen* wie geladene Wattestücke oder Elektronen, Kräfte wirken. Den abstrakten Feldbegriff haben wir durch Symbole, nämlich durch die **Feldlinien** veranschaulicht. Sie geben in jedem Punkt des Feldes die Richtung der Kräfte auf einen Prüfkörper an. Entsprechend schreiben wir jedem Körper ein **Gravitationsfeld** zu, das ihn umgibt. Dort erfahren andere Körper (Prüfkörper) Gravitationskräfte. Auch das Gravitationsfeld kann man durch Feldlinien veranschaulichen. Sie geben in jedem Punkt die Richtung der Kraft $\vec{F}$ an, die dort ein Prüfkörper (m_2 in Abb. 153.1) erfährt. So sind die *Gravitationsfeldlinien* der Erde zum Erdmittelpunkt gerichtet *(Abb. 153.1)*. In einem Zimmer können wir sie als parallel ansehen; dort besteht ein *homogenes Schwerefeld* (Seite 85). Im Gravitationsfeld der Sonne kreisen die Planeten; die Gezeiten entstehen im Schwerefeld des Mondes. Auch die großen Bleikugeln der Gravitationswaage haben um sich ein Gravitationsfeld, in dem auf die kleinen Kugeln Kräfte ausgeübt werden. *Also hat jeder Körper um sich ein Gravitationsfeld.* Ob der von einem Gravitationsfeld erfüllte *Raum selbst* verändert ist, ob er etwa Energie trägt oder weiterleitet, wird in der heutigen Physik erforscht.

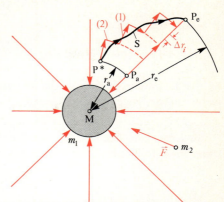

153.1 Die Überführungsarbeit im Gravitationsfeld von P_a nach P_e ist unabhängig vom eingeschlagenen Weg (siehe den Umweg über P*).

2. Die Hubarbeit im Gravitationsfeld einer Kugel

Wir betrachten das Gravitationsfeld einer Kugel mit der Masse m_1, etwa das der Erde. Die Feldlinien laufen radial zum Mittelpunkt M hin *(Abb. 153.1)*. Außerhalb der Kugel wirkt auf einen Prüfkörper der Masse m_2 in der Entfernung r von M die Gravitationskraft

$$F = f \frac{m_1 \cdot m_2}{r^2}.$$

a) Wir heben nun den Prüfkörper von P_a nach P_e, also längs einer Feldlinie. Da die Kraft F abnimmt, können wir zum Berechnen der Hubarbeit die Gleichung $W_H = G \cdot h = m \cdot g \cdot h$, die für das *homogene* Schwerefeld (g = konstant) gilt, nicht mehr anwenden. Vielmehr brauchen wir die Integralrechnung (siehe mathematische Ergänzungen). Hier benutzen wir die folgende Überlegung: Wir unterteilen die Wegstrecke vom Anfangspunkt P_a bis zum Endpunkt P_e ($\overline{P_a P_e} = r_e - r_a$) in sehr viele, sehr kleine Stücke Δr, längs denen sich die Kraft F jeweils kaum ändert. Die Hubarbeit längs eines solchen Wegstücks ist $\Delta W = F \cdot \Delta r$. Beim ersten, sich an P_a anschließenden Stück $\Delta r_1 = r_1 - r_a$ ist die Kraft am Anfang (P_a) $F_a = f \cdot m_1 \cdot m_2 / r_a^2$, am Ende ($r = r_1$) ist sie $F_1 = f \cdot m_1 \cdot m_2 / r_1^2$. Wenn Δr_1 hinreichend klein ist, unterscheiden sich r_a und r_1 beliebig wenig voneinander; wir ersetzen der einfacheren Rechnung wegen r_a^2 und r_1^2 durch den dazwischenliegenden Wert $r_a \cdot r_1$ und F_a und F_1 durch $F_1' = f \cdot m_1 \cdot m_2 / (r_a \cdot r_1)$. Die Hubarbeit ΔW_1 auf der Strecke Δr_1 ist mit guter Näherung

$$\Delta W_1 = F_1' \cdot \Delta r_1 = \frac{f \cdot m_1 \cdot m_2}{r_a \cdot r_1} (r_1 - r_a) = f \cdot m_1 \cdot m_2 \cdot \left(\frac{1}{r_a} - \frac{1}{r_1} \right).$$

Wir numerieren die Radien fortlaufend durch:

$$r_a (= r_0), r_1, r_2, r_3, \ldots, r_i, \ldots, r_{n-1}, r_n = r_e.$$

Die sich anschließenden Hubarbeiten sind $\Delta W_2 = f \cdot m_1 \cdot m_2 \cdot \left(\frac{1}{r_1} - \frac{1}{r_2} \right)$,

$\Delta W_i = f \cdot m_1 \cdot m_2 \cdot \left(\frac{1}{r_{i-1}} - \frac{1}{r_i} \right)$ und schließlich $\Delta W_e = \Delta W_n = f \cdot m_1 \cdot m_2 \cdot \left(\frac{1}{r_{n-1}} - \frac{1}{r_n} \right)$,

wenn $\Delta r_i = r_i - r_{i-1}$ ist. Durch Addition der ΔW_i entsteht die gesamte Hubarbeit
$W = \Delta W_1 + \Delta W_2 + \Delta W_3 + \cdots + \Delta W_e$:

$$W = f \cdot m_1 \cdot m_2 \left(\frac{1}{r_a} - \frac{1}{r_1} + \frac{1}{r_1} - \frac{1}{r_2} + \frac{1}{r_2} - \frac{1}{r_3} + \cdots - \frac{1}{r_{n-1}} + \frac{1}{r_{n-1}} - \frac{1}{r_n} \right).$$

In der Klammer bleibt nur die Differenz $\left(\frac{1}{r_a} - \frac{1}{r_n}\right)$. Da $r_n = r_e$ ist, lautet sie $\left(\frac{1}{r_a} - \frac{1}{r_e}\right)$, auch wenn alle Δr_i gegen Null streben.

Eine Kugel habe den Mittelpunkt M und die Masse m_1. Sie ist von einem radialen Gravitationsfeld umgeben. In ihm braucht man die Hubarbeit

$$W = f \cdot m_1 \cdot m_2 \cdot \left(\frac{1}{r_a} - \frac{1}{r_e} \right), \tag{154.1}$$

um einen Körper der Masse m_2 aus der von M gemessenen Entfernung r_a in die Entfernung r_e zu heben. Diese Arbeit wird als potentielle Energie gespeichert und beim Zurückfallen wieder frei.

Beispiel: Um einen Satelliten ($m_2 = 1000$ kg) von der Erdoberfläche ($r_a = 6370$ km) in 3000 km Höhe ($r_e = 9370$ km) durch eine Rakete „heben" zu lassen, braucht man nach Gl. (154.1) die Hubarbeit $W = 2{,}00 \cdot 10^{10}$ J. Würde man so gerechnet haben, wie wenn das Gewicht den konstanten Wert $G = 9810$ N beibehalten hätte, so wäre das Ergebnis zu groß geworden ($W' = 2{,}94 \cdot 10^{10}$ J).

b) Im allgemeinen hebt man einen Körper nicht längs einer Feldlinie. Transportieren wir ihn auf einer Kugelschale mit Radius r_a von P_a nach P^*, dann stehen Kraft $\vec{F}$ und Verschiebungsweg $\vec{s}$ senkrecht aufeinander; die Hubarbeit ist Null. Dies gilt immer dann, wenn man einen Körper senkrecht zu den Feldlinien verschiebt, zum Beispiel auf einem waagerechten Tisch. Nun bringt man den Körper von P^* nach P_e *(Abb. 153.1)*. Der eingeschlagene Weg sei die schwarz gezeichnete Kurve (S). Wir zerlegen sie in kleine Stückchen entlang den Feldlinien (1) und solche senkrecht zu ihnen (2). Auf den Radienstückchen (1) braucht man insgesamt die gleiche Arbeit, die wir für die Strecke $\overline{P_a P_e}$ errechnet haben, da sie zusammen die Länge $\overline{P_a P_e}$ haben. Die Arbeitsbeiträge auf den Kreisbogenstückchen (2) sind Null. Die Hubarbeit zwischen den beiden festen Punkten P_a und P_e hängt also nicht vom eingeschlagenen Weg ab. Die Gl. (154.1) gilt auch dann, wenn P_a und P_e nicht auf derselben Feldlinie liegen (zum Beispiel für den Weg von P^* nach P_e). Dies haben wir für das homogene Gravitationsfeld bereits auf Seite 85 an der schiefen Ebene gezeigt. Es ist auch für elektrische Felder, die von ruhenden Ladungen herrühren, gültig.

c) Häufig überlagern sich die Gravitationsfelder mehrerer Körper. Dabei müssen die Kräfte auf einen Probekörper als Vektoren nach dem Parallelogrammgesetz (Seite 20) mühsam vektoriell addiert werden. Die Hubarbeiten kann man für jedes Feld für sich so nach Gl. (154.1) berechnen, wie wenn die anderen Felder nicht vorhanden wären. Da diese Arbeitsbeträge Skalare sind, brauchen wir ihre Werte für die einzelnen Felder nur algebraisch zu addieren. Da diese Werte ferner nach (b) vom Weg unabhängig sind, gilt dies auch für ihre Summe. So ist es für die nötige Arbeit gleichgültig, auf welchem Weg ein Satellit in eine bestimmte Höhe gehoben wird. Beim Fehlen von Reibung und Luftwiderstand sind mechanische Vorgänge **umkehrbar** (Seite 89); wenn der Satellit auf einem anderen Weg wieder in seine Ausgangslage zurückkehrt, so wird die aufgewandte Hubarbeit vollständig als mechanische Energie zurückgewonnen.

Die Hubarbeit zwischen zwei Punkten eines beliebigen Gravitationsfeldes ist **unabhängig vom Weg**, den man zwischen diesen beiden Punkten einschlägt.

d) Die Hubarbeit beim Heben ins „Unendliche"[1]

Wir rücken den Endpunkt P_e des Überführungswegs vom Mittelpunkt des Gravitationsfeldes immer weiter fort. r_e wird größer und $1/r_e$ kann dem Wert Null beliebig genähert werden. Aus Gl. (154.1) folgt:

> In einem von der Masse m_1 erzeugten radialen Gravitationsfeld soll die Masse m_2 aus der Entfernung r_a vom Mittelpunkt M ins „Unendliche" überführt werden. Hierzu braucht man die Hubarbeit
> $$W = f \cdot m_1 \cdot m_2 \cdot \frac{1}{r_a}. \qquad (155.1)$$

Um einen Satelliten der Masse $m_1 = 1000$ kg von der Erdoberfläche ($r_a = 6370$ km) ins „Unendliche" zu bringen, das heißt dem Schwerefeld der Erde zu entziehen, braucht man die Arbeit $W = 6{,}26 \cdot 10^{10}$ J. Man beachte, daß dieser Wert nicht unendlich groß ist!

3. Die Fluchtgeschwindigkeit, kosmische Geschwindigkeiten

Eine Rakete kann einen Satelliten auf einer langen Strecke beschleunigen. Eine Kanone dagegen müßte einem Körper der Masse m_2 unmittelbar an der Erdoberfläche ($r_a = 6370$ km) die kinetische Energie $\frac{1}{2} m_2 \cdot v_2^2$ geben. Wir fragen nun, wie groß dabei die Geschwindigkeit v_2 sein müßte, daß der Körper (ohne Berücksichtigung des Luftwiderstandes) aufgrund dieser kinetischen Energie das Schwerefeld der Erde verläßt und „im Unendlichen" zur Ruhe kommt. Hierfür gilt nach Gl. (155.1) mit m_1 als Erdmasse:

$$\tfrac{1}{2} m_2 \cdot v_2^2 = W = f \cdot m_1 \cdot m_2 \frac{1}{r_a}. \qquad (155.2)$$

Unabhängig von seiner Masse m_2 muß man dem Körper hierzu die sogenannte Fluchtgeschwindigkeit, genauer die **2. kosmische Geschwindigkeit** $v_2 = 11{,}2$ km/s geben. Umgekehrt würde ein Meteorstück, das im fernen Weltraum zunächst in Ruhe ist und dann vom Schwerefeld der Erde „eingefangen" wird, mit dieser Geschwindigkeit am Erdboden aufschlagen, wenn man vom Luftwiderstand absieht.

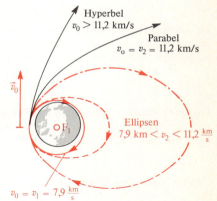

155.1 Bahnen von Flugkörpern, die mit $\vec{v}_0$ tangential abgeschossen wurden. Auf den roten Bahnen bleiben die Körper als Satelliten bei der Erde, auf den schwarzen verlassen sie diese.

Oben sahen wir, daß die Hubarbeit vom Weg unabhängig ist. Man könnte den Körper also auch *tangential* zur Erdoberfläche mit $v_2 = 11{,}2$ km/s abschießen. Dann würde er — wie weiterführende Rechnungen zeigen — eine *Parabel* nach *Abb. 155.1* beschreiben und „im Unendlichen" zur Ruhe kommen (in diesem Abschnitt sehen wir von den Feldern anderer Himmelskörper, zum Beispiel dem der Sonne, ab). Wenn man die Abschußgeschwindigkeit v_0 in der Horizontalen über 11,2 km/s erhöht, so durchläuft der Körper einen *Hyperbel-Ast* und hat auch noch im „Unendlichen" Bewegungsenergie. Liegt dagegen die Abschußgeschwindigkeit v_0 unter 11,2 km/s, so beschreibt der Körper eine *Kepler-Ellipse*, deren einer Brennpunkt mit dem Erdmittelpunkt zusammenfällt. Solche Bahnen finden wir im allge-

---

[1] Unter dem „Unendlichen" verstehen wir die weit entfernten Bereiche, in denen die Gravitationskraft so klein geworden ist, daß sie zur Hubarbeit nach Gl. (154.1) nicht merklich beiträgt. Dies ist dann der Fall, wenn $1/r_e$ gegenüber $1/r_a$ vernachlässigt werden kann.

meinen bei *Erdsatelliten*. Aus der Gl. (146.1) folgt, daß bei $v_1 = 7{,}91$ km/s der Satellit exakt eine *Kreisbahn* in unmittelbarer Erdnähe beschreibt. Dann fällt auch der andere Ellipsenbrennpunkt in den Erdmittelpunkt. Man nennt diese Geschwindigkeit $v_1 = 7{,}91$ km/s die **1. kosmische Geschwindigkeit**. Ein mit ihr tangential abgeschossener Körper würde (ohne Luftwiderstand!) ständig die Erde umkreisen, er hätte den 1. Schritt in den Kosmos getan. — Setzt man in Gl. (155.2) für m_1 die Sonnenmasse $1{,}989 \cdot 10^{30}$ kg, so erhält man die **3. kosmische Geschwindigkeit**, mit der ein beliebiger Körper von der Erdbahn aus ($r_a = 150 \cdot 10^9$ m) das Sonnensystem verlassen kann, zu $v_3 = 42$ km/s.

4. Das Potential

Ein Meteor der Masse m_2 falle aus dem „Unendlichen" auf die Erde zu (vom Feld der Sonne sei abgesehen). Wenn er im Punkte P mit dem Abstand $r = r_a$ vom Erdmittelpunkt angekommen ist, so haben die Gravitationskräfte an ihm nach Gl. (155.1) die Arbeit $W = f \cdot m_1 \cdot m_2 / r$ verrichtet (m_1: Erdmasse). Um diesen Wert stieg seine kinetische Energie an, die potentielle nahm um den gleichen Betrag ab. Es ist nun für Rechnungen (Seite 158) sehr bequem, wenn es auch zunächst etwas befremdlich erscheint, das *Nullniveau* für die potentielle Energie ins „Unendliche" zu legen. Wenn man dies durchführt, so folgt die potentielle Energie des Körpers in P zu

$$W_{\text{pot}} = -f \cdot m_1 \cdot m_2 \frac{1}{r}. \qquad (156.1)$$

Sie ist negativ, der Körper liegt „*unter dem Nullniveau*". Man muß ihn unter Aufwand der Arbeit $W = -W_{\text{pot}} = +f m_1 m_2 / r$ anheben, um ihn ins Nullniveau, das heißt ins „Unendliche", zu heben. Schließlich befreien wir uns noch von der Masse m_2 des Prüfkörpers. Hierzu bilden wir den Quotienten

$$V = \frac{W_{\text{pot}}}{m_2} = -f \cdot m_1 \frac{1}{r}. \qquad (156.2)$$

Diesen Quotienten nennt man das **Potential** des betreffenden Punktes im Schwerefeld. Es hängt nur noch von der Erdmasse m_1 und der Entfernung r ab, nicht mehr von der Masse m_2 des Prüfkörpers. Dieser kann also beliebig klein sein; man kann sich ihn auch wieder entfernt denken.

Definition: **Das Potential**

$$V = \frac{W_{\text{pot}}}{m_2} \qquad (156.3)$$

eines *Punktes* im Gravitationsfeld ist der Quotient potentielle Energie W_{pot} durch Masse m_2 eines Körpers, der sich in P befindet. Es wird dem Punkt P auch dann zugeschrieben, wenn dort kein Körper ist. Das Nullniveau des Potentials liegt im Unendlichen; seine Einheit ist J/kg.

Satz: Das Potential V im Gravitationsfeld eines Körpers der Masse m_1 beträgt im Abstand r vom Mittelpunkt dieses Körpers

$$V = -f \cdot m_1 \frac{1}{r}. \qquad (156.4)$$

In *Abb. 157.1* ist rechts das Potential V des Schwerefelds der Erde über r aufgetragen. Die roten Strecken stellen die Arbeit W dar, die man braucht, um einen Körper der Masse 1 kg von der betreffenden Stelle aus ins „Unendliche" zu heben. Umgekehrt wird diese Arbeit frei, wenn der Körper aus dem „Unendlichen" bis zu der betreffenden Stelle fällt. Man denke sich eine Kugel, die auf der Potentialkurve nach innen rollt. Je näher sie zum Zentrum kommt, um so mehr Lageenergie hat sie verloren, um so schneller wird sie.

An der Erdoberfläche kommt allen Punkten das Potential $V_E = -6{,}26 \cdot 10^7$ J/kg zu, in 6370 km Höhe darüber der höherliegende Wert $V_2 = -\frac{1}{2} \cdot 6{,}26 \cdot 10^7$ J/kg. Um einen Körper der Masse 1 kg von der Erdoberfläche *auf beliebigem Weg* in diese Höhe zu bringen, muß man eine Arbeit aufwenden, die durch die Differenz $V_2 - V_1$ der beiden Potentiale berechnet werden kann. Die Gl. (154.1) gibt solch eine Potentialdifferenz an, wenn man den Quotienten $V = W/m_2$ bildet. Wenn man die Potentialwerte in einem Gravitationsfeld kennt, kann man sofort die Überführungsarbeit W zwischen beliebigen Punkten angeben. Hierin liegt die Bedeutung des Potentials.

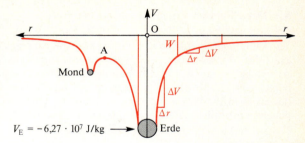

157.1 Potentialtrichter von Erde und Mond (nicht maßstäblich).

Potential an Erdoberfläche: $-6{,}26 \cdot 10^7$ J/kg;
an Mondoberfläche: $-0{,}39 \cdot 10^7$ J/kg;
im Punkt A: $-0{,}13 \cdot 10^7$ J/kg.

Die Arbeit W zum Überführen eines Körpers der Masse m von einem Punkt mit dem Potential V_1 zu einem mit dem Potential V_2 beträgt

$$W = m \cdot (V_2 - V_1). \tag{157.1}$$

Jeder Punkt der Erdoberfläche hat gleiches Potential $V_1 = -6{,}26 \cdot 10^7$ J/kg; die Erdoberfläche stellt eine sogenannte *Äquipotentialfläche* dar.

5. Die Gravitationsfeldstärke g_g

Wir bilden nach Gl. (142.1) den Quotienten F/m_2 aus der Gravitations*kraft* F und der Masse m_2 des Probekörpers. Er ist vom Probekörper unabhängig und folglich ein *Maß für die Stärke des Gravitationsfeldes im Beobachtungspunkt*; er heißt **Gravitationsfeldstärke** $\vec{g}_g = \vec{F}/m_2$. Der Vektor $\vec{g}_g$ zeigt zum betreffenden Himmelskörper hin, hat also die Richtung, in der nach Abb. 157.1 das Potential V sinkt. Bei der Herleitung von Gl. (154.1) benutzten wir den Zusammenhang $\Delta W = F \cdot \Delta r$ zwischen der Änderung ΔW der potentiellen Energie, der Kraft F und der Entfernungsänderung Δr. Aus ihr folgt nach Gl. (156.3) für den Anstieg $\Delta V / \Delta r$ der Potentialkurve

$$\frac{\Delta V}{\Delta r} = \frac{\Delta W}{m_2 \cdot \Delta r} = -\frac{F}{m_2} = -g_g.$$

Die Gravitationsfeldstärke g_g hat also den gleichen Betrag wie der Anstieg des Potentials. Das negative Vorzeichen gibt an, daß die Kraft zum Zentrum hin zeigt, während das Potential und die Arbeitsverrichtung gegen die Feldkraft beim Entfernen ansteigen. Wenn man von der Erdrotation absieht, ist nach Abb. 146.1 die Gravitationskraft $\vec{F}$ gleich der Gewichtskraft $\vec{G} = m_2 \cdot \vec{g}$ des Körpers. Deshalb ist dann die Gravitationsfeldstärke $\vec{g}_g = \vec{G}/m_2$ gleich der Fallbeschleunigung $\vec{g}$. Sie hat bei uns den Wert $g_g \approx$ 9,8 N/kg; das heißt, bei uns erfährt jeder Körper die Kraft 9,8 N je kg.

Die Gravitationsfeldstärke $\vec{g}_g = \vec{F}/m_2$ ist definiert als der Quotient aus der Gravitationskraft $\vec{F}$ und der Masse m_2 des Probekörpers im Feld. g_g ist gleich dem entgegengesetzten Wert des Anstiegs der Potentialkurve:

$$g_g = -\frac{\Delta V}{\Delta r}. \tag{157.2}$$

Die Potentialkurve ist um so steiler, je stärker das Feld an der betreffenden Stelle ist *(Abb. 157.1)*.

6. Der Mond im Potentialtrichter der Erde

Von der *Mond*oberfläche soll eine *Rakete* ins All starten. Ihr Motor muß Arbeit gegen die Anziehungskraft des Mondes, aber auch gegen die der Erde verrichten (von der Sonne sei hier abgesehen). Da die Arbeit ein Skalar ist, braucht man diese Werte nur algebraisch zu addieren. Soll die Rakete ins „Unendliche" gebracht werden, so hat man einfach das Potential des Abschußpunkts im Mondfeld zum Potential des gleichen Punktes im Erdfeld zu addieren. Hier bewährt es sich, daß wir dem Potential im „Unendlichen" einheitlich den Wert Null gaben. Das Potential von P im gemeinsamen Schwerefeld von Erde (Masse m_E) und Mond (Masse m_M) ist also

$$V = -\left(f \cdot m_E \cdot \frac{1}{r_E} + f \cdot m_M \cdot \frac{1}{r_M}\right).$$

Dabei ist r_E die Entfernung des Punktes P vom Erdmittelpunkt und r_M die Entfernung des gleichen Punktes P vom Mondmittelpunkt. Für $r_E = r_M \to \infty$ wird V zu Null; das Nullniveau bleibt im „Unendlichen". In der Nähe der Erde, wie überhaupt in größeren Entfernungen vom Mond, überwiegt der Potentialanteil der Erde wegen ihrer 81fachen Masse bei weitem. Das Potential des Mondes wirkt sich nur in unmittelbarer Mondnähe aus: Die kleine Potentialabsenkung beim Mond ist der Potentialkurve der Erde eingebettet (*Abb. 157.1, linke Seite*, stark übertrieben gezeichnet).

Will man eine Rakete von der Erde zum Mond auf gerader Linie schießen, so muß man ihn in der Potentialkurve bis zum Punkt A anheben. In A halten sich die Gravitationskräfte von Mond und Erde das Gleichgewicht ($r_E \approx 9 r_M$; siehe Aufgabe 7 von Seite 148). Dort ist der Anstieg $\Delta V/\Delta r$ der Potentialkurve und damit nach Gl. (157.2) auch die Kraft F auf die Rakete Null. Links von A sinkt das Potential zum Mond hin; die Rakete ist in den Anziehungsbereich des Mondes gekommen und fällt von selbst zu diesem hin. (Der Punkt A kreist mit dem Mond um die Erde; ein Körper kann in A nicht verweilen, ohne kinetische Energie zu haben; von ihr können wir jedoch hier absehen; Aufgabe 4). Die Potentialabsenkung durch den Mond ist lange nicht so tief wie die durch die Erde; eine Mondfähre kann vom Mond über den durch A angedeuteten Potentialwall mit relativ wenig Energie zur Erde zurückkehren. Dort muß sie aber viel Energie durch Abbremsen (teilweise in der Lufthülle) abgeben.

Die in *Abb. 157.1* gezeichnete Potentialkurve hat man sich in die sehr viel weitere und viel tiefere Potentialkurve der Sonne eingebettet zu denken. Die Erde und alle andern Planeten stellen in ihr nur unbedeutende Vertiefungen dar. Beim Schuß von der Erde zum Mond bleibt man aber praktisch in gleicher Entfernung von der Sonne; man muß sich also in ihrem Potentialfeld nicht anheben. — Will man von der Erde zur Sonne, so hat man die große Geschwindigkeit der Erde auf ihrer Bahn zu beachten (30 km/s). Eine Rakete muß die zugehörige kinetische Energie von $9 \cdot 10^8$ J/kg durch Abbremsen vernichten; dies ist viel mehr, als man zunächst zum Anheben im Potentialfeld der Erde braucht ($6{,}2 \cdot 10^7$ J/kg nach *Abb. 157.1*). Deshalb ist es nicht so einfach, Sonden zur Sonne oder ihren nächsten Planeten Merkur und Venus zu entsenden. Infolge der Bewegungen der Himmelskörper sind nämlich die an sich einfachen Potentialberechnungen um die kinetische Energie zu erweitern.

7. Moderne Theorien zur Gravitation

Mit dem Gravitationsgesetz und dem Gravitationspotential beschreibt man die Wirkungen der Gravitation und damit der Schwerkraft. *Newton* selbst lehnte es ab, darüber zu spekulieren, wie diese allgemeine Massenanziehung zustande kommt, warum also eine Masse auf eine andere eine Kraft ausübt (Seite 145). Dieser Frage wandte sich *Albert Einstein* (1879 bis 1955) in seiner *allgemeinen Relativitätstheorie* (ab 1915) zu. Er ging zunächst von der eigenartigen Tatsache aus, daß zwei Körper, die gleich schwer sind, die also am gleichen Ort die gleiche Gravitationskraft erfahren, auch gleich träge sind (Seite 50). Er argumentierte: Wenn in einem abgeschlossenen Kasten, zum Beispiel in einem Fahrstuhl, ein Körper an einer Feder hängt und diese verlängert, so kann dies zwei verschiedene Ursachen haben:

a) Der Kasten könnte sich in einem nach unten gerichteten *Schwerefeld* befinden.
b) Der Kasten könnte aber auch — fern von allen Himmelskörpern — nach oben *beschleunigt* sein (Seite 125).

Ein Insasse, der nicht aus dem Kasten schaut, erkennt nur die Kraft; zwischen ihren möglichen Ursachen kann er aber nicht unterscheiden. Er weiß nicht, ob sich das *Schwersein* des Körpers oder dessen *Trägsein* auswirkt! Beide Erscheinungen sind für ihn gleichartig, sie sind *äquivalent*. Sie können sich sogar exakt ausgleichen: Dies führen Astronauten eindrucksvoll vor Augen: Wenn sie sich antriebslos im Schwerefeld von der Erde oder dem Mond bewegen, so wird ihre Gewichtskraft exakt durch die von der Trägheit herrührende Trägheitskraft F^* ausgeglichen. Sie fühlen sich im antriebslosen Raumschiff, das beschleunigt im Schwerefeld eines Himmelskörpers fliegt, genau so wie im schwerefreien Raum. Es ist also offenbar richtig, Trägsein und Schwersein allgemein durch die gleiche Größe *Masse* mit der gleichen Einheit Kilogramm auszudrücken (Seite 60). *Einstein* ging aber noch einen wesentlichen Schritt weiter: *Er führte die Gravitationskraft auf das Trägheitsverhalten zurück.* Die Ausführung seiner Gedanken ist außerordentlich abstrakt und kann hier nicht dargestellt werden. Doch lassen sie sich ein wenig verständlich machen, wenn man bedenkt, daß das Trägheitsverhalten mit einer Beschleunigung, also mit *Raum-* und *Zeitmessung*, zusammenhängt. In seiner Theorie sagt *Einstein*, daß *Uhren um so langsamer gehen und Maßstäbe, die in Richtung der Feldlinien liegen, um so kürzer werden, je tiefer sie sich im Potentialtrichter eines Himmelskörpers befinden (Abb. 157.1)*. Zum unmittelbaren Beweis schickte man 1970 ein Radarsignal von der Erde knapp an der Sonne vorbei zur Venus. Wegen des verlangsamten Zeitablaufs in Sonnennähe sollte das an der Venus reflektierte Signal verspätet zur Erde zurückkehren, so als habe sich der Laufweg um 60 km verlängert. Dies wurde auf 5% genau bestätigt. Uhren in größerer Höhe — etwa in Flugzeugen — verspüren „weniger Gravitationspotential" als Uhren am Erdboden und gehen schneller. Dies wurde 1971 mit Hilfe von 4 Cäsium-Atomuhren (Seite 64) nachgeprüft. Die also erst in den letzten Jahren experimentell erwiesene Änderung der Raum-Zeit-Messung in der Nähe großer Massen nahm *Einstein* schon 1915 theoretisierend vorweg und leitete dabei das *Gravitationsgesetz* her. — Die Frage, ob der vom Gravitationsfeld erfüllte Raum auch Energie — etwa in Form von sogenannten *Gravitationswellen* — mit Lichtgeschwindigkeit transportiere, wird heute vielerorts experimentell untersucht. Man kann aber schon jetzt sicher sagen, daß die Gravitationskraft *nicht unmittelbar von einem Körper auf den andern wirkt, sondern daß sie durch den Raum — und zwar höchstens mit Lichtgeschwindigkeit — übertragen wird*. Deshalb ist das Gravitationsfeld nicht nur eine mathematische Beschreibung, als die wir es vorsichtigerweise auf Seite 153 einführten, sondern ein Raum mit nachprüfbaren physikalischen Eigenschaften. Bei den elektrischen und magnetischen Feldern werden wir vor ähnliche Fragen gestellt; doch werden wir sie bereits im Schulversuch klären können.

Aufgaben:

1. *Zeigen Sie, daß die kosmischen Geschwindigkeiten unabhängig von der Masse der Raumsonde sind!*
2. *Berechnen Sie die Gravitationsfeldstärke an der Oberfläche des Mondes!*
3. *Welche Geschwindigkeit hat ein Erdsatellit, der in 1 000 km Höhe eine Kreisbahn beschreibt? Welche Bewegungsenergie besitzt er (1 000 kg Masse)? Welche Arbeit braucht man also, um ihn von der (ruhend gedachten) Erdoberfläche in die Umlaufbahn zu bringen? Warum schießt man Satelliten nach Osten ab?*
4. *Welche Arbeit würde man zusätzlich mindestens brauchen, um den Satelliten aus Aufgabe 3 aus seiner Umlaufbahn in den schwerefreien Punkt A zwischen Erde und Mond zu heben (dort habe er vernachlässigbare Geschwindigkeiten)? Mit welcher Geschwindigkeit würde er die Mondoberfläche treffen, wenn man ihn nicht abbremst? Welche Arbeit braucht man mindestens zur Rückkehr vom Mond zur Erde? (Von der Bewegung des Mondes und der des Raumpunktes A ist abzusehen; die kinetische Energie in A beträgt nur 0,7% der Energie zum Anheben von der Erde nach A.)*
5. *Mit welcher Mindestgeschwindigkeit müßte man einen Körper an der Mondoberfläche abschießen, damit er a) die Erde erreicht, b) das gemeinsame Schwerefeld von Mond und Erde verläßt? (Benutzen Sie die Werte aus Abb. 157.1, nachdem Sie diese nachgeprüft haben!)*

Der starre Körper

§ 36 Translation und Rotation

Bis jetzt haben wir nicht berücksichtigt, daß Körper eine Ausdehnung haben. Wir gebrauchten immer die **Modellvorstellung des Massenpunktes** (Seite 82). Bei reinen *Verschiebungen* (**Translationen**) führen nämlich alle Punkte eines Körpers Bewegungen auf gleichen, wenn auch gegeneinander versetzten Bahnkurven aus, so daß wir uns auf die Betrachtung der Bewegung eines dieser Punkte, des Schwerpunkts, beschränken konnten. Bei *Drehungen* (**Rotationen**) müssen wir die Ausdehnung der Körper berücksichtigen; die Halbmesser der Bahnkreise der einzelnen Punkte des Körpers sind im allgemeinen verschieden groß und damit auch die Beträge ihrer *Bahngeschwindigkeiten* sowie die *Bewegungsenergie* und die Beträge der *Impulse* der einzelnen Masseteilchen. Über die räumliche Ausdehnung hinausgehende Eigenschaften realer Körper, zum Beispiel ihre Verformbarkeit, wollen wir auch weiterhin nicht berücksichtigen. Wir arbeiten also immer noch mit einer vereinfachenden Modellvorstellung, und zwar der des **starren Körpers**.

Wir idealisieren die folgenden Untersuchungen zudem dadurch, daß wir nur reine Rotationsbewegungen um Drehachsen durch den Schwerpunkt ohne *Translation* betrachten. Bei realen Bewegungen handelt es sich meist um beide Bewegungsarten zusammen, wie etwa bei einem Fahrzeugrad. Diese Bewegungen beherrschen wir aber dann deshalb, weil wir in jedem Augenblick für jeden Punkt des Körpers den Vektor $\vec{v}_t$ der Translationsgeschwindigkeit und den Vektor $\vec{v}_r$ der Geschwindigkeit längs der Kreisbahn addieren können und dadurch den Geschwindigkeitsvektor des Punktes erhalten.

Aufgaben:

1. *Welche Bahnkurven bezüglich der Erdoberfläche beschreiben die Punkte eines Rads eines fahrenden Eisenbahnzugs a) auf der Achse? b) zwischen Mittelpunkt und Auflagepunkt auf der Schiene? c) auf dem Radkranz in noch größerer Entfernung vom Mittelpunkt?*
2. *Wie bewegt sich für einen auf der Erde stehenden Beobachter die Blattspitze eines sich drehenden Flugzeugpropellers und eines Hubschrauberrotors, a) wenn das Flugzeug am Boden steht? b) wenn es fliegt?*
3. *Welchen Impuls besitzt ein um seine Symmetrieachse rotierender homogener Körper für einen Beobachter, der relativ zu dieser Achse in Ruhe ist? Beachten Sie, daß symmetrisch liegende Punkte gleich große entgegengesetzt gerichtete Geschwindigkeitsvektoren besitzen!*

§ 37 Winkelgeschwindigkeit und Winkelbeschleunigung

1. Die Winkelgeschwindigkeit

Die Begriffe *Geschwindigkeit* und *Beschleunigung* sind zur Beschreibung von *Rotationsbewegungen* wenig geeignet, weil ihre Werte für die verschiedenen Punkte des Drehkörpers im allgemeinen verschieden sind. Wir suchen deshalb nach geeigneteren Größen.

Der Körper in *Abb. 161.1* rotiere um eine feste Achse durch D. Ein herausgegriffenes Masseteilchen des Körpers bewegt sich dann auf einem Kreis. Ändert sich der Betrag v seiner Bahngeschwindigkeit nicht, so spricht man von einer *gleichförmigen Drehbewegung*. Die Beträge der Bahngeschwindigkeiten der anderen Masseteilchen des Körpers sind nicht gleich, sofern sie nicht zufällig gleichen Abstand von der Achse haben. Vielmehr wachsen sie mit zunehmendem Abstand von ihr. Fällt man aber die Lote von den Punkten des Körpers auf die Achse, so überstreichen diese Radien in gleichen Zeiten Δt gleiche Winkel $\Delta \varphi$. Hier und im folgenden werden Winkel immer im Bogenmaß gemessen (siehe Seite 115). Der Quotient $\omega = \dfrac{\Delta \varphi}{\Delta t}$ heißt **Winkelgeschwindigkeit**. Die *Winkelgeschwindigkeit* ω ist für alle Punkte eines sich drehenden Körpers im gleichen Augenblick gleich groß und *bei gleichförmiger Drehbewegung* zudem zeitlich *konstant*.

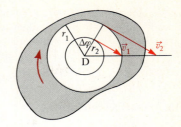

161.1 Winkelgeschwindigkeit

Erfolgt die Drehung des Körpers nicht gleichförmig, so ist die momentane Winkelgeschwindigkeit definiert durch $\omega = \lim\limits_{\Delta t \to 0} \dfrac{\Delta \varphi}{\Delta t}$.

Im selben Zeitpunkt ist auch diese momentane Winkelgeschwindigkeit für alle Punkte des rotierenden Körpers gleich groß. Für den Bogen b und Radius r ist $\varphi = \dfrac{b}{r}$ (siehe *Abb. 161.2*). Also ist

$$b = \varphi \cdot r. \qquad (161.1)$$

Für einen Punkt, der sich auf dem Bogen bewegt, ist die *Bahngeschwindigkeit* durch $v = \dfrac{\Delta b}{\Delta t} = \dfrac{\Delta(\varphi \cdot r)}{\Delta t} = r\dfrac{\Delta \varphi}{\Delta t}$, die *Winkelgeschwindigkeit* durch $\omega = \dfrac{\Delta \varphi}{\Delta t}$ gegeben. Daraus folgt bei konstantem r:

$$v = \omega \cdot r. \qquad (161.2)$$

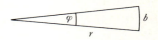

161.2 Zur Berechnung des Kreisbogens

2. Der Vektorcharakter der Winkelgeschwindigkeit

Alle Punkte eines rotierenden Körpers laufen auf Kreisbahnen, die in Ebenen senkrecht zur Drehachse liegen. Die Richtung der Achse bestimmt also die Lage der *Bahnebenen*. Man charakterisiert diese Tatsache dadurch, daß man die Winkelgeschwindigkeit als *Vektorgröße* $\vec{\omega}$ auffaßt, und denkt sich diesen Vektor so in die *Drehachse* eingezeichnet, wie sich ein Korkenzieher in dieser Achse bei seiner Drehung vorwärts bewegen würde *(Abb. 161.3)*. Bei der Unruhe einer Uhr zum Beispiel liegt der Vektor $\vec{\omega}$ also in der Radachse. Sein Endpunkt führt eine Schwingbewegung aus; dabei kehrt der Vektor seine Richtung nach jeder Halbschwingung um. Blickt man von oben auf die Unruhe und bewegt sich diese im Uhrzeigersinn, so zeigt $\vec{\omega}$ nach unten. Wir werden in den weiteren Ausführungen noch mehr Beispiele dafür kennen lernen, wie man Größen, die im Zusammenhang mit Drehbewegungen auftreten, zweckmäßig als Vektoren darstellt.

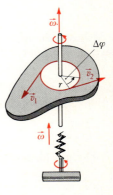

161.3 Winkelgeschwindigkeit als Vektor

Unsere Vereinbarung, daß $\vec{\omega}$ als Vektorgröße in Richtung der Drehachse eingezeichnet wird, ist noch *kein* Beweis dafür, daß man Winkelgeschwindigkeiten nach Art von Vektoren addieren darf. Vielmehr ist es umgekehrt: *Weil* man festgestellt hat, daß die Vektoraddition richtige Ergebnisse liefert, definiert man $\vec{\omega}$ als Vektorgröße. Gl. (161.2) lautet in Vektorschreibweise $\vec{v} = \vec{\omega} \times \vec{r}$.

3. Die Winkelbeschleunigung

Im folgenden behalte die Achse ihre Lage bei, kippe also nicht. Ändert sich die Winkelgeschwindigkeit eines rotierenden Körpers mit der Zeit, so erfährt jedes seiner Masseteilchen nach Gl. (161.2) eine Beschleunigung vom Betrag

$$a = \lim_{\Delta t \to 0} \frac{\Delta v}{\Delta t} = \lim_{\Delta t \to 0} \frac{\Delta(\omega r)}{\Delta t} = r \cdot \lim_{\Delta t \to 0} \frac{\Delta \omega}{\Delta t} \quad (r = \text{konstant}).$$

Beschränken wir uns auf den Fall, daß ω gleichmäßig zunimmt, so ist $a = r \frac{\Delta \omega}{\Delta t}$. Der Quotient $\alpha = \frac{\Delta \omega}{\Delta t}$ heißt **Winkelbeschleunigung**. In diesem Ausdruck kommt r nicht vor, die Winkelbeschleunigung ist also für alle Masseteilchen eines rotierenden Körpers gleich groß. Nimmt ω zeitlich nicht gleichmäßig zu, so ist α als Grenzwert definiert: $\alpha = \lim_{\Delta t \to 0} \frac{\Delta \omega}{\Delta t}$.

Auch diese momentane Winkelbeschleunigung ist zur selben Zeit für alle Punkte eines rotierenden Körpers gleich groß. Nach der Herleitung von α ist

$$a = \alpha \cdot r. \tag{162.1}$$

$\vec{\omega}$ und $\Delta \vec{\omega}$ sind *Vektorgrößen*. Die Winkelbeschleunigung als zeitliche Änderung einer Vektorgröße ist ebenfalls eine *Vektorgröße*. Der Vektor $\vec{\alpha} = \frac{\Delta \vec{\omega}}{\Delta t}$ hat dieselbe Richtung wie der Vektor $\Delta \vec{\omega}$.

Überstreicht bei einer Rotationsbewegung ein Radius in gleichen Zeiten Δt die gleichen Winkel $\Delta \varphi$, so ist der Betrag der Winkelgeschwindigkeit

$$\omega = \frac{\Delta \varphi}{\Delta t} \tag{162.2}$$

konstant.

Bei einer beliebigen Drehbewegung wird der Betrag der Winkelgeschwindigkeit definiert durch den Grenzwert

$$\omega = \lim_{\Delta t \to 0} \frac{\Delta \varphi}{\Delta t}. \tag{162.3}$$

Die Winkelgeschwindigkeit $\vec{\omega}$ ist eine Vektorgröße. $\vec{\omega}$ wird in der Richtung in die Drehachse gezeichnet, in der sich ein gleichsinnig gedrehter Korkenzieher in der Achse nach vorn schrauben würde.

Unter der (konstanten) Winkelbeschleunigung α versteht man den Quotienten aus der Zunahme $\Delta \omega$ der Winkelgeschwindigkeit und der zugehörigen Zeit Δt

$$\alpha = \frac{\Delta \omega}{\Delta t}. \tag{162.4}$$

Ist die Winkelbeschleunigung nicht konstant, so ist sie definiert als

$$\alpha = \lim_{\Delta t \to 0} \frac{\Delta \omega}{\Delta t}. \tag{162.5}$$

Die Winkelbeschleunigung $\vec{\alpha}$ ist eine Vektorgröße. $\vec{\alpha}$ weist in dieselbe Richtung wie $\Delta \vec{\omega}$.

4. Abhängigkeit des Drehwinkels φ und der Winkelgeschwindigkeit ω von der Zeit t bei konstanter Winkelbeschleunigung α

Bei der gleichmäßig beschleunigten *translatorischen Bewegung* fanden wir als Weg-Zeitgleichung

$$s = \tfrac{1}{2} a t^2 \qquad (163.1)$$

und als Geschwindigkeits-Zeitgleichung

$$v = a \cdot t. \qquad (163.2)$$

Die entsprechenden Gleichungen für die *Rotationsbewegung* bei gleichbleibender Winkelbeschleunigung wollen wir jetzt suchen. Ein Körper beginne zur Zeit $t_0 = 0$ mit gleichbleibender Winkelbeschleunigung α um eine feste Achse zu rotieren. Ein beliebiges Masseteilchen des Körpers im Abstand r von der Achse hat dann konstante Bahnbeschleunigung $a = \alpha r$ und legt in der Zeit t nach Gl. (163.1) den Weg $b = \tfrac{1}{2} a t^2$ auf seinem Bahnkreis zurück *(Abb. 163,1)*. Nach Gl. (161.1) ist der Bogen $b = \varphi r$, nach Gl. (162.1) die Bahnbeschleunigung $a = \alpha r$. Damit wird aus $b = \tfrac{1}{2} a t^2$

$$\varphi r = \tfrac{1}{2} \alpha r t^2$$

oder

$$\varphi = \tfrac{1}{2} \alpha t^2. \qquad (163.3)$$

163.1 Winkelbeschleunigung

Nach Gl. (163.2) erreicht das Teilchen in der Zeit t die Bahngeschwindigkeit

$$v = a \cdot t. \qquad (163.4)$$

Wegen Gl. (161.2) $v = \omega r$ und Gl. (162.1) $a = \alpha r$ ergibt sich

$$\omega r = \alpha r t \quad \text{oder} \quad \omega = \alpha t. \qquad (163.5)$$

Die für **Rotationsbewegungen** gültigen Gleichungen (163.3) und (163.5) sind analog zu den Gleichungen (163.1) und (163.4) für *translatorische* gebaut. Anstelle von *Strecken* stehen *Winkel*, anstelle von *Bahngeschwindigkeit* und *Bahnbeschleunigung* **Winkelgeschwindigkeit** und **Winkelbeschleunigung** (siehe dazu auch die *Tabelle* 172.1).

Bei einer Drehbewegung mit konstanter Winkelbeschleunigung α erreicht der Körper aus der Ruhe heraus in der Zeit t die Winkelgeschwindigkeit

$$\omega = \alpha t. \qquad (163.6)$$

Jeder Radius des rotierenden starren Körpers überstreicht in dieser Zeit den Winkel

$$\varphi = \tfrac{1}{2} \alpha t^2. \qquad (163.7)$$

Aufgaben:

1. *Berechnen Sie die Winkelgeschwindigkeit eines Propellers, der* 1 500 *Umdrehungen je Minute ausführt! Welche Geschwindigkeit v besitzt ein Punkt in* 1,5 m *Abstand von der Achse? Welche konstante Winkelbeschleunigung hat er, wenn diese Winkelgeschwindigkeit nach* 3 s *erreicht ist? Wie viele Umdrehungen hat er dann ausgeführt?*

2. *Ein Schwungrad hat nach* 100 *Umläufen die Drehfrequenz* 50 1/s. *Wie groß sind die als konstant angenommene Winkelbeschleunigung und die zum Anfahren nötige Zeit?*

3. *Hängt der Vektor der Winkelgeschwindigkeit des Sekundenzeigers einer Uhr von der Länge des Zeigers ab?*

§ 38 Die Energie des rotierenden Körpers; das Trägheitsmoment

Bewegt sich ein Körper nur translatorisch, so berechnet sich seine kinetische Energie als $W_{kin} = \frac{1}{2}mv^2$. Dreht sich dabei der Körper noch um eine Achse durch seinen Schwerpunkt, so kommt zu diesem translatorischen Anteil noch seine **Rotationsenergie** hinzu. Die *Rotationsenergie* ist die Summe der kinetischen Energien seiner Masseteilchen allein auf Grund seiner Drehung um eine nichtbewegte Achse:

$$W_{rot} = \sum_i \tfrac{1}{2} m_i v_i^2.$$

Die Geschwindigkeit v_i des i-ten Teilchens hängt von seinem Abstand r_i von der Drehachse ab: $v_i = \omega \cdot r_i$. Die Winkelgeschwindigkeit ω ist allen Teilchen gemeinsam und kann deshalb wie der Faktor $\tfrac{1}{2}$ vor das Summenzeichen gesetzt werden:

$$W_{rot} = \tfrac{1}{2} \omega^2 \sum_i m_i r_i^2. \tag{164.1}$$

Die in Gl. (164.1) enthaltene Summe wird **Trägheitsmoment** des Körpers bezüglich der vorliegenden Achse genannt:

$$\text{Trägheitsmoment } J = \sum_i m_i r_i^2. \tag{164.2}$$

Die Einheit des Trägheitsmoments ist kgm².

Mit dem Trägheitsmoment J erhalten wir für die Rotationsenergie

$$W_{rot} = \tfrac{1}{2} J \omega^2. \tag{164.3}$$

Der Masse m in der Gleichung $\tfrac{1}{2}mv^2$ entspricht also hier das Trägheitsmoment J (siehe auch *Tabelle 172.1*). Wie m steht J für die Trägheit und hat daher seinen Namen erhalten.

Rechnerisch sind die Rotationsbewegungen schwieriger zu behandeln als die translatorischen, weil das Trägheitsmoment nicht nur von der gesamten Masse des Körpers, sondern von der Verteilung der einzelnen Masseteilchen bezüglich der Drehachse abhängt. Teilchen, die weiter außen liegen, zählen stärker, da ihre Masse m_i mit einem größeren Faktor r_i^2 zu multiplizieren ist. Die Angabe eines Trägheitsmoments ohne Angabe der Drehachse ist nicht sinnvoll: Lassen wir zum Beispiel einen Bleistift statt um seine Längsachse 1 *(Abb. 164.1)* um die dazu senkrechte Achse 2 durch den Schwerpunkt S rotieren, so liegen die meisten seiner Masseteilchen m_i weiter von der Drehachse entfernt und haben deshalb bei gleicher Winkelgeschwindigkeit ω größere Bahngeschwindigkeiten $v_i = \omega \cdot r_i$. Das Trägheitsmoment J und die Rotationsenergie $W_{rot} = \tfrac{1}{2} J \omega^2$ sind im zweiten Fall etwa 1000mal so groß.

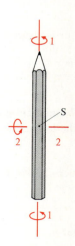

164.1 Achsen kleinsten (1) und größten (2) Trägheitsmoments beim Bleistift. Bei Lagen der Achsen zwischen den eingezeichneten extremen Stellungen verändern sich die Trägheitsmomente kontinuierlich.

Besteht ein Körper aus Masseteilchen m_i, die den Abstand r_i von der Achse haben, so nennt man

$$J = \sum_i m_i r_i^2 \quad \text{das Trägheitsmoment.} \tag{164.4}$$

J hängt von der Verteilung der Masse des Körpers und von der Lage der Achse ab, um die er rotiert; das Trägheitsmoment ist kein Vektor.

Rotiert der Körper vom Trägheitsmoment J mit der Winkelgeschwindigkeit ω, so ist seine Rotationsenergie

$$W_{rot} = \tfrac{1}{2} J \omega^2. \tag{164.5}$$

Aufgaben:

1. *Eine Holzwalze und ein Stück Eisenrohr haben gleiche Abmessungen und gleiche Massen. Sind auch ihre Trägheitsmomente gleich?*
2. *In jeder Ecke eines Rechtecks mit den Seiten a und b ist ein Massenpunkt mit der gleichen Masse m befestigt. Das Rechteck selbst darf als masselos angesehen werden. Wie groß sind die Trägheitsmomente der Anordnung bezüglich der beiden Mittellinien und bezüglich der räumlichen Symmetrieachse?*
3. *2 Massepunkten je mit der Masse m sind am Ende einer masselosen Stange befestigt. Diese Hantel rotiert um eine Achse, die senkrecht zur Stange durch ihren Mittelpunkt verläuft. Der Betrag der Geschwindigkeit der Massenpunkte nur auf Grund der Rotation sei v_r. Zudem verschiebt sich die Anordnung in Richtung der Drehachse mit der Geschwindigkeit v_t. Zeigen Sie, daß die gesamte kinetische Energie des Systems als Summe aus der kinetischen Energie infolge der translatorischen Bewegung des Schwerpunkts und der Rotationsenergie berechnet werden darf!*

§ 39 Die Berechnung von Trägheitsmomenten

1. Das Trägheitsmoment eines Rohres bezüglich seiner Längsachse

Ist die Wandstärke eines Rohres gering im Verhältnis zu seinem Halbmesser, so kann man das Trägheitsmoment einfach berechnen. Jedes Masseteilchen hat dann denselben Abstand r von der Drehachse:

$$J = \sum_i m_i \cdot r_i^2 = \sum_i m_i \cdot r^2 = r^2 \sum_i m_i = m \cdot r^2. \tag{165.1}$$

(Konstante Faktoren darf man vor das Summenzeichen setzen und die Summe aller Teilmassen m_i ist die Gesamtmasse m.)

2. Das Trägheitsmoment eines dünnen langen Stabs bezüglich seiner Achse senkrecht zum Stab durch seinen Mittelpunkt

Die Länge des Stabs sei $2h$, sein relativ kleiner Querschnitt A, seine Dichte ϱ. Man darf dann so rechnen, wie wenn es sich um *punktförmige* Massenelemente $m_i = \varrho \cdot A \cdot \Delta h$ im Abstand h_i von der Achse handelte:

$$J = 2 \sum_i m_i \cdot h_i^2,$$

wobei die Summe nur über eine Stabhälfte zu berechnen ist.

$$J = 2 \sum_i \varrho A \cdot \Delta h \cdot h_i^2 = 2 \varrho A \sum_i h_i^2 \Delta h.$$

Die Summe $\sum_i h_i^2 \Delta h$ tritt zufällig bei der Volumenberechnung einer quadratischen Pyramide mit der Kantenlänge h und der Höhe h auf und ist daher bekannt *(Abb. 165.1)*. Als Volumelemente betrachtet man quadratische Scheiben parallel zur Grundfläche mit der Kantenlänge h_i und der Höhe Δh: $V_i = h_i^2 \cdot \Delta h$. Dann ist $V = \sum_i V_i = \sum_i h_i^2 \cdot \Delta h$ und dieses

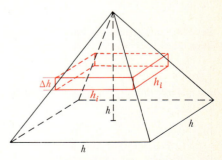

165.1 Zur Volumenberechnung einer quadratischen Pyramide

Volumen kennt man aus einer anderen Berechnungsart: $\sum_i h_i^2 \cdot \Delta h = \frac{h^3}{3}$. Mit diesem Wert für die Summe $\sum_i h_i^2 \Delta h$ wird

$$J = 2\varrho \cdot A \cdot \frac{h^3}{3}.$$

Die Masse des Stabes ist $m = 2\varrho A h$, also $J = \frac{1}{3}mh^2$. Setzen wir schließlich für die Gesamtlänge des Stabs $2h$ die Bezeichnung l, das heißt $h = \frac{l}{2}$, so erhalten wir für das *Trägheitsmoment* des Stabs

$$J = \frac{m \cdot l^2}{12}.$$

3. Trägheitsmoment eines Zylinders bezüglich seiner Längsachse

Ein *Zylinder* habe den Halbmesser r, die Länge l und sei aus einem homogenen Stoff der Dichte ϱ. Als Raumelement betrachten wir einen Hohlzylinder vernachlässigbar kleiner Wandstärke Δr mit dem Halbmesser r_i, dem Umfang $2\pi r_i$ und der Länge l. Seine Masse ist $m_i = 2\pi r_i \Delta r \cdot l \varrho$. Für das *Trägheitsmoment des Zylinders* erhalten wir

$$J = \sum_i 2\pi r_i \cdot l \cdot \varrho \cdot r_i^2 \Delta r = 2\pi \cdot \varrho \cdot l \cdot \sum_i r_i^3 \Delta r.$$

Die Summe $\sum_i r_i^3 \cdot \Delta r$ findet man mit Hilfe der Integralrechnung zu $\frac{1}{4}r^4$ (siehe Seite 197). Damit wird

$$J = \frac{2\pi \cdot \varrho \cdot r^4 \cdot l}{4} = \frac{\pi \cdot \varrho \cdot r^2 \cdot l \cdot r^2}{2} = \frac{m \cdot r^2}{2}. \tag{166.1}$$

Musteraufgabe: Ein Rohr vernachlässigbar geringer Wandstärke und ein Vollzylinder rollen reibungsfrei eine schiefe Ebene hinab. Man bestimmt die Geschwindigkeit v ihrer Schwerpunkte, wenn sich diese aus der Ruhe heraus um die Höhe h gesenkt haben! Es sollen gleiche äußere Maße und gleiche Massen m angenommen werden. Man bestimme auch den Wert für einen reibungsfrei gleitenden Körper!

Lösung: Beim reibungsfrei gleitenden Körper wird die *Lageenergie in Bewegungsenergie* überführt:

$$\tfrac{1}{2}mv_1^2 = Gh = mgh$$

$$v_1^2 = 2gh$$

$$v_1 = \sqrt{2gh}.$$

Auch bei der *Rollbewegung* von Rolle und Zylinder hängt die Winkelgeschwindigkeit ω mit der translatorischen Geschwindigkeit v der Achse zusammen nach der Gleichung $v = \omega r$. Um das einzusehen, muß man sich nur vorstellen, daß die schiefe Ebene bei festgehaltener Achse des Rollkörpers mit der Geschwindigkeit v an diesem reibend vorbeibewegt wird. Also berechnet sich die Winkelgeschwindigkeit zu $\omega = \frac{v}{r}$.

Bei den Rollkörpern wird die Lageenergie mgh in die Summe von kinetischer Energie der translatorischen Bewegung $\tfrac{1}{2}mv^2$ und der Rotationsenergie $J\omega^2$ umgewandelt. Es gilt also:

$$\tfrac{1}{2}m \cdot v^2 + \tfrac{1}{2}J \cdot \omega^2 = m \cdot g \cdot h$$

$$\tfrac{1}{2}m \cdot v^2 + \tfrac{1}{2}J\left(\frac{v}{r}\right)^2 = m \cdot g \cdot h$$

$$\tfrac{1}{2}v^2 \cdot \left(m + \frac{J}{r^2}\right) = m \cdot g \cdot h$$

$$v = \sqrt{\frac{2m \cdot g \cdot h}{m + \dfrac{J}{r^2}}}. \tag{166.2}$$

Für das Rohr ist nach Gl. (165.1) $J = m \cdot r^2$, für den Zylinder nach Gl. (166.1) $J = \dfrac{m \cdot r^2}{2}$ zu setzen. Man findet $v_{\text{Rohr}} = \sqrt{g \cdot h}$, $v_{\text{Zyl}} = 2 \cdot \sqrt{\dfrac{g \cdot h}{3}}$. Für $J = 0$ geht die Gleichung in die für den gleitenden Körper gefundene über ($v = \sqrt{2g \cdot h}$).

Die *größte* Geschwindigkeit hat der gleitende Körper, die *geringste* das rollende Rohr. Die erreichten Geschwindigkeiten sind unabhängig vom Radius und von der Masse. Eine besonders kleine Geschwindigkeit würde ein *Maxwellsches Rad (Abb. 92.2)* erreichen, das mit den beiden dünnen Achsenden auf der schiefen Ebene aufliegt und dessen Radkörper in einen passend angebrachten Schlitz der schiefen Ebene ragt. Bei ihm ist der Anteil der Rotationsenergie besonders groß, r in Gl. (161.2) klein.

Aufgaben:

1. *In welchem Abstand r_0 von der Achse müßte man die Masse m einer Scheibe punktförmig vereinigen, damit das Trägheitsmoment bezüglich der Figurenachse erhalten bleibt?*

2. *Wie groß ist das Trägheitsmoment einer Eisenscheibe von 10 kg Masse und $\frac{1}{2}$ cm Dicke, wenn sie um ihre Figurenachse rotiert ($\varrho = 7{,}2$ g/cm³)? Welche Rotationsenergie hat sie bei der Drehfrequenz $n = 50\,\dfrac{1}{\text{s}}$?*

3. *Wie ändert sich das Trägheitsmoment und die Rotationsenergie, wenn die Scheibe der Aufgabe 2 bei gleicher Masse 10 cm dick und der Radius entsprechend verkleinert ist? Warum gibt man Schwungrädern außen einen Wulst?*

4. *Rechnen Sie die Angabe auf Seite 164 nach, das Trägheitsmoment eines Bleistifts sei in der Maximallage etwa 1 000mal so groß wie in der Minimallage! (Länge $l = 16$ cm, Durchmesser $2r = 7$ mm, aus homogenem Stoff.) In welcher Richtung ändert sich das Ergebnis, wenn man bedenkt, daß ein Bleistift tatsächlich eine Mine größerer Dichte enthält?*

§ 40 Kräfte und Drehmomente am starren Körper

Bei den *translatorischen* Bewegungen ist durch die Newtonsche Grundgleichung $F = ma$ der Zusammenhang von Kraft und erzielter Beschleunigung gegeben. Wir wollen nun klären, welche Gesetze bei Drehbewegungen gelten. Welche für Drehungen typischen Größen gehen in das Gesetz ein?

1. Das Drehmoment

Schon auf der Mittelstufe haben wir vom Drehmoment M gesprochen und darunter das Produkt von Kraft F und Hebelarm d verstanden: $M = F \cdot d$. Dabei war der Hebelarm kein materielles Bauteil, sondern der Abstand der Wirkungslinie der Kraft von der Drehachse. Wir ließen dabei nur Kräfte zu, die in einer Ebene senkrecht zur Achse wirkten. Nun betrachten wir den allgemeinen Fall:

Eine Kraft $\vec{F}$ greife an einem *starren Körper* mit fester Drehachse an und sei beliebig zur Achse gerichtet. Wir zerlegen $\vec{F}$ in eine Komponente $\vec{F}_A$ in Richtung der Achse und in eine Komponente $\vec{F}_D$, die in der senkrecht zur Achse stehenden Drehebene liegt. $\vec{F}_A$ ist ohne Einfluß auf die Drehung (ein an eine Türklinke gehängter Stein dreht die Tür nicht!); die Komponente $\vec{F}_D$ dagegen übt eine *Drehwirkung* aus, sie erzeugt ein **Drehmoment**. Für dieses *Drehmoment* gelten ähnliche Überlegungen wie für die Winkelgeschwindigkeit: es ist eine *Vektorgröße* (siehe Seite 161 unten). Man zeichnet den Vektor $\vec{M}$ in derselben Weise in die Drehachse ein, wie die Winkelgeschwindigkeit $\vec{\omega}$ der entstehenden Drehbewegung *(Abb. 168.1)*.

Für die weiteren Betrachtungen wollen wir voraussetzen, ein Körper sei um eine Achse drehbar gelagert. Die Kraft $\vec{F}$, die eine Drehung bewirkt, liege in einer Ebene senkrecht zur Achse, habe also schon eine spezielle Lage. (In der vorhergehenden Überlegung sind wir von einer beliebig gerichteten Kraft ausgegangen und haben gezeigt, wie man die Komponente berechnen kann, die für die Drehung von Bedeutung ist. Wir hatten sie $\vec{F}_D$ genannt.) Diese Kraft $\vec{F}$ greife nach *Abb. 168.1* im Punkt P des Körpers an, der den Abstand $\vec{r}$ von der Drehachse habe. Schließen die Vektoren $\vec{F}$ und $\vec{r}$ den Winkel γ ein, so hat der Hebelarm die Länge $d = r \cdot \sin \gamma$, das Drehmoment den Betrag $M = F \cdot d = F \cdot r \sin \gamma$. Man schreibt dafür kurz das sogenannte *Vektorprodukt*

$$\vec{M} = \vec{r} \times \vec{F}.$$

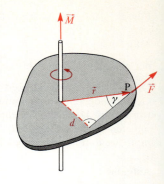

168.1 Drehmoment $\vec{M}$ der Kraft $\vec{F}$ als Vektor

2. Drehmoment und Winkelbeschleunigung

Wir erwarten in Analogie zur geradlinigen Bewegung, daß ein drehbarer Körper, auf den ein *konstantes* Drehmoment wirkt, eine Rotation mit *konstanter* Winkelbeschleunigung ausführt. Für eine solche Bewegung gelten die Gl. (163.3) und (163.5). Um die Richtigkeit unserer Hypothese zu prüfen, führen wir Versuche mit einem *Reifenapparat* durch. Ein solcher Apparat besteht aus einem Metallreifen (Fahrradfelge), der an drei gleich langen Schnüren an einem Metallhütchen aufgehängt ist. Das Hütchen ruht auf einer Kugellagerkugel, die sich fast reibungslos in einer Achatschale drehen kann. Auf den zylindrischen Umfang des Hütchens ist ein dünner Faden gewickelt, an dem über eine Feinrolle ein angehängtes Massestückchen zieht *(Abb. 168.2)*. Am Reifenumfang ist ein kleiner Stift befestigt. Er liegt vor dem Start an einem Haltestab mit Fuß an und verhindert eine Drehung. Zum Start nimmt man die Haltevorrichtung so weg, daß der Reifen keinen Anstoß erhält.

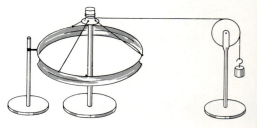

168.2 Reifenapparat

Versuch 74: Wir bestimmen in verschiedenen Versuchen den *Drehwinkel* φ, der in der Zeit t erreicht wird, und finden mit großer Genauigkeit $\varphi = c t^2$. Damit ist die Anwendbarkeit der Gl. (163.3) bestätigt. Wir berechnen aus dieser Gleichung die *Winkelbeschleunigung*

$$\alpha = 2c.$$

Versuch 75: Heben wir nach einer Zeit t das antreibende Massestückchen ab, so stellen wir mit einer Stoppuhr fest, daß der Reifen sich *gleichförmig* weiterdreht: für die gleiche Strecke auf dem Umfang braucht er immer die *gleiche* Zeit t. Für die nach der Zeit t erreichte *Winkelgeschwindigkeit* ω finden wir, wenn wir α nach mehreren Beschleunigungszeiten berechnen,

$$\omega = \alpha t. \tag{168.1}$$

Also ist auch Gl. (163.5) anwendbar. Bei *konstantem Drehmoment* führt der Reifen eine Drehbewegung mit *konstanter Winkelbeschleunigung* aus. Diese Feststellung gilt für *alle* starren Körper.

Auf einen starren Körper mit fester Drehachse wirke eine Kraft F mit konstantem Drehmoment M, zum Beispiel weil eine Schnur mit angehängtem Massestück um eine zylindrische Achse mit Radius r geschlungen ist: $M = F \cdot r$. Wir können dann mit Hilfe des Energieerhaltungssatzes den Zusammenhang von *Drehmoment* M und *Winkelbeschleunigung* α berechnen. Nach der Zeit t hat sich der Körper aus der Ruhe heraus um den Winkel $\varphi = \frac{1}{2} \alpha t^2$ gedreht (Gl. 163.3). Die Kraft F hat in dieser Zeit längs des Kreisbogens $b = \varphi r = \frac{1}{2}\alpha t^2 r$ gewirkt, also die Arbeit $W = F \cdot \frac{1}{2}\alpha t^2 r = M \cdot \frac{1}{2}\alpha t^2$ verrichtet. Diese Arbeit ist als Rotationsenergie $W_{rot} = \frac{1}{2}J\omega^2$ im Körper gespeichert (Gl. 164.3). Aus $W = W_{rot}$ finden wir nach Gl. (163.3)

$$M \cdot \tfrac{1}{2}\alpha t^2 = \tfrac{1}{2} J \alpha^2 t^2$$

$$M = J\alpha.$$

Vektoriell geschrieben lautet die Gleichung

$$\vec{M} = J\vec{\alpha}, \tag{169.1}$$

da $\vec{M}$ und $\vec{\alpha}$ Vektoren in derselben Richtung sind und J ein Skalar ist.

Das *Drehmoment* $\vec{M}$ ist also bei Drehbewegungen, die zur *Kraft* $\vec{F}$ analoge Größe (siehe *Tabelle 172.1*). Gl. (169.1) gilt allgemein für sich drehende Körper, sofern das Trägheitsmoment sich nicht ändert. Dies bedeutet:

a) Wirkt auf einen rotierenden Körper *kein* Drehmoment, so behält er seine Winkelgeschwindigkeit $\vec{\omega}$ nach Betrag und Richtung bei.

b) Wirkt bezüglich einer möglichen Drehachse ein *Drehmoment* $\vec{M}$, so berechnet sich die *Winkelbeschleunigung* aus der Gleichung $\vec{\alpha} = \dfrac{\vec{M}}{J}$. Ist $\vec{M}$ konstant, so ist auch $\vec{\alpha}$ konstant.

3. Allgemeine Gleichgewichtsbedingung

Unter einen **Kräftepaar** versteht man zwei entgegengesetzt gerichtete parallele Kräfte gleicher Größe (antiparallele Kräfte). Ihre Vektorsumme ist also 0. Trotzdem üben sie auf einen Körper, auf den sie wirken, ein *Drehmoment* aus (siehe zum Beispiel *Abb. 176.2*). Häufig wird die *zweite* Kraft des *Kräftepaares* erst als Gegenkraft in der festen Achse *geweckt*. Ein Körper befindet sich in bezug auf Translation und Rotation nur dann im Gleichgewicht, wenn die Vektorsumme aller auf ihn wirkenden Kräfte Null ist und wenn die Vektorsumme der Drehmomente aller wirkenden Kräftepaare Null ist. Bei diesem Gleichgewicht kann sich sein Schwerpunkt gleichförmig geradlinig bewegen; der Körper kann außerdem um eine konstante Achse durch den Schwerpunkt gleichförmig rotieren.

Wirkt eine Kraft $\vec{F}$, deren Vektor in einer Ebene senkrecht zu einer möglichen Drehachse liegt, auf einen Punkt im Abstand $\vec{r}$ von der Achse, so ist ihr Hebelarm durch $d = r \sin\gamma$, ihr Drehmoment durch $M = F \cdot r \sin\gamma$ gegeben, wenn der von $\vec{r}$ und $\vec{F}$ eingeschlossene Winkel γ ist.
Vektoriell geschrieben bedeutet dies

$$\vec{M} = \vec{r} \times \vec{F}. \tag{169.2}$$

Wirkt auf einen drehbaren Körper kein äußeres Drehmoment $\vec{M}$, so behält er seine Winkelgeschwindigkeit $\vec{\omega}$ nach Größe und Richtung bei, sofern sein Trägheitsmoment sich nicht ändert. Wirkt ein Drehmoment bezüglich einer möglichen Achse, so ist

$$\vec{M} = J \cdot \vec{\alpha}. \tag{169.3}$$

Zwei antiparallele Kräfte heißten Kräftepaar. Sie erzeugen ein Drehmoment ohne translatorische Beschleunigung.

Aufgaben:

1. *Eine hölzerne Fadenrolle liegt auf rauher, waagerechter Unterlage. Diskutieren Sie, was eintritt, wenn Sie ein Stück Faden abwickeln und an seinem Ende ziehen*
    a) *bei waagerecht liegendem Faden, der vom unteren Teil der Rolle wegläuft;*
    b) *wenn sie daraufhin den Neigungswinkel des Fadens immer mehr vergrößern!*
    Bedenken Sie, daß die Momentandrehachse die Verbindung der Auflagepunkte der Rolle ist!

2. *Bei einem Reifenapparat (Abb. 168.2) beträgt die Reifenmasse* $m = 1$ kg *bei einem mittleren Radius von* $R = 25$ cm. *Der Antrieb an dem (als masselos anzusehenden) Aufhängehütchen erfolgt durch ein angehängtes Massestück mit dem Gewicht* $G = 0{,}1$ N, *das über einen Faden auf den zylindrischen Umfang des Hütchens mit dem Radius* $r = 1$ cm *wirkt. a) Welches Trägheitsmoment hat der Reifen? b) Welche Winkelbeschleunigung* α *erhält er? c) Um welche Winkel hat er sich nach* $t_1 = 10$ s *und nach* $t_2 = 20$ s *gedreht?*

3. *Ein Kinderkarussel kann in erster Näherung als zylindrische Scheibe mit dem Radius* 4 m *und der Gesamtmasse* 2000 kg *mit senkrechter Drehachse angesehen werden. Wie lange braucht ein Motor mit einer Leistung von* 1 kW, *um das Karussell aus der Ruhe heraus auf eine Winkelgeschwindigkeit von* $\omega = 0{,}7$ s^{-1} *zu bringen?*

4. *Auf eine Tür vom Trägheitsmoment* $J = 16$ kgm^2 *wirkt mit einem Hebelarm von* 0,8 m *die Kraft* $F = 40$ N. *Welche Winkelbeschleunigung* α *erteilt sie? Welche Winkelgeschwindigkeit* ω *hat die Tür nach* 1 s? *Um welchen Winkel* φ *hat sie sich dann gedreht, nach welcher Zeit* t *hat sie sich um* 90° *aus der Ruhe heraus gedreht? Von Bewegungswiderständen sei abgesehen.*

5. *Auf ein Schwungrad (Radius* $r = 0{,}5$ m; *Trägheitsmoment* $J = 5$ kgm^2) *ist ein Seil gewickelt, an dem man mit der konstanten Kraft* 300 N *zieht. Wie groß ist die Winkelbeschleunigung* α? *Welche Winkelgeschwindigkeit* ω *und welche Rotationsenergie* W_{rot} *hat das Rad nach* $t = 10$ s *erreicht? Nach welcher Zeit hat es eine Umdrehung, nach welcher vier Umdrehungen ausgeführt? Wieviel Umdrehungen hat es in den ersten* 10 s *ausgeführt?*

§ 41 Der Drehimpuls und der Satz von der Erhaltung des Drehimpulses

1. Der Drehimpuls

Bei *translatorischen* Bewegungen spielt der *Impuls* eine wichtige Rolle. Wir wollen nun den für *Drehbewegungen* geltenden entsprechenden Begriff suchen. Dazu führen wir einen Versuch aus:

Versuch 76: Wir befestigen ein starkwandiges enges Glasrohr mit glatt geschmolzenen Enden in lotrechter Lage. Durch das Rohr führen wir einen kräftigen Perlonfaden, den wir unter dem Rohr festklemmen. Am anderen Ende wird eine Metallkugel angebracht. Mit der Hand erteilen wir der Kugel bei waagerecht gespanntem Faden eine solche Anfangsgeschwindigkeit, daß sich die Kugel auf waagrecht liegender Kreisbahn mit konstanter Winkelgeschwindigkeit bewegt (Abb. 170.1). Nun ziehen wir an dem festgeklemmten Fadenende nach unten und halten es dann wieder fest. Wir bemerken, daß die Kugel jetzt *viel rascher* umläuft. Die Vermutung, die *Bahngeschwindigkeit* sei erhalten geblieben und nur die *Winkelgeschwindigkeit* wegen des kleineren Halbmessers gewachsen, ist *falsch*. Wir haben ja beim Ziehen eine Kraft aufgewandt und deshalb eine *Arbeit* verrichtet. Diese Arbeit hat die kinetische Energie der Kugel vergrößert, so daß auch die Bahngeschwindigkeit gewachsen ist. Auf die Kugel wurde eine Zentralkraft ausgeübt. Eine andere kann ein so geführter Faden gar nicht übertragen. Wir dürfen also den **Flächensatz** von Seite 139

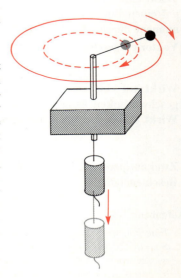

170.1 Zu Versuch 76

heranziehen, der besagt, daß die Verbindungsstrecke Drehzentrum—Kugelmittelpunkt, der Fahrstrahl, in *gleichen Zeiten gleiche Flächen* überstreicht (wir sehen die Kugel als Massenpunkt an). Haben wir den Radius zum Beispiel auf die Hälfte verkürzt, so ist die Winkelgeschwindigkeit auf das Vierfache gestiegen, weil vier Kreisflächen mit halbem Radius die gleiche Fläche ergeben, wie ein Kreis mit dem ganzen.

Damit ist das *spezielle* Problem gelöst. Wir kommen aber zu *allgemeineren* Aussagen, wenn wir die Bahn von Punkt zu Punkt verfolgen.

In *Abb. 171.1* ist ein Teil der Bahn dargestellt. In der kurzen Zeit Δt bewegt sich die Kugel von Punkt 1 nach Punkt 2. Der Fahrstrahl hat eine Fläche überstrichen, die wir als Dreieck ansehen dürfen. Es ist etwa dieselbe Fläche, wie ein rechtwinkliges Dreieck mit r als langer Seite und $\omega r \cdot \Delta t$ als kurzer, und zwar um so genauer, je kleiner Δt ist. Der Inhalt des Dreiecks ist also $\Delta A = \frac{1}{2} \omega r^2 \cdot \Delta t$.

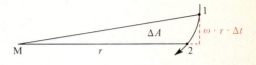

171.1 Zum Flächensatz

Nach dem *Flächensatz* ist $\frac{\Delta A}{\Delta t}$ konstant: $\frac{\Delta A}{\Delta t} = \frac{1}{2} \omega r^2 = \text{const}.$

Um Größen von Drehbewegungen zu bekommen, multiplizieren wir die Gleichung mit $2m$:

$$2m \frac{\Delta A}{\Delta t} = m r^2 \omega = \text{const}.$$

Dafür können wir jetzt schreiben: $J \omega = \text{const}.$ mit dem Trägheitsmoment $J = m r^2$. Analog zu $p = mv$ nennen wir die Größe $L = J \omega$ **Drehimpuls** oder auch **Drall** und bekommen den **Satz von der Erhaltung des Drehimpulses:**

Bei Bewegung auf Bahnen unter dem Einfluß einer *Zentralkraft* bleibt der *Drehimpuls* $L = J \omega$ erhalten. Ein äußeres Drehmoment, von dem wir wissen, daß es die Winkelgeschwindigkeit erhöht, darf natürlich *nicht* zusätzlich auftreten. Eine Zentralkraft kann kein Drehmoment ausüben, weil ihr Hebelarm 0 ist.

Der Drehimpuls $\vec{L}$ ist eine *Vektorgröße*. Ihr Vektor wird in gleichem Sinn in die Drehachse eingezeichnet wie der Vektor $\vec{\omega}$. Die Bewegung der Planeten fallen unter den Satz von der Erhaltung des Drehimpulses. Für ihre Bewegung ist $\vec{L}$ nach Betrag und Richtung *konstant*, das heißt, sie laufen auf *ebenen* Bahnen um.

Der Satz von der *Erhaltung des Drehimpulses* gilt nicht nur für umlaufende Massepunkte, sondern auch für *starre Körper* (zum Beispiel, wenn sie ihre Drehachse und damit ihr Trägheitsmoment ändern) oder für gelenkig zusammengesetzte Körper, wie sich unter erheblichem mathematischem Aufwand zeigen läßt. Der Eiskunstläufer etwa verkleinert sein Trägheitsmoment, indem er die vorher ausgestreckten Arme anzieht. Dadurch erhöht sich seine Winkelgeschwindigkeit stark *(Pirouette)*. Bei vielen Geräteübungen im Turnen vergrößert man die Drehgeschwindigkeit durch Anhocken, also eine Verkleinerung des Trägheitsmoments (zum Beispiel bei der Kippe).

Versuch 77: Wir lassen uns auf einem Drehschemel nach *Abb. 171.2* in Rotation versetzen (größte Vorsicht!). Wenn wir durch Einziehen der Hanteln unser Trägheitsmoment verkleinern, rotieren wir schneller, obwohl von außen weder Kräfte noch Drehmomente wirken: Unser Drehimpuls $L = J \cdot \omega$ ist konstant. Mit abnehmendem Trägheitsmoment J muß also unsere Winkelgeschwindigkeit ω wachsen.

171.2 Beim Einziehen der Hanteln vergrößert sich die Winkelgeschwindigkeit.

Führen wir, bei zunächst ruhendem Drehschemel, kreisende Bewegungen mit einer Hantel über unserem Kopf aus, so beginnt sich der Schemel in der entgegengesetzten Richtung zu drehen. Hören wir mit der kreisenden Bewegung der Hantel auf, so dreht sich auch der Drehschemel nicht mehr. Der gesamte Drehimpuls ist in allen Phasen des Versuchs Null! Man kann also die Stellung eines schwebenden Luftballons gegen die Sonne ändern, indem man einige Zeit in der Gondel rundläuft.

172 Der starre Körper

> Unter dem **Drehimpuls** $\vec{L}$ versteht man das Produkt aus Trägheitsmoment J und Winkelgeschwindigkeit $\vec{\omega}$:
> $$\vec{L} = J \cdot \vec{\omega}. \qquad (172.1)$$
> Wenn kein Drehmoment auf einen rotierenden Körper wirkt, bleibt der Drehimpuls erhalten:
> $$\vec{L} = J \cdot \vec{\omega} = \text{const}. \qquad (172.2)$$
> (**Satz von der Erhaltung des Drehimpulses.**)

2. Zusammenfassender Vergleich von Translation und Rotation

Die Gleichungen, die wir für die Drehbewegungen gefunden haben, entsprechen denen für die translatorischen, wenn wir alle Größen, die sich auf Strecken beziehen, durch die entsprechenden *Winkelgrößen*, die *Masse* durch das *Trägheitsmoment*, die Kraft durch das *Drehmoment* ersetzen.

Tabelle 172.1 gibt eine Übersicht über die gefundenen Gleichungen samt den Beziehungen, die zwischen den grundlegenden Größen der translatorischen und der rotatorischen Bewegungen bestehen.

Tabelle 172.1

Translationsbewegung	Verbindende Gleichung	Rotationsbewegung
Weg s	$s = r \cdot \varphi$	Drehwinkel φ
Geschwindigkeit $v = \dfrac{\Delta s}{\Delta t}$	$v = r \cdot \omega$	Winkelgeschwindigkeit $\omega = \dfrac{\Delta \varphi}{\Delta t}$
Beschleunigung $a = \dfrac{\Delta v}{\Delta t}$	$a = r \cdot \alpha$	Winkelbeschleunigung $\alpha = \dfrac{\Delta \omega}{\Delta t}$
Masse $m = \sum\limits_i m_i$		Trägheitsmoment $J = \sum\limits_i m_i r_i^2$
Kraft $F = ma$	$F \cdot r = M$	Drehmoment $M = J \cdot \alpha$
Bewegungsenergie $E_{\text{kin}} = \tfrac{1}{2} m v^2$		Rotationsenergie $W_{\text{rot}} = \tfrac{1}{2} J \omega^2$
Impuls $p = mv$		Drehimpuls (Drall) $L = J \omega$

Aufgaben:

1. *Versuchen Sie zu erklären, warum sich beim Ausfließen von Wasser aus lotrechten Abflußöffnungen Strudel bilden, wenn im Gefäß eine kaum merkliche kreisende Bewegung ist!*
2. *Berechnen Sie das Verhältnis der Winkelgeschwindigkeiten in Versuch 76, wenn sich die Radien vor und nach der Veränderung wie 3 : 2 beziehungsweise wie 3 : 4 verhalten! Wie verhalten sich die kinetischen Energien der umlaufenden Kugeln in diesen beiden Fällen? Wie erklärt sich der im zweiten Fall festgestellte Energieverlust?*
3. *Wie würde sich ein eventuelles Schrumpfen des Erdhalbmessers auf die Länge des Tages auswirken?*
4. *Zur Bahnbeschleunigung der Kugel in Versuch 76 ist eine Kraft in Richtung der Bahn nötig. Erklären Sie, wie es bei radialer Zugkraft des Fadens zu einer solchen kommen kann!*
5. *Beim Bodenturnen erfordert ein gestreckter Salto wesentlich mehr Geschicklichkeit als ein angehockter. Warum?*

§ 42 Drehbewegungen um freie Achsen; der Kreisel

1. Bewegungen um freie Achsen; der kräftefreie Kreisel

Körper können sich nicht nur um Achsen drehen, die in Lagern laufen (Schwungrad, Kurbelwelle); Geschosse drehen sich wegen der wendelförmigen Züge im Lauf um ihre Längsachse, auch nachdem sie ihn verlassen haben, ein Diskus dreht sich im Flug um seine *Figurenachse*. Beide Körper behalten, wenn keine weiteren Drehmomente auf sie wirken, ihre Drehachse und deren Richtung wegen der Erhaltung des Drehimpulses bei. Man nennt derartige Achsen **freie Achsen** oder **permanente Achsen** und sich um *freie Achsen* drehende Körper **Kreisel**.

Versuch 78: Wir versuchen einem Quader, zum Beispiel einer Zigarrenkiste, beim Werfen eine solche Drehung zu geben, daß eine der drei Symmetrieachsen zur *freien Achse* wird! Das gelingt nur bei der längsten und der kürzesten Achse. Das sind zugleich die Achsen mit dem *kleinsten* und dem *größten* Trägheitsmoment.

Versuch 79: Ein Bleistift ist in seinem Schwerpunkt schräg an einem sehr dünnen Draht aufgehängt *(Abb. 173.1)*. Wenn wir den Bleistift um den Draht als vertikale Achse drehen, so sucht er sich mit seiner Längsachse horizontal zu stellen. Die rotierenden Masseteilchen wollen sich infolge ihrer Trägheit längs der jeweiligen Tangenten nach außen bewegen. Der Bleistift führt eine **Torkelbewegung** aus; seine Drehachse ändert infolge der unsymmetrischen Masseverteilung ständig ihre Lage. Zu jeder neuen Lage gehört ein anderes Trägheitsmoment und wegen Gl. (172.2) auch eine andere Winkelgeschwindigkeit. Alle Versuche zeigen, daß als freie Achsen nur solche mit kleinstem oder größtem Trägheitsmoment auftreten können. Bei allen anderen wird ihre Lage *instabil*, die Körper führen *Torkelbewegungen* aus.

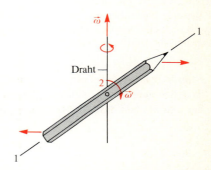

173.1 Rotationen am nicht ausgewuchteten Bleistift

Das hier angeschnittene Problem ist von großer Bedeutung bei rasch rotierenden Rädern an Fahrzeugen oder Rotoren in Generatoren oder Turbinen. Ein Rad braucht nämlich noch nicht richtig ausgewuchtet zu sein, wenn die Achse durch den Schwerpunkt geht. Wie bei dem Bleistift in Versuch 79 können auch dann noch bei der Rotation im Rad zusätzliche Drehmomente entstehen. Sie versuchen die Achse zu kippen und die Winkelgeschwindigkeit nach Richtung und Betrag zu ändern. Beim Auto spürt man dies als schnelle Schüttelbewegung des ganzen Wagens und des Lenkrads.

Versuch 80: Hängt man einen *Stab*, eine *Kreisscheibe* und eine zum *Ring* geschlossene Kette an einem Draht oder einem steifen Perlonfaden wie in *Abb. 173.2* unter einen kleinen Elektromotor, so nehmen sie bei raschem Drehen die eingezeichneten stabilen Lagen ein. Bei Stab und Platte finden wir zwei stabile Lagen, bei dem Kettenring eine. In den angehobenen Lagen haben sich die Achsen mit dem *größten* Trägheitsmoment eingestellt. Zirkusartisten benutzen den bei der Kette gefundenen Effekt zur Ausführung von Seil- oder Lassoschaunummern.

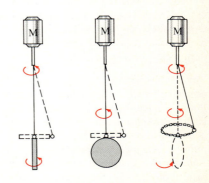

173.2 Rotationen um permanente Achsen

Will man in Wissenschaft und Technik Kreisel kräftefrei lagern, so setzt man entweder eine in ihrem Schwerpunkt angebrachte Spitze in eine muldenförmige Vertiefung am Ende eines vertikal gehaltenen Stabes oder man benutzt die **kardanische Aufhängung** nach *Abb. 174.1*. (Der Name stammt von *G. Cardano*, einem italienischen Mathematiker des 16. Jahrhunderts). Die **Kreisel** selbst sind Drehkörper mit möglichst großem Trägheitsmoment, zum Beispiel runde Scheiben mit außen aufgesetztem Wulst. Als *Drehachse* dient die *Figurenachse*.

Versuch 81: Wir setzen einen technischen kräftefrei gelagerten Kreisel in rasche Drehung, indem wir eine auf seine Achse gewickelte Schnur abziehen. Wenn wir uns mit dem Kreisel beliebig im Raum bewegen, bleibt die ursprüngliche Richtung seiner Achse erhalten.

Solche Kreisel werden in Flugzeuginstrumenten, zum Beispiel bei der **automatischen Kurssteuerung**, eingesetzt. Verdreht sich das Flugzeug durch äußere Kräfte in irgendeiner

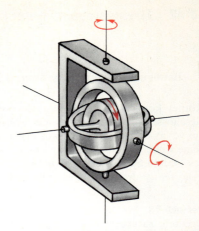

174.1 Der äußere Rahmen kann gegenüber dem kardanisch aufgehängten Kreisel beliebig gedreht werden.

Richtung gegenüber der einmal eingestellten unveränderlichen Kreiselachse, so wird dadurch die Steuerung so lange betätigt, bis die Ausgangslage wiederhergestellt ist. Auch die Steuerung von **Raumschiffen** benutzt als absolutes Trägheitsbezugssystem schnell-laufende kräftefrei gelagerte *Kreisel* **(Plattform)**.

> **Stabile freie Achsen von sich schnell drehenden Körpern sind solche mit größtem oder kleinstem Trägheitsmoment. Kräftefrei gelagerte Kreisel behalten die Richtung ihrer Drehachse unverändert bei und können deshalb als richtungsfestes Bezugssystem dienen.**

2. Die Präzession des Kreisels

Ein dem Fahrrad entnommenes Vorderrad wird zu einem handlichen Kreisel, wenn man seine Achsen durch aufgeschraubte kurze Rohrstücke verlängert und die Felgen dadurch schwerer macht, daß man ihren Hohlraum mit Draht bewickelt.

Versuch 82: Wir halten einen solchen Kreisel an den Griffen fest und versetzen ihn in rasche Rotation. Wenn wir die Achse des Kreisels kippen wollen, zeigt er ein unerwartetes Verhalten: Die Achse folgt *nicht* dem kippenden Moment, sondern weicht *senkrecht* dazu aus.

Zur Erklärung betrachten wir *Abb. 174.2*. Wenn der Kreisel um seine vertikale Symmetrieachse rotiert, läuft der vordere Punkt P nach rechts. Äußere Kräfte sind bestrebt, das obere Ende der Achse nach vorn, das untere nach hinten zu kippen. Hierdurch erhält der jeweils in P befindliche Massenpunkt eine Zusatzgeschwindigkeit $\vec{v}_1$ nach unten. Sie ist in *Abb. 174.2* übertrieben groß eingezeichnet. Der Vektor der resultierenden Geschwindigkeit $\vec{v}$ des Punktes P weist nach rechts unten. Der diametral gegenüberliegende Punkt des

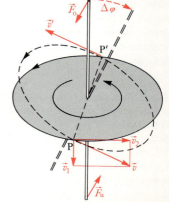

174.2 Die Kreiselachse weicht senkrecht zur Kraft $\vec{F}_0$ aus.

Kreisels bewegt sich entsprechend nach links oben in Richtung von $\vec{v}'$. Die Achse des Kreisels kippt also mit ihrem oberen Teil nach rechts um den Winkel $\Delta\varphi$: *Die Achse des Kreisels weicht senkrecht zur wirkenden Kraft aus.* Wie sich die Achse des Kreisels verhält, wenn ein kippendes Moment *dauernd* auf ihn einwirkt, zeigt der folgende Versuch.

Versuch 83: Nach *Abb. 175.1* ist ein Kreisel drehbar in einem Ring gelagert. Der Ring wird mit einer Spitze auf die Pfanne Q gesetzt. Bei ruhendem Kreisel kippt ihn die Gewichtskraft $\vec{G}$ sofort nach unten, wenn seine Achse nicht vertikal steht. Wenn der Kreisel aber rotiert, weicht seine Achse immer senkrecht zu der erwarteten Kippbewegung aus und beschreibt so langsam einen *Kegelmantel*, wie er in *Abb. 175.1* gestrichelt angedeutet ist. Man nennt dies eine **Präzessionsbewegung** (praecedere, lat.; voranschreiten).

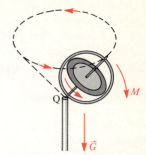

175.1 Präzession eines Kreisels. Von oben gesehen erfolgen beide Drehbewegungen im gleichen Sinn.

3. Richtung und Geschwindigkeit der Präzession

Bei einem fahrenden Fahrrad weist der Drehimpulsvektor $\vec{L}_0$ des Vorderrads, vom Fahrer aus gesehen, nach *links*. Kippt das Rad, weil es nicht mehr genau in einer vertikalen Ebene steht, nach rechts, so wird auf das Vorderrad ein Drehmoment ausgeübt, dessen Vektor nach *vorn* zeigt *(Abb. 175.2).* Nach vorn zeigt auch der Vektor $\Delta\vec{\omega}$ der zusätzlichen Winkelgeschwindigkeit und des dadurch erzeugten Zusatzdrehimpulses $\Delta\vec{L}$. Der neue Drehimpulsvektor $\vec{L}$ weist als Resultierende nach links vorn, das heißt die Achse, die ja frei ist, dreht sich, um in diese Richtung zu kommen, etwas nach rechts. Der Lenker schlägt selbständig nach rechts aus. So lange das Rad noch weiter kippt, schlägt auch der Lenker noch weiter aus. Erst wenn eine *stabile* Rechtskurvenlage erreicht ist, bleibt er in seiner Lage. Diese Kreiselwirkung erlaubt das Freihändigfahren.

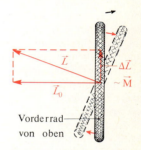

175.2 Kreiselwirkung am Fahrrad (Lenkachsendrehung). Die Drehung der Lenkerachse wird durch ein Kippen nach rechts bewirkt.

Versuch 84: Wir schieben ein Fahrrad auf einem freien Sportplatz an und lassen es los. Es fährt eine immer enger werdende Kurve und fällt erst um, wenn es fast keine Geschwindigkeit mehr hat (es kann vorher leicht aufgefangen werden, damit es nicht beschädigt wird).

Die Überlegung mit der Zusammenlegung des zunächst konstanten *Drehimpulsvektors* mit dem Zusatzdrehimpulsvektor infolge eines kippenden Moments wie in *Abb. 175.2* kann immer gemacht werden, wenn man die Richtung und die Geschwindigkeit der **Präzession** voraussagen will. Der *Zusatzdrehimpulsvektor* $\Delta\vec{L}$ steht in jedem Augenblick senkrecht auf dem schon vorher bestehenden Drehimpulsvektor $\vec{L}$. Deshalb ändert sich der Betrag L des Drehimpulses infolge der Präzession nicht.

Aus *Abb. 175.3* ist ersichtlich, daß die in der Zeit Δt erreichte Änderung der Drehimpulsvektorrichtung um so größer ist, je kleiner dieser Vektor $\vec{L}$ selbst ist, das heißt je kleiner Trägheitsmoment und Winkelgeschwindigkeit sind; weiterhin natürlich um so größer, je größer das wirkende Kippmoment, also der Vektor $\Delta\vec{L}$ ist. Ein Spielzeugkreisel präzediert vor dem endgültigen Umfallen deshalb immer schneller.

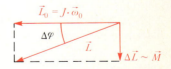

175.3 Zur Präzession

Sucht ein Drehmoment eine Kreiselachse zu kippen, so weicht diese rechtwinklig dazu aus. Bei einem aufgestellten Kreisel (Spielzeugkreisel) führt das zu einer Präzessionsbewegung, wenn die Kreiselachse nicht genau vertikal steht: Die Kreiselachse beschreibt einen Kegelmantel.

176 Der starre Körper

> **Eine Kreiselachse sucht sich immer in die Richtung einzustellen, die durch die Resultierende aus dem alten Drehimpulsvektor und dem durch das Drehmoment erzeugten Zusatzdrehimpulsvektor gegeben ist.**

4. Der Kreiselkompaß

Abb. 176.1 zeigt einen Äquatorquerschnitt der Erde vom Südpol aus betrachtet. Der am Äquator in D aufgehängte Kreisel ist bestrebt, die Richtung seiner permanenten Achse AB im Raum beizubehalten. Wegen der Drehung der Erde erfährt er aber infolge seines Gewichts ein *Drehmoment* um die Achse D, das eine *Präzessionsbewegung* auslöst: Der Kreisel weicht so lange in einer Drehbewegung um die Achse CD aus, bis er im gleichen Sinn wie das Moment $\vec{M}$ rotiert, hier im Uhrzeigersinn. In Bild III ist dieser Zustand erreicht. Von jetzt an wird die Kreiselachse durch die Erddrehung nur noch parallel zu sich verschoben. Sie erfährt *keine* kippende Kraft mehr und bleibt deshalb in der geographischen Nord-Südrichtung stehen. Der Kreiselkompaß funktioniert auch in anderen Breiten. Nur in Polnähe versagt er, wenn auch aus anderen Gründen als der Magnetkompaß. Der Kreiselkompaß wird in seiner technischen Ausführung nicht aufgehängt, sondern schwimmt. Er hat den Magnetkompaß auf Schiffen weitgehend verdrängt, weil er keine *Mißweisung* besitzt und durch Eisenmassen nicht gestört wird.

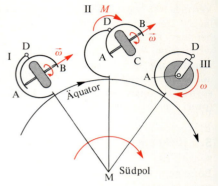

176.1 Die Achse AB des Kreiselkompasses stellt sich nach Norden ein.

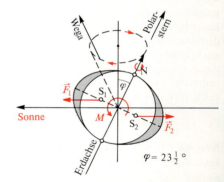

176.2 Präzession der Erdachse (Stellung im Winter)

5. Die Präzession der Erdachse

Die Erde ist *keine* Kugel. Wir können sie nach *Abb. 176.2* als Kugel mit aufgesetztem *Äquatorwulst* auffassen. Die Erdachse ist um $23\frac{1}{2}°$ gegen das Lot auf der Ebene, in der die Erde um die Sonne läuft, geneigt. Die Sonne zieht die Erde als Ganzes zu sich hin. Wie bei den Gezeiten erfahren aber die sonnennahen Teile eine *größere* Anziehungskraft je Masseneinheit als der Erdkörper im Durchschnitt, die sonnenfernen erfahren eine etwas *kleinere*. Ein Beobachter auf der Erde setzt die durchschnittliche Anziehung mit der Fliehkraft ins Gleichgewicht und registriert die Differenzen als Kräfte $\vec{F}_1$ und $\vec{F}_2$, wie sie in *Abb. 176.2* eingetragen sind. Sie erzeugen als *Kräftepaar* ein Drehmoment $\vec{M}$, das die Erdachse aufzurichten sucht. Als Kreiselachse weicht sie senkrecht dazu aus und führt eine *Präzessionsbewegung* aus. Der Kegel hat einen Öffnungswinkel von 47° und wird in einer Zeit von 26000 Jahren durchlaufen. In 12000 Jahren wird deshalb der helle Fixstern *Wega* in der Leier Polarstern sein und erst nach weiteren 14000 Jahren wieder unser jetziger Polarstern.

Aufgaben:

1. *Versetzen Sie auf einem zunächst ruhenden Drehschemel sitzend (Abb. 171.2) den in Versuch 82 beschriebenen Kreisel bei vertikaler Achse in Rotation! Was wird beobachtet? Was erfolgt, wenn der Kreisel dann wieder bis zur Ruhe abgebremst wird?*

2. *Erklären Sie, warum Jongleure Teller auf Stöckchen kreisen lassen können, obwohl der Schwerpunkt nicht unterstützt ist!*

Mathematische Ergänzungen zur Mechanik

§ 43 Der Zusammenhang zwischen Mathematik und Physik

1. Physik, eine Naturwissenschaft

Die beiden Wissenschaften *Mathematik* und *Physik* werden oft in einem Atemzug genannt. Ja, man begegnet manchmal sogar der Meinung, Physik sei eigentlich nur eine Art angewandter Mathematik, oder der anderen, Mathematik sei eine Teildisziplin der Naturwissenschaften. Solche Irrtümer entstanden wohl angesichts der großen Bedeutung, welche die Mathematik seit jeher für die Physik gehabt hat. Gerade darum müssen wir uns jedoch den grundsätzlichen Unterschied zwischen den beiden Wissenschaften und deren Zusammenspiel klarmachen.

Die **Physik** ist eine **Naturwissenschaft.** Ihre Aufgabe ist es, eine Fülle von *Erfahrungstatsachen* zutreffend und möglichst zusammenhängend zu beschreiben, und zwar in einer Weise, die es gestattet, auch zuverlässig *Vorhersagen* innerhalb der dargestellten Erfahrungsbereiche zu machen. Dabei sind für die Physik weniger die von ihr erfaßten Sachbereiche kennzeichnend als vielmehr die Methode, mit der sie vorgeht. Sie untersucht Naturvorgänge experimentell und verfolgt sie messend mit dem Ziel, sie durch mathematisch formulierte Gesetze zu beschreiben. Mehr als andere Naturwissenschaften ist die Physik also gemäß ihrer Begriffsbestimmung von mathematischen Denkweisen geprägt. Definitionen, Meßvorschriften, Schaubilder usw. sind ebenso auf Mathematik bezogen wie logisches Folgern oder Aufsuchen von Zusammenhängen oder schließlich physikalische Gleichungen als knappe Beschreibungen der gewonnenen Zusammenhänge.

Diese untrennbar mit Mathematik verflochtene Methode bedingt die besonderen Erfolge physikalischer Naturerkenntnis. Wesentlich ist dabei, daß sich ihr Vorgehen auf die *Erfahrungswelt* richtet. Beobachtungen und Messungen führen auf induktivem Wege zu ihren Ansätzen, und die gewonnenen Gesetze haben strenger experimenteller Prüfung standzuhalten.

2. Die axiomatisch deduktive Denkweise der Mathematik

Ganz anders verhält es sich mit der **Mathematik**, zumal in ihrer heute manchmal besonders betonten axiomatisch deduktiven Form. Sie legt ihren Teilgebieten jeweils eine Anzahl von „*Axiomen*" zugrunde. Das sind Grundsätze, die unbewiesen an den Anfang gestellt werden, von denen man allerdings fordern muß, daß sie in sich widerspruchsfrei sind. Eine Verträglichkeit solcher Axiome mit irgendeiner „Erfahrungswelt" ist für innermathematische Probleme überhaupt nicht erforderlich. Sie machen ja über eine solche Erfahrungswelt keinerlei Aussagen. Aus diesen Axiomen werden die übrigen Sätze des betreffenden mathematischen Gebietes durch logisches Schließen hergeleitet. Die Aussagen der Mathematik sind also „gültig" in *dem* Sinne, daß sie logische Folgerungen aus widerspruchsfreien Grundannahmen sind. Diese mathematische Gültigkeit ist naturgemäß keinerlei empirischer Prüfung zugänglich, da ihre Gegenstände der Erfahrungswelt nicht angehören.

3. Axiomatisierung der Physik

Die oben gekennzeichnete besondere Rolle der Mathematik für das Gewinnen und Ausbauen physikalischer Erkenntnis ermöglicht es, auch mehr oder weniger weite Bereiche der Physik zu „axiomatisieren". Die zwischen physikalischen Größen gefundenen und empirisch gesicherten Beziehungen ergeben eine Reihe von Gleichungen. (Man denke etwa an $s = v \cdot t$; $s = \frac{1}{2} g t^2$; $F = D \cdot s$; $G = m \cdot g$; $F = m \cdot a$; $F = m \cdot v^2/r$; $m \cdot v = p$; $W_{kin} = \frac{1}{2} m \cdot v^2$ und so weiter.) Wählt man aus solchen Gleichungen einige geeignete „Grundgleichungen" als „Axiome" aus, so läßt sich aus ihnen eine *Theorie* des betreffenden physikalischen Teilgebietes deduktiv entwickeln. Man kann nämlich aus den Grundgleichungen weitere Gleichungen durch rein mathematisches Schließen gewinnen und sie dann physikalisch deuten, also physikalische Ergebnisse herleiten. (So wurde zum Beispiel auf Seite 117 die Gleichung für die Zentripetalkraft aus den Grundgesetzen der Mechanik hergeleitet.) Bei einem solchen Vorgehen muß man sich jedoch stets dessen bewußt bleiben, daß die „Grundgleichungen" der Physik *Erfahrungen* beschreiben und daher zunächst nur die Sicherheit der zu ihrer Gewinnung benutzten Experimente besitzen. Sie können aber durch weitere Beobachtungen und Messungen auf größere Bereiche ausgedehnt oder aber durch neue Erfahrungen eingeschränkt werden. Aus diesem Grunde sind auch die durch mathematische Herleitung (Deduktion) aus den Grundgleichungen gewonnenen physikalischen Folgerungen nur mit den genannten Zusätzen gültig. Sie sind selbst wieder naturwissenschaftliche Aussagen, und als solche sind sie der empirischen Nachprüfung zugänglich und bedürftig (vergleiche Seite 118 ff.). Dies Bedürfnis wird dann besonders dringend, wenn bei der physikalischen Deutung solcher Ergebnisse der ursprüngliche Geltungsbereich verlassen, wenn also „extrapoliert" wurde. Derartige Überprüfungen führten oftmals dazu, eine im bisherigen Bereich brauchbare Theorie für einen erweiterten Erfahrungsbereich zu verwerfen oder mathematische Formulierungen geeignet abzuändern.

Die enge Verflechtung der Naturwissenschaft Physik mit der Geisteswissenschaft Mathematik hat auch die geschichtliche Entwicklung beider Wissenschaften wesentlich bedingt. Seit über zwei Jahrtausenden hat die Mathematik die stärksten Anregungen für ihren Ausbau durch die Probleme gewonnen, die ihr die *Physik* stellte. Ein besonders wichtiges Beispiel hierfür ist die Erfindung der Infinitesimalrechnung durch *I. Newton*, vergleiche Seite 186 ff. Andererseits haben mathematische Ideen — oft schon lange *vor* irgendeiner Anwendung entworfen — die Entwicklung der Physik entscheidend befruchtet. Ein bezeichnendes Beispiel hierfür ist Keplers erfolgreicher Gedanke, die Planetenbahnen durch *Ellipsen* zu beschreiben, vergleiche Seite 137. So gewann die bereits in der Antike mit ihren rein geometrischen Eigenschaften bekannte Kurve plötzlich physikalisches Interesse.

Aufgabe:

A. Einstein sagt auf Seite 3 seiner Schrift „Geometrie und Erfahrung": „Insofern sich die Sätze der Mathematik auf die Wirklichkeit beziehen, sind sie nicht sicher, und insofern sie sicher sind, beziehen sie sich nicht auf die Wirklichkeit." Welche Bedeutung hat in diesem Ausspruch das Wörtchen sicher *an der ersten Stelle, welche an der zweiten?*

Überprüfen Sie die Einsteinsche Aussage am Satz über die „Summe der Innenwinkelmaße" im ebenen Dreieck!

Anleitung: Stellen Sie der „axiomatischen Geometrie" als mathematischer Theorie die „empirische Geometrie" als Erfahrungswissenschaft gegenüber! Welcher Art ist die durch viele Messungen ermittelte Aussage von der Innenwinkelsumme? Worauf bezieht sie sich? Welcher Art ist die aus Axiomen deduzierte entsprechende Aussage? Worauf bezieht sie sich?

§ 44 Die Proportionalität

Die Physik ist bemüht, die Gleichungen, mit denen Zusammenhänge dargestellt werden sollen, möglichst *einfach* zu gestalten. Meßdaten sind ja stets mit „Ungenauigkeiten" behaftet. Durch die (endlich vielen) „Meßpunkte" etwa für das Hookesche Gesetz ist also keineswegs eine „Kurve" eindeutig bestimmt.

In übertriebener Weise sei dies an *Abb. 179.1* dargestellt. Für einzelne Werte der variablen Größe x (etwa „Normalkraft F_N" der Seite 26) seien „entsprechende" Werte der Größe y (zum Beispiel „Gleitreibungskraft F_{gl}" der Seite 27) gemessen worden, und zwar jeweils mit einer durch die Meßgeräte bedingten Unsicherheit Δy. Das Schaubild der Messungen ist also zunächst kein Funktionsgraph, sondern ein „Toleranzstreifen". (Mathematisch handelt es sich um eine Relation zwischen x und y, die weder rechtseindeutig noch linkseindeutig ist.) Innerhalb dieses Streifens lassen sich nun noch beliebig viele Funktionsgraphen einziehen, selbst wenn wir zusätzliche wünschenswerte Eigenschaften fordern, die anschaulich mit „glatte Kurve" umschrieben werden könnten. Im Beispiel der *Abb. 179.1* ist es naheliegend, als Funktionsgraph eine Nullpunktsgerade innerhalb des Streifens zu wählen, die den Meßpunkten möglichst gleichmäßig gerecht wird. Da dies gelingt, so hat man die Meßdaten mittels einer „linearen Funktion" approximiert. Daß eine solche „lineare Approximation" im großen nicht immer gelingt, ersieht man aus *Abb. 179.2*, in der x etwa die Zeitmarken und y die durchlaufenen Wegstrecken des Versuchs 27 der Seite 40 bedeuten können. Dagegen ist der Funktionsgraph $x \mapsto k x^2 = y$ (Parabelast) für geeignetes k eine mögliche und auch naheliegende Lösung (vergleiche Seite 40).

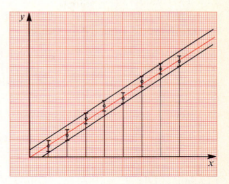

179.1 Die Meßdaten führen auf eine lineare Funktion: Proportionalität.

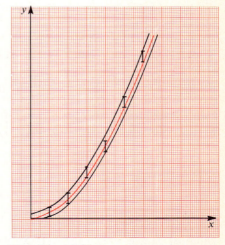

179.2 Die Meßdaten gestatten insgesamt keine lineare Approximation, jedoch ist $y = k x^2$ eine sinnvolle Lösung.

Ein einfacher Fall liegt vor, wenn wie oben die zwischen zwei physikalischen Größen empirisch ermittelte Relation durch eine **lineare** Funktion dargestellt werden kann. Diese erstrebenswerte Lösung erweist sich als gleichwertig mit folgendem Tatbestand:

Bei Messungen findet man häufig, daß zum λ-fachen der unabhängigen Variablen x auch der λ-fache Funktionswert $f(x)$ gehört, daß also gilt:

$$f(\lambda \cdot x) = \lambda \cdot f(x). \tag{179.1}$$

(Beispiele: Gleichförmige Bewegung Seite 36; Triebkraft und Beschleunigung Seite 49; Triebkraft und Masse Seite 51; Reibungskraft und Normalkraft Seite 26; Reibungsarbeit und Weg Seite 86; Hubarbeit und Hubhöhe Seite 85; Masse und Gewicht Seite 58.)

180 Mathematische Ergänzungen zur Mechanik

Funktionen, die dieser **„Funktionalgleichung"** (179.1) gehorchen, heißen homogen. In unseren physikalischen Beispielen ist dabei der Bereich für die unabhängige Variable (Definitionsbereich) ein Größenintervall (zum Beispiel ein Zeitintervall), und auch die Funktionswerte entstammen einem Größenbereich (zum Beispiel Länge, Geschwindigkeit und so weiter). Sehen wir von den jeweiligen Einheiten ab, so ist der Definitionsbereich ein Intervall reeller Zahlen, und auch die Funktionswerte sind reelle Zahlen.

Wir versuchen nun, die Funktionalgleichung (179.1) zu lösen, das heißt alle reellen Funktionen zu finden, für die sie gilt. Für das Argument 1 sei zum Beispiel der Funktionswert $f(1)=k$ gemessen worden. Für beliebige Argumente x ist dann $f(x)=f(x\cdot 1)=x\cdot f(1)=k\cdot x$. Jede homogene Funktion reeller Argumente ist also notwendig eine „Proportionalität" $x\mapsto k\cdot x$. Der an der Stelle 1 gemessene Funktionswert $f(1)=k$ ist der Proportionalitätsfaktor.

Umgekehrt erfüllt jede „Proportionalität" $x\mapsto k\cdot x=f^*(x)$ auch die Funktionalgleichung (179.1); denn es gilt: $f^*(\lambda\cdot x)=k\cdot(\lambda\cdot x)=(k\cdot\lambda)\cdot x=\lambda\cdot(k\cdot x)=\lambda\cdot f^*(x)$.

Ergebnis: Die Funktionalgleichung $f(\lambda x)=\lambda\cdot f(x)$ gilt genau für die **linearen** Funktionen $x\mapsto f(x)=k\cdot x$ (**„Proportionalitäten"**).

Wir erweitern nun diese Überlegungen auf Funktionen f **zweier** Variablen. Dazu betrachten wir das Beispiel des durch eine Kraft F mit der Beschleunigung a bewegten Körpers der Masse m, vergleiche Seite 49 ff. Läßt man die Masse m unverändert und variiert a (Versuch 31), so ist $F\sim a$, also $F(\lambda\cdot a; m)=\lambda\cdot F(a; m)$. Variiert man dagegen die Masse m bei gleichbleibender Beschleunigung a (Versuch 34), so ist $F\sim m$, als $F(a,\mu\cdot m)=\mu\cdot F(a,m)$. Daraus schlossen wir auf Seite 51, daß F dem Produkt $a\cdot m$ proportional sei, also $F\sim a\cdot m$. Diesen Sachverhalt weisen wir nun allgemein nach. Messungen mögen nahegelegt haben, daß bei einer Funktion f zweier reeller Variablen zum λ-fachen des ersten Arguments x der λ-fache Funktionswert gehört, wenn man y festhält, daß aber auch zum μ-fachen des zweiten Arguments y das μ-fache des Funktionswertes gehört, wenn man x festhält. Es gelten also folgende Funktionalgleichungen:

$$f(\lambda\cdot x, y)=\lambda\cdot f(x,y);$$

$$f(x,\mu\cdot y)=\mu\cdot f(x,y);$$

zusammengefaßt: $f(\lambda\cdot x,\mu\cdot y)=\lambda\cdot\bigl(f(x,\mu\cdot y)\bigr)=\lambda\cdot\bigl(\mu\cdot f(x,y)\bigr)=\lambda\cdot\mu\cdot f(x,y)$.

Der Funktionswert für $x=1$ und $y=1$ betrage $f(1,1)=k$.

Dann ist $f(x,y)=f(x\cdot 1, y\cdot 1)=x\cdot y\cdot f(1,1)=k\,x\,y$.

Ist eine Größe f sowohl zur Variablen x als auch zur Variablen y proportional, so ist sie zu deren Produkt $x\,y$ proportional:

$$f(x,y)=k\,x\,y. \tag{180.1}$$

Aufgabe:

Die Zentripetalkraft F_z der Kreisbewegung S. 117 hat sich einerseits als proportional zu v^2/r erwiesen, andererseits ist sie proportional zur Masse m des umlaufenden Körpers. Was folgt daraus für F_z?

§ 45 Fehlerrechnung

Die Werte, die durch Messungen physikalischer Größen ermittelt werden, sind stets „Näherungswerte". Sie sind jeweils nur innerhalb einer unteren und einer oberen Schranke gesichert.

Beispiel: Wir messen die Breite a eines Rechtecks mit einem groben cm-geteilten Maßstab und finden $22 \text{ mm} < a < 24 \text{ mm}$.

Oft gibt man diese Meßergebnisse auch mittels des in der Mitte des Vertrauensintervalls liegenden Wertes und dessen Abstand von den Schranken an und schreibt $a = 23 \text{ mm} \pm 1 \text{ mm}$. Die mögliche Abweichung von diesem mittleren Wert heißt **„absoluter Fehler"**, im Beispiel 1 mm, allgemein schreiben wir: $a \pm \Delta a$, was $0 < a - \Delta a < a < a + \Delta a$ bedeuten soll. Oft ist der **relative Fehler** wichtiger, der angibt, welchen Anteil des Meßwertes der absolute Fehler ausmacht (vgl. Seite 62).

Relativer Fehler $r = \frac{\Delta a}{a}$. Im Beispiel wird $r = 1 \text{ mm} : 23 \text{ mm} = 1 : 23 \approx 0{,}043$. Meist wird der relative Fehler in % oder in ‰ geschrieben:

$r = 100 \cdot \frac{\Delta a}{a}$ % beziehungsweise $1000 \cdot \frac{\Delta a}{a}$ ‰, im Beispiel 4,3% beziehungsweise 43‰.

Woher beziehen wir die Fehlerschranken? Meist genügt eine Beurteilung der Meßgenauigkeit aufgrund unserer Erfahrungen mit dem jeweiligen Gerät. Der oben verwendete Maßstab gestattet noch ± 1 mm abzuschätzen. Eine gewöhnliche Stoppuhr erlaubt Ablesungen mit $\pm 0{,}1$ s Fehler, während die elektronische Uhr der Seite 57 noch 10^{-4} s abzulesen gestattet. Zu einer strengeren Fehlerbeurteilung muß man für dieselbe Größe viele Meßwerte x_i ermitteln. Im allgemeinen kann deren arithmetisches Mittel $\bar{x}$ als zuverlässigster Wert angesehen werden, und mit statistischen Methoden bestimmt man dann einen „mittleren absoluten Fehler" $\pm \overline{\Delta x}$, was wir hier nicht weiter ausführen. — Dagegen ist für uns wichtig, wie sich Fehler auf die Ergebnisse von Rechnungen auswirken, die mit fehlerbehafteten Größen durchgeführt werden.

a) Summe. Wir ergänzen das obige Beispiel durch die Messung der Höhe b:

$$17 \text{ mm} < b < 18 \text{ mm}.$$

Es ist klar, daß der halbe Umfang $\frac{u}{2} = s = a + b$ zwischen folgenden Schranken liegt:

$$22 \text{ mm} + 17 \text{ mm} < s < 24 \text{ mm} + 18 \text{ mm},$$

das heißt

$$39 \text{ mm} < s < 42 \text{ mm}.$$

Der absolute Fehler $\Delta s = 1{,}5 \text{ mm} = 1 \text{ mm} + 0{,}5 \text{ mm}$ ist offensichtlich die Summe der einzelnen absoluten Fehler; allgemein:

$$\Delta(a+b) = \Delta a + \Delta b.$$

b) Differenz. Wieder betrachten wir das Beispiel und fragen: „Um wieviel ist der Rahmen breiter als hoch?" Jetzt geht es um die Schranken für $a - b$. Um die Gefahren beim Subtrahieren von Ungleichungen zu vermeiden, multiplizieren wir in der b betreffenden Ungleichungszeile alles mit -1, wodurch sich die Anordnung dort umkehrt:

$$a - \Delta a < a < a + \Delta a$$
$$-(b + \Delta b) < -b < -(b - \Delta b).$$

Wir addieren: $(a-b)-(\Delta a+\Delta b) < a-b < a-b+(\Delta a+\Delta b)$.

Auch bei der Differenzbildung *addieren* sich also die absoluten Fehler:

$$\Delta(a-b) = \Delta a + \Delta b.$$

Am Beispiel wirkt sich das so aus:

$$4\text{ mm} < a-b < 7\text{ mm} \quad (!)$$

Der relative Fehler wird bei der Differenzbildung in diesem Beispiel unangenehm groß, nämlich $\frac{1{,}5}{5{,}5} \approx 0{,}273$, das heißt 27,3%! Zwei Werte, die sich nur wenig unterscheiden, müssen daher mit besonderer Genauigkeit gemessen werden, wenn ihre *Differenz* berechnet werden soll.

> **Beim Addieren und Subtrahieren fehlerhafter Größen addieren sich deren absolute Fehler.**

c) Produkt. Im Beispiel handelt es sich um die Fläche $A = a \cdot b$ des Rechtecks. Die Schranken sind

$$17 \cdot 22 \text{ mm}^2 < A < 18 \cdot 24 \text{ mm}^2$$

$$374 \text{ mm}^2 < A < 432 \text{ mm}^2.$$

Der absolute Fehler ist $\Delta A = 29$ mm². Er ist viel größer als etwa das Produkt der einzelnen absoluten Fehler $0{,}5 \cdot 1{,}5$ mm² = 0,75 mm²! Hier ist es vernünftig, die *relativen* Fehler zu betrachten. Es waren $r(a) \approx 0{,}0435$ und $r(b) \approx 0{,}0286$, und es ist $r(A) = \frac{29}{403} \approx 0{,}0719$, also etwa $r(a) + r(b)$.

Wir prüfen diese Vermutung allgemein für die relativen Fehler $0 < r(a) < 1$ und $0 < r(b) < 1$ der Faktoren a und b:

$$a(1 - r(a)) < a < a(1 + r(a))$$

$$b(1 - r(b)) < b < b(1 + r(b)).$$

Durch zulässiges Multiplizieren folgt:

$$a(1-r(a)) \cdot b(1-r(b)) < a \cdot b < a(1+r(a)) \cdot b \cdot (1+r(b))$$

$$a \cdot b \cdot (1-(r(a)+r(b))+r(a)\,r(b)) < a \cdot b < a \cdot b \cdot (1+(r(a)+r(b))+r(a)\,r(b)).$$

Man beachte, daß das durch Multiplikation gewonnene „Vertrauensintervall" unsymmetrisch zu $a \cdot b$ liegt! Vernachlässigung des Produkts $r(a) \cdot r(b)$ würde die Symmetrie herstellen und die Regel $r(a \cdot b) = r(a) + r(b)$ nahelegen. Links ist das möglich. Da nämlich $r(a) \cdot r(b) > 0$, ist erst recht $a \cdot b(1-((ra)+r(b)))$ eine untere Schranke. Schwieriger wird es rechts, wo die Vernachlässigung von $r(a) \cdot r(b)$ ein im allgemeinen unzulässiges Herabsetzen der oberen Schranke bedeuten würde. Für „kleine" relative Fehler macht dies sehr wenig aus. Ist zum Beispiel $r(a) = 0{,}03$ (3%!) und $r(b) = 0{,}02$ (2%!), so ist $r(a) \cdot r(b) = 0{,}0006$ und kann gegen $1 + 0{,}03 + 0{,}02 = 1{,}05$ getrost weggelassen werden.

Anders wäre es bei 30% und 20% relativen Fehlern. Da wäre $r(a) \cdot r(b) = 0{,}3 \cdot 0{,}2 = 0{,}06$. Die richtige obere Schranke wäre jetzt $a \cdot b \cdot 1{,}56$, die durch Vernachlässigung gesenkte $a \cdot b \cdot 1{,}50$. Das Produkt zum Beispiel aus $a \cdot 1{,}29 < a \cdot 1{,}3$ und $b \cdot 1{,}19 < b \cdot 1{,}2$, nämlich $a \cdot b \cdot 1{,}535$ liegt jetzt über $a \cdot b \cdot 1{,}50$

Nur für kleinere relative Fehler gilt also die Regel: „Relativer Fehler des Produkts ≈ Summe der relativen Einzelfehler".

$$r(a \cdot b) \approx r(a) + r(b).$$

Aus ihr folgt für Potenzen mit natürlichen Exponenten $r(a^n) \approx n \cdot r(a)$. Zum Beispiel ist $r(a^2) \approx 2 \cdot r(a)$, der relative Fehler verdoppelt sich also etwa beim Quadrieren, wenn $r(a) \ll 1$.

d) Kehrwert. Für die mit dem relativen Fehler $0 < \frac{\Delta a}{a} = r < 1$ behaftete Größe a gelten folgende Ungleichungen:

$$0 < a(1-r) < a < a(1+r).$$

Beim Übergang zu den Kehrwerten erhält man die entgegengesetzte Anordnung:

$$\frac{1}{a(1+r)} < \frac{1}{a} < \frac{1}{a(1-r)}.$$

Nun gilt $\frac{1}{1+r} = 1 - r + \frac{r^2}{1+r}$ sowie $\frac{1}{1-r} = 1 + r + \frac{r^2}{1-r}$, wie man leicht nachrechnet.
Damit erhalten wir für die obigen Schranken:

$$\left(1 - r + \frac{r^2}{1+r}\right) \cdot \frac{1}{a} < \frac{1}{a} < \left(1 + r + \frac{r^2}{1-r}\right) \cdot \frac{1}{a}.$$

Läßt man links $\frac{r^2}{1+r}$ weg, so liegt die neue Schranke $(1-r)\frac{1}{a}$ tiefer, das schadet nichts. Ließe man aber rechts $\frac{r^2}{1-r}$ weg, so läge ein Teil des Vertrauensintervalls oberhalb der neuen Schranke. Jedoch ist die Verfälschung für $r \ll 1$ gering.

Selbst für $r < 0{,}1$ (10 %) wird $\frac{r^2}{1-r} < \frac{0{,}01}{0{,}9} < 0{,}012$, das heißt die Verfälschung beträge weniger als 1,2 %.
Für $r < 0{,}05$ (5 %) wird die Verfälschung $\frac{r^2}{1-r} < \frac{0{,}0025}{0{,}95} < 0{,}0027$, das heißt weniger als 0,27 %!

Für $r \ll 1$ ist also der Kehrwert einer Größe mit etwa dem gleichen relativen Fehler behaftet wie sie selbst: $r\left(\frac{1}{a}\right) \approx r(a)$.

e) Quotient. Da $\frac{a}{b} = a \cdot \frac{1}{b}$ ist, so folgt aus c) und d), daß $r\left(\frac{a}{b}\right) \approx r(a) + r\left(\frac{1}{b}\right) \approx r(a) + r(b)$. Der relative Fehler eines Quotienten ist also etwa gleich der Summe der relativen Fehler von Zähler und Nenner, wenn für deren Fehler r_i gilt $r_i \ll 1$. Mit dieser Einschränkung folgt:

> **Beim Multiplizieren und Dividieren fehlerhafter Größen addieren sich etwa deren relative Fehler.**

f) Wurzeln. Wegen der Monotonie der Wurzelfunktion folgt aus $a(1-r) < a < a(1+r)$ sofort

$$\sqrt{a(1-r)} < \sqrt{a} < \sqrt{a(1+r)}.$$

Die rechte Schranke vergrößern wir, indem wir zum Radikanden $a \cdot \frac{1}{4}r^2$ addieren, so daß sicher gilt

$$\sqrt{a} < \sqrt{a(1+r)} < \sqrt{a(1+\tfrac{1}{2}r)^2} = (1+\tfrac{1}{2}r)\sqrt{a}.$$

Man ist natürlich versucht, das auch mit der unteren Schranke zu machen; leider zerstört man aber damit diesmal die Eigenschaft „untere Schranke". Der Unterschied zwischen $\sqrt{1-r}$ und

$1-\frac{1}{2}r$ ist jedoch für $r\ll 1$ gering. Für $r=0{,}1$ (10%!) gilt zum Beispiel $\sqrt{0{,}9}=0{,}94868$ und $1-\frac{1}{2}\cdot 0{,}1=0{,}95$, also $1-\frac{1}{2}r-\sqrt{1-r}=0{,}00132$, was einer Verfälschung um nur 0,13% entspricht!

Für kleine relative Fehler, $r\ll 1$, ist also der relative Fehler der Quadratwurzel etwa die Hälfte des relativen Fehlers des Radikanden: $r(\sqrt{a})\approx\frac{1}{2}r(a)$. Für n-te Wurzeln gilt entsprechend $r(\sqrt[n]{a})\approx\frac{1}{n}\cdot r(a)$.

Beispiele:

a) Beim **Fahrbahnversuch**, Versuch 27 auf Seite 40, wurde zur Laufzeit $t=(3{,}09\pm 0{,}01)$ s der Weg $s=(0{,}900\pm 0{,}002)$ m gemessen. Die relativen Fehler sind also $r(t)=\frac{0{,}01}{3{,}09}=\frac{1}{309}\approx 0{,}0032$, das heißt 3,2‰, beziehungsweise $r(s)=\frac{2}{900}\approx 0{,}0022$, das heißt 2,2‰. Für die Konstante $C=\frac{s}{t^2}$ erhalten wir den relativen Fehler $r(C)=r(s)+2\cdot r(t)=2{,}2‰+6{,}4‰=8{,}6‰$. Das bedeutet $C=(0{,}0943\pm 0{,}0008)$ ms^{-2}, also die Fehlerschranken 0,0935 ms$^{-2}<C<0{,}0951$ ms^{-2}. Mit gleichen Ablesegenauigkeiten haben wir für $t=(1{,}45\pm 0{,}01)$s und $s=(0{,}200\pm 0{,}002)$ m größere relative Fehler $r(t)=\frac{1}{145}\approx 0{,}007$, das heißt 7‰, sowie $r(s)=\frac{2}{200}=0{,}010$, das heißt 10‰. Für C ergibt sich jetzt $r(C)\approx 0{,}010+0{,}014=0{,}024$, also 24‰. Die entsprechenden Schranken sind jetzt $C=(0{,}0951\pm 0{,}0023)$ ms^{-2}, also 0,0928 ms$^{-2}<C<0{,}0974$ ms^{-2}. Die Vertrauensintervalle beider Bestimmungen der Größe C haben einen nichtleeren Durchschnitt; die Annahme eines konstanten C ist also möglich.

b) Der Wagen im Versuch 64 auf Seite 118 durchläuft die **Kreisbahn** (Radius $R=(0{,}45\pm 0{,}005)$m) in der Zeit $T=(0{,}40\pm 0{,}005)$s. Die relativen Fehler sind $r(R)=\frac{5}{450}\approx 0{,}011$ beziehungsweise $r(T)=\frac{5}{400}\approx 0{,}013$. Der Betrag v der Bahngeschwindigkeit ist $v=\frac{2R\pi}{T}=\frac{0{,}90\pi}{0{,}40}(1\pm 0{,}024)$ ms^{-1}. Wir nehmen π auf $\frac{1}{2}$‰ genau, $\pi\approx 3{,}142$, da ja v nur auf 24‰ genau bestimmt ist: $v=7{,}07\cdot(1\pm 0{,}048)$ ms^{-1}. Für die Zentripetalbeschleunigung $a_z=\frac{v^2}{R}$ ergibt sich ein relativer Fehler $r(a_z)=2r(v)+r(R)\approx 0{,}024+0{,}011=0{,}059$, also $a_z=111\cdot(1\pm 0{,}059)$ ms^{-2}, das heißt $(111\pm 6{,}55)$ ms^{-2}, mit dem etwas vergrößerten Fehlerintervall 104 ms$^{-2}<a_z<118$ ms^{-2}.

c) Die Geschwindigkeiten in der Gleichung $v=\sqrt{v_1^2-v_0^2}$ der Seite 68 seien $v_1=(4\pm 0{,}08)\frac{m}{s}$ beziehungsweise $v_0=(3\pm 0{,}08)\frac{m}{s}$. Die relativen Fehler sind also $r(v_1)=\frac{8}{400}=0{,}02$ beziehungsweise $r(v_0)=\frac{8}{300}\approx 0{,}027$, die der Quadrate das Doppelte: $r(v_1^2)=0{,}040$ beziehungsweise $r(v_0^2)=0{,}054$. Die *absoluten* Fehler der Quadrate sind also $\Delta(v_1^2)=0{,}64\frac{m^2}{s^2}$ beziehungsweise $\Delta(v_0^2)=0{,}48\frac{m^2}{s^2}$. Diese *addieren* sich für die Differenz $v_1^2-v_0^2$, also wird $\Delta(v_1^2-v_0^2)=1{,}12\frac{m^2}{s^2}$, und der relative Fehler des Radikanden ist $r(v_1^2-v_0^2)=\frac{1{,}12}{7}=0{,}16$, also 16%. Der relative Fehler der Wurzel beträgt $r(\sqrt{\ })=\frac{1}{2}\cdot 0{,}16=0{,}08$, also 8%.

Aufgabe:

Eine Würfelkante wurde zu $a=(63\pm 1)$ mm gemessen. Geben Sie den absoluten und den relativen Fehler für das Würfelvolumen und die Würfeloberfläche an!

§ 46 Größen

Wir schreiben die physikalischen Gleichungen als Größengleichungen (Seite 66). Eine Größe wird durch eine Verknüpfung aus Maßzahl und Maßeinheit gebildet. Diese Verknüpfung dürfen wir als „mal" lesen, entsprechend der S-Multiplikation bei Vektoren.

1. Auf diese Weise lassen sich alle **Größen derselben Größenart**, zum Beispiel alle Längen, als Vielfache der jeweiligen Größeneinheit, zum Beispiel der Längeneinheit darstellen. Aus einer Größeneinheit erhält man so durch Vervielfachung mit allen reellen Maßzahlen den Gesamtbereich der entsprechenden „Größenart". Innerhalb eines solchen Bereichs ist die Gleichheit zweier Größen durch die Gleichheit ihrer Maßzahlen gesichert (bei gleicher Grundeinheit); ferner kann man innerhalb des betreffenden Bereichs unbeschränkt addieren, und diese Addition gleichartiger Größen gehorcht den üblichen Gesetzen, da wir sie auf die entsprechende Addition der reellen Zahlen zurückführen, zum Beispiel $a\,\mathrm{m} + b\,\mathrm{m} := (a+b)\,\mathrm{m}$. Es gibt die „Nullgröße", zum Beispiel $0\,\mathrm{m}$, die wir in jedem Bereich mit 0 bezeichnen, und zu jeder Größe, zum Beispiel zu $a\,\mathrm{m}$, gibt es die „Gegengröße" $(-a)\,\mathrm{m}$, so daß $a\,\mathrm{m} + (-a)\,\mathrm{m} = 0$. ($a$, b, c sind hier reine Zahlen.)

Die **Anordnung** der reellen Zahlen bewirkt zudem eine entsprechende Anordnung im Größenbereich: zum Beispiel Definition: $a\,\mathrm{m} > b\,\mathrm{m} \Leftrightarrow a > b$, wobei aus $a\,\mathrm{m} > b\,\mathrm{m}$ auch folgt: $a\,\mathrm{m} + c\,\mathrm{m} > b\,\mathrm{m} + c\,\mathrm{m}$ (Monotonie). Jeder Bereich „gleichartiger" Größen bildet daher bezüglich der Addition eine **angeordnete kommutative Gruppe**.

Die „Vielfachenbildung" ist für beliebige reelle Koeffizienten in unserem Beispiel der Längen durch $c \cdot (a\,\mathrm{m}) = (c \cdot a)\,\mathrm{m}$ erklärt, was entsprechend für jede Größenart erfolgt. Sie gehorcht den bekannten Gesetzen: $1 \cdot (a\,\mathrm{m}) = a\,\mathrm{m}$, $c \cdot (a\,\mathrm{m} + b\,\mathrm{m}) = (c\,a)\,\mathrm{m} + (c\,b)\,\mathrm{m} = (c\,a + c\,b)\,\mathrm{m}$ und so weiter. Hinsichtlich dieser „S-Multiplikation" dürfen wir also jeden solchen Bereich gleichartiger Größen als **„Vektorraum"** auffassen. Er ist eindimensional, da er ja jeweils aus **einer** Einheit erzeugt ist, welche die Rolle des Basisvektors spielt. Die Anordnung der reellen Zahlen überträgt sich auch auf diesen eindimensionalen Vektorraum. Häufig wird allerdings dessen Negativbereich nicht gebraucht.

2. Zwischen Einheiten verschiedener oder auch gleicher Größenarten benutzt die Physik eine wichtige multiplikative Verknüpfung, zum Beispiel bilden wir $\mathrm{N} \cdot \mathrm{m} = \mathrm{J}$; $\mathrm{m/s} = \mathrm{m} \cdot \mathrm{s}^{-1}$; $\mathrm{kg} \cdot \mathrm{m} \cdot \mathrm{s}^{-2} = \mathrm{N}$; aber auch $\mathrm{m} \cdot \mathrm{m} = \mathrm{m}^2$ (Flächenmaßeinheit); $\mathrm{m} \cdot \mathrm{m} \cdot \mathrm{m} = \mathrm{m}^3$ (Raummaßeinheit).

Hinsichtlich dieser über die einzelnen Größenarten hinweggreifenden Multiplikation bilden die Einheiten eine *kommutative Gruppe*, zum Beispiel gilt $\mathrm{N} \cdot \mathrm{m} = \mathrm{m} \cdot \mathrm{N}$. Auch die „unbenannten Größen" wie etwa die Gleitreibungszahlen $\frac{\mathrm{N}}{\mathrm{N}}$ oder die Streckenverhältnisse $\frac{\mathrm{m}}{\mathrm{m}}$ besitzen eine „Einheit" 1, die das Neutralelement dieser Einheitengruppe ist. Bei der entsprechenden Multiplikation verschiedenartiger Größen gelten für die den Einheiten vorangesetzten Maßzahlen Regeln, wie wir sie vom Multiplizieren her kennen, zum Beispiel $3\,\mathrm{N} \cdot 5\,\mathrm{m} = (3 \cdot 5)\,\mathrm{N} \cdot \mathrm{m} = 15\,\mathrm{J}$ oder $8\,\mathrm{m} \cdot 7\,\mathrm{m} = 56\,\mathrm{m}^2$ oder $10\,\mathrm{m} : 4\,\mathrm{s} = 2{,}5\,\mathrm{m} \cdot \mathrm{s}^{-1}$. Dies sind wiederum die Verknüpfungsregeln einer multiplikativ geschriebenen abelschen Gruppe.

Die Überprüfung der in physikalischen Rechnungen auftretenden Einheitenverknüpfungen ist eine wertvolle Kontrolle: Stimmen die aus den Einheiten gebildeten Terme zu beiden Seiten der Gleichung nicht überein, so liegt ein Fehler vor. Auch führt der sorgfältig durchgeführte Einheiten-Kalkül automatisch zur richtigen Einheit des Ergebnisses.

Man beachte übrigens, daß dieser Kalkül nur *eine* Verknüpfung „mal" mit ihrer Inversenbildung und den „Iterierten", zum Beispiel m · m = m² und so weiter, kennt. Addition bzw. Subtraktion von Größen verschiedenartiger Einheiten sind sinnlos. In Größensummen müssen alle Summanden gleichartige Einheiten haben. Das Beispiel 3 m + 4 s ist also unsinnig. Dagegen hat das Beispiel 3 km + 700 m einen Sinn, weil es sich um zwei Größen derselben Größenart handelt, die nur mit verschiedenen, voneinander abhängigen Einheiten dargestellt sind.

§ 47 Geschwindigkeit und Beschleunigung

1. Geschwindigkeit als Mittelwert

Ein Körper bewege sich auf geradliniger Bahn. Wir kennzeichnen seinen jeweiligen Ort, indem wir seine Entfernung s von einem Festpunkt O dieser Geraden angeben *(Abb. 187.1)*. Die Zeit t messen wir von einem beliebig wählbaren, aber dann festgehaltenen Moment an, für den $t=0$ gesetzt wird. Dabei ist es nicht nötig, daß der Körper im Moment $t=0$ sich an der Wegmarke $s=0$ befindet, vielmehr kann $s(t=0) = s_0$ irgendeine Entfernung vom räumlichen Nullpunkt sein. Die Messungen mit geeigneten Geräten liefern eine Weg-Zeit-Beziehung, die wegen der Meßungenauigkeiten zunächst keine Funktion ist. Ihr Schaubild ist vielmehr ein Toleranzstreifen, wie ihn *Abb. 179.1* oder *Abb. 179.2* zeigen. Da der Körper in einem bestimmten Moment t nicht an zwei verschiedenen Orten sein kann, ist es vernünftig, eine **Funktion** s innerhalb des Toleranzstreifens zweckmäßig zu wählen, so daß die erreichte Wegmarke $s(t)$ jeweils der zur Zeitmarke t gehörige Funktionswert ist:

$$s = s(t). \tag{186.1}$$

Es möge nun die Zeit Δt verstreichen. Nach Ablauf dieser Zeitspanne, das heißt im Moment $t + \Delta t$, ist der Körper an einem neuen Ort angelangt, der die Marke $s(t + \Delta t)$ trägt. Der in der Zeitspanne Δt zurückgelegte Weg Δs errechnet sich zu $\Delta s = s(t + \Delta t) - s(t)$. Um die „Geschwindigkeit" des Körpers während dieser Zeitspanne zunächst „im ganzen" beurteilen zu können, bilden wir den Bruch

$$\frac{\Delta s}{\Delta t} = \frac{s(t+\Delta t)-s(t)}{\Delta t} = \bar{v}. \tag{186.2}$$

Dieser Mittelwert $\bar{v}$, auch „Durchschnittsgeschwindigkeit" genannt, ist im allgemeinen sowohl von der Anfangsmarke t des Zeitintervalls als auch von dessen Dauer Δt abhängig: $\bar{v} = \bar{v}(t; \Delta t)$.

Im Sonderfall der S. 35 war v weder von t noch von Δt abhängig. Vielmehr hatte dort der Quotient $\Delta s/\Delta t$ für jede Lage und jede Dauer des Zeitintervalls den gleichen Wert. In diesem Sonderfall kann $\bar{v}$ schlechthin „Geschwindigkeit" genannt werden, und man nennt diese Bewegung seit altersher „gleichförmig" — besser spricht man von einer Bewegung mit konstanter Geschwindigkeit.

2. Momentangeschwindigkeit, empirisch

Meist verläuft eine Bewegung nur über kürzere Zeitspannen näherungsweise nach diesem einfachen Gesetz konstanter Geschwindigkeit. Man wird es immer dann benutzen dürfen, wenn sich die Unterschiede zwischen den einzelnen gemessenen Quotienten im ganzen Bereich um weniger als die Fehlergrenze unterscheiden. Sind die Unterschiede merklich größer, so sagt man, der Körper werde schneller beziehungsweise langsamer. Dann greift man zu immer kleineren Zeitspannen Δt in der Umgebung eines Augenblicks t_0, bis wenigstens in dieser Umgebung die Quotienten $\Delta s/\Delta t$ schließlich nicht mehr merklich voneinander abweichen. Auf Seite 38 wurde nach dieser Methode ein Staubfigurenfoto ausgewertet und ein entsprechendes Schaubild entwickelt.

In der Umgebung von s_0 läßt sich die Bewegung mit immer kürzeren Δt-Werten ausmessen *(Abb. 187.1)*. Wir erhalten für die Wegintervalle nun so die mittleren Geschwindigkeiten

$$v_1 = \frac{s_1 - s_0}{t_1 - t_0}; \quad v_2 = \frac{s_2 - s_0}{t_2 - t_0}; \quad v_3 = \frac{s_3 - s_0}{t_3 - t_0}; \quad \ldots; \quad v_i = \frac{s_i - s_0}{t_i - t_0}; \quad \ldots . \tag{187.1}$$

Diese Durchschnittsgeschwindigkeiten v_i sind in *Abb. 38.1* über den Abszissen $t = t_i - t_0$ aufgetragen. Von einer bestimmten, von der Genauigkeit der benutzten Meßgeräte abhängigen Zeitmarke t_i ab gewinnt man trotz weiterer Annäherung an t_0 keine brauchbaren Werte für die Geschwindigkeiten mehr. (Im Beispiel für $\Delta t < 0{,}02$ s.) Im Gegenteil, die Angaben der weiteren Quotienten werden nun immer unsicherer, weil der Einfluß der Meßfehler zu groß wird. — Mit dem bei dem genannten t_i erreichten Wert v_i gibt sich der Experimentator zufrieden als „Beschreibung der Geschwindigkeit des Körpers zur Zeit t_0".

Allerdings muß die entsprechende Meßreihe auch für Zeitmarken durchgeführt werden, die *vor* t_0 liegen, und denen Wegmarken entsprechen, die sich in *Abb. 187.1* links von s_0 befinden (in *Abb. 187.1* rot gezeichnet).

187.1 In der Umgebung von $(t_0; s_0)$ werden Geschwindigkeiten gemessen.

Erfahrungsgemäß wird die Folge der entsprechenden links von s_0 gültigen mittleren Geschwindigkeiten

$$_1v = \frac{_1s - s_0}{_1t - t_0}; \quad _2v = \frac{_2s - s_0}{_2t - t_0}; \quad _3v = \frac{_3s - s_0}{_3t - t_0}; \quad \ldots; \quad _kv = \frac{_ks - s_0}{_kt - t_0}; \tag{187.2}$$

schließlich bei genügender Annäherung an t_0 denselben Geschwindigkeitswert ergeben wie die Folge (187.1) von rechts her.

3. Momentangeschwindigkeit als Ableitung

Nun sind bei Geschwindigkeitsmessungen gemäß Gl. (187.1) und (187.2) sehr *unterschiedliche* Meßgenauigkeiten denkbar, und damit auch ganz verschiedene Fehlergrenzen. Die Mathematik stellt daher ein Verfahren bereit, das alle denkbaren Möglichkeiten, die groben wie die feinen, erfaßt: die **Differentialrechnung**. Dieses Verfahren muß sich beliebigen Meßgenauigkeiten anpassen. Ferner setzt es voraus, daß gemäß Gl. (186.1) der Weg s als *Funktion* der Zeit t gegeben sei: $s = s(t)$. So war zum Beispiel auf Seite 40 den Versuchen entnommen worden, daß die Bewegung bei konstanter Triebkraft durch das Weg-Zeit-Gesetz $s = C \cdot t^2$ gut beschrieben werden kann. Legt man eine solche Beschreibung durch eine Funktion $s = s(t)$ zugrunde, dann kann man die Beträge der Zeitspannen $\Delta t = t_i - t_0$ so klein machen, wie man will. Der Funktion $s(t)$ entnimmt man dann die zugehörigen Wegstrecken $\Delta s = s_i - s_0$, deren Beträge ebenfalls gegen Null konvergieren, falls $s(t)$ eine physikalisch mögliche Bewegung beschreibt. Noch entscheidender aber ist, daß bei solchen Bewegungen die beschreibende Funktion so gewählt werden kann, daß die **Brüche**

$$v_i = \frac{s_i - s_0}{t_i - t_0} = \frac{\Delta s}{\Delta t} \quad \text{für } t_i \to t_0$$

einen **Grenzwert** haben, die „**Momentangeschwindigkeit** v". Auch die oben herangezogenen linksseitigen Folgen $_k v$ konvergieren bei solchen Funktionen gegen denselben Grenzwert v.

In der Differentialrechnung heißt dieser Grenzwert die **Ableitung** der Funktion $s(t)$ nach der Zeit t, und zwar hier ermittelt für den Moment t_0. Im Gegensatz zu den v_i ist v nicht mehr von den gewählten Zeitspannen Δt abhängig. Die Momentangeschwindigkeit v hängt nur noch von dem Wert t selbst ab, in dessen Umgebung der Grenzprozeß durchgeführt wurde. Daher schreibt man:

$$\textbf{Momentangeschwindigkeit } v(t) = \lim_{\Delta t \to 0} \frac{\Delta s}{\Delta t} = \dot{s}(t). \tag{188.1}$$

Die Ableitung nach der *Zeit* t bezeichnen wir mit einem über das Funktionszeichen gesetzten *Punkt*. Für die klassische Bewegungslehre ist es kennzeichnend, daß der Grenzwert (188.1) für ihre Weg-Zeit-Funktionen stets existiert.

> **Die Momentangeschwindigkeit ist die erste Ableitung der Weg-Zeit-Funktion nach der Zeit:**
> $$v(t) = \dot{s}(t).$$

4. Die Bewegung bei konstanter Triebkraft

Die Überlegungen des vorigen Abschnitts wenden wir nun auf das bei konstanter Triebkraft gültige Weg-Zeit-Gesetz der S. 40 an. Dabei sei der Einfachheit halber $s(0) = 0$.

$$s(t) = C \cdot t^2. \tag{188.2}$$

Nach Ablauf der Zeitspanne Δt gilt $s(t + \Delta t) = C \cdot (t + \Delta t)^2$. Das in der Zeitspanne Δt durchlaufene Wegstück Δs errechnet sich also zu $\Delta s = 2C \cdot t \cdot \Delta t + C \cdot \Delta t^2$. Die mittlere Geschwindigkeit beträgt daher:

$$\bar{v}(t; \Delta t) = 2C \cdot t + C \cdot \Delta t. \tag{188.3}$$

Diese Gleichung liefert zunächst mittlere Geschwindigkeiten in jeder beliebigen Umgebung Δt von t. Für einen festen Wert t ist $\bar{v}$ eine ganz rationale Funktion von Δt. *Abb. 38.1* zeigt die entsprechende Gerade. Gemäß der Definition liefert sie überdies die Momentangeschwindigkeit $v(t)$, die wir dem Körper im Durchgang durch den Moment t, also durch die Wegmarke s, zuschreiben, in *Abb. 38.1* $v \approx 30{,}5$ cm/s. Wir bilden hierzu den Grenzwert für $\Delta t \to 0$. In unserem Beispiel ist der erste Summand von Δt unabhängig, sein Grenzwert also $2Ct$, und der zweite Summand hat den Grenzwert Null. Das ergibt:

$$\lim_{\Delta t \to 0} \bar{v}(t; \Delta t) = v(t) = 2C \cdot t. \tag{188.4}$$

Hier ist also die Momentangeschwindigkeit v der Zeit t proportional, vergleiche Seite 41.

5. Die Momentanbeschleunigung

Wir beschränken uns zunächst auf das vorige Beispiel. Dort hat im Moment t der Körper die Momentangeschwindigkeit $v(t) = 2Ct$. Wir lassen die Zeitspanne Δt verstreichen. Dann hat der Körper die Geschwindigkeit $v(t + \Delta t) = 2C \cdot (t + \Delta t)$. Während der Zeitspanne Δt hat sich also seine Geschwindigkeit um $\Delta v = 2C \cdot \Delta t$ geändert. Der Bruch $\Delta v/\Delta t = 2C$ erweist sich hier als eine Konstante, ist also von Lage und Dauer des Zeitintervalls unabhängig. Diesen konstanten Bruch $\Delta v/\Delta t = a$ nennen wir die **Beschleunigung**. Die Beobachtungen der Seite 40 und die nachfolgende Rechnung lehren also, daß eine konstante Triebkraft einen Körper in eine Bewegung mit konstanter Beschleunigung versetzt („gleichmäßig beschleunigte Bewegung"). — Im allgemeineren Fall dürfen wir die Konstanz des Bruches $\Delta v/\Delta t$ nicht erwarten. Dieser Bruch, der in der Umgebung von t mit verschiedenen, an t anschließenden Zeitspannen Δt gebildet wird, ändert sich dann mit Δt und hängt dann sowohl von t als auch von Δt ab. Immerhin kennzeichnet er, wie sich in der Umgebung von t die Momentangeschwindigkeit $v(t)$ beim Durchlaufen der Zeitspanne Δt ändert. Wir nennen diesen Bruch „**mittlere Beschleunigung**" zwischen t und $t + \Delta t$ (Durchschnittsbeschleunigung).

$$\bar{a}(t; \Delta t) = \frac{v(t+\Delta t) - v(t)}{\Delta t}. \tag{189.1}$$

Hat die Folge dieser Brüche für $\Delta t \to 0$ einen Grenzwert, was von der beschreibenden Funktion $t \mapsto s(t)$ abhängt, so nennen wir diesen Grenzwert „Momentanbeschleunigung" $a(t)$:

$$\boxed{\text{Momentanbeschleunigung } a(t) = \lim_{\Delta t \to 0} \frac{\Delta v}{\Delta t} = \dot{v}(t) = \ddot{s}(t).} \tag{189.2}$$

Es kann vorkommen, daß dieser Grenzwert für eine vor t liegende Δt-Folge anders ausfällt als für eine an t anschließende Δt-Folge. Beispiel (vergleiche Seite 39, Versuch 26): Im genannten Versuch wird zum Beispiel nach 2 s die beschleunigende Kraft abgeschaltet, und der Wagen läuft kräftefrei weiter. Im Moment des Abschaltens springt a von dem positiven Wert (10 cm/s²) plötzlich auf 0. — In den meisten Fällen der klassischen Mechanik dürfen wir aber damit rechnen, daß der Grenzwert der gleiche ist, wenn man von Folgen mit positiven Δt oder solchen mit negativen Δt ausgeht. In all diesen Fällen existiert die Momentanbeschleunigung $a(t) = \dot{v}(t)$ eindeutig.

> **Die Momentanbeschleunigung ist die erste Ableitung der Geschwindigkeits-Zeit-Funktion, also die zweite Ableitung der Weg-Zeit-Funktion nach der Zeit:**
>
> $$a(t) = \dot{v}(t) = \ddot{s}(t).$$

6. Anwendungen

a) Konstante Geschwindigkeit. Hier heißt das Geschwindigkeitsgesetz $v(t) = c$. Die Ableitung dieser konstanten Funktion liefert $\dot{v}(t) = a(t) = 0$.

b) Senkrechter Wurf (Seite 73 ff.). Sein Weg-Zeit-Gesetz lautete:

$$s(t) = v_0 t - \tfrac{1}{2} g t^2. \tag{189.3}$$

Die erste Ableitung liefert

$$v(t) = \dot{s}(t) = v_0 - g t.$$

Dies ist die Geschwindigkeits-Zeit-Funktion der Seite 74. Wir leiten nochmals nach t ab und erhalten

$$\dot{v}(t) = a(t) = -g.$$

Aufgaben:

1. „*Gleichförmige Bewegung*": Kennzeichnen Sie mit genauen Begriffen, was für eine Bewegung auf diese herkömmliche Weise bezeichnet wird! Erläutern Sie, wie der Geschwindigkeitsvektor nach Betrag und Richtung in jedem Zeitmoment beschaffen sein muß! Geben Sie auch den Beschleunigungsvektor an! Warum ist eine Kreisbewegung keine „gleichförmige Bewegung"?

2. „*Gleichmäßig beschleunigte Bewegung*": Erläutern Sie auch diese traditionelle Bezeichnung! Was ist über Betrag und Richtung des Beschleunigungsvektors in jedem Augenblick zu sagen?

3. *In welcher Einheit wird der Betrag des Beschleunigungsvektors gemessen?*

4. *Die Weg-Zeit-Funktion für die geradlinige Bewegung eines Körpers sei $t \mapsto s(t) = ct + k$. Der Körper befinde sich im Augenblick $t_1 = 0$ s bei der Wegmarke 0,2 m und im Augenblick $t_2 = 5$ s bei der Wegmarke 1,7 m.*
   a) *Man bestimme die Konstanten c und k sowie die Einheiten, in denen diese gemessen werden.*
   b) *Man schreibe die Weg-Zeit-Gleichung für das Zahlenbeispiel auf!*
   c) *Man gewinne aus der Weg-Zeit-Funktion $t \mapsto s = ct + k$ die Geschwindigkeits-Zeit-Funktion und die Beschleunigungs-Zeit-Funktion durch Ableiten!*
   d) *Um was für eine Bewegung handelt es sich? Welche physikalische Bedeutung haben die Konstanten k und c?*

5. *Die Weg-Zeit-Funktion für die geradlinige Bewegung eines Körpers der Masse 2 kg sei $t \mapsto s(t) = c_1 t^2 + c_2 t$. Der Körper befinde sich im Augenblick $t_1 = 1$ s an der Wegmarke $s_1 = 0{,}25$ m und im Augenblick $t_2 = 3$ s an der Wegmarke $s_2 = 1{,}35$ m.*
   a) *Stellen Sie anhand der hier gegebenen Gleichung (Größengleichung!) fest, in welchen Einheiten c_1 beziehungsweise c_2 gemessen werden!*
   b) *Ermitteln Sie die Zahlenwerte für c_1 und c_2!*
   c) *Gewinnen Sie die Momentangeschwindigkeit und die Momentanbeschleunigung durch Ableiten der Weg-Zeit-Funktion!*
   d) *Was läßt sich von der Momentanbeschleunigung und von der den Körper antreibenden Kraft sagen? Wie groß ist sie im Zahlenbeispiel?*
   e) *Welche physikalische Bedeutung hat c_2?*
   f) *Welchen Einfluß hat die Größe c_2 auf Beschleunigung und Triebkraft?*

6. *Zeichnen Sie das Weg-Zeit-Diagramm einer Bewegung mit konstanter Beschleunigung! Tragen Sie in die Zeichnung zwei beliebige Zeitmarken t_1 und $t_2 = t_1 + \Delta t$ ein, ferner die zugehörigen Wegmarken s_1 und s_2 sowie die Differenzen Δt und Δs. Welche geometrische Bedeutung hat in diesem Diagramm die mittlere Geschwindigkeit $\bar{v} = \dfrac{\Delta s}{\Delta t}$ beziehungsweise die Momentangeschwindigkeit $v = \lim\limits_{\Delta t \to 0} \dfrac{\Delta s}{\Delta t}$?*

§ 48 Integration bei bekanntem Kraftgesetz; Anfangsbedingungen

1. Mathematische Vorbemerkung

Im folgenden benötigen wir zwei Begriffe, die es deutlich auseinanderzuhalten gilt:

a) Stammfunktion: Die Funktion F heißt Stammfunktion der Funktion f, wenn ihre Ableitung $F' = f$ ist. Mit F sind dann auch alle Funktionen $F + C$ Stammfunktionen von f, wobei C eine beliebige konstante Funktion bedeutet. Man schreibt gelegentlich auch $F = \int f + C$ oder auch $F(x) = \int f(x)\,dx + C$, und die Konstante C nennt man „Integrationskonstante".

b) Integral: Das bestimmte Integral als Grenzwert einer Summe ist eine reelle Zahl und findet in der Physik wichtige Anwendungen, vergleiche die Definition der mechanischen Arbeit bei variabler Kraft Seite 87 und Seite 195. Schreibweise: $\int_a^b f(x)\,dx = \int_a^b f(u)\,du = \int_a^b f(z)\,dz$.

c) Der **Zusammenhang** zwischen Stammfunktion und Integralbegriff wird durch den „**Hauptsatz**" hergestellt. Zwei Folgerungen aus diesem Hauptsatz werden wir häufig anwenden. Durch eine variable obere Grenze wird mit Hilfe des bestimmten Integrals eine Integralfunktion J definiert:

$$J: \quad x \mapsto \int_a^x f(u)\,du = J(x).$$

Der Hauptsatz besagt, daß für stetiges f die so gebildete Integralfunktion J eine Stammfunktion von f ist, daß also $J' = f$.

Ferner gilt dann $\int_a^b f = F(b) - F(a)$, wobei F Stammfunktion von f ist.

Die Voraussetzungen, unter denen diese Sätze gelten, lassen sich bei deren physikalischen Anwendungen in der Regel erfüllen.

Häufig kennt man die einen Körper antreibende Kraft F und mit ihr nach $F = m \cdot a$ die bewirkte Beschleunigung a als Funktion der *Zeit* t, des *Weges* s oder der *Geschwindigkeit* v. Aus diesen Kenntnissen sollen dann das Geschwindigkeits-Zeit-Gesetz und das Weg-Zeit-Gesetz ermittelt werden, was wir für folgende drei Fälle durchführen.

2. Konstante Triebkraft

Mit ihr ist dann auch die Beschleunigung $a(t) = a$ konstant. Sie ist die Ableitung der Geschwindigkeit v, diese also eine Stammfunktion der konstanten Funktion a:

$$v(t) = \int a\,dt = at + C_1. \tag{191.1}$$

Die Bedeutung der „*Integrationskonstanten*" C_1 ist zu klären. Dazu genügen unsere oben angegebenen Kenntnisse von dieser Bewegung noch nicht. Wir müssen den Wert der Geschwindigkeit für irgendeinen Moment kennen. Es sei zum Beispiel für den Moment $t = 0$ ihr Wert $v(0) = v_0$ bekannt. Ferner sei $v_0 \| F$ (geradlinige Bewegung). Wir setzen nun $t = 0$ in Gl. (191.1) ein und erhalten

$$v(0) = a \cdot 0 + C_1 = C_1 = v_0.$$

Damit ist die *physikalische* Bedeutung der Integrationskonstanten geklärt: Sie gibt die Geschwindigkeit des Körpers zur Zeit $t = 0$ an, die sogenannte „*Anfangsgeschwindigkeit*" v_0. Die Geschwindigkeits-Zeit-Gleichung wird also:

$$v(t) = a\,t + v_0. \tag{191.2}$$

Die Weg-Zeit-Funktion hierzu ist nach Gl. (188.1) eine Stammfunktion von v, also

$$s(t) = \int (at + v_0)\,dt = \tfrac{1}{2} a \cdot t^2 + v_0 \cdot t + C_2. \tag{191.3}$$

Wollen wir erfahren, was die Integrationskonstante C_2 physikalisch bedeutet, so müssen wir die Wegmarke des Körpers in irgendeinem Augenblick kennen, zum Beispiel für $t = 0$. Es ergibt sich aus Gl. (191.3) $s(0) = C_2$. Die Integrationskonstante C_2 bedeutet also physikalisch die Wegmarke s_0, bei der sich der Körper zur Zeit $t = 0$ befindet. Die Weg-Zeit-Gleichung lautet deshalb jetzt

$$s(t) = \tfrac{1}{2} a\,t^2 + v_0 t + s_0. \tag{191.4}$$

3. Triebkraft als Funktion der Zeit

Ist $F=F(t)$ gegeben, dann kennen wir auch die Beschleunigung $a=F/m=a(t)$. Das Geschwindigkeits-Zeit-Gesetz und das Weg-Zeit-Gesetz erhalten wir dann als jeweilige Stammfunktion von a beziehungsweise v:

$$v(t) = \int a(t)\,dt + C_1$$

und

$$s(t) = \int v(t)\,dt + C_2,$$

wobei die Bedeutung der Integrationskonstanten aus zusätzlich bekannten Anfangsbedingungen gewonnen wird. Wir wollen dies an einem Beispiel erläutern.

Beispiel: Beim *Anfahren* eines PKW wird die Kraft nicht ruckartig mit ihrem vollen Wert einsetzen, sondern etwa von $F=0$ beginnend anwachsen, zum Beispiel zeitproportional gemäß $F(t)=k\cdot t$. Selbstverständlich kann dieses Gesetz nur für die kurze Anfahrzeit gültig sein. Dann wird $a(t)=(k/m)\cdot t$, und

$$v(t) = \frac{k}{m}\cdot\int t\,dt = \frac{k}{2m}\cdot t^2 + C_1. \tag{192.1}$$

Wählen wir $t=0$ als Moment des Starts, so ist $v(0)=C_1=0$. Aus der Geschwindigkeit-Zeit-Funktion

$$v(t) = \frac{k}{2m}\cdot t^2$$

erhalten wir die Weg-Zeit-Funktion als Stammfunktion:

$$s(t) = \frac{k}{6m}\cdot t^3 + C_2.$$

Nun wollen wir den Weg vom Startpunkt aus messen. Dann gilt $s(0)=C_2=0$. Das Weg-Zeit-Gesetz lautet dann — wie oben gesagt auf eine kurze Anfahrtstrecke beschränkt —

$$s(t) = \frac{k}{6m}\cdot t^3.$$

4. Bremsung im zähen Medium

Wir betrachten nun ein Beispiel für eine Kraft F, die als Funktion der jeweiligen Geschwindigkeit v gegeben ist. Ein Körper der Masse m dringt mit der Anfangsgeschwindigkeit v_0 in ein zähes Medium ein und wird darin mit der zur Geschwindigkeit proportionalen Kraft $F=-k\cdot v$ gebremst. Für seine Beschleunigung gilt daher

$$a(t) = \dot v(t) = -\frac{k}{m}v(t). \tag{192.2}$$

Diese „Differentialgleichung erster Ordnung" formen wir so um, daß die rechte Seite weder v noch $\dot v$ enthält:

$$\frac{\dot v(t)}{v(t)} = -\frac{k}{m}$$

Der Quotient $\frac{\dot v(t)}{v(t)}$ ist die Ableitung der Funktion $\ln v(t)$, wie man durch Ableiten bestätigt, während $-\frac{k}{m}$ die Ableitung von $-\frac{k}{m}\cdot t$ ist. Die Stammfunktionen können sich also höchstens um eine konstante Funktion C unterscheiden:

$$\int \frac{\dot v(t)}{v(t)}\,dt = -\int \frac{k}{m}\,dt + C$$

$$\ln v(t) = -\frac{k}{m}\cdot t + C$$

$$v(t) = e^{-\frac{k}{m}\cdot t + C} = e^{-\frac{k}{m}\cdot t}\cdot e^C.$$

Da der Körper im Moment $t=0$ die Anfangsgeschwindigkeit v_0 haben soll, ist $v_0 = e^C$, da $e^0 = 1$ ist. Damit lautet das Geschwindigkeits-Zeit-Gesetz

$$v(t) = v_0 \cdot e^{-\frac{k}{m} \cdot t}. \qquad (193.1)$$

Das Weg-Zeit-Gesetz erhalten wir, indem wir eine Stammfunktion zu v bilden:

$$s(t) = -\frac{m}{k} v_0 \cdot e^{-\frac{k}{m} \cdot t} + \overline{C}.$$

Im Moment $t=0$ soll $s(0) = 0$ sein, woraus sich wegen $e^0 = 1$ die Integrationskonstante $\overline{C}$ bestimmt: $\overline{C} = \frac{m}{k} \cdot v_0$. Damit lautet das Weg-Zeit-Gesetz:

$$s(t) = \frac{m}{k} \cdot v_0 \cdot \left(1 - e^{-\frac{k}{m} \cdot t}\right). \qquad (193.2)$$

Aufgaben:

1. *Die Konstante in Gl. (192.1) betrage $k = 100$ kg · m/s³, und der Wagen habe die Masse $m = 1000$ kg. Welche Geschwindigkeit und welche Beschleunigung werden von ihm nach 10 s erreicht? Wie lang ist die zugehörige Startstrecke?*
2. *Schreibe die Gl. (193.1) und (193.2) für $s(t)$, $v(t)$, ferner die Gleichung für $a(t)$ mit folgenden Werten an: $k/m = 1$ s^{-1}; $v_0 = 0,2$ m/s. Stelle die drei Funktionen im Intervall der ersten drei Sekunden grafisch dar!*

§ 49 Die Arbeit als bestimmtes Integral

1. Arbeit bei veränderlicher Kraft

Auf Seite 84 definierten wir bei konstanter Kraft die *Arbeit* als Produkt der wirkenden Kraft F mit dem Weg s, längs dem sie wirkt. Nun wollen wir diesen Begriff erweitern auf den Fall, für den sich die Kraft längs des Weges *ändert*. Dabei beschränken wir uns zunächst darauf, daß der Weg *geradlinig* ist und die Kraft in seiner Richtung wirkt. Aus dem Gesamtweg bilden wir nun so kleine gleichlange Teilwege Δs, daß längs jedes Teilwegs die Kraft F_i höchstens innerhalb der Meßfehler variiert. Dann kann mit für praktische Zwecke ausreichender Genauigkeit die Arbeit ΔW_i längs jedes Teilstücks als *Produkt* errechnet werden: $\Delta W_i = F_i \cdot \Delta s$. Alle diese Beträge werden nun addiert, und wir nennen diese Summe „*Gesamtarbeit*" von s_1 bis s_2:

$$W_1 = \Delta W_1 + \Delta W_2 + \Delta W_3 + \cdots + \Delta W_n = (F_1 + F_2 + F_3 + \cdots + F_n) \cdot \Delta s;$$

oder abgekürzt:

$$W = \sum_i \Delta W_i = \sum_i F_i \cdot \Delta s. \qquad (193.3)$$

Die Mathematik führt wieder einen *Grenzprozeß* durch, weil sie für eine beliebige Verfeinerung der Meßmethoden ein einheitliches Verfahren zur Verfügung stellen will. Wir bilden den Grenzwert der Summe (193.3) für eine beliebige Verfeinerung *aller* Teilwege, also für $\Delta s \to 0$:

> **Arbeit** $W = \int_{s_1}^{s_2} F(s)\, ds$ (Bestimmtes Integral). (194.1)

Häufig gelingt es leichter, eine Stammfunktion $W(s)$ des Integranden $F(s)$ zu finden. Dann rechnet man das bestimmte Integral nach der bekannten Regel:

$$\int_{s_1}^{s_2} F(s)\, ds = W(s) \Big|_{s_1}^{s_2} = W(s_2) - W(s_1).$$

Falls der Weg *gekrümmt* ist und die Kraft sich nach *Richtung* und Betrag längs dieses Weges Punkt für Punkt *ändert*, kann man die Arbeit ganz entsprechend berechnen, indem man den Weg wieder in hinreichend kleine Stücke unterteilt und diese Stücke Δs mit der jeweiligen *Kraftkomponente* multipliziert. Da die Arbeit ein Skalar ist, gibt der Grenzwert der algebraischen Summe dieser Produkte die Arbeit W als „*Linienintegral*" längs des gekrümmten Wegs *(Abb. 85.1 und Abb. 153.1).*

Überführt man einen Körper auf *verschiedenen* Wegen vom Punkt P_1 zum Punkt P_2, so können die Arbeitsbeträge verschieden ausfallen, siehe Reibungsarbeit, Seite 86. Auf Seite 154 sahen wir, daß im Gravitationsfeld die Überführungsarbeit *unabhängig* vom Überführungsweg ist.

2. Arbeit beim Spannen einer Feder (vgl. S. 87)

Im Gültigkeitsbereich des „*linearen Kraftgesetzes*" ist $F = D \cdot s$. Die Arbeit beim Spannen einer solchen Feder von der Wegmarke s_1 bis zur Wegmarke s_2 ergibt daher:

$$W \Big|_1^2 = D \cdot \int_{s_1}^{s_2} s\, ds = \tfrac{1}{2} D \cdot s^2 \Big|_{s_1}^{s_2} = \tfrac{1}{2} D \cdot (s_2^2 - s_1^2).$$

Berechnet man die Arbeit vom entspannten Zustand $s_1 = 0$ aus und setzt $s_2 = s$, so erhält man die Gleichung für die Spannungsenergie der S. 88:

$$W_{Sp} = \tfrac{1}{2} D \cdot s^2.$$

Aufgabe:

Man berechne für das Fahrzeug der Aufgabe 1 auf Seite 193 die Beschleunigungsarbeit als bestimmtes Integral:

$$W = m \int_0^{10\,s} a(t) \cdot s(t)\, dt$$

und vergleiche mit der kinetischen Energie $\tfrac{1}{2} m v^2$!

3. Beschleunigungsarbeit

Auf S. 90 wurde die Beschleunigungsarbeit berechnet, die eine konstante Triebkraft verrichten muß, um einen Körper der Masse m von der Geschwindigkeit 0 auf die Geschwindigkeit v zu bringen. Diese Arbeit beträgt

$$W = \tfrac{1}{2} m \cdot v^2.$$

Wir berechnen nun die Beschleunigungsarbeit längs gerader Bahn, wobei jedoch die beschleunigende Kraft *veränderlich* ist und zum Beispiel als Funktion der jeweils erreichten Wegmarke dargestellt werden kann: $F=F(s)$. (Wir hatten diesen Fall etwa beim Beschleunigen eines Fahrzeugs gemäß Ziffer 3 der S. 192.) Mit der beschleunigenden Kraft $F(s)$ ist auch die bewirkte Beschleunigung dann eine Funktion von s, also $a=a(s)$, und nach dem Grundgesetz der Mechanik ist $F(s)=m \cdot a(s)$. Für den Weg von s_1 nach s_2 erhalten wir die Beschleunigungsarbeit:

$$W_{12} = \int_{s_1}^{s_2} m \cdot a(s)\, ds = m \cdot \int_{s_1}^{s_2} a(s)\, ds. \tag{195.1}$$

Da wir a als Funktion der Zeit t beherrschen, gehen wir zur Integrationsvariablen t über („Substitution"):

$$s = s(t); \quad s_1 = s(t_1); \quad s_2 = s(t_2);$$

$$W_{12} = m \int_{t_1}^{t_2} a(t) \cdot \dot{s}(t)\, dt = m \int_{t_1}^{t_2} \dot{v}(t) \cdot v(t)\, dt = m \cdot \frac{1}{2} v(t)^2 \Big|_{t_1}^{t_2} = \frac{m}{2}(v_2{}^2 - v_1{}^2). \tag{195.2}$$

Die Beschleunigungsarbeit hängt somit auch bei variabler Kraft nur von der Masse sowie der Ausgangs- und der Endgeschwindigkeit des Körpers ab. Für $v_1=0$ erhalten wir daraus die Gl. (91.1) für die *kinetische Energie*. Diese ist also unabhängig von der Vorgeschichte des beschleunigten Körpers, allein eine Funktion seiner Geschwindigkeit und Masse. Es läßt sich zeigen, daß bei Beschleunigung auf *gekrümmter* Bahn dieselbe Gleichung für die kinetische Energie gilt.

4. Überführungsarbeit im Gravitationsfeld

Wir betrachten das Gravitationsfeld einer Kugel der Masse m_1 gemäß *Abb. 153.1*. Der Körper der Masse m_2 soll vom Punkt P_1 zum Punkt P_2, also längs einer *Feldlinie* überführt werden. Die Kraft ist eine Funktion der Wegmarke, die hier mit r bezeichnet wird:

$$F(r) = \frac{f \cdot m_1 \cdot m_2}{r^2} \quad \text{(Gravitationsgesetz).}$$

Die Überführungsarbeit beträgt nach Gl. (194.1):

$$W \Big|_{P_1}^{P_2} = \int_{r_1}^{r_2} \frac{f m_1 m_2}{r^2}\, dr = -\frac{f m_1 m_2}{r} \Big|_{r_1}^{r_2} = f m_1 m_2 \cdot \left(\frac{1}{r_1} - \frac{1}{r_2}\right).$$

Damit ist Gl. (154.1) hergeleitet. W ist der Betrag, um den die *potentielle Energie* des Körpers bei der Überführung von P_1 nach P_2 zunimmt. Auf Seite 154 wurde gezeigt, daß W vom Überführungsweg *unabhängig* ist. Das berechtigte uns auf Seite 156 dazu, jedem Punkt des Gravitationsfelds ein **„Potential"** $V(r)$ zuzuordnen.

$V(r)$ bedeutete die auf die Masseneinheit bezogene *potentielle Energie* für einen Punkt in der Entfernung r, wobei den „unendlich weit" entfernten Punkten das Potential Null zugeordnet wurde. Daher war $V(r) = -\dfrac{f \cdot m_1}{r}$.

Die **Gravitationsfeldstärke** ist dann ein *Vektor* $\vec{g}$, dessen Betrag die Ableitung der Potentialfunktion nach r ist, und dessen Richtung auf die Zentralmasse hin durch die Feldlinien gegeben wird: $|\vec{g}| = \left|\dfrac{dV}{dr}\right| = \dfrac{f m_1}{r^2}$.

Ebenso wie für das Gravitationsfeld können für das elektrische und das magnetische Feld entsprechende physikalische Größen (Potential, Feldstärke usw.) in analoger mathematischer Schreibweise erfaßt werden. Man kann deshalb die genannten Felder auch durch eine **allgemeine Feldtheorie** beschreiben.

§ 50 Der Impuls

1. Impuls bei konstanter Masse

Wir betrachten hier nur den Sonderfall, bei dem die Kräfte und Geschwindigkeiten die gleiche, feste Richtung haben, die Bahn des Körpers also **geradlinig** ist.

Sieht man während der kurzen Zeitspanne die Kraft als konstant an, so bewirkt sie nach Seite 105 am Körper eine kleine Impulsänderung Δp, die dem Kraftstoß gleich ist:

$$\Delta p = m \cdot \Delta v = F \cdot \Delta t.$$

Dividieren wir beiderseits durch Δt und bilden die Grenzwerte für $\Delta t \to 0$, so erhalten wir eine Beziehung zwischen Impuls und Kraft:

$$\dot{p}(t) = m \cdot \dot{v}(t) = F(t).$$

> **Die Ableitung des Impulses nach der Zeit ist gleich der wirkenden Kraft:** $\dot{p}(t) = F(t)$.

2. Impuls bei veränderlicher Masse

Die Gleichung $F = \dot{p}$ ist auch dann gültig, wenn die Masse m sich mit der Zeit t ändert. Wir zeigen dies, indem wir zunächst die Impulsänderung während der Zeitspanne Δt betrachten (Gl.101.3):

$$\Delta p = p(t + \Delta t) - p(t) = (m + \Delta m) \cdot (v + \Delta v) - m \cdot v = m \cdot \Delta v + \Delta m \cdot v + \Delta m \cdot \Delta v.$$

Nun bilden wir den Differenzenquotienten, indem wir beiderseits durch Δt dividieren:

$$\frac{\Delta p}{\Delta t} = m \cdot \frac{\Delta v}{\Delta t} + \Delta m \cdot \frac{v}{\Delta t} + \Delta m \cdot \frac{\Delta v}{\Delta t}. \tag{196.1}$$

Physikalische Bedeutung der Summanden auf der rechten Seite: Der 1. Summand $m \cdot \frac{\Delta v}{\Delta t}$ gibt die mittlere Kraft $\overline{F}_1$ an, welche die Masse m in der Zeitspanne Δt von der Geschwindigkeit v auf die Geschwindigkeit $v + \Delta v$ beschleunigt. Der 2. Summand $\Delta m \cdot \frac{v - 0}{\Delta t}$ stellt die mittlere Kraft $\overline{F}_2$ dar, mit der die in der Zeitspanne Δt hinzukommende Masse Δm von der Geschwindigkeit Null auf die Geschwindigkeit v beschleunigt wird. Der 3. Summand $\Delta m \cdot \frac{\Delta v}{\Delta t}$ schließlich bezeichnet die Kraft $\overline{F}_3$, mit der die Masse Δm während der Zeitspanne Δt von der Geschwindigkeit v auf die Geschwindigkeit $v + \Delta v$ beschleunigt wird. Der Differenzenquotient $\overline{F} = \frac{\Delta p}{\Delta t}$ ist daher die Summe der drei Kräfte, also gleich der mittleren Gesamtkraft, die zur Beschleunigung des Körpers veränderlicher Masse nötig ist.

Nun betrachten wir den Grenzwert $\lim_{\Delta t \to 0} \frac{\Delta p}{\Delta t}$. Dabei setzen wir voraus, daß die Grenzwerte $\lim_{\Delta t \to 0} \frac{\Delta v}{\Delta t} = \dot{v}$ und $\lim_{\Delta t \to 0} \frac{\Delta m}{\Delta t} = \dot{m}$ existieren. Man beachte, daß dazu notwendig $\lim_{\Delta t \to 0} \Delta m = 0$ sein muß! Mit diesem Grenzprozeß erhalten wir den *Momentanwert* der Gesamtkraft:

$$F = \dot{p} = m\dot{v} + \dot{m}v.$$

Dieses Ergebnis konnten wir aus Gl. (101.3) auch erhalten, indem wir die Produktregel der Differentialrechnung anwenden:

$$\dot{p} = (mv)^{\cdot} = m\dot{v} + \dot{m}v.$$

3. Impuls als bestimmtes Integral

Nach dem „Hauptsatz" (Seite 191) läßt sich die durch eine während der Zeitspanne $[t_1, t_2]$ wirkende Kraft verursachte Impulsänderung als bestimmtes Integral schreiben:

$$p_2 - p_1 = \int_{t_1}^{t_2} F \, dt. \qquad (197.1)$$

§ 51 Trägheitsmomente als bestimmte Integrale

Auf Seite 165 war das Trägheitsmoment definiert als die Summe

$$J = \sum_i \Delta m_i \cdot r_i^2.$$

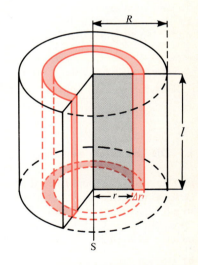

Wir zeigen an dem S. 167 erwähnten Beispiel des kreisrunden Zylinders, wie bei homogener Masseverteilung Trägheitsmomente als *Grenzwerte* solcher Summen berechnet werden. Der Rotationszylinder *(Abb. 197.1)* besitze homogene Massenverteilung und drehe sich um seine Achse s. Der Radius seiner Grundfläche ist R, seine Dichte ϱ, seine Höhe l. Dann wählen wir als Massenelement Δm die rohrförmige Schicht mit dem inneren Radius r und der Dicke Δr. Für dieses Massenelement gilt

$$\Delta m \approx 2r\pi \cdot \Delta r \cdot l \cdot \varrho. \qquad (197.2)$$

Dessen Trägheitsmoment wird dann $\Delta J = 2 \cdot r^3 \cdot \pi \cdot \Delta r \cdot l \cdot \varrho$, und das Trägheitsmoment des ganzen Zylinders

$$J = 2\pi l \varrho \cdot \int_0^R r^3 \cdot dr = \tfrac{1}{2}\pi \cdot l \cdot \varrho \cdot R^4. \qquad (197.3)$$

197.1 Um S rotierender Zylinder; ein Sektor ausgeschnitten, um das rot gezeichnete Δm sichtbar zu machen.

Da die Gesamtmasse des Zylinders $m = \pi R^2 \cdot l \cdot \varrho$ beträgt, ergibt sich aus Gl. (197.3) das Trägheitsmoment

$$J = \tfrac{1}{2} m R^2. \qquad (197.4)$$

Diese Gleichung gilt natürlich auch für das Trägheitsmoment von Kreisscheiben ($l \ll R$) und zylindrischen Stangen ($l \gg R$).

Aufgaben:

1. *Ein homogener langer Stab, etwa ein Bleistift, ist überall gleich dick. Sein Querschnitt ist A, seine Dichte ϱ, seine Länge l. Er drehe sich um eine Achse, die senkrecht zu ihm durch seine Mitte geht. Man berechne das Trägheitsmoment des Stabes in bezug auf diese Achse. Anleitung: Es ist $\Delta m = A \cdot \varrho \cdot \Delta r$ als Massenelement im Abstand r von der Achse zu wählen.*
2. *Vergleichen Sie das Trägheitsmoment eines Hohlzylinders mit dem eines Massivzylinders gleicher Masse und gleichen Materials, der um seine Längsachse rotiert!*

§ 52 Dynamik des Massenpunktes in vektorieller Darstellung

In der analytischen Geometrie zeigt man, wie die Geometrie des Raums mit Hilfe von Vektoren beschrieben werden kann. Wir benutzen einen festen Bezugspunkt O (Ursprung) und stellen jeden Punkt P durch seinen Ortsvektor $\vec{r} = \overrightarrow{OP}$ dar. Im allgemeinen ist der Ort des Massenpunktes und damit auch sein Ortsvektor $\vec{r}$ eine Funktion der Zeit. Jedem Zeitmoment t eines vorgegebenen Zeitintervalls ist für den Massenpunkt ein Punkt P im Raum und damit ein Ortsvektor $\vec{r}$ zugeordnet. Sehen wir von den Einheiten ab, so haben wir eine Funktion $t \mapsto \vec{r}$, deren Argumente reelle Zahlen, deren Funktionswerte Vektoren sind. Man spricht daher auch von einer vektorwertigen Funktion eines reellen Arguments.

> *Definitionsbereich* der Funktion $t \mapsto \vec{r}(t)$: ein Intervall reeller Zahlen (Zeitmarken)
> *Wertmenge* der Funktion: eine Menge von Vektoren

1. Die kräftefreie Bewegung

a) Der als Massenpunkt betrachtete Körper K bewege sich gemäß Seite 36 kräftefrei mit konstantem Geschwindigkeitsvektor $\vec{v}$. Nehmen wir an, daß sich K im Moment $t=0$ gerade im Ursprung befinde, so gilt für seinen Ortsvektor $\vec{r}$ in jedem Moment die Gleichung $\vec{r} = t \cdot \vec{v}$. Dies ist die Parameterform der Gleichung einer Geraden durch O als Bahn des Körpers. Die Gleichung leistet aber mittels des Parameters t noch mehr: Sie gibt für jeden Zeitpunkt t den Ort $\vec{r}$ an.

b) Der kräftefrei sich bewegende Körper befinde sich im Moment $t=0$ im beliebigen Punkt P_0 mit dem Ortsvektor $\vec{r}_0$ und durchlaufe P_0 mit dem Geschwindigkeitsvektor $\vec{v}$. Dann gilt für die Punkte seiner Bahnkurve:

$$\vec{r}(t) = \vec{r}_0 + t \cdot \vec{v}. \qquad (198.1)$$

Dies ist die Parameterform für die Gleichung einer Geraden durch P_0 mit dem Geschwindigkeitsvektor $\vec{v}$ als Richtungsvektor. *Abb. 198.1* zeigt die Ortsvektoren für $t = 0; -1; +1; +2; +2,5$ s.

Sind zum Beispiel $\vec{r}(t_1)$ beziehungsweise $\vec{r}(t_2)$ die Ortsvektoren des Körpers in den

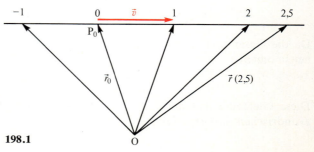

198.1

Augenblicken t_1 beziehungsweise t_2, so gilt: $\Delta\vec{r}=\vec{r}(t_2)-\vec{r}(t_1)=(t_2-t_1)\vec{v}$. Daraus erhalten wir mit $t_2-t_1=\Delta t$ für den Geschwindigkeitsvektor: $\vec{v}=\dfrac{1}{\Delta t}\Delta\vec{r}$ (vergleiche Seite 36!).

Wir schreiben hier bewußt den skalaren Faktor $\dfrac{1}{\Delta t}$ vor den Vektor $\Delta\vec{r}$, um die Richtungsgleichheit von $\vec{v}$ und $\Delta\vec{r}$ deutlich zu machen, siehe *Abb. 199.1*!

Für die Beträge $\Delta r=|\Delta\vec{r}|$ und $v=|\vec{v}|$ gilt: $v=\dfrac{\Delta r}{\Delta t}$. Machen Sie sich klar, daß die

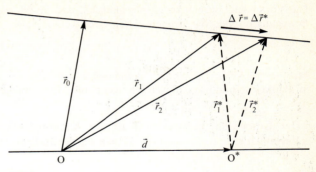

199.1

Vektoren $\Delta\vec{r}$ und $\vec{v}$ unabhängig sind von der Wahl des Ursprungs!

Anleitung:
Gehen Sie zu einem anderen Ursprung O* über, und setzen Sie den Vektor $\overrightarrow{OO^*}=\vec{d}$. Dann sind die neuen Ortsvektoren $\vec{r}_1{}^*=\vec{r}_1-\vec{d}$ sowie $\vec{r}_2{}^*=\vec{r}_2-\vec{d}$. Bilden Sie nun die Differenz der neuen Ortsvektoren! Vergleichen Sie mit *Abb. 199.1*!

2. Bewegung auf beliebiger Bahn; Geschwindigkeitsvektor

Der Ortsvektor $\vec{r}$ ist Funktion der reellen Zeitvariabeln t. Dafür schreiben wir $t\mapsto\vec{r}(t)$, vergleiche *Abb. 199.2*.

In der Zeitspanne Δt bewege sich der Körper von P_1 nach P_2. Seine Ortsveränderung läßt sich dann auch bei gekrümmter Bahn durch den Vektor $\overrightarrow{P_1P_2}=\vec{r}(t+\Delta t)-\vec{r}(t)=\Delta\vec{r}$ angeben. Es ist der Sehnenvektor zwischen den Bahnpunkten P_1 und P_2, der wiederum von der Wahl des Ursprungs O unabhängig ist. Die mittlere Geschwindigkeit, mit der diese Ortsveränderung erfolgt,

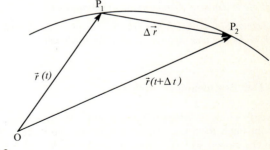

199.2

wird dann zweckmäßig durch folgenden Vektor dargestellt:

$$\vec{v}_{\text{mitt}}=\dfrac{1}{\Delta t}\cdot\Delta\vec{r}=\dfrac{1}{\Delta t}\cdot\left(\vec{r}(t+\Delta t)-\vec{r}(t)\right).$$

Dieser Vektor der mittleren Geschwindigkeit hängt sowohl von t als auch von der Zeitspanne Δt ab. Eine solche Darstellung ist dann physikalisch sinnvoll, wenn wir uns auf hinreichend kurze Zeitspannen Δt beschränken, während derer wir die Bewegung näherungsweise durch den *Sehnenvektor* $\overrightarrow{P_1P_2}$ beschreiben dürfen. Ferner nehmen wir an, daß die durch eine derartige Näherung begangenen Fehler nach Betrag und Richtung um so geringer sind, je kürzer die Zeitspanne Δt gewählt wird. Wir betrachten nun den Vektor der mittleren Geschwindigkeit $\vec{v}_{\text{mitt}}$ in der zeitlichen Umgebung eines fest gewählten Zeitmoments t. Dann ist $\vec{v}_{\text{mitt}}$ nur noch eine Funktion der *Variablen* Δt, nämlich $\Delta t\mapsto\vec{v}_{\text{mitt}}=\dfrac{1}{\Delta t}\cdot\Delta\vec{r}$. Für die Zeitspanne $\Delta t=0$ hat diese vektorwertige Funktion keinen Funktionswert, weil $\dfrac{1}{\Delta t}$ für $\Delta t=0$ nicht definiert ist. Unter geeigneten mathematischen Voraussetzungen, die wir hier nicht weiter erörtern, hat jedoch $\vec{v}_{\text{mitt}}$ einen *Grenzvektor* $\vec{v}$, und zwar *denselben für beide* Richtungen der Annäherung an t. Dieser Grenzvektor hat eine besondere Bedeutung.

Die Voraussetzungen besagen physikalisch, daß im Moment t weder ein Knick noch ein Ruck in der Bewegung erfolgt. Wir nennen diesen Grenzvektor $\vec{v}$ den *Ableitungsvektor* und schreiben:

$$\lim_{\Delta t \to 0} \vec{v}_{mitt}(t, \Delta t) = \vec{v}(t) = \dot{\vec{r}}(t).$$

Mit diesem Ableitungsvektor $\vec{v}$ definieren wir geometrisch die Richtung der Tangente an die Bahnkurve im Punkt $\vec{r}(t)$ und physikalisch die vektorielle Momentangeschwindigkeit $\vec{v}$ des Körpers im Augenblick t.

> Der **Geschwindigkeitsvektor $\vec{v}$ ist der Ableitungsvektor des Ortsvektors $\vec{r}$ nach der skalaren Variablen t:** $\quad \vec{v} = \dot{\vec{r}};\ |\vec{v}| = v$ **ist der Bahngeschwindigkeitsbetrag.**

Für den so erklärten Ableitungsprozeß der vektorwertigen Funktion $t \mapsto \vec{r}(t)$ gelten die bekannten Regeln:

1. $\vec{r} = \vec{r}_1 + \vec{r}_2 \Rightarrow \dot{\vec{r}} = \dot{\vec{r}}_1 + \dot{\vec{r}}_2$.

2. Ist $\vec{k}$ ein konstanter Vektor, so ist seine Ableitung $\dot{\vec{k}} = \vec{0}$ der Nullvektor.

3. Ist c ein konstanter reeller Skalar und $\vec{r}(t) = c \cdot \vec{r}_1(t)$, so gilt $\dot{\vec{r}}(t) = c \cdot \dot{\vec{r}}_1(t)$.

4. Ist $\vec{k}$ ein konstanter Vektor und der Skalar $z(t)$ eine ableitbare reellwertige Funktion der Zeit t mit $\vec{r}(t) = z(t)\vec{k}$, so gilt $\dot{\vec{r}}(t) = \dot{z}(t)\vec{k}$.

Aufgaben:

1. Leiten Sie beide Seiten der Gl. (198.1) für die Bahnkurve des sich kräftefrei bewegenden Körpers ab! Welche der vier Regeln müssen Sie anwenden?

2. Zeigen Sie, daß sich aus Gl. (71.1) für s durch Ableiten die daneben stehende Gleichung für v ergibt! Welche der vier Regeln müssen Sie benutzen?

3. Der Beschleunigungsvektor

Bewegt sich der Massenpunkt auf seiner Bahn, so wird sich sein Geschwindigkeitsvektor im allgemeinen sowohl nach Richtung als auch nach Betrag ändern. Um diese Änderungen übersichtlich verfolgen zu können, tragen wir alle Geschwindigkeitsvektoren $\vec{v} = \dot{\vec{r}}$ von einem Punkt A aus als „Pfeile" an (siehe Abb. 116.1). So erhalten wir einen räumlichen $\vec{v}$-Plan, in welchem die Pfeilspitzen S im allgemeinen ebenfalls eine Kurve beschreiben.

Machen Sie sich mit dem $\vec{v}$-Plan an folgenden **Beispielen** vertraut:

a) Bei einer Bewegung des Massenpunkts mit konstantem Geschwindigkeitsvektor (gleichförmige Bewegung) zeigt der $\vec{v}$-Pfeil im $\vec{v}$-Plan stets auf den gleichen Punkt.

b) Bewegt sich der Massenpunkt unter der Wirkung einer konstanten Triebkraft mit konstantem Beschleunigungsvektor $\vec{a}$, so beschreibt die Spitze S im $\vec{v}$-Plan eine Gerade mit der Gleichung $\vec{v} = \vec{v}_0 + t \cdot \vec{a}$. Beweisen Sie dies durch Ableiten, vergleiche Gl. (71.1)! Was für eine Gerade haben Sie im v-Plan, wenn die Anfangsgeschwindigkeit $\vec{v}_0$ parallel zum Beschleunigungsvektor $\vec{a}$ ist? Betrachten Sie hierzu die Beispiele „freier Fall" Gl. (56.2) und „senkrechter Wurf" Gl. (74.1).

c) Läuft der Massepunkt so auf einem Kreis um, daß der Betrag seiner Bahngeschwindigkeit konstant bleibt, so durchläuft auch die Spitze R im $\vec{v}$-Plan einen Kreis um Z mit dem Radius v.

Aufgabe:

Fertigen Sie Zeichnungen zu den Beispielen a), b) und c)! Ziehen Sie Abb. 116.1 heran!

Allgemein können wir die Änderung des Geschwindigkeitsvektors $\vec{v}$ nach Richtung und Betrag während der Zeitspanne Δt durch den Differenzvektor $\Delta \vec{v} = \vec{v}(t+\Delta t) - \vec{v}(t)$ beschreiben, der *unabhängig* ist sowohl von der Wahl des Ursprungs O im Raum als auch von der Wahl von Z im $\vec{v}$-Plan. Multiplizieren wir $\Delta \vec{v}$ mit $\frac{1}{\Delta t}$, so erhalten wir einen Vektor $\vec{a}_{\text{mitt}}$, der die Änderung des Geschwindigkeitsvektors $\vec{v}$ je Zeiteinheit beschreibt (Gl. 42.1). Wir nennen $\vec{a}_{\text{mitt}}$ den Vektor der mittleren Beschleunigung und haben

$$\vec{a}_{\text{mitt}} = \frac{1}{\Delta t} (\vec{v}(t+\Delta t) - \vec{v}(t)) = \frac{1}{\Delta t} \cdot \Delta \vec{v}.$$

Man beachte, daß $\vec{a}_{\text{mitt}}$ sowohl die mittlere Richtungsänderung als auch die mittlere Betragsänderung des Geschwindigkeitsvektors $\vec{v}$ erfaßt, und zwar auf die Zeiteinheit bezogen. Bei fest gedachtem Zeitmoment t ist dieser Vektor $\vec{a}_{\text{mitt}}$ wieder eine vektorwertige Funktion der Variablen Δt. Er ist für $\Delta t = 0$ nicht definiert. Unter geeigneten Voraussetzungen gibt es jedoch den Grenzvektor

$$\vec{a} = \lim_{\Delta t \to 0} \vec{a}_{\text{mitt}} = \lim_{\Delta t \to 0} \frac{1}{\Delta t} (\vec{v}(t+\Delta t) - \vec{v}(t)).$$

Den Grenzvektor $\vec{a}$ nennen wir „Vektor der Momentanbeschleunigung". Er beschreibt in jedem Punkt der Bahn die momentane Geschwindigkeitsänderung nach Richtung und Betrag.

> **Der Beschleunigungsvektor $\vec{a}$ ist die Ableitung des Geschwindigkeitsvektors $\vec{v}$ und damit die zweite Ableitung des Ortsvektors $\vec{r}$ nach der skalaren Variablen t:** $\quad \vec{a} = \dot{\vec{v}} = \ddot{\vec{r}}.$

Aufgabe:
Bilden Sie die zweite Ableitung des Ortsvektors $\vec{s}$ in Gl.(71.1)!

4. Das Skalarprodukt

Auf Seite 85 ist die mechanische Arbeit als Skalarprodukt aus Kraftvektor $\vec{F}$ und Verschiebungsvektor $\vec{s}$ dargestellt. Dem Vektorpaar $(\vec{F},\vec{s})$ ist der reelle Skalar W zugeordnet. Wir erweitern diesen Begriff auf beliebige Vektorpaare und stellen die wichtigsten Regeln hier zusammen. Die Frage, welche Regeln zweckmäßigerweise als Axiome angenommen werden und welche Regeln dann Folgerungen sind, soll hier nicht erörtert werden.

Sind $\vec{u}$ und $\vec{v}$ Vektoren und ist k eine reelle Zahl, so gilt für das Skalarprodukt:

1. $\vec{u} \cdot \vec{v}$ ist eine reelle Zahl.
2. $\vec{u} \cdot \vec{v} = \vec{v} \cdot \vec{u}$ (Kommutativität)
3. $(\vec{u}+\vec{v}) \cdot \vec{w} = \vec{u} \cdot \vec{w} + \vec{v} \cdot \vec{w}$ (Additivität)
4. $\vec{u} \cdot (k\vec{v}) = k(\vec{u} \cdot \vec{v})$ (Homogenität)
5. $\vec{u} \cdot \vec{u} = |\vec{u}|^2 \geq 0$; $|\vec{u}| = 0$ genau dann, wenn $\vec{u} = \vec{0}$ $\quad$ ($|\vec{u}|$ ist der Betrag von $\vec{u}$, $\vec{0}$ ist der Nullvektor.)
6. $\vec{u} \cdot \vec{v} = |u| \cdot |v| \cdot \cos \sphericalangle(\vec{u}\vec{v})$ (vgl. Gleichung 85.1)

Ableitung des Skalarprodukts:
Sind $\vec{x}$ und $\vec{y}$ zwei vektorwertige Funktionen eines reellen Arguments, zum Beispiel der Zeit t, so gilt für das Skalarprodukt $p = \vec{x} \cdot \vec{y}$ folgende Ableitungsregel: $\dot{p} = \dot{\vec{x}} \cdot \vec{y} + \vec{x} \cdot \dot{\vec{y}}$. Beachten Sie, daß p und $\dot{p}$ reellwertige Funktionen von t sind! Diese Regel ist ganz analog zu der Ihnen aus der Differentialrechnung bekannten „Produktregel" gebaut. Auch der Beweis verläuft ganz entsprechend; führen Sie ihn selbst durch!

Aufgabe: Nach Gl. (98.1) gilt für die Leistung P (Momentanleistung!):

$$P = \lim_{\Delta t \to 0} \frac{\Delta W}{\Delta t} = \dot{W}.$$

Leiten Sie die Gleichung $W = \vec{F} \cdot \vec{s}$ gemäß der oben besprochenen Produktregel nach dem Skalar t ab und leiten Sie auf diese Weise Gl. (98.2) her! Nehmen Sie dabei an, daß $\vec{F}$ ein konstanter Vektor ist!

5. Das Vektorprodukt (Kreuzprodukt)

Im dreidimensionalen euklidischen Raum läßt sich ein Produkt zweier Vektoren bilden, das selbst ein Vektor ist. Wir schreiben diese Verknüpfung zweier Vektoren mit einem Kreuz: $\vec{z} = \vec{x} \times \vec{y}$, und wir nennen den Vektor $\vec{z}$ das Vektorprodukt oder Kreuzprodukt der Vektoren $\vec{x}$ und $\vec{y}$. Regeln:

1. a) $|\vec{x} \times \vec{y}| = |\vec{x}| \cdot |\vec{y}| \cdot |\sin \sphericalangle (\vec{x}\vec{y})| = $ Fläche des von $\vec{x}$ und $\vec{y}$ aufgespannten Parallelogramms
   b) $\vec{z}$ steht zur von $\vec{x}$ und $\vec{y}$ aufgespannten Ebene senkrecht und bildet mit $\vec{x}$ und $\vec{y}$ gemäß *Abb. 202.1* eine Rechtsschraube (vgl. *Abb. 161.3*!).

2. $\vec{x} \times \vec{y} = -(\vec{y} \times \vec{x})$ (Alternativgesetz)

3. $\vec{x} \times (\vec{u} + \vec{w}) = \vec{x} \times \vec{u} + \vec{x} \times \vec{w}$ (Additivität)

4. $(k\vec{x}) \times \vec{y} = k(\vec{x} \times \vec{y})$ (Homogenität, k reelle Zahl)

5. $\vec{x} \times \vec{x} = \vec{0}$, also auch $(k\vec{x}) \times \vec{x} = \vec{0}$.

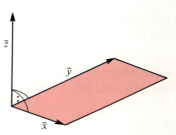

202.1 Orientierung des Kreuzprodukts

Wegen Regel 2. gelten Regeln 3. und 4. sinngemäß auch für den anderen Faktor. Beachten Sie insbesondere, daß es nach Regel 2. auf die Reihenfolge der Vektorfaktoren ankommt! Das Kreuzprodukt ist also nicht kommutativ, sondern *alternierend*.

Beispiel: Das **Drehmoment** (Gl. 169.2) ist das Vektorprodukt aus den Vektorfaktoren $\vec{r}$ (Radius des Angriffspunkts) und $\vec{F}$ (angreifende Kraft), vergleiche *Abb. 168.1*: $\vec{M} = \vec{r} \times \vec{F}$.

Regel 1a) liefert den Zusammenhang zwischen vektorieller und skalarer Schreibweise von Gl. (169.2). Der Hebelarm ist also $d = r \cdot \sin \sphericalangle (\vec{r}, \vec{F})$, das heißt das Lot auf die Wirkungslinie der Kraft. Es gilt $M = F \cdot d$ als Gleichung für die Beträge.

Aufgaben:

1. *Leiten Sie für das Vektorprodukt Regel 5 aus Regel 2 her, indem Sie $\vec{y} = \vec{x}$ einsetzen!*

2. *Die Vektoren $\vec{a}$ und $\vec{b}$ schließen folgende Winkel ein: $90°$; $60°$; $30°$; $0°$. Berechnen Sie jeweils $|\vec{a} \times \vec{b}|$ aus $|\vec{a}|$ und $|\vec{b}|$!*

3. *In welchen Sonderfällen ist $|\vec{a} \times \vec{b}| = |\vec{a}| \cdot |\vec{b}|$? Wann ist $|\vec{a} \times \vec{b}| = 0$?*

Ableitung des Vektorprodukts:

Sind $\vec{x}$ und $\vec{y}$ zwei vektorwertige Funktionen eines reellen Arguments, z.B. der Zeit t, so gilt auch für das Vektorprodukt $\vec{z} = \vec{x} \times \vec{y}$ die bekannte Ableitungsregel:
$\dot{\vec{z}} = \vec{x} \times \dot{\vec{y}} + \dot{\vec{x}} \times \vec{y}$.

Hier ist jedoch auf die Reihenfolge der Faktoren streng zu achten, weil das Vektorprodukt nicht symmetrisch, sondern alternierend ist! Beachten Sie, daß auch $\dot{\vec{z}}$ ein Vektor ist! Der Beweis der Ableitungsregel kann dennoch in der bekannten Weise geführt werden, da man hierzu an keiner Stelle die Faktoren zu vertauschen braucht. Führen Sie diesen Beweis selbst durch!

6. Flächengeschwindigkeit und Zentralkraft

In der *Abb. 139.1* zum Flächensatz handelt es sich um die Flächen von Dreiecken, die vom Ortsvektor und einem Sehnenvektor aufgespannt werden. Die Bahn der *Abb. 139.1* ist keine glatte Kurve, sondern ein Streckenzug mit Knicken. Mit Hilfe der Differentialrechnung und der Vektoren wollen wir jenen Sachverhalt auf gekrümmte Bahnen übertragen. Wir benutzen die Bezeichnungen der *Abb. 199.2*. Die in der Zeitspanne Δt vom Ortsvektor $\vec{r}$ und dem Sehnenvektor $\Delta \vec{r}$ erfaßte Dreiecksfläche ist dann dem Betrag nach $|\Delta \vec{A}| = \frac{1}{2} \cdot |\vec{r} \times \Delta \vec{r}|$.

Das Vektorprodukt $\Delta \vec{A} = \vec{r} \times \Delta \vec{r}$ selbst kennzeichnet zudem noch die Orientierung des Dreiecks im Raum: der Vektor $\Delta \vec{A}$ steht senkrecht auf der von $\vec{r}$ und $\Delta \vec{r}$ aufgespannten Ebene und bildet mit $\vec{r}$ und $\Delta \vec{r}$ in dieser Reihenfolge eine Rechtsschraube. Die Fläche des Dreiecks gibt angenähert auch die Fläche wieder, die der Ortsvektor in der Zeitspanne Δt überstreicht. Diese Näherung wird im allgemeinen um so besser sein, je kürzer die Zeitspanne Δt ist. Wir multiplizieren nun den Vektor $\Delta \vec{A}$ mit $\frac{1}{\Delta t}$ und erhalten damit ein mittleres Maß für die Geschwindigkeit, mit welcher der Ortsvektor die Fläche $\widehat{OP_1P_2}$ überstreicht:

$$\frac{1}{\Delta t} \Delta \vec{A} = \frac{1}{2\Delta t}(\vec{r} \times \Delta \vec{r}) = \frac{1}{2}\left(\vec{r} \times \left(\frac{1}{\Delta t}\Delta \vec{r}\right)\right).$$

Der zweite Faktor $\frac{1}{\Delta t}\Delta \vec{r}$ des Vektorprodukts ist der „mittlere Geschwindigkeitsvektor" $\vec{v}_{\text{mitt}}$ der Seite 199. Wir setzen nun voraus, daß der Grenzvektor $\lim_{t \to 0} \vec{v}_{\text{mitt}} = \vec{v}$ existiert (Momentangeschwindigkeit!). Dann hat auch der Vektor $\frac{1}{\Delta t}\Delta \vec{A}$ einen Grenzwert:

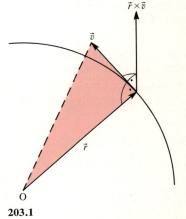

203.1

$$\lim_{\Delta t \to 0} \frac{1}{\Delta t}\Delta \vec{A} = \frac{1}{2}(\vec{r} \times \vec{v}) = \dot{\vec{A}}.$$

Diesen Vektor nennen wir „Flächengeschwindigkeitsvektor". Sein Betrag stellt ein Maß dar für die vom Ortsvektor je Zeiteinheit überstrichene Fläche, seine Richtung bestimmt die Ebene, in der Ortsvektor und Geschwindigkeitsvektor liegen, vergleiche *Abb. 203.1*.

Offensichtlich ist $\dot{\vec{A}}$ von der Wahl des Ursprungs O abhängig. Man mache sich diese Abhängigkeit am folgenden *Beispiel* klar: Ein Massenpunkt laufe auf einem Kreis mit Radius r und konstantem Bahngeschwindigkeitsbetrag v um (Seite 116). Wählen wir nun den Kreismittelpunkt M als Ursprung, so ist der Vektor $\dot{\vec{A}}$ konstant. Sein Betrag ist nämlich $|\dot{\vec{A}}| = rv$, und er ist stets senkrecht zur Kreisebene gerichtet. Wählen wir jedoch einen anderen Punkt im Raum als Ursprung O*, so ändert $\dot{\vec{A}}$ im allgemeinen laufend sowohl seine Richtung als auch seinen Betrag. Man prüfe dies an Beispielen nach! Für alle Punkte O* zum Beispiel, die auf dem Lot zur Kreisebene durch M liegen, ändert $\dot{\vec{A}}$ nur seine Richtung, aber nicht seinen Betrag.

Es kommt also darauf an, Bewegungen zu finden, für die bei geeigneter Wahl des Ursprungs O das Verhalten des Vektors $\dot{\vec{A}}$ eine physikalische Bedeutung hat. Im vorigen Beispiel der Kreisbewegung mit konstantem $|\vec{v}|$ war zum Beispiel $\dot{\vec{A}}$ im Bezug auf M ein konstanter Vektor. Das veranlaßt uns zu der Frage: Was bedeutet ein *konstanter* Flächengeschwindigkeitsvektor $\dot{\vec{A}}$ für die Bewegung des Massenpunktes im Bezug auf den betreffenden Ursprung O? (Vergleiche Seite 139!) Wir wollen also hier zunächst die Umkehrung des Satzes der Seite 139 untersuchen.

Voraussetzung: Für eine Bewegung und einen geeigneten Ursprung O gelte: $\vec{r} \times \vec{v} = 2\dot{\vec{A}} = \vec{k} \neq \vec{0}$. Ortsvektor $\vec{r}$ und Geschwindigkeitsvektor $\vec{v}$ spannen daher in jedem Zeitmoment t dieselbe Ebene auf, die $\vec{k}$

als Normalenvektor hat. Wir leiten die Gleichung beiderseits nach t ab und erhalten $\vec{r} \times \vec{a} + \vec{v} \times \vec{v} = \vec{0}$. Nun ist $\vec{v} \times \vec{v} = \vec{0}$, so daß bleibt: $\vec{r} \times \vec{a} = \vec{0}$.

Da $\vec{r} \neq \vec{0}$, so hat die Vektorgleichung genau zwei Lösungen:

a) Der Beschleunigungsvektor ist der Nullvektor: $\vec{a} = \vec{0}$. Dann ist die Bewegung kräftefrei und die Bahn eine Gerade, die mit konstanter Geschwindigkeit durchlaufen wird, vergleiche *Abb. 204.1*.

b) Beschleunigungsvektor $\vec{a} \neq \vec{0}$ und Ortsvektor $\vec{r}$ haben gleiche Richtung. Die wirkende Kraft $\vec{F}$ ist also entweder stets auf O hin oder von O weg gerichtet: „*Zentralkraft*".
Ergebnis: Ist $\vec{a} \neq \vec{0}$ und der Flächengeschwindigkeitsvektor $\vec{A}$ ein konstanter Vektor im Bezug auf einen Raumpunkt O, so ist die wirkende Kraft $\vec{F}$ eine *Zentralkraft* auf O zu oder von O weg. Aber wir können auch *umgekehrt* schließen: Wir setzen nun voraus, die auf den Massenpunkt wirkende Kraft $\vec{F}$ sei überall auf einen festen Raumpunkt Z gerichtet. Dann wählen wir Z = O. Für die von O ausgehenden Ortsvektoren $\vec{r}$ gilt damit: $\vec{r} \times \vec{a} = \vec{0}$, weil nun $\vec{F}$ und damit auch $\vec{a}$ stets die Richtung von $\vec{r}$ haben. Addieren wir links den Term $\vec{v} \times \vec{v} = \vec{0}$, so entsteht

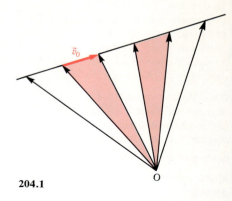

204.1

$$\vec{r} \times \ddot{\vec{r}} + \dot{\vec{r}} \times \dot{\vec{r}} = \vec{0}.$$

Die linke Seite hat als Stammfunktion den Vektor $\vec{r} \times \dot{\vec{r}}$. Bestätigen Sie dies durch Ableiten! Da die Ableitung den Nullvektor ergeben muß, so folgt, daß die Stammfunktion ein konstanter Vektor ist, das heißt also:

$$\vec{r} \times \dot{\vec{r}} = 2\vec{A} = \vec{K}.$$

Wirkt also auf den sich bewegenden Massenpunkt eine stets zum gleichen Zentrum Z gerichtete Kraft, so ist der Vektor der Flächengeschwindigkeit im Bezug auf Z konstant. Das bedeutet zweierlei:

1. Die Vektoren $\vec{r}$ und $\vec{v}$ spannen stets die gleiche Ebene auf: Die Bahnkurve ist eben.
2. Der Betrag der Flächengeschwindigkeit ist konstant (als Beispiel vergleichen Sie *Abb. 139.1*!).

7. Die Kreisbewegung

Legen wir den Kreismittelpunkt M in den Ursprung O, so gilt für jede Kreisbewegung: $\vec{r} \cdot \vec{r} = r^2$ (konstante reelle Zahl!). Wir leiten beiderseits nach t ab und erhalten $2\vec{r} \cdot \dot{\vec{r}} = 0$, das heißt $\vec{r} \cdot \vec{v} = 0$. Der Geschwindigkeitsvektor $\vec{v}$ ist also stets senkrecht zum Radiusvektor r gerichtet. Wir nehmen nun insbesondere an, daß der Betrag der Bahngeschwindigkeit konstant bleibt: $|\vec{v}| = v$ konstante Zahl! In diesem Sonderfall ist der Vektor $\vec{A}$ der Flächengeschwindigkeit offensichtlich konstant. Er steht senkrecht zur Kreisebene und hat den Betrag $|\vec{A}| = \frac{1}{2}rv$. Beachten Sie, daß der von den Vektoren $\vec{r}$ und $\vec{v}$ eingeschlossene Winkel hier $90°$ beträgt! Nach dem Flächensatz sind nun $\vec{a}$ und $\vec{r}$ parallel, und zwar gleich- oder gegeneinandergerichtet, das heißt $\cos \measuredangle (\vec{a}\vec{r}) = \pm 1$.

Leiten wir $\vec{r} \cdot \vec{v} = 0$ nochmals nach t ab, so erhalten wir

$$\vec{r} \cdot \ddot{\vec{r}} + \vec{v} \cdot \vec{v} = \vec{r} \cdot \vec{a} + v^2 = 0, \quad \text{das heißt} \quad r \cdot a = -v^2 \quad (\text{wegen } \vec{a} \| \vec{r} \text{ und } \vec{a} \perp \vec{r}.)$$

Wegen $v^2 > 0$ ist daher $\cos \measuredangle (ar) = -1$. Der Beschleunigungsvektor $\vec{a}$ muß also dem Radiusvektor $\vec{r}$ entgegengerichtet sein, und für seinen Betrag ergibt sich $a = \frac{v^2}{r}$, siehe Gl. (117.1)!

Die Zentralkraft hat in diesem Fall den Betrag $|\vec{F}| = \frac{mv^2}{r}$, vergleiche Gl. (118.1)! Man vergleiche die oben gegebene Herleitung dieser Gleichung mit der auf Seite 116 durchgeführten und bedenke, daß der „Grenzprozeß" nur deshalb hier nicht explizit auftritt, weil er für den Übergang von $\vec{r}$ zu $\vec{v}$ und $\vec{a}$ allgemein auf S. 200 ff., durchgeführt wurde!

Mechanische Wärmetheorie

Die Grundbegriffe der Wärmelehre sind Temperatur und Wärme. Wir haben sie bereits in der Mittelstufe kennen und unterscheiden gelernt. Dabei haben wir gefunden, daß alle in das Gebiet der Wärmelehre gehörenden Vorgänge auf das engste mit der ungeordneten Bewegung der Teilchen (Atome bzw. Moleküle) zusammenhängen, aus denen jeder Körper besteht. Erwärmung bedeutet Zunahme, Abkühlung Abnahme der Teilchenbewegung. Wärme ist Energie, die infolge eines Temperaturgefälles mittels der ungeordneten Teilchenbewegung von einem Körper auf einen anderen übergeht.

Diese Erkenntnisse wollen wir vertiefen, vor allem nach der quantitativen Seite hin. Wir ziehen dazu die Gesetze der Mechanik heran, mit denen wir inzwischen vertraut geworden sind. Im folgenden § 53 erinnern wir uns zunächst an einige wichtige Grundbegriffe aus der Chemie.

§ 53 Relative Teilchenmasse und Stoffmenge

1. Die relative Teilchenmasse

Jeder Körper besteht aus Teilchen (Atomen oder Molekülen) von unvorstellbar geringer Masse. Diese kann heute mit der Methode der Massenspektroskopie sehr genau bestimmt werden (Mittelstufenband Seite 408). Man findet dabei folgendes:

1. Wasserstoff hat die leichtesten aller existierenden Atome. Ihre Masse ist $m(H) \approx 1{,}67 \cdot 10^{-24}$ g.
2. Zu jedem Element gibt es Atome mit verschiedenen Massen. Man nennt die einzelnen Atomsorten die Isotope des Elements (Mittelstufenband Seite 409). Die Elemente kommen in der Natur gewöhnlich als Isotopengemische vor. Zum Beispiel besteht natürlicher Kohlenstoff zu 99% aus Atomen der ungefähren Masse $12\,m(H)$ und zu 1% aus Atomen der Masse $13\,m(H)$. Man bezeichnet diese Kohlenstoffisotope mit ^{12}C und ^{13}C. Genauer gilt: $12\,m(H) = 1{,}008 \cdot m(^{12}C)$.

Wegen der Kleinheit der Teilchenmassen empfiehlt sich die Einführung einer hinreichend kleinen atomaren Masseneinheit, um zu handlichen Zahlenwerten zu kommen. $m(H)$ als kleinste Atommasse würde sich als Einheit anbieten. Aus verschiedenen Gründen eignet sich die davon etwas verschiedene Masse $\frac{1}{12}m(^{12}C)$ noch besser:

Definition der atomaren Masseneinheit u (von engl. unit):
  1 u ist gleich $\frac{1}{12}$ der Masse eines Atoms des Nuklids[1] ^{12}C (205.1)

Messungen ergaben: 1 u = $1{,}66 \cdot 10^{-24}$ g (Präzisionswert $1{,}660277 \cdot 10^{-24}$ g). (205.2)

---

[1] Nuklid bedeutet soviel wie Atomsorte.

Die Teilchenmasse m läßt sich recht bequem quantitativ durch Zahlenwert mal Einheit u ausdrücken. Der die jeweiligen Teilchen kennzeichnende Zahlenwert heißt relative Teilchenmasse m_r.

> **Definition:**
> $$\text{relative Teilchenmasse } m_r = \frac{\text{Teilchenmasse } m}{\frac{1}{12} \text{ der Masse } m\,(^{12}C)} \qquad (206.1)$$
> **Es gilt:** $\qquad m = m_r\, u.$

Die relative Teilchenmasse von Atomen (relative Atommasse, früher „Atomgewicht") bezeichnet man mit A_r. Es zeigt sich, daß A_r für alle Atome recht genau ganzzahlig ist. Den auf eine ganze Zahl gerundeten Wert von A_r nennt man die **Massenzahl** des Atoms und schreibt ihn links oben an das Elementsymbol, vergleiche die Bezeichnung ^{12}C.

In den Tabellen des Periodensystems wird A_r nicht für ein bestimmtes Isotop angegeben, sondern gemittelt für die natürliche Isotopenmischung des betreffenden Elements. So kommt es oft zu groben Abweichungen der (mittleren) relativen Atommasse von der Ganzzahligkeit, z.B. bei Chlor mit $A_r = 35{,}45$, das aus 75% ^{35}Cl und 25% ^{37}Cl besteht.

2. Die Stoffmenge

Entsprechend der Kleinheit der Teilchenmassen m ist die Teilchenzahl N in wägbaren Körpern ungeheuer groß. Zum Beispiel ist die Zahl der Atome in 1,008 g Wasserstoff gleich

$$\frac{1{,}008\,g}{m(H)} \approx \frac{1{,}008\,g}{1{,}67 \cdot 10^{-24}\,g} \approx 6{,}02 \cdot 10^{23}.$$

Genau so viele Atome sind (wegen $m(C) \approx 12\, m(H)$) in 12 g Kohlenstoff enthalten. Wie riesenhaft diese Zahl ist, möge folgendes Beispiel zeigen:
Das Weltmeer hat ein Volumen von ungefähr $1{,}4 \cdot 10^9\,km^3$ (Oberfläche: $0{,}36 \cdot 10^9\,km^2$, mittlere Tiefe: 4 km). Wassermoleküle haben die relative Teilchenmasse 18. Könnte man die Moleküle von 18 g Wasser kennzeichnen und völlig gleichmäßig im Meer verteilen, so hätte man in jedem Liter Meerwasser noch $\frac{6{,}02 \cdot 10^{23}}{1{,}4 \cdot 10^9 \cdot 10^{12}} \approx 430$ gekennzeichnete Moleküle!

Zur Angabe von Teilchenzahlen empfiehlt sich daher die Einführung einer hinreichend großen „Zähleinheit", um zu handlichen Zahlenwerten zu kommen. „Zähleinheiten" des täglichen Lebens sind: Dutzend, Million, Milliarde usw. Sie sind für unseren Zweck durchweg zu klein. Es ist bequem, die oben berechnete Atom-Anzahl von 12 g Kohlenstoff, nämlich $6{,}02 \cdot 10^{23}$ als „Zähleinheit" zu benutzen. Ihr entspricht die im Einheitengesetz als Basiseinheit festgelegte Einheit 1 mol der Stoffmenge v:

> **Definition:** Ein Körper hat die Stoffmenge $v = 1$ mol, wenn er aus ebenso vielen Teilchen besteht, wie Atome in 12 g des Nuklids ^{12}C enthalten sind.

Beispiele: 12 g Kohlenstoff enthalten $6{,}02 \cdot 10^{23}$ Atome und haben die Stoffmenge $v = 1$ mol an Atomen. 1 g Wasserstoffgas enthält zwar auch 1 mol an Atomen, jedoch nur $\frac{1}{2}$ mol an Molekülen (H_2), da die Wasserstoffmoleküle 2atomig sind. Man muß bei der Angabe der Stoffmenge in mol stets sagen, welche Art von Teilchen gemeint sind, also welche Teilchen „zählen".

Die Stoffmenge eines Körpers sei $v = x$ mol; dann enthält er $N = x \cdot 6{,}02 \cdot 10^{23}$ Teilchen der betrachteten Art. Hieraus folgt durch Division als Umrechnungsfaktor zwischen Teilchenzahl N und Stoffmenge v die sog. Avogadrokonstante[1])

$$N_A = \frac{N}{v} = \frac{x \cdot 6{,}02 \cdot 10^{23}}{x \text{ mol}} = 6{,}02 \cdot 10^{23} \frac{1}{\text{mol}}.$$

Teilchenzahl N = Stoffmenge v mal Avogadrokonstante N_A

$$N = v \cdot N_A \tag{207.1}$$

mit der Avogadrokonstanten $N_A = 6{,}02 \cdot 10^{23} \frac{1}{\text{mol}}$.

Zum Schluß klären wir noch den Zusammenhang zwischen Masse m und Stoffmenge v:

Die Masse von 1 mol { Kohlenstoffatomen / Wasserstoffatomen / Wassermolekülen } beträgt { 12 g. / 1 g. / 18 g. }

Bequemer Merksatz:

---

1 mol Teilchen hat die Masse m_r Gramm. (207.2)

Aufgaben:

1. *Beantworten Sie ohne Rechnung: Welche Masse ist gleich $6{,}02 \cdot 10^{23}$ u?*

2. *Berechnen Sie die Stoffmenge von*
   a) *17 g atomarem Wasserstoff,*   b) *40 g Wasser,*   c) *1 kg Benzol* (C_6H_6).

3. *Eine Lösung heißt x-molar, wenn sie auf 1 l Lösung x mol gelösten Stoff enthält. Wie viele g Kochsalz braucht man für 2,5 l $\frac{1}{10}$-molare Kochsalzlösung? (Dabei sollen 1 Na-Atom und 1 Cl-Atom zusammen als ein Teilchen gezählt werden, obwohl sie in der Lösung getrennt sind.)*

§ 54 Die Zustandsgleichung der idealen Gase

1. Druckeinheiten

Unter Druck versteht man den Quotienten aus Kraft und Fläche; im gesetzlichen Einheitensystem ist daher die SI-Einheit des Drucks gleich $1 \frac{N}{m^2} = 1$ Pascal $= 1$ Pa.

---

[1]) Amedeo Avogadro (1776 bis 1856); italienischer Jurist und Physiker

Dies ist ein sehr kleiner Druck. Der Schweredruck der Atmosphäre ist in Meereshöhe ungefähr gleich $10 \frac{N}{cm^2}$. Deshalb verwendet man auch die Druckeinheit 1 Bar:

$$1 \text{ bar} = 1000 \text{ mbar} = 10 \frac{N}{cm^2} = 10^5 \text{ Pa}; \quad 1 \text{ mbar} = 1 \frac{cN}{cm^2}.$$

Früher gebräuchliche Druckeinheiten wie Atmosphäre (at), Torr (Schweredruck einer 1 mm hohen Quecksilbersäule), mm WS (entsprechend dem Torr, aber mit Wasser statt Quecksilber) dürfen nach dem 31. 12. 1977 im geschäftlichen und amtlichen Verkehr nicht mehr verwendet werden. Der Druck 1 at ist um 2% kleiner als 1 bar. — Als Normaldruck bezeichnet man in Physik und Chemie den Druck $p_0 = 1013 \text{ mbar} = 1{,}013 \text{ bar}$.

2. Die allgemeine Gasgleichung

Gase zeigen ein weitgehend gleichartiges mechanisches und thermisches Verhalten. Die drei Größen Volumen, Temperatur und Druck hängen bei ihnen auf einfache Weise miteinander zusammen. Es gilt (Mittelstufenband Seite 135):

> **Für eine gegebene Gasmenge hat die Größe $\frac{p \cdot V}{T}$ in jedem Zustand den gleichen Wert:**
>
> $$\frac{p \cdot V}{T} = \text{const.} \tag{208.1}$$
>
> **p: Druck; V: Volumen; T: absolute oder Kelvin-Temperatur.**

Das Gesetz (208.1) ist allerdings ein „Grenzgesetz": Es gilt nur für hinreichend kleine Drücke und bei nicht zu tiefen Temperaturen. Wenn (208.1) für ein Gas in einem Bereich von Zuständen gilt, so sagt man, das Gas verhalte sich dort „*ideal*".

Wir erinnern uns an den Zusammenhang zwischen der Kelvin-Temperatur T und der alltäglichen Celsius-Temperatur ϑ:

$$\frac{T}{K} = \frac{\vartheta}{°C} + 273{,}15.$$

In der Physik ist T weitaus wichtiger als ϑ; deshalb wollen wir künftig unter „Temperatur" immer die Kelvin-Temperatur T verstehen, wenn nicht ausdrücklich (etwa durch die Benennung °C) etwas anderes angegeben ist. Kennt man für einen einzigen Zustand eines idealen Gases die Größe $\frac{p \cdot V}{T}$, so sind damit alle Zustände, die das ideale Gas einnehmen kann, berechenbar. Wie hängt nun diese Größe von der Menge und der Art des Gases ab?

Betrachten wir verschiedene Mengen der gleichen Gasart beim gleichen Druck p und der gleichen Temperatur T! Die doppelte (dreifache ...) Stoffmenge wird das doppelte (dreifache ...) Volumen V einnehmen. Der Ausdruck $\frac{p \cdot V}{T}$ ist also der Stoffmenge v proportional, oder

$$\frac{p \cdot V}{T} = v \cdot R. \tag{208.2}$$

R ist dabei eine Konstante, die höchstens noch von der Gasart abhängen könnte. Die Entscheidung, ob dies der Fall ist, kann im Grunde nur durch die Bestimmung von Teilchenzahlen getroffen werden, etwa auf dem Weg über die Bestimmung der Teilchenmassen mit Hilfe der

Massenspektroskopie (siehe § 43). Aus den Erfahrungen der Chemiker mit Gasvolumina, die miteinander reagieren, und den Volumina der Reaktionsergebnisse erschloß Avogadro einen wichtigen, vom Chemieunterricht her bekannten Satz. Er erwies sich in der Folge als richtig:

> *Satz von Avogadro:* **Gasmengen, die in Volumen, Temperatur und Druck übereinstimmen, enthalten stets gleich viele Teilchen, also auch die gleiche Stoffmenge v, ohne Rücksicht auf die chemische Beschaffenheit.** (209.1)

Schreiben wir nun Gleichung (208.2) für 2 verschiedene Gase an, die in p, V und T übereinstimmen. Auf der linken Seite steht beide Male das gleiche, und auf der rechten Seite stehen wegen (209.1) die gleichen Werte für v. Folglich hat auch die Konstante R für beide Gase den gleichen Wert, ist also von der chemischen Natur eines Gases unabhängig. Wir formen (208.2) um und schreiben als allgemeine thermische Zustandsgleichung für ideale Gase: $p \cdot V = v \cdot R \cdot T$.

> **Allgemeine thermische Zustandsgleichung idealer Gase:**
> $$p \cdot V = v \cdot R \cdot T.$$ (209.2)
> v: Stoffmenge; R: universelle Gaskonstante.

Den Wert der Gaskonstante können wir berechnen, wenn wir für irgendein ideales Gas in einem gegebenen Zustand die Stoffmenge v kennen. Nun entnehmen wir aus Gleichung (207.2), daß 1 mol Wasserstoffatome die Masse 1,008 g besitzen. Sehen wir es als erwiesen an, daß die Moleküle des Wasserstoffgases aus 2 Atomen bestehen, so ist die Masse eines Mols Wasserstoffgas gleich 2,016 g. Wir müßten nun für irgendeinen Druck und eine Temperatur das Volumen dieser Gasmenge bestimmen. In Tabellen wird stets das sogenannte **Normvolumen** V_0 angegeben, das ein Gas im „Normzustand", das ist beim Druck $p_0 = 1013$ mbar und der Temperatur $T_0 = 273{,}15$ K ($\triangleq 0\,°$C) annimmt. Es beträgt für alle idealen Gase $V_0 = 22{,}4$ l (für 1 mol). Also folgt aus (209.2):

$$p_0 V_0 = 1 \text{ mol} \cdot R \cdot T_0. \quad \text{Oder:}$$

$$R = \frac{1{,}013 \cdot 10^5 \text{ N m}^{-2} \cdot 22{,}4 \cdot 10^{-3} \text{ m}^3}{273{,}15 \text{ K} \cdot \text{mol}} \approx 8{,}31 \frac{\text{N m}}{\text{mol K}} = 8{,}31 \frac{\text{J}}{\text{mol K}}.$$

> **Gaskonstante $R \approx 8{,}31 \dfrac{\text{J}}{\text{mol K}}.$** (209.3)
>
> **Im Normzustand nimmt 1 mol eines idealen Gases das Volumen $V_0 = 22{,}4$ l ein.**

Die Anwendung der Gasgleichung möge das folgende *Beispiel* erläutern:

Eine Stahlflasche von 50 l Volumen ist für den Maximaldruck 200 bar zugelassen. Mit wieviel Wasserstoff darf sie gefüllt werden, wenn mit Temperaturen bis zu 50 °C zu rechnen ist? Aufgrund der Gasgesetze wissen wir, daß wir — unabhängig von der Gasart — nur eine bestimmte maximale *Teilchenzahl*, also eine bestimmte Stoffmenge v, in die Flasche füllen dürfen; wir berechnen diese Stoffmenge:

$$v = \frac{pV}{RT} = \frac{200 \text{ bar} \cdot 50 \text{ l}}{8{,}31 \text{ N m} \cdot \text{mol}^{-1} \text{ K}^{-1} \cdot 323 \text{ K}} = 373 \text{ mol}.$$

Die zugehörige Masse m ist nach Gl. (207.2)

$$m = 373 \text{ mol} \cdot 2{,}016 \frac{\text{g}}{\text{mol}} = 752 \text{ g}.$$

210 Mechanische Wärmetheorie

Aufgaben:

1. *Luft hat im Normalzustand die Dichte* 1,293 g dm^{-3}. *Berechnen Sie ihre Dichte bei Normaldruck und den Temperaturen* 20°C, 100°C, -70°C!

2. *Das „Hochvakuum" in einer Fernsehröhre hat bei* 0°C *einen Druck von etwa* 10^{-6} mbar. *Wie viele Gasmoleküle sind in jedem* cm^3 *enthalten? (Zum Vergleich: Zwischen den Planeten im Sonnensystem befindet sich etwa* 1 *Molekül im* cm^3.)

3. *Ein Zimmer hat* 100 m^3 *Rauminhalt und abends bei* 950 mbar 25°C *Lufttemperatur. Da nicht geheizt wird, herrschen am nächsten Morgen bei* 960 mbar *nur mehr* 5°C. *Wie viele* kg *Luft sind zugeströmt? Wie groß wäre die Kraft auf* 1 m^2 *Fensterfläche, wenn man diesen Zustrom durch Abdichten verhindert hätte?*

4. *a) Nach welchem Gesetz ändern sich Druck und Temperatur einer Gasmenge, wenn man das Volumen konstant hält [sog. isochore Zustandsänderung; chorion, griech.; Raum(inhalt)]? Formulieren Sie in Worten und in Zeichen!*

   b) Skizzieren Sie ein Gasthermometer, das mit der isochoren Zustandsänderung nach a) arbeitet! Der Druck soll mit einem Quecksilbermanometer gemessen werden.

   c) Wenn man bei der Eichung die Ausdehnung des Gasgefäßes nicht berücksichtigt, zeigt das Thermometer nach b) falsch an. Ist die Anzeige zu groß oder zu klein?

5. *Zeigen Sie, daß aus der allgemeinen Gasgleichung (209.2) die Gesetze von Boyle-Mariotte und von Gay-Lussac als Spezialfälle folgen (vgl. Mittelstufenband Seite 110 und 134)!*

6. *Man folgere direkt aus Avogadros Satz (209.1): Bei gleichem Druck und gleicher Temperatur verhalten sich die Dichten zweier idealer Gase wie ihre relativen Teilchenmassen.*

§ 55 Die kinetische Theorie der Gase

1. Das kinetische Modell des idealen Gases

Im vorigen § 54 haben wir das folgende wichtige Ergebnis gewonnen:

Unter gewissen Bedingungen befindet sich die Materie im idealen Gaszustand. Ihr Verhalten hinsichtlich Druck, Volumen und Temperatur ist dann völlig einheitlich. Nur die Anzahl, aber weder die chemische Beschaffenheit der Teilchen noch ihre Masse spielt eine Rolle. Die Vorstellung vom Aufbau der Materie aus winzigen Teilchen, die sich in unausgesetzter Bewegung befinden, führt für den Physiker ganz allgemein zu zwei wichtigen Fragen:

1. Nach welchen Gesetzen bewegt sich das einzelne Teilchen?
2. Wie kann man das makroskopische Verhalten der Materie mit Hilfe der Teilchenbewegung erklären?

Eine Antwort auf die beiden Fragen läßt sich nun am ehesten für den im Sinne der Physik einfachsten Zustand der Materie, den idealen Gaszustand, erhoffen.

Wir haben bereits in der Mittelstufe ein makroskopisches „Modellgas" aus kleinen Kugeln hergestellt (Seite 38). Zugrunde lag dabei die Annahme, daß die Gesetze der Newtonschen Mechanik

§ 55 Die kinetische Theorie der Gase

auch für die atomaren Teilchen gelten. Wir wollen diese Annahme beibehalten und die Eigenschaften des Kugelmodells weiter idealisieren, um daraus quantitative Schlüsse ziehen zu können. Es ergibt sich so eine „kinetische Theorie" der Gase in ihrer einfachsten Form.

a) Ein Teilchen übt auf ein anderes nur dann eine Kraft aus, wenn es ihm sehr nahe kommt. (Wir wollen ausschließen, daß die Teilchen etwa elektrisch geladen sind und sich deshalb schon in größerer Entfernung beeinflussen.) Andererseits ist die Materie im idealen Gaszustand stark verdünnt. Beim Verdampfen nimmt die Dichte etwa auf den 1000. Teil ab, beispielsweise bei Wasser von 0,9 g cm^{-3} (Eis) auf 0,00028 g cm^{-3} bei 500 °C und 1 bar. Wenn also im Festkörper die Teilchen den Raum völlig ausfüllen, so hat im Gaszustand jedes Teilchen etwa sein 1000faches Eigenvolumen als Bewegungsspielraum zur Verfügung. Man kann daher annehmen, daß ein Teilchen im Mittel eine Strecke von einem Vielfachen seines eigenen Durchmessers dahinfliegt, ehe es durch einen Stoß abgelenkt wird. Infolge der Gewichtskraft sind die Teilchenbahnen leicht gekrümmt. Die Geschwindigkeit der Teilchen ist jedoch so hoch (siehe unten Seite 215), daß auch diese Krümmung vernachlässigbar ist.

b) Das Kugelmodellgas braucht einen Antrieb, die vibrierende Grundplatte. Ohne Antrieb würden die Kugeln bald am Boden liegenbleiben. Ihre kinetische Energie würde durch die Reibung bei den Stößen untereinander und mit den Wänden aufgezehrt. Die wirklichen Gasteilchen liegen nicht auf dem Boden des Gefäßes, brauchen also keine solche Energiequelle. Offenbar gibt es im Mikrobereich der Atome keine Reibung. Bei den Stößen untereinander tauschen die Teilchen kinetische Energie nur aus, ohne daß etwas davon verlorengeht. Bei den Stößen mit der Wand geben sie zwar oft Energie an die Wandatome ab, erhalten aber in anderen Fällen Energie von ihnen zurück, so daß *im Mittel* kein Energie-Austausch mit der Wand stattfindet. Voraussetzung dafür ist, daß die Wand die gleiche Temperatur wie das Gas besitzt.

Warum gibt es bei den Gasteilchen keine Reibung? Um dies zu verstehen, müssen wir uns klarmachen, was bei der Reibung geschieht: Die „geordnete" kinetische Energie etwa eines fahrenden Autos wird beim Bremsen in ungeordnete kinetische Energie der Wärmebewegung von Atomen in den Bremsen verwandelt. — Die Bewegung der Teilchen im Gas ist schon völlig ungeordnet. Eine weitere Verzettelung von Energie könnte höchstens noch im Innern der Teilchen selbst stattfinden. Nach den Gesetzen der Quantentheorie, die für das Atominnere gelten, ist dies aber unmöglich.

Wie spielen sich nun die Stöße mit der Wand ab? Die Wand ist ja im kleinen sicherlich alles andere als glatt. Ihr Aussehen wäre wohl eher mit dem einer Geröllhalde als etwa mit einem Parkettboden zu vergleichen. Außerdem sind die Gasteilchen im allgemeinen nicht kugelförmig. Sie werden also völlig unregelmäßig reflektiert. Bei der Reflexion wird keine Richtung bevorzugt sein. Ein ungeordneter Teilchenschwarm, der auf die Wand abgeschossen wird, kommt als Ganzes ebenso ungeordnet zurück. Dies wäre nun in gleicher Weise der Fall, wenn die Wand ideal glatt wäre und die Teilchen wie ideale elastische Kugeln reflektiert würden. Wir werden deshalb für jedes einzelne Teilchen eine solche „regelmäßige" Reflexion voraussetzen, wie sie schon auf Seite 110 betrachtet wurde.

c) Die Teilchenbewegung ist ein völliges Durcheinander. Dafür sorgen schon die Reflexionen an der Behälterwand, und die Stöße der Teilchen untereinander tun ein übriges. Könnte man aus einer Momentaufnahme des Gases alle die Teilchen herausgreifen, deren Geschwindigkeit einen ganz bestimmten Betrag v hat und alle diese Geschwindigkeitsvektoren von einem Punkt abtragen, so erhielte man ein Bild wie *Abb. 211.1*, das man sich noch räumlich ergänzt denken muß. Die Geschwindigkeiten sind *kugelsymmetrisch* oder *isotrop* verteilt.

211.1 Isotrope Geschwindigkeitsverteilung

Wir fassen nun unsere Annahmen zusammen:

> **Mechanisches Modell des idealen Gases:**
> a) Die Gasteilchen sind elastische Körper. Sie üben nur beim Zusammenstoß Kräfte aufeinander aus. Ihr gesamtes Eigenvolumen ist sehr klein gegenüber dem Behältervolumen.
> b) Die Teilchen werden an der Behälterwand so reflektiert, wie das bei einer ideal glatten Kugel an einer ideal glatten Wand der Fall wäre.
> c) Die Teilchen bewegen sich völlig ungeordnet. Insbesondere sind ihre Geschwindigkeitsvektoren gleichmäßig auf alle Richtungen verteilt.   (212.1)

2. Die Druckformel

Der Druck des Gases auf die Wand kommt durch das andauernde Geprassel der Teilchen zustande. In einem Modellversuch läßt sich dieser Effekt leicht nachahmen (Abb. 212.1).

Versuch 85: Wir lassen Stahlkugeln in größeren zeitlichen Abständen auf die schräg gestellte Platte einer Briefwaage fallen; jeder Aufprall erzeugt einen kurzen Ausschlag. Folgen die Kugeln in immer kürzeren Abständen aufeinander, so gehen die einzelnen Ausschläge der Waage in ein feines Hinundherzittern um einen konstanten Skalenwert über. Die große Zahl der Stöße wirkt dann wie eine dauernde Kraft.

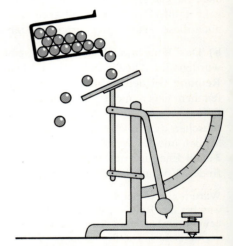

212.1 Der Gasdruck als Folge der Stöße der Gasmoleküle (Modell)

Unser Ziel ist nun eine Gleichung, die angibt, wie der Druck von Anzahl, Masse und Geschwindigkeitsverteilung der Teilchen abhängt.
Die Kraft F auf ein kleines Stück der Wand mit dem Flächeninhalt A ist in Wirklichkeit der zeitliche Mittelwert einer sich fortwährend ändernden Kraft. Wir wollen uns mit einer Rechnung begnügen, welche diese Kraft abzuschätzen gestattet, und stellen uns vereinfachend vor, alle Gasteilchen hätten den gleichen Betrag v der Geschwindigkeit. Bewegt sich ein solches Teilchen senkrecht auf die Wand zu, so ändert sich beim Stoß sein Impuls von mv auf Null und anschließend von Null auf $-mv$. Die Wand erhält den Impuls $2mv$.

Innerhalb einer gewissen Zeitdauer Δt erhält die Wand den Impuls
$$\Delta p = 2mv \cdot \text{(Anzahl der Stöße während } \Delta t\text{)}.$$
Für die mittlere Kraft $\bar{F}$ auf die Wand gilt dann nach Seite 103: $\bar{F} = \Delta \bar{p}/\Delta t$. Wir müssen nun berechnen, wie viele Teilchen während der Zeit Δt auf das Wandstück

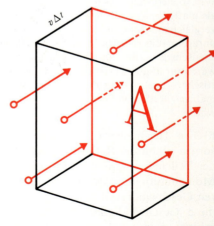

212.2 Die Hälfte aller Teilchen in dem Quader stoßen während der Zeit Δt auf das Wandstück A.

treffen. Jedes Teilchen legt während der Zeit Δt eine Strecke der Länge $v\Delta t$ zurück. In *Abb. 212.2* sind einige solche Strecken als Pfeile eingezeichnet, und zwar für solche Teilchen, die sich senkrecht auf die Wand zu bewegen. Trifft eine Strecke das Wandstück, so erfährt das Teilchen einen Stoß. Mit dem Wandstück stoßen also alle Teilchen zusammen, die sich zu Beginn der Beobachtungszeit in dem Quader der *Abb. 212.2* mit dem Volumen $A \cdot v \cdot \Delta t$ befinden *und* auf die Wand zu fliegen. Würden wir nun annehmen, daß sich die Hälfte *aller* Gasteilchen senkrecht auf die Wand zu bewegen und die andere Hälfte von ihr weg, so erhielten wir ein falsches Ergebnis; denn der Raum hat 3 Dimensionen. Richtig wird es, wenn wir uns vorstellen, daß nur $\frac{1}{3}$ aller Teilchen längs einer Richtung *senkrecht* zu der von uns betrachteten Wand fliegen, und von diesen die Hälfte auf diese Wand zu, die Hälfte von ihr weg. Ist N die Gesamtzahl der Teilchen im Gasvolumen V, also $n = \frac{N}{V}$ die Anzahldichte der Teilchen, so dürfen wir hiervon also nur $\frac{1}{6}$ berücksichtigen. Wir erhalten die mittlere Kraft

$$F = \frac{2m \cdot v}{\Delta t} \cdot n \cdot A \cdot v \cdot \Delta t \cdot \frac{1}{6}.$$

Hieraus folgt für den Gasdruck $p = \frac{F}{A}$:

$$p = \tfrac{1}{3} n \cdot m \cdot v^2. \tag{213.1}$$

Nunmehr führen wir die gesamte kinetische Energie $W_{kin} = N \cdot \tfrac{1}{2} m v^2$ aller Teilchen ein. Aus (213.1) folgt:

$$p = \tfrac{1}{3} n \cdot m \cdot v^2 = \tfrac{1}{3} \cdot \frac{N}{V} \cdot m v^2 = \tfrac{2}{3} \cdot \frac{N}{V} \cdot \tfrac{1}{2} m v^2 = \tfrac{2}{3} \cdot \frac{W_{kin}}{V}.$$

Dasselbe Ergebnis liefert auch eine strenge, etwas umständliche Rechnung, die die statistische Streuung der Geschwindigkeit nach Betrag und Richtung berücksichtigt. Die Gleichung gilt sogar, wenn die Massen der Teilchen verschieden sind, wie etwa für Luft.

Für den Druck eines idealen Gases gilt:

$$p = \tfrac{2}{3} \cdot \frac{W_{kin}}{V} \quad \text{oder} \quad p \cdot V = \tfrac{2}{3} W_{kin} \tag{213.2}$$

(Daniel Bernoulli)[1]).

Der Quotient $\frac{W_{kin}}{V}$ ist die *Dichte* der kinetischen Energie im Gas; der Druck ist also gleich $\tfrac{2}{3}$ der Energiedichte.

Rückschau auf die Herleitung

Wir prüfen nachträglich nochmals, inwieweit die Annahmen a) bis c) aus (212.1) bei der Herleitung der Druckformel benutzt wurden.

Annahme a) wird insofern gebraucht, als die Teilchen in dem Quader von *Abb. 212.2* sich nicht gegenseitig stören dürfen. Das Volumen dieses Quaders kann durch die Annahme von kleinen Werten für Beobachtungszeit Δt und Grundfläche A nahezu beliebig klein gemacht werden. Eine untere Grenze ist hier nur dadurch gegeben, daß bei zu kleinen Δt und A sich die „Körnigkeit" des Gases bemerkbar macht: Man kann dann nicht mehr von einer zeitlich konstanten Kraft auf das Wandstück sprechen. Annahme a) ist also nicht sehr kritisch. Sie wird es erst, wenn die Teilchen Kräfte großer Reichweite, zum Beispiel elektrische Kräfte, aufeinander ausüben, oder wenn das Eigenvolumen der Teilchen nicht mehr vernachlässigbar klein ist. Dann wird die Druckformel korrekturbedürftig.

---

[1]) (1700 bis 1782), schweizerischer Mathematiker

Annahme b) wurde schon auf Seite 211 ausführlich erörtert. Wir betonen noch insbesondere, daß W_{kin} in der Druckformel nur die kinetische *Translationsenergie* der Teilchen bedeutet. Eine eventuelle Energie der Drehbewegung (Rotationsenergie) ist darin also *nicht* enthalten. Selbstverständlich können bei Zusammenstößen der Teilchen untereinander und mit der Wand diese beiden Energieformen ineinander übergehen. In der Annahme b) ist aber mit enthalten, daß *im Mittel* die gesamte Translationsenergie und die gesamte Rotationsenergie je für sich unverändert bleiben.

Annahme c) haben wir durch eine viel einfachere Annahme ersetzt und nur mitgeteilt, daß das Ergebnis der korrekten Rechnung dasselbe ist.

3. Die kinetische Deutung der Temperatur

Die Druckgleichung (213.2) ist vorerst für uns lediglich eine Folgerung aus mehreren zwar plausiblen, aber experimentell nicht geprüften Hypothesen. Sie bietet aber die verschiedensten Möglichkeiten zu weiteren Schlüssen und zu Test-Experimenten.

Als erstes bringt man die Gleichung (213.2) mit der allgemeinen Gasgleichung (209.2) in Verbindung und beachtet $N = v \cdot N_A$ (Gl. 207.1):

Druckgleichung: $p \cdot V = \frac{2}{3} W_{kin}$; Gasgleichung $p \cdot V = v \cdot R \cdot T = \frac{N}{N_A} \cdot R \cdot T$.

Wir können dann die mittlere Translationsenergie *eines* Gasteilchens, nämlich W_{kin}/N berechnen zu

$$\frac{W_{kin}}{N} = \frac{3 p \cdot V}{2 N} = \frac{3}{2} \cdot \frac{R}{N_A} \cdot T = \frac{3}{2} k \cdot T. \tag{214.1}$$

Dabei ist der Quotient $k = R/N_A = 1{,}38 \cdot 10^{-23}$ J/K die sog. Boltzmann-Konstante[1]).

> **Die mittlere Translationsenergie eines Gasteilchens ist proportional zur (Kelvin-)Temperatur. Der Begriff der Temperatur ist damit auf den Energiebegriff zurückgeführt.**

Gleichung (214.1) ist experimentell prüfbar: Wenn sie richtig ist, muß einer gegebenen Energiezufuhr eine ganz bestimmte Temperaturerhöhung des Gases entsprechen. Wir kommen darauf im nächsten Paragraphen zurück.

4. Temperatur und Teilchengeschwindigkeit

Gleichung (214.1) bestätigt unsere Vorstellung (Mittelstufenband Seite 138), daß mit der Temperatur auch die Geschwindigkeit der Teilchen wächst. Sie macht aber darüber hinaus eine quantitative Aussage. Angenommen, es hätten alle Teilchen den gleichen Betrag v der Geschwindigkeit. Dann folgt $W_{kin} = N \cdot \frac{1}{2} m v^2$, oder nach (214.1): $3kT = m v^2$;

$$v = \sqrt{3 \frac{k}{m} T}. \tag{214.2}$$

Nun streuen zwar in Wirklichkeit die Teilchengeschwindigkeiten sehr stark; es ist aber doch anzunehmen, daß v, wie man es aus (214.2) berechnet, für die vorkommenden wirklichen Teilchen-

---

[1]) Ludwig E. Boltzmann (1844 bis 1906), österreichischer Physiker

geschwindigkeiten repräsentativ ist. Man kann also die ungefähre Teilchengeschwindigkeit aus der Temperatur bestimmen. Wir formen zunächst um:

$$3\frac{k}{m}T = \frac{3k}{u} \cdot \frac{T}{m_r} = \frac{3 \cdot 1{,}38 \cdot 10^{-23}}{1{,}66 \cdot 10^{-27}} \cdot \frac{T}{m_r} \cdot \frac{J}{K\,kg} \approx 2{,}5 \cdot 10^4 \frac{T}{m_r} \cdot \frac{kg \cdot m^2}{s^2 \cdot K \cdot kg} = 2{,}5 \cdot 10^4 \cdot \frac{T}{m_r} \cdot \frac{m^2}{s^2} \cdot K^{-1}.$$

Es folgt
$$v \approx 100\,\frac{m}{s}\sqrt{\frac{2{,}5}{m_r} \cdot \frac{T}{K}}.$$

Tabelle 215.1

	m_r	$\dfrac{T}{K}$	$\dfrac{v}{m/s}$
Sauerstoff von 20 °C	32	293	480
Wasserstoff von 20 °C	2	293	1900
Silberdampf von 1100 °C	108	1373	560

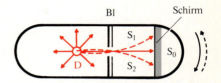

215.1 Versuch von Stern zur Bestimmung der Molekülgeschwindigkeit

Die unmittelbare *Messung* von Teilchengeschwindigkeiten und damit die experimentelle Prüfung der Gleichung (214.2) gelang zuerst Otto Stern[1]) im Jahre 1920 mit Hilfe der in *Abb. 215.1* schematisch dargestellten Versuchsanordnung.

In dem gut ausgepumpten Gefäß wird ein feiner mit Silber überzogener Platindraht D elektrisch zum Glühen gebracht. Die verdampfenden Silberatome fliegen nach allen Seiten und schlagen sich als Silberspiegel an den Wänden des Gefäßes nieder (ähnlich der Schwärzung, die durch verdampfendes Wolfram an lange betriebenen Glühlampen entsteht). Blendet man ein Bündel mit einer feinen, nur wenige Zehntelmillimeter breiten Schlitzblende aus, deren Öffnung parallel zum Draht liegt — senkrecht zur Zeichenebene in *Abb. 215.1* — so erhält man auf dem Schirm einen scharf begrenzten Strich S_0. Bringt man das Gefäß in schnelle Rotation um den Draht als Achse, so verschiebt sich die Lage des Striches infolge der Laufzeit der Silberatome zwischen Blende und Schirm nach S_1. Wiederholt man den Versuch mit entgegengesetzter Drehrichtung, so ergibt sich ein zweiter Strich S_2 symmetrisch zur ursprünglichen Lage S_0 des Striches. In bezug auf das rotierende Gefäß beschreiben die für den Beobachter geradlinig fliegenden Silberatome eine Bahn, die je nach der Drehrichtung des Gefäßes nach der einen oder anderen Seite gekrümmt ist.

Aus dem Strichabstand, der Drehgeschwindigkeit und dem Abstand Blende — Schirm läßt sich unmittelbar die Geschwindigkeit der Silberatome errechnen. Die Versuche ergaben Übereinstimmung mit dem oben genannten Rechenergebnis. Aus der Beobachtung, daß die beiden Striche, die bei der Rotation entstehen, unschärfer sind als bei ruhendem Gefäß, ergibt sich ferner, daß nicht alle Silberatome die gleiche Geschwindigkeit haben, sondern daß ihre Geschwindigkeiten um einen Mittelwert verteilt sind *(s. Abb. 215.2).*

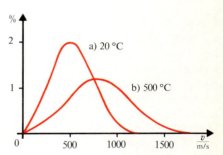

215.2 Die Molekülgeschwindigkeiten gruppieren sich um einen Mittelwert. Die zur Abszisse v gehörende Ordinate gibt an, wieviel % der Moleküle in reinem Stickstoff eine Geschwindigkeit zwischen v und $v+10$ m/s haben.

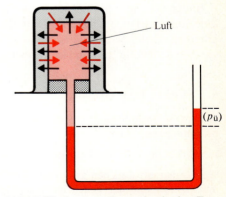

215.3 Diffusion von Gasen durch eine Tonzelle

---
[1]) (1888 bis 1974), deutscher Physiker, im Exil in USA seit 1933, Nobelpreis für Physik 1943

5. Teilchenmasse und Teilchengeschwindigkeit

Zwei Gase mit verschiedener Teilchenmasse m mögen die gleiche Temperatur besitzen. Nach Gleichung *(214.2)* müssen dann die leichteren Teilchen im Mittel eine größere Geschwindigkeit besitzen, da sie ja in der mittleren Energie mit den schwereren Teilchen übereinstimmen. Dies kann man unmittelbar mit einem *Diffusionsversuch* zeigen (siehe Mittelstufenband Seite 138). Gase, die ohne Trennwand aneinandergrenzen, vermischen sich allmählich infolge der Molekülbewegung. Dieser Vorgang findet auch statt, wenn keine makroskopische Strömung von Gas zu beobachten ist. Es ist nun zu vermuten, daß ein Gas um so schneller in ein anderes hineindiffundiert, je schneller seine Moleküle im Mittel sind. Beispielsweise müßte Wasserstoff schneller in Sauerstoff hineindiffundieren als umgekehrt.

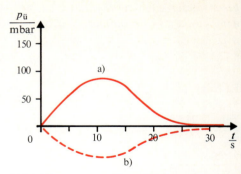

216.1 Diagramme zu Versuch 86

Versuch 86: Wir schließen einen porösen Tonzylinder durch ein mit Quecksilber gefülltes U-Rohr ab *(Abb. 215.3)* und stülpen ein vorher mit Stadtgas oder noch besser mit Wasserstoff gefülltes Becherglas darüber. Der Tonzylinder ermöglicht die Diffusion, schließt aber eine Vermischung und einen sofortigen Druckausgleich durch Strömung praktisch aus. Verfolgt man den Luftdruck im Innern des Zylinders, so erhält man eine Kurve nach *Abb. 216.1 a.* Verbindet man die Tonzelle mit einer Spritzflasche nach *Abb. 216.2*, so spritzt das Wasser beim Überstülpen des Becherglases in hohem Bogen heraus. Wenn man das Becherglas nach einiger Zeit wieder abnimmt, beobachtet man an auftretenden Blasen, wie Luft von außen in die Spritzflasche eindringt *(Abb. 216.1 b)*.

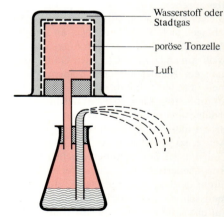

216.2 Zu Versuch 86

Deutung: Infolge ihrer größeren Geschwindigkeit dringen die Wasserstoffmoleküle schneller in den Zylinder ein, als die Stickstoff- und Sauerstoffmoleküle hinausgelangen. Dadurch entsteht zunächst ein Überdruck, der wieder verschwindet, wenn sich die Gase gleichmäßig durchmischt haben.

6. Mittlere freie Weglänge

Wir haben erkannt, daß die Teilchen der Gase in dauernder Bewegung begriffen sind. Sie stoßen dabei häufig zusammen.

Je größer die Teilchen sind und je größer ihre Anzahldichte $n = \dfrac{N}{V}$ ist, desto kürzer ist im Mittel der Weg l, den ein Teilchen zwischen zwei Stößen zurücklegt. Man kann l theoretisch aus dem Teilchendurchmesser und der Teilchendichte abschätzen.

Die Größenordnung **der mittleren freien Weglänge** l ist bei einem Gas im Normzustand 10^{-7} m; mit fallendem Druck nimmt l stark zu und erreicht im Hochvakuum ($p = 1$ µbar) die Größenordnung 1 m. Die Teilchen fliegen dann praktisch frei von Wand zu Wand.

Aufgaben:

1. *Die Brownsche Bewegung (Mittelstufe Seite 35) kann man auch an winzigen Öltröpfchen in Luft beobachten. Dabei besitzt ein Tröpfchen die gleiche mittlere kinetische Energie wie jedes der umgebenden Luftmoleküle[1]. Welche Geschwindigkeit v (siehe Gl. 214.2) errechnet man für ein Tröpfchen von $2\mu m$ Durchmesser? (Dichte des Öls: $0,9\ g\ cm^{-3}$.) Warum kann man diesen Wert nicht durch Messung von Weg und Zeit bei der Tröpfchenbewegung nachprüfen?*
2. *Wie groß ist in Abb. 215.1 der Strichabstand $\overline{S_1 S_2}$, wenn sich der Schirm mit $12\ ms^{-1}$ Geschwindigkeit bewegt, die Blende 7,5 cm vom Schirm entfernt ist und die Atomgeschwindigkeit $675\ ms^{-1}$ beträgt?*
3. *Erklären Sie, wie der Verlauf der unteren Kurve in Abb. 216.1 zustande kommt!*
4. *Wie muß der Versuch 86 auf Seite 216 ausgeführt werden, wenn man anstelle von Wasserstoff oder Stadtgas Kohlendioxid verwendet? Was würde er ergeben?*

§ 56 Der erste Hauptsatz der Wärmelehre

1. Was ist Energie?

Der Begriff der Energie begegnet uns in allen Teilgebieten der Physik, so selbständig diese Gebiete im übrigen sein mögen. Sogar im Alltag dürfte „Energie" heute der am häufigsten gebrauchte naturwissenschaftliche Fachausdruck sein.

Der Energiebegriff ist sehr umfassend und gerade deshalb sehr abstrakt und nicht mit wenigen Worten exakt zu definieren. Wir können unser bisheriges Wissen etwa wie folgt zusammenfassen:

a) Jeder Körper und ebenso jedes „System" von Körpern enthält Energie. Energie kann von einem System auf ein anderes übertragen werden.

Beispiel: Ein geladener Kondensator besitzt potentielle elektrische Energie. Bei der Entladung über einen Widerstand aber geht sie (als Wärme) an die Umgebung des Widerstands.

b) Energie tritt in vielen verschiedenen Formen auf. Sie kann von einer Form in die andere umgewandelt werden.

Beispiel: Beim Verbrennen von Stadtgas wird chemische Energie in Translations- und Rotationsenergie von Molekülen umgewandelt.

c) Energie kann nicht erzeugt und nicht zerstört werden. Die Energie eines Systems kann sich nur in dem Maße ändern, wie von anderen Systemen oder auf andere Systeme Energie übertragen wird.

Beispiel: Eine Armbanduhr läuft ab und bleibt stehen. Die anfangs vorhandene Energie der Federspannung ist verschwunden. Dafür wurde aber Wärme an die Umgebung übertragen.

Wir wollen in diesem Paragraphen neue Belege für die Richtigkeit der Aussagen a) bis c) am Beispiel der idealen Gase kennenlernen.

---

[1] Diesen Satz der Statistischen Mechanik wollen wir hier ohne Beweis hinnehmen.

2. Wärme und Arbeit

Ebenso vielfältig wie die Formen der Energie sind auch die Hilfsmittel, um Energie von einem Körper auf einen anderen zu übertragen. Wir erwähnen als Beispiele: Stangen, Seile, elektrische Leitungen, Strahlung, Wärmeleitung, Flüssigkeitsströmung (Konvektion), Gleitreibung, Beschuß mit atomaren Teilchen.

Es hat sich als zweckmäßig erwiesen, bei den vielen Arten des Energieüberganges die Wärme gesondert zu betrachten.

> *Definition:* **Energie, die allein auf Grund eines Temperaturgefälles mittels ungeordneter Teilchenbewegung von einem Körper auf einen anderen übergeht, heißt *Wärme Q*.**
>
> **Vorgänge, bei denen keine Wärme übertragen wird, heißen *adiabatisch*[1]).**

Beim Wärmeübergang wird also Energie übertragen, ohne daß ein zusätzlicher „Mechanismus" irgendwelcher Art nötig wäre. Wärme fließt daher auch immer von selbst, wenn Temperaturgefälle besteht und man nicht besondere Maßnahmen zur „Wärmeisolation" ergreift. Es ist nicht immer leicht, Wärme und Arbeit klar zu unterscheiden. Wir betrachten ein Beispiel:

Durch Reibung wird ein Körper erhitzt. Dabei verrichtet man Arbeit. Die rauhen, reibenden Flächen gleiten aneinander und dabei stoßen sich ihre Moleküle gegenseitig an. Dies erhöht ihre ungeordnete Bewegung (siehe das Bürstenbeispiel in der Mittelstufe Seite 43 und den Quirl-Versuch Seite 140). Die Temperatur der Reibflächen steigt. Das Temperaturgefälle bewirkt, daß Wärme von den Reibflächen ins Körperinnere abfließt.

3. Der erste Hauptsatz

Einem Körper (oder einem System von Körpern) werde die Arbeit W und die Wärme Q zugeführt. Erfolgt einer dieser Energieübergänge in der umgekehrten Richtung, also vom System weg, so sei W beziehungsweise Q negativ, siehe Abb. 218.1. Durch die Energiezu- oder -abfuhr ändert sich der Zustand des Körpers (Farbe, Temperatur, Volumen, Druck und so weiter) in bestimmter Weise. Was bedeutet nun die Behauptung, Energie sei unzerstörbar und unerschaffbar? Offenbar muß dann die bei der Zustandsänderung zugeführte Energie im Körper als innere Energie gespeichert werden. Wir formulieren demgemäß:

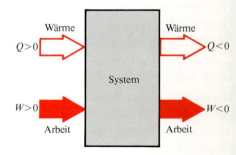

218.1 Vereinbarung über das Vorzeichen von Q und W

> *Erster Hauptsatz der Wärmelehre*
>
> **Ein System besitzt in jedem Zustand eine bestimmte innere Energie U. Wird ihm beim Übergang vom Zustand 1 in den Zustand 2 die Arbeit W und die Wärme Q zugeführt, so gilt**
>
> $$W + Q = U_2 - U_1 = \Delta U. \tag{218.1}$$

---

[1]) adiabatos, griech.; undurchlässig

Hinweis: Die innere Energie U eines Körpers ist nur bis auf einen willkürlichen Summanden festgelegt. Zum Beispiel kann man bei der potentiellen Energie der Lage von Teilchen den Nullpunkt beliebig wählen. In (218.1) wirkt sich aber diese Willkür nicht aus, denn der Satz handelt nur von Differenzen der Energie, die ja von der Nullpunktswahl nicht abhängen.

Der erste Hauptsatz der Wärmelehre heißt auch der (allgemeine) Satz von der Erhaltung der Energie oder kurz Energiesatz. Er wurde in seiner umfassenden Bedeutung für alles Geschehen in der Natur schon von Robert Mayer[1]) erkannt. Hermann v. Helmholtz[2]) sprach ihn in der Form (218.1) aus. Als schwierigste Aufgabe erwies sich dabei die Einbeziehung der in der Lehre von der Wärme vorkommenden Energieformen in das System.

4. Die innere Energie der idealen Gase

Die innere Energie eines Körpers setzt sich meist in komplizierter Weise aus der potentiellen Energie der Kräfte zwischen den Teilchen und den kinetischen Teilchenenergien zusammen. Bei Gasen jedoch sind die Verhältnisse einfach: Soweit das kinetische Modell des idealen Gases zutrifft, ist die innere Energie gleich der Summe aus kinetischer Translations- und Rotationsenergie der Teilchen:

$$U = W_{\text{trans}} + W_{\text{rot}}, \quad \text{oder nach Gleichung (214.1):}$$

$$U = \tfrac{3}{2} p \cdot V + W_{\text{rot}} = \tfrac{3}{2} \nu R \cdot T + W_{\text{rot}}. \tag{219.1}$$

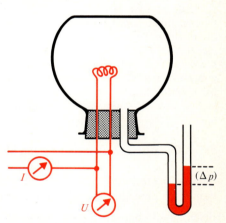

219.1 Erwärmung eines Gases bei konstantem Volumen, Bestimmung von c_V

Wir wollen nun einem Gas Energie zuführen und dabei sowohl die kinetische Gastheorie als auch den Energiesatz nachprüfen. Wir untersuchen den Fall $W=0$, also reine Wärmezufuhr. Dazu müssen wir das Gas in einen starren Behälter einsperren, da es sonst sich ausdehnen und dabei Arbeit an die Umgebung abgeben könnte. Ein großes Problem bei allen Erwärmungsversuchen mit Gasen ist die Energieaufnahme durch die Gefäße. Man erwärmt nach *Abb. 219.1* ein großes Gasvolumen (etwa 50 l) kurzzeitig ($t=0{,}5$ s) durch eine dünne Heizwendel elektrisch. Die zugeführte Energie bestimmt man nach $W_{\text{el}} = U \cdot I \cdot t$. Die erzielte Temperaturerhöhung gibt das Gas selbst durch die Druckzunahme Δp am angeschlossenen Manometer an. Hieraus berechnet man wie bei festen Stoffen und Flüssigkeiten die spezifische Wärmekapazität $c_V = \dfrac{Q}{m \cdot \Delta T}$. Die zugeführte Wärme Q ist die elektrisch entwickelte Energie W_{el}; der Index V bei c_V soll daran erinnern, daß man bei konstantem Volumen arbeitet. Um verschiedene Gase besser miteinander vergleichen zu können, ist es zweckmäßiger, man bezieht sich dabei nicht auf die Masse m, sondern auf die Stoffmenge ν und definiert die *molare* Wärmekapazität $c_{V\text{m}} = \dfrac{Q}{\nu \cdot \Delta T}$.

Definition:
Molare (oder stoffmengenbezogene) Wärmekapazität

$$c_{V\text{m}} = \frac{\text{Wärmekapazität}}{\text{Stoffmenge}} = \frac{Q}{\nu \cdot \Delta T}. \tag{219.2}$$

---

[1]) (1814 bis 1878), deutscher Arzt
[2]) (1821 bis 1894), deutscher Arzt und Physiker

Die kinetische Gastheorie macht über c_{Vm} eine nachprüfbare Vorhersage: Aus (219.1) folgt nämlich

$$\frac{\Delta U}{\nu \cdot \Delta T} = \tfrac{3}{2} R + \frac{W_{rot}}{\nu \cdot \Delta T}. \quad (220.1)$$

Bei dem Versuch zum Messen von c_{Vm} wird keine Arbeit verrichtet ($W=0$). Also ist nach dem ersten Hauptsatz (218.1) $\Delta U = Q$; es gilt:

$$c_{Vm} = \frac{Q}{\nu \cdot \Delta T} = \tfrac{3}{2} R + \text{Rest}. \quad (220.2)$$

Der „Rest" gibt uns Auskunft darüber, wie sich die Rotationsenergie der Teilchen mit der Temperatur ändert!

Tabelle 220.1   Molare Wärmekapazitäten von Gasen

Gas	$\dfrac{c_{Vm}}{J K^{-1} mol^{-1}}$	$\dfrac{c_{Vm}}{R}$
Helium	12,5	1,50
Argon	12,5	1,50
Neon	12,6	1,52
Sauerstoff	21,0	2,52
Stickstoff	20,8	2,50
Wasserstoff	20,4	2,46
Luft	20,7	2,49
Kohlendioxid	28,3	3,40
Ammoniak	27,4	3,30
Äthan	43,4	5,2

Tabelle 220.1 gibt die Werte von c_{Vm} für einige Gase, in der 2. Spalte in der Einheit $J K^{-1} mol^{-1}$, in der 3. Spalte als Vielfache von R zum bequemeren Vergleich mit Gleichung (220.2). Theorie und Experiment stimmen dabei im folgenden Sinne überein.

Für Edelgase ist der „Rest" in (220.2) gleich Null. Sie bestätigen in einfacher Weise den Energiesatz. Offensichtlich geht bei Erwärmung keine Energie in die Rotationsbewegung! Es sieht so aus, als könnten die Edelgasteilchen — es sind einzelne Atome — nicht rotieren. Für 2atomige Gase ist der Rest ungefähr gleich $1 \cdot R$, für 3- und mehratomige Gase beträgt er mehr als 1,5 R. Wir begnügen uns hier mit der Deutung, daß mehratomige Moleküle mehr „Freiheitsgrade" für Drehungen und auch für innere Schwingungen haben, die bei Erwärmung „angeregt" werden und Energie aufnehmen. Das Rätsel, warum die Edelgasatome keine Rotationsenergie aufnehmen können, und andere Einzelheiten über die Wärmekapazitäten der Gase vermochte erst die Quantentheorie aufzuklären.

5. Adiabatische Volumenänderung idealer Gase

Diese Zustandsänderung ist experimentell leicht durchzuführen. Wir brauchen nur das Gas thermisch zu isolieren und dann mit einem verschiebbaren Kolben sein Volumen zu ändern.

Bei einer adiabatischen Kompression führen wir dem Gas die Arbeit $W>0$ zu. Nach dem 1. Hauptsatz gilt $\Delta U = W + 0 > 0$, da das thermisch isolierte Gas keine Wärme Q mit der Umgebung austauscht. Die innere Energie W und folglich die Temperatur T müssen steigen. — Bei der adiabatischen Ausdehnung erhalten wir dagegen Abkühlung, da das Gas Arbeit verrichtet: $W<0$ führt zu $\Delta U < 0$.

Versuch 87: Ins Innere einer Glasspritze wird ein Thermoelement zur Temperaturmessung gebracht *(Abb. 220.1)*. Beim Verschieben des Kolbens beobachtet man einen Ausschlag am Galvanometer. Er zeigt bei *Kompression* eine *Zunahme* der Temperatur, bei *Expansion* eine *Abnahme* an; das entspricht der Vorhersage. Eine Wärmeisolation ist bei dem Versuch unnötig, da die Zustandsänderung so schnell abläuft, daß währenddessen kein merklicher Wärmeaustausch zwischen Wand und Gas stattfinden kann. (Übrigens müßte eine Isolierschicht im *Innern* der Spritze angebracht werden, wenn der Wärmeübergang für längere Zeit verhindert werden soll!)

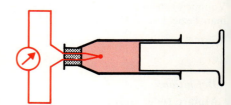

220.1   Adiabatische Kompression eines Gases. Die Temperatur nimmt zu.

Im molekularen Bild läßt sich die adiabatische Erwärmung leicht verstehen: Wenn sich der Kolben nach innen bewegt, erhalten die auf ihn stoßenden Moleküle im Mittel eine größere Geschwindigkeit, als sie vor dem Stoß hatten. Man denke an einen Tennisschläger, der dem ankommenden Ball entgegenbewegt wird! Die zusätzliche kinetische Energie verteilt sich sehr schnell auf alle Gasmoleküle.

Ein Gas kann sich auch adiabatisch ausdehnen, ohne seine innere Energie zu ändern: Man braucht es nur ins Hochvakuum ausströmen zu lassen, dann kann es keine Arbeit an einem Kolben oder sonst an der Umgebung verrichten. Mit $W=0$ und $Q=0$ gilt auch $\Delta U=0$. Gay-Lussac führte den entsprechenden Versuch aus und untersuchte dabei sorgfältig die Temperatur des Gases. Er fand bei idealen Gasen keine Temperaturänderung. Da wir bei ihnen von Anziehungskräften zwischen den Molekülen absehen können, haben diese auch keine sogenannte *innere Arbeit* gegen solche Kräfte bei der Expansion zu verrichten, werden also nicht langsamer.

Da sich bei dieser Expansion ohne Arbeitsverrichtung und ohne Wärmezufuhr die innere Energie nicht ändert, wohl aber das Volumen vergrößert, hängt bei idealen Gasen die innere Energie U nicht vom Volumen ab. Es gilt:

> **Bei idealen Gasen hängt die innere Energie allein von der Temperatur ab:**
> $$U=f(T). \tag{221.1}$$

Die Moleküle realer Gase üben jedoch aufeinander Anziehungskräfte aus. Läßt man solche Gase ohne Arbeitsverrichtung und ohne Wärmezufuhr in ein Vakuum einströmen und sich ausdehnen, so müssen die Moleküle gegen diese Anziehungskräfte Arbeit verrichten und werden im allgemeinen langsamer: ihre Temperatur sinkt. Hierauf beruhen Verfahren zur Luftverflüssigung.

6. Die übergreifende Bedeutung des Energiesatzes

Viele Gesetze der Physik haben einen begrenzten Gültigkeitsbereich, zum Beispiel das Ohmsche Gesetz oder die Gesetze der idealen Gase. Beim Energieerhaltungssatz verhält es sich grundsätzlich anders: Immer wenn seine Gültigkeit verletzt schien, zum Beispiel in der Mechanik bei Reibung, gelang es, eine neue Energie-Art aufzuspüren, so daß der Satz wieder „gerettet" war.

Der Energiesatz ist kein Naturgesetz im üblichen Sinne. Er ist vielmehr ein „Rahmengesetz". Wenn der Physiker neuartige Phänomene untersucht, wird er immer sogleich nach der Energieerhaltung fragen. Er wird eher eine ganze Theorie verwerfen, als an der Gültigkeit des Energiesatzes zweifeln.

Das Vertrauen der Naturwissenschaftler auf den Satz von der Energieerhaltung gründet sich nicht zuletzt auf die zahllosen vergeblichen Bemühungen von Erfindern seit dem Altertum bis in die Gegenwart hinein, die Natur zu überlisten und ein **„perpetuum mobile"** zu bauen (perpetuus, lat., andauernd; mobilis, lat.; beweglich). Solche Maschinen sollten nicht nur von selbst ewig weiterlaufen, sondern dabei auch noch Energie abgeben. Mit einiger Übung in physikalischem Denken sieht man diesen Konstruktionen meist sehr schnell an, daß sie nur mechanische Energie umwandeln und dabei einen Teil davon durch Reibung verlieren.

Aufgabe:

Erklären Sie, warum sich das Gas in Versuch 87 bei adiabatischer Expansion abkühlt!

§ 57 Der zweite Hauptsatz der Wärmelehre

1. Wärmeenergiemaschinen und ihr Wirkungsgrad

Die primären Energiequellen, die dem Menschen zur Verfügung stehen, liefern die Energie fast ausschließlich in der Form der inneren Energie heißer Körper (Verbrennung von Kohle und Erdöl, Erhitzen des Kernreaktors bei der Uranspaltung). Ein Teil dieser Energie wird unmittelbar zum Heizen gebraucht. Das Hauptziel der gesamten Energietechnik ist es jedoch, die Primärenergie möglichst weitgehend zur Verrichtung von *Arbeit* auszunutzen.

Dieser Aufgabe dienen die Wärmeenergiemaschinen (Kolbenmotoren und Turbinen, vergleiche Mittelstufe § 47). Die Arbeit verrichtet dabei ein heißes Gas, das sich ausdehnt und dabei abkühlt. Stets geht ein beträchtlicher Teil der Primärenergie als Wärme an die Umgebung verloren (Kühlwasser, unvollkommene Isolation, heiße Auspuffgase) und wirkt sich im großen Maßstab als „Abfallwärme" schädlich auf die Umwelt aus.

Für einen Automotor (Benzin-Ottomotor) sieht die Energiebilanz beispielsweise so aus:

100 g Benzin liefern bei vollständiger Verbrennung in einem geschlossenen Stahlbehälter eine Energie von 4600 kJ (vergleiche die Tabelle der Heizwerte Mittelstufe Seite 148); im Ottomotor erhält man aus dieser Treibstoffmenge nur etwa 1600 kJ Arbeit.

Man definiert für eine Wärmeenergiemaschine:

Definition:
$$\text{Wirkungsgrad } \eta = \frac{\text{gewonnene Arbeit}}{\text{aufgewandte Primärenergie}} \qquad (222.1)$$

Der Wirkungsgrad der üblichen Motoren und Turbinen liegt bei etwa 20% bis 40%.
Wir stellen die Frage: Liegt es nur an der Unvollkommenheit der technischen Konstruktionen, daß diese Wirkungsgrade so niedrig sind, oder setzt die Natur hier Grenzen, die nicht überschritten werden können?

2. Der zweite Hauptsatz; irreversible Prozesse

Wir stellen das Ideal einer Wärmeenergiemaschine auf: Einem heißen Körper, zum Beispiel einem Dampfkessel, werde ein Energiebetrag als Wärme entzogen und mit Hilfe irgendeiner sinnreichen Vorrichtung in Arbeit umgesetzt, zum Beispiel um eine Last um ein gewisses Stück zu heben. Dieser Vorgang könne immer wieder ablaufen, das heißt, die Maschine arbeite *periodisch*. Nach einem Umlauf ist nichts in der Natur verändert, außer daß sich die Wärmequelle abgekühlt und die Last gehoben hat.

Angenommen, es käme bei dieser Maschine nicht auf die Temperatur der Wärmequelle an. Dann könnte man das Meer dafür nehmen und hätte einen praktisch unerschöpflichen Energievorrat. Unsere Maschine käme einem perpetuum mobile gleich, obwohl sie *nicht* gegen den Energiesatz verstieße. Ihr Wirkungsgrad nach (222.1) wäre gleich 1.

Leider hat niemand je ein solches „perpetuum mobile 2. Art" bauen können, obwohl sich viele Erfinder darum bemüht haben. Es gilt als gesicherter *Erfahrungssatz*:

> *Zweiter Hauptsatz der Wärmelehre* (**Formulierung nach Max Planck**[1])**:**
> **Es ist unmöglich, eine periodisch arbeitende Maschine zu bauen, die weiter nichts bewirkt als die Hebung einer Last und die Abkühlung eines Körpers.** (223.1)

Die Umkehrung des im 2. Hauptsatz beschriebenen Vorgangs ist nun sehr wohl möglich und ganz alltäglich: Ein hochgehobener Stein fällt herab und bleibt am Boden liegen. Seine Lage-Energie ist verschwunden; der Boden hat sich ein wenig erwärmt. Sonst ist keine Veränderung in der Natur vorgegangen.

> *Definition:* **Man nennt Vorgänge, die nur in einer Richtung ablaufen können, ohne daß sonstige Veränderungen in der Natur zurückbleiben,** *irreversible Prozesse.*

Das Fallen des Steines mit anschließender Erwärmung des Bodens ist also ein irreversibler (nicht umkehrbarer) Prozeß. Wir können noch viele andere solche Prozesse angeben. Zum Beispiel hat man noch nie beobachtet, daß ein kalter Gegenstand von selbst, das heißt ohne sonstige Veränderungen in der Natur, noch kälter und dafür ein warmer Gegenstand noch wärmer wurde – obwohl der Energiesatz einen solchen Vorgang gestatten würde, wenn nur die Energiebilanz dabei stimmt.

Es gilt also der

> *Erfahrungssatz:* **Der spontane Wärmeübergang von einem wärmeren Körper auf einen kälteren ist ein irreversibler Prozeß (spontan = von selbst ablaufend).** (223.2)

Der Satz (223.2) ist dem 2. Hauptsatz (223.1) gleichwertig. R. Clausius[2] bezeichnete (223.2) als den 2. Hauptsatz.

3. Obere Grenze für den Wirkungsgrad von Maschinen

Die Frage, wodurch der Wirkungsgrad etwa des Ottomotors prinzipiell begrenzt ist, ist wegen der Kompliziertheit der Vorgänge in diesem Motor schwer zu beantworten. Eine übersichtlichere Maschine ist für unsere Fragestellung ein *Kernkraftwerk* (vergleiche Mittelstufe Seite 418). Es besitzt ein „heißes Reservoir", das ist der Reaktorkern, in dem die Uranspaltung stattfindet und der durch Regelgeräte auf einer konstanten Temperatur T_2 gehalten wird; ferner ein „kaltes Reservoir", meist einen Fluß, dessen Wasser die ebenfalls konstante Temperatur T_1 besitzt. (Wir vernachlässigen die Aufheizung des Flusses, die aus biologischen Gründen ohnehin sehr gering gehalten werden muß.) „Zwischen" den beiden Reservoirs arbeitet die Turbine M; der Generator liefert in einer bestimmten Zeit die elektrische Arbeit W. In der gleichen Zeit wird die Wärme Q_2 vom heißen Reservoir entnommen und die Wärme Q_1 ans kalte Reservoir abgegeben (siehe *Abb. 224.1*). Nach dem 1. Hauptsatz gilt:

$$Q_2 = Q_1 + W.$$

---

[1] (1858 bis 1947), deutscher Physiker, Nobelpreis für Physik 1918

[2] (1822 bis 1888), deutscher Physiker

Man beachte, daß der Zweckmäßigkeit halber die Vorzeichen der Energien anders definiert sind als in (218.1); der Wirkungsgrad beträgt

$$\eta = \frac{W}{Q_2} = \frac{Q_2-Q_1}{Q_2} = 1 - \frac{Q_1}{Q_2}. \quad (224.1)$$

Es gibt nun andere Maschinen, die ebenfalls zwischen zwei Reservoirs konstanter Temperatur arbeiten, jedoch in umgekehrter Richtung. Es sind dies die *Kältemaschinen* (Mittelstufe Seite 160). Ihre Energiebilanz zeigt *Abb. 224.2*. Sie benötigen die Arbeit W', um Wärme Q_1' vom kalten Reservoir (Kühlraum, Temperatur T_1) ins „heiße" Reservoir (Außenluft, Temperatur T_2) zu befördern.

Der Energiesatz verlangt wieder

$$Q_2' = Q_1' + W'.$$

Eine Kühlanlage ist immer zugleich eine „Heizung", nämlich für die Außenluft; die Arbeit W' wird ebenfalls „verheizt".

Es würde uns nun zu weit führen, wenn wir den Aufbau von Maschinen M (Arbeitsmaschinen) und M' (Kältemaschinen) im einzelnen besprechen wollten. Man kann solche Maschinen *im Prinzip* sehr einfach unter Verwendung eines idealen Gases konstruieren. Die Kenntnis der Gasgesetze erlaubt es dann, den für die Berechnung des Wirkungsgrades (224.1) notwendigen Quotienten $\frac{Q_1}{Q_2}$ bzw. $\frac{Q_1'}{Q_2'}$ auszurechnen. Wir können auch diese Rechnung hier nicht durchführen, wollen aber das sehr einfache und dabei weitreichende Ergebnis zur Kenntnis nehmen:

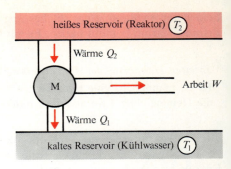

224.1 Energiebilanz bei einem Kernkraftwerk. M: Dampfturbine (mit Generator)

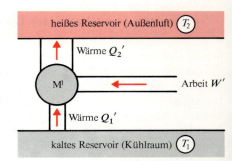

224.2 Energiebilanz bei einer Kühlanlage. M': Kältemaschine

Aus den Gasgesetzen (209.2) und (221.1) läßt sich folgern:

1. **Es gibt eine Arbeitsmaschine M nach** *Abb. 224.1* **mit** $\frac{Q_1}{Q_2} \approx \frac{T_1}{T_2}$.

2. **Es gibt eine Kältemaschine M' nach** *Abb. 224.2* **mit** $\frac{Q_1'}{Q_2'} \approx \frac{T_1}{T_2}$.

(224.2)

Dabei bedeutet das Zeichen $\approx$, daß die Annäherung im Prinzip beliebig gut gemacht werden kann.

Mit anderen Worten: Es gibt Arbeits- und Kältemaschinen, die (im Prinzip beliebig genau) den gleichen Energieumsatz in entgegengesetzten Richtungen bewirken.

Beispiel: Hat man ein Reservoir von 500 °C (hoch überhitzter Wasserdampf) und eines von 10 °C (Gebirgsfluß), so kann man „dazwischen" im Prinzip eine Arbeitsmaschine mit dem Wirkungsgrad $\eta = 1 - \frac{283\,\text{K}}{773\,\text{K}} = 63\,\%$ betreiben.

Aus dem Satz (224.2) können wir nun schließen, daß die dort angegebenen Energiequotienten Idealwerte darstellen, die von keiner wirklichen Maschine „verbessert" werden können.

Auch mit einer beliebigen Arbeitssubstanz kann eine Maschine, die so wie M *(Abb. 224.1)* zwischen zwei Reservoirs der Temperaturen T_1 und T_2 arbeitet, keinen höheren Wirkungsgrad als

$$\eta_{\text{grenz}} = 1 - \frac{T_1}{T_2} \text{ erreichen.} \quad (224.3)$$

Wir führen für diesen Satz einen Widerspruchsbeweis (siehe *Abb. 225.1*). Angenommen, ein Erfinder bringt uns eine Maschine $\widetilde{M}$, die einen höheren Wirkungsgrad als η_{grenz} hat.

Wir lassen sie zwischen den Reservoirs eine Zeit laufen, bis sie die Wärme Q_2' verbraucht und mittels der gelieferten Arbeit $\widetilde{W}$ eine Last gehoben hat.

Dann treiben wir mit der gehobenen Last unsere Kältemaschine M' aus (224.2) an. Sie kann die Wärme Q_2' wieder ins obere Reservoir zurückschaffen, *ohne* dazu die ganze Energie $\widetilde{W}$ zu verbrauchen, weil ja $\widetilde{M}$ einen höheren Wirkungsgrad als η_{grenz} haben soll.

Endergebnis: Es wurde Energie als Wärme aus dem kalten Reservoir entnommen und Arbeit $\widetilde{W} - W' > 0$ gewonnen. Sonst hat sich nichts in der Natur verändert. Dies ist ein Widerspruch zum zweiten Hauptsatz (223.1). $\widetilde{M}$ würde den Bau eines perpetuum mobile 2. Art gestatten.

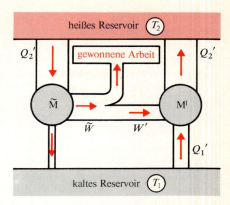

225.1 Energiebilanz für die Annahme, $\widetilde{M}$ sei „besser", als es (224.3) erlaubt

Wir haben in der Gleichung (224.3) in gewissem Sinne eine Erklärung für den schlechten Wirkungsgrad unserer Wärmeenergiemaschinen gefunden und können ihr zugleich eine Anweisung entnehmen, wie man Wirkungsgrade verbessern kann: Man mache T_1/T_2 möglichst klein, wähle also hohe Verbrennungstemperaturen T_2 und niedrige Kühlertemperaturen T_1. Dieser Anweisung versucht man auch nachzukommen. Bei Turbinen verwendet man zum Beispiel Schaufeln aus hitzebeständigen Legierungen, um die Dampftemperatur steigern zu können; mit den Kühlertemperaturen geht man so nahe wie möglich an die Umgebungstemperatur heran. Trotzdem bleiben aus den verschiedensten Gründen die Wirkungsgrade noch weit unter dem theoretischen Ideal.

4. Zweiter Hauptsatz und Wahrscheinlichkeit

Zum Schluß wollen wir noch folgende Frage klären: Was besagt der zweite Hauptsatz im atomistisch-mechanischen Bild, zumindest bei den idealen Gasen?

In zwei thermisch isolierten Behältern mögen sich zwei Portionen des gleichen idealen Gases auf verschiedenen Temperaturen befinden. In jedem Behälter haben die Teilchen die verschiedensten Geschwindigkeiten und bewegen sich in allen möglichen Richtungen; jedoch sind in dem einen Behälter die Teilchen im Mittel schneller als in dem anderen. Nun „schalten wir den Wärmekontakt zwischen den Behältern ein". (Wir ziehen zum Beispiel eine Trennwand aus isolierendem Schaumstoff heraus.) Nach einiger Zeit sind in jedem Behälter die Teilchen im Mittel gleich schnell, entsprechend dem beobachteten Temperaturausgleich.

Diese Aussage ist aber nur bedingt richtig. Sind nur wenige Teilchen in den Behältern, so kommt es infolge der regellosen Teilchenbewegung sicherlich bisweilen vor, daß im einen Behälter zufällig im Mittel etwas schnellere Teilchen sind als im anderen. Könnte man einen solchen Augenblick abpassen und dann schnell die isolierende Wand zwischen die Behälter schieben, so hätte man wieder Gase von verschiedenen Temperaturen, im Widerspruch zu (223.2). Es leuchtet aber ein, daß bei den in solchen Behältern üblichen ungeheuer großen Teilchenzahlen diese zufälligen Schwankungen der mittleren Teilchenenergie im allgemeinen sehr klein sein werden. Eine makroskopisch meßbare Ungleichheit, wie sie dem Ausgangszustand unmittelbar nach dem Einschalten des Wärmekontakts entspricht, ist **extrem unwahrscheinlich**.

Bestimmen wir zu irgendeinem Zeitpunkt die Energie in jedem Behälter, so werden wir mit erdrückend hoher Wahrscheinlichkeit keinen meßbaren Unterschied in der mittleren Translationsenergie pro Teilchen finden. Man müßte länger warten, als das Alter der Welt beträgt, um einmal eine Schwankung zu erleben, die einem merklichen Temperaturunterschied entspräche. Wir können also in unserem speziellen Gedankenversuch den zweiten Hauptsatz folgendermaßen deuten:

> **In einem abgeschlossenen System sind nur solche Vorgänge möglich, die von einem Zustand niedriger Wahrscheinlichkeit zu einem Zustand höherer Wahrscheinlichkeit führen.** (226.1)

In der „statistischen Mechanik", die sich in allgemeinerem Rahmen mit dem Verhalten von Systemen aus vielen Teilchen beschäftigt, wird gezeigt, daß diese Deutung der Aussage des zweiten Hauptsatzes für alle Naturvorgänge zutrifft.

Wenn in einem von zwei Behältern die Gasteilchen im Mittel schneller sind als im anderen, so wird man diesem Zustand beider Behälter einen höheren Grad von *Ordnung* zuschreiben als dem Zustand mit gleicher mittlerer Geschwindigkeit in ihnen. Die Teilchen sind ja dann (wenigstens teilweise) nach der Geschwindigkeit *sortiert*. Verstehen wir allgemein unter einem Zustand von höherer Ordnung einen solchen von geringerer Wahrscheinlichkeit, so können wir (226.1) auch so aussprechen:

Ein abgeschlossenes System strebt stets einem Zustand maximaler Unordnung zu.

Wir erkennen folgendes: Der zweite Hauptsatz und damit auch der begrenzte Wirkungsgrad unserer Maschinen beruht nicht auf den Gesetzen der Mechanik — diese würden den umgekehrten Ablauf jedes überhaupt möglichen Prozesses zulassen. Wesentlich ist vielmehr der Umstand, daß alle makroskopischen Körper aus ungeheuer vielen Teilchen bestehen, die sich völlig ungeordnet bewegen.

Es ist klar, daß man (226.1) erst dann für weitere Aussagen verwerten kann, wenn man ein Maß für die Wahrscheinlichkeit eines Zustandes hat. Die Einführung eines solchen Maßes würde aber über den Rahmen dieses Buches hinausführen.

5. Rückschau

Der 1. Hauptsatz (der Energiesatz) regelt, welche Zustände von Körpern ineinander übergehen können: Es muß stets die Energiebilanz stimmen. Der 2. Hauptsatz der Wärmelehre schränkt nun die Möglichkeiten der Energieumwandlung ein. Die innere Energie der ungeordneten Teilchenbewegung kann nicht unbegrenzt in Arbeit umgesetzt werden.

Soweit es heute absehbar ist, werden wir Menschen weiterhin unsere nutzbare Energie aus *Wärme*quellen beziehen müssen. Auch der Kernfusionsreaktor, der heute noch weit von seiner Verwirklichung entfernt ist, wird nichts anderes als eine gigantische Wärmequelle darstellen. Der Gewinnung von Arbeit aus Wärme hat die Natur enge Grenzen gesetzt. Die dabei anfallende Abwärme läßt sich nicht vermeiden. Die Temperaturerhöhung von Gewässern hat zum Teil verheerende biologische Folgen. Es gibt also die Gefahr einer „Energiekrise" auch dann, wenn genug Kohle, Öl und Uran zur Verfügung stehen. Die einzige Möglichkeit, sie zu vermeiden, ist die Einschränkung des Energieumsatzes, es sei denn, die Sonnenenergie ließe sich weltweit ausnützen.

Aufgaben:

1. *Warum ist eine Kühlanlage kein Gegenbeispiel zum Erfahrungssatz (223.2)?*
2. *Für eine Abschätzung betrachten wir einen Verbrennungsmotor als eine Maschine der Art* M *(224.1). Für die Verbrennungstemperatur setzen wir 500 °C, für die Auspufftemperatur 80 °C an. Welcher maximale Wirkungsgrad errechnet sich hieraus?*
3. *Erläutern Sie, warum man den Wirkungsgrad einer Kältemaschine* M' *(Abb. 224.2) zweckmäßig als* $\eta_{Kälte} = \dfrac{Q_1'}{W'}$ *definiert. Wie groß ist der Wirkungsgrad der idealen Kältemaschine von (224.2)?*
4. *Ein Kühlschrank ist auf die Innentemperatur 2 °C eingestellt und steht in einer Küche mit 20 °C Lufttemperatur. Man stellt 3 l Wasser von 60 °C hinein. Was kostet die Abkühlung des Wassers, wenn* $\eta_{Kälte}$ *halb so groß wie der Idealwert von Aufgabe 3 ist? (1 kWh elektrische Energie koste 15 Pfennig.)*

Mechanische Schwingungen

§ 58 Beobachtung und Beschreibung von Schwingungen

Mechanische Schwingungen spielen bei Naturvorgängen und in der Technik eine ähnlich große Rolle wie die bisher im Rahmen der Mechanik behandelten Bewegungen, also wie zum Beispiel die kräftefreien Bewegungen, die Bewegungen unter Einfluß konstanter Kräfte oder die Kreisbewegungen. Es ist deshalb zweckmäßig, sie gesondert zu untersuchen.

Mit dem Wort „Schwingung" der Umgangssprache werden recht verschiedenartige Vorgänge bezeichnet: die Hin- und Herbewegungen eines Uhrpendels oder einer Schaukel und die Schwingungen einer Blattfeder ebenso wie die Bewegungen einer gezupften oder gestrichenen Saite. Auch das Einschwingen des Zeigers eines Meßgeräts, das Schwanken der Halme eines Getreidefelds, über das der Wind streicht, das Auf- und Absteigen des Maxwellschen Rads *(Abb. 227.1)* oder die Auf- und Ab-Bewegungen des Leuchtflecks auf dem Schirm eines Oszilloskops, das an eine Wechselspannung sehr kleiner Frequenz angeschlossen ist, vielleicht sogar die rhythmischen Ausbrüche eines Geysirs können als Schwingungen aufgefaßt werden.

Wir greifen aus der Fülle dieser Erscheinungsformen eine besondere Klasse mechanischer Schwingungsvorgänge heraus. Einige Beispiele zeigt *Abb. 227.1*.

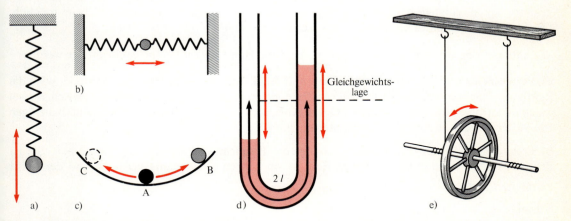

227.1 a) Feder-Schwere-Pendel, b) Feder-Pendel, c) Schwingbewegung einer Kugel in einer Rinne, d) Schwingende Flüssigkeit im U-Rohr, e) Maxwellsches Rad

In jedem der in *Abb. 227.1* dargestellten Beispiele gibt es für den schwingenden Körper eine stabile Gleichgewichtslage. Besonders deutlich wird dies an der Kugelrinne *(Abb. 227.1c)*. Der tiefste Punkt A der Rinne ist die Lage des stabilen Gleichgewichts der Kugel. Wenn die Kugel durch eine einmalig wirkende, nicht zu große Kraft aus dieser Lage herausgestoßen wird (bis Punkt B), kehrt sie wieder in diese Lage zurück, weil durch die Formgebung der Rinne eine Komponente der Schwerkraft als eine **rücktreibende Kraft** oder **Rückstellkraft** auftritt. Ob die

Rinne rechts und links bezüglich der Gleichgewichtslage symmetrisch oder unsymmetrisch ansteigt, ist für das Zustandekommen der Schwingung ohne Belang; dies bestimmt nur die Form der Schwingung. Die Kugel bewegt sich wegen ihrer **Trägheit** über die Gleichgewichtslage hinweg. Dadurch kann wieder die *rücktreibende Kraft* — nun in der anderen Richtung — wirksam werden, und das Spiel beginnt von neuem. Ohne Reibung würde sich dieser Vorgang vollkommen periodisch wiederholen. Schwingungen können dagegen nicht auftreten, wenn sich die Kugel auf waagerechter Unterlage — das heißt im indifferenten Gleichgewicht — oder im höchsten Punkt der nach unten gekrümmten Rinne — das heißt im labilen Gleichgewicht — befindet.

Daraus ist zu schließen:

> **Mechanische Schwingungen werden durch die Wirkung einer Rückstellkraft (rücktreibenden Kraft) auf einen Körper und infolge der Trägheit dieses Körpers aufrecht erhalten.**

Sobald eine Schwingung im Gang ist, wird zu ihrer Aufrechterhaltung eine weitere äußere Einwirkung nicht gebraucht. Solche Schwingungen nennen wir deshalb **freie Schwingungen** oder **Eigenschwingungen.** Bei Reibung oder anderer **Dämpfung** klingt allerdings die Schwingung nach einiger Zeit ab.

Versuch 88: Als schwingendes System betrachten wir ein sogenanntes **ebenes Fadenpendel**. Der Pendelkörper ist am unteren Ende eines Fadens angebracht, dessen oberes Ende eingespannt ist. Die Masse des Fadens ist dabei vernachlässigbar klein gegenüber der des Pendelkörpers, die Ausdehnung des Pendelkörpers klein gegenüber der Fadenlänge. Wenn die Bewegung so abläuft, daß der Faden stets in derselben Ebene bleibt, heißt das Pendel *ebenes Fadenpendel*. Wird der Pendelkörper an zwei nach oben auseinanderlaufenden Fäden, das heißt „bifilar", aufgehängt, so ist, solange beide Fäden gespannt sind, die Bewegung nur in *einer* Ebene möglich. Die Schwingungen eines solchen Pendels werden beobachtet (vgl. *Abb. 231.1*).

Wesentliche Begriffe für Schwingungen können an Hand dieses Versuchs eingeführt werden:

a) **Periodendauer T:** Für einen vollen Hin- und Rücklauf, das heißt eine volle Periode, wird die Zeitdauer T gebraucht, die **Periodendauer**. Eine gleich lange Zeitdauer verstreicht zwischen zwei aufeinanderfolgenden *gleichsinnigen* Durchgängen des Pendelkörpers durch einen beliebigen Punkt der insgesamt von ihm durchlaufenen Bahn.

b) **Frequenz f:** Mit der Periodendauer hängt die **Frequenz** der Schwingung zusammen. Sie ist definiert als Quotient einer beliebigen Zahl n von ganzen Schwingungsperioden und der dafür benötigten Zeit t:
$$f = \frac{n}{t}.$$
Für eine Periode ist $n=1$ und $t=T$; also gilt
$$f = \frac{1}{T}. \tag{228.1}$$
Die Einheit der Frequenz ist $\frac{1}{s} = 1$ Hertz $= 1$ Hz.

Wenn die Periodendauer des benutzten Pendels zum Beispiel 2,0 s ist, so beträgt die Frequenz 0,50 Hz.

c) **Elongation s:** Nachdem die Schwingung abgeklungen ist, befindet sich der Pendelkörper in der Gleichgewichtslage. Diese liegt bei symmetrischer Anordnung etwa in der Mitte zwischen den Endpunkten der Schwingungsbahn, den **Umkehrpunkten**. Die Strecke oder Bogenlänge von der

Gleichgewichtslage zu einem beliebigen Punkt der ganzen Schwingungsbahn heißt **Elongation s**. Zweckmäßigerweise rechnet man die Elongation nach der einen Seite positiv, nach der anderen negativ. Die Elongation ist demnach eine Koordinatengröße.

d) **Amplitude s_m:** Die Wegstrecke von der Gleichgewichtslage zum Umkehrpunkt wird als Amplitude s_m bezeichnet. In einem solchen Umkehrpunkt hat der Betrag der Elongation ein relatives Maximum. Der Index m weist auf „maximal" hin. $s_m = \text{Max}(s)$. Für s_m gilt anders als bei s: $s_m \geq 0$.

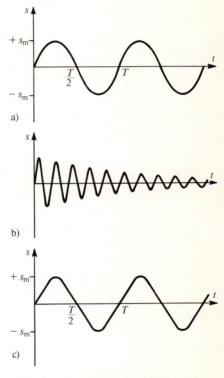

Die Veränderung der Elongation s mit der Zeit t wird in einem s-t-Diagramm dargestellt. Beispiele zeigt Abb. 229.1. Abb. 229.1a und Abb. 229.1c stellen ungedämpfte Schwingungen dar, Abb. 229.1b eine gedämpfte Schwingung. Der Vergleich von Abb. 229.1a mit Abb. 229.1c zeigt, daß zwei Schwingungen in Amplitude und Periodendauer übereinstimmen und doch verschiedenartig ablaufen können. Aus der Mechanik ist etwas Entsprechendes bekannt. Zwei Körper können dieselbe Strecke in derselben Zeit zurücklegen, obwohl die Bewegungsabläufe nicht übereinstimmen: Der eine bewegt sich z.B. gleichförmig, der andere mit konstanter Beschleunigung. Der Unterschied in den Weg-Zeit-Diagrammen wird durch unterschiedliche Kraftgesetze bewirkt. Entsprechendes gilt für die Unterschiede in den s-t-Diagrammen 229.1a und 229.1c bezüglich der Rückstellkraft.

Versuch 89: Eine besonders einfache Möglichkeit, das Elongation-Zeit-Diagramm einer Schwingung aufzuzeichnen, bietet die *Schreibstimmgabel* (vgl. Mittelstufenband Abb. 182.1). Die schwingende Stimmgabel wird gleichförmig über eine berußte Glasplatte gezogen, die auf den Schreibprojektor gelegt ist. Die Entstehung des Elongation-Zeit-Diagramms kann in der Projektion verfolgt werden: Was die Schreibspitze zeitlich nacheinander ausführt, ist im s-t-Diagramm räumlich

229.1 Elongation-Zeit-Diagramme

nebeneinandergesetzt. Eine genauere Aufzeichnung erhält man, wenn man die Schreibstimmgabel fest einspannt und ihren Schreibstift auf Registrierpapier drückt, das auf einer rotierenden Trommel oder einem sich drehenden Plattenspielerteller befestigt ist. Der Schreibvorgang kommt dabei durch eine zwischen Stift und Registrierpapier gelegte elektrische Spannung von etwa 30 Volt zustande (vgl. Seite 30).

Auf entsprechende Weise kann auch ein Fadenpendel oder ein Stangenpendel seine Schwingungen aufzeichnen. Abb. 229.1 zeigt Ergebnisse solcher Versuche. Im Idealfall ohne Dämpfung würden die Schreibstimmgabel und ebenso das ebene Fadenpendel, das Stangenpendel und viele andere Schwinger periodische Sinusschwingungen ausführen *(Abb. 229.1a)*. Solche Sinusschwingungen sollen im folgenden genauer untersucht werden. Es wird sich dabei auch zeigen, daß Sinusschwingungen durch besonders einfache Eigenschaften ausgezeichnet sind. Viele Schwingungen können bei genügend kleiner Amplitude angenähert als Sinusschwingungen aufgefaßt werden.

Abb. 229.1b gibt das *s-t*-Diagramm für eine gedämpfte Schwingung wieder. Diese Kurve geht aus einer Sinuskurve durch Abnehmen der Amplituden hervor. Das Abnehmen ist mit Reibungsdämpfung leicht zu erklären.

Abb. 229.1c zeigt das Elongation-Zeit-Gesetz für die Bewegung eines Wagens auf der Luftkissenfahrbahn, der zwischen harten Federn hin und her reflektiert wird. Die geraden Stücke des Diagramms beschreiben die gleichförmige Bewegung zwischen den Reflexionen, die kurzen gekrümmten Stücke die Bewegung während der Berührung des Wagens mit den Federn.

Aufgaben:

1. *An einem Kraftmesser, der durch* 1 N *um* 1 cm *gedehnt wird, hängt ein Körper mit* 0,5 kg *Masse. Um welche Strecke ist der Kraftmesser in der Gleichgewichtslage des Systems gedehnt? Wie groß ist die Rückstellkraft, wenn man den Körper um* 1 cm *beziehungsweise um* 3 cm *nach oben oder nach unten aus der Gleichgewichtslage herausbringt?*

2. *Wodurch kommt die Rückstellkraft für die Schwingungen folgender Systeme zustande (getrennt für positive und für negative Elongationen): Feder-Pendel, Feder-Schwere-Pendel, Flüssigkeit im U-Rohr, Knickbahn (vergleiche Abb. 230.1), Senkwaage in Wasser?*
   Beispiel: Beim ebenen Fadenpendel ist die Rückstellkraft die Komponente der Gewichtskraft, die im rechten Winkel zum Faden wirkt (vergleiche Abb. 236.2).

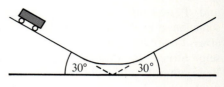

230.1 Knickbahn

3. *Bestimmen Sie die Periodendauer der dämpfungsfreien Schwingungsbewegung des Wagens auf der Knickbahn (vergleiche Abb. 230.1) für die Amplituden* 0,25 m, 0,50 m, 1,00 m. *Für die Rechnung kann das Übergangsstück am Knick vernachlässigt werden.*

4. *Zeichnen Sie qualitativ das Elongation-Zeit-Diagramm für einen auf ebener Unterlage dämpfungsfrei tanzenden Ball. (Die Bewegung des Schwerpunkts während der kurzzeitigen Verformung braucht nur ungefähr eingetragen zu werden. Benutzen Sie für die Aufwärtsbewegung die Kenntnisse über den senkrechten Wurf nach oben; vergleiche Seite 74.)*

§ 59 Das Kraftgesetz für Sinusschwingungen

Die Sinus*funktion* kann geometrisch als senkrechte Projektion des Radius des Einheitskreises auf die Ordinatenachse eingeführt werden. Dies ist nun auf Bewegungsvorgänge zu übertragen. Es liegt deswegen nahe, die Sinus*schwingung* mit einer gleichförmigen Kreisbewegung in Verbindung zu bringen. Dies zeigt Versuch 90.

Versuch 90: Ein Plattenspieler (oder Elektromotor) ist auf 33 Umdrehungen pro Minute eingestellt. Nahe am Rand des Plattentellers befindet sich nach *Abb. 231.1* als Markierung ein Kork K. Dieser läuft mit der konstanten Bahngeschwindigkeit v_K um. Durch Beleuchtung mit möglichst parallelem Licht entsteht auf einer zur Richtung der Lichtstrahlen senkrechten Wand das Schattenbild K' von K. K' führt Sinusschwingungen aus. Diese durch Projektion — also geometrisch-optisch gewonnene periodische Sinusschwingung wird Punkt für Punkt mit der mechanischen freien Schwingung eines ebenen Fadenpendels verglichen. Das Pendel mit dem

§ 59 Das Kraftgesetz für Sinusschwingungen 231

Pendelkörper P schwingt *parallel* zur Projektionswand. (Dies ist durch die bifilare Pendelaufhängung bei richtiger Justierung sichergestellt.) Der durch die Lichtstrahlen erzeugte Schatten P' von P führt deswegen eine Schwingung aus, die zu der des Pendelkörpers P kongruent ist. Durch geeignete Wahl der Pendellänge (0,821 m) läßt sich die Frequenz der Pendelschwingung auf die der Kreisprojektionsschwingung abstimmen. Im Schattenbild kann man die beiden Schwingungen zusammen beobachten. Zusätzlich zur Frequenz werden auch die Amplituden gleich groß gemacht. (Beim Pendel ist dabei die Amplitude noch klein gegenüber der Fadenlänge.) Wenn nun das Pendel im richtigen Augenblick in einem Umkehrpunkt losgelassen wird, stellt man fest, daß die Elongationen von K' und von P' zu jedem Zeitpunkt übereinstimmen. Der Versuch zeigt demnach:

> **Die Schwingung eines ebenen Fadenpendels mit hinreichend kleiner Amplitude ist eine *Sinusschwingung*.**

Insbesondere definiert man:

> **Periodische Sinusschwingungen werden auch als *harmonische Schwingungen* bezeichnet.**

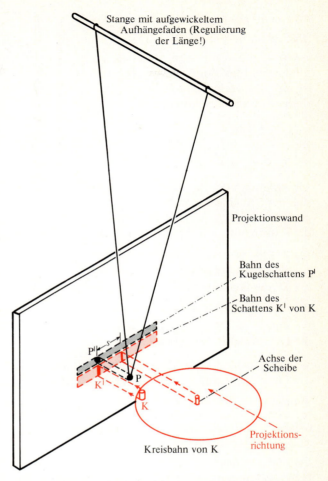

231.1 Projektion einer Kreisbewegung und einer Pendelschwingung

Das Elongation-Zeit-Gesetz einer Sinusschwingung kann mit Hilfe der zugehörigen gleichförmigen Kreisbewegung ermittelt werden. Die dazu nötigen Überlegungen werden an Hand von *Abb. 232.1* durchgeführt. Bei gleichförmiger Kreisbewegung vergrößert sich der vom Radius der Länge s_m überstrichene Winkel φ proportional zur Zeit t, es gilt also

$$\varphi \sim t \quad \text{oder} \quad \varphi = \omega t \tag{231.1}$$

mit dem Proportionalitätsfaktor ω. Dieser gibt die sogenannte Winkelgeschwindigkeit $\omega = \frac{\varphi}{t}$ an. Der Begriff Winkelgeschwindigkeit als Quotient von Winkel (im Bogenmaß) und Zeit entspricht dem Begriff Geschwindigkeit als Quotient von Weg und Zeit. Die Einheit der Winkelgeschwindigkeit ist $\frac{\text{rad}}{\text{s}}$ (siehe Seite 115). Während der Kreispunkt K in der Umlaufdauer T einen vollen Umlauf macht, vergrößert sich der Winkel φ um 2π, es ist demnach $\omega = \frac{\varphi}{t} = \frac{2\pi}{T}$. (In Versuch 90 ist die Winkelgeschwindigkeit $\omega = \frac{33 \cdot 2\pi \text{ rad}}{1 \text{ Minute}} = \frac{33 \cdot 6{,}28}{60} \frac{\text{rad}}{\text{s}} = 3{,}45 \frac{\text{rad}}{\text{s}}$.)

Aus dem grau getönten Dreieck der Abb. 232.1 liest man ab: $\sin\varphi = \frac{s}{s_m}$. $s = s(t)$ ist die zur Zeit t vorliegende Elongation des Sinusschwingers. Also ist das Elongation-Zeit-Gesetz der periodischen Sinusschwingung

$$\begin{aligned} s(t) &= s_m \cdot \sin\varphi \\ &= s_m \cdot \sin\omega t \quad (232.1) \\ &= s_m \cdot \sin\frac{2\pi}{T}t. \end{aligned}$$

Im Nullpunkt der Zeitmessung befindet sich der Schwinger dabei in der Gleichgewichtslage [$s(0) = s_m \cdot \sin 0 = 0$]. Für die Schwingung ist T die Periodendauer. Die Größe $\omega = \frac{2\pi}{T} = 2\pi \cdot f$ wird **Kreisfrequenz** genannt (vergleiche Seite 115). s_m ist die **Amplitude** der Schwingung. $\varphi = \omega t = \frac{2\pi}{T} \cdot t$, das heißt allgemein das Argument der Sinusfunktion, wird als ihr **Phasenwinkel** bezeichnet.

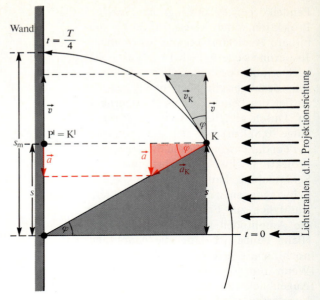

232.1 Zusammenhang zwischen Geschwindigkeit v_K sowie Beschleunigung a_K des Kreispunkts K und Geschwindigkeit v sowie Beschleunigung a des schwingenden Punkts P′

Wirksam wird nur der Überschuß des Phasenwinkels φ über ein ganzzahliges Vielfaches von 2π (360°); Beispiel: 9π ist gleichbedeutend mit π; $9\pi \equiv \pi \pmod{2\pi}$.

Man darf die konstante Kreisfrequenz, die die Bewegung von K auf dem Vollkreis in Abb. 232.1 beschreibt, nicht verwechseln mit der sich stets ändernden Winkelgeschwindigkeit des Pendelkörpers auf seiner Bahn. Ebenso darf der Phasenwinkel φ nicht mit dem Auslenkungswinkel δ des Pendelfadens in Abb. 236.2 verwechselt werden.

Der Zusammenhang der periodischen Sinusschwingung mit der gleichförmigen Kreisbewegung bietet nun weiterhin die Möglichkeit, die **Rückstellkraft bei Sinusschwingungen** zu ermitteln. Das geschieht über die Grundgleichung der Dynamik, Kraft gleich Masse mal Beschleunigung, $F = m \cdot a$. Die Gültigkeit dieser Gleichung ist allerdings bisher nur bei der gleichförmig beschleunigten Bewegung auf einer Geraden, beim Wurf und bei der gleichförmigen Kreisbewegung empirisch geprüft worden. Die Anwendung zur Berechnung der Rückstellkraft bei Schwingungen muß also durch eine nachträgliche experimentelle Bestätigung der erhaltenen Ergebnisse gerechtfertigt werden.

Da die Sinusschwingung außerdem hinsichtlich der Energie untersucht werden soll, wird auch die Geschwindigkeit des Schwingers benötigt. **Geschwindigkeit** und **Beschleunigung** werden ebenfalls an Hand von Abb. 232.1 berechnet. Die Momentangeschwindigkeiten der Schatten K′ und P′ stimmen in jedem Augenblick überein und liefern die Momentangeschwindigkeit v des Schwingers als Projektion des Geschwindigkeitsvektors $\vec{v}_K$ auf die Ordinatenachse. Aus dem hellgrau getönten Dreieck liest man ab:

$v(t) = v_K \cdot \cos\varphi = v_K \cdot \cos\omega t$. Die Geschwindigkeit des Punktes K auf dem Kreis mit dem Radius s_m ist $v_K = $ Kreisumfang : Umlaufdauer $= 2\pi s_m / T = \omega \cdot s_m$. Damit erhält man für die **Geschwindigkeit des Schwingers:**

$$v(t) = \omega \cdot s_m \cdot \cos\omega t. \tag{232.2}$$

Die Geschwindigkeit v nimmt also ihren größten Betrag stets beim Durchgang des Körpers durch die Gleichgewichtslage, das heißt zu den Zeitpunkten $0, \frac{T}{2}, 2\frac{T}{2}$ und so weiter an. Sie ist stets Null an den Umkehrpunkten, das heißt für die Zeitpunkte $\frac{T}{4}, 3\frac{T}{4}, 5\frac{T}{4}$ und so weiter (vgl. *Abb. 232.1* und *234.1*).

Die Schatten K' und P' haben auch die gleichen Momentanbeschleunigungen wie der Schwinger. Nach den Gesetzen der Kreisbewegung weist der Beschleunigungsvektor $\vec{a}$ des umlaufenden Körpers K stets auf den Kreismittelpunkt (Zentripetalbeschleunigung) und hat den Betrag

$$a_K = \frac{v_K^2}{s_m} = \frac{\omega^2 \cdot s_m^2}{s_m} = \omega^2 \cdot s_m \quad \text{(vgl. Seite 118).}$$

Die **Beschleunigung** $a(t)$ des Punktes K' erhält man als Projektion des Beschleunigungsvektors $\vec{a}_K$ des umlaufenden Körpers K. Aus dem rot getönten Dreieck entnimmt man $a(t) = -a_K \cdot \sin \varphi$. Mit $a_K = \omega^2 \cdot s_m$ ergibt sich

$$\boldsymbol{a(t) = -\omega^2 \cdot s_m \cdot \sin \omega t}. \tag{233.1}$$

Das Minuszeichen drückt aus, daß die Beschleunigung $a(t)$ stets entgegengesetzt zur zugehörigen Elongation $s(t) = s_m \cdot \sin \omega t$ ist. So erhält man für den Zusammenhang von Beschleunigung und Elongation

$$a(t) = -\omega^2 \cdot s(t). \tag{233.2}$$

Die Momentanbeschleunigung des Körpers ist also immer auf die Gleichgewichtslage hingerichtet (Minuszeichen) und zur Elongation s proportional. Wegen $\omega = 2\pi f$ wächst die Beschleunigung außerdem mit dem Quadrat der Frequenz. Bei Durchgang des Körpers durch die Gleichgewichtslage ist die Beschleunigung Null, in den Umkehrpunkten nimmt sie jeweils den maximalen Betrag an.

Die obigen Berechnungen geben auf Grund des Versuchs 90 nicht nur $s(t)$, $v(t)$ und $a(t)$ für den Schatten K', sondern auch für den Pendelkörper P wieder. Vorausgesetzt, daß die Newtonsche Grundgleichung der Dynamik auch bei variablen Beschleunigungen gültig ist, ergibt sich mit der Masse m des Pendelkörpers P und seiner Beschleunigung $a(t)$

$$\boldsymbol{F(t) = m \cdot a(t) = -m \cdot \omega^2 \cdot s(t)}. \tag{233.3}$$

Das bedeutet:

> **Bei einer harmonischen Schwingung ist die Rückstellkraft proportional zur Elongation.**

Harmonische Schwingung und Differentialrechnung

Die Gleichungen (232.2) für $v(t)$ und (233.1) für $a(t)$ lassen sich aus der Gleichung (232.1) für $s(t)$ mit Hilfe der Differentialrechnung (Seite 188 und 189) folgern, indem man jeweils s beziehungsweise v nach t ableitet und dabei beachtet, daß die Ableitung der sin-Funktion die cos-Funktion ergibt, und daß die Ableitung der cos-Funktion die Funktion $(-\sin)$ ist. Damit erhält man, wenn man außerdem die Kettenregel der Differentialrechnung anwendet,

$$s(t) = s_m \sin \omega t \tag{233.4}$$

$$v(t) = \dot{s}(t) = s_m \omega \cos \omega t \tag{233.5}$$

$$a(t) = \dot{v}(t) = -s_m \omega^2 \sin \omega t. \tag{233.6}$$

Zusammenfassung der Gesetze der harmonischen Schwingung

a) Elongation-Zeit-Gesetz $\quad s(t) = s_m \cdot \sin \omega t \quad$ (234.1)

b) Geschwindigkeit-Zeit-Gesetz $\quad v(t) = s_m \cdot \omega \cos \omega t \quad$ (234.2)

c) Beschleunigung-Zeit-Gesetz $\quad a(t) = -s_m \cdot \omega^2 \cdot \sin \omega t \quad$ (234.3)

d) Kraft-Zeit-Gesetz $\quad F(t) = -s_m \cdot m \cdot \omega^2 \cdot \sin \omega t \quad$ (234.4)

e) Kraft-Elongation-Gesetz $\quad F(s) = -m \cdot \omega^2 \cdot s \quad$ (234.5)

Wenn die Elongation eine harmonische Schwingung ausführt, dann also auch die Geschwindigkeit (da $\cos \omega t = \sin\left(\omega t + \frac{\pi}{2}\right)$), die Beschleunigung und die Rückstellkraft.

Die Zeit-Diagramme der Größen $s(t)$, $v(t)$ und $F(t)$ sind in *Abb. 234.1* dargestellt. Die Beschleunigung $a(t)$ verläuft proportional zu $F(t)$, da $a = \frac{F}{m}$ ist.

Zusätzlich zu den schon formulierten Ergebnissen erkennt man daran, daß während einer Dauer von $T/4$ die Rückstellkraft $F(t)$ gleichgerichtet mit der Geschwindigkeit $v(t)$ und im darauffolgenden Zeitabschnitt von $T/4$ Dauer entgegengesetzt zur Geschwindigkeit ist. Die Rückstellkraft beschleunigt (im positiven Sinn) und bremst die Bewegung des schwingenden Körpers also periodisch. Dies unterscheidet sie von den Bewegungsreibungskräften, welche stets der Geschwindigkeit entgegengesetzt gerichtet sind.

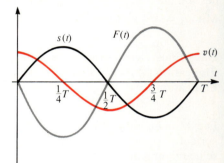

234.1 Elongation s, Geschwindigkeit v und Kraft F als Funktionen der Zeit

Die Untersuchung der harmonischen Schwingung hat unter anderem ergeben, daß für die Rückstellkraft ein **lineares Kraftgesetz** $F = -D \cdot s$ mit konstantem $D = m \cdot \omega^2 > 0$ gilt. Eine hier nicht durchgeführte mathematische Betrachtung zeigt, daß auch umgekehrt bei Gültigkeit des linearen Kraftgesetzes für die Rückstellkraft sich stets eine harmonische Schwingung ergibt. Die hier vorausgesetzten mathematischen Kenntnisse reichen jedoch zum Verständnis des Beweises nicht aus. Im nächsten Paragraph wird gezeigt, daß für das ebene Fadenpendel das lineare Kraftgesetz näherungsweise gilt. Versuch 90 kann dann als experimenteller Nachweis dafür angesehen werden, daß sich bei Gültigkeit des linearen Kraftgesetzes eine harmonische Schwingung einstellt.

Eine harmonische Schwingung ist genau dann möglich, wenn die Rückstellkraft dem linearen Kraftgesetz $F = -D \cdot s$ mit konstantem $D > 0$ genügt. Dabei bestimmt die Richtgröße D die Kreisfrequenz $\omega = \frac{2\pi}{T}$ und damit die Periodendauer T der Schwingung. Es gilt:

$$D = m\omega^2 = m \cdot \frac{4\pi^2}{T^2} \quad (234.6\text{a}), \quad \text{also} \quad T = 2\pi \sqrt{\frac{m}{D}} \quad (234.6\text{b}).$$

Mit Gleichung (234.6b) kann also bei Gültigkeit des linearen Kraftgesetzes die Periodendauer berechnet werden. Davon wird in den Beispielen des § 60 Gebrauch gemacht.

Nach dieser Gleichung hängt bei periodischen Sinusschwingungen die Periodendauer T nur von m und von D ab, zum Beispiel also nicht von der Amplitude s_m der Schwingung.

> **Bei harmonischen Schwingungen ist die Periodendauer von der Amplitude der Schwingung unabhängig.**

Das ist auch anschaulich verständlich: Bei größerer Amplitude wachsen die Rückstellkraft und damit die Beschleunigung so an, daß auch der längere Weg zwischen Umkehrpunkt und Gleichgewichtslage in derselben Zeit wie bei einer Schwingung mit kleinerer Amplitude zurückgelegt werden kann.

§ 60 Berechnung der Periodendauer bei einigen besonderen freien mechanischen Schwingungen

1. Feder-Schwere-Pendel

Ein Feder-Schwere-Pendel besteht aus einer vertikal hängenden Schraubenfeder und einem daran befestigten Körper, der sich in einem homogenen Schwerefeld befindet. Dabei werden nur vertikale Bewegungen zugelassen.

In *Abb. 235.1* sind drei Zustände der Feder gezeichnet: a) *unbelastet*, b) mit der Gewichtskraft des angehängten Körpers der Masse m *statisch belastet* und c) *während der Schwingung*. Die Federverlängerungen werden vom Endpunkt der unbelasteten Feder aus — nach unten positiv — gerechnet. In der Gleichgewichtslage ist die Verlängerung s_0; für sie gilt, wenn das Hookesche Gesetz erfüllt ist, $G = m \cdot g = D \cdot s_0$; dabei ist D die Federkonstante oder Richtgröße der Feder. Während der Schwingung ist die Verlängerung $s_0 + s$; die von der Gleichgewichtslage aus gerechnete Elongation beträgt also s.

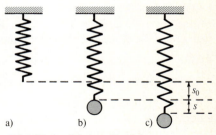

235.1 Feder-Schwere-Pendel

Die Resultierende der auf den Körper wirkenden Kräfte wird nach unten positiv gerechnet und ergibt sich aus der nach oben gerichteten Federkraft und der nach unten wirkenden Gewichtskraft:

$$F = -D(s_0 + s) + mg = -Ds_0 - Ds + mg = -mg - Ds + mg = -Ds. \quad (235.1)$$

Die resultierende Kraft ist also rücktreibend (zur Gleichgewichtslage hin) und zur Elongation s proportional. Die Schwingung ist deshalb harmonisch. Nach den Ergebnissen von § 59 gilt dann die Gleichung (234.6b).

> **Periodendauer des Feder-Schwere-Pendels:** $T = 2\pi \sqrt{\dfrac{m}{D}}.$ (235.2)

Die Periodendauer ist demnach um so größer, je größer die Masse m des angehängten Körpers und je kleiner die Richtgröße D, das heißt, je weicher die Feder ist. Bei Vervierfachung der Masse verdoppelt sich die Periodendauer. Interessanterweise geht die Fallbeschleunigung g nicht in die

Formel für die Periodendauer ein. Ein Feder-Schwere-Pendel schwingt also zum Beispiel auf dem Mond mit derselben Periodendauer wie auf der Erde, weil weder die Masse des angehängten Körpers noch die Richtgröße der Feder sich ändert.

Versuch 91: a) Eine Schraubenfeder wird durch Anhängen von Körpern mit 50 g, 100 g, 150 g belastet. Die zugehörigen Verlängerungen sind 13,8 cm, 27,7 cm, 41,5 cm. Es ist also $s \sim F_a = G$ (F_a = äußere Kraft), das heißt $F_a = D \cdot s$ (Hookesches Gesetz). Aus den Meßwerten erhält man $D = 3{,}54 \, \frac{\text{N}}{\text{m}}$. Die Rückstellkraft ist die Reaktionskraft der Feder $F = -F_a$, also $F = -D \cdot s$.

b) Die Masse des Pendelkörpers ist $m = 100$ g. Aus Gl. (235.2) berechnet man dann für die Periodendauer der Schwingung $T = 1{,}06$ s.

Aus der Zeitmessung für 10 Schwingungen erhält man $T_{\text{gemessen}} = 1{,}09$ s. Die gemessene Periodendauer liegt also um 3% höher als die berechnete. Diese Abweichung ist nicht allein durch die Meßfehler zu erklären. Sie rührt hauptsächlich daher, daß die Federmasse unberücksichtigt geblieben ist.

Bei der Herleitung wurde nämlich stillschweigend vorausgesetzt, daß alle Teile des schwingenden Systems dieselbe Schwingung ausführen. Dies ist, streng genommen, nicht der Fall, weil auch die Feder mitschwingt, aber verschiedene Teile der Feder dabei verschiedene Auslenkungen haben. Wenn die Masse der Feder klein gegenüber der Masse des angehängten Körpers ist, gilt obige Formel für die Periodendauer mit großer Genauigkeit. Ist die Voraussetzung $m_{\text{Feder}} \ll m_{\text{Körper}}$ nicht genügend erfüllt, so ist, wie eine genauere Rechnung zeigt, in Gleichung (235.2) m durch $m_{\text{Körper}} + \frac{1}{3} m_{\text{Feder}}$ zu ersetzen.

c) Die Messung der Periodendauer wird bei 4facher Masse des angehängten Körpers wiederholt. Man findet fast genau die doppelte Periodendauer wie bei b).

d) Durch „Hintereinanderschalten" zweier gleicher Federn (vgl. *Abb. 236.1*) wird die Federkonstante $D = \left| \frac{F}{s} \right|$ halbiert, da bei gleicher Kraft die doppelte Verlängerung auftritt. Dies erhöht die Periodendauer auf das $\sqrt{2}$fache. Die Messung bestätigt dies. Durch „Parallelschaltung" zweier gleicher Federn (vgl. *Abb. 236.1*) wird die Federkonstante verdoppelt. Die Periodendauer wird also auf den $\sqrt{2}$ten Teil reduziert. Auch dieses Ergebnis wird durch die Messung bestätigt.

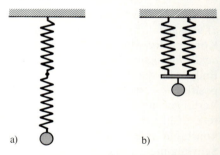

236.1 Hintereinanderschaltung und Parallelschaltung zweier Federn

e) Bei der ursprünglichen Anordnung b) wird die Periodendauer nacheinander an Schwingungen mit verschiedenen Amplituden gemessen. Es zeigt sich, daß die Periodendauer von der Amplitude unabhängig ist.

2. Ebenes Fadenpendel

Die Definition für das ebene Fadenpendel ist bei der Beschreibung des Versuchs 88 gegeben worden. Der Faden eines solchen Pendels sei um den Winkel δ aus der Gleichgewichtslage ausgelenkt (vgl. *Abb. 236.2*). Auf den Pendelkörper wirkt als rücktreibende Kraft die Kom-

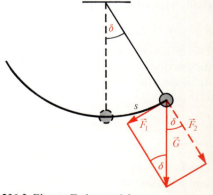

236.2 Ebenes Fadenpendel

§ 60   Berechnung der Periodendauer bei einigen besonderen freien mechanischen Schwingungen

ponente F_1 der Gewichtskraft G, die jeweils senkrecht zum gespannten Faden wirkt. (Die andere Komponente F_2 wird durch die Spannkraft des Fadens aufgehoben.) Winkel δ und Elongation s auf dem Kreisbogen werden von der Gleichgewichtslage aus nach rechts positiv gezählt. Die Kraft hat die entgegengesetzte Richtung, in der δ und s wachsen.

Aus *Abb. 236.2* erkennt man damit: $F_1 = -mg \cdot \sin\delta$ und wegen $\delta = \frac{s}{l}$ (δ im Bogenmaß, vgl. Seite 115). $F_1 = -mg \cdot \sin\left(\frac{s}{l}\right)$. Die rücktreibende Kraft ist zum Sinus von $\frac{s}{l}$ proportional, also nicht zur Elongation s.
Wenn $|s| \ll l$ ist, das heißt, wenn $|\delta| = \frac{|s|}{l} \ll 1$ ist, gilt $\sin\frac{s}{l} \approx \frac{s}{l}$, also $F_1 = -\frac{mg}{l} s$. Die Genauigkeit, mit der dies erfüllt ist, zeigt die folgende Tabelle.

Tabelle 237.1

δ im Gradmaß	1°	5°	10°	20°	30°
$\frac{s}{l} = \delta$ im Bogenmaß	0,017453	0,087266	0,174533	0,349066	0,523600
$\sin\frac{s}{l}$	0,017452	0,087156	0,173648	0,342020	0,500000
Prozentuale Abweichung von $\frac{s}{l}$ gegenüber $\sin\frac{s}{l}$	0,006 %	0,13 %	0,51 %	2,1 %	4,7 %

Bei hinreichend kleinen Amplituden des Winkels δ ist demnach das **lineare Kraftgesetz** erfüllt, die Schwingung ist **harmonisch**. Die Richtgröße ist dann $D = \frac{mg}{l}$. Durch Einsetzen erhält man:

$$T = 2\pi \sqrt{\frac{m}{D}} = 2\pi \sqrt{\frac{ml}{mg}} = 2\pi \sqrt{\frac{l}{g}}.$$

Periodendauer des ebenen Fadenpendels mit hinreichend kleinen Amplituden des Winkels δ:

$$T = 2\pi \sqrt{\frac{l}{g}}. \qquad (237.1)$$

Versuch 92: Zur Bestätigung hängen wir an einen Faden eine Kugel von etwa 200 g so, daß der Kugelschwerpunkt vom Aufhängepunkt, der nicht mitschwingen darf, die Entfernung $l = 3{,}000$ m hat. (Bei wesentlich kürzerer Pendellänge müßte man berücksichtigen, daß die unteren Punkte der Kugel einen weiteren Weg zurücklegen als die oberen.)
Man bestimmt zum Beispiel an einem Ort mit der Fallbeschleunigung $g = 9{,}808$ m/s² *(Tabelle 58.2)* die Periodendauer $T = 3{,}47$ s aus 100 Schwingungen kleiner Amplitude.

Versuch 93: a) Ein zweites Pendel mit genau gleicher Länge, aber nur 20 g Masse des Pendelkörpers, wird mit dem in Versuch 92 beschriebenen gleichphasig mit relativ kleiner Amplitude in Schwingungen versetzt. Die beiden Pendel bleiben über viele Perioden hinweg gleichphasig.
b) Ein Vergleichspendel mit einer Pendellänge von $\frac{1}{4}$ des zunächst benutzten führt je zwei Schwingungsperioden während einer Periode des längeren Pendels aus.
c) Wenn die Bedingung $|s| \ll l$ nicht mehr erfüllt ist, gilt das lineare Kraftgesetz nicht mehr. Hierzu versetzt man von zwei gleichen Pendeln das eine mit 5°, das andere mit über 20° Amplitude von δ gleichphasig in Schwingung. Sie kommen bereits nach wenigen Perioden etwas außer Takt; das Pendel mit der größeren Winkelamplitude bleibt zurück.

> **Bei relativ großen Amplituden ist die Schwingung eines ebenen Fadenpendels nicht-harmonisch; die Periodendauer wächst mit der Amplitude.**

Durch Messung von l und T läßt sich mit einem ebenen Fadenpendel bei kleiner Amplitude die Fallbeschleunigung g am Versuchsort bestimmen.

Damit man eine Verlängerung des Fadens nicht zu befürchten braucht, benutzt man Pendel mit einer massiven Pendelstange. Man hat bei ihnen als Länge diejenige eines Fadenpendels gleicher Periodendauer (reduzierte Pendellänge) einzusetzen.

So können die geringen Unterschiede der Fallbeschleunigung von Ort zu Ort ermittelt werden. Im Mittel nimmt die Fallbeschleunigung vom Äquator zu den Polen kontinuierlich zu (vergleiche Seite 58). Darüber hinausgehende örtliche Abweichungen der Fallbeschleunigung werden von einem gegenüber der durchschnittlichen Zusammensetzung abweichenden Aufbau der Erdkruste verursacht. Über Erzlagerstätten ist die Fallbeschleunigung vergrößert, über Salzlagerstätten oder Erdölvorkommen verkleinert.

3. Rückblick

Bisher wurden von den vielen verschiedenen Arten von Schwingungen nur die freien mechanischen periodischen Schwingungen genauer untersucht. Freie mechanische Schwingungen werden, nachdem die Bewegung durch einen äußeren Einfluß angestoßen wurde, allein durch das Wirken einer Rückstellkraft und der Trägheit des Schwingers aufrechterhalten. Der Zusammenhang zwischen Rückstellkraft und Elongation ist für die Art der Schwingung maßgebend. Die zur Elongation proportionale Rückstellkraft liefert die übersichtlichsten Schwingungen, die **periodischen Sinusschwingungen** oder **harmonischen Schwingungen.** Bei ihnen ist die Periodendauer von der Schwingungsamplitude s_m unabhängig. Die Tatsache, daß harmonischen Schwingungen, und nur diesen, ein **lineares Kraftgesetz** für die Rückstellkraft zugrunde liegt, ermöglichte die Berechnung der Periodendauer solcher Schwingungen aus der Masse des Schwingers und der Richtgröße. Beispiele hierfür sind verschiedene Pendel; ein Gegenbeispiel ist die Schwingungsbewegung auf der Knickbahn (vergleiche Seite 230, Aufgabe 3 bei verschiedenen Amplituden).

Die Übereinstimmung von Berechnung und Messung der Periodendauer in den behandelten Beispielen bestätigt nachträglich, daß die Anwendung der Newtonschen Grundgleichung $F=ma$ auch bei Schwingungen, bei denen die Beschleunigung nicht konstant ist, berechtigt war.

Aufgaben:

1. *40 Schwingungen eines Federpendels dauern* 21 s. *Die Masse des Schwingers beträgt* 250 g. *Berechnen Sie die Richtgröße der Feder! Welchen Einfluß hat die Schwerkraft? Beobachten Sie die Unabhängigkeit der Periodendauer von der Amplitude!*

2. *Welche Masse muß ein schwingender Körper haben, wenn er an einer Feder der Richtgröße* $D=100$ N/m *mit der Periodendauer* $T=0{,}50$ s *schwingen soll?*

3. *In einen Omnibus steigen* 20 *Personen von je* 75 kg *Masse. Hierdurch senkt sich die Karosserie um* 10 cm. *Berechnen Sie die Richtgröße D der Federung! Wie groß ist die Periodendauer a) des leeren, b) des so beladenen Wagens, wenn der mitschwingende Teil des Wagens* 3000 kg *wiegt? (Es handle sich um vertikale Schwingungen.)*

4. *Die Länge der Feder eines Federpendels wird dadurch auf die Hälfte verkürzt, daß man den Aufhängepunkt in die Mitte der Feder verlegt. Wie ändert sich die Periodendauer?*

5. *Abb. 227.1d zeigt eine im U-Rohr schwingende Flüssigkeit. Man prüfe nach, ob für diese Schwingung das lineare Kraftgesetz gilt! Gegebenenfalls stelle man eine Formel für die Periodendauer T auf. — Anleitung: Aus dem Rohrquerschnitt A, der Dichte ϱ der Flüssigkeit und der flüssigkeitsgefüllten Teillänge 2 l des Rohrs läßt sich die Masse des Schwingers errechnen. — Mit der Auslenkung s des Flüssigkeitsspiegels aus der Gleichgewichtslage, der Dichte ϱ und dem Querschnitt A gewinnt man die Rückstellkraft F und damit die Richtgröße* $D = \left|\dfrac{F}{s}\right|$.

6. *Man weise nach, daß die mit einem Faden (Abb. 239.1) an einer festen Rolle aufgehängte Kette Sinusschwingungen vollführt. Wie groß ist die Periodendauer T bei einer Kettenlänge l = 1 m? (Beachten Sie die Anleitung zu Aufgabe 5!)*

7. *Berechnen Sie die Länge eines Fadenpendels für die Periodendauer von 2,00 s. Fertigen Sie das Pendel an und prüfen Sie nach! („Sekundenpendel".) Wie lang ist ein solches Sekundenpendel auf dem Mond?* ($g_{\text{Mond}} = \frac{1}{6} g_{\text{Erde}}$.)

8. *Am 10 m langen Seil eines Krans hängt eine Last. Wie groß ist die Periodendauer, wenn sie Schwingungen ausführt?*

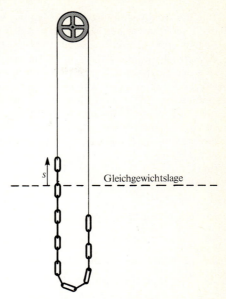

239.1 Schwingende Kette

§ 61 Energieumwandlungen bei mechanischen Schwingungen

Freie mechanische Schwingungen kommen nur zustande, wenn ein Körper an eine **stabile** Gleichgewichtslage gebunden ist (vergleiche Seite 227). Um ihn aus dieser Lage zu entfernen, muß Arbeit an ihm verrichtet werden, beim Fadenpendel gegen die Gewichtskraft, beim Feder-Pendel gegen die Spannkraft der Feder, beim Feder-Schwere-Pendel *(Abb. 227.1a)* gegen die Resultierende aus Gewichtskraft und Spannkraft der Feder. Damit gewinnt der Körper **potentielle Energie,** zum Beispiel Lageenergie beim Fadenpendel, Spannenergie beim Federpendel. In der Gleichgewichtslage hat er gegenüber allen Lagen seiner Nachbarschaft die geringste potentielle Energie. Die Gleichgewichtslage wird deshalb als **Potentialmulde** bezeichnet.

In energetischer Hinsicht kann eine Schwingung so beschrieben werden: In den Umkehrpunkten der Bewegung hat die potentielle Energie Maxima, beim Durchgang des Schwingers durch die Gleichgewichtslage ein Minimum. Da es nur auf die Differenzen der potentiellen Energie ankommt, kann man das Nullniveau der potentiellen Energie in der Gleichgewichtslage ansetzen. Die **kinetische Energie** ist in den Umkehrpunkten stets Null. Durch die beschleunigende Wirkung der rücktreibenden Kraft gewinnt der Schwinger zwischen Umkehrpunkt und Gleichgewichtslage kinetische Energie auf Kosten der potentiellen Energie. Wenn keine Dämpfung, zum Beispiel durch Reibung, vorhanden ist, ist die kinetische Energie beim Durchgang des Körpers durch die Gleichgewichtslage maximal. Ohne Dämpfung wandeln sich die beiden Energieformen kinetische und potentielle Energie während der Schwingung **periodisch** ineinander um.

Für die freie harmonische Schwingung kann die Gültigkeit des Energiesatzes der Mechanik mit den bisher gewonnenen Ergebnissen deduktiv gezeigt werden. Die Gesamtenergie des schwingenden Systems ist die Summe aus der potentiellen und der kinetischen Energie. Für die kinetische Energie gilt $W_{kin} = \frac{1}{2} \cdot m \cdot v^2$. Die potentielle Energie kann jedoch nicht einfach aus „Kraft mal Elongation" gewonnen werden, weil die Kraft nicht längs der Elongationsstrecke konstant ist. Bei der harmonischen Schwingung ist $F = -D \cdot s$; dabei ist die Federkraft F die Gegenkraft, gegen welche eine äußere Kraft $F_a = -F$ Arbeit verrichten muß. Nach Seite 90 gilt dafür: $W_{pot} = \frac{1}{2} D \cdot s^2$. Mit $D = m \cdot \omega^2$ und $s = s_m \cdot \sin \omega t$ erhält man

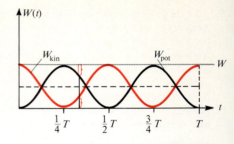

240.1 Zeit-Diagramm der Energien bei der harmonischen Schwingung

$$W_{pot} = \frac{1}{2} \cdot m \cdot \omega^2 \cdot s_m^2 \cdot \sin^2 \omega t.$$

Mit Gleichung (232.2) für die Geschwindigkeit ergibt sich

$$W_{kin} = \frac{1}{2} \cdot m \cdot v^2 = \frac{1}{2} \cdot m \cdot \omega^2 \cdot s_m^2 \cdot \cos^2 \omega t.$$

Damit ist die Gesamtenergie zu berechnen:

$$W = W_{pot} + W_{kin} = \frac{1}{2} m \omega^2 s_m^2 \sin^2 \omega t + \frac{1}{2} m \omega^2 s_m^2 \cos^2 \omega t = \frac{1}{2} m \cdot \omega^2 s_m^2 (\sin^2 \omega t + \cos^2 \omega t)$$
$$= \frac{1}{2} m \cdot \omega^2 \cdot s_m^2 = \frac{1}{2} \cdot D \cdot s_m^2.$$

Die Gesamtenergie des harmonischen Schwingers ist also zeitlich konstant. Sie ist der Masse des schwingenden Körpers, dem Quadrat der Amplitude und dem Quadrat der Frequenz (wegen $\omega = 2\pi f$) proportional. Der zeitliche Verlauf der Energien ist aus Abb. 240.1 zu ersehen.

Aufgaben:

1. *Ein Körper der Masse* 0,50 kg *führt harmonische Schwingungen mit der Periodendauer* 1,5 s *und der Amplitude* 0,20 m *aus. Welche Energie steckt in dieser Schwingung? Wieviel Energie muß zusätzlich aufgebracht werden, wenn die Amplitude von* 0,20 m *auf* 0,40 m *erhöht wird? Wie groß ist die maximale Geschwindigkeit des Körpers?*

2. *Berechnen Sie die Gesamtenergie der durch Abb. 230.1 beschriebenen (dämpfungsfreien) Schwingung in Abhängigkeit von der Amplitude s_m! (Die Gültigkeit des Energiesatzes kann dabei vorausgesetzt werden.) Vergleichen Sie die Abhängigkeit der Gesamtenergie von der Amplitude und von der Periodendauer in diesem Beispiel mit den entsprechenden Abhängigkeiten bei harmonischen Schwingungen!*

§ 62 Freie gedämpfte mechanische Schwingungen

Die mechanischen Eigenschwingungen makroskopischer Körper sind fast immer gedämpft. **Dämpfung** bedeutet Abnahme der Amplituden im Lauf der Zeit. (Als **Amplituden** werden entsprechend der bisherigen Definition die Beträge der Elongationen in relativen Maxima und Minima der s-t-Diagramme bezeichnet). Die Dämpfung läßt sich zwar bei manchen schwingenden Systemen, insbesondere bei den verschiedenen Pendeln, so klein halten, daß die Schwingungen nur sehr langsam abklingen, aber ganz zu vermeiden ist sie nicht, soweit sie durch Reibung verursacht wird.

§ 62 Freie gedämpfte mechanische Schwingungen 241

Die Kräfte durch Reibung und Luftwiderstand sind stets der Geschwindigkeit entgegen gerichtet, bremsen also die Bewegung und wandeln kontinuierlich geordnete mechanische Energie in Energie der ungeordneten Teilchenbewegung um. Dadurch wird im allgemeinen die Temperatur der beteiligten Körper erhöht. Schwingungen werden demnach dadurch gedämpft, daß Energie des schwingenden Systems aus Formen, die der periodischen Umwandlung fähig sind, in andere Energieformen umgewandelt oder nach außen abgegeben wird. Reibungsvorgänge sind nicht die einzige Möglichkeit dafür. Ein Beispiel für eine Schwingung, die im wesentlichen nicht durch Reibung, sondern durch Energieabgabe nach außen gedämpft wird, bietet die Stimmgabel. Ihre Schwingung ist hörbar, weil sie Energie abstrahlt. Ein Teil der Schwingungsenergie wird durch Schallwellen von der Stimmgabel weggetragen.

Im folgenden soll untersucht werden, ob die an ungedämpften Schwingungen gewonnenen Ergebnisse auf gedämpfte Schwingungen übertragbar sind. Die Versuche 91 und 92 am Feder-Schwere-Pendel und am ebenen Fadenpendel bestätigen dies für geringe Dämpfung. Die Übereinstimmung von Rechnung und Messung in diesen Fällen bedeutet, daß schwach gedämpfte Schwingungen dieselbe Periodendauer haben wie die zugehörigen periodischen Schwingungen.

Weitere Versuche zeigen, daß auch bei stärkerer Dämpfung, sofern die übrigen Bedingungen der Schwingung konstant gehalten werden, die Periodendauer praktisch unverändert bleibt.
Die *Abb. 241.1* und *241.2* geben Elongation-Zeit-Diagramme wieder, die an demselben schwingenden System bei verschiedenen Arten und verschiedener Stärke der Dämpfung aufgenommen sind. Der Zeitmaßstab ist in allen Diagrammen derselbe. *Abb. 241.1* zeigt eine Schwingung, die durch Reibung zwischen festen Körpern gedämpft wurde, *Abb. 241.2* eine durch Flüssigkeit gedämpfte. Man erkennt, daß die Periodendauer in allen Fällen gleich groß ist. Außerdem ist zu bemerken, daß bei Flüssigkeitsreibung die Amplituden sich asymptotisch dem Wert Null nähern. Wenn eine Schwingung nur

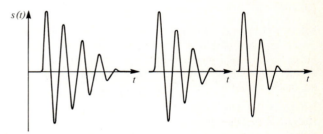

241.1 Dämpfung durch Reibung zwischen festen Körpern

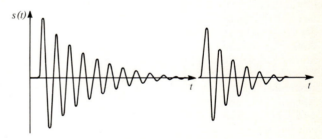

241.2 Dämpfung durch Flüssigkeitsreibung

durch Flüssigkeitsreibung gedämpft würde und sich beliebig kleine Amplituden feststellen ließen, würde man den Schwingungsvorgang beliebig lange beobachten können. Die Flüssigkeitsreibung kann allerdings so stark werden, daß gar keine Schwingung mehr zustande kommt, sondern die Elongation „kriechend" auf Null zurückgeht.

> **Gedämpfte mechanische Schwingungen** ergeben sich, wenn in einem schwingenden System Reibungskräfte wirken oder wenn Energie vom System nach außen abgegeben wird. Bei Dämpfung durch Reibung zwischen Festkörpern nehmen die Amplituden linear ab, bei Flüssigkeits- und Luftdämpfung gehen sie asymptotisch gegen Null. — Bei nicht zu starker Dämpfung ist die Periodendauer gleich groß wie bei der entsprechenden ungedämpften Schwingung.

§ 63 Selbsterregte mechanische Schwingungen

Die durch Dämpfung verursachte Abnahme der Schwingungsamplituden kann aufgehoben werden, indem man dem schwingenden System periodisch Energie von außen zuführt. Diese Energiezufuhr muß gesteuert werden. Hierfür gibt es zwei Möglichkeiten: Steuerung unter Aufzwingung der Frequenz von außen und Steuerung der Energiezufuhr vom schwingenden System aus. Im ersten Fall führt das schwingende System Schwingungen unter äußerem Zwang, sogenannte **erzwungene Schwingungen,** aus (§64). Im zweiten Fall wird eine Energiequelle so an das schwingende System *gekoppelt,* daß sie zu geeigneten Zeiten mit geeigneten Energiebeträgen auf das schwingende System zurückwirkt. Man nennt diese Steuerungsart deswegen **Rückkopplung,** die so aufrecht erhaltenen Schwingungen **selbsterregte Schwingungen.**

Als Beispiele für diese seien genannt: Elektrische Klingel (Energiezufuhr durch Stromquelle), Standuhr, Armbanduhr. Auch außerhalb der Mechanik spielen selbsterregte Schwingungen eine große Rolle, etwa bei elektrischen Schwingungen.

Mit die wichtigsten Beispiele für Systeme mit selbsterregten mechanischen Schwingungen sind die Uhren. Intuition, handwerkliche Geschicklichkeit, Erfindungskunst und physikalisch-mathematische Analyse haben in einer jahrhundertelangen Entwicklung die Zeitmessung auf den heutigen Stand gebracht. Wenn es auch zunehmend elektrisch gesteuerte Uhren gibt, so wird doch immer noch bei den meisten Uhren die mechanische Rückkopplung verwendet.

Bei allen mechanischen Uhren kann man vier Teilsysteme unterscheiden: den *Antrieb,* das heißt die *Energiequelle,* das *Räder- und Zeigersystem,* den *Schwinger* und den *Kopplungsmechanismus zwischen Schwinger und Antrieb.* Die Energiequelle ist ein gehobener Körper (das aufgezogene Uhr„gewicht") oder eine gespannte Spiralfeder. Der Schwinger ist ein Pendel oder eine Unruh. Beide führen Drehschwingungen aus, das Pendel infolge der Gewichtskraft, die Unruh durch die Wirkung der Unruhspiralfeder. Das Interessanteste ist der *Rückkopplungsmechanismus.* Er ist häufig als sogenannte *Ankerhemmung* ausgeführt. Der Anker A hat eine doppelte Aufgabe, wie an Hand von *Abb. 242.1* für eine Uhr mit Unruh erläutert wird: Durch den an der hin- und herschwingenden, frequenzbestimmenden Unruh U befestigten

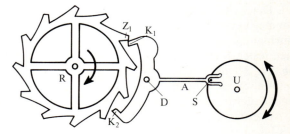

242.1 Ankerhemmung einer Taschenuhr

Stift S erhält der um D drehbare Anker einen Stoß, so daß er sich mit einer Klaue, zum Beispiel K_1, in die Lücke zwischen zwei Zähnen des Ankerrades R legt. Beim nächsten in umgekehrter Richtung erfolgenden Stoß durch den Stift S gibt der Anker A das Ankerrad R für einen Augenblick frei. Durch die besondere Formgebung der Zähne und der Klauen drückt der freigegebene Zahn (zum Beispiel Z_1) auf den Anker, und dieser stößt den Unruhstift S im Maximum der Schwingungsbewegung kurzzeitig an. Mit diesem Stoß wird die durch Reibung verlorengehende Schwingungsenergie zum günstigsten Zeitpunkt ersetzt. Die Amplitude der Unruhschwingung ist so groß, daß sich der Unruhstift S aus der Gabel des Ankers löst. Es besteht also nur eine relativ sehr kurze Zeit Wechselwirkung zwischen Anker und Unruh. Die Unruh schwingt daher praktisch in ihrer **Eigenschwingung.** Entsprechendes gilt für das Pendel einer guten Pendeluhr. Diese Eigenschwingung bestimmt den Gang der vom Antrieb bewegten Zeiger, weil das Ankerrad periodisch vom Anker gehemmt wird. Ohne die Hemmung würden die Antriebsfeder oder das Antriebsgewicht und damit die Zeiger unkontrolliert „abschnurren". Ohne die Energieübertragung vom Antrieb über den Anker auf den Schwinger würde die Uhr nach kurzer Zeit stehen bleiben.

§ 64 Erzwungene mechanische Schwingungen, Resonanz

Man kann auf zwei Arten Schwingungsbewegungen erzwingen: Erzwungene Schwingungen der ersten Art sind etwa die Hin- und Hergänge eines Sägegatters, das von einem Motor angetrieben wird, oder die Auf- und Abbewegungen eines Elektronenstrahls und damit des Leuchtpunkts auf dem Schirm eines Oszilloskops, dem eine Wechselspannung zugeführt wird. Solche erzwungenen Schwingungen sind zwar wichtig, aber vom Standpunkt der Schwingungslehre weniger interessant, weil der ganze Schwingungsvorgang durch Frequenz und Stärke der äußeren Einwirkung vollständig bestimmt ist. Eine andere Möglichkeit ergibt sich dadurch, daß eine äußere periodische Kraft auf ein System wirkt, das für sich allein *freie Schwingungen* ausführen kann. Dadurch tritt ein Wechselspiel zwischen dem äußeren Zwang und der freien Schwingung ein. Es sind dann sehr vielfältige Erscheinungen möglich. Übersichtliche Verhältnisse ergeben sich, wenn der Schwinger nicht auf den Erreger zurückwirkt und wenn die Schwingung genügend gedämpft ist. (Bei zu geringer Dämpfung stellen sich nämlich eventuell unübersichtliche, langandauernde sogenannte Einschwingvorgänge ein.) Die genannten günstigen Voraussetzungen sind beim folgenden Versuch erfüllt.

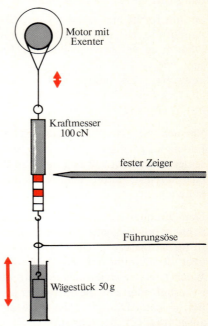

243.1 Der Schwinger aus Wägestück und Kraftmesser wird zu erzwungenen Schwingungen angeregt.

Versuch 94: Der Schwinger ist ein mit einem 50-Gramm-Wägestück belasteter Kraftmesser mit $D = 9,8 \frac{N}{m}$. Er hängt mit einer Schnur an einer Exzenterscheibe, die von einem genügend „starken" Motor über ein Untersetzungsgetriebe gedreht wird (vergleiche *Abb. 243.1*). Auch bei sich ändernden Drehzahlen, das heißt Erregerfrequenzen, bleibt die Amplitude s des Exzenters konstant. An einem festen Zeiger, an dem sich die Kraftmesserhülse vorbeibewegt, kann man die periodische Bewegung des Erregers beobachten. Die Bewegung des Schwingers wird an der Skala des Kraftmessers verfolgt.

a) Zunächst berechnen wir die Dauer einer Eigenschwingung des Feder-Schwere-Pendels und seine Eigenfrequenz: $T = 2\pi \sqrt{\frac{0,05}{9,8}}$ s $= 0,45$ s, $f_0 = \frac{1}{0,45}$ Hz $= 2,22$ Hz $= 134$ min^{-1}. Auf diese Frequenz stellen wir ein Metronom ein.

b) Nun wird der Exzenter in Gang gesetzt, zunächst mit einer Frequenz von $f = 0,5$ Hz. Infolge der Dämpfung an der Kraftmesserhülse hört nach kurzer Zeit die beim ersten Anstoß angeregte Eigenschwingung auf. Danach haben Erreger und Schwinger die gleiche Frequenz und sind etwa in Phase: Hülse und Skala des Kraftmessers sind im Gleichtakt. Die erzwungene Amplitude des Schwingers ist etwa gleich der des Erregers. Wir steigern nun nach und nach die Erregerfrequenz f (Zwangsfrequenz). Mit ihr steigt die Frequenz des Schwingers und ist ihr stets gleich. Die Amplituden nehmen zu. Sie erreichen ihren Höchstwert, hier 25 mm, wenn die Erregerfrequenz f mit der vom Metronom angezeigten Eigenfrequenz f_0 etwa übereinstimmt. Diese Erscheinung heißt **Resonanz**. Der Erreger ist bei Resonanz dem Schwinger um $\frac{T}{4}$ voraus, die Phasenverschiebung beträgt $\frac{\pi}{2}$. Deshalb zieht der Erreger den Schwinger ständig hinter sich her und verrichtet an ihm fortgesetzt Arbeit. Der Schwinger steigert seine Amplitude, bis er in jeder Sekunde so viel Energie durch Dämpfung verliert wie ihm der Erreger zuführt (Versuch 95). – Läßt man dann die Erregerfrequenz weiter anwachsen, so nehmen die erzwungenen Amplituden ab. Das Feder-Schwere-Pendel schwingt schließlich fast in Gegenphase zum Erreger.

Versuch 95: Ein 2kg-Wägestück ist an einem langen Faden aufgehängt. Wenn man dieses Fadenpendel in seiner Eigenfrequenz und dabei in der richtigen Phasenlage anbläst, kann man es allmählich zu kräftigen Schwingungen aufschaukeln.

Den Frequenzgang der Amplitude der erzwungenen Schwingung zeigen die **Resonanzkurven** nach *Abb. 244.1*. In ihr ist die erzwungene Amplitude s_m des Schwingers über der Zwangsfrequenz f des Erregers aufgetragen. Wenn f (etwa) gleich der Eigenfrequenz f_0 des Erregers ist, erhält man das die Resonanz anzeigende Maximum. Bei stärkerer Dämpfung ist das Maximum nicht so stark ausgeprägt (2); bei sehr starker Dämpfung tritt es überhaupt nicht mehr auf (3).

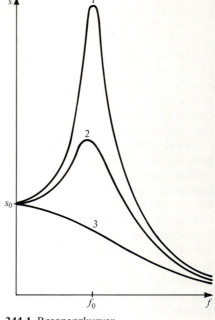

244.1 Resonanzkurven

Eine harmonische Erregung erzeugt an einem schwingungsfähigen System (nach Abklingen des Einschwingungsvorgangs) eine harmonische erzwungene Schwingung. Für sie gilt:
a) Die Frequenz des Schwingers ist gleich der Zwangsfrequenz f.
b) Wenn die Zwangsfrequenz f in der Nähe der Eigenfrequenz f_0 des schwingungsfähigen Systems liegt, tritt bei nicht zu großer Dämpfung Resonanz auf: Der Frequenzgang der Amplitude hat ein Maximum.
c) Die Amplituden des Schwingers sind um so größer, je kleiner die Dämpfung ist.

Resonanzerscheinungen spielen in vielen Gebieten der Physik eine große Rolle, vor allem in der Akustik, Rundfunktechnik und Optik. Hier sei an zwei aus dem Mittelstufen-Physikunterricht bekannte Beispiele erinnert:

Versuch 96: Zwei gleiche Stimmgabeln sind je auf einem hohlen, einseitig offenen Holzquader (Resonanzkasten) befestigt. Die offenen Seiten stehen einander gegenüber. Eine der Gabeln wird angeschlagen. Die zweite klingt dann ebenfalls mit. Dies wird hörbar, wenn man die Schwingung der ersten Gabel durch Anfassen löscht. Wird die Eigenfrequenz einer der Stimmgabeln durch Anbringen eines Reiters verkleinert, die Stimmgabel also „verstimmt", so schwingt die nichtangeschlagene Stimmgabel nicht mehr hörbar mit.

Dieser Versuch ist nun mit den gewonnenen Ergebnissen über erzwungene Schwingungen zu erklären. Die angeschlagene Stimmgabel ist der Erreger, der mit der Frequenz f schwingt, die zweite Stimmgabel, welche die Eigenfrequenz f_0 hat, führt erzwungene Schwingungen aus. Ihre Amplitude ist bei $f \approx f_0$ so groß, daß ihre Schwingung hörbar wird, wenn man die Schwingung der ersten Stimmgabel mit der Hand löscht. Dann liegt Resonanz vor.

Versuch 97: Mit einem Zungenfrequenzmesser (vergleiche Mittelstufenband *Abb. 198.1*) ist die Frequenz einer mechanischen oder elektrischen Schwingung zu ermitteln. Das zu untersuchende schwingende System wirkt auf eine Reihe von Blattfedern („Zungen") ein, die verschiedene Eigenfrequenz haben. Diejenige Blattfeder, die dabei maximal mitschwingt, gibt die Frequenz der zu untersuchenden Schwingung an. Die Meßgenauigkeit hängt davon ab, wie eng benachbart die Eigenfrequenzen der Blattfedern sind und wie schmal ihre Resonanzkurve ist (geringe Dämpfung).

In vielen Fällen ist die Resonanz eine erwünschte und technisch vielseitig genützte Erscheinung. Gelegentlich aber tritt sie auch störend oder sogar gefahrbringend auf. Ein Kraftfahrzeug-Motor erregt zum Beispiel manchmal Karosserieteile bei bestimmten Drehzahlen zu Schwingungen. Ebenso übertragen feststehende Motoren und Maschinen Schwingungen auf Gebäudeteile und andere Apparaturen. Solche unerwünschten Resonanzen kann man vermeiden, wenn man die Eigenfrequenzen mitschwingungsfähiger Bauelemente genügend außerhalb des Frequenzbereichs der Erreger legen kann oder durch genügend große Dämpfung. Es gibt allerdings Fälle, wo dies nicht möglich ist. Es ist zum Beispiel vorgekommen, daß der Gleichschritt einer marschierenden Militärkolonne oder sogar Windstöße Brücken zu Resonanzschwingungen angeregt haben, deren Amplituden so groß wurden, daß die Brücken auseinanderbrachen. Daß normalerweise solche Resonanzkatastrophen trotz fortwährender Energiezufuhr durch den Erreger nicht eintreten, liegt daran, daß bei größer werdenden Amplituden der erzwungenen Schwingung infolge der Dämpfung immer mehr mechanische Energie verloren geht. So stellt sich meist ein Gleichgewicht zwischen zugeführter und verlorener Energie bei einer bestimmten Höchstamplitude ein, bevor die Festigkeit des Materials überbeansprucht ist.

§ 65 Überlagerung von Schwingungen

In den vorangegangenen Paragraphen wurden die einfachen Fälle von Schwingungen behandelt, bei denen jeweils ein einziger Körper eindimensional schwingt. Damit sind die vielfältigen Möglichkeiten für Schwingungen jedoch nicht erschöpft. Ein *Kegelpendel* (Seite 128, Aufgabe 11) schwingt zweidimensional; ein Massenpunkt, der statt an einem Faden an einer Schraubenfeder hängt, kann sogar 3-dimensionale Schwingungen ausführen. Bei ausgedehnten elastischen Körpern oder bei schwingungsfähigen Systemen, die aus mehreren gegeneinander beweglichen und durch Kräfte aneinander gekoppelten Massenpunkten bestehen, sind noch kompliziertere Schwingungen möglich. Beispiele hierfür sind ein Doppelpendel, das heißt ein Fadenpendel, an dessen Pendelkörper noch ein Fadenpendel befestigt ist, oder eine lineare Reihe von Kugeln, die durch Schraubenfedern miteinander verbunden sind — ein Modell für Moleküle beziehungsweise bei dreidimensionaler Anordnung ein Modell für ein Kristallgitter. In vielen Fällen beeinflussen sich die Teilschwingungen so, daß recht komplizierte Bewegungen (Koppelschwingungen) entstehen. Hier sollen nur verhältnismäßig einfache Fälle der Überlagerung von **zwei harmonischen Schwingungen** behandelt werden. Die beiden Teilschwingungen können übereinstimmen oder sich unterscheiden

a) in der Raumrichtung ihrer Schwingung,

b) in der Frequenz,

c) in der Amplitude,

d) in der Phase.

Bei Überlagerung von Schwingungen in derselben Richtung sprechen wir von **eindimensionaler Überlagerung.** Von den übrigen Möglichkeiten wird die **rechtwinklige Überlagerung** behandelt. Hinsichtlich der Frequenz beschränken wir uns auf gleichfrequente oder fast gleichfrequente Teilschwingungen.

Ein Unterschied in der **Phase** wird wie folgt beschrieben: Nach der Definition des Begriffs Phasenwinkel (Seite 232) ist bei $s_m \sin \omega t$ das Argument ωt der Phasenwinkel der Schwingung. Auch $s_m \sin(\omega t + \delta)$ beschreibt eine harmonische Schwingung. Dabei ist die zeitunabhängige Größe δ die sogenannte **Phasenkonstante**. Ist $\delta > 0$, so ist die Amplitude der Schwingung schon früher als bei $t = \frac{T}{4}$ erreicht, die Schwingung eilt also derjenigen mit $s_m \sin \omega t$ voraus. Ist $\delta < 0$, so hinkt die entsprechende Schwingung der Vergleichsschwingung $s_m \sin \omega t$ nach. Beim Vergleich der beiden Schwingungen $s_m \sin \omega t$ und $s_m \sin(\omega t + \delta)$ gibt δ also die **Phasenverschiebung** oder **Phasendifferenz** an. Wichtige Spezialfälle sind $\delta = 0$ und $\delta = \pi$. Für $\delta = 0$ laufen die beiden Schwingungen miteinander ab, sie sind **gleichphasig**. Für $\delta = \pi$ ergibt sich $s_m \sin(\omega t + \pi) = -s_m \sin \omega t$, also die entgegengesetzte Elongation zu $s_m \sin \omega t$. Für $\delta = \pi$ sind die beiden Schwingungen demnach **gegenphasig**, ebenso für $\delta = -\pi$. Die Bezeichnungen „gleichphasig", „gegenphasig" werden auch bei Schwingungen mit verschiedenen Amplituden benutzt.

1. Eindimensionale Überlagerung bei gleicher Frequenz; maximale Verstärkung; Auslöschung

Versuch 98: Zwei gleiche Stimmgabeln auf Resonanzkästen, wie auf Seite 244 im Versuch 96 zur Resonanz beschrieben, stehen vor einem Mikrophon, das an ein Oszilloskop angeschlossen ist. Beide Stimmgabeln werden kurz nacheinander möglichst gleich stark angeschlagen. Die Schwingungen der Stimmgabeln werden durch die Luft auf die Mikrophonmembran übertragen, welche dadurch zu erzwungenen Schwingungen angeregt wird. Das Oszilloskopschirmbild zeigt sowohl, wenn nur eine der Stimmgabeln angeschlagen ist, als auch wenn beide Stimmgabeln schwingen, eine Sinusschwingung derselben Frequenz, im zweiten Fall mit anderer Amplitude.

Versuch 99: Zwei Blattfedern exakt gleicher Frequenz, die an einem Ende eingespannt sind und am anderen Ende einen kleinen Spiegel S_1 beziehungsweise S_2 tragen, stehen sich in geringem Abstand so gegenüber, daß ein auf den einen Spiegel gerichteter Lichtstrahl L von diesem auf den anderen Spiegel reflektiert wird und von dort auf die Wand fällt *(Abb. 246.1)*. Wird eine der Blattfedern in Schwingungen versetzt, so zeichnet der Lichtstrahl deren Schwingung vergrößert an die Wand; wird auch die zweite Blattfeder angestoßen, so beschreibt der Leuchtpunkt an der Wand die Überlagerungsschwingung. Diese stimmt in der Frequenz mit der

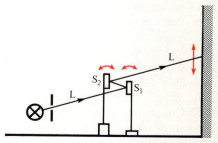

246.1 Eindimensionale Schwingungsüberlagerung mit Hilfe von schwingenden Blattfedern

Schwingung bei nur einer schwingenden Blattfeder überein, nur die Amplitude ändert sich. Wenn beide Blattfedern *gegeneinander* schwingen, bedeutet dies eine *verstärkte* Ablenkung des Lichtstrahls nach *derselben* Richtung, also eine *gleichphasige* Überlagerung, die Amplituden addieren sich. Wenn dagegen beide Blattfedern *miteinander* und zusätzlich mit gleicher Amplitude schwingen, sind die Lichtstrahlablenkungen *gegenphasig* und heben sich etwa auf.

Die Beobachtungen an den Versuchen 98 und 99 werden im folgenden *mathematisch* beschrieben. Die Teilschwingungen werden dabei durch

$$y_1 = y_{1\,m} \sin \omega t \quad \text{und} \quad y_2 = y_{2\,m} \sin \omega t \quad \text{beziehungsweise} \quad y_2 = y_{2\,m} \sin(\omega t + \delta)$$

erfaßt. (Die bisherige Bezeichnung *s* ist hier durch *y* ersetzt.)

Maximale Verstärkung: Die erste Teilschwingung wird durch $y_1 = y_{1\,m} \sin \omega t$ beschrieben, die zweite bei Phasenverschiebung Null durch $y_2 = y_{2\,m} \sin \omega t$. Beide Elongationen erreichen dann jeweils zur gleichen Zeit Nulldurchgänge, Maxima und Minima. Bei der Überlagerung werden die Elongationen addiert, es ergibt sich also für die Überlagerungsschwingung

$$y = y_1 + y_2 = (y_{1\,m} + y_{2\,m}) \sin \omega t,$$

das heißt eine harmonische Schwingung, die wegen $y_{1\,m} > 0$, $y_{2\,m} > 0$ als Amplitude die Summe der Amplituden der Teilschwingungen hat. Die beiden Schwingungen verstärken sich maximal bei der Überlagerung (vergleiche *Abb. 247.1 a*).

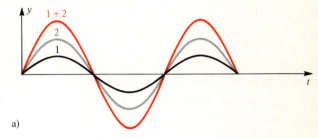

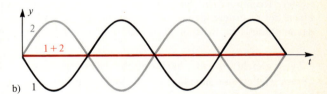

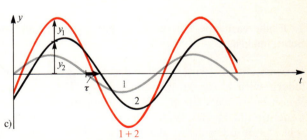

| Bei gleichphasiger eindimensionaler Überlagerung von Sinusschwingungen gleicher Frequenz addieren sich die Amplituden. Die Schwingungen verstärken sich maximal. |

Auslöschung: Ein weiterer wichtiger Spezialfall ergibt sich für $y_{1\,m} = y_{2\,m}$ und $\delta = \pi$ (gegenphasige Schwingungen). Damit erhält man

$$y_2 = y_{2\,m} \sin(\omega t + \pi) = -y_{1\,m} \sin \omega t,$$

für die Überlagerung also

$$y = y_{1\,m} \sin \omega t - y_{1\,m} \sin \omega t = 0.$$

Die Elongation der Überlagerungsbewegung ist also zu jedem Zeitpunkt Null. Diese Überlagerung ist in *Abb. 247.1b* dargestellt.

247.1 Eindimensionale Überlagerung gleichfrequenter Schwingungen

a) Maximale Verstärkung bei gleichphasigen Schwingungen 1 und 2

b) Auslöschung bei gegenphasigen Schwingungen mit gleichen Amplituden

c) Allgemeiner Fall (τ bedeutet die zeitliche Verschiebung zwischen Schwingung 1 und Schwingung 2)

| Zwei gleichfrequente gegenphasige harmonische Schwingungen mit gleicher Amplitude löschen sich bei eindimensionaler Überlagerung aus. |

Allgemeinerer Fall: Die Überlagerung bei einem beliebigen Wert der Phasenverschiebung der Teilschwingungen, aber bei gleichen Amplituden kann man am einfachsten berechnen, wenn man die Phasenverschiebung δ symmetrisch auf die Teilschwingungen verteilt:

$$y_1 = y_m \sin\left(\omega t - \frac{\delta}{2}\right), \quad y_2 = y_m \sin\left(\omega t + \frac{\delta}{2}\right).$$

Dann ergibt die Anwendung des Additionstheorems der Sinusfunktion

$$\sin(\alpha + \beta) = \sin\alpha \cos\beta + \cos\alpha \sin\beta,$$
$$\sin(\alpha - \beta) = \sin\alpha \cos\beta - \cos\alpha \sin\beta$$

mit $\alpha = \omega t$ und $\beta = \frac{\delta}{2}$:

$$y = y_1 + y_2 = y_m \sin\left(\omega t - \frac{\delta}{2}\right) + y_m \sin\left(\omega t + \frac{\delta}{2}\right)$$
$$= y_m \sin\omega t \cos\frac{\delta}{2} - y_m \cos\omega t \sin\frac{\delta}{2} + y_m \sin\omega t \cos\frac{\delta}{2} + y_m \cos\omega t \sin\frac{\delta}{2}$$
$$= 2y_m \sin\omega t \cos\frac{\delta}{2} = \left(2y_m \cos\frac{\delta}{2}\right)\sin\omega t.$$

Das Ergebnis der Überlagerung ist also wieder eine harmonische Schwingung der gleichen Frequenz $f = \frac{\omega}{2\pi}$, deren zeitunabhängige Amplitude $2y_m \cos\frac{\delta}{2}$ außer von den Amplituden der Teilschwingungen auch von deren Phasenverschiebung δ bestimmt wird. Für $\delta = 0$ $\left(\cos\frac{\delta}{2} = 1\right)$ beziehungsweise $\delta = \pi$ $\left(\cos\frac{\delta}{2} = 0\right)$ ergibt sich maximale Verstärkung beziehungsweise Auslöschung. Eine etwas kompliziertere Rechnung für den Fall ungleicher Amplituden liefert ein entsprechendes Ergebnis, jedoch ist die Phase der resultierenden Schwingung von den beteiligten Amplituden abhängig und im allgemeinen nicht der arithmetische Mittelwert der Einzelphasen (vergleiche *Abb. 247.1c*). Wir können also festhalten:

> **Zwei gleichfrequente harmonische Schwingungen ergeben bei eindimensionaler Überlagerung stets wieder eine harmonische Schwingung mit dieser Frequenz.**

2. Eindimensionale Überlagerung mit gleicher Amplitude bei geringem Frequenzunterschied; Schwebungen

Versuch 100: Es wird dieselbe Anordnung wie für Versuch 99 verwendet. Eine der beiden Blattfedern wird etwas kürzer eingespannt. Dadurch wird ihre Eigenfrequenz geringfügig erhöht. Wenn beide Blattfedern zu Schwingungen mit gleicher Amplitude angestoßen werden, führt der Leuchtpunkt an der Wand Schwingungen mit etwa derselben Frequenz wie in Versuch 99 aus. Ihre Amplituden schwanken jedoch zeitlich periodisch. Diese Erscheinung wird als **Schwebung** bezeichnet.

Versuch 101: Zwei wenig gegeneinander verstimmte Stimmgabeln schwingen mit etwa gleicher Amplitude. Man hört ein An- und Abschwellen der Lautstärke und kann die Überlagerung mit der Anordnung von Versuch 98 auch sichtbar

248.1 Schwebungen

machen. Die Sinuslinie auf dem Oszilloskopschirm ändert periodisch ihre Amplituden, wobei das kurzzeitige Verschwinden der Amplituden besonders eindrucksvoll ist. Bei stärkerer Verstimmung der Stimmgabeln und langsamerer Zeitablenkung des Oszilloskops kann man auch Bilder wie in

Abb. 248.1 beobachten. Eine Erklärung für die Schwebungen in Versuch 101 läßt sich an Hand von *Abb. 249.1* durch Addition der Ordinaten der Zeit-Diagramme der beiden Schwingungen (rot und schwarz gezeichnet) geben.

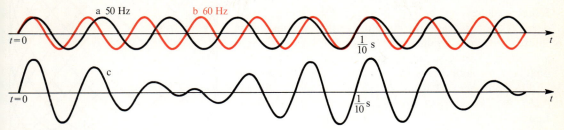

249.1 Eindimensionale Überlagerung zweier fast gleichfrequenter Schwingungen

Man hört das Maximum der Lautstärke, wenn in *Abb. 249.1* die rote und die schwarze Schwingung in Phase sind (links). Allmählich werden sie gegenphasig; ihre entgegengesetzten Elongationen heben sich auf (Minimum der resultierenden Schwingung c). Wenn dann die Schwingung b mit der höheren Frequenz 60 Hz die andere mit 50 Hz *genau einmal eingeholt*, also eine Schwingung mehr ausgeführt hat, sind beide wieder in Phase. Eine Schwebungsperiode ist vorüber; man hört wieder einen lauten Ton. Dieses Einholen geschieht im vorliegenden Fall (60−50)mal, das heißt 10mal in der Sekunde; die Schwebungsfrequenz beträgt 10 Hz. Denn in 1 s überholt die Phase der Schwingung b mit $f_2 = 60$ Hz genau 10mal die Phase der anderen mit $f_1 = 50$ Hz. Für die Schwebungsfrequenz f gilt $f = f_2 - f_1$.

> **Die eindimensionale Überlagerung zweier harmonischer Schwingungen von geringem Frequenzunterschied ergibt eine Schwebung, das heißt eine Schwingung, deren Amplitude periodisch schwankt. Die Schwebungsfrequenz f gibt die Zahl der Schwebungsmaxima in 1 s an. Sie ist die Differenz $f = f_2 - f_1$ der Teilfrequenzen f_1 und f_2 ($f_2 > f_1$).**

3. Überlagerung in zueinander senkrechten Schwingungsrichtungen; Lissajous-Figuren

Versuch 102: Die beiden in Versuch 99 beschriebenen gleichfrequenten Blattfedern werden so angeordnet, daß sie rechtwinklig zueinander schwingen, und daß der Lichtstrahl wieder an beiden reflektiert wird. Je nach Art des Anstoßens erkennt man als Bahn des Leuchtpunkts gerade (Doppel-)Strecken oder Ellipsen, im Sonderfall einen Kreis (vergleiche *Abb. 249.2*). Wenn die Eigenfrequenzen der Blattfedern nicht sehr genau übereinstimmen, gehen diese Figuren allmählich ineinander über.

249.2 Rechtwinklige Überlagerung von gleichfrequenten Schwingungen gleicher Amplitude

Versuch 103: An das horizontal ablenkende Plattenpaar eines Oszilloskops gibt man (statt der üblichen Kippfrequenz) die sinusförmige Wechselspannung $U_1 = U_{m,1} \sin \omega_1 t$ mit der Frequenz $f_1 = 50$ Hz und der Kreisfrequenz $\omega_1 = 2\pi \cdot f_1 = 314$ s^{-1}. Gleichzeitig wird der Elektronenstrahl durch die vertikal ablenkenden Platten mit einer zweiten Schwingung $U_2 = U_{m,2} \sin \omega_2 t$ aus einem Tonfrequenzgenerator beeinflußt. Man beobachtet je nach Frequenzverhältnis f_2/f_1, Phasenlage und Amplitudenverhältnis $U_{m,2}/U_{m,1}$ Kreise, Ellipsen *(Abb. 249.2)* oder komplizierte Kurven (sogenannte Lissajous-Figuren, *Abb. 250.1*) auf dem Bildschirm.

Wenn die Frequenzen der beiden harmonischen Teilschwingungen sich wie ganze Zahlen verhalten, ergeben sich geschlossene Kurven mit eventuell mehreren Kreuzungspunkten bzw. doppelt durchlaufene Kurvenstücke. Einige einfache Beispiele zeigt *Abb. 250.2*.

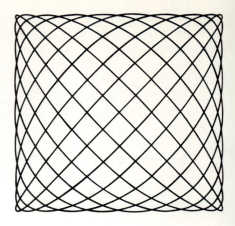

250.1 Rechtwinklige Überlagerung von Schwingungen mit geringem Frequenzunterschied (Lissajous-Figuren)

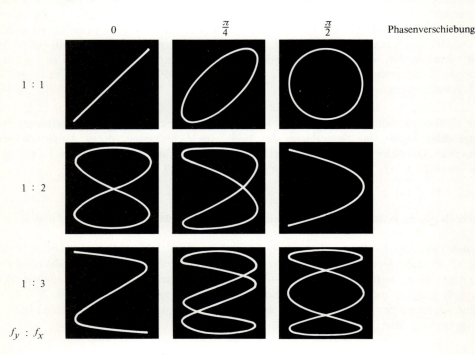

250.2 Rechtwinklige Überlagerung von Schwingungen, deren Frequenzen sich wie 1:1, 1:2, 1:3 verhalten

Für die *mathematische Beschreibung* der rechtwinkligen Überlagerung beschränken wir uns auf gleichfrequente Schwingungen. Die Teilschwingungen erfolgen längs der *y*-Achse und längs der *x*-Achse. Sie werden beschrieben durch $y = y_m \sin \omega t$ und $x = x_m \sin(\omega t + \delta)$. Es ergeben sich vor allem für verschiedene Werte der Phasendifferenz δ verschiedenartige Überlagerungsbewegungen.

Keine Phasenverschiebung: Für $\delta=0$ erhält man durch Division

$$\frac{y}{x} = \frac{y_m}{x_m}, \quad \text{also} \quad y = \frac{y_m}{x_m} x \quad \text{mit} \quad -x_m \leq x \leq +x_m.$$

Die Bewegung läuft auf einer schräg zu den Koordinatenachsen liegenden Strecke mit dem Anstieg $\frac{y_m}{x_m}$ ab. Diese Überlagerungsbewegung ist wie jede der Teilschwingungen eine gleichfrequente harmonische Schwingung mit der Frequenz $\frac{\omega}{2\pi}$.

Phasenverschiebung $\frac{\pi}{2}$: Für $\delta = \frac{\pi}{2}$ erhält man bei gleichen Amplituden $x_m = y_m = r$:

$$x = r \cdot \sin\left(\omega t + \frac{\pi}{2}\right) = r \cdot \cos \omega t, \quad y = r \cdot \sin \omega t,$$

also nach Quadrieren und Addieren

$$x^2 + y^2 = r^2 (\cos^2 \omega t + \sin^2 \omega t) = r^2 \quad (\text{wegen } \cos^2 \omega t + \sin^2 \omega t = 1).$$

Die Bahn des Überlagerungsschwingers ist demnach ein Kreis mit der Amplitude der Teilschwingungen als Radius.
Die Ausgangsgleichungen $x = r \cdot \cos \omega t$, $y = r \cdot \sin \omega t$ stellen zusammen natürlich denselben Kreis dar: sogenannte Parameterdarstellung. Während die übliche Kreisgleichung $x^2 + y^2 = r^2$ nur die Bahn als Ganzes beschreibt, gestattet die Parameterdarstellung die Ermittlung der einzelnen Bahnpunkte $(x; y)$ zu gegebenen Zeitpunkten t.
Die Kreisbewegung ist in der Betrachtung dieses Paragraphen als Überlagerung von zwei bestimmten harmonischen Schwingungen entstanden. Die Umkehrung, nämlich die Projektion der gleichförmigen Kreisbewegung auf den Kreisdurchmesser in y-Richtung hatte in § 59 auf die Sinusschwingung geführt. Ebenso hätte man durch Projektion der Kreisbewegung auf die x-Achse die Kosinusschwingung, das heißt eine gegenüber der y-Schwingung um $\frac{\pi}{2}$ phasenverschobene Sinusschwingung erhalten.

Beliebige Phasenverschiebung und beliebiges Amplitudenverhältnis:

Haben die Teilschwingungen bei Phasenverschiebung $\delta = \frac{\pi}{2}$ ungleiche Amplituden, so entsteht eine Ellipse, deren Symmetrieachsen parallel zu den Koordinatenachsen liegen. Gilt jedoch $\delta: 0 < \delta < \frac{\pi}{2}$, so ergeben sich für beliebige Amplitudenverhältnisse ($x_m = y_m$ oder $x_m \neq y_m$) Ellipsen mit schräg zu den Koordinatenachsen liegenden Symmetrieachsen.
Immer dann, wenn bei gleichfrequenter rechtwinkliger Überlagerung die Phasenverschiebung $\delta \neq 0$ beziehungsweise $\delta \neq \pm \pi$ ist, umfährt der Überlagerungsschwinger eine (nicht verschwindende) Fläche.

Aufgaben:

1. Welche Schwebungsfrequenz ist bei 2 Pendeln der Periodendauer $T_1 = 0{,}50$ s und $T_2 = 0{,}59$ s *zu erwarten?*
2. Um wieviel Hertz ist ein Tonerzeuger gegen die a^1-Stimmgabel *(440,0 Hertz) verstimmt, wenn 10 Schwebungen 5,0 s dauern? Welche Frequenzen kann der Tonerzeuger haben?*
3. *Zeichnen Sie die Überlagerung von* $y_1 = y_m \sin \omega t$ *und* $y_2 = y_m \sin 3 \omega t$. *(Zweckmäßig ausgewählte Zeitpunkte sind* $t = \frac{1}{24} T, \frac{2}{24} T, \ldots, \frac{24}{24} T$, *da* $\omega = \frac{2\pi}{T}$ *ist)!*

Mechanische Wellen

§ 66 Beobachtungen

Die Umgangssprache meint mit „Wellen" meist Wasserwellen. Man denkt an die Wellenfronten, die auf der Meeresoberfläche dem Ufer entgegenlaufen, oder an die kreisförmigen Wellen, die ein in ruhiges Wasser geworfener Stein erregt und die sich von der Einwurfstelle über die Wasseroberfläche ausbreiten. Auch das Wogen eines Kornfeldes erinnert an Wellen. Schließlich spricht man von Schallwellen, von Erdbebenwellen, ja auch von Radiowellen und Lichtwellen.

In den folgenden Abschnitten wollen wir den physikalischen Wellenbegriff an geeigneten Modellen erarbeiten. Wir beschränken uns dabei auf mechanische Wellen. Das sind Wellen, die durch Störungen in materiellen Trägern zustandekommen, in festen Körpern, in Flüssigkeiten oder in Gasen. Die entsprechenden „Wellenfelder" sind im allgemeinen dreidimensional. Schall pflanzt sich zum Beispiel von der Schallquelle aus nach allen Richtungen des dreidimensionalen lufterfüllten Raumes fort (Mittelstufenband, Seite 188). Einen bequem zu beobachtenden zweidimensionalen Sonderfall bieten die oben erwähnten Wasseroberflächenwellen. Wir dürfen diese Oberflächenwellen nicht verwechseln mit den Schallwellen, die den dreidimensionalen Träger „Wasser" etwa beim Echolot durchdringen. Am Modell der Wasseroberflächenwelle können wir folgendes beobachten:

1. Die einzelnen Wasserteilchen führen Schwingungen aus, die mit kleinen Schwimmern sichtbar gemacht werden können. Die Schwimmer behalten ihren Ort bei und tanzen nur etwas um ihre Gleichgewichtslage herum. Die Materie bleibt also an ihrem Ort, nur die Gleichgewichtsstörung wandert weiter.

252.1 Ein streifenförmiger Schwinger erregt fortschreitende Wellen paralleler Fronten auf der Wasseroberfläche.

2. Die Richtung, in der die Störung wandert, heißt Ausbreitungs- oder Fortschreitungsrichtung. Senkrecht zu dieser Richtung verläuft bei den Wasseroberflächenwellen die Wellenfront. So laufen die Wellenfronten des Meeres etwa parallel zum Strand; ihre Fortschreitungsrichtung ist dann senkrecht auf den Strand zu orientiert. Die Ausbreitungsrichtungen der vom Steinwurf erregten Welle gehen radial vom Erzeugungszentrum aus nach allen Seiten, die entsprechenden Wellenfronten bilden senkrecht zu den Radien verlaufende Kreise (vergleiche Mittelstufenband, Abb. 188.2).

3. Die Störung durchwandert eine Strecke s längs ihrer Fortschreitungsrichtung in einer Zeit t, sie läuft also mit der „**Ausbreitungsgeschwindigkeit**" $c = \frac{s}{t}$ über den Träger hinweg. *Man beachte genau, daß diese Geschwindig-*

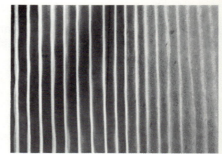

252.2 Lineare Wellenfronten, die vom streifenförmigen Erreger nach *Abb. 252.1* periodisch ausgesandt werden

keit $c = \frac{s}{t}$ *nichts zu tun hat mit der Geschwindigkeit v der Wasserteilchen selbst!*

4. Eine einzelne Störung sendet eine einzelne Wellenfront aus; ein periodisch arbeitender Erreger ruft eine periodische Folge von Wellenfronten hervor.

Versuch 104: *(Abb. 252.1* und *Abb. 253.1)* Versuche mit der „Wellenwanne" bestätigen die oben gemachten Feststellungen. In einer flachen Wanne, durch deren Glasboden Licht von einer punktförmigen Lichtquelle fällt, steht Wasser. Das Licht bildet jede noch so geringe Verformung der Wasseroberfläche infolge deren Linsenwirkung auf die Zimmerdecke ab. Taucht ein Stift als Erreger in das Wasser, so geht von der Eintauchstelle eine Kreiswellenfront aus. Taucht der Stift periodisch ein, so laufen in periodischen Abständen Kreiswellen

253.1 Ein periodisch eintauchender Stift sendet kreisförmige, konzentrische Wellenfronten aus.

nach außen. Tauchen wir einen streifenförmigen Erreger ein, so läuft eine lineare Wellenfront von ihm weg. Schwingt der Streifen periodisch auf und nieder, so laufen in periodischen Abständen lineare Wellenfronten von ihm weg. Die hellen Linien an der Zimmerdecke sind Bilder von Wellenfronten. Alle Punkte auf einer Wellenfront haben stets die gleiche Phase, da sie sich vom Erreger zur gleichen Zeit abgelöst hat. In der Zwischenzeit haben zudem alle Punkte einer Wellenfront vom Erreger die gleiche Strecke zurückgelegt, sofern der Wellenträger nach allen Richtungen gleich beschaffen (isotrop) ist. Bei den zweidimensionalen Wellen an der Wasseroberfläche bilden diese Wellenfronten ebene *Kurven*; ist der Erreger ein Stift, so sind es Kreise. Bei den dreidimensionalen Schallwellen im Raum liegen die Punkte gleicher Phase jeweils auf *Kugelflächen* um den punktförmigen Erreger.

Wenn der Erreger für die Wasserwellen durch einen Motor (mit Exzenter) betrieben wird, kann man über längere Zeit Wellen mit gleicher Frequenz erzeugen; ferner läßt sich mit der Drehzahl des Motors auch die Erregerfrequenz ändern.

> **Die in einer Wellenfront liegenden Teilchen schwingen gleichphasig.**

Wir werden später auf das zweidimensionale Wassermodell zurückgreifen. Es wird auch für andere, sehr wichtige, durch Wellen erklärbare Erscheinungen wertvoll sein, zum Beispiel in der Optik. Für die nun zunächst folgenden Untersuchungen vereinfachen wir die Modellvorstellung noch weiter und beschränken uns auf **eindimensionale** Träger, auf denen wir das Fortschreiten mechanischer Störungen untersuchen und erklären wollen. Der Begriff Wellenfront verliert hier seinen Sinn, da auf einem linearen Wellenträger keine Nachbarpunkte in der Richtung senkrecht zur Ausbreitung existieren.

Aufgaben:

1. *An der Zimmerdecke über der Wellenwanne fallen die hellen Linien besonders auf. Sind es Wellenfronten von Bergen oder Tälern der Wasserwelle? Begründen Sie Ihre Antwort!*
2. *Wie könnte man mit Hilfe von Messungen am projizierten Bild von Wasserwellen in der Wellenwanne die Ausbreitungsgeschwindigkeit der Wellen bestimmen?*
3. *Inwiefern kann man Wellenfronten mit Höhenlinien einer Landkarte vergleichen?*

§ 67 Das Fortschreiten mechanischer Störungen

1. Die Querstörung

Früher betrachteten wir die Bewegung eines einzelnen Schwingers. Das Modell, an dem wir uns orientierten, war der „Massenpunkt" (siehe Seite 82), auf den eine zur Auslenkung proportionale Rückstellkraft wirkt. In den folgenden Abschnitten wollen wir uns mit entsprechenden Vorgängen in ausgedehnten Körpern beschäftigen. Dafür ziehen wir ein Modell heran, bei dem *viele* Masseteilchen elastisch miteinander gekoppelt sind. Zunächst behandeln wir einen Körper, der sich nur in *einer* Richtung erstreckt, wie ein Seil oder ein langer Gummischlauch. Wie verhält sich ein solcher Körper, wenn auf eines seiner Enden eine Kraft quer zu seiner Erstreckung wirkt und damit das zu Anfang bestehende Gleichgewicht stört?

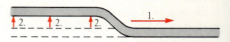

254.1 Querstörung durchwandert eindimensionalen Träger. 1. Ausbreitung, 2. Richtung der Querauslenkung

Versuch 105: Eine lange Schraubenfeder liegt lose und geradlinig auf dem Tisch. Ihr linkes Ende wird ruckartig um 5 bis 10 cm seitlich ausgelenkt, wie es die mit 2 bezeichneten Pfeile der *Abb. 254.1* zeigen. Die zuerst ausgelenkten Teile der Feder reißen wegen der elastischen Bindung weitere Teile mit und kommen dann selbst in der neuen Lage zur Ruhe. Dies geschieht ebenso bei allen in der Folge nacheinander von der Auslenkung erfaßten Teilen der Feder. So wandert die Störung des Gleichgewichts die Feder entlang (Pfeil 1).

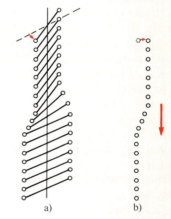

254.2 Querstörung durcheilt die Körperkette der Torsionswellenmaschine

Versuch 106: Bei der **Torsionswellenmaschine** nach *Abb. 254.2* koppelt ein elastisch verdrillbares Band horizontale Stäbchen aneinander, die an ihren Enden Massenstücke tragen. Lenkt man zum Beispiel das oberste Körperchen zur Seite aus, so sieht man, wie eine Querstörung nach unten läuft; sie beruht auf einer sich nach unten fortsetzenden Verdrillung des Bandes. *Abb. 254.2b* zeigt, wie die Störung durch die Teilchenreihe läuft.

Wie kann das Verhalten dieses eindimensionalen Trägers gegenüber der Querstörung aus den Grundgesetzen der Trägheit (Gleichung 51.1) und Elastizität (Seite 12) erklärt werden? Wir bauen uns hierzu ein Gedankenmodell gemäß *Abb. 254.3*. Träge Körperchen bilden eine gerade Kette. Jedes ist mit seinem Nachbarn durch Federchen gekoppelt. Die Körperchen seien so geführt, daß sie sich nur senkrecht zur Richtung der Kette, also

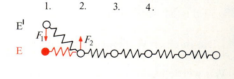

254.3 Eine Störung wandert nach rechts, $F_n = -F_{n+1}$. Rot: ursprüngliche Lage der ersten n Körper.

vertikal, bewegen können. Zunächst wird Körper 1 durch den nach oben rückenden Erreger E ausgelenkt. Dabei geschieht folgendes: Die Feder zwischen 1 und 2 *spannt* sich. Körper 2 wird beschleunigt und rückt aus der rot gezeichneten auf die schwarz gezeichnete Lage zu. Da sich inzwischen die Feder zwischen 2 und 3 gespannt hat, beschleunigt sie nun das träge Körperchen 3, verzögert aber das Körperchen 2, das ja infolge seiner Trägheit nach oben weiterfliegen würde (Kraft und Gegenkraft!). Körper 2 kommt also in der neuen Lage zur Ruhe. Da sich jetzt die Feder zwischen 3 und 4 gespannt hat, wirkt sie verzögernd auf 3 und beschleunigend auf 4. Infolge der Verzögerung kommt auch 3 in der neuen Lage (schwarz) zur Ruhe. So wandert die Störung des Gleichgewichts, gekennzeichnet durch **„Spannung"** in der Kopplungsfeder und **„Schnelle"** v des erfaßten trägen Körperchens, nach rechts weiter. Wir haben es hier mit zweierlei Geschwindigkeiten zu tun: 1. Ausbreitungsgeschwindigkeit c der Störung längs des Wellenträgers, 2. Geschwindigkeit v eines Teilchens in seiner Schwingungsrichtung; v wird „Schnelle" genannt.

Die beschriebenen Vorgänge wiederholen sich, wie Fortsetzungen der Abbildungen zeigen, bis zum Ende des Wellenträgers. Wenn die Stelle der Störung bis zum n-ten Teilchen fortgeschritten ist, haben die Teilchen links davon wieder eine Gleichgewichtslage erreicht. Das n-te Körperchen ist soeben nach oben geschnellt, die Feder zwischen n und $(n+1)$ ist gespannt und beschleunigt daher $(n+1)$ nach oben. Die reactio hierzu bringt das nach oben schnellende Körperchen (n) zur Ruhe. Inzwischen ist auch $(n+1)$ oben, und die Feder zu $(n+2)$ ist gespannt. Das oben abgebremste (n) bleibt dort, da seine beiden Federn nun entspannt sind. Alle so erfaßten Körperchen bleiben oben in Ruhe, und nach dem Durchgang der Störung liegt der ganze Träger oben.

Nach dem Grundgesetz der Mechanik gilt für die Beschleunigung der Körperchen $a = \dfrac{F}{m}$, und die Kraft F selbst ist proportional zur Richtgröße D der Kopplungsfeder. Daraus dürfen wir schließen, daß die Auslenkung der Körperchen aus der roten in die schwarze Lage um so rascher erfolgen wird, je stärker die elastische Kopplung ist und je kleiner die Massen sind. Die Wanderungsgeschwindigkeit c der Störung wird demnach um so größer sein, je „härter" die Kopplungen und je kleiner die Massen sind.

2. Der „Wellenberg"

Versuch 107: Läßt der Erreger auf eine Störung sofort die gleichgroße, entgegengesetzt auslenkende Störung folgen, so kehrt jedes Teilchen, über das die „Doppelstörung" hinweglief, nach seiner Auslenkung wieder in seine ursprüngliche Lage zurück. Es entsteht der Eindruck eines wandernden Wellenbergs *(Abb. 255.1)*. Diese Erscheinung beobachten wir in Versuchen mit der langen Schraubenfeder auf dem Tisch, mit einem Schlauch, einem Seil oder an der Wellenmaschine.

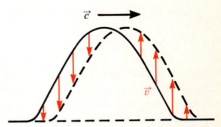

255.1 Wellenberg. Vertikale Schnellepfeile rot, horizontaler schwarzer Pfeil Ausbreitungsrichtung

So wandert der Wellenberg die Schraubenfeder, das Seil, den Schlauch, kurz „den Träger" entlang. Die Ausbreitungsrichtung der Welle zeigt in der *Abb. 255.1* der Pfeil parallel zum Träger. Die Auslenkung der Teilchen erfolgt dagegen wie die erregende Störung quer (genauer: senkrecht) zum Träger. Wir sprechen daher von einer **„Querwelle"** (Transversalwelle). Ihre **Schnelle** (rote Pfeile) zielt rechts vom Berg nach oben, da kurze Zeit später der Berg nach rechts gerückt sein wird. Links vom Berg zielt die Schnelle nach unten (rote Pfeile). Da der Träger der Welle in unseren Beispielen sich nur in einer Dimension erstreckt, nennen wir die Welle „eindimensional". Im Gegensatz hierzu ist zum Beispiel die auf einer Wasseroberfläche sich ausbreitende Welle zweidimensional, die von einer Schallquelle (Mittelstufenband, Seite 188) sich ausbreitende Welle dreidimensional.

Zusammenfassung: Eine Querstörung des Gleichgewichts in einem eindimensionalen Träger, dessen Masseteilchen elastisch gekoppelt sind, wandert auf dem Träger mit der Ausbreitungsgeschwindigkeit c weiter. Für das einzelne Teilchen des Trägers bedeutet diese Störung eine Auslenkung aus seiner bisherigen Gleichgewichtslage quer zum Träger.

Ist die Störung über das Teilchen hinweggelaufen, so ist es in seiner neuen Lage wieder im Gleichgewicht, es sei denn, die entgegengesetzte Störung folge nach, und führe zur alten Gleichgewichtslage.

3. Wanderung der Energie

Der Erreger verrichtet Spann- und Beschleunigungsarbeit. Mit der Störung wandern Spannungs- und Bewegungsenergie längs des Trägers weiter. Die Energien stecken jeweils in denjenigen Teilen des Wellenträgers, die gerade von der Störung erfaßt sind. Dieser Energietransport ist für die fortschreitende Welle charakteristisch.

Aufgaben:
1. *Die Wasserteilchen einer Wasseroberfläche sind nicht elastisch gekoppelt. Versuchen Sie zu erklären, warum sie sich bei der Ausbreitung von Wasserwellen so verhalten, als wenn sie es wären!*
2. *Wer liefert die Energie, die längs einer fortschreitenden Welle transportiert wird?*

§ 68   Reflexion mechanischer Störungen

Irgendwo endet der Träger. Wir überlegen uns anhand des Gedankenmodells von § 67, was mit der dort ankommenden Störung geschieht. Dabei wollen wir unterscheiden, ob das Ende des Trägers lose, also das letzte Körperchen in seiner Querführung frei beweglich, oder ob das letzte Körperchen unverrückbar fest ist.

1. „Festes Ende": Der letzte Körper sei fest, also keiner Auslenkung fähig (*Abb. 256.1a*). Die letzte Feder verzögert daher zunächst den vorletzten nach oben schnellenden Körper. Da der letzte Körper festgehalten ist, bleibt diese Feder gespannt und zieht den oben (schwarze Lage) kurz zur Ruhe gekommenen Körper nach unten, so

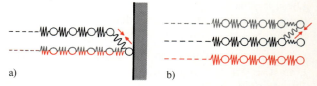

256.1 a) Reflexion am festen Ende, b) Reflexion am losen Ende
Rot: ursprüngliche Lage der Körperkette
Schwarz: Querstörung am Ende angekommen
Grau: Querstörung nach der Reflexion zurückgelaufen

daß die Störung jetzt nach links zurück läuft. Der vom Erreger nach oben erteilte Impuls wird über die Körperchen nach rechts weitergegeben, bis er am festen Ende infolge der äußeren Kraft durch einen nach unten gerichteten Gegenimpuls aufgehoben und nach links von Teilchen zu Teilchen zurückgegeben wird. Schließlich befindet sich der Träger wieder in der alten Stellung (rot, grau).

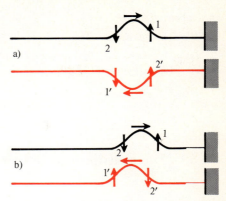

| **Am festen Ende erfolgt Reflexion der Störung mit Richtungsumkehr der Schnelle.** |

2. „**Loses Ende**": Der letzte Körper sei in seiner Querführung frei beweglich *(Abb. 256.1b)* und zum Beispiel an einer sehr langen gespannten, fast massefreien Schnur befestigt. Er schwingt daher von seiner ersten Stellung (rot) infolge seiner Trägheit über die zweite (schwarz) hinaus in die dritte Stellung (grau). Hierbei ist die letzte Feder kurzzeitig so gespannt (grau), daß sie den letzten Körper verzögert und den vorletzten Körper in die dritte Stellung (grau) zieht. Dadurch wird nun die vorletzte Feder gespannt und zieht den linken Nachbarn ebenfalls in die dritte Stellung (grau). Auch diesmal läuft also die Störung nach links zurück. Aber bei der Reflexion am losen Ende behält die Teilchenschnelle ihre Richtung bei. Der vom Erreger nach oben eingebrachte Impuls bleibt nämlich ein Impuls nach oben, da äußere Kräfte bei der Reflexion am freien Ende fehlen. Der Wellenträger bewegt sich auf diese Weise in die dritte Stellung (grau) nach oben, in der er zur Ruhe kommt.

257.1 a) Eine Seilwelle wird am festen Ende reflektiert. Wellenberg (schwarz) kehrt als Tal (rot) zurück.
b) Reflexion am losen Ende: Wellenberg kehrt als Berg zurück. (Die vertikalen Pfeile stellen Schnellevektoren dar.)

| **Am losen Ende erfolgt Reflexion der Störung unter Beibehalten der Schnellerichtung.** |

Versuch 108: Die Reflexion solcher Störungen am festen oder losen Ende beobachten wir in verschiedenen Versuchen mit der langen Schraubenfeder. Das Ende ist fest, wenn wir die Feder an einem Wandhaken festbinden. Wir bekommen ein loses Ende durch den langen Faden zwischen Federende und Haken. Bei diesen Versuchen zeigt sich insbesondere, daß der Wellenberg am festen Ende als Tal, am losen Ende jedoch als Berg reflektiert wird *(Abb. 257.1)*.

Diesen empirischen Befund begründen wir für den Wellenberg am *festen Ende* anhand der *Abb. 257.1a*: Der Wellenberg ist eine Doppelstörung, deren zeitlich erster Schnellepfeil (1) nach oben gerichtet ist. Dies riß das letzte Teilchen zunächst nach oben. Wegen der Reflexion am festen Ende kehrte es sofort in die Ausgangsstellung zurück. Dann folgte eine Bewegung der Trägerteilchen mit nach unten gerichteter Schnelle (2). Dies erzeugt ein Wellental, das nach links läuft ((1') als erster, (2') als nachfolgender Schnellevektor).

Am *losen Ende (Abb. 257.1b)* wird die nach oben gerichtete Schnelle (1) wieder als nach oben gerichtet (1') reflektiert. Die nachfolgende Schnelle (2) reißt aber das Teilchen wieder in die Ausgangsstellung zurück, da auch sie bei der Reflexion (2') ihre Richtung beibehält. Im Gegensatz zum festen Ende fehlt hier eine äußere Kraft, welche die Impulse umkehrt.

| **Am festen Ende wird ein Berg als Tal, am losen Ende ein Berg als Berg reflektiert.** |

Aufgaben:

1. *Warum muß der das lose Ende darstellende Faden in Abb. 257.1b lang und fast massefrei sein?*
2. *Ist eine senkrechte Ufermauer ein festes oder ein loses Ende für anlaufende Wasserwellen? (Überträgt die Mauer Impulse?)*

§ 69 Die sinusförmige Querwelle

1. Die Ausbreitung der sinusförmigen Querwelle

Versuch 109: Bisher betrachteten wir einzelne Querstörungen, die ein Erreger durch einen eindimensionalen Träger sandte. Nun möge der Erreger *ununterbrochen sinusförmig* auf und ab schwingen. Er schickt damit fortdauernd aufeinanderfolgende Querstörungen in den Träger. Durch eine geeignete Vorrichtung (Dämpfung) sei dafür gesorgt, daß am Ende keine Reflexion auftrete, daß vielmehr die ganze Energie der ankommenden Störungen dort absorbiert werde. Auf dem Träger sehen wir eine ununterbrochen fortlaufende Querwelle (Transversalwelle). Jedes Teilchen des Trägers führt dabei Sinusbewegungen um seine Gleichgewichtslage quer zur Trägerrichtung aus. Dies sind jedoch *keine Eigenschwingungen* des Teilchens, sondern durch den Erreger über die Kopplung erzwungene Elongationen $s(t)$, deren Frequenz stets mit der Erregerfrequenz übereinstimmt. Je weiter das Teilchen vom Erreger entfernt ist, desto größer ist der Phasenunterschied zwischen seiner Schwingung und der des Erregers, – desto mehr schwingt es gegenüber dem Erreger „verspätet". *Diese Phasendifferenz ist der auf dem Träger gemessenen Entfernung x vom Erreger proportional.*

Wenn wir eine **Momentaufnahme** aller Teilchen machen, etwa im Augenblick $t = T$, so finden wir die zeitlich aufeinanderfolgenden Lagen des Erregers räumlich längs der x-Achse aneinandergereiht wieder. Die Gesamtheit aller Auslenkungen zu einer bestimmten Zeit bildet demnach ebenfalls eine Sinuslinie. Diese besondere Welle heißt daher Sinuswelle.

> **Die mechanische Sinuswelle ist ein raumzeitlicher Vorgang, bei dem die elastisch aneinander gekoppelten Masseteilchen des Trägers erzwungene Sinusschwingungen ausführen, deren Phasenverschiebung gegenüber dem Erreger in der Ausbreitungsrichtung linear zunimmt.**

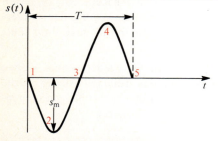

258.1 Weg-Zeit-Diagramm des Erregers für eine Schwingung.

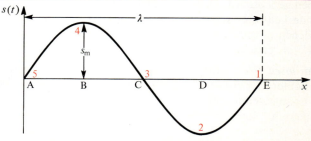

258.2 Momentbild der vom Erreger ausgehenden Welle für $t = T$. Der Erreger begann mit negativen Elongationen.

In *Abb. 258.1* ist das **Elongation-Zeit-Diagramm** $s(t)$ des Erregers für eine volle Schwingung wiedergegeben. Dabei begann der Erreger mit einer Bewegung nach unten. In der zugehörigen Zeit T (Periodendauer des Erregers) hat sich die Welle auf dem Träger um eine Strecke λ ausgebreitet, die man **Wellenlänge** nennt.

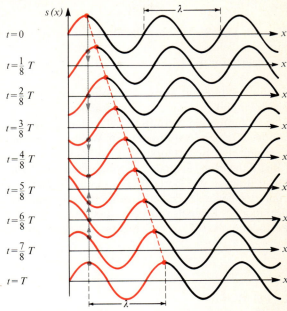

Das räumliche Momentbild der Welle für den Augenblick $t = T$ ist in *Abb. 258.2* dargestellt. Dabei entspricht dem ersten Erregerausschlag nach unten im $(s; t)$-Diagramm (rote Ziffer 2) das nach rechts gerückte Wellental im $(s; x)$-Diagramm (rote Ziffer 2), dem *danach* folgenden Erregerausschlag nach *oben* im $(s; t)$-Diagramm (rote Ziffer 4) der Wellenberg (rot 4) im $(s; x)$-Diagramm, der noch nicht so weit gelaufen ist.

Fünf in der Phase einander entsprechende Punkte in den beiden Diagrammen sind durch rote Ziffern aufeinander bezogen. Für die konstante Ausbreitungsgeschwindigkeit c der Welle auf dem Träger gilt $c = \dfrac{\text{Weg}}{\text{Zeit}} = \dfrac{\lambda}{T}$; da $T = \dfrac{1}{f}$ ist, folgt:

$$c = f \cdot \lambda. \qquad (259.1)$$

Abb. 259.1 gibt für eine schon dauernd über den Träger laufende Sinuswelle neun im zeitlichen Abstand von $T/8$ aufeinanderfolgende *Momentaufnahmen* wieder. Man beachte das Fortschreiten eines Wellenbergs: In der Zeit T ist er um die Strecke λ nach rechts gewandert. Jedes einzelne Teilchen dagegen vollführt eine vertikale Sinusschwingung an seinem festen Ort x.

259.1 Neun Momentaufnahmen einer nach rechts laufenden Transversalwelle. Die rot gestrichelte Gerade zeigt das Vorrücken der Welle um die Strecke λ in der Zeit T. Die graue Vertikale greift das Teilchen bei $x = \lambda/4$ heraus. Die Pfeile auf ihr kennzeichnen dessen Schnelle in den 9 verschiedenen Momenten.

Bemerkung: Die Sinuswelle ist hier zu dem willkürlich gewählten Zeitpunkt $t = 0$ schon auf dem ganzen Träger in vollem Gang. Der Übergang vom ruhenden Träger zur Sinuswelle am „Kopfende" wird hier weder erörtert noch benötigt. Der Moment $t = 0$ ist also keinesfalls der Beginn der Erregerbewegung!

> **Die Wellenlänge λ ist die Entfernung zwischen zwei benachbarten Wellenbergen, allgemein zwischen zwei benachbarten Punkten gleicher Phase, das heißt gleichen Schwingungszustandes.**

Abb. 259.2 beschreibt das Fortschreiten der Sinuswelle während einer kurzen Zeitspanne Δt aus der schwarzen in die rote Lage. Alle Teilchen ändern ihre Auslenkung im Sinne der vertikalen Pfeile, die auch ungefähr die Schnelle v wiedergeben. Die rote Momentaufnahme ist gegen die schwarze um $\Delta x = c \cdot \Delta t$ nach rechts gerückt.

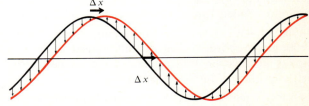

259.2 In der kurzen Zeit Δt schreitet die Welle um das Wegstück Δx nach rechts.

Wir machen uns die Zusammenhänge bei der fortschreitenden Welle abschließend an folgendem Modellversuch klar:

Versuch 110: Eine Schraubenlinie wird mit parallelem Licht auf eine Wand projiziert. Ihr Bild ist eine Sinuskurve *(Abb. 260.1).* Nun drehen wir die Schraubenlinie mit konstanter Winkelgeschwindigkeit um ihre Längsachse. Das Schattenbild vermittelt jetzt den Eindruck einer fortschreitenden Welle. Der einzelne Schattenpunkt P′ jedoch

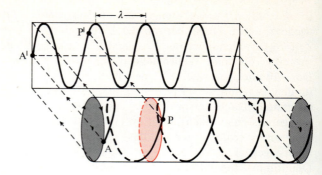

260.1 Fortschreitende Welle als Projektion einer sich drehenden Schraubenlinie

führt dabei nur vertikale Schwingungen aus. Sein Original P beschreibt ja die rote Kreisbahn. — Der Eindruck des Fortschreitens entsteht hier — wie bei einer Seilwelle —, dadurch, daß nebeneinander liegende Teilchen zeitlich nacheinander ihren Höchstpunkt erreichen. Eine volle Umdrehung des Modells führt ein Maximum um die Strecke λ weiter und erfolgt während einer vollen Periodendauer T des Erregers beziehungsweise des „Schwingers" P′. Also bestätigt sich $c = \frac{\lambda}{T} = \lambda \cdot f$.

2. Polarisation

Die Querwellen, die sich auf einem eindimensionalen Träger ausbilden, schwingen in der Ebene, die durch die Erregerschwingung und die Trägergerade festgelegt ist. Solche Schwingungen heißen **„polarisiert"**. Ihre Schwingungsebene heißt **„Polarisationsebene"**.

Abb. 260.2 zeigt zwei Wellen mit verschiedenen Polarisationsebenen je nach Schwingungsrichtung des Erregers. Dabei können zunächst alle Ebenen durch den Träger Polarisationsebenen sein.

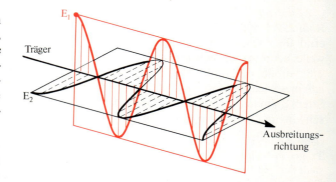

260.2 Zwei Querwellen mit verschiedenen Polarisationsebenen (schwarz und rot)

Versuch 111: a) Durch Anregung mit der Hand senden wir Wellen über eine freihängende, lange Schraubenfeder. Ihre Polarisationsebene wird von der Hand bestimmt.

b) Nun bilden wir aus zwei Stativstangen gemäß *Abb. 261.1* einen Spalt, durch den die Schraubenfeder geführt wird. Wellen, deren Polarisationsebene senkrecht zum Spalt liegt, laufen jenseits des Spalts nicht weiter. Dagegen laufen Wellen, deren Polarisationsebene parallel zum Spalt orientiert ist, ungehindert durch den Spalt.

c) Liegt schließlich die Polarisationsebene schräg zum Spalt, dann zerlegen wir die Welle in zwei Komponenten, so daß die eine Polarisationsebene parallel, die andere senkrecht zum Spalt liegt. Die erste Komponente läuft durch den Spalt, die zweite nicht *(Abb. 261.2).*

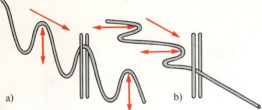
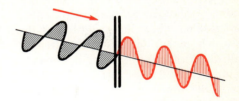

261.1 a) Die Querwelle eines schwingenden Seiles geht durch den Spalt zwischen zwei parallelen Stäben hindurch, wenn die Schwingungsebene durch den Spalt verläuft; b) sie wird zurückgehalten, wenn die Schwingungsebene senkrecht zum Spalt steht.

261.2 Die schwarze Polarisationsebene der von links ankommenden Welle liegt schräg zum Spalt; nur die rote Komponente, deren Polarisationsebene paralell zum Spalt liegt, läuft durch diesen hindurch. Die andere Komponente wird am Durchgang gehindert.

d) Die Hand beschreibt mit dem Federanfang einen Kreis und erregt damit eine auf den Spalt zu laufende Welle, die ihre Polarisationsebene dauernd ändert (wandernde Schraubenlinie). Es tritt nur die Komponente durch den Spalt, deren Polarisationsebene zu ihm parallel ist. Man denke sich dazu die Kreisbewegung in zwei zueinander senkrechte Schwingungen zerlegt (vergleiche Seite 250).

Aufgaben:

1. *In einer Wasserwellenwanne werden durch einen streifenförmigen Erreger der Frequenz $f = 6$ Hz Oberflächenwellen paralleler Fronten mit einer Wellenlänge $\lambda = 4$ cm ausgesandt (vergleiche Abb. 252.2). Mit welcher Geschwindigkeit schreiten die Wellenfronten vor? Die Geschwindigkeit kann zur Kontrolle mit Maßstab und Uhr bestimmt werden!*

2. *Ein Erreger beginnt zur Zeit $t = 0$ nach unten sinusförmig zu schwingen (Frequenz $f = \frac{1}{3}$ Hz, Amplitude 1,5 cm). Zeichnen Sie das zugehörige Weg-Zeit-Diagramm! — Auf einem sich nach rechts anschließenden Träger entsteht eine Querwelle. Zeichnen Sie Momentbilder für $t = 3$ s, 4,5 s und 6 s, wenn die Wellenausbreitungsgeschwindigkeit 2 cm/s beträgt! Wie groß ist die Wellenlänge?*

§ 70 Energietransport in der mechanischen Welle

In § 67 erkannten wir, daß die vom Erreger in die Störung gesteckte Energie zum Teil als kinetische, zum Teil als Spannungsenergie längs des Trägers transportiert wird. Bei der Sinuswelle geschieht dies fortdauernd. Die vom Erreger ausgehende Leistung ist gleich der von der Welle übertragenen Leistung. Es läßt sich mit mathematischen Hilfsmitteln zeigen, daß diese Leistung sowohl dem Quadrat der Amplitude als auch dem der Frequenz proportional ist:

$$P \sim s_m^2 \cdot f^2. \tag{261.1}$$

Dieser Zusammenhang ist auch auf Grund der Überlegungen einleuchtend, die wir zur Energie der Schwingungen in § 61 gemacht haben.

Will man hohe Leistungen durch Wellen übertragen, so wird man möglichst große Amplituden bei hohen Frequenzen wählen. Beziehung (261.1) gilt natürlich nur für den absorptionsfreien Fall. In Wirklichkeit sorgen die unvermeidlichen Reibungskräfte dafür, daß der Welle unterwegs laufend Energie verlorengeht, die sich in innere Energie umwandelt (Erwärmung des Wellenträgers). Man sagt, die Energie wird vom Träger absorbiert. Dies bedeutet ein Abklingen der Amplitude längs des Trägers *(Abb. 262.1a)*. Die Absorption im Träger bedingt also eine räumliche Dämpfung der Welle, die mit der zeitlichen Dämpfung einer Schwingung nicht verwechselt werden darf. Das einzelne Teilchen schwingt stets mit der gleichen Amplitude, da seine Dämpfungsverluste durch Energienachschub ausgeglichen werden. So sendet ein ungedämpft schwingender Erreger eine räumlich gedämpfte Welle über einen absorbierenden Träger.

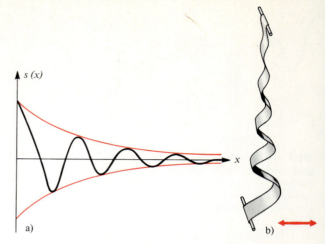

262.1 a) Exponentiell abklingende Welle, b) abklingende fortschreitende Welle auf langem Band (Luftdämpfung)

Versuch 112: Eine 20 cm breite, etwa 3 m lange Stoffbinde ist an der Decke befestigt *(Abb. 262.1b)*. Ihr unteres Ende wird zu kräftigen periodischen Querschwingungen gezwungen. Wir beobachten, wie eine abklingende Welle auf dem Band nach oben läuft. Die Dämpfung wird hier hauptsächlich von der umgebenden Luft verursacht.

Die Absorption ist wegen des Energieverlusts häufig unerfreulich. In der Akustik wird sie dagegen zur Lärmbekämpfung oft benutzt: Schalldämmung. Die Wände zwischen Wohnräumen sollen für Schall, dessen Wellennatur wir schon auf der Mittelstufe erkannten, möglichst undurchlässig sein. Dies wird mit absorbierenden Füllmitteln erreicht, die zugleich auch als Wärmeisolatoren dienen.

In der Wasserwellenwanne wird die unerwünschte Reflexion vermieden, indem man die Wellen an flachen, mit absorbierendem Material belegten Rändern sich „tot laufen läßt".

Aufgaben:

1. *Die Wellen, die an der See am Strand anlaufen, bringen immer neue Energie mit sich. Woher stammt sie und was geschieht mit ihr?*

2. *a) Zeigen Sie an Hand der Gleichungen in § 61, daß die Energiedichte in einem Wellenträger (Energie durch Volumen) proportional dem Quadrat der Frequenz und dem Quadrat der Amplitude ist! b) Warum ist die von einer Welle übertragene Leistung zudem der Ausbreitungsgeschwindigkeit c proportional? (Aus welchem Bereich des Wellenfeldes stammt die Energie, die in 1 s eine Fläche A senkrecht trifft?)*

3. *Eine Schallquelle hört man im allgemeinen um so leiser, je weiter man von ihr entfernt ist. Gilt dies auch, wenn unterwegs kein Energieverlust durch Schalldämmung eintritt? — Ein Flugzeug befindet sich in der Luft. Auf welchen Bruchteil ist die Schallenergie, die eine bestimmte Fläche in 1 s trifft, in der doppelten Entfernung gesunken? Auf welchen Bruchteil geht die Amplitude der Welle zurück?*

§ 71 Überlagerung von Störungen, Interferenz

Zwei verschiedene Störungen mögen sich auf dem gleichen Träger ausbreiten. Wir untersuchen den Vorgang während und nach ihrer Überlagerung.

Versuch 113: a) Zwei Tropfen fallen in die Wellenwanne. Die Kreisfronten der von ihnen erregten Wellen durchdringen sich, ohne sich gegenseitig zu stören. Jede Welle läuft dann genau so weiter, wie wenn sie der anderen nicht begegnet wäre *(Abb. 263.1)*.

b) Zwei einander entgegenlaufende Störungen auf der Wellenmaschine zeigen dasselbe Verhalten.

> **Störungen durchdringen sich auf einem Wellenträger, ohne sich zu beeinflussen.**

Die Vorgänge während der Überlagerung betrachten wir in folgenden Versuchen:

Versuch 114: a) Eine lange Schraubenfeder liegt auf dem Tisch. Auf ihr laufen zwei Querstörungen etwa gleichgroßer und gleichgerichteter Amplitude einander entgegen *(Abb. 263.2a und b)*. Eine Reihe von Pappereitern ist längs der Schraubenfeder so aufgestellt, daß sie von der maximalen Elongation einer Störung gerade nicht erreicht werden. An der Überlagerungsstelle aber wird ein Reiter weggeschoben: Gleichgerichtete Elongationen addieren sich. Die Schnellen dagegen, in *Abb. 263.2* als rote Pfeile gezeichnet, heben sich im Moment voller Überlagerung auf. Der Berg in *Abb. 263.2* „steht" also einen kurzen Moment und ist daher besonders deutlich sichtbar.

b) Auf derselben Schraubenfeder lassen wir zwei entgegengesetzt gerichtete Querstörungen (Berg und Tal) gegeneinander laufen *(Abb. 263.3)*. An der Stelle des Zusammentreffens heben sich die Elongationen auf. Das Seil ist für einen Augenblick gerade. Die Schnellen dagegen, in *Abb. 263.3* als rote Pfeile gezeichnet, verstärken sich im Moment voller Überlagerung auf das Doppelte. Sie bewirken das Auseinanderlaufen beider Störungen nach der Begegnung, indem sie einen Berg wie auch ein Tal erzeugen. Beide laufen nach der Begegnung ungestört weiter.

263.1 Verschiedene Kreiswellen durchdringen sich ungestört.

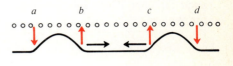

263.2 An der Überlagerungsstelle addieren sich die Schnellen und Elongationen: Auslöschung der Schnellen, Verdopplung der Elongation bei gleichgroßen, gleichgerichteten Amplituden.

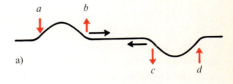

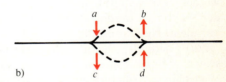

263.3 Auslöschung der Elongationen, Verdopplung der Schnellen an der Überlagerungsstelle bei gleichgroßen, entgegengerichteten Amplituden

c) Auf einer horizontal ausgespannten Schraubenfeder erregen wir an einem Ende eine vertikal polarisierte Störung 1 (grau), am anderen Ende eine horizontal polarisierte Störung 2 (grau) *(Abb. 264.1)*. Die Überlagerung 3 beider Störungen (schwarz) liegt in einer schrägen Ebene. Die Überlagerung erhält man durch vektorielle Addition.

> **Zusammenfassung:** Treffen mehrere Störungen an einer Stelle eines homogenen Trägers zusammen, so addieren sich dort ihre Elongationen sowie ihre Schnellen vektoriell. Dasselbe gilt auch für eine Folge von Störungen, für Wellen.

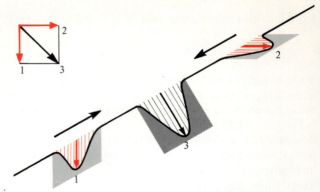

264.1 Zwei senkrecht zueinander polarisierte Störungen 1 (vertikal) und 2 (horizontal) überlagern sich vektoriell im Moment der Begegnung zur Störung 3 (Ausbreitungsrichtungen schwarz, Auslenkungsrichtungen schwarz bzw. rot).

Diese Erscheinung nennen wir **Interferenz** im weiteren Sinn (interferre, lat.; dazwischentreten).

Aufgabe:

Vergleichen Sie die Abb. 263.2 und 263.3 hinsichtlich der in den Störungen enthaltenen Energieformen! Wie ändern sich die Überlegungen, wenn die Bilder Querschnitte durch eine Wasseroberfläche darstellen?

§ 72 Überlagerung von gleichlaufenden Sinuswellen gleicher Wellenlänge

Wir betrachten nun folgenden wichtigen Sonderfall: Die sich überlagernden Wellen haben dieselbe Schwingungsebene und die gleiche Wellenlänge (Interferenz im engeren Sinn). In *Abb. 264.2* werden die Elongationen zweier solcher gleichlaufenden Wellen gleicher Ausbreitungsgeschwindigkeit grafisch addiert. Es entsteht eine Sinuswelle gleicher Wellenlänge und von derselben Ausbreitungsgeschwindigkeit. Dies Ergebnis kann mathematisch bestätigt werden. Die Entfernung d, um welche der Nulldurchgang der Welle 2 (schwarz) vor dem Nulldurchgang der Welle 1 (grau) herläuft, heißt „**Gangunterschied**". Er beträgt im Bild etwa $\frac{1}{10}$ Wellenlänge. Wichtig sind zwei Sonderfälle der Überlagerung, nämlich die der Gangunterschiede $d=0$ und $d=\lambda/2$, die jetzt näher erörtert werden sollen:

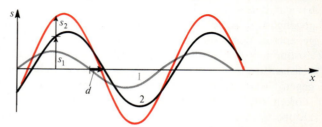

264.2 Durch Überlagerung zweier Sinuswellen gleicher Frequenz und Wellenlänge entsteht eine neue Sinuswelle derselben Frequenz; d ist der Gangunterschied zwischen 1 und 2.

§ 72 Überlagerung von gleichlaufenden Sinuswellen gleicher Wellenlänge

1. „Gleichphasige Überlagerung"

Der Gangunterschied d zweier interferierender Wellen mit der gemeinsamen Wellenlänge λ und den Amplituden $s_{m\,1}$ und $s_{m\,2}$ betrage Null oder ein ganzzahliges Vielfaches von λ. Die um einen beliebigen Punkt der x-Achse von den beiden Wellen erzwungenen Schwingungen sind dabei gleichphasig. Dann heißen die beiden Wellen im ganzen „in Phase". Auch ihre Summe ist nun mit ihnen phasengleich, und die resultierende Amplitude $s_{m\,3}$ erreicht den größtmöglichen Wert:

$$s_{m\,3}=s_{m\,1}+s_{m\,2}.$$

Haben beide Wellen insbesondere noch gleiche Amplitude s_m, so hat ihre Summe die Amplitude $2\,s_m$ *(Abb. 265.1)*.

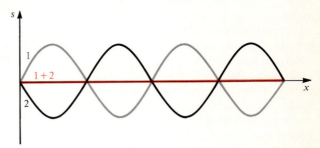

265.1 Zwei phasen- und amplitudengleiche Wellen ergeben eine Welle doppelter Amplitude und gleicher Phase.

265.2 Zwei amplitudengleiche Wellen mit dem Gangunterschied $\lambda/2$ (oder $\tfrac{3}{2}\lambda$; $\tfrac{5}{2}\lambda$; ...) löschen sich aus.

2. „Gegenphasige Überlagerung"

Der Gangunterschied zweier in gleicher Richtung laufender Wellen betrage $\tfrac{1}{2}\lambda$ oder ein ungerades Vielfaches hiervon. Die Wellen heißen dann gegenphasig (vergleiche Ziffer 1), und die resultierende Amplitude nimmt den kleinstmöglichen Wert an:

$$s_{m\,3}=|s_{m\,1}-s_{m\,2}|.$$

Ist speziell $s_{m\,1}=s_{m\,2}$, so wird $s_{m\,3}=0$. Die beiden Wellen löschen sich dann völlig aus *(Abb. 265.2)*.

Gangunterschiede haben als Strecken die Einheit Meter; man gibt sie meist als Vielfache der Wellenlänge λ an. Phasendifferenzen mißt man im Bogen- oder Gradmaß.
Dem Gangunterschied Null beziehungsweise λ zweier Wellen entspricht die Phasendifferenz Null beziehungsweise 2π (360°). Dabei sind die beiden Wellen „gleichphasig" und geben bei der Überlagerung maximale Verstärkung.
Dem Gangunterschied $\lambda/2$ oder $3\lambda/2$ entspricht die Phasendifferenz π (180°). Die beiden Wellen sind „gegenphasig". Sie löschen sich aus, wenn ihre Amplituden gleich groß sind.

Aufgaben:

1. Überlagern Sie grafisch zwei Wellen gleicher Wellenlänge, deren Amplituden sich wie 2:3 verhalten, und zwar für folgende Gangunterschiede d: a) $d=0$; b) $d=\lambda/2$; c) $d=\lambda/4$! Benutzen Sie dazu transparentes Papier und pausen Sie die Sinuslinien!
2. Wie gibt man einen Gangunterschied und wie einen Phasenunterschied an?
3. Warum kann man sagen, daß der Gangunterschied Null dem Gangunterschied λ, der Gangunterschied $\lambda/2$ dem Gangunterschied $3\lambda/2$ gleichwertig ist? Welche anderen Werte des Gangunterschiedes sind jeweils gleichbedeutend?

§ 73 Stehende Querwellen

1. Interferenz gegenläufiger Wellen

Bei der Interferenz gegenläufiger Wellen beschränken wir uns auf einen wesentlichen Sonderfall: Zwei Querwellen mit derselben Schwingungsebene, Wellenlänge und Amplitude laufen einander mit gleicher Geschwindigkeit entgegen. *Abb. 266.1* zeigt eine graphische Addition der beiden Elongationen. Die schwarz gezeichnete Welle schreitet nach links, die grau gezeichnete nach rechts fort. Die Überlagerung wird hier an zwölf aufeinanderfolgenden Momentbildern durchgeführt (rot), die im zeitlichen Abstand von je $T/12$ aufeinanderfolgen. Die rote Kurve ergibt sich als Summe der Elongationen. Das Ergebnis ändert sich von Augenblick zu Augenblick und unterscheidet sich zudem grundsätzlich von den bisher besprochenen fortschreitenden Wellen:

Die durch Punkte markierten Punkte bleiben während des ganzen Vorgangs in Ruhe. Sie heißen **Knoten der Schnelle** oder Bewegungsknoten und folgen aufeinander im Abstand einer halben Wellenlänge der fortschreitenden Welle. Alle Punkte zwischen zwei benachbarten Knoten schwingen in gleicher Phase, das heißt sie erreichen gleichzeitig ihr Maximum, gehen gleichzeitig durch die Gleichgewichtslage und so weiter; doch sind ihre Amplituden verschieden groß. Dabei weisen die Punkte in der Mitte zwischen zwei benachbarten Knoten größte Amplitude auf. Man nennt diese

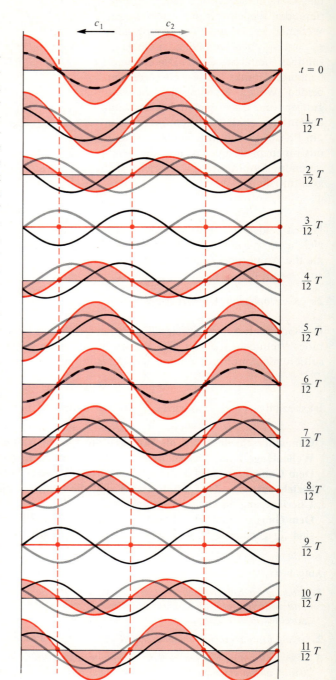

266.1 Ausschnitt aus einer stehenden Welle in 12 Momentaufnahmen.
Schwarz: nach links fortschreitende;
grau: nach rechts fortschreitende Welle;
rot: stehende Welle als Überlagerung aus den fortschreitenden Wellen

Stellen Bewegungs- oder **Schnellebäuche**. Gerade in den Momenten $\frac{3}{12}T$ und $\frac{9}{12}T$ sind dort die Schnellen extremal; der Träger hat dann dort maximale kinetische Energie. Dies macht das Weiterschwingen aus der gestreckten Lage verständlich. Die Punkte links und rechts eines Knotens schwingen gegenphasig. Die entstandene Welle heißt **stehende Welle**. Im Gegensatz zur „fortschreitenden Welle" wandert ihr räumliches Bild nicht weiter, es „steht".

Versuch 115: Das Modell der *Abb. 267.1* veranschaulicht den Ablauf einer stehenden Querwelle: Eine um ihre Achse rotierende Sinuslinie wird auf einen Bildschirm projiziert. — *Abb. 267.2* zeigt die zeitliche Verteilung von Schnelle und Elongation in vier ausgezeichneten Momenten einer stehenden Welle. In Zeile 1 ist nur kinetische Energie vorhanden. Sie hat sich in Zeile 2 völlig in potentielle Energie verwandelt. Diese ist in Zeile 3 wieder ganz in kinetische Energie übergegangen, und in Zeile 4 hat die stehende Welle wieder nur potentielle Energie.

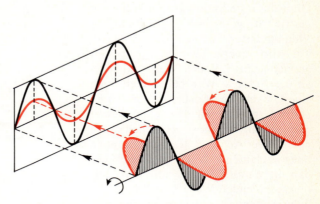

267.1 Stehende Welle als Schattenbild einer rotierenden ebenen Sinuslinie

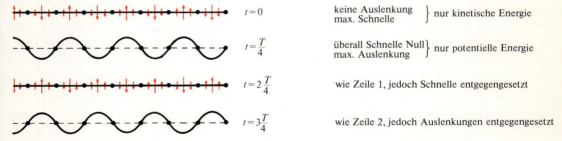

267.2 Stehende Querwellen in Abständen von je $\frac{1}{4}$ Schwingungsdauer mit Schnellepfeilen (rot)

2. Erzeugung stehender Wellen auf einem ausgedehnten Träger durch Reflexion

Versuch 116: Auf einem mehrere Meter langen Schlauch, der am rechten Ende festgeklemmt ist, laufen vom linken Ende her Wellen. Am eingeklemmten, also festen Ende wird nach § 68 die Welle reflektiert, und zwar so, daß ein ankommender Wellenberg als Wellental zurückgeht und umgekehrt. Die grau gezeichnete Welle in *Abb. 266.1* bedeutet jetzt die nach der Reflexion zurücklaufende. Alles andere bleibt wie unter Ziffer 1 beschrieben. Es entsteht also die rot gezeichnete stehende Welle, die am rechten, festen Ende einen Bewegungsknoten besitzt. In jedem Augenblick haben ankommende und reflektierte Welle gleichgroße, entgegengesetzt gerichtete Elongationen.

Ist das Ende des Schlauchs nicht festgeklemmt, sondern lose, so können wir die *Abb. 266.1* zur Erklärung noch einmal heranziehen, müssen aber ihren Kurven eine andere Bedeutung geben: Die graue Welle stellt jetzt die von rechts nach links laufende primäre Welle dar. Die schwarze Welle ist die am linken losen Ende reflektierte Welle. Wir erkennen, daß am losen Ende ein Bewegungsbauch entsteht, da ein Berg als Berg reflektiert wird.

Beispiel: a) Eine nach rechts laufende Sinuswelle, in *Abb. 268.1* schwarz eingezeichnet, wird an einem **festen** Ende im Punkt Z reflektiert. In der Momentaufnahme der Abbildung liegt direkt vor der Wand noch $\frac{1}{16}$ Wellenlänge. Ohne das feste Ende wäre die Welle wie gestrichelt gezeichnet weitergelaufen. Weil am festen Ende ein Berg zu einem Tal wird, spiegeln wir den gestrichelt gezeichneten Teil der Welle zunächst an der Achse s. Weil bei Z auch noch eine Umkehr der Ausbreitungsrichtung eintritt, spiegeln wir den schon einmal gespiegelten Teil (grau gestrichelt) auch noch an der Achse s*. Dies gibt die nach links weglaufende Welle 2. Es zeigt sich, daß die durch Überlagerung der nach rechts laufenden Welle 1 und der nach links laufenden reflektierten Welle 2 entstehende (rote) Kurve am festen Ende Z eine Nullstelle hat, und zwar

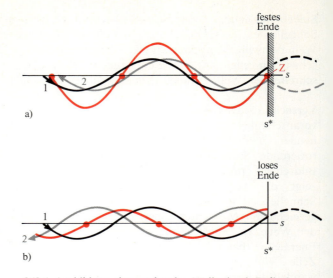

268.1 Ausbildung einer stehenden Welle durch Reflexion, a) am festen, b) am losen Ende.
Die stehende Welle hat stets a) am losen Ende einen Bewegungsbauch, b) am festen Ende einen Bewegungsknoten.

unabhängig vom speziellen Aufnahmemoment. Dort annullieren sich nämlich stets sowohl die Elongationen als auch die Schnellen beider Wellen. Damit sind natürlich auch die übrigen Nullstellen der roten Überlagerungskurve festgelegt: Es sind in Abständen von $\lambda/2$ Knoten der Elongation und Schnelle; die rote Kurve stellt eine Momentaufnahme der durch Reflexion am festen Ende erzeugten „stehenden Welle" dar.

b) Wir zeichnen die entsprechenden Kurven für die Reflexion am **losen** Ende. Wir denken uns die nach rechts laufende schwarz gezeichnete Welle 1 über das Ende des Wellenträgers hinaus fortgesetzt (in *Abb. 268.1 b* schwarz gestrichelt eingetragen). Da ein Berg bei der Reflexion am losen Ende ein Berg bleibt, gewinnen wir die nach links laufende reflektierte grau gezeichnete Welle durch nur eine Spiegelung, und zwar an s*. Die durch Überlagerung der Wellen 1 und 2 entstandene rot gezeichnete Kurve hat ihre Knoten dort, wo die beiden Kurven 1 und 2 stets entgegengesetzt gleiche Ordinate haben; auch diese Punkte sind ortsfest, also unabhängig von dem zufällig gewählten speziellen Aufnahmemoment. Die rote Kurve ist auch hier eine Momentaufnahme der durch Reflexion am losen Ende erzeugten „stehenden" Welle.

Wir haben zunächst außer acht gelassen, daß sich auf der Erregerseite des Schlauchs durch erneute Reflexion Schwierigkeiten ergeben könnten. Da wir jedoch vorläufig einen sehr langen Schlauch benützen, klingt infolge der unvermeidlichen Reibungsverluste die reflektierte Welle auf dem langen Weg allmählich ab. Sie erreicht den Erreger nicht mehr in merklicher Stärke, so daß in der Nähe des reflektierenden Endes das angegebene Bild entsteht.

Versuch 117: In der Wasserwellenwanne erregen wir gemäß *Abb. 252.1* Wellen paralleler Fronten und mäßiger Amplitude. Am anderen Ende stellen wir einen zu den Fronten parallelen Reflektor auf. Es bildet sich auf der Wasseroberfläche vor diesem Reflektor eine stehende Welle aus. Beobachten Sie das „Stehen" der Bewegungsbäuche und -knoten! Ändern wir die Erregerfrequenz kontinuierlich, so paßt sich ihr die Wellenlänge der stehenden Welle jeweils an.

3. Zusammenfassende Gegenüberstellung fortschreitender und stehender Wellen

Fortschreitende Welle	Stehende Welle
1. Das räumliche Kurvenbild erfährt eine stetige Verschiebung mit der Geschwindigkeit c.	Das räumliche Kurvenbild bleibt am *Ort;* es erleidet periodisch affine Änderungen senkrecht zur x-Achse.
2. Alle Punkte haben gleiche Bewegungsamplitude, erreichen sie aber *nacheinander*, und zwar um so später, je weiter sie vom Erreger entfernt sind.	Die Bewegungsamplitude ist in den Schnellebäuchen am größten. Sie nimmt nach den Knoten zu ab und ist dort gleich Null.
3. In keinem Moment ist *überall* Stillstand.	Im Moment größter Elongation ist überall Stillstand.
4. In keinem Moment ist *überall* die Elongation gleich Null.	Alle Punkte gehen gleichzeitig durch die Gleichgewichtslage und haben dabei ihre größte Schnelle.
5. *Kein Punkt* ist ständig in Ruhe.	Die Knoten der Schnelle sind ständig in Ruhe.
6. Jeder Punkt auf der Strecke einer Wellenlänge hat eine *andere* Phase.	Alle Punkte zwischen zwei benachbarten Knoten haben *gleiche* Phase.
7. Modell: Schattenbild einer rotierenden Schraubenlinie *(Abb. 260.1)*.	Modell: Schattenbild einer rotierenden ebenen Sinuslinie *(Abb. 267.1)*.
8. Energie schreitet fort.	Energie bleibt im Träger; kein Energietransport.

Aufgaben:

1. *Die in Abb. 266.1 dargestellten stehenden Wellen könnten auch durch Reflexion einer fortschreitenden Welle entstanden sein. Um welche Art von Ende handelt es sich dann links beziehungsweise rechts?*
2. *Was geschieht mit der Energie, die ein Wellenerreger an den Wellenträger abgibt a) bei einer fortschreitenden Welle? b) bei einer stehenden Welle?*

§ 74 Transversale Eigenschwingungen

1. Erzeugung von Eigenschwingungen

Beim Federschwinger der S. 227 war gemäß unserer Modellvorstellung die Masse m auf einen Massenpunkt lokalisiert, auf den die Federkraft als Rückstellkraft wirkte; entsprechend wirkte beim Fadenpendel eine Schwerkraftkomponente auf den Massenpunkt als Rückstellkraft. Wir sahen, daß solche Schwinger zu genau *einer* Eigenschwingung fähig sind. Die Eigenfrequenz des Federschwingers ist $f = \frac{1}{2\pi}\sqrt{\frac{D}{m}}$, die des Fadenpendels $f = \frac{1}{2\pi}\sqrt{\frac{g}{l}}$.

Nun erweitern wir unsere Betrachtungen auf Schwinger, bei denen Masse und elastische Kopplung gleichmäßig über einen ausgedehnten Körper verteilt sind. Als Modell dienen wieder die vielen untereinander elastisch gekoppelten Massepunkte mit vertikaler Führung der *Abb. 254.3*, nur diesmal auf eine *endliche, feste Länge* beschränkt. Wir nehmen also einen Schwinger, der sich im wesentlichen längs *einer* Dimension erstreckt, zum Beispiel einen Gummischlauch. Dieser streckenförmige Schwinger fester Länge soll zu Transversalschwingungen angeregt werden. Wir vermuten, daß sein Schwingungsverhalten vielfältiger ist als etwa beim einfachen Federpendel, und wir wollen dies zunächst experimentell untersuchen.

Versuch 118: Ein Schlauch *(Abb. 270.1)* ist an der Decke bei 0 und an einer Tischklemme bei U befestigt. Bei E wird er durch einen von einem Motor betriebenen Exzenter periodisch ausgelenkt. Bei einer ganz bestimmten Drehfrequenz des Motors tritt Resonanz auf:

Der Schlauch schwingt als Ganzes mit zwei Knoten an seinen Enden und einem Bauch in seiner Mitte: Er schwingt in seiner ersten harmonischen Schwingung, kurz in der ersten Harmonischen, mit der Grundfrequenz f_1. Der Name „harmonisch" rührt daher, daß die Schwingung *(Abb. 270.1)* eine reine Sinusform aufweist. Erst bei der Drehfrequenz $2f_1$ gerät durch neuerliche Resonanz der Schlauch wieder in deutliche Schwingung. Jetzt befinden sich an den Enden und in der Mitte Knoten; der Schlauch schwingt in zwei Abschnitten, in der 2. Harmonischen, $f_2 = 2f_1$. Steigern wir die Erregerfrequenz weiter, so schwingt der Schlauch immer nur bei

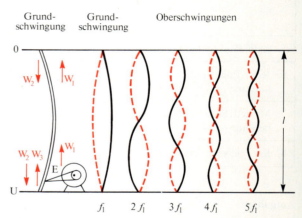

270.1 Durch Exzentervorrichtung zu Eigenschwingungen angeregter Schlauch („Querschwingungen")

ganzzahligen Vielfachen der Grundfrequenz f_1. *Abb. 270.1* zeigt die ersten fünf Harmonischen. Mit diesem Versuch können wir durch Steigern der Drehfrequenz bis etwa zur 15. Harmonischen kommen.

Es zeigt sich also gegenüber den Versuchen zu den stehenden Wellen nach Versuch 116 (Seite 267) ein wichtiger Unterschied: Im Versuch 116 wurde durch die Einspannung des Schlauchs am rechten Ende ein Knoten erzwungen; dies gab nur eine **„Randbedingung"**. Wie am Ende von Versuch 116 ausgeführt ist, trat am linken Ende des Schlauchs keine stehende Welle auf; es fehlte also die zweite Randbedingung, und beliebige Wellenlängen waren möglich. Diese 2. Randbedingung wird in Versuch 118 durch die feste Einspannung auch am linken Ende gegeben. *Der Wellenträger läßt dann nur stehende Wellen ganz bestimmter Wellenlängen zu.* Die **Anregungsfrequenzen** müssen also ganz bestimmte „diskrete" (discernere, lat. unterscheiden; Gegensatz: kontinuierlich) Werte besitzen; denn auf dem Wellenträger der Länge l hat bei *beiderseits festem Ende* nur eine ganze Zahl k halber Wellenlängen Platz, wobei gilt:

$$l = k\frac{\lambda}{2}, \quad \lambda = \frac{2l}{k} \quad (k = 1, 2, 3, \ldots).$$

Dazu gehören wegen $c = f \cdot \lambda$ die Frequenzen $f = \frac{c}{\lambda} = k \cdot \frac{c}{2l}$. Dabei ist c die Ausbreitungsgeschwindigkeit der fortschreitenden Welle auf dem Wellenträger. Für $k=1$ erhalten wir die Grundfrequenz (1. Harmonische)

$$f_1 = \frac{c}{2l}, \qquad (271.1)$$

für $k = 2, 3, \ldots$ die Frequenzen der weiteren Harmonischen

$$f_k = k f_1 \qquad (271.2)$$

als ganzzahlige Vierfache der Grundfrequenz f_1.

Man nennt für solche Schwinger die 1. Harmonische auch Grundschwingung ($k=1$), die weiteren Harmonischen auch Oberschwingungen.

Sind etwa bei der Torsionswellenmaschine nach *Abb. 254.2* *beide Enden* des Schwingers lose, so gelten *auch* die Gleichungen (271.1) und (271.2). Die beiden Viertelwellenlängen an den Enden geben zusammen ja eine halbe Wellenlänge, so daß insgesamt immer eine ganze Zahl halber Wellenlängen auf dem Träger liegen, genau wie bei dem Träger mit zwei festen Enden *(Abb. 271.1)*.

Ist jedoch *ein Ende lose, das andere fest*, so ist die Schwingerlänge l ein ungeradzahliges Vielfaches von $\frac{\lambda}{4}$.

Also gilt $l = k \cdot \frac{\lambda}{4}$ mit $k = 1, 3, 5, 7, \ldots$.

Für $k = 1$ erhalten wir jetzt die Grundschwingung mit der Grundfrequenz

$$f_1 = \frac{c}{\lambda_1} = \frac{c}{4l}. \qquad (271.3)$$

Hier treten nach *Abb. 271.2* insgesamt nur die ungeradzahligen Harmonischen mit den Frequenzen

$$f_k = \frac{c}{\lambda_k} = \frac{c}{4l} \cdot k \quad \text{mit } k = 1, 3, 5, 7 \ldots \qquad (271.4)$$

auf. Dies bestätigt der folgende Versuch:

Versuch 119: Ein biegsamer Schlauch wird oben eingeklemmt und hängt frei nach unten. In der Nähe des oberen Endes wird er durch einen Exzenter angeregt. Am freien unteren Ende bildet sich stets ein Bewegungsbauch aus. Wir beobachten Eigenschwingungen bei den Frequenzen f_1 (1 Viertelwellenlänge), $3 f_1$ (3 Viertelwellenlängen) und so weiter.

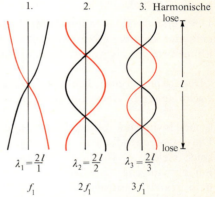

271.1 Die ersten drei Schwingungsformen bei zwei losen Enden

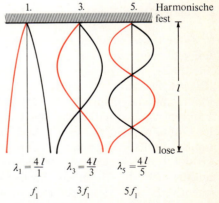

271.2 Die ersten drei Schwingungsformen bei einem losen und einem festen Ende

Versuch 120: Versuche am Klavier bestätigen die gefundenen Zusammenhänge. Als Grundfrequenz f_1 wählen wir die Frequenz 55 Hz der Klaviersaite A_1. Wir halten die Taste von $A = 110$ Hz, der 2. Harmonischen, dauernd niedergedrückt, ohne jedoch diesen Ton anzuschlagen. Dadurch wird ein Filzblock, der die Saite berührt, abgehoben, und die Saite ist entdämpft. Dann schlagen wir die Taste $A_1 = 55$ Hz, der 1. Harmonischen, kräftig an und dämpfen ihre Schwingung sofort wieder durch Loslassen dieser Taste. Die dauernd entdämpfte Saite des 1. Obertons $A = 110$ Hz ertönt durch Resonanz: Der Oberton A war also im „Klang" der Saite A_1 enthalten. Gegenprobe: Statt A entdämpfen wir $F = 87,4$ Hz, ohne anzuschlagen, und schlagen nun A_1 kurz an. F resoniert nicht; denn es gehört nicht zum Klang der Saite A_1. Nun halten wir nacheinander die Tasten der weiteren Obertöne $e = 165$ Hz, $a = 220$ Hz, $cis^1 = 275$ Hz, $e^1 = 330$ Hz, $a^1 = 440$ Hz, $a^2 = 880$ Hz und so weiter lautlos nieder und schlagen dann jeweils die Saite A_1 kurz an. Alle diese Obertöne resonieren; sie waren also im Klang der Saite A_1 enthalten. Bei waagerechten Saiten (Flügel!) kann man zudem das resonierende Schwingen der Saiten durch Papierreiterchen zeigen. Zum Schluß halten wir alle Obertontasten gleichzeitig ohne Anschlag nieder und lassen dann die Saite A_1 kurz und kräftig ertönen. Obwohl dieser Grundton sofort wieder schweigt, hat unser Ohr den Eindruck, er klinge weiter, weil seine Obertöne als wesentliche Komponenten des Klanges weiterklingen.

Der Versuch läßt sich auch umkehren: Bei lautlos niedergehaltener Taste A_1 schlagen wir nacheinander kurz die Obertontasten an. Obwohl die angeschlagenen Töne sofort gedämpft werden, klingen sie jeweils weiter, weil die entdämpfte Grundsaite mit deren Frequenzen schwingt.

> **Der „Klang" eines Tones entsteht durch Überlagerung von Oberschwingungen über die Grundschwingung in einem für den Tonerreger charakteristischen Intensitätsverhältnis.**

Querschwingende Stäbe, Platten und Glocken haben meist „nichtharmonische" Obertonfolgen. Die entsprechenden Klangwirkungen werden bei einigen Musikinstrumenten ausgenutzt (Glockenspiel, Celesta, Xylophon). Die in Telefonen und Lautsprechern benutzten Membranen sollen nur erzwungene Schwingungen ausführen, ihre Eigenfrequenzen müssen also möglichst außerhalb des zu übertragenden Frequenzbereichs liegen oder durch Dämpfung unterdrückt werden (vergleiche § 62).

2. Fourier-Darstellung

In Ziffer 1 dieses Paragrafen sahen wir, daß ein begrenzter Träger, also etwa eine Saite, nur zu ganz bestimmten „Eigenschwingungen" fähig ist. Man erhält sämtliche entsprechenden „Eigenfrequenzen" als natürliche Vielfache der Grundfrequenz $f_k = k \cdot f_1$, alle Harmonischen. Es hängt nun ganz von der Art der Anregung ab, mit welcher Intensität sich die einzelnen Harmonischen ausbilden. Meist kommen mehrere gleichzeitig zustande und überlagern sich. Wir betrachten dies am Beispiel der in ihrer Mitte angezupften Saite. Die Dreiecksform ABC kann durch Überlagerungen von Sinuskurven der Perioden λ; $\frac{1}{3}\lambda$; $\frac{1}{5}\lambda$ (Amplitudenverhältnis etwa 100:11:4) angenähert

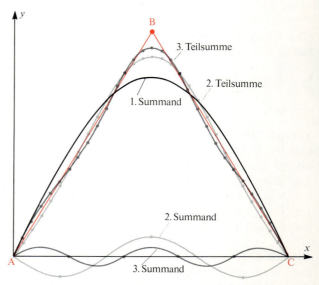

272.1 Annäherung eines Dreieckzugs ABC durch Überlagerung von Sinuskurven nach Fourier

werden, wie in *Abb. 272.1* dargestellt ist. Diese Annäherung kann beliebig verbessert werden, indem man noch höhere Frequenzen hinzuzieht (Fourier-Zerlegung, nach dem französischen Mathematiker *J. B. J. Fourier* 1768 bis 1830). Wir nennen einen Schwinger, der wie die Saite mit unendlich vielen diskreten Eigenfrequenzen schwingen kann, ,,**Schwinger 2. Art**" im Gegensatz zu den in § 58 behandelten ,,**Schwingern 1. Art**", die nur einer einzigen Frequenz fähig sind.

> **Ein eindimensionaler Körper mit elastischer Kopplung seiner Masseteilchen kann zu stehenden Querwellen ganz bestimmter Frequenzen angeregt werden (Eigenschwingungen). Man nennt derartige Schwinger im Gegensatz zu solchen, die nur zu einer Frequenz fähig sind, Schwinger zweiter Art. Besitzt ein Schwinger zweiter Art zwei feste oder zwei lose Enden, so liegt bei der Grundfrequenz f_1 eine halbe Wellenlänge auf dem Träger. Seine Eigenfrequenzen sind:**
>
> $$f_k = k f_1 \quad (k = 2, 3, 4, \ldots). \quad \text{Dabei ist } f_1 = c/2l. \tag{273.1}$$
>
> **Besitzen Schwinger zweiter Art ein festes und ein loses Ende, so liegt in der Grundschwingung f_1 eine Viertelwellenlänge auf dem Träger. Es sind Eigenfrequenzen möglich mit**
>
> $$f_k = k \cdot f_1 \text{ aber mit } k = 1, 3, 5, 7, \ldots \text{ und der Grundfrequenz } f_1 = c/4l. \tag{273.2}$$

Zusammenfassender Vergleich der Schwinger 1. und 2. Art:

	Schwinger 1. Art	Schwinger 2. Art
Beispiel:	Federpendel	Saite
Masse:	Im schwingenden Körper punktförmig lokalisiert	homogen über den ganzen Schwinger verteilt
Eigenfrequenzen:	Nur ein Wert	Unendlich viele, jedoch diskrete Werte

Aufgaben:

1. *Zeichnen Sie die bei einer Saite möglichen Schwingungsformen als Augenblicksbilder stehender Wellen mit 1, 2, 3, 4, 5 halben Wellenlängen auf der Saitenlänge!*

2. *Zeichnen Sie die in Versuch 119 entstehenden Schwingungsformen eines aufgehängten linearen Wellenträgers mit freiem unteren Ende mit 1, 3, 5 und 7 Viertelwellenlängen auf dem Träger als Augenblicksbilder stehender Wellen!*

3. *Versuchen Sie auf Grund des Unterschieds der Haft- und der Gleitreibungszahl zu erklären, warum eine Saite beim Streichen mit dem Geigenbogen zum Schwingen gebracht wird! Wenn der Bogen dauernd nur mit einer bestimmten Reibungskraft über die Saite gleiten würde, entstünde nur Wärme an der geriebenen Stelle. Welcher Zusammenhang besteht bei der Erklärung der entstehenden Schwingungen mit den Überlegungen, die zu Abb. 272.1 angestellt wurden?*

4. *Eine Drahtlocke wird auf die Länge $l = 5,0$ m ausgezogen und an beiden Enden fest eingespannt. Durch Erregung mit der Frequenz $f = 2,5$ Hz bildet sich eine stehende Welle mit 3 ,,Bäuchen". Wie groß ist die Ausbreitungsgeschwindigkeit der zugrundeliegenden fortschreitenden Wellen? Wie lange dauert es, bis eine kurze Querstörung, die man am einen Ende auslöst, die Drahtlocke 5mal hin und zurück läuft?*

5. *Eine Stimmgabel gibt nach Anschlag mit einem Metallhammer einen hohen Ton. Wie kommt er zustande?*

§ 75 Längswellen

1. Ausbreitung einer Längsstörung

Versuch 121: Die Wägelchen in *Abb. 274.1* sind mit dünnen Stahldrähten elastisch gekoppelt. Wir lenken den ersten Wagen nach links oder rechts aus. Die Störung wandert die Reihe der Wägelchen entlang wie bei den Eisenbahnwagen auf den Rangierbahnhöfen. Vergrößern wir die Masse der Wägelchen oder nehmen wir nachgiebigere Drähte, so wandert die Störung langsamer. Entsprechendes beobachtet man bei Versuchen mit einer Kette sich abstoßender Scheibenmagnete auf gemeinsamer Laufschiene *(Abb. 274.2)*.

274.1 Längsstörung bei elastisch gekoppelten Wagen

274.2 Longitudinale Wellen mit Magnetrollen. Das Foto zeigt die Magnetrollen in Ruhelage.

Zur Erklärung denken wir uns in einer waagerecht liegenden Reihe elastisch gekoppelter Masseteilchen das am weitesten links liegende nach rechts gestoßen. Der Stoß wandert durch die Reihe. In *Abb. 274.3* hat die dadurch bewirkte Druckstörung das n-te Teilchen erreicht, das sich folglich dem $(n+1)$-ten Teilchen genähert hat. Zwischen diesen beiden Teilchen herrscht **Überdruck**. Das $(n+1)$-te wird durch ihn beschleunigt, während das n-te hierbei infolge der Gegenkraft verzögert wird und zur Ruhe kommt, falls keine weitere Störung seitens des Erregers nachfolgt. *Schnelle* der Teilchen und *Ausbreitung* der Störung sind hierbei *gleichgerichtet*.

Wird das erste Teilchen jedoch schnell nach links gezogen, so breitet sich gemäß *Abb. 274.4* eine Unterdruckstörung (Sogstörung) nach rechts aus. Jetzt ist die *Schnelle* der Teilchen der *Wanderung der Störung entgegen* gerichtet.

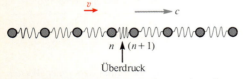

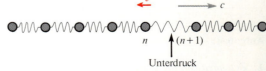

274.3 Überdruckstörung wandert nach rechts, $v>0$; $\Delta p>0$ ($v=$Schnelle; $c=$ Ausbreitungsgeschwindigkeit der Welle).

274.4 Unterdruckstörung wandert nach rechts; $v<0$; $\Delta p<0$. Die 5 linken Teilchen sind schon in der ausgelenkten Lage, die 3 rechten folgen.

Führt der Erreger eine Sinusschwingung in Richtung der Körperkette aus, so folgen Druck und Sog dauernd aufeinander, verknüpft mit den entsprechenden Schnellevektoren *(Abb. 275.1)*. Da hier immer der Schnellevektor in *der* Geraden liegt, längs der die Ausbreitung erfolgt, nennen wir den Vorgang „**Längswelle**" (Longitudinalwelle). **Bei Längswellen gibt es keine Polarisation.** Die einzelnen Teilchen führen erzwungene Schwingungen aus, die um so mehr gegen die des Erregers verspätet sind, je weiter das Teilchen vom Erreger entfernt ist.

> **Bei den Längswellen schwingen die Teilchen in der Ausbreitungsrichtung hin und zurück. Wo sie in der Ausbreitungsrichtung schwingen, herrscht Überdruck, wo sie gegen die Ausbreitungsrichtung der Welle schwingen, besteht Unterdruck. Bei den Teilchen mit maximaler Auslenkung ist die Schnelle Null und der Druck ungestört.**

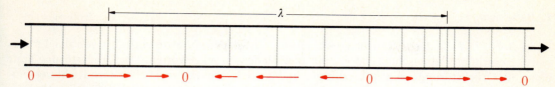

275.1 Die Strichdichte kennzeichnet die Dichte der Materie bei einer fortschreitenden Längswelle; die darunterliegenden Pfeile geben die Teilchenschnelle v an.

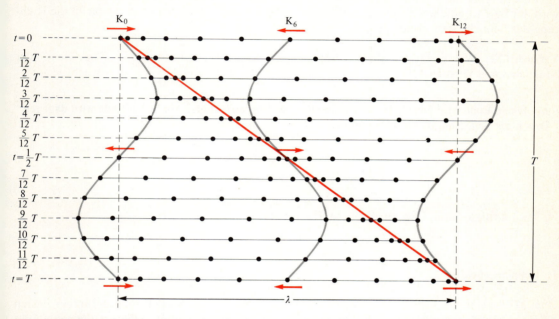

275.2 13 Momentaufnahmen einer nach rechts fortschreitenden Längswelle in zeitlichen Abständen von $1/12\,T$; das 12. Körperchen K_{12} schwingt mit dem Erreger bei K_0 in Phase: Streckenlänge $\overline{K_0 K_{12}} = \lambda$; graue Sinuslinien: Elongation-Zeit-Diagramme; rote Pfeile: Schnelle.

Abb. 275.2 zeigt 13 Momentaufnahmen einer in einer solchen Körperchenkette nach rechts fortschreitenden Längswelle in zeitlichen Abständen von je $\frac{1}{12}T$. Das n-te Körperchen ist gegen den Erreger in seiner Schwingung um $n \cdot \frac{T}{12}$ verspätet. Die grauen Sinuslinien stellen Elongations-Zeit-Diagramme des entsprechenden Körperchens dar.

Ein Teilchen, das gegenüber dem Erreger um die Schwingungsdauer T (zeitliche Periode des Elongation-Zeit-Diagramms) verspätet schwingt, ist mit diesem in Phase und von ihm um die Wellenlänge λ (räumliche Periode des Momentbilds) entfernt. Hieraus folgt — wie bei Querwellen — für die Ausbreitungsgeschwindigkeit c von Längswellen:

$$c = \frac{\lambda}{T} = f \cdot \lambda. \tag{274.1}$$

Das 6. Teilchen K_6 schwingt gegenphasig zum Erreger bei K_0. Deshalb ist zum Beispiel zur Zeit $t = 3T/12$ zwischen ihm und dem Erreger Überdruck, zur Zeit $9T/12$ Unterdruck. Dafür ist der Überdruck zur Zeit $t = 9T/12$ zum 9. Teilchen K_9 gewandert.

2. Reflexion

Ist in *Abb. 275.1* das letzte Teilchen rechts fest, so wird das vorletzte zunächst von der Druckstörung ergriffen und anschließend wie ein Ball wieder zurückgeworfen. Die Druckstörung läuft dann als Druckstörung nach links zurück, und die Schnellevektoren haben ihre Richtung umgekehrt. Entsprechend wird auch Sog als Sog reflektiert. Ist jedoch das letzte Teilchen frei, so schwingt es bei Druckstörung infolge seines Beharrungsvermögens über die Gleichgewichtslage hinaus und reißt das vorletzte nach. Das bewirkt eine zurücklaufende Sogstörung. Entsprechend wird am freien Ende Sog als Druck reflektiert. Bei der Reflexion am freien Ende bleibt die Richtung der Schnelle stets erhalten.

Versuch 122: Wir bestätigen diese Überlegungen durch Versuche mit den Wägelchen oder Magneten aus Versuch 121.

> **Am festen Ende wird Druck als Druck und Sog als Sog reflektiert. Am freien Ende wird dagegen Druck als Sog, Sog als Druck reflektiert.**

§ 76 Längs- und Querwellen im Raum

1. Kopplungskräfte

Abb. 277.1 zeigt ein Gitter von Massepunkten. Es soll uns als Modell dienen für den festen Körper, dessen Masseteilchen allseitig elastisch gekoppelt sind. Nun lenken wir einen Punkt seitlich schnell aus (rot gezeichnet). Damit werden in waagrechter Richtung wegen der Kopplungen a und b zwei auseinanderlaufende Längsstörungen erregt, nach links eine Unterdruck- und nach rechts eine Überdruckstörung. In vertikaler Richtung laufen wegen der Kopplungen c und d zwei Querstörungen vom Ort der Erregung fort. In der Waagrechten sind die Verformungen der Federn stärker als in der Senkrechten. In der Waagrechten wird die Störung rascher übertragen als in der Senkrechten: Die Längsstörung wandert im ausgedehnten elastischen Stoff schneller als die Querstörung. Dies spielt unter anderem in der Erdbebenforschung eine Rolle. Aus der Laufzeit von Erdbebenwellen ermittelt man die Entfernung des Herdes: Ist dieser zum Beispiel 2000 km entfernt, so trifft die *Querwelle* 3 min 19 s später als die *Längswelle* ein. Da es außer den angeführten noch *Oberflächenwellen* gibt und zudem zahlreiche Reflexionen an Inhomogenitäten auftreten, löst ein Erdbeben ein sehr kompliziertes Wellensystem aus.

Im Modell der *Abb. 277.1* ist die mittlere vertikale Teilchenreihe elastisch in ihrer Gestalt verändert und wie ein Stab verbogen. Da ein verbogener Stab aus festem elastischem Material seine ursprüngliche Gestalt wiederherzustellen bestrebt ist, sagt man, er habe **Gestaltelastizität**.

Flüssigkeiten und besonders Gase entsprechen dem Modell der *Abb. 277.1* jedoch *nicht*. Sie haben nur Volumenelastizität, dagegen keine Gestaltelastizität, das heißt sie sind zwar bestrebt, eine erlittene Volumen-, nicht aber eine Gestaltänderung rückgängig zu machen. Daraus folgt, daß sie nur Längswellen weiterleiten können.

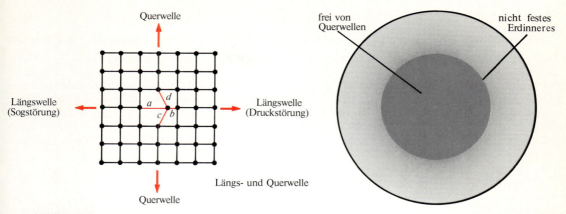

277.1 Bei der *Querwelle* ist die mittlere vertikale Teilchenreihe verformt, bei der *Längswelle* die mittlere horizontale Reihe.

277.2 Nur der dunkel getönte Erdkern ist frei von Querwellen.

Im Innern von Flüssigkeiten und Gasen können keine Querwellen, sondern nur Längswellen auftreten. Schall breitet sich deshalb in Luft als Längswelle aus.

Da Flüssigkeiten bestrebt sind, waagrechte Oberflächen zu bilden, also an ihrer Oberfläche eine „Gestaltelastizität" zeigen, können dort durch eine Störung Oberflächenwellen entstehen. Die Wasserwellen sind solche Oberflächenwellen.

Diese Gedanken der Seite 276 sind für die Erdbebenforschung wichtig: Es ist noch keine Querwelle beobachtet worden, die die Erde in tieferen Bereichen als 2900 km durchdrungen hätte. Man schließt daraus, daß der Erdkern kein „fester Körper" im üblichen Sinn sein kann *(Abb. 277.2)*.

2. Die Ausbreitung des Schalls

Die Schallwellen breiten sich bei hinreichend punktförmigen Schallquellen in Form von Kugelwellen um den Schallerreger aus: Alle Punkte auf einer Kugelfläche um den Erreger befinden sich in der gleichen Phase ihrer Schwingung. In *Abb. 277.3* sind Kugelschalen aus lauter Punkten im Druckmaximum ausgezogen und solche im Druckminimum gestrichelt gezeichnet. Dieses ganze Feld breitet sich radial mit Schallgeschwindigkeit aus, die wir für Luft im Mittelstufenband Seite 188 zu etwa 340 m · s^{-1} (bei 20 °C) bestimmt haben. Die vom Schallerreger radial ausgesandte Leistung tritt im Lauf ihrer Ausbreitung durch immer größere Kugelflächen, die mit dem Quadrat ihres Radius wachsen. Nun messen wir die „Schallstärke" durch die Leistung, die durch eine senkrecht zur Ausbreitungsrichtung gestellte Flächeneinheit tritt. Die Schallstärke nimmt also im Quadrat der Entfernung von der Schallquelle ab, wenn das Schallfeld kugelsymmetrisch ist.

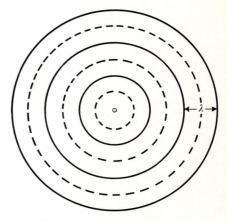

277.3 Um einen als punktförmig angenommenen Erreger breiten sich Schallwellen aus. Die Wellenfronten stellen (konzentrische) Kugelschalen dar, deren Radien mit Schallgeschwindigkeit wachsen.

278 Mechanische Wellen

3. Schallstärke und Lautstärke

Messen wir die Leistung in Watt, so ergibt sich die **Schallstärke** I in W/m² (Energie, die je Sekunde durch 1 m² tritt) als *physikalisches* Maß der Schallintensität. Es gilt also Schallstärke $I = \dfrac{\text{Leistung } P}{\text{Fläche } A}$.

Bei etwa 1000 Hz ist das Ohr imstande, eine Schallstärke von 10^{-12} W/m² eben noch wahrzunehmen (Hörschwelle); eine Schallstärke von 10 W/m² löst Schmerzempfindungen aus (Schmerzschwelle). Diese Werte der Schallstärke verhalten sich wie $1 : 10^{13}$. Die subjektive Empfindungsstärke E, die sogenannte **Lautstärke**, wächst aber nur proportional zum Logarithmus der objektiven Schallstärke I. Für die **Lautstärke** hat man das Maß **Phon** eingeführt. Es ist eine reine Zahl. Bei 1000 Hz ist der Zusammenhang zwischen Lautstärke und Schallstärke in *Tabelle 278.1* angegeben.

Tabelle 278.1

Art des Schalls	Lautstärke in phon	Schallstärke in 10^{-12} W/m²
Hörschwelle	0	1
Flüstersprache	20	100
Normales Sprechen in 2 m Entfernung	40	10 000
Lautsprechermusik im Zimmer	60	1 000 000
Sehr lauter Straßenlärm	80	100 000 000
Nietarbeiten in Fabrikhalle	100	10 000 000 000
Flugzeugmotor in 4 m Abstand	120	1 000 000 000 000
Schmerzschwelle	130	10 000 000 000 000

Die Phonzahl bei 1000 Hz ist $E = 10 \cdot \lg(I/I_0)$. Dabei ist I_0 die Schallstärke 10^{-12} W/m² der Reizschwelle. Ihr kommt also die Lautstärke $E = (10 \lg 1)$ phon $= 0$ phon zu. Wirken 100 Schallquellen mit einer Lautstärke von je 0 phon zusammen, so wächst die Schallstärke auf das 100fache: $I = 100 \cdot I_0$. Die Lautstärke hat dann einen Wert von $E = 10 \cdot \lg(100 \cdot I_0/I_0)$ phon $= 20$ phon. Hat ein Motorrad die Lautstärke 80 phon, so gilt für seine Schallstärke I die Gleichung: $10 \cdot \lg(I/I_0)$ phon $= 80$ phon. 100 solcher Motorräder haben eine Lautstärke $E = 10 \cdot \lg(100 \cdot I/I_0)$ phon $= 10 [\lg 100 + \lg(I/I_0)]$ phon $= (20 + 80)$ phon $= 100$ phon. Die Lautstärke ist also in beiden Fällen um 20 phon gestiegen. Das Phonmaß ist deshalb angemessen, weil das Ohr im Durchschnitt Lautstärkeunterschiede von 1 phon gerade noch wahrnimmt.

Für andere Frequenzen wird die Phonzahl durch Hörvergleich mit einem 1000 Hz-Ton bestimmt: Ein Schall hat dann 40 phon, wenn er so laut erscheint wie ein Schall von 1000 Hz und $10000 \cdot 10^{-12}$ W/m². Seine Schallstärke liegt im allgemeinen jedoch weit über 10^{-8} W/m².

Bei lauter Radiomusik (75 phon) betragen die Druckschwankungen $\pm 0{,}001$ mbar. Der ungeordneten Molekularbewegung (500 m/s) überlagert sich hierbei eine Schnelle von maximal 0,25 mm/s! Bei 1000 Hz führen dabei die Luftteilchen Schwingungen mit der Amplitude $0{,}5 \cdot 10^{-4}$ mm aus.

Aufgabe:

1. *Eine Schallquelle, die sich in einer Entfernung von* 20 m *befindet, vermittelt eine Lautstärke von* 0 phon. *In welcher Entfernung* r *von ihr stellen wir eine Lautstärke von* 20 phon *fest (die Schallstärke soll proportional mit* $1/r^2$ *abnehmen)?*

2. *Suchen Sie in Abb. 275.2 Stellen mit der Schnelle Null und mit maximaler Schnelle! Prüfen Sie dabei den relativen Abstand benachbarter Teilchen und vergleichen Sie mit dem Merksatz von Seite 274 unten!*

3. *Beim Schall kann eine Schnelle der Moleküle von* 0,25 mm/s *das Trommelfell erregen, eine thermische Molekülbewegung von* 500 m/s *dagegen nicht. Warum?*

§ 77 Stehende Längswellen

1. Freie stehende Längswellen

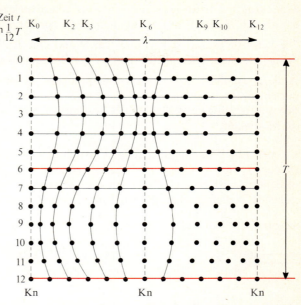

279.1 13 Momentaufnahmen einer stehenden Längswelle in zeitlichen Abständen von je $\frac{1}{12}T$; Kn = Knoten der Auslenkung und Schnelle

Im vorigen Paragraphen haben wir erkannt, daß in Gasen und Flüssigkeiten nur reine Längswellen möglich sind. Auch diese können sich nun entsprechend zu dem in den §§ 72 bis 75 Gesagten überlagern. Daher lassen sich auch mit ihnen stehende Wellen erzeugen, indem man zum Beispiel eine Längswelle mit ihrer zurückgeworfenen interferieren läßt. *Abb. 279.1* zeigt 13 Momentaufnahmen einer stehenden Längswelle in unserem longitudinalen Körperchenmodell. Körperchen K_0, K_6 und K_{12} zeigen während der ganzen Zeit weder Elongation noch Schnelle: Es sind Knotenstellen für Elongation und Schnelle, sogenannte **Schnelleknoten**! Man erkennt, daß dort Verdichtung und Verdünnung am stärksten schwanken: **Druckbäuche**. K_2 und K_3 haben dagegen praktisch konstanten Abstand voneinander, obwohl sie zu manchen Zeiten sehr stark ausgelenkt sind (sie sind eben etwa *gleich* weit ausgelenkt). **Diese Druckknoten sind gleichzeitig Schnellebäuche.** Hier herrscht während der ganzen Schwingung, also von $t=0$ bis $t=T$ praktisch konstanter Druck, desgleichen an den Schnellebäuchen bei K_9 und K_{10}.

> Bei der stehenden Längswelle sind die Schnellebäuche gleichzeitig Druckknoten und Schnelleknoten gleichzeitig Druckbäuche.

Versuch 123: Wir erzeugen nun eine stehende Welle mit Schallwellen in Luft. Ein Lautsprecher strahlt einen Ton gegen eine Wand. Im Luftraum vor der Wand bilden sich stehende Wellen *(Abb. 279.2)*. (Bei der geringen Größe des Lautsprechers im Vergleich mit der Wand und seiner Entfernung von ihr spielt die erneute Reflexion der ohnehin schon geschwächten Wellen an ihm keine Rolle.) Mit dem Ohr oder mit einem auf Druckschwankungen ansprechenden Mikrofon, das über einen Verstärker an einen Strommesser angeschlossen ist, lassen sich die Knotenebenen nachweisen. Dabei spielt die Orientierung der Membran des Mikrofons zur Welle keine Rolle, da die Größe der Druckkräfte hiervon unabhängig ist. Die Wand wirkt als „festes Ende" gemäß

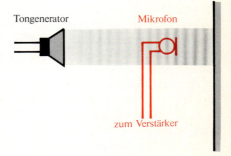

279.2 Ausmessung des Schallfeldes einer stehenden Welle vor einem Reflektor; Schnelleknoten ≙ Druckbäuche (dunkler); nur eine Randbedingung; f also beliebig

§ 75 Ziffer 2; Überdruck wird an ihr als Überdruck reflektiert, Sog als Sog: Wir finden unmittelbar an der Wand einen Druckbauch. Dort spricht das Mikrofon maximal an.

Die Schnelle erfährt dagegen an der Wand eine Richtungsumkehr, und damit entsteht dort ein Schnelleknoten. Die Luftteilchen an der Wand sind stets in Ruhe.

Ändern wir die Frequenz des Lautsprechers, so entstehen wieder stehende Wellen, freilich mit der entsprechenden anderen Wellenlänge. Aus den Abständen zwischen den Knotenebenen lassen sich die jeweiligen Wellenlängen bestimmen, und nach $c = \lambda \cdot f$ ergibt sich auch die Schallgeschwindigkeit.

Versuch 124: Ein entsprechender Versuch läßt sich mit zwei Lautsprechern durchführen, die mit gleicher Frequenz einander entgegen senden *(Abb. 280.1)*. Etwa in der Mitte zwischen den Lautsprechern wird das Schallfeld mit dem Mikrofon abgetastet. Man beobachtet in diesem Bereich stehende Wellen, und zwar wiederum bei beliebiger Frequenz.

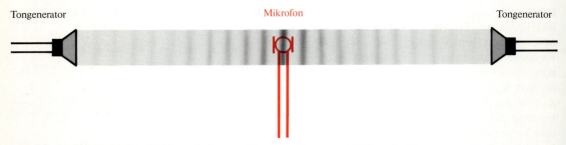

280.1 Ausmessung des Schallfeldes zwischen zwei Lautsprechern gemäß Versuch 124

2. Longitudinale Eigenschwingungen

Erfolgen wiederholte Reflexionen an beiden Enden des Wellenträgers, so treten longitudinale **Eigenschwingungen** auf, aber nur, wenn die Länge des Wellenträgers geeignet an die Wellenlänge angepaßt ist:

Versuch 125: In einer waagrecht liegenden Glasröhre wird etwas Korkmehl gleichmäßig über die ganze Länge verteilt *(Abb. 280.2)*. Rechts besitzt die Röhre einen verschiebbaren Stempel, links erregen wir mit dem Lautsprecher einen kräftigen Ton in der Nähe der Öffnung. Bei passender Abgleichung der Länge der Luftsäule mit Hilfe des Stempels oder durch Verändern der Tonfrequenz erhalten wir „Resonanz". In der Röhre bildet sich eine Eigenschwingung der Luftsäule aus, erkennbar am Verhalten des Korkmehls. An den Bäuchen der Bewegung, die auch Schnellebäuche sind, wird das Korkmehl durch Wirbelbildung infolge der starken Luftschwingungen entlang der Glaswand zu Rippelmarken angeordnet, während es an den Schnelleknoten in Ruhe bleibt. Unmittelbar am Stempel ist ein solcher Bewegungsknoten. Der Abstand zweier Knoten gibt auch die halbe Wellenlänge der fortschreitenden Welle an. Aus der Gleichung $c = f \cdot \lambda$ kann wieder die Schallgeschwindigkeit ermittelt werden (vergleiche die *Tabelle 281.1*).

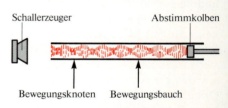

280.2 Korkmehl in der Röhre zeigt stehende Längswelle an.

Dabei war das Rohrende durch den Kolben verschlossen — „festes Ende" —, dort wurde Druck als Druck reflektiert. Das ergab am Rohrende einen Druckbauch, der zugleich ein Bewegungsknoten ist. — Der Lautsprecher erzeugt Schallwellen mit etwa 10^{-3} mbar Druckschwankungen (Seite 278). Diese werden durch Resonanz, das heißt durch die zahlreichen Reflexionen, auf etwa das 10^4fache „aufgeschaukelt" (Versuch 127). Das Korkmehl schwingt stark mit!

Tabelle 281.1 Aus gemessenen Frequenzen und Wellenlängen wird die Schallgeschwindigkeit berechnet.

f in Hz	λ in m	c in m/s
2000	0,169	338
3000	0,113	339
4000	0,085	340

Versuch 126: Nun benutzen wir eine beiderseits offene Röhre. Wir stimmen jetzt ab, indem wir sie teleskopartig in ihrer Länge verändern oder indem wir wieder die Frequenz der Schallquelle ändern. Tritt Resonanz ein, so haben wir jetzt an beiden Enden Bewegungsbäuche (= Schnellebäuche).

Bei offenem Rohrende läuft die Welle nicht etwa unverändert aus dem Rohr ins Freie. Vielmehr kann sich am offenen Ende ankommender Überdruck frei auswirken, indem er die Teilchen fast allseitig stark ausschwingen läßt. Sie schwingen dabei über ihre Gleichgewichtslage hinaus, wie wir es vom freien Ende nach *Abb. 256.1b* wissen; der ankommende Überdruck gibt im Rohr eine zurücklaufende Unterdruckstörung. Am freien Ende selbst heben sich in jedem Augenblick beide auf, und es entsteht dort ein Druckknoten: am freien Ende herrscht stets der konstante Außendruck. Da die Schnellevektoren am freien Ende in der hinlaufenden und reflektierten Welle gleich gerichtet sind, addieren sich ihre Beträge. Damit ergibt sich am freien Ende ein Bewegungsbauch.

Versuch 127: Die Druckverhältnisse in der resonierenden Luftsäule lassen sich mit einem kleinen, nur auf Druck ansprechenden Mikrofon nachprüfen. Wir führen es an seinen elektrischen Zuleitungen in das Rohr ein. Wir finden mit einem solchen Mikrofon im Versuch nach *Abb. 280.2*, daß bei stehenden Längswellen Bewegungsknoten mit Druckbäuchen zusammenfallen, während die Druckknoten an den Stellen stärkster Bewegung, also den Bewegungsbäuchen, liegen (vergleiche mit *Abb. 281.1*). Da die Teilchen auf beiden Seiten eines Bewegungsknotens gleichzeitig auf diesen zu beziehungsweise nach der Zeit $T/2$ von ihm weg schwingen *(Abb. 281.1)*, ist das Auftreten stärkster Druckschwankungen gerade an diesen Stellen verständlich. Herrscht dort Unterdruck, so weisen die beiden benachbarten Knoten Überdruck auf; nach der Zeit $T/2$ haben sich an diesen Bewegungsknoten Über- und Unterdruck vertauscht.

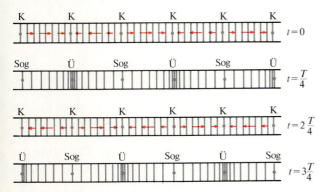

281.1 Stehende Längswelle in Abständen von je $\frac{1}{4}$ Schwingungsdauer; Schnellepfeile rot, K = Knoten der Auslenkung und der Schnelle

Versuch 128: Die Schnelleverteilung in schwingenden Luftsäulen läßt sich mit Hilfe eines Glühdrahts untersuchen, der gemäß *Abb. 282.1* in die Längsachse eines Glasrohrs gespannt ist. Auf das offene Rohrende ist eine Schneide gekittet, die mit kräftigem Luftstrom angeblasen wird. Je nach Anblasstärke bilden sich verschiedene Obertöne aus. An den Schnellebäuchen wird der Glühdraht gekühlt und bleibt dunkel, an den Schnelleknoten glüht er. Am ge-

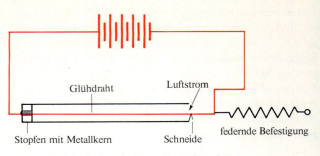

282.1 Glühdraht in schwingender Luftsäule

schlossenen Ende stellen wir damit stets einen Schnelleknoten fest. — Die Anregung der Luftsäule kann auch mit einer kräftigen Schallquelle (Pfeife, Lautsprecher) erfolgen, und statt des Glühdrahts kann man auch eine kleine Glühdrahtsonde benutzen, die an ihren Zuleitungen in das Rohr eingeführt wird.

3. Die Resonanzröhre nach Quincke

Versuch 129: Über die durch Heben und Senken des Wasserspiegels abstimmbare Resonanzröhre der *Abb. 282.2* wird eine Stimmgabel gehalten. Die erste Resonanzstelle ist bei einer Länge der Luftsäule $l_1 = \lambda/4$, die nächste bei $l_2 = 3\lambda/4$, die folgende wäre bei $l_3 = 5\lambda/4$, da am offenen Ende ein Bewegungsbauch, am Wasserspiegel ein Knoten liegen muß. Die Wellenlänge der fortschreitenden Welle kann damit bestimmt werden, da $l_2 - l_1 = \lambda/2$ ist. Bei bekannter Frequenz der Stimmgabel läßt sich die Schallgeschwindigkeit c in Luft aus $c = f \cdot \lambda$ berechnen. Sie erweist sich als unabhängig von der Frequenz f (Stimmgabeln verschiedener Frequenzen benutzen!), und auch von der Amplitude, falls diese nicht zu groß ist.

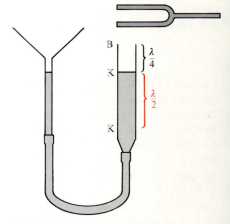

282.2 Resonanzrohr (Quincke)

4. Die Kundtsche Röhre

Versuch 130: Wir koppeln nun einen longitudinal schwingenden Stab mit einer Luftsäule, die wir auf Resonanz mit den Stabschwingungen abstimmen. Dazu klemmen wir den Stab gemäß *Abb. 283.1* in seiner Mitte fest und lassen ihn mit seinem einen Ende, das mit einer kleinen Scheibe versehen ist, eben noch in ein Glasrohr hineinragen, ohne es jedoch damit zu berühren. Wir versetzen nun den Stab in kräftige Längsschwingungen, indem wir ihn mit einem Lederlappen in Längsrichtung reiben, der mit Kolophoniumkörnern bestreut wurde. Die Mitte des Stabs ist dabei ein Schnelleknoten. Die beiden Stabhälften links und rechts schwingen gegenphasig. Bei passender Stellung des Abstimmkolbens gerät die Luft im Rohr in Resonanzschwingungen, die man an der bekannten Anordnung des Korkmehls wahrnimmt. Für den Stab mit der Länge l gilt: $f = c_M / \lambda_M$, wobei $\lambda_M = 2l$ ist; für die Luftsäule gilt entsprechend $f = c_L / \lambda_L$.

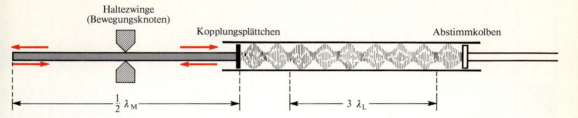

283.1 Kundtsches Rohr; aus den Staubfiguren wird λ_{Luft} ermittelt.

Dabei wird c_L als bekannt vorausgesetzt und λ_L aus dem Knotenabstand gemessen. Da die Frequenz f für die Schwingung des Metallstabs und der Luftsäule die gleiche ist, folgt:

$$f = \frac{c_M}{\lambda_M} = \frac{c_L}{\lambda_L}, \quad c_M = \frac{c_L \lambda_M}{\lambda_L} = \frac{2 l c_L}{\lambda_L}.$$

Wir haben also ein einfaches Verfahren, die Schallgeschwindigkeit in festen Stoffen zu messen. Füllen wir die Röhre mit einem anderen Gas, so finden wir aus $f = c_L/\lambda_L = c_G/\lambda_G$ auch die Schallgeschwindigkeit c_G in diesem Gas. Auf diese Weise kann man die Schallgeschwindigkeiten in kleinen Mengen eines Gases bestimmen. Solche Werte sind in *Tabelle 283.1* angegeben. Wasserstoff hat den größten Wert.

Tabelle 283.1 Einige Schallgeschwindigkeiten

Feste Körper in Stabform	c in m/s	Flüssigkeiten bei 15 °C	c in m/s	Gase bei 0 °C	c in m/s
Aluminium	5100	Alkohol	1170	Helium	970
Blei	1200	Kochsalzlösung 20 %	1600	Kohlendioxid CO_2	260
Eisen	5000	Petroleum	1325	Leuchtgas	440
Glas	5000	Quecksilber	1430	Luft	331
Messing	3500	Tetrachlorkohlenstoff	950	Sauerstoff	315
Plexiglas	1580	Wasser, destilliert	1464	Stickstoff	336
Tannenholz, trocken	5200	Xylol	1350	Wasserstoff	1260

5. Schwingende Luftsäulen als Schallerreger in Pfeifen

Die longitudinalen Eigenschwingungen wurden in den vorangegangenen Versuchen durch Resonanz mit einer von außen aufgeprägten Erregerfrequenz angeregt. Bei manchen Zungenpfeifen ist dies eine vom Luftstrom zu Eigenschwingungen erregte Metallzunge, die ihre Eigenfrequenz der gekoppelten Luftsäule aufzwingt (Mittelstufe, Seite 204). Bei der Lippenpfeife bläst der Luftstrom gegen eine Schneide und führt dort zu Wirbelablösungen *(Abb. 284.1)*. Die Luftsäule in der Pfeife gerät dadurch in Eigenschwingungen (Grundton oder Obertöne), die rückwärts wieder den Rhythmus der Wirbelablösungen steuern (vergleiche auch Mittelstufe Seite 203). Diese Wirbel liefern aus dem Luftstrom des Anblasens die Energie, die notwendig ist, um die Schwingung ungedämpft aufrecht zu erhalten. Es handelt sich also auch hier um einen Rückkopplungsvorgang (vergleiche Seite 242).

Versuch 131: Die Druckverhältnisse in den Pfeifen lassen sich mit einem kleinen Druckmikrofon untersuchen. An der Schneide stellen wir damit stets einen Druckknoten fest, dort ist ein loses Ende. Bei der offenen Pfeife ist auch am anderen Ende ein Druckknoten, in der Mitte ein Druckbauch, wie es der Druckverteilung in *Abb. 284.2* für den Grundton der offenen Pfeife entspricht. Die Länge der Luft-

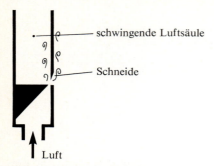
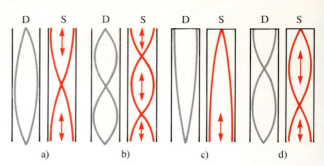

284.1 Anregung der Luftsäule in einer Lippenpfeife durch Anblasen der Schneide. Die an der Schneide gebildeten Wirbel treten periodisch in das Innere der Röhre und erregen so die Luftschwingung; sie passen sich deren Frequenz an.

284.2 Die in den Pfeifen auftretenden stehenden Längswellen sind symbolisch durch stehende Querwellen dargestellt, die die Lage der Knoten und Bäuche von Druck grau (D) und Schnelle rot (S) erkennen lassen. a) Offene Pfeife, Grundton; b) offene Pfeife, 2. Harmonische; c) gedeckte Pfeife, Grundton; d) gedeckte Pfeife, 3. Harmonische

säule ist gleich der halben Wellenlänge. Nun blasen wir die Pfeife stärker an („Überblasen"). Es erklingt als Oberton die 2. Harmonische, die Oktav. Wir beobachten jetzt in der Mitte einen weiteren Druckknoten. Die Wellenlänge ist die Hälfte der vorigen, die Frequenz das Doppelte *(Abb. 284.2b)*. — Bei der gedeckten Pfeife ist das andere Ende geschlossen; dort stellen wir einen Druckbauch fest. Die Länge der schwingenden Luftsäule ist bei der Grundschwingung gleich einer Viertelwellenlänge. Beim Überblasen entsteht als nächster Oberton der, bei dem drei Viertelwellenlängen im Rohr Platz finden (3. Harmonische). Es ist die Quint über der Oktav. Die neue Wellenlänge ist ein Drittel der Grundwelle *(Abb. 284.2d)*, die neue Frequenz das Dreifache der Grundfrequenz. So verstehen wir, daß bei gedeckten Pfeifen wegen der ungeraden Aufteilung der Rohrlänge nur ungerade Harmonische entstehen können. — Die Frequenzen aller Harmonischen der offenen Pfeife werden durch die Gleichung (271.2) gegeben, die der gedeckten Pfeife jedoch durch Gleichung (271.4). — Durch Resonanzversuche und am Oszillographen kann man feststellen, daß die Lippenpfeife meist in Grundfrequenz und Oberfrequenzen zugleich schwingt. Die Intensitätsanteile der einzelnen Frequenzen bewirken die Klangfarbe der Pfeife. So klingt die gedeckte Pfeife, die nur ungerade Harmonische erzeugt, dumpfer als die offene. Pfeifen mit engem Querschnitt neigen mehr zu Obertönen und klingen schärfer als weite Pfeifen. — Auch die Luft in der Mundhöhle ist ein resonanzfähiges System; Zungen- und Gaumenstellung bestimmen die Wellenlängen λ, die aus dem vom Kehlkopf erzeugten Tongemisch durch Resonanz verstärkt werden. Die Frequenzen werden nach $c = f \cdot \lambda$ höher, wenn man beim Sprechen etwa Helium *(Tabelle 283.1)* in den Mund leitet.

6. Ein akustischer Rückkopplungsversuch

Ein 1 m langer Eisenstab wird wie in *Abb. 283.1* in der Mitte eingespannt. Sein rechtes Ende befindet sich etwa 2 mm vor der Membran eines kleinen Lautsprechers, sein linkes knapp 1 mm vor dem Hufeisenmagnet eines Telefonhörers, dessen Membran entfernt wurde. Die beiden Leitungen des Hörers sind mit dem Eingang eines elektrischen Verstärkers verbunden. Schließt man an den Ausgang des Verstärkers den Lautsprecher an, so schaukeln sich im Stab Längsschwingungen auf, die sehr laut zu hören sind. Auch ein Oszillograph zeigt das langsame Anwachsen der Lautsprecherspannung an. Den ersten Anstoß zur Schwingung liefert das Rauschen des Lautsprechers oder der allgemeine Schall im Raum.

Das Aufschaukeln der Schwingung durch Rückkopplung kommt nur bei richtiger Phasenlage der verstärkten Wechselspannung zustande: Vertauscht man die beiden Lautsprecheranschlüsse, so tritt Gegenkopplung ein, und die Schwingungen verschwinden im Lauf von wenigen Sekunden. (Den Lautsprecher und den Telefonhörer darf man nicht an der Tischplatte festklemmen, um die Übertragung unkontrollierter Schwingungen zu vermeiden!)

Aufgaben

1. Welche Frequenz hat ein Erreger, der in Luft von 0 °C eine Schallwelle der Wellenlänge $\lambda = 15$ cm erzeugt?
2. Mit welcher Geschwindigkeit breitet sich der Schall in einem Stoff aus, in dem eine Schallquelle der Frequenz $f = 4000$ Hz eine Welle mit $\lambda = 80$ cm erregt?
3. In einer Kundtschen Röhre wurde für Luft ein Abstand zweier benachbarter Knoten von 9,1 cm gemessen, in CO_2 von 7,1 cm. Wie groß ist die Schallgeschwindigkeit in CO_2, wenn sie in Luft $c = 340$ m/s ist? Wie groß ist die Schallgeschwindigkeit in Messing, wenn der zur Anregung benutzte Messingstab in der Mitte eingeklemmt ist und eine Länge von 96 cm besitzt?
4. Stellen Sie die vierte Harmonische einer offenen Pfeife zeichnerisch gemäß Abb. 284.2 nach Schnelle- und Druckverteilung dar! — Fertigen Sie eine entsprechende Zeichnung für die Oberschwingung einer gedeckten Pfeife, bei der neben dem Druckknoten am Anblasende noch zwei weitere Druckknoten im Innern der Pfeife auftreten. Welcher Oberton entsteht hierbei, wenn der Grundton die Frequenz f_0 hat?
5. Eine offene Lippenpfeife wird in ihrem Grundton angeblasen. Während des Anblasens wird ihr Ende gedeckt. Wie ändert sich der Ton dabei?
6. Eine gedeckte Lippenpfeife gibt mit Luft angeblasen den Grundton $a = 220$ Hz. Welchen Grundton erregt in ihr das Anblasen mit CO_2, nachdem sie sich mit diesem Gas gefüllt hat?
7. Bei welchen Frequenzen resoniert die Luftsäule in einem 20 cm hohen Standzylinder (Schallgeschwindigkeit $c = 340$ m/s)?
8. Wie ändert sich die Höhe des Tones, den man beim Füllen einer Flasche mit Wasser hört? Erklären Sie die Beobachtung!
9. Nachdem die Gaszufuhr zu einem Bunsenbrenner geöffnet wird, ändert sich der im Ausströmgeräusch wahrnehmbare Ton deutlich, wenn die zunächst im Schlauch enthaltene Luft durch das Leuchtgas verdrängt ist. Man erkläre dies und schließe daraus auf den geeigneten Moment für das Anzünden!

§ 78 Ultraschall

Versuch 132: Mit einer Galtonpfeife (eine Pfeife mit hoher Eigenfrequenz, deren Länge man mit einer Mikrometerschraube ändern kann) erregen wir in einem Glasrohr stehende Luftwellen. Diese weisen wir mit einem Glühdraht oder mit Staubfiguren nach. Nun erhöhen wir die Frequenz der Pfeife über die Hörbarkeitsgrenze, die individuell verschieden ist, hinaus. Den Schall erkennen wir jetzt nur noch an den stehenden Wellen im Glasrohr. Die Wellenlänge beträgt jetzt etwa 15 mm, die entsprechende Frequenz etwa 23 000 Hz.

Ergebnis: Luft kann mechanische Wellen übertragen, deren Frequenz über der Hörbarkeitsgrenze liegt (vergleiche auch Mittelstufe Seite 186). Von verschiedenen Tieren wissen wir, daß sie Ultraschall wahrnehmen. So senden Fledermäuse im Flug Ultraschalltöne aus und orientieren sich mittels der Echos, die durch Reflexion dieser Wellen an Hindernissen im Raum entstehen. Höhere Ultraschallfrequenzen erzeugt man mit longitudinalen Eigenschwingungen von Quarzkristallscheiben in Richtung ihrer Dicke. Zu ihrer Anregung wird die Tatsache benutzt, daß geeignet geschnittene Quarzkristalle im elektrischen Wechselfeld in mechanische Schwingungen geraten, wenn die elektrische Frequenz mit einer Eigenfrequenz des Quarzes übereinstimmt.

Versuch 133: Bestimmung einer Ultraschall-Wellenlänge in Wasser: Ein „Schallkopf", der Ultraschall der Frequenz 800 kHz aussendet, wird gemäß *Abb. 286.1* so in eine mit Wasser gefüllte Küvette gebracht, daß der Schallstrahl nach unten geht und am Boden nach oben reflektiert wird. Eine Niedervoltlampe mit linearem, horizontal orientiertem Glühfaden projiziert Schallkopf und Küvette auf einen Schirm *(Abb. 286.1)*. Wir beobachten horizontale Streifen, deren Abstand im Wasser gleich $\lambda/2$ ist. Sie erklären sich aus den durch die Dichteschwankungen hervorgerufenen Unterschieden in der Brechungszahl des Wassers: In den Druckbäuchen schwankt sie zwischen zwei Extremwerten, in den Druckknoten bleibt sie unverändert.

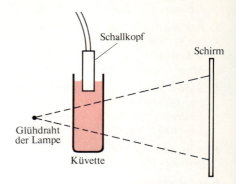

286.1 Lampe mit linearem Glühdraht entwirft Schattenbild der durchschallten, wassergefüllten Küvette.

Beispiel: Auf 13 cm des Schirms entfallen 20 Streifen. Der Abbildungsmaßstab beträgt 30:215. Daraus ergibt sich die Wellenlänge:

$$\lambda \approx \frac{13 \cdot 30}{10 \cdot 215} \text{ cm} \approx 1{,}81 \text{ mm}.$$

Für die Schallgeschwindigkeit in Wasser erhalten wir somit:

$$c = \lambda \cdot f \approx 1{,}81 \cdot 10^{-3} \cdot 8 \cdot 10^5 \text{ m/s} \approx 1450 \text{ m/s}.$$

Der Ultraschall erfährt neuerdings auf verschiedenen Gebieten Anwendungen: Echolotung, Materialprüfung, Kolloidchemie und Medizin.

Rückblick

In der Mechanik befaßten wir uns im allgemeinen mit dem Verhalten von Massenpunkten unter dem Einfluß äußerer Kräfte (Seite 82). Dies gilt auch noch zum Beispiel für den Körper des Fadenpendels. Bei Wellen auf Seilen, in Wasser und Luft betrachten wir Bewegungen und Kräfte in einem — makroskopisch gesehen — kontinuierlichen Medium. Wir lösten es gedanklich in Massenpunkte auf, hatten dann aber zwischen ihnen Kopplungskräfte als innere Kräfte zu betrachten. Der vielen Massenpunkte wegen sind viele Eigenfrequenzen möglich.

Aufgaben:

1. *Welche Wellenlänge entspricht der Ultraschallfrequenz* $f = 40\,000$ Hz *in Luft von* 0 °C, *in Wasser, in Aluminium?*
2. *Wie viele Streifen kommen in Versuch 133 auf* 15 cm *des Schirms, wenn Xylol (Tetrachlorkohlenstoff) in die Küvette gefüllt wurde?*

§ 79 Zwei- und dreidimensionale Wellenfelder; das Huygenssche Prinzip

Nach der Klärung von Wellenerscheinungen auf im wesentlichen eindimensionalen Trägern wollen wir uns nun wieder zweidimensionalen Wellenträgern zuwenden. Als experimentell leicht zugängliches Teilgebiet wählen wir wieder das der Wellen auf der Wasseroberfläche, vergleiche Seite 252. Als erstes lernen wir eine Hypothese kennen, die sich bei der Deutung vieler zwei- und dreidimensionaler Wellenerscheinungen sehr bewährt hat: **das Huygenssche Prinzip der Elementarwellen.** Einige Versuche sollen uns dieses Prinzip verdeutlichen:

1. Elementarwellen, Beugung

Versuch 134: In der Wellenwanne stellen wir in den Weg einer sich ausbreitenden linearen Welle ein gerades Hindernis mit einem Schlitz, eine sogenannte Blende. Hinter der Blendenöffnung als Mittelpunkt breitet sich ein neues, halbkreisförmiges Wellensystem nach *Abb. 287.1* aus; denn die Wasserteilchen in der Blendenöffnung schwingen ähnlich wie der Erregerstreifen. (Sie bewegen sich gegenüber dem Erregerstreifen verspätet und im allgemeinen mit geringerer Amplitude, weil die Welle auf dem Weg vom Erreger zum Spalt schon eine Dämpfung erfahren hat.)

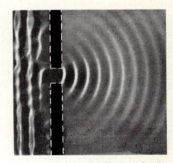

287.1 Treffen Wellen auf ein Hindernis mit einer schmalen Öffnung, so entsteht dahinter eine kreisförmige Welle (Elementarwelle).

Während links vom Spalt die Welle eine einheitliche Fortschreitungsrichtung hat, gekennzeichnet durch ein einziges Lot als „Strahlrichtung", geht eine Elementarwelle rechts vom Spalt kreisförmig nach allen Richtungen weiter mit radial gerichteten Loten als „Strahlrichtungen". Da diese neuen Lotrichtungen gegenüber dem links ankommenden Lot abgebogen sind, spricht man von **Beugung.**

Der Versuch wird besonders deutlich bei nur einmaligem Eintauchen des Erregers. Eine Kreiswelle geht auch dann vom Spalt aus nach rechts, wenn links irgend eine andere Welle auf den Spalt trifft, zum Beispiel eine Kreiswelle, deren Zentrum links vom Spalt liegt.

Da es gleichgültig ist, an welcher Stelle der ankommenden Wellenfront sich die Blendenöffnung befindet, gilt:

> **Jeder Punkt einer Wellenfront kann als Ausgangspunkt einer neuen, sogenannten Elementarwelle angesehen werden (Huygenssches Prinzip, 1. Teil).**

Versuch 135: Bringen wir ein Hindernis mit zahlreichen Schlitzen in den Weg der Welle, so breitet sich hinter jeder Öffnung eine Elementarwelle mit derselben Geschwindigkeit aus (*Abb. 287.2*). Diese Elementarwellen überlagern sich und bilden eine neue Wellenfront, die mit der Einhüllenden aller Elementarwellen zusammenfällt. Je dichter die Öffnungen im Hindernis

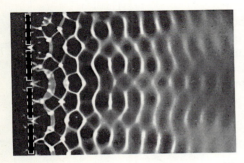

287.2 Elementarwellen in der Wellenwanne hinter einer Blende mit 5 Öffnungen. Je mehr Öffnungen die Blende besitzt, desto besser werden die Elementarwellen von einer einhüllenden Wellenfront umgeben.

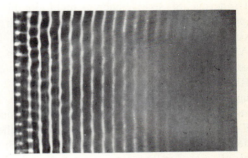

287.3 Wellenfronten wie in *Abb. 287.2* ergeben sich auch, wenn anstelle einer Blende mit Öffnungen gleichviele Erregerstifte in die Wasserfläche der Wellenwanne getaucht werden.

liegen, um so genauer gleicht die Einhüllende der Wellenfront, die auch ohne das Hindernis bei der weiteren Ausbreitung der ursprünglichen Welle entsteht. Deshalb kann man die Bildung einer neuen Wellenfront stets durch das Zusammenwirken von Elementarwellen erklären. Ihre Zentren können auf beliebigen, dem Erreger näher liegenden Wellenfronten angenommen werden.

> **Jede Wellenfront kann als Einhüllende von Elementarwellen aufgefaßt werden (Huygenssches Prinzip, 2. Teil).**

Versuch 136: Um zu zeigen, wie sich eine **ebene Welle** aus Elementarwellen aufbaut, verwenden wir als Erreger eine gerade Querleiste *(Abb. 288.1)*. An ihr sind in gleichen Abständen Stifte aufgereiht. Sie erzeugen beim Schwingen gleichzeitig Elementarwellen. Nun können wir in Gedanken die Zahl dieser Stifte auf der Leiste immer größer werden lassen und kommen dann zu einem streifenförmigen Erreger, wie er in *Abb. 287.2* und *287.3* benutzt wurde. Von allen seinen Punkten gehen Elementarwellen aus, die eine *ebene Wellenfront* bilden.

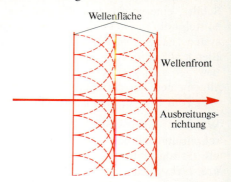

288.1 Elementarwellen, die von den Punkten einer ebenen Wellenfront ausgehen, haben als Einhüllende wieder eine ebene Wellenfront.

2. Die Reflexion von Wellen

Versuch 137: Bei Versuch 135 stoppen wir den Erreger nach einer kurzen Anlaufzeit. Dann können wir beobachten, daß sich nicht nur an den Öffnungen Elementarwellen bilden, die weiterlaufen; auch von den Stegen zwischen diesen Öffnungen gehen Elementarwellen aus, aber rückwärts, zum Erreger hin. Sie haben ebenfalls eine Einhüllende. Bei einem vollständig geschlossenen Hindernis gibt es nur solche reflektierte Wellen.

Wir können auch den Streifen gemäß *Abb. 288.2* schräg zu einem geraden Hindernis ins Wasser tauchen. Die Wellenfront läuft dann als AB auf das Hindernis zu und als CD reflektiert von ihm weg. Diese Erscheinung verfolgen wir anhand des Huygensschen Prinzips:

Trifft eine ebene Wellenfront AB schräg auf ein gerades Hindernis auf, so erreichen es nicht alle ihre Punkte zur gleichen Zeit *(Abb. 288.2)*. Während die Erregung noch von B nach C fortschreitet, schwingt das Teilchen bei A so, daß von ihm als Zentrum eine Elementarwelle ausgeht und in dieser Zeit eine kreisförmige Welle mit dem Radius $\overline{AD} = \overline{BC}$ bildet. Die von der Mitte H weiterlaufende Erregung braucht nur die halbe Zeit, bis sie zum Punkt F am Hindernis gelangt. Die sich dann von F ausbreitende Elementarwelle erreicht daher nur noch den Radius $\overline{FG} = \overline{BC}/2$. Entsprechendes können wir uns für alle von den Punkten zwischen A und C ausgehenden Elementarwellen überlegen. Sie haben als Einhüllende die neue Wellenfront CD; die Senkrechte darauf (FG) gibt die neue Ausbreitungsrichtung an.

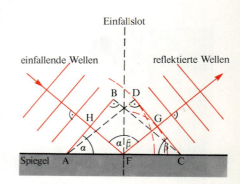

288.2 Erklärung des Reflexionsgesetzes nach Huygens

Der Einfallswinkel α tritt in dem Dreieck BAC *(Abb. 288.2)*, der Reflexionswinkel β in dem Dreieck DAC noch einmal auf. Da die beiden rechtwinkligen Dreiecke kongruent sind ($\overline{AC}=\overline{AC}$; $\overline{AD}=\overline{BC}$), ergibt sich: der Einfallswinkel α ist gleich dem Reflexionswinkel β.

Dies ist für die Lote (Wellennormalen) auf den Wellenfronten dasselbe Gesetz, wie wir es von Lichtstrahlen (Mittelstufenband Seite 220) kennen.

3. Die Brechung von Wellen

Versuch 138: Wir legen eine Glasplatte auf den Boden der Wellenwanne, so daß in einem Teil der Wanne (über der Glasplatte) die Wassertiefe geringer ist als in einem andern. In diesem seichten Wasser laufen die Wellen mit kleinerer Geschwindigkeit c_2 als in dem tiefen (c_1). Wir beobachten, daß die Wellenlängen λ_2 über dem seichten Wasser kürzer sind als die Wellenlängen λ_1 über dem tieferen. Dies ergibt sich deduktiv aus $c_2 < c_1$, also $\frac{c_2}{f} = \lambda_2 < \frac{c_1}{f} = \lambda_1$. Trifft eine ebene Wellenfläche *(Abb. 289.1)* aus dem Bereich tiefen Wassers schräg auf die Grenze zum flachen Wasser, so entsteht an dieser Stelle ein Knick in der Wellenfläche. Auch das Lot auf den Wellenfronten wird beim Übergang in das seichte Wasser geknickt (in *Abb. 289.1* nach rechts unten).

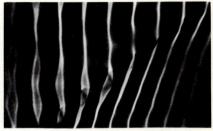

289.1 In der Wellenwanne werden die von links nach rechts laufenden Wellen beim Übergang vom Gebiet tieferen Wassers ins Gebiet flacheren Wassers (rechts unten) gebrochen.

Im tiefen Wasser breitet sich die Welle mit der Geschwindigkeit c_1 aus, im seichten mit c_2 *(Abb. 289.2;* es gilt $c_1 > c_2$). Die Wellenfläche erreicht im Punkt A die Grenze zum Bereich des flachen Wassers und bildet dort eine Elementarwelle aus. Während die ursprüngliche Erregung in der Zeit t noch von B nach C fortschreitet, wobei $\overline{BC}=c_1 t$ ist, bildet die Elementarwelle von A einen Kreis mit Radius $\overline{AD}=c_2 t$. Die von der Mitte E der ursprünglichen Wellenfläche weiterschreitende Erregung braucht nur die halbe Zeit, um die Grenze in F zu erreichen. Deshalb hat die von F ausgehende Elementarwelle nur den Radius $\overline{FG}=c_2 t/2$. Alle von den Punkten zwischen A und C ausgehenden Elementarwellen haben als Einhüllende die ebene Wellenfläche CD. Die neue Richtung, in der die Wellenfront fortschreitet, wird durch die darauf senkrecht stehende Wellennormale FG angegeben. Sie bildet mit dem Einfallslot den Brechungswinkel β, der im rechtwinkligen Dreieck ADC als Winkel ACD noch einmal vorliegt. (Die Schenkel der beiden Winkel stehen paarweise aufeinander senkrecht.)

Dort gilt:

$$\sin \beta = \overline{AD}/\overline{AC} = \frac{c_2 t}{\overline{AC}}.$$

Die Richtung, in der sich ursprünglich die Welle ausbreitet, wird durch die Wellennormale EF angegeben, die mit dem Einfallslot den Einfallswinkel α bildet. Im rechtwinkligen Dreieck ABC ist der Winkel BAC gleich dem Einfallswinkel α und

$$\sin \alpha = \overline{BC}/\overline{AC} = c_1 t/\overline{AC}.$$

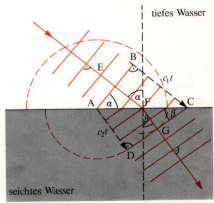

289.2 Erklärung des Brechungsgesetzes nach Huygens

Durch Division erhalten wir

$$\frac{\sin \alpha}{\sin \beta} = \frac{c_1 t \cdot \overline{AC}}{c_2 t \cdot \overline{AC}} = \frac{c_1}{c_2}. \tag{290.1}$$

Dieses Gesetz wird bei der Brechung von Wasserwellen bestätigt. Vor allem beobachten wir, daß im seichteren Wasser die Wellennormale zum Lot *hin* gebrochen wird. Das Medium mit der geringeren Geschwindigkeit c_2 ist also für die Wellenausbreitung das „dichtere".

Die „Brechung" der Wasseroberflächenwellen gestattet es, auch „Linsen" für diese Wellen zu bilden und die Linsenwirkung vom Wellenmodell her zu verstehen.

Versuch 139: Wir legen Glasstücke in Form von Linsenquerschnitten in die Wellenwanne. Im seichten Wasser über dem Glas breiten sich die Wasserwellen langsamer aus als im tiefen Wasser und werden um so mehr verzögert, je länger sie über dem Linsenquerschnitt laufen. Nach *Abb. 290.2a* und *290.2b* werden dabei die ebenen Wellenfronten gekrümmt. Die Wellenstrahlen laufen zu einem Brennpunkt hin, beziehungsweise scheinen von einem virtuellen Brennpunkt herzukommen.

In analoger Weise lassen sich Versuche mit Hohlspiegeln und Konvexspiegeln durchführen. Entsprechend gekrümmte Reflexionsstreifen werden in die Wellenwanne eingesetzt und zum Beispiel mit linearen Wellenfronten „bestrahlt".

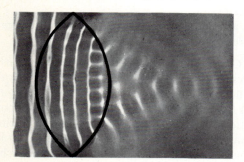
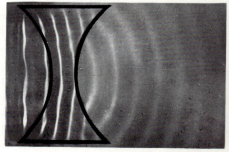

a) b)

290.2 Versuch in der Wellenwanne für den Wellenverlauf in einer Linse; a) Sammellinse, b) Zerstreuungslinse. Auf dem Boden der Wanne liegt eine Glasplatte entsprechender Form.

Aufgaben:

1. *Im Zentrum einer Hohlkugel mit sehr vielen kleinen Öffnungen ist eine (als punktförmig angenommene) Schallquelle. Wie entstehen im Außenraum Fronten der Schallwellen und welche Gestalt haben sie?*

2. *Die Front einer ebenen Wasserwelle trifft unter 30° gegen die ebene Trennfläche zu seichtem Wasser auf. Konstruieren Sie die gebrochene und die reflektierte Wellenfront, wenn die Geschwindigkeiten im tiefen Wasser 30 cm/s und im seichten 15 cm/s betragen! Prüfen Sie Gleichung (290.1) damit nach!*

3. *Für alle Punkte eines Drehellipsoids, das durch Drehung einer Ellipse um die lange Achse entstanden ist, ist die Summe der Entfernungen zu den Brennpunkten konstant. Außerdem halbiert die Flächennormale den Winkel zwischen den Strahlen zu den Brennpunkten. Was folgt daraus für Schall, der von einem Brennpunkt ausgeht, bezüglich seiner Wiedervereinigung nach Reflexion und bezüglich der Phasenlage in diesem Punkt (Flüstergewölbe)?*

4. *In einer Wanne für Wasserwellen breiten sich Wellen einheitlich mit 30 cm/s Geschwindigkeit aus. Über die Oberfläche bewegt sich ein Stift mit 60 cm/s und bildet eine Bugwelle. Konstruieren Sie sie als Einhüllende von Elementarwellen! Wo treten solche Erscheinungen auf?*

§ 80 Interferenzen bei Kreis- und Kugelwellen

1. Interferenz bei Wasserwellen

Versuch 140: Wir lassen zwei Stifte, die nur wenige Zentimeter voneinander entfernt am gleichen Arm befestigt sind, durch einen Motor periodisch und gleichphasig in das Wasser der Wellenwanne eintauchen. Um diese Zentren E_1 und E_2 bilden sich gleiche Kreiswellensysteme, und zwar so, daß von ihnen Wellenberge und -täler jeweils zur gleichen Zeit ausgehen *(Abb. 291.1)*. Daher treffen in allen Punkten der Mittelsenkrechten auf der Verbindungsstrecke der Erregungsstellen Wellen gleicher Phase zusammen, so daß sich dort die Elongationen verdoppeln. Längs dieser Senkrechten entsteht also nach beiden Seiten je eine fortschreitende Welle.

Für einen Punkt P seitlich des Mittellotes auf der Wasseroberfläche betrage der Wegunterschied zu den beiden Wellenzentren E_1 und E_2 gerade $\lambda/2$. Wenn sich nun in diesem Punkt die beiden Wellen überlagern, löschen sie sich dort in jedem Augenblick fast aus; denn die Elongationen der beiden Wellen sind etwa **gleich groß,** aber **entgegengesetzt,** wie *Abb. 291.1* zeigt. Das gleiche gilt für alle anderen Punkte, für welche die Entfernungsdifferenz von E_1 und E_2 gleich $\lambda/2$ ist. Aus geometrischen Gründen liegen sie auf der Hyperbel, die die Erregungsstellen E_1 und E_2 als Brennpunkte hat und deren Punkte P die konstante Entfernungsdifferenz $\frac{\lambda}{2} = |\overline{E_1 P} - \overline{E_2 P}|$ von E_1 und E_2 aufweisen. Dieselbe Phasenverschiebung π für die beiden ankommenden Wellen tritt ferner ein in den Punkten der Interferenzhyperbeln mit denselben Brennpunkten E_1 und E_2 mit den Entfernungsdifferenzen $3 \cdot \frac{\lambda}{2}, \ldots, (2m+1) \cdot \frac{\lambda}{2}$; $(m = 0, 1, 2, \ldots)$. Zwischen ihnen liegen Hyperbeln, deren Punkte die Entfernungsdifferenzen $\lambda, 2\lambda, \ldots, m \cdot \lambda$ haben. In ihnen haben die ankommenden Wellen den Phasenunterschied Null. Längs dieser Kurven verlaufen fortschreitende Wellen *(Abb. 291.1, ausgezogene Hyperbeln).*

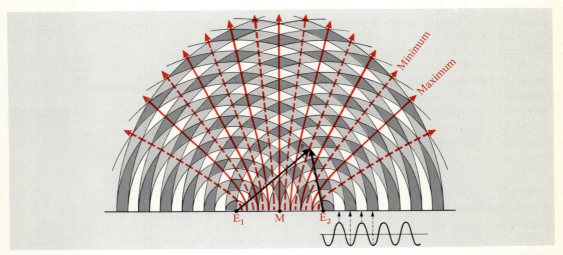

291.1 Schematische Darstellung der Überlagerung zweier Wellensysteme, die sich von den Erregungsstellen E_1 und E_2 mit gleicher Wellenlänge und Geschwindigkeit ausbreiten. In den Richtungen der gestrichelten Hyperbeln löschen sich die Wellen aus. $\overline{E_1 P} - \overline{E_2 P} = 3 \cdot \frac{\lambda}{2}$.

Versuch 141: a) Wir verändern beim Wellenwannenversuch *(Abb. 292.1)* den Erregerabstand $E_1 E_2$ bei gleichbleibender Frequenz. Je größer er wird, desto größer wird die Zahl der Interferenzhyperbeln.

b) Nun verändern wir bei konstantem Erregerabstand die Erregerfrequenz. Je höher sie wird, desto größer wird die Zahl der Interferenzhyperbeln, wobei diese näher zusammenrücken.

Das Interferenzfeld hinter einem sogenannten **Doppelspalt** ist für andere Wellenarten, als es die mechanischen Wellen darstellen, von großer Bedeutung, zum Beispiel für elektromagnetische Wellen. Im nächsten Versuch wollen wir die Doppelspaltbeugung bei Wasserwellen untersuchen:

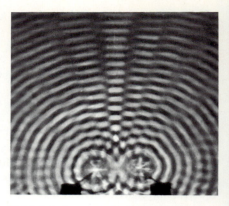

292.1 Interferenz zweier Kreiswellensysteme

Versuch 142: Wir legen ein stabförmiges Hindernis mit zwei gegen die Wellenlänge kleinen Öffnungen in die Wellenwanne. Die Entfernung zwischen beiden Öffnungen beträgt einige Wellenlängen. Auf dieses Hindernis lassen wir ebene Wellen zulaufen, deren Fronten parallel zu der Längserstreckung des Stabes sind. Das Wasser in den Öffnungen wird dadurch zu phasengleichen Schwingungen angeregt. Die Öffnungen wirken deshalb als Zentren für ein Doppelsystem von Elementarwellen wie es in *Abb. 291.1* schematisch dargestellt ist. Wir beobachten aus diesem Grund ein Interferenzsystem, das dem entspricht, das in *Abb. 292.1* oberhalb einer Geraden durch die beiden Tauchstifte zu sehen ist.

2. Interferenz bei Schallwellen

Versuch 143: Als Schallquellen benutzen wir zwei am gleichen Tongenerator angeschlossene, daher frequenzgleich und phasengleich schwingende Lautsprecher, die auf einem Stab montiert sind. Dreht sich der Stab mit den Lautsprechern um seine Mitte, so kann man an jedem Punkt des Raums nacheinander Maxima und Minima des Schallfeldes wahrnehmen. Tastet man andererseits bei ortsfesten Tonquellen das Schallfeld mit einem Druckmikrofon ab, so kann man Anzahl und Lage der Interferenzhyperbeln nach *Abb. 292.2* ermitteln.

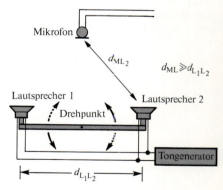

292.2 Drucksonde im Schallfeld

Aufgaben:

1. *Wie findet man in Versuch 143 die Lage der Interferenzhyperbeln bei ortsfester Schallquelle?*
2. *Was beobachtet man, wenn man in Versuch 143 bei ortsfesten Tonquellen das Mikrofon längs der Geraden bewegt, die in Abb. 292.2 durch die waagerecht gezeichnete Mikrofonleitung und -halterung bestimmt ist?*
3. *Nach Abb. 292.2 ist ein Schnitt durch das räumliche Interferenzfeld zweier Lautsprecher gelegt, und man findet Hyperbeln als Interferenzfiguren. Was findet man, wenn man den ganzen Raum untersucht? (Die Schallquellen werden dabei als punktförmig vorausgesetzt.)*

Anhang

Gesetzliche Einheiten der Physik (SI-Einheiten)

Durch das „Gesetz über Einheiten im Meßwesen" vom 2. Juli 1969 sind für den geschäftlichen und amtlichen Verkehr die folgenden Einheiten vorgeschrieben (dezimale Vielfache und Teile s. Seite 65):

I. Basiseinheiten:

1. Die Basiseinheit der **Länge 1 Meter** (m) ist das 1 650 763,73fache der Wellenlänge der von Atomen des Nuklids ^{86}Kr beim Übergang vom Zustand $5d_5$ zum Zustand $2p_{10}$ ausgesandten, sich im Vakuum ausbreitenden Strahlung.
2. Die Basiseinheit der **Masse 1 Kilogramm** (kg) ist die Masse des Internationalen Kilogrammprototyps.
3. Die Basiseinheit der **Zeit 1 Sekunde** (s) ist das 9 192 631 770fache der Periodendauer der dem Übergang zwischen den beiden Hyperfeinstrukturniveaus des Grundzustandes von Atomen des Nuklids ^{133}Cs entsprechenden Strahlung.
4. Die Basiseinheit der elektrischen **Stromstärke 1 Ampere** (A) ist die Stärke eines zeitlich unveränderlichen elektrischen Stromes, der, durch zwei im Vakuum parallel im Abstand 1 Meter voneinander angeordnete, geradlinige, unendlich lange Leiter von vernachlässigbar kleinem, kreisförmigem Querschnitt fließend, zwischen diesen Leitern je 1 Meter Leiterlänge elektrodynamisch die Kraft $2 \cdot 10^{-7}$ N hervorrufen würde.
5. Die Basiseinheit der **thermodynamischen Temperatur** oder **Kelvin-Temperatur 1 Kelvin** (1 K) ist der 273,16te Teil der thermodynamischen Temperatur des Tripelpunktes des Wassers.
6. Die Basiseinheit der **Lichtstärke 1 Candela** (cd) ist die Lichtstärke, mit der (1/600000) m² der Oberfläche eines Schwarzen Strahlers bei der Temperatur des beim Druck 101 325 N/m² (früher 760 Torr) erstarrenden Platins senkrecht zu seiner Oberfläche leuchtet.
7. Einheit der **Stoffmenge** ist das **Mol** (1 mol), nämlich die Stoffmenge eines Systems bestimmter Zusammensetzung, das aus ebenso vielen Teilchen besteht, wie Atome in 12 g des Nuklids ^{12}C enthalten sind.

Basiseinheiten des internationalen Einheitensystems (SI)

Basisgröße	Basiseinheit	Zeichen	Basisgröße	Basiseinheit	Zeichen
Länge	Meter	m	Temperatur	Kelvin	K
Masse	Kilogramm	kg	Lichtstärke	Candela	cd
Zeit	Sekunde	s	Stoffmenge	Mol	mol
Stromstärke	Ampere	A			

II. Abgeleitete Einheiten nach der Ausführungsverordnung vom 26. Juni 1970

Größe		SI-Einheit	Seite	Größe		SI-Einheit	Seite
Fläche	A	1 m²	65	Druck	p	1 N m^{-2} = 1 Pa	207
Volumen	V	1 m³	65			(Pascal)	
Frequenz	f, ν	1 s^{-1}	115, 228			1 bar = 10⁵ Pa	
		= 1 Hz		Arbeit,	W, E	1 Nm = 1 Joule	84
Geschwindig-	v	1 m s^{-1}	38	Energie,			90
keit				Wärmemenge			218
Beschleunigung	a	1 m s^{-2}	42	Leistung	P	1 Nm s^{-1} = 1 Watt	98
Kraft	F, G	1 kg m s^{-2}	51	Drehmoment	M	1 Nm	167
(Gewichtskraft)		= 1 N		Impuls	p	1 kg m s^{-1}	101
Dichte	ϱ	1 kg m^{-3}	61	Winkelge-	ω	1 rad/s	115
Wichte	γ	1 N m^{-3}	61	schwindigkeit			161

Größen und Einheiten der Wärmelehre

Umrechnungsbeziehungen zwischen Temperaturangaben in Kelvin (K), Grad Celcius (°C), Grad Fahrenheit (°F) und Grad Reaumur (°R):

$$(273{,}15 + x)\,\mathrm{K} \triangleq x\,°\mathrm{C} \triangleq \left(32 + \frac{9}{5}x\right)°\mathrm{F} \triangleq \frac{4}{5}x\,°\mathrm{R}$$

Nullpunkt der Celsius-Temperatur: $0\,°\mathrm{C} \triangleq 273{,}15\,\mathrm{K}$. Temperaturdifferenzen werden in K oder in °C angegeben.

Größenart	Einheit	Bemerkungen
Wärmemenge Q $Q = c \cdot m \cdot \Delta \vartheta$	1 Joule = 1 Nm 1 kcal	Siehe Tabelle Energieeinheiten S. 295. Bis 31. 12. 1977 zugelassen; 1 kcal = 4,1868 kJ, angenähert die Wärmemenge, die man braucht, um 1 kg Wasser um 1 K zu erwärmen.
Spez. Wärmekapazität c	$\dfrac{1\,\mathrm{J}}{\mathrm{kg}\cdot\mathrm{K}}$	Die spezifische Wärmekapazität eines Stoffes wird gemessen durch die Wärmemenge, die seine Masseneinheit um 1 K erwärmt.

Einige nichtmetrische Maße

1. Deutsche Maße

1 Seemeile	= 1852 m	1 Festmeter (fm)	= 1 m³ fester Holzmasse
1 Knoten	= 1 Seemeile/Stunde	1 Raummeter (rm)	= 1 m³ geschichteten Holzes einschließlich der Hohlräume (1 rm ist 0,7 bis 0,8 fm beim Scheitern)
1 geogr. Meile	= 7420 m		
1 Registertonne	= 2,8317 m³		

2. Englische Maße

Längen:

1 inch (in.)		= 2,54 cm
1 foot (ft.)	= 12 in.	= 30,48 cm
1 yard (yd.)	= 3 ft.	= 0,9144 m
1 mile		= 1,6093 km

Flächen:

1 square inch (sq. in.)	= 6,4516 cm²
1 square foot (sq. ft.)	= 9,2903 dm²
1 square yard (sq. yd.)	= 0,8361 m²
1 square mile	= 2,5900 km²
1 acre	= 40,4684 a

Hohlmaße:

1 pint		= 0,5682 l
1 quart	= 2 pints	= 1,1365 l
1 gallon	= 4 quarts	= 4,5460 l
1 barrel Erdöl		= 158,8 l

Massen:

1 grain (gr.)		= 0,0648 g
1 ounce (oz.)		= 28,3495 g
1 pound (lb.)	= 16 oz.	= 0,4536 kg
1 quarter (qu.)	= 28 lbs.	= 12,7006 kg
1 short ton	= 2000 lbs.	= 0,9072 t
1 long ton	= 2240 lbs.	= 1,0160 t

3. Amerikanische Maße

Für Längen, Flächen und Massen die gleichen Maße wie Großbritannien. Dagegen für Hohlmaße:
1 pint = 0,4732 l; 1 quart = 2 pints = 0,9463 l; 1 gallon = 4 quarts = 3,7853 l.

Umrechnungstafeln

1. Krafteinheiten

	N (Newton)	**dyn**	**kp**
1 N	1	10^5	0,10197
1 dyn	10^{-5}	1	$0,10197 \cdot 10^{-5}$
1 kp	9,80665	$9,80665 \cdot 10^5$	1

1 kp = 1000 p   1000 kp = 1 Mp (= 1 Gewichtstonne).   1 t = 1000 kg ist Masseneinheit.

2. Druckeinheiten

	Pa = N/m²	**bar**	**at**	**mm W.S.**	**atm**	**Torr**
1 Pa = 1 N/m²	1	10^{-5}	$1,0197 \cdot 10^{-5}$	0,10197	$0,9869 \cdot 10^{-5}$	$0,75006 \cdot 10^{-2}$
1 bar	10^5	1	1,0197	$1,0197 \cdot 10^4$	0,98692	$0,75006 \cdot 10^3$
1 at	$0,980665 \cdot 10^5$	0,980665	1	$1,00003 \cdot 10^4$	0,96784	$0,73556 \cdot 10^3$
1 mm W.S.	9,8064	$0,98064 \cdot 10^{-4}$	$0,99997 \cdot 10^{-4}$	1	$0,96781 \cdot 10^{-4}$	$0,73554 \cdot 10^{-1}$
1 atm	$1,01325 \cdot 10^5$	1,01325	1,03323	$1,03326 \cdot 10^4$	1	760
1 Torr	$1,3332 \cdot 10^2$	$1,3332 \cdot 10^{-3}$	$1,3595 \cdot 10^{-3}$	13,595	$1,3158 \cdot 10^{-3}$	1

1 at = 1 kp/cm² (technische Atmosphäre).   1 bar = 10 N/cm².   1 mbar (Millibar) = 1 cN/cm²
1 mm W.S. bedeutet den Druck einer 1 mm hohen Wassersäule am Normort.
1 atm (physikalische Atmosphäre) = 760 Torr = 1,01325 bar ist der sog. Normdruck (Seite 208).
1 Torr bedeutet den Druck einer 1 mm hohen Quecksilbersäule am Normort.

3. Energieeinheiten

	J	**erg**	**kWh**	**kpm**	**cal**	**eV**
1 J	1	10^7	$2,7777 \cdot 10^{-7}$	0,10197	0,23884	$0,6242 \cdot 10^{19}$
1 erg	10^{-7}	1	$2,7777 \cdot 10^{-14}$	$1,0197 \cdot 10^{-8}$	$2,3884 \cdot 10^{-8}$	$0,6242 \cdot 10^{12}$
1 kWh	$3,6000 \cdot 10^6$	$3,6000 \cdot 10^{13}$	1	$3,6710 \cdot 10^5$	$0,8598 \cdot 10^6$	$2,247 \cdot 10^{25}$
1 kpm	9,80665	$9,80665 \cdot 10^7$	$2,7241 \cdot 10^{-6}$	1	2,3422	$0,6121 \cdot 10^{20}$
1 cal	4,1868	$4,1868 \cdot 10^7$	$1,1630 \cdot 10^{-6}$	0,42694	1	$2,613 \cdot 10^{19}$
1 eV	$1,602 \cdot 10^{-19}$	$1,602 \cdot 10^{-12}$	$4,45 \cdot 10^{-26}$	$1,634 \cdot 10^{-20}$	$3,826 \cdot 10^{-20}$	1

1 J (Joule) = 1 Nm (Newtonmeter);   1 erg = 1 dyn · cm;   1 kWh = 1000 W · 1 h
1 eV (= Elektronvolt) ist die kinetische Energie, die ein mit 1 Elementarladung e versehenes Teilchen nach freiem Durchlaufen der Spannung 1 Volt gewonnen hat.
1 K (Kelvin) $\triangleq 1,38 \cdot 10^{-23}$ J = $8,617 \cdot 10^{-5}$ eV (nach $W = kT$)

4. Leistungseinheiten

	W	**erg/s**	**kpm/s**	**PS**	**cal/s**
1 W	1	10^7	0,10197	$1,3596 \cdot 10^{-3}$	0,23884
1 erg/s	10^{-7}	1	$1,0197 \cdot 10^{-8}$	$1,3596 \cdot 10^{-10}$	$2,3830 \cdot 10^{-8}$
1 kpm/s	9,80665	$9,80665 \cdot 10^7$	1	$1,3333 \cdot 10^{-2}$	2,3422
1 PS	735,5	$0,7355 \cdot 10^{10}$	75	1	$1,7573 \cdot 10^2$
1 cal/s	4,1868	$4,1868 \cdot 10^7$	0,42694	$0,5692 \cdot 10^{-2}$	1

1 W (Watt) = 1 Joule/s
Bis zum 31. 12. 1977 sind noch zugelassen u.a.: 1 at, 1 atm, 1 cal, 1 dyn, 1 erg, 1 Festmeter, 1 Gal für 1 cm/s², 1 kcal, 1 kp, 1 mWS, 1 mmWS, 1 mm Hg für Druck, 1 p (Pond), 1 PS, 1 Raummeter, 1 Torr.

Eigenschaften fester Stoffe

	Dichte bei 18 °C $\frac{g}{cm^3}$	Linearer Ausdehnungs-Koeff. $\alpha^{6)}$ 1/K 0,0000	Spezifische Wärmekapazität		Schmelz-punkt °C	Spezifische Schmelzwärme		Siede-punkt °C
			$\frac{Joule}{g \cdot K}$	$\frac{cal}{g \cdot K}$		$\frac{Joule}{g}$	$\frac{cal}{g}$	
Aluminium	2,70	24	0,896	0,214	660	395	95,4	2327
Blei	11,34	29	0,129	0,031	327,3	23	5,5	1750
Chrom	7,1	07	0,440	0,105	1900	280	67,3	2330
Eisen, rein	7,86	12	0,450	0,108	1535	275	66	2800
Flußstahl	7,84	11	0,435	0,104	1450	—	—	—
Gold	19,3	14	0,129	0,0309	1063,0	64	15,4	2660
Iridium	22,4	066	0,130	0,031	2443	117	28	4350
Jod	4,94	83	0,22	0,052	114	125	29,5	184
Kalzium	1,55	22	0,65	0,15	850	218	52	1700
Kobalt	8,8	13	0,42	0,10	1490	263	62,8	3100
Kohlenstoff:								
Diamant	3,514	012	0,49	0,118	>3600	—	—	4200
Graphit	2,25	08	0,69	0,165	>3600	—	—	4350
Kupfer	8,93	17	0,383	0,092	1083	205	48,9	2582
Magnesium	1,74	26	1,01	0,24	650	370	88	1120
Mangan	7,3	23	0,48	0,115	1250	266	64	2087
Natrium	0,97	70	1,22	0,29	97,8	113	27,4	883
Nickel	8,8	13	0,448	0,11	1455	300	71,6	2800
Platin	21,4	090	0,133	0,0316	1769	111	26,6	4010
Schwefel rhomb.	2,056	64	0,715	0,171	112,8	50	12	} 444,60
monoklin	1,96	—	0,733	0,176	118,8	42	10	
Selen	4,50	37	0,32	0,078	217	67	16	690
Silber	10,51	20	0,235	0,0556	960,5	105	25,1	2190
Silizium	2,4	08	0,703	0,168	1410	167	40	2600
Wolfram	19,3	04	0,134	0,032	3380	191	45,8	5900
Zink	7,12	26	0,385	0,0925	419,5	109	26	910
Zinn	7,28	27	0,227	0,0523	232	61	14,5	2337
Messing[1]	~8,3	18	0,38	0,092	~920	—	—	—
Bronze[2]	~8,7	18	0,38	0,092	~900	—	—	—
Konstantan[3]	8,8	15	0,41	0,098	—	—	—	—
Neusilber[4]	8,7	18	0,40	0,095	~1000	—	—	—
Woodsches Metall[5]	9,7	—	0,17	0,04	65–70	—	—	—
Porzellan	2,3	~038	0,84	0,2	—	—	—	—
Jenaer Glas	2,6	081	0,78	0,186	—	—	—	—
Quarzglas	2,21	005	0,73	0,174	1710	—	—	—
Kochsalz NaCl	2,16	40	0,87	0,206	802	517	123,5	1440
Naphthalin	1,15	94	1,29	0,30	80,1	150	36	217,9
Rohrzucker	1,59	83	1,22	0,29	186	56	13,4	—
Hartgummi	1,20	~80	1,42	0,34	—	—	—	—

[1]) 62 % Cu, 38 % Zn
[2]) 84 % Cu, 9 % Zn, 6 % Sn, 1 % Pb
[3]) 60 % Cu, 40 % Ni
[4]) 62 % Cu, 16 % Ni, 22 % Zn
[5]) 50 % Bi, 25 % Pb, 12,5 % Sn, 12,5 % Cd
[6]) Zwischen 0 °C und 100 °C

Eigenschaften von Flüssigkeiten

	Dichte bei 18 °C $\frac{g}{cm^3}$	Volumausdehnungskoeff. γ 1/K 0,00	Spezifische Wärmekapazität bei 18 °C		Schmelzpunkt °C	Schmelzwärme		Siedepunkt bei 1,013 bar °C	Verdampfungswärme	
			Joule $\frac{\text{Joule}}{g \cdot K}$	cal $\frac{\text{cal}}{g \cdot K}$		Joule $\frac{\text{Joule}}{g}$	cal $\frac{\text{cal}}{g}$		Joule $\frac{\text{Joule}}{g}$	cal $\frac{\text{cal}}{g}$
Äthylalkohol	0,790	110	2,42	0,57	−114,4	107	25	78,4	840	201
Äthyläther	0,716	162	2,34	0,56	−123,4	98	23,5	34,6	360	86
Azeton	0,791	149	2,2	0,53	− 94,7	98	23,4	56,2	525	125
Benzol	0,879	123	1,72	0,408	+ 5,53	126	30,2	80	394	94
Brom	3,12	111	0,46	0,11	− 7,3	68	16,2	58,7	183	44
Chloroform	1,489	128	0,95	0,225	− 63,7	75	17,9	61,1	279	67
Glyzerin	1,260	049	2,39	0,57	+ 18	200	47,9	290	−	−
Olivenöl	0,915	072	2,0	0,47	−	−	−	−	−	−
Petroleum	0,85	096	2,1	0,50	−	−	−	150−300	−	−
Quecksilber	13,551	0181	0,139	0,033	− 38,87	11,8	2,8	357	285	68
Schwefelkohlenstoff	1,265	118	0,996	0,24	−111,8	58	13,8	46,2	352	84
Tetrachlorkohlenstoff	1,590	122	0,85	0,20	− 22,9	21	5,0	76,7	193	46
Toluol	0,866	111	1,7	0,41	− 95,0	72	17,2	110,7	364	87
Wasser	0,9986	02 (20 °C)	4,182	0,999	0,00	334	79,7	100,00	2256	538,9

Eigenschaften von Gasen

	Dichte[1] $\frac{g}{l}$	Spezifische Wärmekapazität[2]		Schmelzpunkt °C	Siedepunkt[3] °C	Dichte als Flüssigkeit[4] $\frac{g}{cm^3}$
		Joule $\frac{\text{Joule}}{g \cdot K}$	cal $\frac{\text{cal}}{g \cdot K}$			
Ammoniak NH_3	0,7714	2,16	0,52	− 77,7	− 33,4	0,682
Argon Ar	1,7839	0,523	0,125	−189,3	−185,8	1,4
Azetylen C_2H_2	1,17	1,683	0,402	− 81,7	− 83,6[5]	0,621
Chlor Cl_2	3,214	0,74	0,177	−100	− 34,6	1,56
Helium He	0,1785	5,23	1,25	−272,2	−268,94	0,13
Kohlendioxid CO_2	1,9768	0,837	0,20	− 56	− 78,5[5]	1,56
Kohlenoxid CO	1,2500	1,042	0,249	−205	−191,48	0,79
Luft	1,2929	1,005	0,239	−213	−193	−
Methan CH_4	0,7168	2,2	0,527	−183	−161,4	0,425
Neon Ne	0,9002	1,03	0,246	−248,6	−246,1	1,21
Ozon O_3	2,144	0,795	0,190	−252	−112	−
Sauerstoff O_2	1,429	0,917	0,219	−218,8	−182,97	1,134
Schwefeldioxid SO_2	2,926	0,64	0,152	− 75,3	− 10	1,46
Stickstoff N_2	1,2505	1,038	0,248	−210	−195,81	0,81
Wasserdampf	0,5977	1,94	0,464	−	−	0,9584
Wasserstoff H_2	0,08987	14,32	3,41	−259,2	−252,78	0,071

[1] 0 °C; 1,013 bar;   [2] c_p; konst. Druck;   [3] 1,013 bar;   [4] am Siedepunkt;   [5] Sublimationspunkt

Wasser und Wasserdampf

Temperatur ϑ °C	Dichte flüssigen Wassers g/cm³	Dampfsättigungsdichte g/m³	Dampfsättigungsdruck mbar	Dampfsättigungsdruck Torr	Temperatur ϑ °C	Dichte flüssigen Wassers g/cm³	Dampfsättigungsdichte g/m³	Dampfsättigungsdruck mbar	Dampfsättigungsdruck Torr	Temperatur ϑ °C	Dampfdruck p bar	Dampfdruck p at
−10	—	2,14	2,6	1,95	22	0,99777	19,4	26,4	19,8	100	1,013	1,033
−5	—	3,24	4	3,01	24	0,99730	21,8	29,8	22,4	110	1,432	1,461
0	0,99984	4,84	6,1	4,58	26	0,99678	24,4	33,5	25,2	120	1,98	2,024
2	0,99994	5,6	7	5,3	28	0,99623	27,2	37,4	28,3	130	2,70	2,754
4	0,99997	6,4	8,1	6,1	30	0,99565	30,3	42,2	31,8	140	3,62	3,685
6	0,99994	7,3	9,3	7,0	35	0,9939	39,6	56,0	42,2	150	4,76	4,854
8	0,99985	8,3	10,7	8,0	40	0,99221	51,1	73,5	55,3	175	8,94	9,101
10	0,99970	9,4	12,3	9,2	50	0,98805	83,0	123	92,5	200	15,52	15,86
12	0,99950	10,7	14,0	10,5	60	0,98321	130,2	199	149,4	225	25,5	26,01
14	0,99924	12,1	16,0	12,0	70	0,97778	198,1	310	233,7	250	39,8	40,56
16	0,99894	13,6	18,1	13,6	80	0,97180	293,3	473	355,2	300	85,9	87,61
18	0,99859	15,4	20,6	15,5	90	0,96532	423,5	700	525,9	350	165,2	168,63
20	0,99820	17,3	23,4	17,5	100	0,95835	597,7	1013	760	374,2 (Kr.)	221	225,5

Siedetemperatur ϑ des Wassers beim Druck p

p	bar	0,906	0,934	0,946	0,96	0,974	0,986	1,00	**1,013**	1,026	1,04	1,052	1,067
	Torr	680	700	710	720	730	740	750	**760**	770	780	790	800
ϑ	°C	96,91	97,71	98,10	98,49	98,88	99,25	99,63	**100,00**	100,37	100,73	101,09	101,44

Frequenz der Töne gleichschwebender Stimmung in Hz

Frequenzverhältnis jedes temperierten Halbtonintervalls $= \sqrt[12]{2} \approx 1{,}0595$

Ton	C_2	C_1	C	c	c^1	c^2	c^3	c^4	Verhältniszahlen reine Stimmung
C	16,35	32,70	65,41	130,8	261,6	523,2	1046	2093	24
Cis, Des	17,32	34,64	69,29	138,6	277,2	554,4	1109	2217	
D	18,35	36,71	73,42	146,8	293,7	587,3	1175	2349	27
Dis, Es	19,45	38,89	77,78	155,6	311,1	622,2	1245	2489	
E	20,60	41,20	82,40	164,8	329,6	659,2	1319	2637	30
F	21,83	43,65	87,31	174,6	349,2	698,5	1397	2794	32
Fis, Ges	23,13	46,25	92,50	185,0	370,0	740,0	1480	2960	
G	24,50	49,00	98,00	196,0	392,0	784,0	1568	3136	36
Gis, As	25,96	51,92	103,83	207,6	415,3	830,6	1661	3322	
A	27,50	55,00	110,00	220,0	**440,0**	880,0	1760	3520	40
Ais, B	29,14	58,27	116,54	233,1	466,2	932,3	1865	3729	
H	30,87	61,74	123,47	246,9	493,9	987,8	1976	3951	45

Schallgeschwindigkeiten

Die vom Luftdruck weitgehend unabhängige **Schallgeschwindigkeit** c_ϑ beträgt in trockener atmosphärischer Luft bei $\vartheta = k\ °C$: $c_\vartheta = 331\ \sqrt{1+0{,}00367 \cdot k}$ m/s. Weitere Schallgeschwindigkeiten:

	m/s		m/s	Flüssigkeiten bei 20 °C	m/s	Gase bei 20 °C	m/s
Aluminium	5080	Gold	2030	Wasser	1465	Wasserstoff	1306
Blei	1200	Kupfer	3710	Petroleum	1326	Kohlendioxid	267
Eisen	5170	Messing	3490	Tetrachlorkohlenstoff	950	Leuchtgas	~453
Glas	~5000	Kautschuk	50	Xylol	1350	Sauerstoff	326

Erde und Weltall

Erde

Mittlerer Äquatorradius	$a = 6378{,}160$ km	**Bahnbewegung**	
Polradius	$b = 6356{,}775$ km	Mittlerer Abstand von der Sonne	$1{,}4960 \cdot 10^8$ km
Radius der volumgleichen Kugel	6371,024 km	Exzentrizität der Bahn	0,016736
Masse	$5{,}973 \cdot 10^{24}$ kg	Mittlere Bahngeschwindigkeit	29,8 km/s
Dichte im Mantel	3,4 g/cm³	Schiefe der Ekliptik (1957)	23° 26′ 41″
in der Zwischenschicht	6,4 g/cm³	(jährliche Abnahme 0,468″)	
im Kern	9,6 g/cm³	**Internationales Erdellipsoid** (1967 empfohlen)	
Mittelwert	5,51 g/cm³	Äquatorradius (genau)	$a = 6378{,}160$ km
Schwerebeschleunigung		Abplattung (genau)	$1 - \dfrac{b}{a} = \dfrac{1}{298}$
am Äquator	978,05 cm/s²		
an den Polen	983,22 cm/s²	Polradius	$b = 6356{,}755$ km
in Berlin	981,26 cm/s²	Mittlerer Radius	6371,025 km
Mittelwert	979,77 cm/s²	Mittlerer Längenkreisgrad	111,137 km
		Mittlere Längenkreisminute (Seemeile)	1,852 km
Erddrehung		Äquatorumfang	40 075 km
Rotationsgeschw. am Äquator	465,12 m/s	Oberfläche	509 088 842 km²
Zentrifugalbeschl. am Äquator	−3,392 cm/s²	Volumen	1 083 218 990 000 km³

Mond

Radius	1 738 km	Entfernung von der Erde	
Masse	$7{,}34 \cdot 10^{22}$ kg		Max. 405 500 km
Mittlere Dichte	3,34 g/cm³		Min. 363 300 km
Scheinbarer Halbmesser	Max. 16′ 46″		Mittelwert 384 400 km
	Min. 14′ 40″	Exzentrizität der Bahn	0,0549
Schwerebeschleunigung	161,9 cm/s²	Bahnneigung gegen Ekliptik	5° 8′ 43″
Siderische Umlaufszeit	27,322 mittlere Tage		

Sonne

Radius	696 350 km	Umdrehungsdauer	25,38 Tage
Masse	$1{,}993 \cdot 10^{30}$ kg	Entfernung vom nächsten Fixstern	4,27 Lichtjahre
Mittlere Dichte	1,41 g/cm³	(Proxima Centauri)	
Scheinbarer Halbmesser	Max. 16′ 18″	Zentraltemperatur	$2 \cdot 10^7$ °C
	Min. 15′ 46″	Effektive Temperatur	5 700 °C
		Gesamtstrahlung	$4{,}2 \cdot 10^{26}$ J/s
Schwerebeschleunigung	27 400 cm/s²	Solarkonstante	0,14 W/cm²

Planeten

	Mittlerer Äquator-Radius km	Masse (ohne Satelliten) Erde = 1	Zahl der Monde	Mittlere große Halbachse der Bahn um die Sonne 10^6 km	Mittlere Exzentrizität der Bahn ε	Neigung der Bahnebene gegen Ekliptik	Scheinbarer Durchmesser von der Erde aus		Mittlere Umlaufzeit	
							Min.	Max.	siderisch trop. Jahre	synodisch mittl. Tage
Merkur ☿	2420	0,05	0	58	0,206	7° 0′	5″	13″	0,2408	115,88
Venus ♀	6100	0,82	0	108	0,007	3° 24′	10″	64″	0,6152	583,92
Erde ♁	6378	1,00	1	149	0,017	–	–	–	1,0000	–
Mars ♂	3380	0,11	2	228	0,093	1° 51′	3″	25″	1,8809	779,94
Jupiter ♃	71350	317,89	12	778	0,048	1° 18′	30″	50″	11,861	398,88
Saturn* ♄	60400	95,1	9	1426	0,056	2° 29′	15″	21″	29,456	378,09
Uranus ⛢	23800	14,5	5	2869	0,047	0° 46′	3″	4″	84,009	369,66
Neptun ♆	22200	17,2	2	4497	0,009	1° 46′	2″	2″	164,787	367,49
Pluto Pl	3000	0,1 ?	?	5899	0,249	17° 9′	< 0,3″		247,7	366,74

* *Saturnring:* Innerer Durchm. 144000 km, äußerer Durchm. 279000 km, Dicke 20 km, Masse: 0,00004 der Saturnmasse

Milchstraße

Durchmesser	$8 \cdot 10^{17}$ km	Entf. der Sonne vom Mittelpunkt	$25 \cdot 10^{16}$ km
Dicke	$15 \cdot 10^{16}$ km	Entf. der Sonne von Mittelebene	$5 \cdot 10^{14}$ km
Gesamtmasse	$2{,}5 \cdot 10^{11}$ Sonnenmassen	Geschw. der Sonne gegenüber Umgebung	20 km/s

Astronomische Konstanten

Astronomische Einheit (AE) = Mittlere Entfernung Erde–Sonne = $149{,}5658 \cdot 10^6$ km
Lichtjahr (L.J.) = 63275 AE = 0,3068 Parsek = $9{,}46 \cdot 10^{12}$ km
Parsek = 206265 AE = 3,2598 L.J. = $30{,}87 \cdot 10^{12}$ km

Physikalische Konstanten

	in SI-Einheiten
Gravitationskonstante	$f = 6{,}670 \cdot 10^{-11}\ m^3\,kg^{-1}\,s^{-2}$
Normfallbeschleunigung	$g_n = 9{,}80665\ m\,s^{-2}$
Molvolumen idealer Gase bei NB	$V_0 = 22{,}414\ dm^3 \cdot mol^{-1}$
Absoluter Nullpunkt	$-273{,}15$ °C
Gaskonstante	$R_0 = 8{,}3143 \cdot J \cdot mol^{-1}\,K^{-1}$
Physikalischer Normdruck	$p_0 = 101\,325$ Pa = 1013,25 mbar
Avogadrosche Konstante	$N_A = 6{,}02252 \cdot 10^{23}\ mol^{-1}$
Vakuumlichtgeschwindigkeit	$c_0 = 2{,}997924562 \cdot 10^8\ m\,s^{-1}$
Elektronenmasse	$m_e = 9{,}109 \cdot 10^{-31}$ kg
Neutronenmasse	$m_n = 1{,}6748 \cdot 10^{-27}$ kg
Protonenmasse	$m_p = 1{,}6725 \cdot 10^{-27}$ kg
atomare Masseneinheit	$1\ u = 1{,}660277 \cdot 10^{-27}$ kg
Boltzmannsche Konstante	$k = 1{,}381 \cdot 10^{-23} \cdot J \cdot K^{-1}$

Sach- und Namenverzeichnis

Abplattung 146
Absorption einer Welle 262
Achse, freie 173
Achse, permanente 173
actio 14f., 100
Additionstheorien der Sinusfunktion 248
adiabatisch 218, 220
Amplitude 229
Anfangsbedingungen 190f.
Anker 242
Ankerhemmung 242
Ankerrad 242
Aphel 136
Arbeit 84ff., 91, 120, 193ff.
Arbeit, innere 221
Arbeitsdiagramm 87, 105
Archimedes 7
Aristarch 130
Aristoteles 32, 131, 138f.
Astrophysik 148
Äther 131, 138, 145
Atmosphäre, at 208
Atom 8, 81, 83, 111
Atomgewicht 206
Aufzug 125, 158
Ausbreitungsgeschwindigkeit einer Welle 252
Auslöschung 246
Avogadro 207
—, Satz von 209, 210
Avogadrokonstante 207
Axiom 35, 81f., 104, 178

Bahngeschwindigkeit 114
Bahnkurve 29, 83
ballistische Kurve 77
Bar, bar 208
Basiseinheit 64f.
Begriffe 128
Beharrungsvermögen 32, 49
Bernoulli, Daniel 213
Beschleunigung 42f., 48ff., 118, 200
Beschleunigung bei Sinusschwingung 233
Beschleunigungsarbeit 86, 194f.
Beugung 287
Bewegung, absolute 145
Bewegung, beschleunigte 39ff., 48, 55, 68
Bewegung, gleichförmige 35ff., 67
Bewegung, verzögerte 74, 77
Bewegungsenergie 90f.
Bewegungszustand 10, 17, 29ff., 33
Bezugssystem 29ff., 33f., 67ff., 91, 112, 124ff., 145
bifilar 228

Blattfedern, Versuche mit 246, 248, 249
Boltzmann, Ludwig 214
— Konstante 214
Boyle Mariotte, Gesetz von 210
Brahe, Tycho 136f., 144
Brechung von Wellen 289
Breite, geographische 146
Bremsband 98
Bremsbewegung 77ff., 192
Brownsche Bewegung 217

Clausius, R. 223
Coriolis-Kraft 150

Dämpfung 228, 240, 244
Dämpfung durch Reibung zwischen festen Körpern 241
Dämpfung durch Flüssigkeitsreibung 241
deduktiv 45
Definition 60
Dichte 211
Dichteres Medium 290
Differentialrechnung 187ff.
Diffusion 216
Doppelspalt 292
Doppelsterne 148
Doppelstörung 255
Drall 171
Drehbewegung 160ff.
Drehfrequenz 114
Drehfrequenzregler 121
Drehimpuls 170ff., 175
Drehmoment 167ff., 175
Drehschemel 171
Druck 207
Druckformel 213
Druckschwankungen und Lautstärke 278
Durchschnittsgeschwindigkeit 37
Düsenknall 28
Dynamik 7, 29ff., 48, 198

Ebbe und Flut 151
Ebene, schiefe 23, 85, 95
Ebene Welle 288
Eigenfrequenz 244, 248
Eigenschwingung 228, 242, 273, 280
Eigenvolumen 213
Einheiten 64ff., 293ff.
Einheitengesetz 52, 64f.
Einhüllende von Elementarwellen 288
Einschwingvorgang 242, 244
Einstein 145, 158
Ekliptik 134
Elektron 83
Elementarwelle 287

Elemente 131
Ellipsenbahn 136, 140f., 155
Elongation 228
Elongation — Zeit — Gesetz der harmonischen Schwingung 232
Energie 60, 89f., 217
Energiedichte 213
Energie, geordnete 211
Energie, innere 218, 219, 221
Energieerhaltung 91ff., 118
Energiedichte in einem Wellenträger 262
Energiekrise 226
Energiesatz 219, 221
Energiesatz bei harmonischen Schwingungen 240
Energietransport einer Welle 261
Energieumwandlungen bei mechanischen Schwingungen 239
Epizykeln 132
Eratosthenes 131
Erdbebenwellen 276
Erde 146, 157f.
Erdmasse 144
Erdradius 131
Erdrotation 146, 149f.
Erdsatelliten 137, 146
Erzwungene Schwingungen 242, 243
Expansion, adiabatische 221
Experiment 8, 43, 45, 59, 81
Experimentalphysik 45
Exzentrizität 136

Fadenpendel, ebenes 228, 236
Fahrstuhl 125, 158
Fall, freier 55ff., 150
Fallbeschleunigung 56f., 238
Fallrinne 45
Fallröhre 55
Federkonstante 12
Federkonstante 235
Federmasse 236
Feder-Pendel 227
Feder-Schwere-Pendel 227, 235
Fehler, 62f., 181
Fehlerrechnung 181ff.
Feld 152ff.
Fixstern 129
Flächensatz 136, 139, 170f., 203
Fliehkraft 119
Fluchtgeschwindigkeit 155
Flugzeug 15, 106
Flüssigkeitsreibung 241
Fortbewegung 15
Foucault-Pendel 149
Fourier-Darstellung 272
freie Achse 173
freie Schwingungen 228, 242

Freiheitsgrad 220
Frequenz 228
Frühlingspunkt 130
Funktionalgleichung 180

Galilei 8f., 45, 131ff., 138f.
Galileitransformation 72
Galle 147
Galtonpfeife 285
Gangunterschied bei Wellen 265
Gas, ideales 208, 211, 212
Gaskonstante 209
Gay-Lussac, Gesetz von 210
Gay-Lussac 221
gedämpfte mechanische Schwingungen 240, 241
gedämpfte Welle 262
Gegenkraft 14f., 100f.
gegenphasig 246
geozentrisch 131
Geschwindigkeit 35ff., 46f., 56, 76, 186, 199
Geschwindigkeit (Gasteilchen) 214, 216
Geschwindigkeit, kosmische 155f.
Geschwindigkeit, mittlere 44, 47, 186
Geschwindigkeit bei Sinusschwingung 232
Geschwindigkeits-Zeit-Gesetz 41f., 46f., 56, 74, 76
Gewichtskraft 17, 50, 55ff., 141, 146
Gezeiten 151
Gleichgewicht 16f., 52
gleichphasig 246
Gleiten 25f.
Glühdrahtversuch zu stehenden Längswellen 282
Gravitation 141ff., 159
Gravitationsfeld 152ff., 195
Gravitationsfeldstärke 157
Gravitationsgesetz 159
Gravitationswellen 159
Größen 185
Größengleichungen 66, 185
Grenzgesetz 208
Grundgleichung der Dynamik 48ff.
Grundgleichung der Mechanik 48ff., 118
Grundgröße 59
Grundschwingung 271

Haften 25f.
Hangabtrieb 23
heliozentrisch 133ff., 145
Heron 7
Hauptsatz der Wärmelehre, erster 218
Hauptsatz der Wärmelehre, zweiter 223, 225
Harmonische, 1., 2. usw. 270
Harmonische Schwingung 231, 233, 238
Helmholtz, Hermann v. 219
Himmelsäquator 129
Himmelsmechanik 147
Himmelspol 129

Hintereinanderschaltung von Federn 236
Hitzeschild 28
Hochvakuum 210
Hookesches Gesetz 12, 235f.
Hörschwelle 278
Hubarbeit 85f., 89f., 153
Hubschrauber 15, 106
Huygenssches Prinzip 287, 288
Hyperbeln der Auslöschung und der Verstärkung 291
Hypothese 43, 45, 130, 135, 145

Impuls 99ff., 107ff., 196
induktiv 43
Inertialsystem 33, 112, 119, 124ff., 145
Integration 190f.
Interferenz 264, 266, 291, 292
irreversibel 223
isochor 210
Isotope 205
isotrop 211

Jahreszeiten 134f., 140
Joule 84, 90

Kältemaschine 224, 226
Kardanische Aufhängung 174
Kausalität 83
Kepler 8, 131, 137, 139
Keplersche Gesetze 136ff., 139, 145
Kernkraftwerk 223
Kette, schwingende 239
Kilogramm 13, 51, 64
Kilopond 12, 58
kinetische Energie 90ff., 112
Klang 272
Klassische Physik 83
Klavier, Versuche am 271
Knickbahn 230
Knoten 266, 268, 279
Komponente 20f.,
Kompression, adiabatische 220
Kopernikus 131 ff.
Koppelschwingungen 245
Körnigkeit 213
Körper, starrer 160ff.
Kosmische Geschwindigkeit 155f.
Kraft 10ff., 14ff., 18, 31f., 48ff., 103f., 120, 128, 138
Kraft-Elongation-Gesetz der harmonischen Schwingung 234
Kräftegleichgewicht 52
Kräftepaar 169, 176
Kräfteparallelogramm 20f.,
Kräftepolygon 21
Kraftmesser 11, 13, 17, 51
Kraftstoß 104f.
Kreisbewegung 114ff., 204
Kreisel 173ff.
Kreiselkompass 176
Kreisfrequenz 232
Kreisprojektionsschwingung 231
Kreiswellensysteme 291, 292
Kreuzprodukt 202

Kulmination 129
Kundtsches Rohr 280, 282
Kurssteuerung 174

Laborsystem 29
Lageenergie 90ff.
Längswellen 274
Lautsprecher, Versuche mit 279, 280, 292
Lautstärke 278
Leistung 98
Leverrier 147
Licht 8, 145
Lichtgeschwindigkeit 60, 72, 81, 104, 159
Lichtschranke 57
lineare Funktion 179
lineares Kraftgesetz 234, 237, 238
Lippenpfeife 283, 284
Lissajous-Figuren 250
Longitudinalwelle 274
Luftkissen 32, 35
Luftwiderstand 27, 34, 52, 59

Masse 13, 49f., 59f., 81
Masseneinheit, atomare 205
Massenpunkt 82, 114
Massenzahl 206
Mathematik 8, 177
Max-Planck-Institute 45
Maxwellsches Rad 92, 227
Mayer, Robert 219
Mechanik 7f., 64f., 81, 126
Mechanik, statistische 226
Mechanische Schwingung 228
Meridian 129
Meßfehler 43, 62f., 181
Messung 10ff., 62, 179
Metallpapier 31
Meter 64
Mikrofon als Sonde 281, 292
Milchstraße 139, 145, 148
Mittelwert 44, 181, 186
Modell 18, 81
Modell (Gasdruck) 212
Modell, kinetisches 212
molar (Lösung) 207
molar (Wärmekapazität) 129, 220
mol 206, 207
Momentanbeschleunigung 42, 48, 52, 188f.
Momentangeschwindigkeit 38f., 44, 47, 186f.
Momentbild einer Welle 258, 259
Mond 11, 131, 151, 157f.
Mondrechnung 141
Morgen 65

Naturgesetz 9
Nebel 139, 145
Newton, I. 8, 14, 32, 51, 81, 104, 138f., 144f., 158
Newton, Einheit 12, 51f.
Newtonsche Bewegungsgleichung 48ff., 81, 104
Normaldruck 208

Sach- und Namenverzeichnis

Normalkraft 23, 120
Normfallbeschleunigung 58
Normort 12, 58
Normvolumen 209
Normzustand 209
Nuklid 205

Oberflächenwelle 252, 276
Oberschwingung 271
Oberton 272
Orbitale 83
Ordnung, Grad der 226
Ostabweichung 150

Parallaxe 135
Parallelschaltung von Federn 236
Pascal, Pa 207
Pendel 93 f., 96
Pendel, ballistisch 108
Perihel 136
Periodendauer 228
Periode des ebenen Fadenpendels 237, 238
Periode des Feder-Schwerependels 235
permanente Achse 123
periodisch 222
perpetuum mobile 221, 223, 225
Pfeifen 283, 284
Phasendifferenz 246, 258
Phasenkonstante 246
Phasenverschiebung 246, 258, 291
Phasenwinkel 232
Phon 278
Physik 10, 35, 45, 81 f., 152, 177
Pirouette 171
Planetenbewegung 129 ff., 134
Planetentafel 141
Planck, Max 223
Plato 131
Polarisation einer Welle 260
Polarstern 129
Polhöhe 129, 146
Potential 156
Potentialmulde 239
Präzession 174 ff.
Proportionalität 179 f.
PS 98
Ptolemäus 130 f.

Quantenphysik 8, 81, 83
Quarzkristalle zur Ultraschallerzeugung 285
Querstörung 254
Querwelle 255
Quinckesches Resonanzrohr 282

Radfahrer 121
Radiant 115
Radlinie 29
Rakete 16, 104 f., 155, 158
Randbedingungen 270
Raum, absoluter 145
Raumfahrer 126
reactio 14 f., 100 f.
Reflexion einer Störung 256 f.

Reflexion von Druck und von Sog 276
Reflexion von Querwellen 267, 268
Reflexionsgesetz bei Wellen 288, 289
Reibung 25 ff., 34, 86, 95 f., 101, 112, 120, 211, 218
Reibungsarbeit 86
Reichweite 213
Reifenapparat 168
Relativitätstheorie 72, 81, 104, 145, 158
Reservoir 223
Resonanz 243, 244, 245, 280
Resonanzkatastrophe 245
Resonanzkurve 244, 245
Resultierende 19 f.
Richtgröße 12, 234
Rohrkrümmer 105
Rotation 114, 160, 163, 172
Rotationsenergie 164, 214, 217, 219, 220
Rotor 120
Rückkopplung 242, 284
Rückstellkraft 228
Rückstellkraft bei harmonscher Schwingung 233
Rückstoß 104
rücktreibende Kraft 228
Ruhemasse 60

Saite, Streichen einer 273
Satelliten 137, 146, 154, 156 f.
Schall 7
Schallempfinden und Lautstärke 278
Schallgeschwindigkeit 280, 283
Schallmauer 28
Schallstärke 278
Schallwellen 252, 277
Schiefe Ebene 23, 85, 95
Schleifenbahn 137
Schmerzschwelle 278
Schnelle 255, 257, 274, 279
Schnittmethode 17
Schreibstimmgabel 229
Schwankungen, zufällige 225
Schwebung 248, 249
Schwebungsfrequenz 249
Schwerefeld 85
Schwerefeld, homogenes 153
schwerefrei 126, 147
Schwerkraft 11, 159
Schwerpunktsatz 102, 147
Schwinger erster und zweiter Art 273
Schwingung, Beschreibung 227
Schwingungen, erzwungene 242, 243, 258
Schwingungen, freie 228, 243
Schwingung, harmonische 231, 233, 238
Schwingung, gedämpfte mechanische 240, 241
Schwingung, mechanische 228
Schwingung, selbsterregte mechanische 242
Schwingungsbauch 266, 268, 279
Seemeile 65, 294

Seilkraft 18, 23, 53
Sekunde 64
SI-System 64 f., 293
Sinusschwingungen, periodische 229, 230, 231, 238
Sinuswelle 258
Skalar 36, 60, 85
Skalarprodukt 201
Sonne 11
Sonnenhöhe 130
Sonnenmasse 144
Sonnensystem 139
Sonnentag 133, 140
Sonnenzellen 147
Sogstörung 274
Spannarbeit 87, 194
Spannungsenergie 90 f.
Sphären 131, 145
Stabiles Gleichgewicht 227
Stammfunktion 190
starrer Körper 160
Statik 7, 16, 21
Staubfiguren 30
Stehende Längswellen 279, 281
Stehende Querwellen 266, 267
Stimmgabel 241, 244
Steigzeit 75 f.
Stern, Otto 215
Sternbilder 129, 134
Sterntag 133
Stoffmenge 66, 206
Störung, Fortschreiten einer 252
Störungen, Übertragung von 263
Stoß 100, 102, 107 f., 211
Stoß, schiefer 110
Stoßgesetze 107 ff.
Streuung 62
Strömungswiderstand 27
System 18, 91 ff., 95, 101, 103

Tangentialkraft 120
Technik 9
Teilchenmasse 216
Teilchenmasse, relative 206
Teilchenzahl 206, 209
Temperatur, Celsius- 208
Temperatur, Kelvin- 208, 214
Theoretische Physik 45
Tierkreis 130, 134
Torkelbewegung 173
Torsionswellenmaschinen 254
Träger einer Welle 253, 256, 286
Trägheit 159
Trägheitskraft 124 ff., 150
Trägheitsmoment 164 ff., 197
Trägheitssatz 31 ff., 36, 39, 49, 52, 81, 139
Translation 160, 172
Translationsenergie 214, 217, 219
Transversalwelle 255

Überdruckstörung 274
Überlagerung von Schwingungen 254 ff.
Uhr 242
Ultraschall 285

Umkehrpunkt 228
Umlaufdauer 114
Umweltschutz 9
Unordnung 226
Unruh 242
Unterdruckstörung 274
U-Rohr, Flüssigkeit im 227, 239

Vektor 19ff., 36, 67ff., 198ff.
Vektoraddition 19f., 67ff., 72, 81
Vektordifferenz 21
Vektorprodukt 202
Verstärkung, maximale 246
Verzögerung 74, 77

Wahrscheinlichkeit 225, 226
Wärme 205, 217, 218
Wärmeenergiemaschine 222
Wärmekapazität 219
Wärmequellen 226
Wärmeübergang 223
Wasserwellen 252

Watt 98
Wechselwirkung 15f., 81
Weg-Zeit-Gesetz 40f., 44, 46, 56, 74, 76
Weglänge, mittlere freie 216
Welle, eindimensional, zweidimensional, dreidimensional 256
Welle, gedämpfte 262
Welle, mechanische 252
Wellenberg 255, 257
Wellenfront 252, 253, 261, 287, 288, 289
Wellenlänge 259
Wellental 257
Wellenwanne 253
Weltraumfahrt 8
Wendekreis 134, 135
Wetterkarte 150
Winkel 115
Winkelbeschleunigung 162f., 168
Winkelgeschwindigkeit 115, 160f., 163, 231

Wirkungsgrad 222, 224
Wirkungslinie 22
Wurf 68ff., 73ff., 189

Zähleinheiten 206
Zeitgleichung 140
Zeitmessung 64, 159
Zeitschreibung 30
Zenit 129
Zentralkraft 139f.
Zentrifugalkraft 33, 115, 126
Zentrifuge 127
Zentripetalbeschleunigung 116ff.
Zentripetalkraft 117ff., 138f.
Ziffern, geltende 63
Zirkumpolarsterne 129
Zungenfrequenzmesser 245
Zungenpfeifen 283
Zustandsgleichung idealer Gase 209
Zwangsfrequenz 243
Zykloide 29

Bildquellenverzeichnis:

Bader, F., Ludwigsburg: 29.1, 30.1, 32.2, 38.1, 57,1. 59.1, 74.1 — *Bergmann, Schäfer, Lehrbuch der Experimentalphysik, Bd. 1, 8. Aufl., Verlag Walter de Gruyter, Berlin 1970:* 92.1 — *Dorn, F., Waiblingen:* 118.1 — *Education Development Center, Newton/Mass., USA:* 252.2, 253.1, 292.1 — *Kracht, O., Petershagen:* 28.1 — *Leybold-Heraeus GmbH & Co. KG, Köln:* 143.1, 287.2, 287.3, 289.1, 290.2 — *NASA/USIS:* 8.2 — *National Galery, London:* 8.1 — *Raith, F., Freiburg/Breisgau:* 263.1 — *Struve, Astronomie, Verlag Walter de Gruyter, Berlin 1962:* 129.2, 145.1, 145.2 — *Wilder, H.:* 274.2